a) Sears Tower
H=443.179m
n=110
9束筒，1974年
用钢量161kg/m^2

b) 台北国际金融中心
H=427.1m
n=101
大柱框架，2004年

c) World Trade Center
H=416.966m
n=110
框筒，1973年
用钢量，186.6kg/m^2

d) Empire State Building
H=381m
n=102
框-撑，1931年
用钢量，206kg/m^2

世界高层（全）钢结构前列建筑

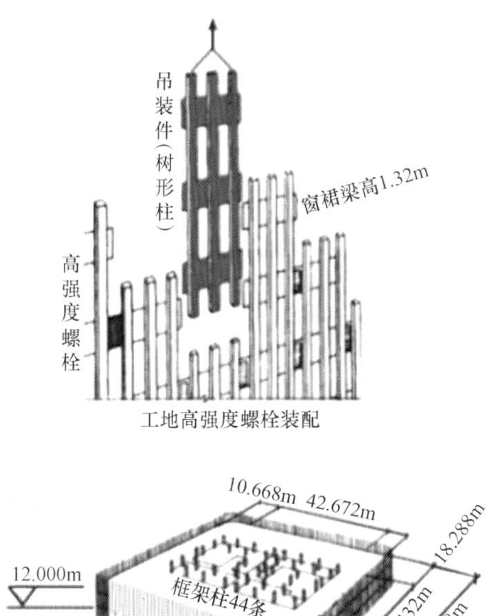

闭口薄壁箱形柱的截面

450mm

450mm

钢板厚:
7.5～12.5mm

22.5mm

762mm

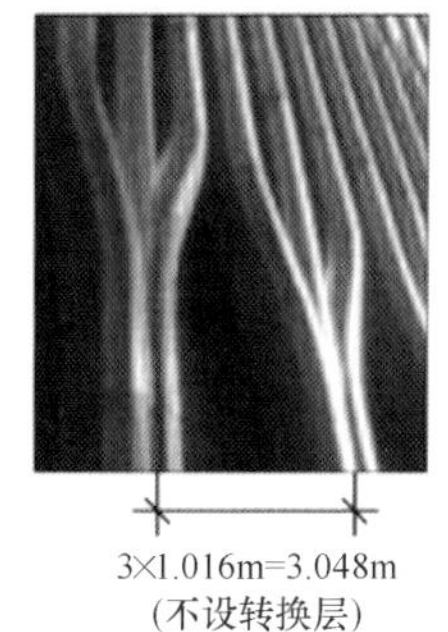

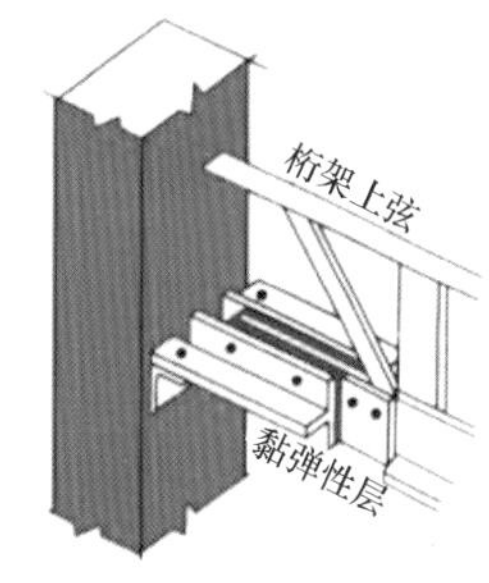

被动控制技术

World Trade Center 轻量化设计指标

a) 正面“O”，侧面“S”的奇特扭曲造型

b) 现场全焊接连接

H=234m，n=53层，用钢量302kg/m^2

中央电视新楼 CCTV

a) 实景

b) 结构

c) 弯矩图

H=321m，巴黎，1889年

Eiffel Tower 埃菲尔铁塔

“十三五”国家重点出版物出版规划项目
面向可持续发展的土建类工程教育丛书

现代高层钢结构分析与设计

王仕统　郑廷银　编著

机 械 工 业 出 版 社

本书论述现代高层钢结构分析与设计，共12章，主要内容包括：绪论、材料、建筑体型、作用、抗侧力结构体系、框架的手算方法、钢结构的精确分析、作用效应组合、结构验算、构件设计、组合楼盖设计、节点设计。

本书可供土木工程设计、施工、监理、科技人员阅读，也可用作高等院校土木工程专业高年级本科生、结构工程专业研究生教材。

图书在版编目（CIP）数据

现代高层钢结构分析与设计/王仕统，郑廷银编著. —北京：机械工业出版社，2018.1

（面向可持续发展的土建类工程教育丛书）

“十三五”国家重点出版物出版规划项目

ISBN 978-7-111-58594-7

Ⅰ.①现…　Ⅱ.①王…　②郑…　Ⅲ.①高层建筑-钢结构-结构分析②高层建筑-钢结构-结构设计　Ⅳ.①TU973.1

中国版本图书馆CIP数据核字（2017）第297964号

机械工业出版社（北京市百万庄大街22号　邮政编码100037）
策划编辑：林　辉　责任编辑：林　辉　于伟蓉
责任校对：刘　岚　封面设计：张　静
责任印制：孙　炜
北京中兴印刷有限公司印刷
2018年6月第1版第1次印刷
184mm×260mm · 24.25印张 · 1插页 · 591千字
标准书号：ISBN 978-7-111-58594-7
定价：89.00元

凡购本书，如有缺页、倒页、脱页，由本社发行部调换

电话服务	网络服务
服务咨询热线：010-88379833	机 工 官 网：www.cmpbook.com
读者购书热线：010-88379649	机 工 官 博：weibo.com/cmp1952
	教育服务网：www.cmpedu.com
封面无防伪标均为盗版	金 书 网：www.golden-book.com

现代钢结构轻量化设计是硬道理（力学功底、结构稳定理论），硬设计（只会熟练地使用设计软件，而不知其然）就是任性——笨重与怪异。

满足建筑功能和美学——最简洁的钢结构（非复杂结构）就是最好的结构。

凡是与自然对抗的结构，都没有顽强的生命力。

2017年10月25日

前　言

现代结构有两个显著特点：一是选用轻质高强均质材料，如1973年建成的美国世界贸易中心（World Trade Center），钢材强度已达$700N/mm^2$；二是采用现代分析方法——有限元（条）法、结构稳定理论、结构减震控制理论和预应力理论等（表1-9）。

高层全钢结构（本书简称高层钢结构）是由钢构件（structural members）组成的不开裂结构（表1-4）。与开裂的混凝土结构相比，要求钢结构设计者的力学概念更加清晰，才能设计出轻巧的钢结构，如世界最高的高层钢结构西尔斯塔（Sears Tower，1974年）110层，高443.179m，采用9束筒抗侧力体系（图1-23b），用钢量仅$161kg/m^2$。因此，钢结构轻量化设计是硬道理（力学功底、结构理论），硬设计（只会熟练地使用设计软件，而不知其然）就是任性——结构笨重与怪异。

书中对高层钢结构概念的几个问题提出质疑，弘扬学术争论。

1）对竖向荷载作用下的框架，采用分层法中框架分层单元的结点，由通常的固端支座改为旋转弹簧支座（图6-18c）。

2）高层混合结构——两种材质的抗侧力结构的混合。如上海希尔顿国际酒店（图1-10），由抗侧力混凝土核心筒结构和抗侧力钢框架结构组成。而“十二五”普通高等教育本科国家级教材（经典精品系列教材），则把由混凝土柱和钢梁组成的框架结构称为混合结构——两种材质构件的混合。

我国在地震区大量采用高层混合结构，且结构高度远远超出我国现行规范（程）的高度限值（表1-7），从而，我国混合结构的高度进入世界前列（表1-8），但结构笨重。

3）对于框-撑体系的弯剪型侧移曲线，它与剪切型（框架）、弯曲型（支撑、剪力墙）曲线应该不相交（图5-19b）。

4）轴压比是开裂混凝土结构中的一个术语，高层钢结构不应验算轴压比（图1-8）。

5）按风作用方向考虑，高层结构H/B之比不应说成高宽比（图1-19），而应称为高厚比（height-to-thickness ratio）（图1-19、表1-17）。

为了实现最简洁的结构就是最好结构的理念（非复杂结构），本书提出的现代钢结构轻量化设计理念——二、三、四观点，希望引起同仁们的关注。

提高我国高层钢结构的结构效率，实现钢结构固有的三大核心价值（第1.3.2节）——最轻的结构、最短的工期和最好的延性（抗震性能好）。其中，最短的工期是指钢构件制造（焊接等）工厂化，工地高强螺栓装配化，书中列出的高强螺栓装配节点，可供设计参考（图5-10、图5-23）。

全书根据最新的国家相关设计标准、规范、规程编著。为了使读者能够更加清晰地了解高层结构的力学概念，本书专门编著了第6章：框架的手算方法。为了使读者熟悉结构高等分析方法的核心内容，本书专门编著了第7章：钢结构的精确分析——非线性全过程分析的理论与方法。第8~12章，不仅对高层钢结构现行设计的主要内容——作用效应组合、结构验算、构件设计、组合楼盖设计、节点设计进行了较详细的计算方法介绍，而且还较详尽地介绍了构造设计，并在相应章节提供了相应的实例，以供读者设计参考。

本书由华南理工大学王仕统教授和南京工业大学郑廷银教授共同编著。其中，第1~6章由王仕统教授编写，第7~12章由郑廷银教授编写。

限于作者的理论与设计水平，不妥之处，敬请批评指正。

编著者

目 录

第1章　绪　　论

1.1　高层建筑结构的界定

1972年联合国教科文组织所属世界高层建筑委员会建议，按建筑结构的高度 H 和层数 n，把高层建筑结构划分为四大类[1,2]，见表1-1。

表1-1　高层建筑结构的分类

分类	限值	
	高度 H/m	层数 n
第一类	50m	9~16
第二类	75m	17~25
第三类	100m	26~40
第四类	>100m	>40

世界各国对高层建筑结构的划分，既不统一也不严格，表1-2。

表1-2　世界各国对高层建筑结构的划分

<table>
<tr><th>国名</th><th>高度 H/m</th><th>层数 n</th><th>超高层 H/m</th></tr>
<tr><td>美国</td><td>>22~25</td><td>>7</td><td rowspan="9">>100</td></tr>
<tr><td>英国</td><td>>24</td><td rowspan="2">—</td></tr>
<tr><td>法国</td><td>≥28,≥50(居住建筑)</td></tr>
<tr><td>日本</td><td>>31</td><td>>8</td></tr>
<tr><td rowspan="5">中国</td><td>《高钢规程》[3]:>28(住宅),>24(其他高层建筑)</td><td rowspan="5">≥10</td></tr>
<tr><td>《高混凝土技术规程》[4]:>28(住宅),>24(其他高层建筑)</td></tr>
<tr><td>《建筑防火规范》[5]:>24</td></tr>
<tr><td>《民用建筑设计通则》[6]:>24(不包括单层公共建筑)</td></tr>
<tr><td>《住宅设计规范》[7]:—</td></tr>
</table>

现代建筑全钢结构简称为现代钢结构，它包括现代屋盖钢结构（modern roof steel structure）[8]和现代高层钢结构（modern tall building steel structure）。现代钢结构是一个国家经济繁荣、科技进步的重要标志。当人们谈起举世闻名的摩天大楼（skyscraper）时，往往会想到芝加哥、纽约等国际大都市，芝加哥曾被世人称为世界高层建筑的摇篮。

1883年，美国芝加哥建成世界第一座高层钢铁结构建筑[9,10]——家庭保险大楼（Home Insurance Building），11层，高55m，如图1-1所示，由钢梁、铁柱组成的框架结构（工地梁-柱连接采用铆钉装配）。

图1-1　家庭保险大楼
（Home Insurance Building）
世界第一座高层钢铁结构建筑
（1883年，芝加哥，n=11层，H=55m）

图1-2所示为世界著名的五座高层（全）钢结构建筑，它们的高度曾在21世纪的初期排名前五[11-15]，它们的用钢量见表1-3。

图 1-2 世界著名的五座高层（全）钢结构建筑[11-15]

a）西尔斯塔（Sears Tower，1974 年，9 束筒） b）台北国际金融中心（2004 年，大柱框架） c）世界贸易中心（World Trade Center，1973 年，框筒-框架） d）帝国大厦（Empire State Building，1931 年，框-撑） e）约翰·汉考克中心（John Hancock Center，1969 年，大型支撑框筒）

表 1-3 世界著名的五座高层（全）钢结构建筑的结构用钢量[11-15]

名次	建筑名称	年代	抗侧力结构体系	高度 H/m	层数 n	用钢量/(kg/m²)
1	西尔斯塔(Sears Tower)	1974 芝加哥	9 束框筒(图 1-23b)	443.179 (1454ft)	110	161
2	台北国际金融中心	2004 中国台湾	大柱框架(图 5-41)	427.1	101	
3	世界贸易中心(World Trade Center)	1973 纽约	框筒-框架(图 1-23a)	416.966(北塔) 415.138(南塔)	110	186.6
4	帝国大厦(Empire State Building)	1931 纽约	框-撑	381	102	206
5	约翰·汉考克中心(John Hancock Center)	1969 芝加哥	大型支撑框筒(图 1-2e)	343.510	100	145

由表 1-3 可见，虽然 Sears Tower 的高度（H=443.179m）比 World Trade Center（H_{max}=1368ft=416.966m）高出 26.213m，但用钢量反而减少。这是由于 Sears Tower 采用了 9 束框筒的抗侧力结构方案，剪力滞后效应（shear leg effect）比 World Trade Center（单框筒）小得多（图 1-23）。这说明，随着高层建筑高度的增加，抗侧力结构方案必须变化，否则，将导致结构用钢量迅速增加。

高层钢结构建筑的优秀性与 G/P 成反比[16]，其中 G 代表一栋钢结构用量，P 为整栋建筑的总重。

$$优秀设计: G/P=0.2\sim0.3$$

$$平庸设计: G/P=0.4\sim0.5$$

$$拙劣设计: G/P=0.6\sim0.7$$

实例：西尔斯塔

$$G/P=4.83\text{万t}/22.25\text{万t}^{[17]}=0.22 \qquad \text{优秀设计}$$

世界贸易中心

$$G/P=8.41\text{万t}/40\text{万t}=0.21 \qquad \text{优秀设计}$$

图1-3a所示世界贸易中心的一些轻量化设计指标：

1）箱形钢柱的截面450mm×450mm[18]，钢板厚：7.5~12.5mm（从上到下），最大屈服强度标准值700N/mm^2；三柱合一（不设转换层）底层柱的截面[11]：2.5ft×2.5ft（762mm×762mm），钢板厚仅22.5mm。

2）工地三层三柱（树形柱）起吊件不超过8t，现场高强度螺栓装配。

3）楼盖采用轻质混凝土楼面、压型钢板和钢桁架体系。

4）为了减少风振侧移，每楼层安装100多个黏弹性阻尼器（被动控制）——三块钢板夹聚丙烯材料。

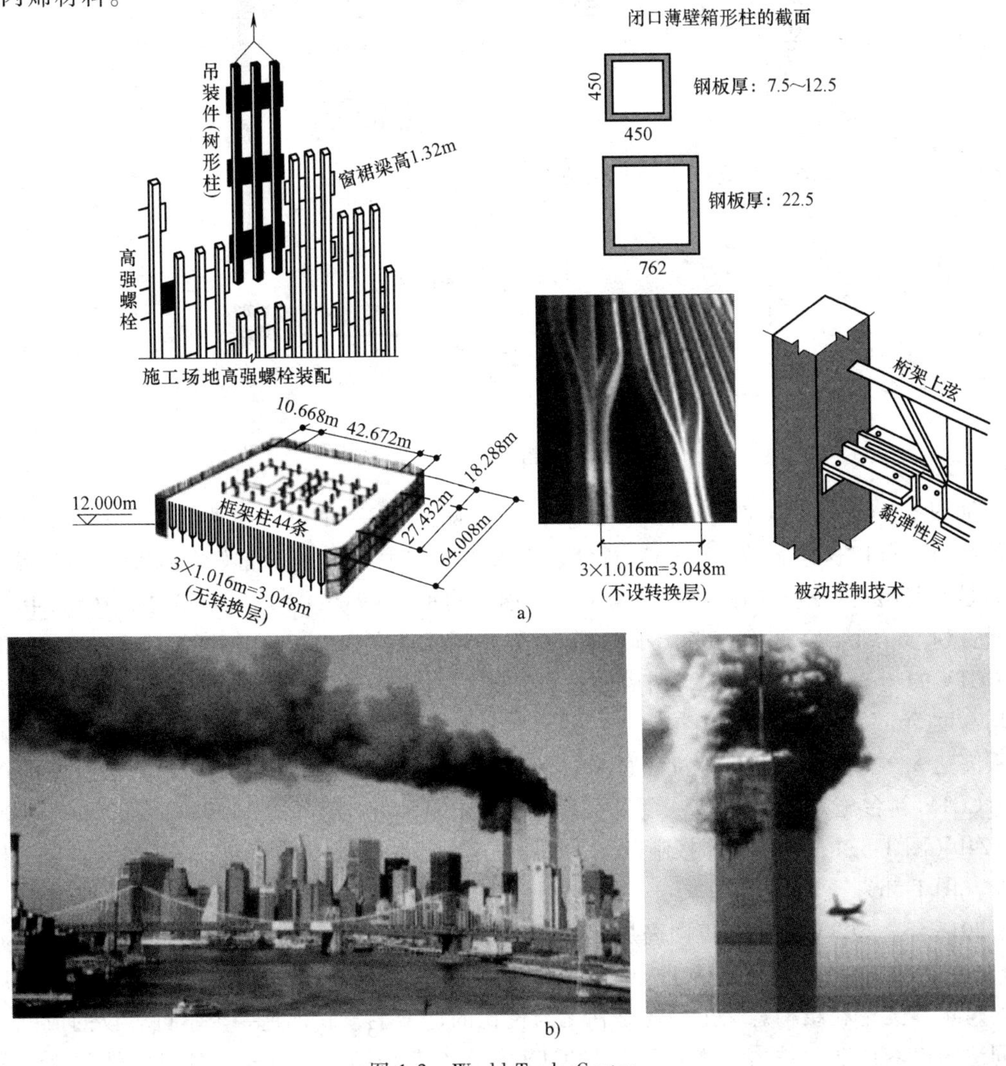

图1-3 World Trade Center

a）轻量化设计指标 b）911事件

2001 年 9 月 11 日（史称“恐怖日 911”，图 1-3b）8 点 46 分，波音 767 客机像一颗超级“飞弹”（相当 20t TNT），击断 31 根钢柱，撞入 Word Trade Center 北塔（有天线者）顶 $H/6$ 处，18min 后，另一架飞机撞入南塔顶 $H/3$ 处。由于大楼对称，两塔楼 1h 后才竖向塌落（先南塔后北塔），未殃及周围建筑。结构设计非常优秀。

超级“飞弹”奇袭，远远超出原设计荷载（作用），但两楼都经历 1h 以上才塌。97 层的一位盲人，在导盲犬的带领下从防火通道安全逃离，安全通道相当好。该高楼还具有多项轻量化设计指标，结构设计值得称赞。

1996 年，我国粗钢产量 1.09 亿 t（图 1-4）[19]，此时我国开始大力推广 5 种钢结构建筑——高层钢结构、大跨度空间钢结构、轻钢结构、住宅钢结构和混合结构。

1996 来以来，我国大型钢结构建筑几乎都是被国际建筑设计企业中标，国外建筑师在建筑设计的某些理念也许是杰出的，但不少建筑方案名为“创新”，实属“怪异”[20]。

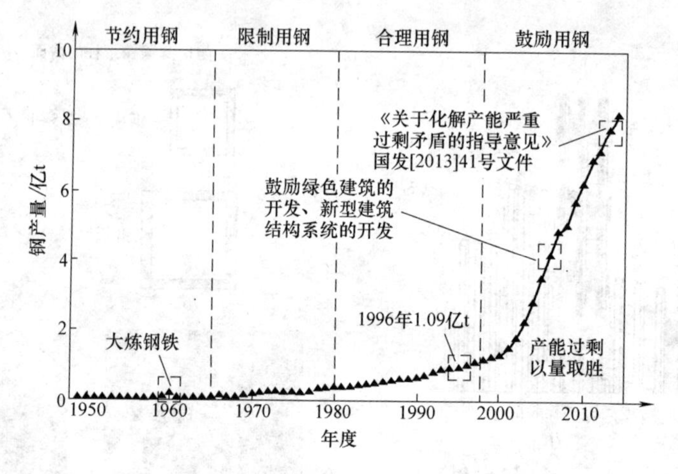

图 1-4 我国粗钢产量发展历程[19]

如图 1-5 所示的 CCTV 新台——正面“O”，侧面“S”的奇特扭曲造型，人们简直不敢相信建筑还可以这样做[21]。CCTV 新台是荷兰“最前卫”建筑师雷姆·库哈斯的作品，该作品是目前用钢量最多的高层钢结构工程，钢结构重 1.42 万 t[22]，$n=53$ 层，$H=234$m，用钢量：14.2 万 t/47 万 $m^2=302kg/m^2$（钢材强度等级最高为 Q460，钢板厚度 $t_{max}=135$mm）。在 CCTV 的 162.200m 标高处，两塔楼分别外挑 67.165m 和 75.165m（图 1-5a、e），悬臂的平均高度 56m（14 层），钢结构重 1.4 万 t[22]，包括混凝土楼板、幕墙、装饰等荷载，悬臂总重高达 5.1 万 t[23]。CCTV 新台底部的混凝土底板厚度 7~10.9m。

CCTV 新台施工很复杂，一个目字形巨柱，长 15.28m，截面 1400mm×1000mm×100m，重 124t（图 1-5g），工厂全焊接制造。笨重巨柱运到工地，还要吊装、全焊接拼装，施工极其艰难（图 1-5h）。

2013 年，CCTV 新台获美国高层建筑都市学会（The Council on Tall Buildings and Urban Habitat，CTBUH）最佳高层建筑奖，评委会主席 Jeanne Gang：“CCTV 新台是那种无法被复制的建筑，无论在结构意义上，还是在无与伦比的造型上，它都是一个不可思议的成就，就如同法国巴黎埃菲尔铁塔（图1-6）”“CCTV 新台在其他地方获准建造的可能性很小，因为它不符合规范要求，而中国愿意尝试，这也为千奇百怪的建筑设计创造了一种非常宽松的氛

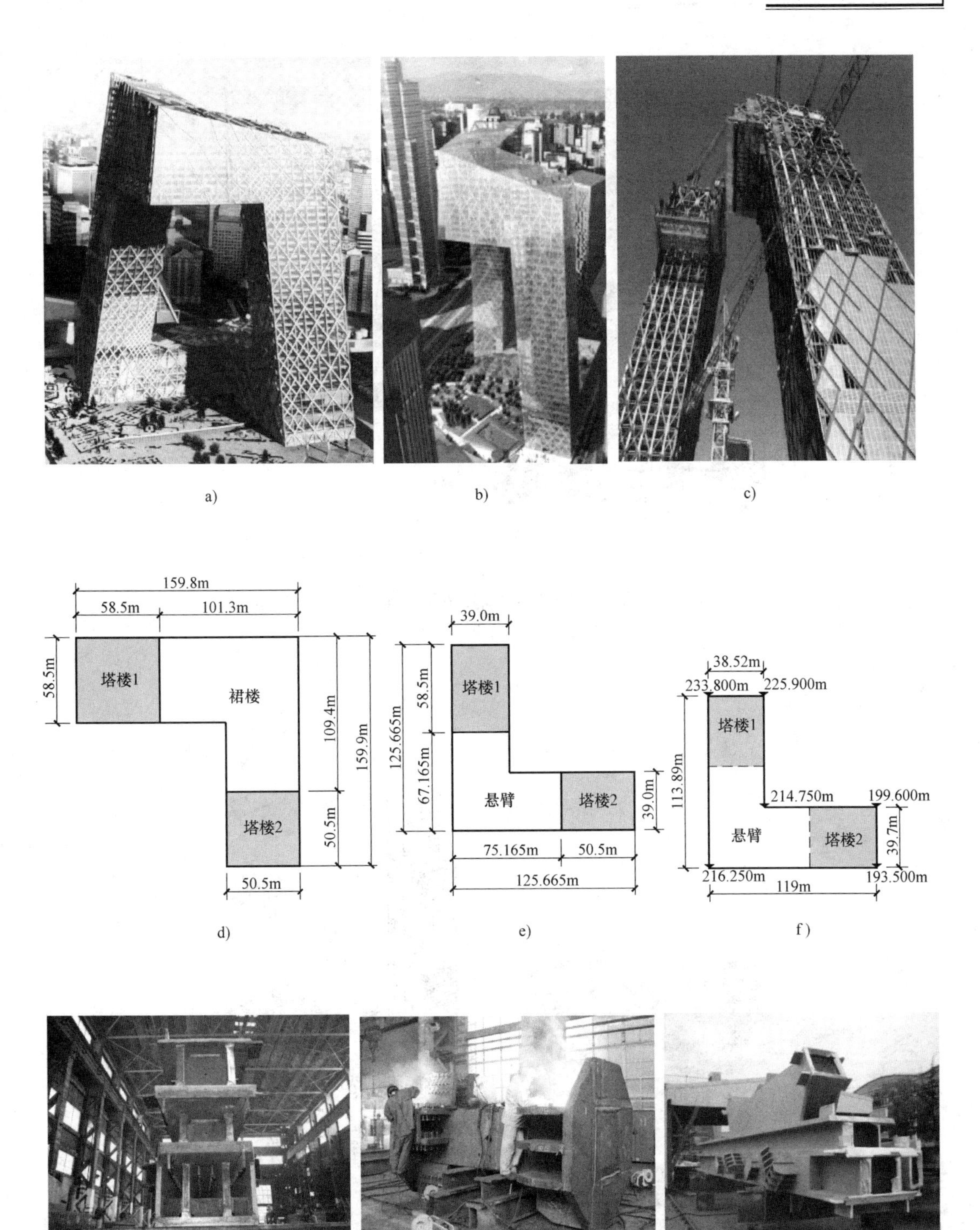

图 1-5　CCTV 新台（n=53 层，H=234m，北京，2008 年）

a）正面“O”　b）侧面“S”　c）现场全焊接连接　d）±0.000m 平面　e）悬臂平面（162.200m，37 层）　f）屋面角点标高　g）一个目字形巨柱在工厂焊接加工　h）巨柱运到工地待吊装焊接

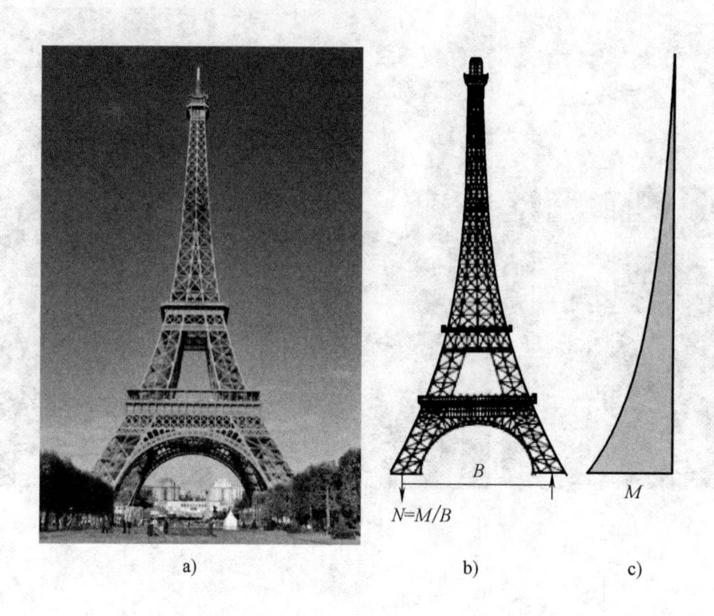

图 1-6 Eiffel Tower（埃菲尔铁塔，$H=321m$，巴黎，1889年）

a）实景 b）结构 c）弯矩图

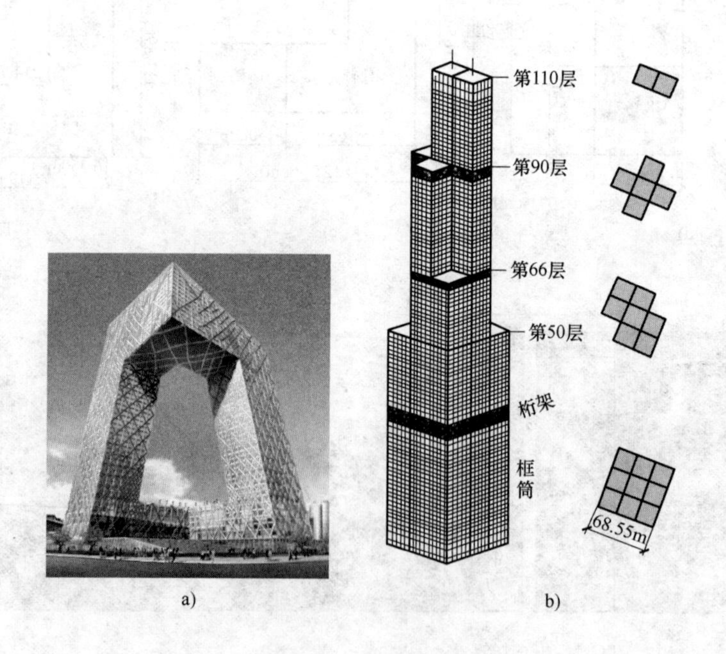

图 1-7 重量级、轻量级高层钢结构的用钢量对比

a）CCTV 新台（北京，2008）：$n=53$，$H=234m$，用钢量 = $302kg/m^2$

b）Sears Tower（芝加哥，1974）：$n=110$，$H=443.179m$，用钢量 = $161kg/m^2$

围”[21]。

CCTV 新台（图 1-5）与 Eiffel Tower（图 1-6）对比可见，Eiffel Tower 结构对称，受力合理（外形与弯矩图 M 一致），而 CCTV 新台造型怪异且受力极不合理，两者并不能相提并论。但我国不少著名钢结构专家还在称赞 CCTV 新台的结构体系，实在耐人寻味。

钢结构行业包括设计与施工（制造、安装），轻盈的钢结构必须从设计开始——设计是龙头。与世界先进国家相比，我国钢结构要笨重得多，我国钢结构的轻量化设计水平，任重而道远[24]。

我国笨重钢结构的主要成因是选错结构方案。图 1-7 所示为两幢重量级、轻量级高层钢结构的用钢量对比。

1.2 术语正名

1.2.1 钢结构+混凝土结构=混合结构

结构（structure）由构件（structural members）组成（表 1-4）。钢结构（steel structure）是不开裂结构，它由钢构件组成钢结构骨架；混凝土结构（concrete structure）为开裂结构；因此，高层混合结构（mixed structure）可定义为：由开裂的混凝土结构和不开裂的钢结构两种抗侧力结构体系的混合。

对于高层混合结构，作者必须强调：目前我国不少教科书，把高层混合结构的概念搞乱了。例如，“十二五”普通高等教育本科国家级规划教材[25]，把高层建筑混合结构定义为：指由梁、板、柱、剪力墙和筒体或结构的一部分，采用钢、钢筋混凝土、钢骨（型钢）混凝土、钢管混凝土、钢-混凝土组合楼盖等构件混合组成的高层建筑结构，其中，钢骨混凝土、钢管混凝土、钢-混凝土组合楼盖是由钢与混凝土结合形成的组合结构构件。

上述高层混合结构的两个定义：表 1-4 的混合结构是两种结构（structures）的混合；而教材［25］则是多种构件（structural members）的混合。定义不同，已造成概念混乱。为了培养下一代的力学概念，希望在我国通过学术争论统一起来。

表 1-4 结构由构件组成

<table>
<tr><th colspan="2">结构(structure)</th><th>构件(structural members)</th></tr>
<tr><td rowspan="2">混合结构</td><td>钢结构
(不开裂结构)</td><td>型钢、钢板、钢棒、高强钢丝或钢绞线
钢管混凝土(concrete-filled steel tubular[26] 或 steel tube confined concrete[27]，简称 STC)构件
钢梁+压型钢板上现浇混凝土组合(steel-concrete composite)楼板</td></tr>
<tr><td>混凝土结构
(开裂结构)</td><td>钢筋混凝土(reinforced concrete，简称 RC)梁、柱、剪力墙、核心筒等
型钢(或钢骨)混凝土(steel-reinforced concrete，简称 RCS)柱、梁等构件
部分预应力混凝土(partial prestressed concrete)构件</td></tr>
</table>

由表 1-4 中可见，STC 代表钢管（steel tubular）中填混凝土（concrete）；RCS 代表钢筋混凝土（reinforced concrete）中放型钢（steel）。STC、RCS 是中国式术语表达符号，与以往术语简称不同。STC 用 S 开头，一看就是钢构件（不开裂），RCS 用 RC 开头，代表混凝土构件（开裂），一目了然。

表 1-4 所列的不开裂结构和开裂结构的设计方法和应用范围不同，注册建筑师、注册结构师应该有一个清晰的概念。我国设计的钢结构工程（建筑、桥梁）普遍比世界先进国家笨重得多，主要原因是，我国多数钢结构设计者，对钢结构的力学和结构理论，特别是结构稳定理论不熟悉。例如，轴压比本来是混凝土结构（开裂结构）中的一个术语，但目前在某些钢结构规程中也出现了，如《高钢规程》[4]。下面就谈谈为什么轴压比不应该在全钢结构设计中出现。

大量 RC 偏心受压柱（$e=M/N$）的试验研究表明，它们的破坏特征可分为大偏心受压和小偏心受压两大类（图 1-8），两类 RC 偏心受压柱的破坏特征见表 1-5。

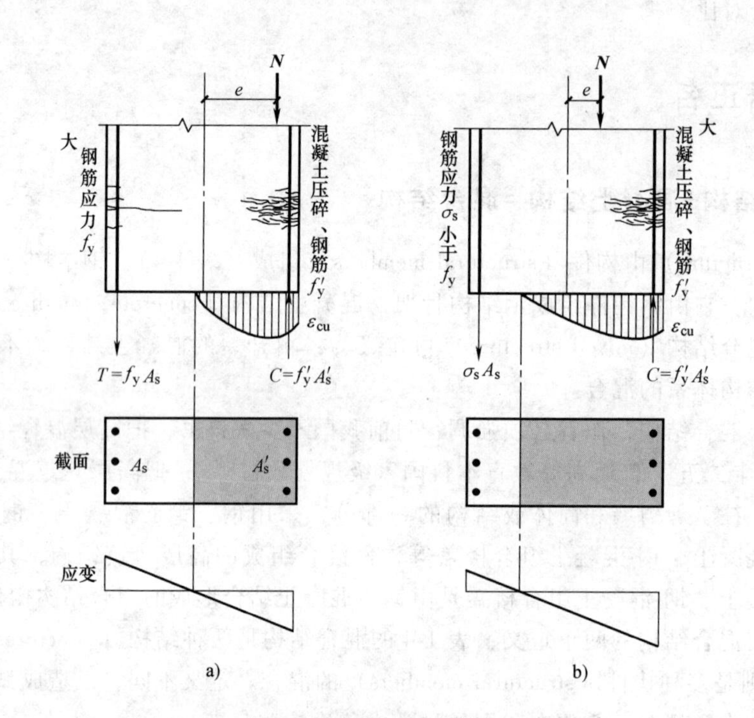

图 1-8 RC 偏心受压柱

a）大偏心受压（延性破坏） b）小偏心受压（脆性破坏）

设计者应避免 RC 小偏心受压柱的脆性破坏，为此，混凝土规范（规程）采用限制轴压比。但钢结构是不开裂结构，STC 柱限制轴压比是不对的，只会增加用钢量[45]。

表 1-5 RC 偏心受压柱的破坏特征

分类	第一类——拉压破坏(图 1-8a)	第二类——受压破坏(图 1-8b)
破坏特征	先受拉区混凝土开裂、钢筋屈服强度 f_y，随后受压区混凝土达到极限应变 $\varepsilon_{cu}=0.33\%$(图 1-14c)，混凝土压碎，受压钢筋达到屈服强度 f'_y 破坏特征相当双筋适筋梁，即所谓延性破坏	先受压区混凝土压碎，受压钢筋屈服强度 f'_y，受拉钢筋应力小于屈服强度设计值，即 $\sigma_s<f_y$ 破坏特征相当超筋梁，即所谓脆性破坏

1. 钢结构与混凝土结构

钢结构与混凝土结构的特点、设计难点和缺点见表 1-6。

表 1-6 钢结构、混凝土结构的特色比较

编号	项目	钢结构(匀质材料)	混凝土结构(非匀质材料)
1	特点	1. 钢结构由薄壁构件(开口、闭口截面,如H形、箱形)组成,稳定(stability)或屈曲(buckling)问题突出[28-30] 2. 计算公式几乎来源于力学	1. 混凝土结构通常由实体构件(多为矩形、圆形截面)组成,主要是强度(strength)问题,而极少稳定问题 2. 计算公式几乎100%来源于试验研究(回归分析)
2	设计难点	防止脆性破坏(构造设计与制造——避免焊缝密集,厚板焊接)	延性设计——强柱弱梁,强剪弱弯,结点(node)最强
3	缺点	材料易腐蚀,不耐火但耐高温	由于混凝土的比强度 $H_c=1376.147\text{m}$ 远小于钢材的比强度 $H_s=4484.596\text{m}$①,对于大跨度屋盖和超高层建筑,混凝土结构比钢结构重得多

① 混凝土、钢材的比强度详见图 1-14a。

由表 1-6 可见,钢结构轻量化设计水平,主要就是力学水平,特别是结构的稳定与曲屈理论[28-30]。因此,可以说:钢结构轻量化设计是硬道理(力学功底、钢结构理论);硬设计(只会熟练地使用设计软件,而不知其然)就是任性——笨重与怪异。

2. 质疑我国高层混合结构设计[31,32]

上海金茂大厦的抗侧力结构由 RC 核心筒、8 个巨型 RCS 翼柱和钢框架组成(图 1-9),它是高层混合结构(tall building mixed structure)的典型代表。

我国建筑业界,包括高等学校教育界都把金茂大厦称为高层钢结构,并长期写入钢结构教科书和论文中,这是受到我国《高层民用建筑钢结构技术规程》(JGJ 99—1998)的影响,该规程表 1.0.2 就把抗侧力结构——混凝土剪力墙、筒体和钢框架组成的结构视为高层建筑钢结构。2016 年 5 月 1 日起实施的《高钢规程》[3]已做了更正(详见本书表 1-16):①表内筒体不包括混凝土筒;②框架柱包括全钢结构柱和钢管混凝土(STC)柱。《高钢规程》把钢管混凝土(STC)柱视为钢构件,这与广东省标准《钢结构设计规程》[33]的规定一致。

1988 年,我国首次采用高层钢筋混凝土(reinforced concrete)核心筒+外钢框架(steel frame),即 RC+SF 高层混合结构(图 1-10),之后我国就大量采用混合结构,甚至在 8 度抗震设防区也如此。RC+SF 能够在我国大量采用,主要原因是:核心筒几乎承担 100%的水平作用(风、地震)[13],具有很大的抗推刚度,容易满足水平侧移限值 $[u_n]$ 的要求,设计无难度。

必须指出:由于混凝土与钢两种材料的结构延性比 $\zeta=D_u/D_y$ 相差很大[24],前者仅 $\zeta_c=3\sim4$,后者高达 $\zeta_s=7\sim9$(图 1-14d)。因此,混凝土核心筒结构和钢结构的混合,在强震作用下的不同结构性能表现,必须引起我国政府和注册结构工程师的关注:强震后,同一幢高楼的两种抗侧力结构体系,一种是混凝土核心筒,其刚度大,抗地震力为第一道抗震防线,可能成为建筑垃圾;另一种是钢框架,其能被修复(可持续发展)。一旦发生地震,后果将极其严重,我国政府官员和注册结构工程师要深思[31,32]。

我国《抗震规范》[34]第 385 页:"对于混凝土核心筒-钢框架混合结构,在美国主要用于非抗震设防区,且认为不宜大于 150m。在日本,1992 年建了两幢,其高度分别为 78m 和 107m,结合这两项工程开展了一些研究,但并未推广"。据报道,日本规定采用这类体系要

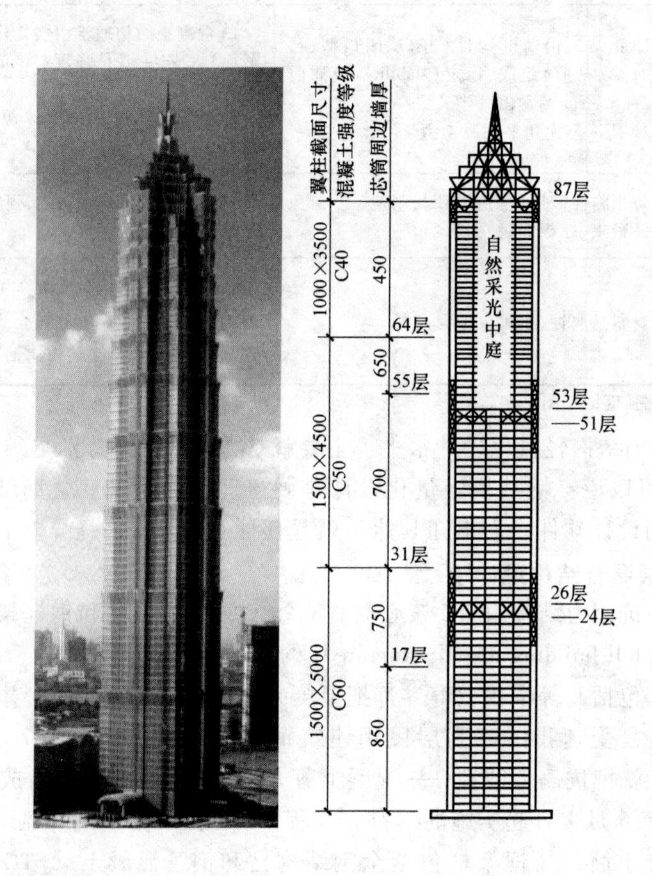

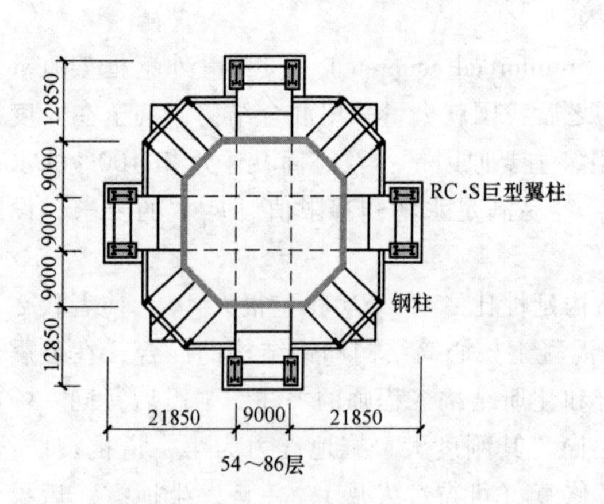

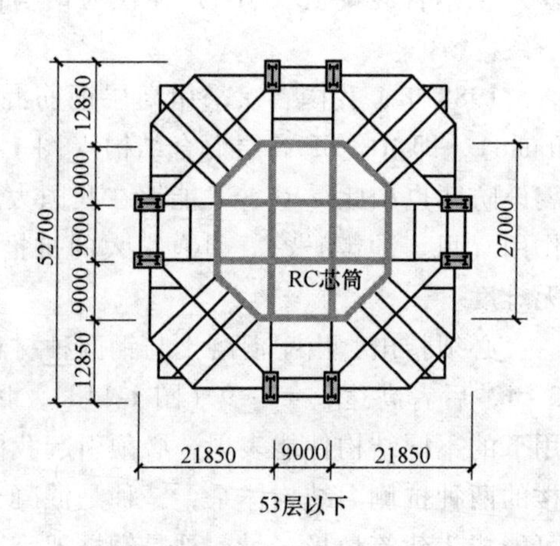

图 1-9 金茂大厦——高层混合结构（$n=88$，$H=421\text{m}$，上海浦东，1999 年）

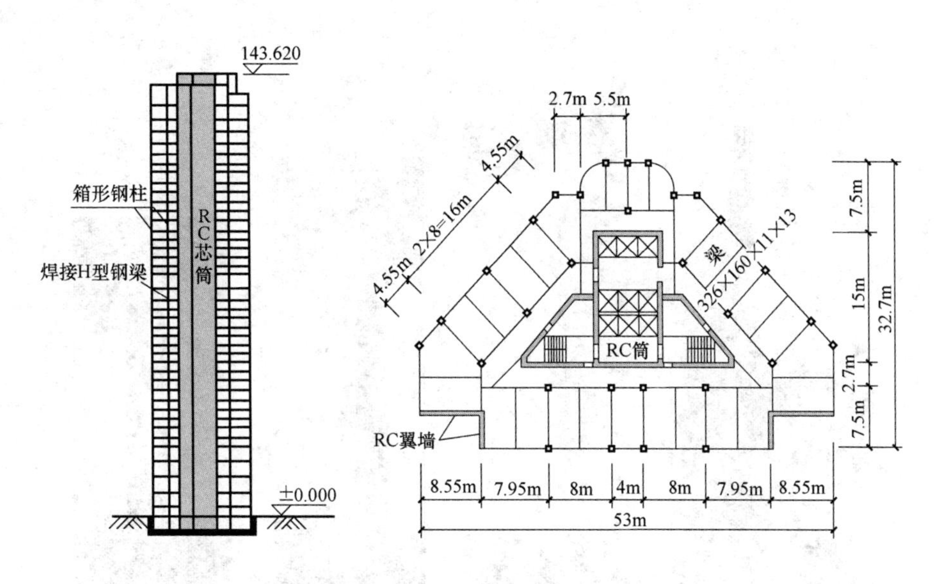

图 1-10 希尔顿国际酒店（$n=43$ 层，$H=143$m，上海，1988 年）

经建筑中心评定和建设大臣批准。

参考文献［13］第 5 页："1964 年美国阿拉斯加地震，采用 RC 芯筒-钢框架高层混合结构楼房，曾发生严重破坏甚至倒塌，据此，美国工程界一些人士认为，混合结构不宜用于地震区的高楼"。几十年来，我国对高层混合结构的性能并未进行认真的研究，也未经受地震考验，就盲目地在我国地震区大量建造这类高层建筑，且高度超出我国现行规范高度限值 3 倍以上。我国规范（规程）规定的高层混合结构的高度限值见表 1-7。

表 1-7 我国现行规范（规程）规定的高层混合结构的高度限值［H］ （单位：m）

规范（规程）		《建筑抗震设计规范》[34]	《高层建筑混凝土结构技术规程》[4]	《高层建筑钢-混凝土混合结构设计规程》[35]
［H］	6 度	185	200	120～220
	7 度	165	160	100（非双重抗侧力体系） 180（双重抗侧力体系）
	8 度	120～140	100～120	120～130
	9 度	95	70	70

可见，我国各地用 518.15～597m 高层混合结构（图1-11）来冲击我国高层建筑的高度限值，严重违背我国现行规范（程）的高度限值［H］（表 1-7）要求，在地震区采用如此高的高层混合结构，极其危险，且结构用钢量和混凝土用量极大，劳民伤财。例如，天津 117 大厦，用钢 18 万 t（型钢 14 万 t，钢筋 4 万 t），混凝土 18.9 万 m^3；广州东塔用钢 16.8 万 t（型钢 10.8 万 t，钢筋 6 万 t），混凝土 20 万 m^3。非常笨重，型钢混凝土（RCS）构件施工也十分艰难（图 1-12）。超出规范（程）限值 3～4 倍，是不负责任的表现。据说，某省将"设计"建造超 1000m 高的高层混合结构，那就太不讲科学了。

图 1-11 我国高层混合结构高度之最

a）天津 117 大厦、$H=597$m b）深圳平安大厦 $H=597$m

c）上海中心、$H=580$m d）广州东塔、$H=518.15$m

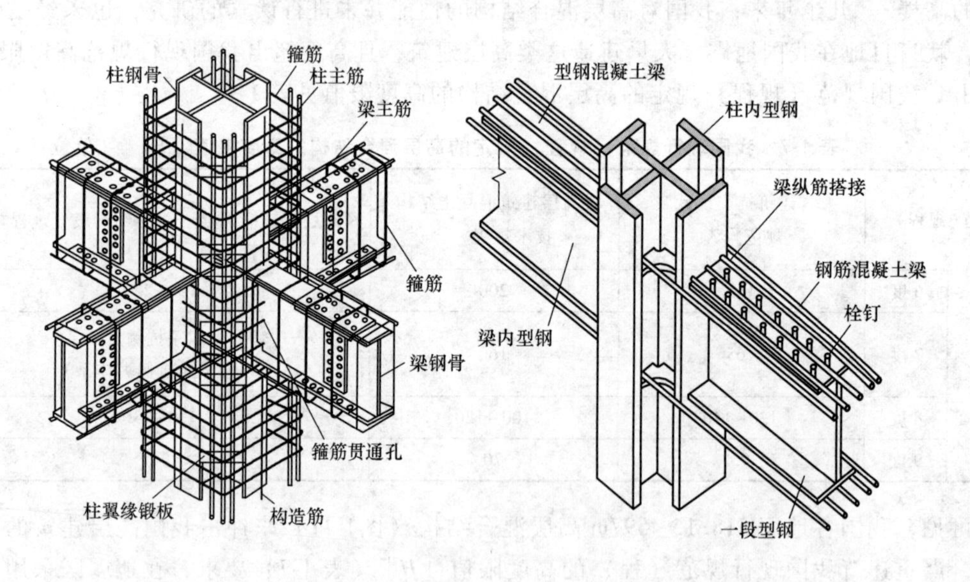

图 1-12 型钢混凝土（RCS）梁、柱结点

用高层混合结构狂热冲击我国现行规范的高度限值［H］，严重问题在哪里呢？我国执行的是住建部“建质”文件［36］，该文件对高层混合结构高度的上限未加限制，只规定了抗震设防的各项技术性能指标。从而，我国高层混合结构的高度越做越高，结构越做越笨重（利用混凝土墙、筒抗侧移刚度大）。为了达到技术指标，①设计者只有无限度地加大结构

尺寸和结构的用钢量，来满足文件中所规定的各项指标，如剪重比、刚重比、层间刚度比、周期比、轴压比等，直到算够为止；②进行短期的模型抗震性能试验。看似万无一失、很科学，但是，由于混凝土结构（开裂）和钢结构（不开裂）两种抗侧力结构的混合在强震作用下的结构性能及延性比差异和破坏机理，以及美国阿拉斯加地震高层混合结构的倒塌事实[13]，我国高层混合结构现状必须引起我国政府和工程界的关注和深思。一旦地震超高层倒塌，后果将十分严重。

由表1-8可见，我国高层混合结构占世界前10名超高层建筑的70%，世界著名的最高高层全钢结构建筑 Sears Tower（图1-2a），只排列表1-7中的第9名，从结构的科技水平、性能好坏、节材和安全等方面，设计者也应反思其中的原因。

表1-8 世界前10名超高层建筑（统计至2014年）

NO.	建筑物名称	高度/m	层数	结构与材料	建成
1	Khalifa Tower（阿联酋）	802.844	162	上段钢结构 下段混凝土结构	2010
2	深圳平安大厦	597	118	混合结构	2014
3	天津117	597	117		
4	上海中心	574	124		
5	广州东塔	518.15	111		
6	上海环球中心	492	101	混合结构	2008
7	Petronas Tower（吉隆坡）	452	88	混凝土结构	1997
8	南京紫峰大厦	450	89	混合结构	2010
9	Sears Tower（芝加哥）	443.179	110	全钢结构（9束框筒）	1974
10	国际金融中心（中国台北101）	427.1	101	全钢结构（大柱框架）	2004

NO.1阿联酋

1707ft=520m 天线总高
1483ft=452m 塔尖高
1518ft 天线底座顶部
1450ft=442m 屋面
No.7 No.9

高层建筑的高度的不同取值

注：No.7吉隆坡 Petronas Tower 的高度算到天线顶，No.9芝加哥 Sears Tower 的高度算到结构顶，若 Sears Tower 算到天线顶：520m>452m（Petronas Tower）。

1.2.2 现代钢结构与传统结构

关于现代结构工程，美国著名结构大师、康乃尔大学 L. C. 厄卡尔特教授有如下一段精辟论述：

Modern structural engineering tends to progress toward more economic structures through gradually improved methods of design and the use of higher strength materials. This results in a reduction of cross-sectional dimensions and consequent weight savings.

It is said that a structural engineer is a man or a woman who can do for dollar what any fool can do for two.

L. C Urquhart (Cornell University Professor of Structural Engineering)

现代钢结构与传统结构的对照见表 1-9。

表 1-9 现代钢结构与传统结构的对照

	现代钢结构(modern steel structure)	传统结构(如砖石、圬工结构等)
不同类	1. 轻质高强均质材料 2. 现代钢结构分析方法:有限单元(条)法、结构稳定理论、结构减震控制理论、预应力理论等	1. 材料不均质,且强度较低 2. 结构分析方法粗糙
设计理念	结构哲理:少费多用——用最少的结构提供最大的结构承载能力	结构尺寸大就是安全,我国工程界已深入人心,例如雄伟、笨重的万里长城
结论	安全、经济统一	安全、经济矛盾

为了在现代钢结构设计中贯彻执行国家的技术经济政策,广东省标准《钢结构设计规程》[33] 提出新的措辞:技术先进、安全经济、方便建造、适用耐久。它首次把安全经济并列在一起,表明安全与经济统一,以现代钢结构的特质,实现钢结构哲理[20,24]:少费多用——用最少的结构提供最大的结构承载力。

1.2.3 现代钢结构与绿色建筑

现代钢结构与绿色建筑的特质比较见表 1-10。

表 1-10 现代钢结构与绿色建筑特质比较

现代钢结构	绿色建筑
三大核心价值[20,24]: 最轻的结构 最短的工期 最好的延性	在建筑全寿命周期内①,最大限度地节约资源(节能、节地、节水、节材),保护环境和减少污染,为人们提供健康、适应和高效的使用空间,与自然和谐共生的建筑

① 建筑全寿命周期(Building Life Cycle),是指从建筑物的选址、设计、建造、使用、维护、拆除、处理废弃建材(垃圾回收或二次能源再利用)的整个过程。

1.3 现代钢结构轻量化设计理念——二、三、四观点

作者根据多年的结构理论研究和工程设计经验,提出了钢结构轻量化设计理念(表 1-11)。

表 1-11 钢结构轻量化设计理念——二、三、四观点

编号	结构分为两大类[37]	钢结构固有的三大核心价值[24]	钢结构精心设计的四大步骤[38]
1	弯矩结构 moment-resisting structures	最轻的结构 the lightest structural weight	结构方案(概念设计) structural scheme(conceptual design)
2	轴力结构(形效结构) axial force-resisting structures (formative structures)	最短的工期 the shortest construction period	结构截面高度 height of structural cross section
3		最好的延性 the best ductility	构件布局(短程传力、形态学与拓扑) layout of structural members (short-range force path, morphology and topology)
4			结点小型化 node miniaturization

1.3.1 结构分为两大类——弯矩结构和轴力结构（形效结构）

合理选择结构方案的前提是正确进行结构分类。

作者提出的按传力维进行结构分类，比过去按几何维分类更科学，前者力学概念清晰，目的在于把结构设计得更轻巧。按传力维分类，可将建筑结构分为弯矩结构和轴力结构（形效结构）两大类。由表 1-12 和图 1-13 可见，高层结构属于一维传力弯矩结构（悬臂结构）。

表 1-12 结构分为两大类[33]

传力维	轴力结构 axial force-resisting structures	弯矩结构 moment-resisting structures	
	屋盖形效结构 roof formative structures	屋盖弯矩结构	多、高层结构 (屋盖、楼盖水平刚度无穷大)
一	拱 索:柔性索,劲性索	板梁、桁架、张弦梁	框架;框架-支撑(或延性墙板); 框筒;巨型结构;悬挂结构
二		格栅,网架,张弦梁	
三	网壳 索网;单、双层索系;索膜穹顶 弦支穹顶		

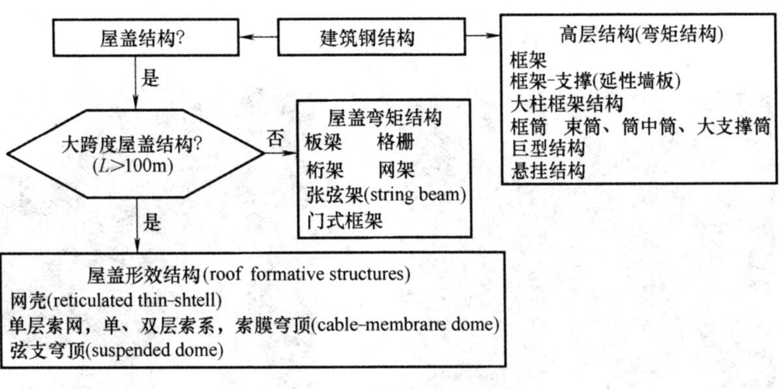

图 1-13 结构分类框图

1.3.2 钢结构固有的三大核心价值

钢结构应“轻、快、好、省”[39]，即应实现钢结构固有的三大核心价值（图 1-14）——最轻的结构、最短的工期和最好的延性。

材料	重度 $\gamma/(\mathrm{kgf/m^3})$	强度 $f_k/(\mathrm{N/mm^2})$	比强度 H_i/m
钢(steel)	7850	345(Q345)	$H_s=f_{sk}/\gamma_s=\dfrac{345\mathrm{N/mm^2}}{7850\ \mathrm{kgf/m^3}}=\dfrac{345\ \mathrm{N}/(10^{-3}\ \mathrm{m})^2}{7850\times9.81\ \mathrm{N/m^3}}=4484.596\mathrm{m}$
木(wood)	500	15	$H_w=f_{wk}/\gamma_w=\dfrac{15}{500}=3058.1\mathrm{m}$
混凝土(concrete)	2400	32.4(C50)	$H_c=f_{ck}/\gamma_c=\dfrac{32.4}{2400}=1376.147\mathrm{m}$

注：钢、木、混凝土比强度关系：$H_s>H_w>H_c$，说明钢结构最轻。

a)

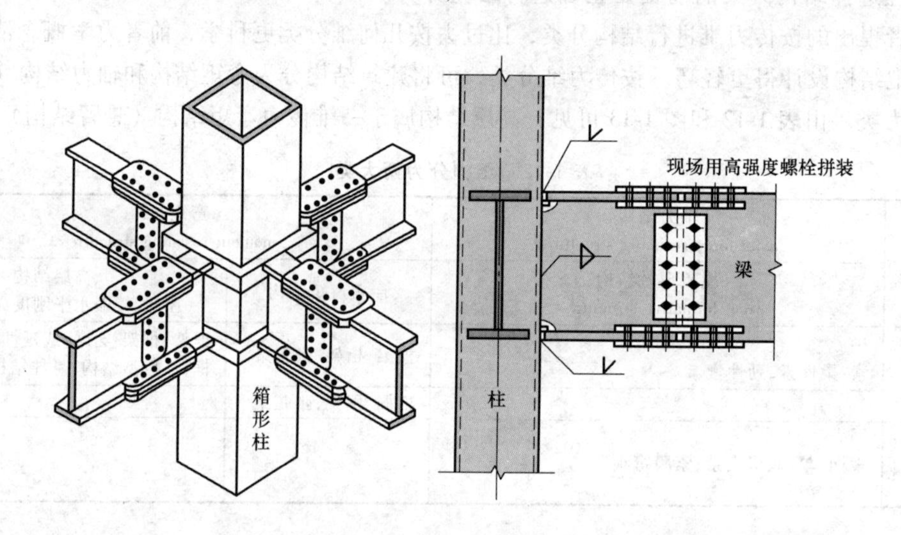

b)

图 1-14 钢结构固

a）最轻的结构：钢材的比强度 H_i 值最大 b）最短的工期：工地高强度螺栓装配化施工

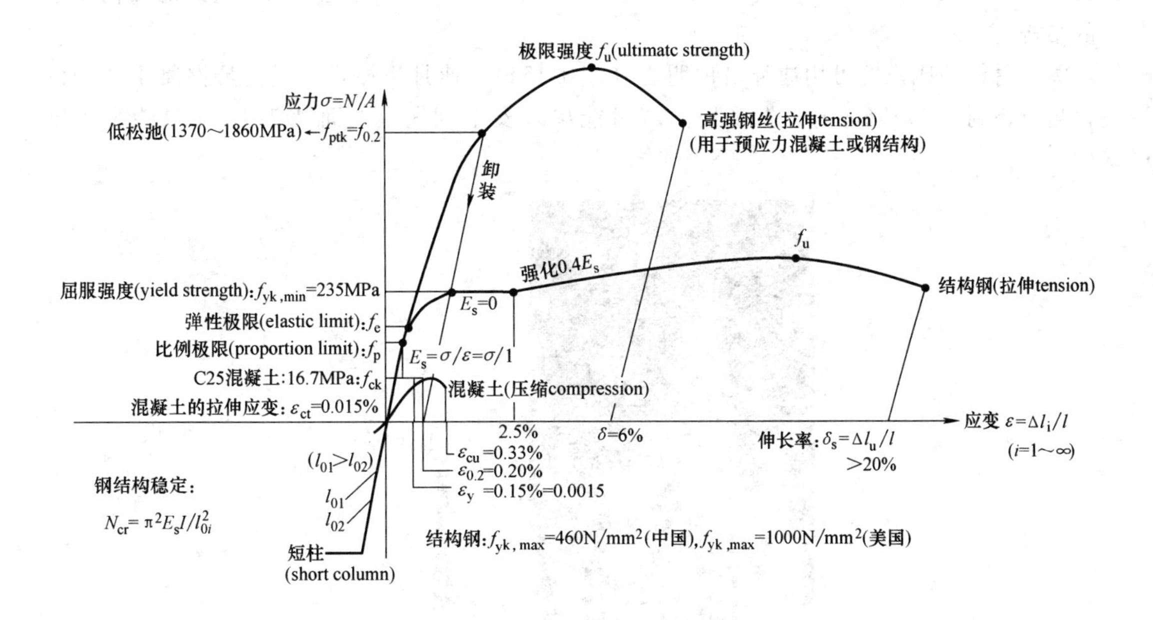

c)

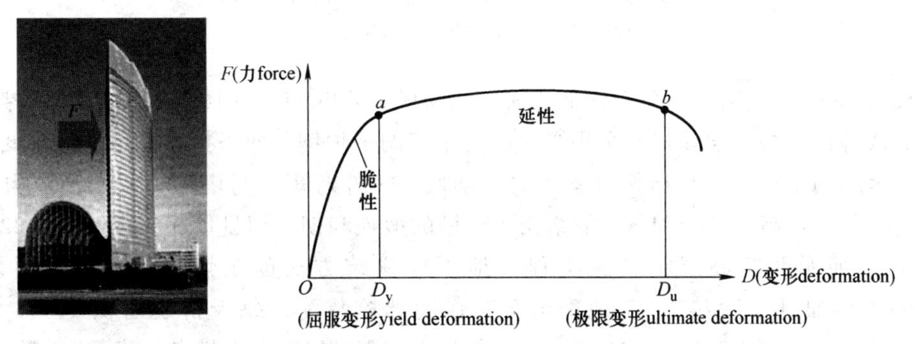

d)

有的三大核心价值

c）最好的延性：钢试件伸长率δ和钢结构延性比ζ最大　d）最好的延性：钢试件伸长率δ和钢结构延性比ζ最大

最轻的结构——用比强度 $H_i = f_{ik}/\gamma_i$ 来衡量，H_i 值最大时，结构最轻。图 1-14a 所示：钢 $H_s = 4484.596$m，木 $H_w = 3058.1$m，混凝土 $H_c = 1376.147$m。可见，钢材组成的结构是最轻的结构。

关于材料的比强度可用迪拜塔说明之（图 1-15a）。迪拜塔原设计是高层混凝土结构建筑，当塔建到 585.826m 时，发现塔下端可能出现安全问题，上面 217.018m 只能采用钢结构。

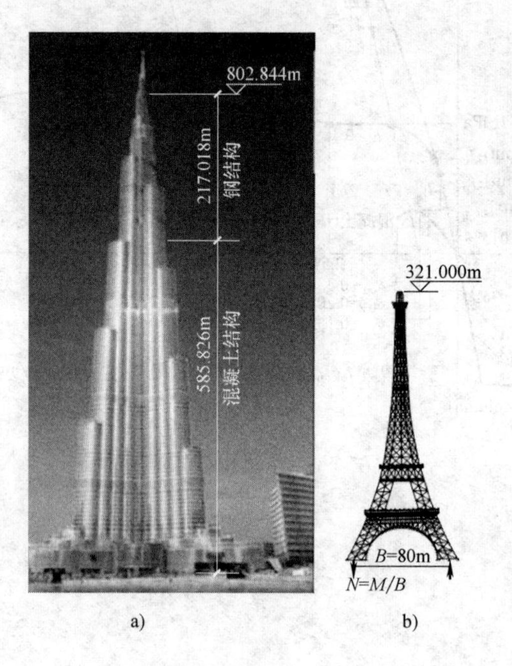

图 1-15 材料比强度与结构选型示例

a）迪拜塔（阿联酋，2008 年）（H=585.826m（混凝土）+217.018m（钢））b）Eiffel Tower（巴黎，1889 年）（H=321m，锻铁结构、工地铆钉装配）

为庆祝 1889 年法国大革命而建造的埃菲尔铁塔（Eiffel Tower 图 1-15b），是世界著名的标志性锻铁铆钉结构。埃菲尔不采用当时已有生产的平炉钢，而坚持要采用强度较低的锻铁建造，显示结构工程师选择结构方案的力学功底——外弯矩图与塔形一致，若结构方案选错，就建不起这样高（H=321m）的结构。全塔的锻铁和铆钉用量仅 0.73 万 t，即 22.7t/m。

表 1-13 所示两幢高层钢结构工程工地不同拼装方法的工期比较。美国西尔斯塔（图1-16a，芝加哥，1974），工地采用全高强度螺栓装配，每天拼装面积 889m^2/d；而北京长富宫中心（图 1-16b，1998 年）采用逐层栓焊法梁柱拼装，每天拼装面积仅 187m^2/d。

表 1-13 两幢高层钢结构工程不同工地拼装方式之工期比较

名称	平面	层数 n	建筑面积 /万 m^2	用钢 /万 t	现场安装方式工期 /月	拼装面积 /(m^2/d)
Sears Tower	68.58m× 68.58m	110	40	7.6	高强度螺栓安装 15 [40]	889
长富宫中心	48.00m× 25.80m	26	5.05	0.53	栓焊法:9 [40]	187

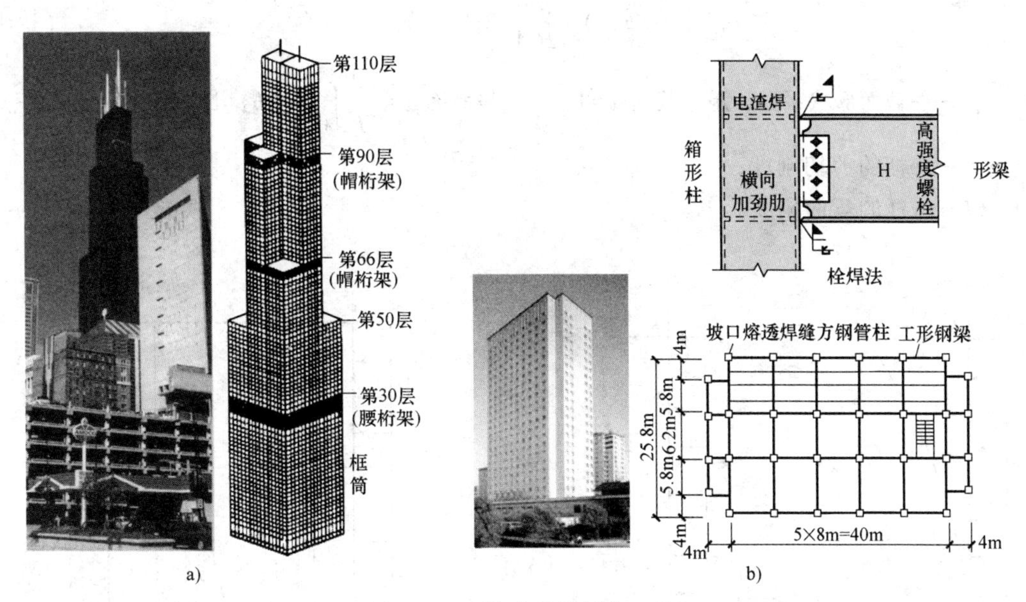

图 1-16　两幢高层钢结构工程

a) Sears Tower（工地高强度螺栓装配，1974 年）　b) 长富宫中心（工地梁柱栓焊法连接，1998 年）

1.3.3　钢结构设计的四大步骤

钢结构设计是硬道理，硬道理就是注册结构工程师要利用力学功底和结构理论正确选择结构方案，并在计算机建模前，正确估计结构截面高度。否则，所谓的优化对结构的轻量化无大用。

下面提出的钢结构精心设计的四大步骤：①结构方案（概念设计）；②结构截面高厚比限值 H/B（表 1-17）；③构件布局简洁（短程传力）；④结点（node）小型化。

1.4　高层钢结构设计特点

1.4.1　结构的水平侧移成为控制指标

1. 侧移与 H^4 成正比

在水平力（风、地震）作用下，高层结构，特别是高层钢结构的侧移控制是设计的一大难点。

图 1-17 所示水平均布荷载作用的悬臂弹性杆，弯矩 M、剪力 V 引起的水平侧移曲线是不同的。前者为弯曲型（bending-bearing type），后者为剪切型（shear-bearing type）。根据理论分析，楼层侧移 u（z）曲线公式[9]分别为：

弯曲型（图 1-17a）

$$u(z)=\frac{qz^2}{24EI}[z^2+4Hz+6H^2]_{z=H}=\frac{qH^2}{8EI} \tag{1-1a}$$

剪切型（图 1-17b）

$$u(z)=\frac{\mu q}{2GA}(2Hz-z^2) \tag{1-1b}$$

式中 μ——截面形状系数，矩形截面$\mu=1.2$，一般截面$\mu=\frac{A}{I^2}\int_A(S_y/b)^2\mathrm{d}A$，其中$S_y$为面积矩；

GA——杆的剪切刚度；

EI——杆的弯曲刚度。

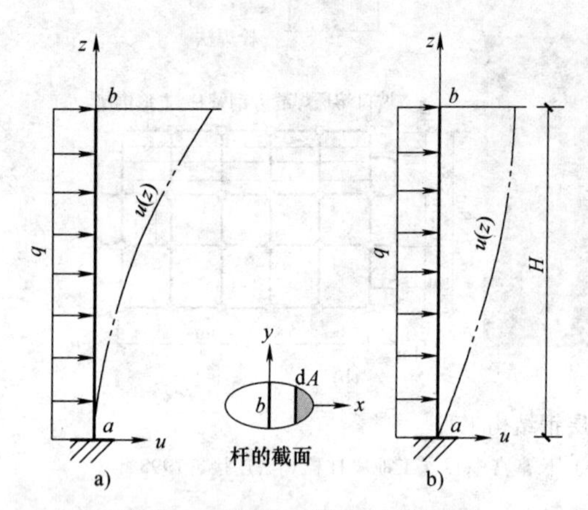

图 1-17 弹性悬臂杆的侧移变形

a）弯曲型（弯矩引起） b）剪切型（剪力引起）

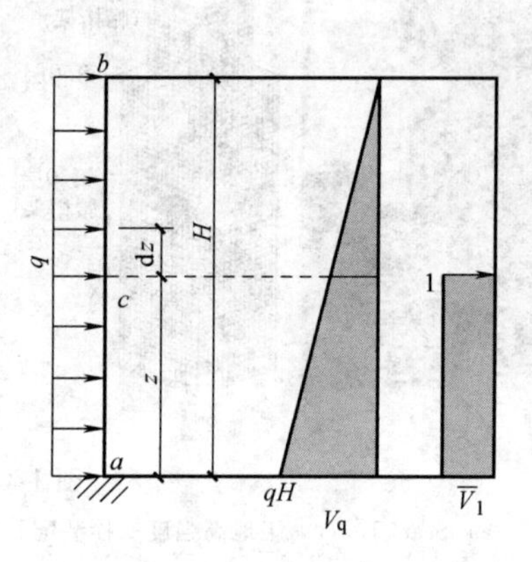

图 1-18 用单位荷载法推导公式示意图

V_q 图 $\overline{V}_1$ 图

式（1-1b）可用单位荷载法导出（图 1-18）[41]

$$u(z)=\int_{ab}\frac{\mu V_q\overline{V}_1}{GA}\mathrm{d}z=\int_{ac}\frac{\mu V_q\overline{V}_1}{GA}\mathrm{d}z+\int_{cb}\frac{\mu V_q\overline{V}_1}{GA}\mathrm{d}z$$

$$=\frac{\mu}{GA}\left\{\frac{[q(H-z)+qH]z}{2}\times1\right\}+0=\frac{\mu q}{2GA}(2Hz-z^2)$$

在水平作用（actions）——风（直接作用）和地震（间接作用）下（图 1-19），高层钢结构的设计难点在于选择最优的抗侧力结构体系。

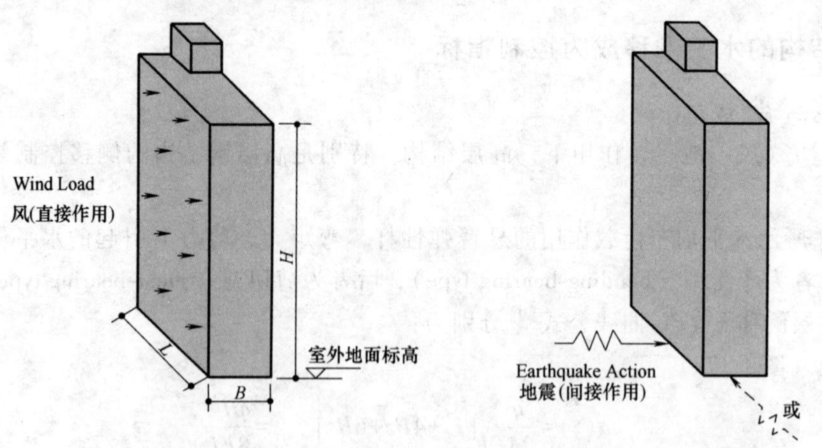

图 1-19 高层建筑结构承受的主要水平作用（actions）——风和地震

图 1-19 所示的高层建筑结构中，通常把 H/B 称为高宽比。根据作者的力学概念，尺寸 B 向与风荷载平行，应视 B 为高层建筑的厚度而非宽度，从而，作者将通常称谓的高宽比正名为高厚比（height-to-thickness ratio）。表 1-17 列出高层建筑结构的高厚比限值 $[H/B]$。

在竖向荷载（图 1-20a）、水平作用下（图 1-20b），内力（N、M）、位移 u 与结构高度 H 的关系如图 1-20c 所示。

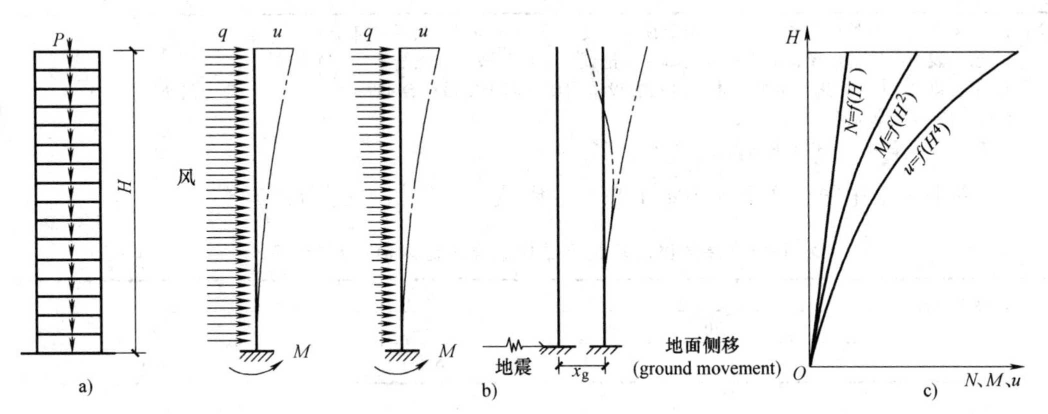

图 1-20 作用效应——轴力 N、弯矩 M 和结构侧移 u

a）竖向荷载 b）水平作用 c）N、M、u 与 H 的关系

内力和顶点位移计算公式由表 1-14 算出。可见，u 与 H^4 成正比，因此，随着 H 的增加，控制结构侧移就成为关键指标，为了满足使用功能和安全，结构在水平作用下产生的侧移应控制在某一限度之内。

表 1-14 内力和顶点位移计算公式

竖向荷载 P	水平荷载 q			
	均布		倒三角形	
N	M	u	M	u
PH	$\frac{qH^2}{2}$	$\frac{qH^4}{8EI}$	$\frac{qH^2}{3}$	$\frac{11qH^4}{120EI}$

层间位移限值见表 1-15。

表 1-15 层间位移限值 $[\Delta u]$[3,4]

风		$h_i/250$
地震	第一阶段	$h_i/250$
	第二阶段	$h_i/50$

注：h_i——楼层高度（m）。

《高钢规程》[3] 中的表 3. 2. 2 规定了我国高层建筑钢结构的高度限值 $[H]$，见表 1-16。

表 1-16 高层民用建筑钢结构的限值 $[H]$ （单位：m）

结构类型	非抗震设计	6 度	7 度		8 度		9 度
			(0. 10g)	(0. 15g)	(0. 20g)	(0. 30g)	(0. 40g)
框架	110	110	110	90	90	70	50
框架-中心支撑	240	220	220	200	180	150	120
框架-屈曲约束支撑 框架-偏心支撑(延性墙板)	260	240	240	220	200	180	160

（续）

结构类型	非抗震设计	6度	7度		8度		9度
			(0.10g)	(0.15g)	(0.20g)	(0.30g)	(0.40g)
钢结构筒体(框筒,筒中筒,桁架筒,束筒) 巨型框架	360	300	300	280	260	240	180

注：1. 房屋高度指室外地面到主要屋面板板顶的高度（不包括局部突出屋顶部分）。
2. 超过表内高度的房屋，应进行专门研究和论证，采取有效的加强措施。
3. 甲类建筑，6、7、8度时宜按本地区抗震设防烈度提高1度后符合本表要求，9度时应专门研究。
4. 表内筒体不包括混凝土筒。
5. 框架柱包括全钢柱和钢管混凝土（STC）柱。

《高钢规程》[3]中的表3.2.3规定了高厚比限值［H/B］，见表1-17。

表1-17 高层民用建筑钢结构的高厚比限值［H/B］

非抗震设计	抗震设计		
	6、7	8	9
6.5		6.0	5.5

2. 人体对运动的感受

1970年美国波士顿某高层建筑，在风荷载0.98kN/m^{2}作用下，结构顶点侧移$u<H/700$，居住者仍感到不适。说明满足顶点侧移，并不一定能满足风振容忍度（舒适度）的要求。试验研究指出，人体感觉器官不能觉察所在位置的绝对位移和速度，只能感受到它们的相对变化。因此，我国《高钢规程》[3]和《高混凝土技术规程》[4]只规定了层间侧移限值［Δu］（表1-15）。加速度是衡量人体对高层建筑风振感受的最好尺度。侧移u是结构按风荷载的等效静力算出的静位移；而结构风振加速度则取决于风荷载下的结构动位移，并与其振幅和频率两个参数密切相关。

F·K·Chang研究表明，结构在阵风作用下的风振加速度$a>0.015g=14.715\text{cm/s}^2$时，就会影响使用者的正常工作与生活（图1-21）。从关系式$a=A(2\pi f)$可见，当高层建筑在阵风作用下发生振动的频率f（frequency）为一定值时，结构振动加速度a（acceleration）与结构振幅A（Amplitude）成正比。

《高钢规程》[3]中的第3.5.5条：房屋$H\geqslant150$m的高层民用建筑钢结构应满足风振舒适度要求。在规定的10年一遇的风荷载标准值作用下，结构顶点的顺风向和横风向振动最大加速度计算值不应大于表1-18的限值。结构顶点的顺风向和横风向振动最大加速度，可按《荷载规范》[42]的有关规定计算，也可通过风洞试验结果确定。计算时钢结构阻尼比宜取0.01~0.015。

表1-18 结构顶点的顺风向和横风向风振加速度限值[3]

使用功能	a_{lim}	使用功能	a_{lim}
住宅、公寓	0.20m/s^2	办公、旅馆	0.28m/s^2

《高钢规程》[3]中的第3.5.7条：楼盖结构应具有适宜的舒适度。楼盖结构的竖向振动频率不宜小于3Hz，竖向振动加速度峰值不应大于表1-19的限值。楼盖结构竖向振动加速度可按《高混凝土技术规程》[4]的有关规定计算。

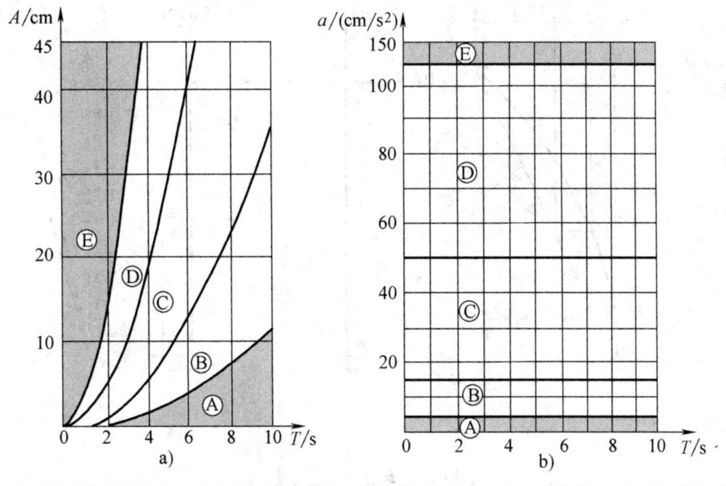

结构风振加速度 $a/(\mathrm{cm/s^2})$	人体反应	
<4.905　(0.005g)	Ⓐ	无感觉
4.905≤a<14.715 (0.015g)	Ⓑ	有感觉
14.715≤a<49.05 (0.050g)	Ⓒ	烦躁
49.05≤a<147.15 (0.150g)	Ⓓ	非常烦躁
≥147.15	Ⓔ	无法忍受

c)

图 1-21　人体风振反应

a）振幅 A 与周期 T　b）加速度 a 与周期 T　c）F. K. Chang 建议的人体风振分级标准

表 1-19　楼盖竖向振动加速度限值[3]

人员活动环境	峰值加速度限值/($\mathrm{m/s^2}$)	
	竖向自振频率不大于 2Hz	竖向自振频率不小于 4Hz
住宅、办公	0.07	0.05
商场及室内连廊	0.22	0.15

注：楼盖结构竖向频率为 2~4Hz 时，峰值加速度限值可按线性插值选取。

3. P-Δ 效应

在 P、Q 作用下，悬臂结构（图 1-22a）的过大水平位移会产生二阶弯矩（图 1-22b），c'点的弯矩是：$M_2=Q(H-z)+P(\Delta+d)=M_1+P\Delta+Pd$。其中：一阶弯矩 $M_1=Q(H-z)$；$P\Delta+Pd$ 为二阶效应；$P\Delta$ 即通常所说的 P-Δ 效应；Pd 为梁柱效应，一般可忽略不计。

研究表明：要近似考虑二阶效应，可以把乘积 $P\Psi$（图 1-22b）作为附加的水平力，然后按一阶理论计算。常规结构的二阶效应不会很大。当高厚比 H/B 增加，结构重力增加而刚度相对减少时，即当柱轴力很大和侧向刚度较小时，二阶效应甚至会超过一阶内力。如图 1-22c 所示的排架柱的 a 截面，一阶弯矩 $M_{a1}=10\mathrm{kN}\times5\mathrm{m}=50\mathrm{kN\cdot m}$，二阶弯矩 $M_{a2}=125\ \mathrm{kN\cdot m}$[43]。

一组算例分析结果指出：P-Δ 效应将使高层钢框架的极限承载力降低 10%~40%。图 1-22d为某 10 层钢框架的荷载-侧移曲线（虚线代表未考虑 P-Δ 效应的一阶弹性分析结果，

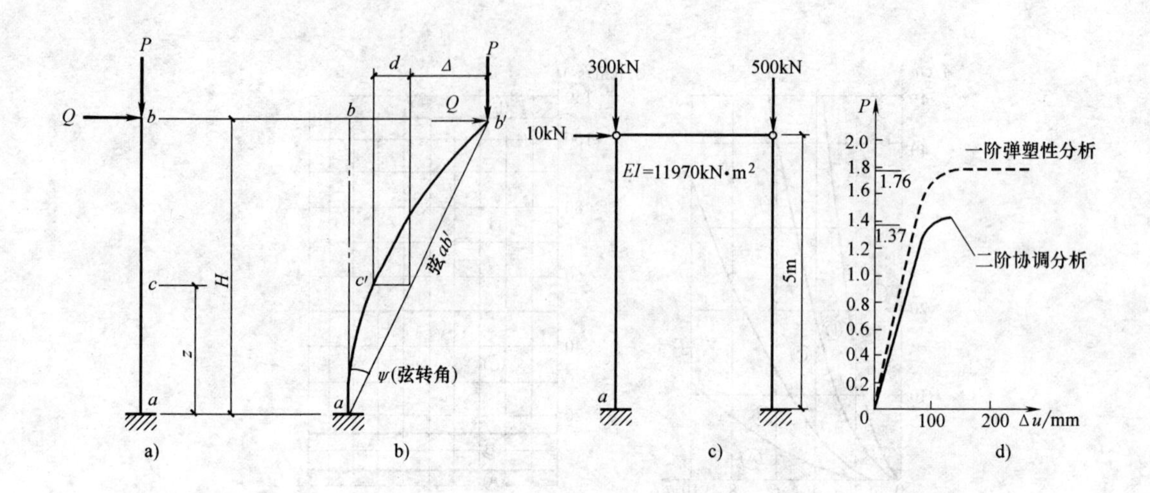

图 1-22 P-Δ 效应分析

a）一阶弯矩 M_1 b）二阶弯矩 M_2 c）框架 d）某 10 层钢框架的 P-Δu 关系[13]

实线表示考虑了 P-Δ 效应的分析结果）。

关于 P-Δ 效应，《高钢规程》[3]中第 7. 3. 2 条规定：

1）框架结构内力分析可采用一阶线弹性分析或二阶线弹性分析。二阶效应系数（稳定系数）为

$$\theta_i=\frac{M_{\mathrm{g}}}{M_0}=\frac{\sum G_i\Delta u_i}{V_i h_i} \tag{1-2}$$

式中 M_{g}——水平力作用下的重力附加变矩，为任一楼层以上所有竖向荷载与该楼层水平作用下平均层间位移的乘积；

M_0——初始弯矩，为该楼层水平剪力与楼层层高的乘积；

$\sum G_i$——i 层以上所有竖向荷载计算值；

Δu_i——第 i 层楼层的层间位移；

V_i——第 i 层水平剪力计算值，$V_i=\sum_{i}^{n}=P_i$，详见本书式（6-1）；

h_i——第 i 层层高。

当 $\theta_i>0.1$ 时，应采用二阶线弹性分析。二阶效应系数不应大于 0. 2。

2）当采用二阶线弹性分析时，应在各楼层的楼盖处加上假想水平力，即

$$H_{ni}=\frac{Q_i}{250}\sqrt{\frac{f_{\mathrm{y}}}{235}}\sqrt{0.2+\frac{1}{n}}$$

此时框架柱的计算长度系数取 1. 0。

式中 Q_i——第 i 楼层的总重力荷载设计值（kN）；

n——框架总层数，当 $\sqrt{0.2+1/n}>1$ 时，取此根号值为 1. 0。

在结构侧向刚度为定值时，结构楼层质量越大，二阶效应就越显著。控制结构的侧向刚度，宏观上有两个容易判断的指标：①结构侧移应满足规程的位移限制条件；②结构的楼层剪力与该层及其以上各层重力荷载代表值的比值（即楼层剪重比）应满足最小值规定。

一般情况下，满足了这些规定，可基本保证结构的整体稳定性。对抗震设计的结构，楼层剪重比必须满足有关规定；对于非抗震设计的结构，虽然《荷载规范》[42]第 8.1.2 条规定基本风压的取值不得小于0.3kN/m^2，这样可保证水平风荷载产生的楼层剪力不至于过小，但对楼层剪重比没有最小值规定。因此，对抗震设计的高层钢结构，虽然侧移满足楼层位移限制条件，但侧向刚度可能依然偏小，不满足结构整体稳定要求。

在满足建筑空间（功能、美学）的前提下，注册结构师应努力激发结构选型的力学智慧，正确选择结构方案，最有效地提高结构的抗侧移刚度、抗扭刚度和延性。结构体系的经济性也主要取决于抗侧力结构体系的有效性。随着高度 H 的增加，结构体系的选择必将变化。因此，为了实现钢结构抗侧力刚度最佳、用钢量合理，结构体系的正确选择必将成为高层全钢结构设计成败的关键[38]。

1.4.2 钢结构防锈必须到位[44]

钢结构有很多优点，即钢结构固有的三大核心价值[24]，唯一缺点是易腐蚀和不耐火。高层钢结构中的所有钢结构构件均应进行防锈涂装处理。必须强调，涂装前的除锈极为重要。除锈方法和等级见表 1-20。

表 1-20 钢结构除锈方法和除锈等级

除锈方法	喷(抛)射除锈			手工和动力工具除锈		酸洗除锈	火焰除锈
除锈等级	一般	较彻底	彻底	彻底	非常彻底	彻底除尽氧化蚀皮和锈皮	
	Sa2	Sa2.5	Sa3	St2	St3	Be	F1

注：1. 当材料和零件采用化学除锈方法时，应选用具备除锈、磷化、钝化两个以上功能的处理液，其质量应符合 GB/T 12612—2015《多功能钢铁表面处理液通用技术条件》的规定。

2. 高层钢结构中，常用除锈等级为 Sa2.5。

1. 钢材表面处理

钢材表面处理，不仅要求除去钢材表面的污垢、油脂、铁锈、氧化皮、焊渣和已失效的旧涂层，还要求在钢材表面形成合适的“粗糙度”。当设计无要求时，钢材表面除锈等级应符合表 1-21 的规定。

表 1-21 各种底漆或防锈漆要求最低的除锈等级

涂 料 品 种	除锈等级
油性酚醛、醇酸等底漆或防锈漆	St2
高氯化聚乙烯、氯化橡胶、氯磷化聚乙烯、环氧树脂、聚氨酯等底漆或防锈漆	Sa2
无机富锌、有机硅、过氯乙烯等底漆	Sa2.5

（1）表面油污的清除 清除钢材表面的油污，通常采用三种方法：碱液清除法、有机溶剂清除法、乳化碱液清除法。

1）碱液清除法。碱液除油主要是借助碱的化学作用来清除钢材表面上的油脂。该法使用简便、成本低。在清洗过程中要经常搅拌清洗液或晃动被清洗的物件。碱液除油配方见表 1-22。

表 1-22 碱液除油配方

组成	钢及铸造铁件/(g/L)		铝及其合金/(g/L)
	一般油脂	大量油脂	
氢氧化钠	20~30	40~50	10~20
碳酸钠	—	80~100	—
磷酸三钠	30~50	—	50~60
水玻璃	3~5	5~15	20~30

2）有机溶剂清除法。有机溶剂除油是借助有机溶剂对油脂的溶解作用来除去钢材表面上的油污。在有机溶剂中加入乳化剂，可提高清洗剂的清洗能力。有机溶剂清洗液可在常温条件下使用，但加热至50℃的使用，会提高清洗效率。也可以采用浸渍法或喷射法除油，一般喷射法除油效果较好，但比浸渍法复杂。有机溶剂除油配方见表1-23。

表1-23 有机溶剂除油配方

组成	煤油	松节油	月桂酸	三乙醇胺	丁基溶纤剂
质量比(%)	67.0	22.5	5.4	3.6	1.5

3）乳化碱液清除法。乳化碱液除油是在碱液中加入乳化剂，使清洗液除具有碱的皂化作用外，还有分散、乳化等作用，增强了除油能力，其除油效率比用碱液高。乳化碱液除油配方见表1-24。

表1-24 乳化碱液除油配方

组成	配方(质量比)(%)		
	浸渍法	喷射法	电解法
氢氧化钠	20	20	88
碳酸钠	18	15	8.5
三聚磷酸钠	20	20	10
无水偏硅酸钠	30	32	25
树脂酸钠	5	—	—
烷基芳基磺酸钠	5	—	1
烷基芳基聚醚醇	2	—	—
非离子型乙烯氧化物	—	1	0.5

（2）表面旧涂层的清除　有些钢材表面常带有旧涂层，施工时必须将其清除，常用清除方法有碱液清除法和有机溶剂清除法。

1）碱液清除法。碱液清除法是借助碱对涂层的作用，使涂层松软、膨胀，从而便于除掉。该法与有机溶剂法相比成本低，生产安全，没有溶剂污染，但需要一定的设备，如加热设备等。

碱液的组成和质量比应符合表1-25的规定。使用时，将表中所列混合物按6%~15%的比例加水配制成碱溶液，并加热到90℃左右时，即可进行清除。

表1-25 碱液的组成及质量分数

组成	质量分数(%)	组成	质量分数(%)
氢氧化钠	77	山梨醇或甘露醇	5
碳酸钠	10	甲酚钠	5
OP-10	3	—	—

2）有机溶剂清除法。有机溶剂清除法具有效率高、施工简单、不需加热等优点，但是有一定的毒性、易燃和成本高。

清除前应将物件表面上的灰尘、油污等附着物除掉，然后放入脱漆槽中浸泡，或将脱漆剂涂抹在物件表面上，使脱漆剂渗透到旧漆膜中，并保持“潮湿”状态。浸泡1~2h后或涂抹10min左右后，用刮刀等工具轻刮，直到旧漆膜被除净为止。

有机溶剂脱漆剂有两种配方，见表1-26。

表1-26 有机溶剂脱漆剂配方

配方(一)		配方(二)			
甲苯	30份	甲苯	30份	苯酚	3份
乙酸乙酯	15份	乙酸乙酯	15份	乙醇	6份
丙酮	5份	丙酮	5份	氨水	4份
石蜡	4份	石蜡	4份	—	—

(3) 表面锈蚀的清除 钢材表面除锈前，应清除厚的锈层、油脂和污垢；除锈后应清除钢材表面上的浮灰和碎屑。

1) 手工和动力工具除锈

① 手工和动力工具除锈，可以采用铲刀、锤子或动力钢丝刷、动力砂纸盘或砂轮等工具。

② 手工除锈施工方便，但劳动强度大，除锈质量差，影响周围环境，一般只能除掉疏松的氧化皮、较厚的锈和鳞片状的旧涂层。在金属制造厂加工制造钢结构时不宜采用此法；一般在不能采用其他方法除锈时采用此法。

③ 动力工具除锈是利用压缩空气或电能为动力，使除锈工具产生圆周式或往复式的运动，以利用其摩擦力和冲击力来清除锈和氧化皮等物。动力工具除锈比手工工具除锈效率高、质量好，是目前一般涂装工程除锈常用的方法。

④ 下雨、下雪、下雾或湿度大的天气，不宜在户外进行手工和动力工具除锈；钢材表面经手工和动力工具除锈后，应当满涂底漆，以防止返锈。如在涂底漆前已返锈，则需要重新除锈和清理，并及时涂上底漆。

2) 抛射除锈。

① 抛射除锈是利用抛射机叶轮中心吸入磨料和叶尖抛射磨料产生的作用进行工作的。

② 抛射除锈常使用的磨料为钢丸和铁丸。磨料的粒径以选用0.5~2.0mm为宜，一般认为将0.5mm和1mm两种规格的磨料混合使用效果较好。可以得到适度的表面粗糙度，有利于漆膜的附着，而且不需增加外加的涂层厚度，并能减小钢材因抛丸而引起的变形。

③ 在叶轮内，磨料由于自重的作用，经漏斗进入分料轮，并同叶轮一起高速旋转。磨料分散后，从定向套口飞出，射向物件表面，以高速的冲击和摩擦除去钢材表面的锈和氧化皮等污物。

3) 喷射除锈。喷射除锈是利用经过油、水分离处理过的压缩空气将磨料带入并通过喷嘴高速喷向钢材表面，利用磨料的冲击和摩擦力将氧化皮、锈及污物等除掉，同时使钢材表面获得一定的粗糙度，以利于漆膜的附着。

喷射除锈有干喷射、湿喷射和真空喷射三种。

① 干喷射除锈。喷射压力应根据所选用的不同磨料来确定，一般控制在0.4~0.6MPa，密度小的磨料采用压力可低些，密度大的磨料采用压力可高些；喷射距离一般以100~300mm为宜；喷射角度以35°~75°为宜。

喷射操作应按顺序逐段或逐块进行，以免漏喷和重复喷射，一般应遵循先下后上、先内后外以及先难后易的原则进行喷射。

② 湿喷射除锈。湿喷射除锈一般是以砂子作为磨料，其工作原理与干喷射法基本相同。

它是使水和砂子分别进入喷嘴，在出口处汇合，然后通过压缩空气，使水和砂子高速喷出，形成一道严密的包围砂流的环形水屏，从而减少了大量的灰尘飞扬，并达到除锈目的。

湿喷射除锈用的磨料，可选用洁净和干燥的河砂，其粒径和含泥量应符合磨料要求的相关规定。喷射用的水，一般为了防止在除锈后涂底漆前返锈，可在水中加入1.5%的防锈剂（磷酸三钠、亚硝酸钠、碳酸钠和乳化液），在喷射除锈的同时，使钢材表面钝化，以延长返锈时间。

湿喷射磨料罐的工作压力为0.5MPa，水罐的工作压力为0.1~0.35MPa。

如果用直径为25.4mm的橡胶管连接磨料罐和水罐来输送砂子和水，则喷射除锈能力一般为3.5~4m^2/h，砂子耗用为300~400kg/h，水的用量为100~150kg/h。

③ 真空喷射除锈。真空喷射除锈在工作效率和质量上与干喷射法基本相同，但它可以避免灰尘污染环境，而且设备可以移动，施工方便。

真空喷射除锈是利用压缩空气将磨料从一个特殊的喷嘴喷射到物件表面上，同时又利用真空原理吸回喷出的磨料和粉尘，再经分离器和滤网把灰尘和杂质除去，剩下清洁的磨料又回到贮料槽，再从喷嘴喷出，如此循环。真空喷射除锈的整个过程都是在密闭条件下进行，无粉尘污染。

4）酸洗除锈。酸洗除锈亦称化学除锈，其原理就是利用酸洗液中的酸与金属氧化物进行化学反应，使金属氧化物溶解，生成金属盐并溶于酸洗液中，从而除去钢材表面上的氧化物及锈。酸洗除锈常用的方法有两种，即一般酸洗除锈和综合酸洗除锈。钢材经过酸洗后，很容易被空气氧化，因此还必须对其进行钝化处理，以提高其防锈能力。

① 一般酸洗。酸洗液的性能是影响酸洗质量的主要因素，它一般由酸、缓蚀剂和表面活性剂组成。

酸洗除锈所用的酸分无机酸和有机酸两大类。无机酸主要有硫酸、盐酸、硝酸和磷酸等；有机酸主要有醋酸和柠檬酸等。目前，国内对大型钢结构的酸洗，主要用硫酸和盐酸，也有用磷酸进行除锈的。

缓蚀剂是酸洗液中不可或缺的重要组成部分，其大部分是有机物。在酸洗液中加入适量的缓蚀剂，可以防止或减少在酸洗过程中产生“过蚀”或“氢脆”现象，同时也可减少酸雾。

由于酸洗除锈技术的发展，在现代的酸洗液配方中，一般都要加入表面活性剂。表面活性剂是由亲油性基和亲水性基两个部分所组成的化合物，具有润湿、渗透、乳化、分散、增溶和去污等作用。

② 综合酸洗是对钢材进行除油、除锈、钝化及磷化等几种处理方法的综合。根据处理种类的多少，综合酸洗法可分为以下三种。

“二合一”酸洗是同时进行除油和除锈的处理方法，去掉了一般酸洗方法前的除油工序，提高了酸洗效率。

“三合一”酸洗是同时进行除油、除锈和钝化的处理方法，与一般酸洗方法相比去掉了其前后的除油和钝化两道工序，较大程度地提高了酸洗效率。

“四合一”酸洗是同时进行除油、除锈、钝化和磷化的综合方法，去掉了一般酸洗前后的除油、磷化和钝化三道工序，与使用磷酸一般酸洗方法相比，大大地提高了酸洗效率。但与使用硫酸或盐酸一般酸洗方法相比，由于磷酸对锈、氧化皮等的反应速度较慢，因此酸洗的总效率并没有提高，而费用却提高很多。

一般来说，“四合一”酸洗不宜用于钢结构除锈，主要适用于机械加工件的酸洗——除油、除锈、磷化和钝化。

③ 钝化处理。钢材酸洗除锈后，为了延长其返锈时间，常对其进行钝化处理，以便在钢材表面形成一种保护膜，以提高其防锈能力。常用钝化液的配方及工艺条件见表1-27。

表1-27 钝化液配方及工艺条件

材料名称	配比/(g/L)	工作温度/℃	处理时间/min
重铬酸钾	2~3	90~95	0.5~1
重铬酸钾 碳酸钠	0.5~1 1.5~2.5	60~80	3~5
亚硝酸钠 三乙醇胺	3 8~10	室温	5~10

根据具体施工条件，钝化可采用不同的处理方法。一般是在钢材酸洗后，立即用热水冲洗至中性，然后进行钝化处理；也可在钢材酸洗后，立即用水冲洗，然后用5%碳酸钠水溶液进行中和处理，再用水冲洗以洗净碱液，最后进行钝化处理。

酸洗除锈比手工和动力机械除锈的质量高，与喷射方法除锈质量等级基本相当，但酸洗后的表面不能造成像喷射除锈后形成适合于涂层附着的表面粗糙度。

5）火焰除锈。钢材火焰除锈是指在火焰加热作业后，用动力钢丝刷清除加热后附着在钢材表面的产物。钢材表面除锈前，应先清除附在钢材表面较厚的锈层，然后在火焰上加热除锈。

2. 锈蚀等级和除锈标准

1）钢材表面分A、B、C、D四个锈蚀等级，各等级文字说明如下：

A级——全面地覆盖着氧化皮而几乎没有铁锈的钢材表面。

B级——已发生锈蚀，并且部分氧化皮已经剥落的钢材表面。

C级——氧化皮已因锈蚀而剥落或可以刮除，并有少量点蚀的钢材表面。

D级——氧化皮已因锈蚀而全面剥离，并且已普遍发生点蚀的钢材表面。

2）除锈等级分为喷射或抛射除锈、手工和动力工具除锈以及火焰除锈三种。

① 喷射或抛射除锈等级。喷射或抛射除锈分为四个等级，用字母“Sa”表示，其文字部分叙述如下。

Sa1——轻度的喷射或抛射除锈。钢材表面应无可见的油脂或污垢，并且没有附着不牢的氧化皮、铁锈和油漆涂层等附着物。附着物是指焊渣、焊接飞溅物和可溶性盐等。附着不牢是指氧化皮、铁锈和油漆涂层等能以金属腻子刀从钢材表面剥离掉，即可视为附着不牢。

Sa2——彻底的喷射或抛射除锈。钢材表面无可见的油脂和污垢，并且氧化皮、铁锈等附着物已基本清除，其残留物应是牢固附着的。

Sa2.5——非常彻底的喷射或抛射除锈。钢材表面无可见的油脂、污垢、氧化皮、铁锈和油漆层等附着物，任何残留的痕迹应仅是点状或条纹状的轻微色斑。

Sa3——使钢材表观洁净的喷射或抛射除锈。钢材表面应无可见的油脂、污垢、氧化皮、铁锈和油漆涂层等附着物，该表面应显示均匀的金属光泽。

② 手工和动力工具除锈等级。手工和动力工具除锈以字母“St”表示，只有两个等级。

St2——彻底的手工和动力工具除锈。钢材表面应无可见的油脂和污垢，并且没有附着不牢的氧化皮、铁锈和油漆涂层等附着物。

St3——非常彻底的手工和动力工具除锈。钢材表面应无可见的油脂和污垢，并且没有附着不牢的氧化皮、铁锈和油漆涂层等附着特。除锈应比 St2 更为彻底，底材显露部分的表面应具有金属光泽。

③ 火焰除锈等级。火焰除锈等级以字母“F1”表示。在火焰加热作业后，以动力钢丝刷清除加热后附着在钢材表面的产物，只有一个等级。钢材表面应无氧化皮、铁锈和油漆涂层等附着物，任何残留的痕迹应仅为表面变色（不同颜色的暗影）。

各国制定钢材表面的除锈等级时，基本上都以我国标准（GB）、瑞典和美国的除锈标准作为蓝本，因此各国的除锈等级大体上是可以对应采用的。各国除锈等级对应关系见表 1-28。

表 1-28 各国除锈等级对应关系表

GB/T 8923.1(中国)①	SISO 55900（瑞典）	SSPC（美国）	DIN 55928（德国）	BS 4232（英国）	JSRA SPSS（日本造船协会）	
轻度的喷射或抛射除锈 Sa1	Sa1	SP-7	Sa1		Sa1	Sh1
彻底的喷射或抛射除锈 Sa2	Sa2	SP-6	Sa2	三级	Sa2	Sh2
非常彻底的喷射或抛射除锈 Sa2. 5	Sa2. 5	SP-10	Sa2. 5	二级	Sa2. 5	Sh3
使钢材表面洁净的喷射或抛射除锈 Sa3	Sa3	SP-5	Sa3	一级		
彻底的手工和动力工具除锈 St2	St2	SP-2	St2			
非常彻底的手工和动力工具除锈 St3	St3	SP-3	St3			
火焰除锈 F1		SP-4	F1			
		SP-8	Be			

① 此处标准是指 GB/T 8923.1—2011《涂覆涂料前钢材表面处理 表面清洁度的目视评定 第 1 部分：未涂覆过的钢材表面和全面清除原有涂层后的钢材表面的锈蚀等级和处理等级》

1.4.3 装配式钢结构——工地高强度螺栓（零焊接）装配化

2016 年 9 月国务院办公厅《关于大力发展装配式建筑的指导意见》（国办发［2016］71 号，以下简称“指导意见”），发展装配式钢结构已上升为国家战略。指导意见的工作目标是：“以京津冀、长三角、珠三角三大城市群为重点推进地区，常住人口超过 300 万的其他城市为积极推进地区，其余城市为鼓励推进地区，因地制宜发展装配式混凝土结构、钢结构和现代木结构等装配式建筑。力争用 10 年左右（到 2025 年）的时间，使装配式建筑占新建建筑面积的比例达到 30%”。

发布“指导意见”的背景：

（1）大气候 根据联合国（UN）2017 年在纽约发布的《2017 年世界经济形势与展望》报告，2016 年世界经济增长速度估计仅为 2. 2%，全球投资步伐放慢；贸易增长疲弱；生产率增长缓慢；债务水平偏高。预计在 2017 年、2018 年将只分别增长 2. 7%、2. 9%。美国特朗普政府有关国际贸易非常保守，中国再以量取胜，几无可能。建筑业则是内需为主。

（2）小气候 中国的建筑市场经过 30 多年的野蛮发展后，现在后遗症已非常严重，再不调整可能会怪胎作怪，毒瘤发展，恶化发展。

装配式钢结构建筑的装配式钢结构（assemblage steel structure），是指钢构件（表1-4）制造（焊接等）工厂化，工地高强度螺栓装配化[33]。先进国家钢结构工程基本上实现了工地高强度螺栓装配化。结合中国目前装配式钢结构的设计和施工水平，建议装配钢结构用工地高强度螺栓的装配率ρ来衡量，当$\rho \geq 80\%$（焊接占20%）时，可视为装配式钢结构，勉强与世界先进国家的装配式钢结构概念接轨（但一个结点不能同时采用高强度螺栓和焊接两种形式，因为，一个钢结构采用高强度螺栓和焊接混合连接，如栓焊法连接，地震时易被破坏（美国地震曾发生大量栓焊法焊缝破坏，详见图5-8）。计划到2025年装配式钢结构实现工地全高强度螺栓全装配。

根据装配式的四个指标——节约资源、环保（减小污染）、效率、质量保证。钢结构工厂焊接和工地焊接，将产生不同的效果，前者能保证质量，后者无保证，且劳动强度大。因此，工地用高强度螺栓装配的优点有以下几方面：

① 便于施工，且钢结构质量有保证。

② 安装快捷，工期短。

③ 中、小震时，螺栓可靠，大震时摩擦面滑移耗能，结构不倒。

必须指出，要实现装配式钢结构，应先进行钢结构轻量化设计（详见本书第1.3节）。因此，作者认为工地大量采用焊接连接就是野蛮发展的一种表现。

1.5 高层钢结构的发展趋势

随着城市人口的增加，建筑的高度不断增长，结构承受的水平作用（风、地震力）、竖向荷载和倾覆力矩越来越大。

根据对结构的两大分类（表1-12，图1-13），高层结构属于一维弯矩结构（悬臂结构）。因此，结构平面布置，必须遵循结构材料周边化原则，这是高层结构发展的总趋势。

高层抗侧力结构抗弯刚度EI的比较见表1-29。

表1-29 高层抗侧力结构抗弯刚度EI的比较

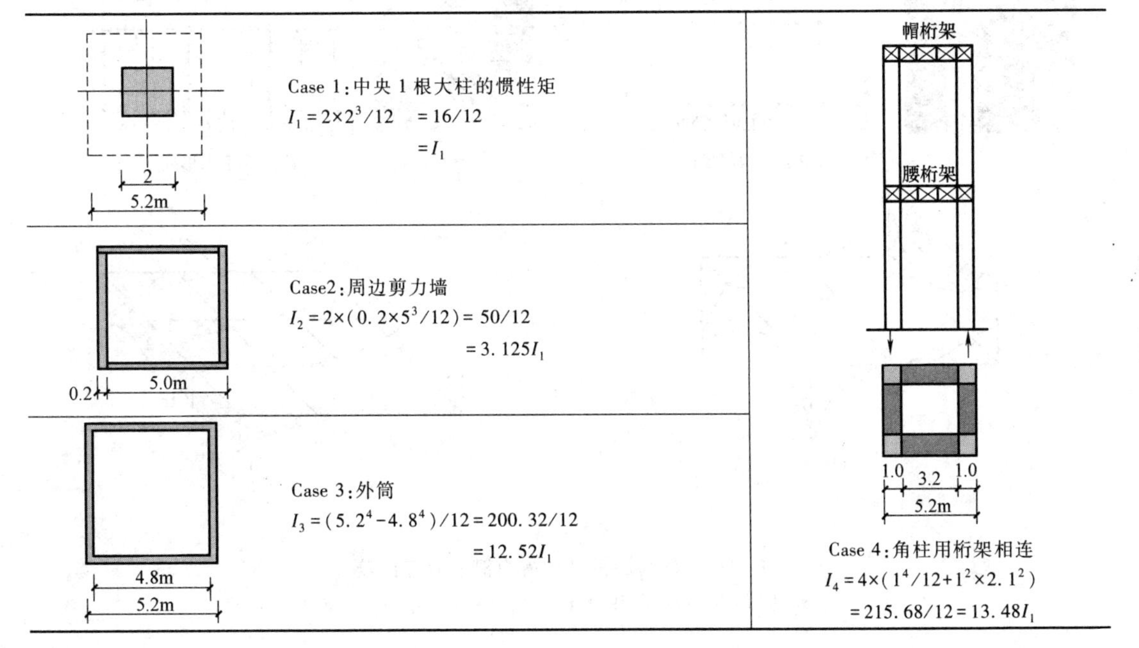

由表 1-29 可见，角柱用桁架相连 EI 最大，外筒次之。

1.5.1 框筒化

美国 World Trade Center（北塔 H=413.966m，南塔 H=415.138m）采用由密柱深梁组成的外框筒+内框架结构，用钢量 186.6kg/m^2，自振周期 T=10s，缺点是剪力滞后效应很突出（图 1-23a）。一年后（1974 年），芝加哥建成 Sears Tower（H=443.179m），采用 9 束框筒，剪力滞后效应大减（图 1-23b），其用钢量仅 161kg/m^2，自振周期只有 T=7.8s，这说明随着高层钢结构高度的增加，抗侧力结构体系应该发生变化。由于结构科技含量水平的提高，致使用钢量减少，抗侧移刚度增加。这与我国高层建设中，热衷于依靠混凝土（墙、筒体）来提高抗侧移刚度，从而我国超高层首选高层混合结构，虽然混合结构的设计无难度，但结构笨重、施工限难的现状与世界先进国家超高层全钢结构的轻巧，形成鲜明的对比（表 1-3）。

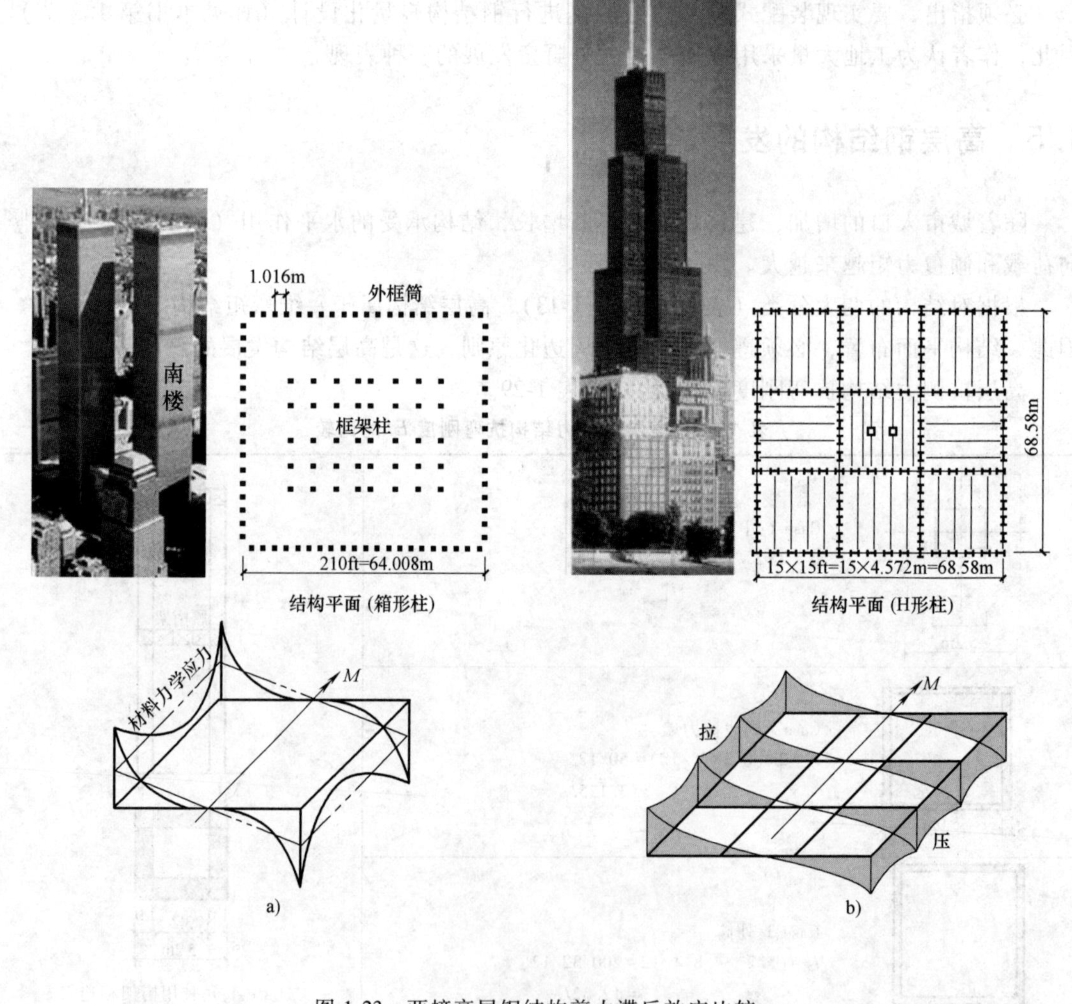

图 1-23 两幢高层钢结构剪力滞后效应比较

（a）World Trade Center（1973 年） b）Sears Tower（1974 年）

1.5.2 大型支撑框筒化

框筒是由密柱（柱距 $d<3m$）和深梁（跨高比 $d/h<3$）组成[33]，是一种高效抗侧力体系，然而，它固有的剪力滞后效应（在水平荷载作用下，由于框架横梁的剪切变形，框架柱的轴力呈非线性分布的现象），削弱了它的抗推刚度。特别是当房屋平面尺寸较大，或因建筑功能需要而加大柱距时，剪力滞后效应将更加严重。为使框筒能充分发挥潜力并有效地用于更高的建筑结构之中，在稀柱浅梁框筒的几个立面上增设大型支撑（大撑框筒）已成为一种强化框筒的有力措施。例如，美国 John Hancock Center（图 5-36），水平荷载作用下产生的侧移中，大撑框筒整体弯曲变形引起的侧移占 8%，剪切变形仅 20%；美国达拉斯市第一国际广场，$n=56$ 层，$H=216m$，柱距 7.62m，其大型支撑跨 28 个楼层（图 1-24）。

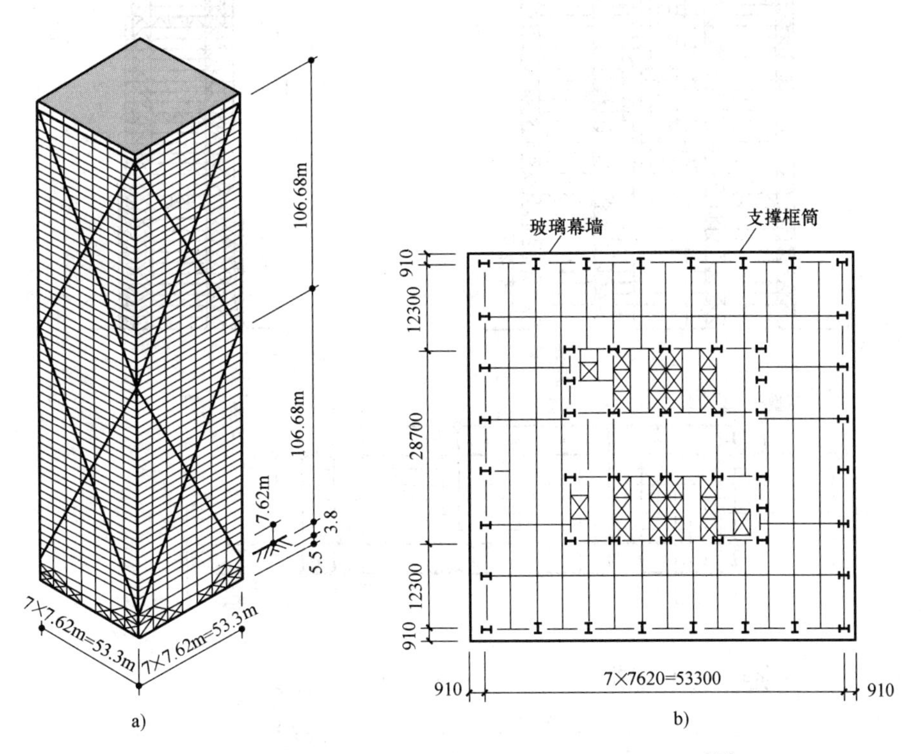

图 1-24 第一国际广场（美国达拉斯市，1974 年）[13]

a）大型支撑框筒 b）典型层结构平面

1.5.3 巨柱周边化

日本东京市政厅大厦，地上 $n=48$ 层，$H=243m$，采用钢结构巨型框架体系（图 1-25）。

1）主体结构是由 8 根巨型柱（支撑筒）与 6 道巨型桁架所组成的多跨巨型框架体系，承担水平荷载所产生的全部水平剪力和倾覆力矩。

2）巨型柱是由 4 根角柱与 4 片竖向支撑围成的、边长为 6.4m 的支撑竖筒，巨型桁架由 4 边桁架组成。

3）在巨型框架各个节间的区段内，设置小框架或钢梁，分别承担所在节间区段内若干楼层的重力荷载和局部水平荷载，并把它传递到巨型框架。

东京市的地震烈度大致相当于我国地震烈度表中的 8 度。此一巨型框架体系成功地应用于高烈度区内 200m 以上的高楼，足见其良好的耐震性能和强大的抗震能力。

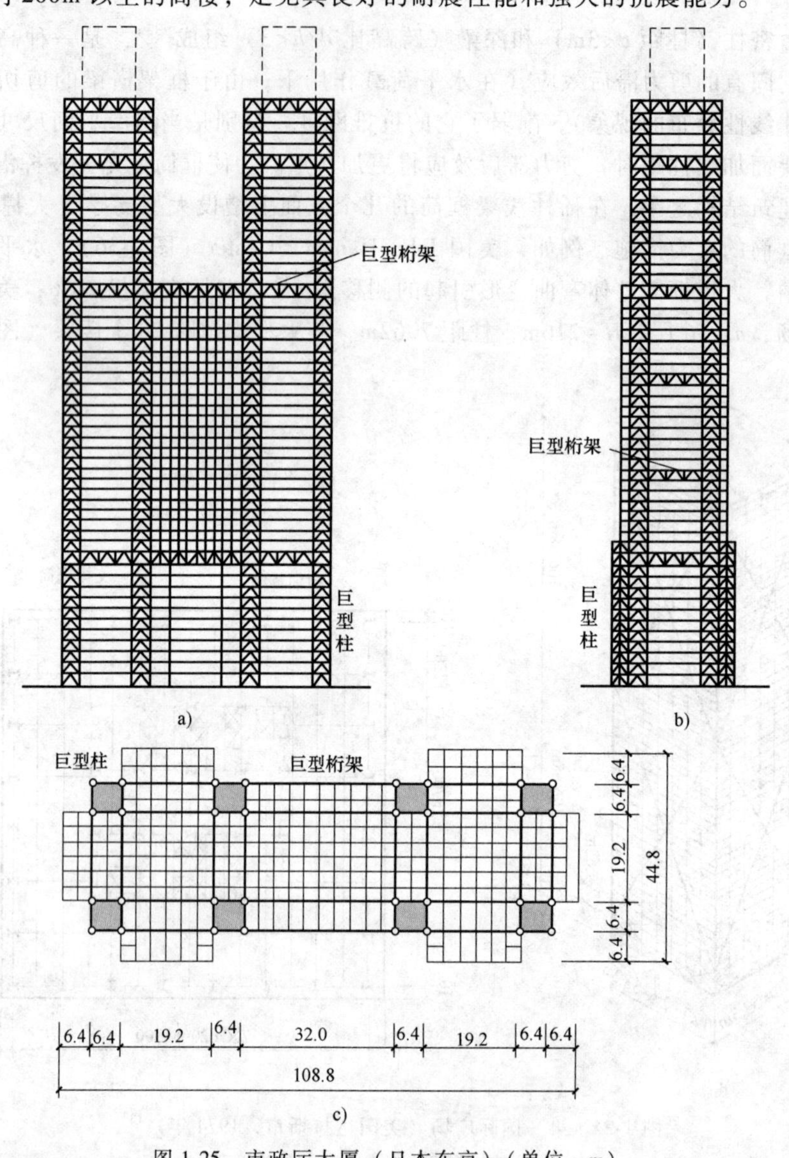

图 1-25 市政厅大厦（日本东京）（单位：m）

a）纵剖面 b）横剖面 c）平面

1.5.4 体型圆锥化

对超高层建筑来说，整体稳定性是个关键。为了减小风载体型系数和增大抗推、抗扭刚度，现代高层特别是超高层建筑体型有呈圆锥面或双曲抛物面的趋势（图 1-26）。

风荷载和地震作用沿高层建筑高度分布呈倒三角形。高层采用圆锥状体形，不仅因圆形平面使风压值减小，而且因上小下大的立面，减小了楼房上半部受风面积，降低了楼房质心高度，从而使风或地震的合力作用点下降，也就减小了楼房的“实效高厚比”，有利于结构的整体稳定。圆锥形或截头圆锥形高楼（如日本空中城市大厦-1000，图 1-26a），其向内倾

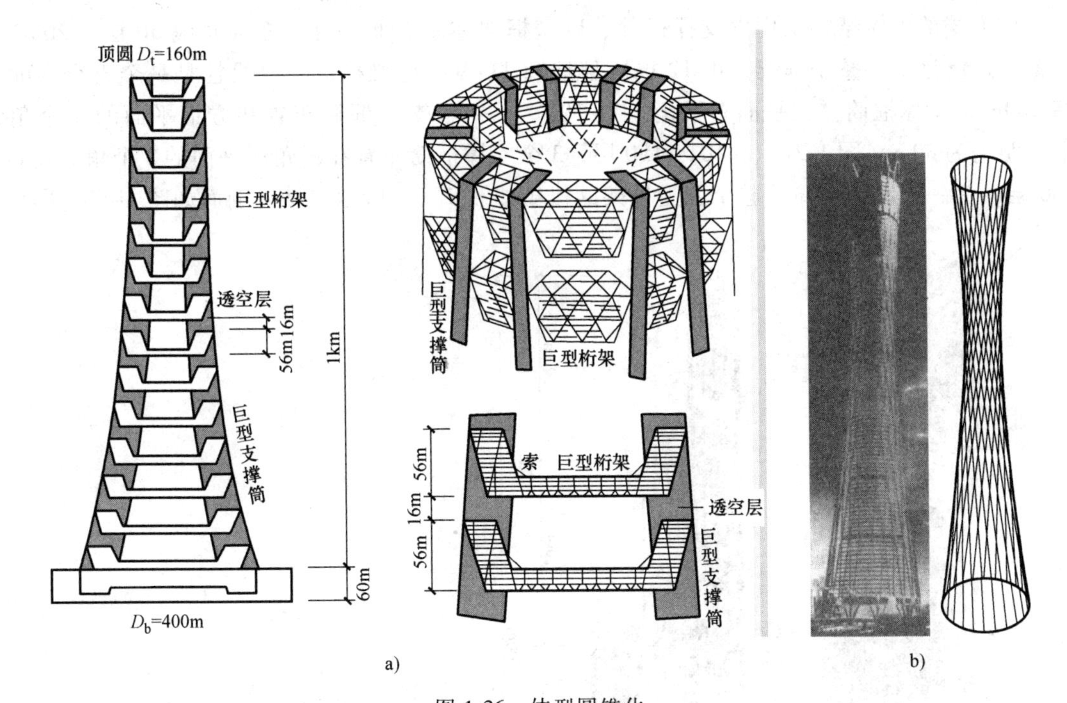

图 1-26 体型圆锥化

a）日本空中城市大厦-1000 b）美国 Grand Central Terminal 大楼

斜的外柱的轴向压力和拉力的水平分力，还可部分抵消水平荷载产生的楼层水平剪力。

图 1-26b 所示，方案 Grand Central Terminal（GCT）大楼为双曲线圆筒。所有直线外柱与竖直线成同一倾角的斜柱，两个方向的斜柱承担重力荷载和水平作用（风、地震），产生的水平剪力和扭转力矩转化为斜柱的轴向压力或拉力，没有弯矩和剪力，柱截面面积较小。

1.5.5 动力反应智能化（拟建）

采取加大结构抗推刚度的办法，来控制高层在台风或强震作用下的侧移和振动加速度，固然有效，但采用附加阻尼装置之类的主动、被动控制装置，来削减高层建筑振动加速度的峰值则更为经济、更有效。

试验和实践证明，在高楼中安装调频质量阻尼器（TMD 等）后，当大风作用下高楼的振动加速度超过 $0.003g$ 时，阻尼器自动开启，高楼的振动加速度随之减小 50%左右[13]。

若将巨型柱沿建筑平面的周边布置，结构就具有特大的抗推刚度和抗扭刚度，能抗御特大的水平作用与扭转。如日本拟建的“动力智能大厦-200”（Dynamic Intelligent Building-200，简称 DIB-200）（图 1-27），它是一座集办公、旅馆、公寓以及商业、文化体育为一体的综合性高楼，地下 7 层，地上 $n=200$ 层，$H=800$m，总建筑面积为 150 万 m^2。这种联体式建筑具有如下优点：

1）商业、办公、旅馆、居住可以自由布置。

2）可以提供空中花园。

3）若发生火灾等紧急情况，可以移居其他单元体。

4）具有良好的天然采光和广阔的视野。

该大楼的主体结构采用由支撑框筒、巨型框架体系。此一巨型框架每隔 50 层（200m）设置一道巨型梁，整个框架是由 12 根巨型柱和 11 根巨型梁构成，每段柱是一个直径 50m、高 200m 的支撑框筒。在平面布置上，1~100 层，4 个支撑框筒布置在方形平面的 4 个角，中心距均为 80m（图 1-27c）；101~150 层，3 个支撑框筒布置在三角形平面的 3 个角；151~200 层，为一个支撑框筒；整个巨型框架的概貌如图 1-27a 所示，结构剖面如图 1-27b 所示。

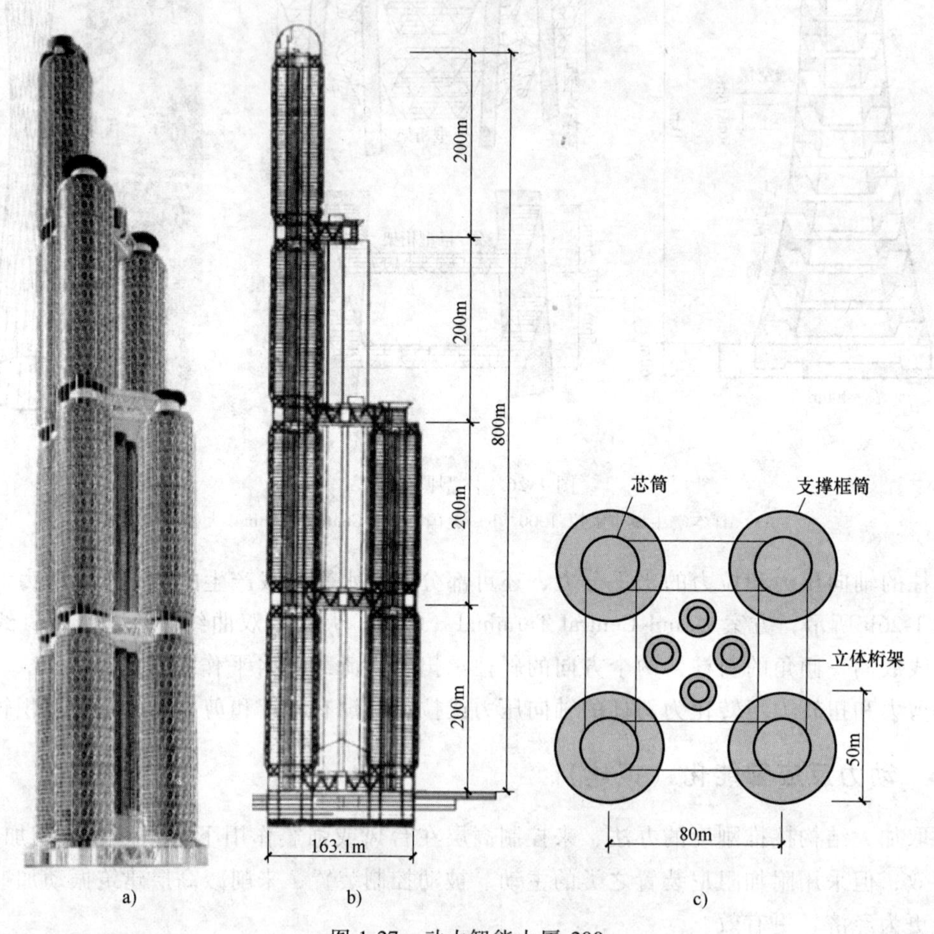

图 1-27 动力智能大厦-200

a）整体外观 b）结构剖面 c）1~100 层结构平面

这个联体式建筑的巨型框架具有以下优点：

1）柱形支撑框筒具有最小的风荷载体型系数。

2）巨型梁处的透空层进一步减小风压值。

3）结构高厚比值较小，其值为 $H/B=6.2$。

4）任何方面的水平作用，都具有较大的抗推刚度和抗倾覆能力。

5）支撑框筒采用钢管混凝土（STC）立柱，具有很大的受压承载力。

为了进一步减小台风和地震作用下的结构侧移和风振加速度，结构上安装了主动控制系统，该系统由传感器、质量驱动装置、可调刚度体系和计算机所组成。当台风或地震作用时，安装在房屋内外的各个传感器，把接收到的结构振动讯号传给计算机，经过计算机的分析和判断，启动安装在结构各个部位的地震反应控制装置，来调整建筑的重心以保持平衡，从而避免结构强烈振动和较大侧移的发生。根据对比计算结果，安装主动控制系统后，结构的地震侧移减少了40%左右。

1.5.6 材料轻质高强化

1972—1973年建成的美国世界贸易中心（World Trade Center，图1-2c），钢材的强度值已达$f_y = 700N/mm^2$；而目前，混凝土强度高达C135，重力密度降至$18kN/m^3$。减轻墙体的自重可以大幅度地减少钢结构的用钢量和基础造价；在地震区，减轻自重能有效地降低地震力。选用压型钢板或铝板作围护外墙或隔墙等，是高层钢结构建筑的又一发展趋势。

参考文献

[1] 王仕统. 高层钢筋混凝土结构设计［M］. 广州：华南理工大学出版社，1989.
[2] 黄林青. 高层钢筋混凝土结构设计［M］. 重庆：重庆大学出版社，2014.
[3] 中国建筑标准设计研究院有限公司. 高层民用建筑钢结构技术规程：JGJ 99—2015［S］. 北京：中国建筑工业出版社，2015.
[4] 中国建筑科学研究院. 高层建筑混凝土结构技术规程：JGJ 3—2010［S］. 北京：中国建筑工业出版社，2011.
[5] 公安部天津消防研究所. 建筑设计防火规范：GB 50016—2015［S］. 北京：中国建筑工业出版社，2015.
[6] 中国建筑设计研究院. 民用建筑设计通则：GB 50352—2005［S］. 北京：中国建筑工业出版社，2005.
[7] 中国建筑设计研究院. 住宅设计规范：GB 50096—2011［S］. 北京：中国建筑工业出版社，2011.
[8] 王仕统，薛素铎，关富玲，等. 现代屋盖钢结构分析与设计［M］. 北京：中国建筑工业出版社，2014.
[9] 包世华，方鄂华. 高层建筑结构设计［M］. 2版. 北京：清华大学出版社，1990.
[10] 李国强. 多高层建筑钢结构设计［M］. 北京：中国建筑工业出版社，2004.
[11] 罗福午，张惠英，杨军. 建筑结构概念设计及案例［M］. 北京：清华大学出版社，2003.
[12] 陈富生，邱国桦，范重. 高层建筑钢结构设计［M］. 2版. 北京：中国建筑工业出版社，2004.
[13] 刘大海，杨翠如. 高楼钢结构设计：钢结构、钢-混凝土混合结构［M］. 北京：中国建筑工业出版社，2003.
[14] 甘锡滢. 台湾钢结构建筑设计简介，2002年5月.
[15] 谢绍松，钟俊宏. 台北101层国际金融中心施工技术与其设计考量概述［J］. 建筑钢结构进展，2002（4）.
[16] 陆赐麟. 用科学标准促进钢结构行业健康发展［C］// 全国现代结构工程学术研讨会学术委员会. 第九届全国现代结构工程学术研讨会论文集. 北京：工业建筑杂志社，2009.
[17] 张寿峰，李伟涛. 目击者旅游指南：美国［M］. 北京：中国旅游出版社，2008.
[18] HART H，HENN W，SONTAG H. Multi_ storey Buildings in steel［M］. 2th ed. New York：Brussels and Luxembourg，1982.
[19] 岳清瑞. 对我国钢结构发展瓶颈及对策的几点思考［EB/OL］.（2016-05-19）［2017-08-04］. http：//www. zgyj. org. cn/interview/951610201. html.
[20] 王仕统. 大跨度空间钢结构的概念设计与结构哲理［C］//中国工程院工程科技论坛第39场特邀报告论文集. 我国大型建筑工程设计的发展方向. 北京：中国建筑工业出版社，2006.
[21] 刘玉姝. 2013年“最佳高层建筑奖”揭晓［J］. 钢结构进展与市场，2013（6）.

[22] 王宏，欧阳超，陈韬. 中央电视台新台址CCTV主楼钢结构施工技术［J］. 施工技术，2006，35(12)：54-58.

[23] 陈韬，戴立先，欧阳超. 央视新台址主楼悬臂钢结构安装技术［J］. 施工技术，2008，37(5)：37-40.

[24] 王仕统. 提高我国全钢结构的结构效率，实现钢结构的三大核心价值［J］. 钢结构，2010，25(9)：30-35.

[25] 钱稼茹，赵作周，叶列平. 高层建筑结构设计［M］. 2版. 北京：中国建筑工业出版社，2012.

[26] 哈尔滨工业大学，中国建筑科学研究院. 钢管混凝土结构技术规范：GB 50936—2014［S］. 北京：中国建筑工业出版社，2014.

[27] 中国建筑科学研究院，安徽建工集团有限公司. 建筑材料术语标准：JGJ/T 191—2009［S］. 北京：中国建筑工业出版社，2010.

[28] 唐家祥，王仕统，裴若娟. 结构稳定理论［M］. 北京：中国铁道出版社，1989.

[29] 王仕统. 结构稳定［M］. 广州：华南理工大学出版社，1997.

[30] 陈骥. 钢结构稳定——理论与应用［M］. 北京：中国电力出版社，2017.

[31] 王仕统. 我国高层混合结构设计探讨［J］. 中国建筑金属结构，2015(2)：62-67.

[32] 王仕统. 再质疑我国地震区超高层混合结构设计——狂热冲击我国规范（程）［1］［2］［3］［4］的高度限值［J］. 钢构之窗，2017(2).

[33] 广东省钢结构协会，广东省建筑科学研究院. 钢结构设计规程：DBJ 15—102—2014［S］. 北京：中国城市出版社，2015.

[34] 中国建筑科学研究院. 建筑抗震设计规范：GB 50011—2010［S］. 北京：中国建筑工业出版社，2010.

[35] 中国建筑标准设计研究院. 高层建筑钢-混凝土混合结构设计规程：CECS 230：2008［S］. 北京：中国计划出版社，2008.

[36] 全国超限高层建筑工程抗震设防审查委员会. 超限高层建筑工程抗震设防专项审查技术要点：建质［2006］220号-建质［2010］109号［Z］.

[37] 王仕统. 简论空间结构新分类［J］. 空间结构，2008，14(3)：16-24.

[38] 王仕统. 浅谈钢结构的精心设计［C］//全国现代结构工程学术研讨会学术委员会. 第三届全国现代结构工程学术研讨会论文集. 北京：工业建筑杂志社，2003.

[39] 沈祖炎. 必须还钢结构轻、快、好、省的本来面目［N］. 中国建设报，2011-3-14，2011-4-11，2011-4-25，2011-5-9，2011-05-30.

[40] 江见鲸、郝亚民. 建筑概念设计与选型［M］. 北京：机械工业出版社，2004.

[41] 王仕统. 钢结构设计［M］. 广州：华南理工大学出版社，2010.

[42] 中国建筑科学研究院. 建筑结构荷载规范：GB 50009—2012［S］. 北京：中国建筑工业出版社，2012.

[43] 郑廷银. 多高层房屋钢结构设计与实例［M］. 重庆：重庆大学出版社，2014.

[44] 黄珍珍，朱锋，郑召勇. 钢结构制造与安装［M］. 2版. 北京：北京理工大学出版社，2014.

[45] 钟善桐. 高层钢管混凝土结构［M］. 哈尔滨：黑龙江科学技术出版社，1999.

第2章　材　　料

2.1　结构钢与铸钢

碳素钢（按碳C的质量分数分类）：低碳钢（<0.25%）、中碳钢（0.25%~0.60%）、高碳钢（>0.60%）。

合金钢（按合金的质量分数分类）：低合金钢（<5%）、中合金钢（5%~10%）、高合金钢（>10%）。

建筑结构中，常采用低碳钢和低合金高强度钢。

钢材和钢铸件的物理性能指标见表2-1，建筑钢结构用钢见表2-2。

表2-1　钢材和钢铸件的物理性能指标[1]

弹性模量 E /(N/mm^2)	剪变模量 G /(N/mm^2)	线膨胀系数 α /℃	重力密度 γ /(kN/m^3)	泊松比
206×10^3	79×10^3	12×10^{-6}	76.982	0.3

表2-2　建筑钢结构用钢

<table>
<tr><td rowspan="3">钢号</td><td rowspan="3" colspan="2">质量等级
脱氧方法</td><td>A</td><td>B</td><td>C</td><td>D</td><td>E</td></tr>
<tr><td rowspan="2">冷弯
$\varphi=180°$</td><td>温度(20℃)</td><td>(0℃)</td><td>(-20℃)</td><td>(-40℃)</td></tr>
<tr><td colspan="4">$\varphi=180°$和夏比(Charpy V-notch fest)冲击韧性:$C_v\geqslant27J$</td></tr>
<tr><td rowspan="3">碳素结构钢[2]
Q235(图2-1)</td><td colspan="2">沸腾钢F</td><td></td><td>√</td><td>√</td><td>√</td><td></td></tr>
<tr><td rowspan="2">镇静钢</td><td>Z</td><td></td><td>√</td><td>√</td><td>√</td><td></td></tr>
<tr><td>特殊TZ</td><td></td><td>√</td><td>√</td><td>√</td><td></td></tr>
<tr><td rowspan="2">低合金高强度
结构钢[3] Q345</td><td rowspan="2" colspan="2">镇静钢</td><td>$\varphi=180°$</td><td colspan="4">$\varphi=180°$和$C_v=34J$</td></tr>
<tr><td></td><td>√</td><td>√</td><td>√</td><td>√</td></tr>
</table>

注：1. 表中打“√”者为高层建筑钢结构用钢板[4,5]；钢由氧气转炉或电炉冶炼。钢板牌号表示，如Q345GJZ15C，其中，Q——汉语拼音字母，读“屈”（服强度）；345——$f_y=345N/mm^2$；GJ——汉语拼音字母读“高”（层）“建”（筑）；Z15——钢板厚度方向的性能级别[6]（分三级：Z15、Z25和Z35）；C——质量等级（分五级：A、B、C、D、E）。

2. 碳素结构钢Q235和低合金高强度结构钢Q345、Q420、Q460，应分别符合国家标准《碳素结构钢》[2]和《低合金高强度结构钢》[3]的规定。

2.1.1　结构钢

为保证高层钢结构抗侧力体系的承载力和防止钢结构的脆性破坏，应根据结构的重要性、荷载特征、结构形式和连接方法、工作环境以及构件所处部位等不同情况，选择钢的牌号和材质。并应保证屈服强度f_y、抗拉强度f_u、屈强比$f_y/f_u\leqslant0.85$、钢试件的伸长率$\delta_5\geqslant20\%$、夏比（Charpy V-notch fest）冲击（功）韧性值C_v、冷弯试验$\varphi=180°$等，以及硫（S）、磷（P）的质量分数限值。对焊接结构还应满足碳的质量分数限值（质量分数）$\leqslant0.2\%$。

《高钢规程》[4]第 4.1.2 条　钢材的牌号和质量等级应符合下列规定：

1）主要承重构件所用钢材的牌号宜选用 Q345 钢、Q390 钢[3]，一般构件宜选用 Q235 钢[2]，有依据时可选用更高强度级别的钢材。

2）主要承重构件所用较厚的板材宜选用高性能建筑用 GJ 钢板[4-6]。

3）外露承重钢结构可选用 Q235NH、Q355HN 或 Q415NH 等牌号的焊接耐候钢[7]；选用时宜附加要求保证晶粒度不小于 7 级，耐腐蚀指数不小于 6.0。

4）承重构件所用钢材的质量等级不宜低于 B 级；抗震等级为二级及以上的高层民用建筑钢结构，其框架梁、柱和抗侧力支撑等主要抗侧力构件钢材的质量等级不宜低于 C 级。

5）承重构件中厚度不小于 40mm 的受拉板件，当其工作温度低于-20℃时，宜适当提高其所用钢材的质量等级。

6）选用 Q235A 或 Q235B 级钢时应选用镇静钢。

1. 碳素结构钢[2]

碳素结构钢 Q235 的 σ-ε 关系如图 1-14c 所示，其化学成分见表 2-3，力学性能见表 2-4，冷弯试验结果见表 2-5。

表 2-3　碳素结构钢的化学成分

钢材牌号	统一数字代号	等级	厚度（或直径）/mm	脱氧方法	化学成分（质量分数，%），不大于				
					C	Si	Mn	P	S
Q235	U12352	A	—	F、Z	0.22	0.35	1.40	0.045	0.050
	U12355	B	—		0.20				0.045
	U12358	C	—	Z	0.17			0.040	0.040
	U12359	D	—	TZ				0.035	0.035

表 2-4　碳素结构钢的力学性能

牌号	等级	屈服强度 f_y/(N/mm²)，不小于				抗拉强度 f_u /(N/mm²)	断后伸长率 δ_5，不小于			冲击试验（V 型缺口）	
		厚度（或直径）/mm					厚度（或直径）/mm			温度/℃	冲击吸收功 C_v/J，不小于
		≤16	>16~40	>40~60	>60~100		≤40	>16~40	>60~100		
Q235	A	235	225	215	215	370~500	26	25	24	—	—
	B									+20	27
	C									0	
	D									-20	

表 2-5　碳素结构钢冷弯试验结果

牌号	试样方向	冷弯试验 180°　$B=2a$	
		钢材厚度（或直径）/mm	
		≤60	>60~100
		弯心直径 d	
Q235	纵	a	$2a$
	横	$1.5a$	$2.5a$

注：B 为试件宽度，a 为试件厚度（或直径）。

2. 低合金高强度结构钢[3]

低合金高强度结构钢的化学成分见表 2-6，力学性能见表 2-7，夏比（V 型）冲击试验的试验温度和冲击吸收能量见表 2-8，弯曲试验结果见表 2-9。

表 2-6 低合金高强度结构钢的化学成分

牌号	质量等级	化学成分(质量分数,%)														
		C	Si	Mn	P	S	Nb	V	Ti	Cr	Ni	Cu	N	Mo	B	Als
					不大于											不小于
Q345	A	≤0.20	≤0.50	≤1.70	0.035		0.07	0.15	0.20	0.30	0.50	0.30	0.012	0.10	—	—
	B															
	C				0.030											0.015
	D	≤0.18			0.030	0.025										
	E				0.025	0.020										
Q390	A	≤0.20	≤0.50	≤1.70	0.035		0.07	0.20	0.20	0.30	0.50	0.30	0.015	0.10	—	—
	B															
	C				0.030											0.015
	D				0.030	0.025										
	E				0.025	0.020										
Q420	A	≤0.20	≤0.50	≤1.70	0.035		0.07	0.20	0.20	0.30	0.80	0.30	0.015	0.20	—	—
	B															
	C				0.030											0.015
	D				0.030	0.025										
	E				0.025	0.020										

表 2-7 低合金高强度结构钢的力学性能

牌号	质量等级	拉伸试验									
		以下公称厚度(直径,边长,单位为 mm)下屈服强度 f_y/(N/mm²)				以下公称厚度(直径,边长,单位为 mm)抗拉强度 f_u/(N/mm²)			伸长率 δ_5(%)		
									公称厚度(直径,边长)/mm		
		≤16	>16~40	>40~63	>63~80	≤40	>40~63	>63~80	≤40	>40~63	>63~80
Q345	A	≥345	≥335	≥325	≥315	470~630	470~630	470~630	≥20	≥19	≥19
	B										
	C								≥21	≥20	≥20
	D										
	E										
Q390	A	≥390	≥370	≥350	≥330	490~650	490~650	490~650	≥20	≥19	≥19
	B										
	C										
	D										
	E										
Q420	A	≥420	≥400	≥380	≥360	520~680	520~680	520~680	≥19	≥18	≥18
	B										
	C										
	D										
	E										

注：为在我国推广钢结构轻量化设计理念，此表只列出钢材厚度 $t_{max}=80mm$，当 $80mm<t\leq 400mm$ 时，钢材的 f_y、f_u 和 δ_5 请详见国家标准《低合金高强度结构钢》[3]。

表 2-8 低合金高强度钢夏比（V 型）冲击试验的试验温度和冲击吸收能量

牌号	质量等级	试验温度/℃	冲击吸收能量 C_v/J		
			公称厚度(直径,边长)/mm		
			12~150	>150~250	>250~400
Q345	B	20	≥34	≥27	—
	C	0			
	D	-20			27
	E	-40			

（续）

牌号	质量等级	试验温度/℃	冲击吸收能量 C_v/J		
			公称厚度(直径,边长)/mm		
			12~150	>150~250	>250~400
Q390	B	20	≥34	—	—
	C	0			
	D	−20			
	E	−40			
Q420	B	20	≥34	—	—
	C	0			
	D	−20			
	E	−40			

表 2-9　低合金高强度钢弯曲试验结果

牌号	试样方向	180°弯曲试验 [d=弯心直径,a=试样厚度(直径)]	
		钢材厚度(直径,边长)/mm	
		≤16	>16~100
Q345 Q390 Q420	宽度不小于600mm扁平材,拉伸试验取横向试样。宽度小于600mm的扁平材、型材及棒材取纵向试样	$d=2a$	$d=3a$

3. 高层结构用钢板[5]

钢板化学成分见表2-10，力学性能见表2-11。

表 2-10　钢板化学成分

牌号	质量等级	化学成分(质量分数,%)												
		C	Si	Mn	P	S	V	Nb	Ti	Als	Cr	Cu	Ni	Mo
		≤			≤					≥	≤			
Q235GJ	B、C	0.20	0.35	0.60~1.50	0.025	0.015	—	—	—	0.015	0.30	0.30	0.30	0.08
	D、E	0.18			0.020	0.010								
Q345GJ	B、C	0.20	0.55	≤1.60	0.025	0.015	0.150	0.070	0.035					0.20
	D、E	0.18			0.020	0.010								
Q390GJ	B、C	0.20		≤1.70	0.025	0.015	0.200		0.030				0.70	0.50
	D、E	0.18			0.020	0.010								
Q420GJ	B、C	0.20		≤1.70	0.025	0.015					0.80		1.00	
	D、E	0.18			0.020	0.010								

表 2-11　钢板力学性能

牌号	质量等级	拉伸试验							纵向冲击试验		弯曲试验 φ=180°	
		钢板厚度/mm						断后伸长率 δ_5(%),≥	温度/℃	冲击吸收能量 C_v/J	钢板厚度 t/mm	
		屈服强度 f_y/(N/mm²)			抗拉强度 f_u/(N/mm²)	屈强比 f_y/f_u						
		6~16	>16~50	>50~100	≤100	6~150	>150~200			≥	≤16	>16
Q235GJ	B	≥235	235~345	225~335	400~510	≤0.80	—	23	20	47	$D=2a$	$D=3a$
	C								0			
	D								−20			
	E								−40			

（续）

牌号	质量等级	拉伸试验							纵向冲击试验		弯曲试验 $\varphi=180°$	
		钢板厚度/mm						断后伸长率 δ_5（%），≥	温度/℃	冲击吸收能量 C_v/J	钢板厚度 t/mm	
		屈服强度 f_y/（N/mm²）			抗拉强度 f_u/（N/mm²）	屈强比 f_y/f_u				≥		
		6~16	>16~50	>50~100	≤100	6~150	>150~200				≤16	>16
Q345GJ	B	≥345	345~455	335~445	490~610	≤0.80	≤0.80	22	20	47	$D=2a$	$D=3a$
	C								0			
	D								-20			
	E								-40			
Q390GJ	B	≥390	390~510	380~500	510~660	≤0.83	—	20	20			
	C								0			
	D								-20			
	E								-40			
Q420GJ	B	≥420	420~550	410~540	530~680		—	20	20			
	C								0			
	D								-20			
	E								-40			

注：D 为弯曲试验弯曲压头直径；a 为试样厚度。

4. 厚度方向性能钢板[6]

当钢板厚度≥40mm，并承受沿板厚方向的拉力作用时，应按国家标准《厚度方向性能钢板》[6]的规定，附加钢板厚度方向（Z 向）性能级别。

钢板厚度方向性能级别及其断面收缩率 Ψ_z、含硫量见表 2-12。Ψ_z 按下式计算

$$\Psi_z=\frac{A_0-A}{A_0}\times100 \tag{2-1}$$

式中　A_0——试件原始横截面面积，$A_0=\pi d_0^2/4$；

A——试件断裂后的最小横截面面积，$A=\frac{\pi}{4}\left(\frac{d_1+d_2}{2}\right)^2$。其中 d_1、d_2 分别表示横截面两个互相垂直的直径测量值，若断面为椭圆形，则 d_1、d_2 表示椭圆的轴直径。

表 2-12　Ψ_z 值和 S 值

钢板厚度方向（Z 向）性能级别	Ψ_z 值（%）		硫的质量分数 S（%）
	3 个试样平均值	单个试样值	
Z15	≥15	≥10	≤0.010
Z25	≥25	≥15	≤0.007
Z35	≥35	≥25	≤0.005

各钢牌号所有质量等级钢板的碳当量 C_{eq} 或焊接裂纹敏感性指标 P_{cm} 应符合表 2-13 的相应规定。

$$C_{eq}(\%)=C+Mn/6+Si/24+Ni/40+Cr/5+Mo/4+V/14 \tag{2-2}$$

$$P_{cm}(\%)=C+Si/30+Mn/20+Cu/20+Ni/60+Cr/20+Mo/15+V/10+5B \tag{2-3}$$

5. 耐候结构钢[7]

耐候结构钢的化学成分见表 2-14，力学性能见表 2-15。

表 2-13　C_{eq}和 P_{cm} 值

牌号	交货状态	C_{eq}(%)		P_{cm}(%)	
		≤50mm	>50~100mm	≤50mm	>50~100mm
Q235GJ Q235GJZ	热轧或正火	≤0.36		≤0.26	
Q345GJ Q345GJZ	热轧或正火	≤0.42	≤0.44	≤0.29	
	TMCP	≤0.38	≤0.40	≤0.24	≤0.26

注：TMCP 代表温度-形变控制轧制，钢材交货状态应在合同中注明，否则由供方选择。

表 2-14　耐候钢的化学成分

牌号	统一数字代号	化学成分(质量分数,%)							
		C	Si	Mn	P	S	Cu	Cr	V
Q235NH	L52350	≤0.15	0.15~0.40	0.20~0.60	≤0.035	≤0.035	0.20~0.50	0.40~0.80	
Q355NH	L53550	≤0.16	≤0.50	0.90~1.50					0.02~0.10
Q460NH	L54600	0.10~0.18							

表 2-15　耐候钢的力学性能

牌号	钢材厚度/mm	屈服点 f_y/(N/mm²),不小于	抗拉强度 f_u/(N/mm²)	断后伸长率 δ_5(%),不小于	180°弯曲试验	V 型冲击试验			
						试样方向	质量等级	温度/℃	冲击功/J,不小于
Q235NH	≤60	235	360~490	25	$d=a$	纵向	C	0	
	>16~40	225		25	$d=2a$		D	−20	34
	>40~60	215		24					
	>60	215		23			E	−40	27
Q355NH	≤60	355	490~630	22	$d=2a$		C	0	
	>16~40	345		22	$d=3a$		D	−20	34
	>40~60	335		21					
	>60~100	325		20			E	−40	27
Q460NH	≤60	460	550~710	22	$d=2a$				
	>16~40	450		22	$d=3a$		D	−20	34
	>40~60	440		21					
	>60~100	430		20			E	−40	31

6. 铸钢件[8]

焊接结构用铸钢件的化学成分见表 2-16，力学性能见表 2-17。

表 2-16　化学成分

牌号	主要元素(质量分数,%)					残余元素(质量分数,%)					
	C	Si	Mn	P	S	Ni	Cr	Cu	Mo	V	总和
ZG270-480H	0.17~0.25	≤0.60	0.80~1.20	≤0.025	≤0.025						
ZG300-500H	0.17~0.25	≤0.60	1.00~1.60	≤0.025	≤0.025	≤0.40	≤0.35	≤0.40	≤0.15	≤0.05	≤1.0
ZG340-550H	0.17~0.25	≤0.80	1.00~1.60	≤0.025	≤0.025						

表 2-17　力学性能

牌号	拉伸性能			根据合同选择	
	上屈服强度 f_y/(N/mm²)	抗拉强度 f_u/(N/mm²)	断后伸长率 δ_5(%)	断面收缩率(%)	冲击吸收功 C_v/J
ZG200-400H	200	400	25	40	45
ZG230-450H	230	450	22	35	45
ZG270-480H	270	480	20	35	40
ZG300-500H	300	500	20	21	40
ZG340-550H	340	550	15	21	35

2.1.2 钢材设计指标

《高钢规程》[4]第 4.2.1 条规定：各牌号钢材的设计用强度值按表 2-18 采用。

表 2-18 钢材强度设计值

钢材牌号		钢材厚度或直径/mm	钢材强度		钢材强度设计值		
			抗拉强度 f_u /(N/mm²)	屈服强度 f_y /(N/mm²)	抗拉、抗压、抗弯 f /(N/mm²)	抗剪 f_v /(N/mm²)	端面承压（刨平顶紧）f_{ce} /(N/mm²)
碳素结构钢	Q235	≤16	370	235	215	125	320
		>16,≤40		225	205	120	
		>40,≤100		215	200	115	
低合金高强度结构钢	Q345	≤16	470	345	305	175	400
		>16,≤40		335	295	170	
		>40,≤63		325	290	165	
		>63,≤80		315	280	160	
		>80,≤100		305	270	155	
	Q390	≤16	490	390	345	200	415
		>16,≤40		370	330	190	
		>40,≤63		350	310	180	
		>63,≤100		330	295	170	
	Q420	≤16	520	420	375	215	440
		>16,≤40		400	355	205	
		>40,≤63		380	320	185	
		>63,≤100		360	305	175	
高层结构用钢板	Q345GJ	>16,≤50	490	345	325	190	415
		>50,≤100		335	300	175	

《高钢规程》[4]第 4.2.3 条规定：铸钢件的强度设计值按表 2-19 采用。

表 2-19 铸钢件的强度设计值 （单位：N/mm²）

铸钢件牌号	抗拉、抗压、抗弯 f	抗剪 f_v	端面承压（刨平顶紧）f_{ce}
ZG270-480H	210	120	310
ZG300-500H	235	135	325
ZG340-550H	265	150	355

2.2 连接材料

2.2.1 焊接

《高钢规程》[4]第 4.1.10 条规定：钢结构所用焊接材料的选用符合下列规定。

1）手工焊焊条或自动焊焊丝和焊剂的性能应与构件钢材性能相匹配，其熔敷金属的力学性能不应低于母材的性能。当两种强度级别的钢材焊接时，宜选用与强度较低钢材相匹配的焊接材料。

2）焊条的材质和性能符合现行国家标准《非合金钢及细晶粒钢焊条》[9]、《热强钢焊条》[10]的有关规定。框架梁、柱结点和抗侧力支撑连接结点等重要连接或拼接结点的焊缝宜采用低氢型焊条。

3）焊丝的材质和性能符合现行国家标准《熔化焊用钢丝》[11]、《气体保护电弧焊用碳钢、低合金钢焊丝》[12]、《碳钢药芯焊丝》[13]及《低合金钢药芯焊丝》[14]的有关规定。

4）埋弧焊用焊丝和焊剂的材质和性能应符合现行国家标准《埋弧焊用碳钢焊丝和焊剂》[15]、《埋弧焊用低合金钢焊丝和焊剂》[16]的有关规定。

《高钢规程》[4]第 4. 2. 4 规定：设计用焊缝的强度值按表 2-20 采用。

表 2-20 焊缝强度设计值[4]

焊接方法和焊条型号	构件钢材		对接焊缝抗拉强度最小值 f_u /(N/mm²)	对接焊缝强度设计值				角焊缝强度设计值
	钢材牌号	厚度或直径/mm		抗压 f_c^w /(N/mm²)	焊缝质量为下列等级时抗拉、抗弯 f_t^w/(N/mm²) 一级、二级	焊缝质量为下列等级时抗拉、抗弯 f_t^w/(N/mm²) 三级	抗剪 f_v^w /(N/mm²)	抗拉、抗压和抗剪 f_f^w /(N/mm²)
F4××-H08A 焊剂丝自动焊、半自动焊 E43 型焊条手工焊	Q235	≤16	370	215	215	185	125	160
		>16，≤40		205	205	175	120	
		>40，≤100		200	200	170	115	
F48××-H08MnA 或 F48××-H10Mn2 焊剂-焊丝自动焊、半自动焊 E50 型焊条手工焊	Q345	≤16	470	305	305	260	175	200
		>16，≤40		295	295	250	170	
		>40，≤63		290	290	245	165	
		>63，≤80		280	280	240	160	
		>80，≤100		270	270	230	155	
F55××-H10Mn2 或 F55××-H08MnMoA 焊剂-焊丝自动焊、半自动焊 E55 型焊条手工焊	Q390	≤60	490	345	345	295	200	220
		>16，≤40		330	330	280	190	
		>40，≤63		310	310	265	180	
		>63，≤100		295	295	250	170	
	Q420	≤60	520	375	375	320	215	220
		>16，≤40		355	355	300	205	
		>40，≤63		320	320	270	185	
		>63，≤100		305	305	260	175	
	Q345GJ	>16，≤50	490	325	325	275	185	200
		>50，≤100		300	300	255	170	

注：1. 焊缝质量等级符合现行国家标准 GB 50661—2011《钢结构焊接规范》的规定，其检验方法应符合现行国家标准 GB 50205—2001《钢结构工程施工质量验收规范》的规定。其中厚度小于 8mm 钢材的对接焊缝，不应采用超声波探伤确定焊缝质量等级。
2. 对接焊缝在受压区的抗弯强度设计值取 f_c^w，在受拉区的抗弯强度设计值取 f_t^w。
3. 表中厚度系指计算点的钢材厚度，对轴心受拉和轴心受压构件系指截面中较厚板件的厚度。
4. 进行无垫板的单面施焊对接焊缝的连接计算时，上表规定的强度设计值应乘折减系数 0. 85。
5. Q345GJ 钢与 Q345 钢焊接时，焊缝强度设计值按较低者采用。

2. 2. 2 螺栓

螺栓可分为普通螺栓和高强度螺栓，见表 2-21。《高钢规程》[4]第 4. 1. 11 条规定：钢结构所用螺栓紧固件材料的选用应符合下列规定。

1）普通螺栓宜采用 4. 6 或 4. 8 级 C 级螺栓，其性能与尺寸规格应符合现行国家标准《紧固件机械性能　螺栓、螺钉和螺柱》[17]、《六角头螺栓　C 级》[18]和《六角头螺栓》[19]的规定。

表 2-21 螺栓分类

螺栓种类		级别
普通螺栓	精制	A 级(8.8s) B 级(5.6s)
	粗制	C 级 (4.6s、4.8s)
高强度螺栓	大六角头	8.8s 10.9s
	扭剪型	10.9s

2）高强度螺栓可选用大六角高强度螺栓或扭剪型高强度螺栓。高强度螺栓的材质、材料性能、级别和规格应分别符合现行国家标准《钢结构用高强度大六角头螺栓》[20]、《钢结构用高强度大六角螺母》[21]、《钢结构用高强度垫圈》[22]、《钢结构用高强度大六角头螺栓、大六角螺母、垫圈技术条件》[23]、《钢结构用扭剪型高强螺栓连接副》[24]的规定。

高强度螺栓的形式如图 2-1 所示。

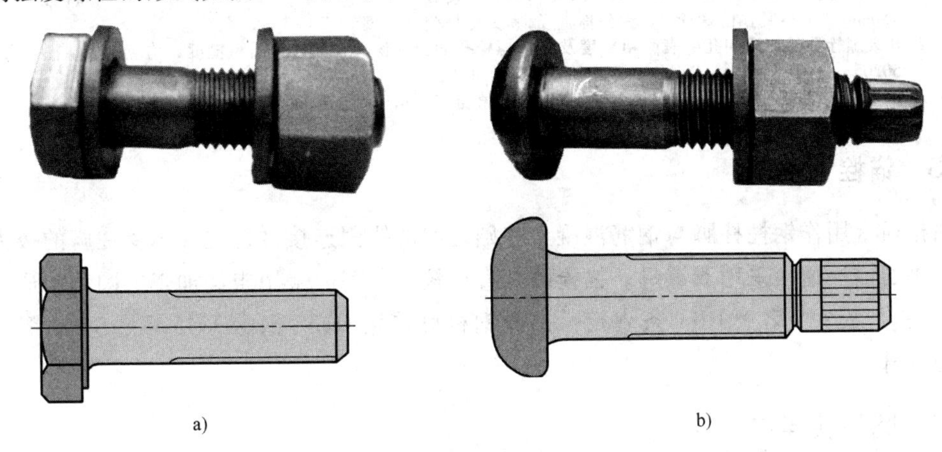

图 2-1 高强度螺栓的形式

a）大六角头（2 个垫圈） b）扭剪型（1 个垫圈）

注：高强度螺栓直径 d 与螺栓孔直径 d_0 之关系为：当采用摩擦型连接时，$d_0-d=1.5\sim2.0$mm；当采用承压型连接时，$d_0-d=1.0\sim1.5$mm。

3）组合结构所用圆柱头焊钉（栓钉）连接件的材料应符合现行国家标准《电弧螺柱焊用圆柱头焊钉》[25]的规定。其材料强度标准值 f_y 不应小于 320N/mm^2，抗拉强度 f_u 不应小于 400N/mm^2，伸长率 δ_5 不应小于 14%。

螺栓的强度设计值见表 2-22。

表 2-22 螺栓的强度设计值 （单位：N/mm^2）

螺栓的钢材牌号（或性能等级）和连接构件的钢材牌号		螺栓的强度设计值											锚栓、高强度螺栓钢材的抗拉强度最小值 f_u^b
		普通螺栓						锚栓		承压型连接高强度螺栓			
		C 级螺栓			A 级、B 级螺栓								
		抗拉 f_t^b	抗剪 f_v^b	承压 f_c^b	抗拉 f_t^b	抗剪 f_v^b	承压 f_c^b	抗拉 f_t^a	抗剪 f_v^a	抗拉 f_t^b	抗剪 f_v^b	承压 f_c^b	
普通螺栓	4.6 级 4.8 级	170	140	—	—	—	—	—	—	—	—	—	—
	5.6 级	—	—	—	210	190	—	—	—	—	—	—	
	8.8 级	—	—	—	400	320	—	—	—	—	—	—	

（续）

螺栓的钢材牌号（或性能等级）和连接构件的钢材牌号		螺栓的强度设计值											锚栓、高强度螺栓钢材的抗拉强度最小值 f_u^b
		普通螺栓						锚栓		承压型连接高强度螺栓			
		C级螺栓			A级、B级螺栓								
		抗拉 f_t^b	抗剪 f_v^b	承压 f_c^b	抗拉 f_t^b	抗剪 f_v^b	承压 f_c^b	抗拉 f_t^a	抗剪 f_v^a	抗拉 f_t^b	抗剪 f_v^b	承压 f_c^b	
锚栓	Q235钢	—	—	—	—	—	—	140	80	—	—	—	370
	Q345钢	—	—	—	—	—	—	180	105	—	—	—	470
	Q390钢	—	—	—	—	—	—	185	110	—	—	—	490
承压型连接的高强度螺栓	8.8级	—	—	—	—	—	—	—	—	400	250	—	830
	10.9级	—	—	—	—	—	—	—	—	500	310	—	1040
所连接构件钢材牌号	Q235钢	—	—	305	—	—	405	—	—	—	—		
	Q345钢	—	—	385	—	—	510	—	—	—	—		
	Q390钢	—	—	400	—	—	530	—	—	—	—	—	
	Q420钢	—	—	425	—	—	560	—	—	—	—		
	Q345GJ钢	—	—	400	—	—	530	—	—	—	—		

注：1. A级螺栓用于 $d \leqslant 24mm$ 和 $l \leqslant 10d$ 或 $l \leqslant 150mm$（按较小值）的螺栓；B级螺栓用于 $d>24mm$ 或 $l>10d$ 或 $l>150mm$（按小值）的螺栓。d 为公称直径，l 为螺杆公称长度。

2. B级螺栓孔的精度和孔壁表面粗糙度及C级螺栓孔的允许偏差和孔壁表面粗糙度，均应符合现行国家标准GB 50205—2001《钢结构工程施工质量验收规范》的规定。

3. 摩擦型连接的高强度螺栓钢材的抗拉强度最小值与表中承压型连接的高强度螺栓相应值相同。

2.2.3 锚栓

锚栓通常用作钢柱柱脚与钢筋混凝土基础之间的锚固连接件，主要承受柱脚的拔力。外露式柱脚的锚栓通常采用双螺母。锚栓因其直径较大，一般采用未经加工的圆钢制成。

《高钢规程》[4]第4.1.11条规定：锚栓钢材可采用Q235钢、Q345钢、Q390钢或强度更高的钢材。

2.2.4 圆柱头栓钉

圆柱头栓钉以前称为焊钉，它是一个带圆柱头的实心钢杆。它需要用专用焊机焊接，并配置焊接瓷环（图2-2）。

1. 规格

1）国家标准《电弧螺柱焊用圆柱头焊钉》[25]规定了公称直径为6~22mm共七种规格的圆柱头焊钉（栓钉）。

2）高层建筑钢结构及组合楼盖中常用的栓钉有三种，其直径为16mm、19mm、22mm，其长度不应小于4倍直径。

3）圆柱头栓钉的规格及尺寸见表2-23。

表2-23 圆柱头栓钉的规格及尺寸（单位：mm）

公称直径	13	16	19	22
栓钉杆直径 d	13	16	19	22
大头直径 d_k	22	29	32	35
大头厚度 K	10	10	12	12
熔化长度 W_A	4	5	5	6
公称（熔后）长度 l_1	80、100、120		80、100、120、130、150、170、200	

注：$l_1 = 200mm$ 仅用于 $\phi 22$ 栓钉。

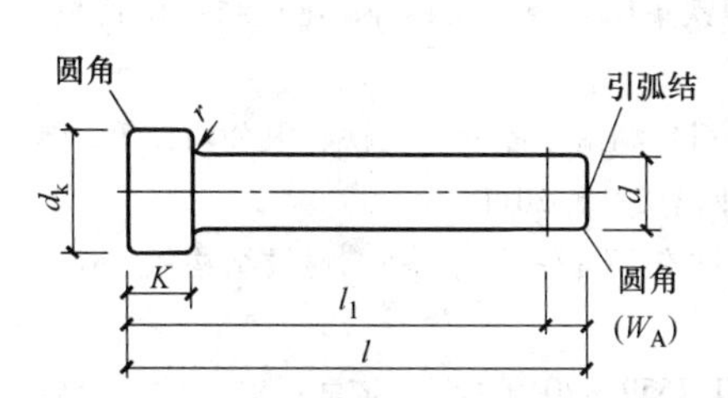

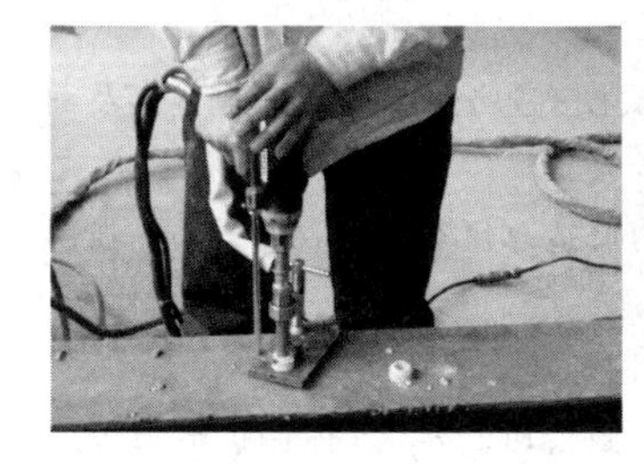

图 2-2 圆柱头栓钉

2. 用途

1）圆柱头栓钉适用于各类钢结构的抗剪件、埋设件和锚固件。

2）圆柱头栓钉与钢梁焊接时，应在所焊的母材上设置焊接瓷环，以保证焊接质量。焊接瓷环根据焊接条件分为下列两种类型：B1 型——栓钉直接焊在钢梁、钢柱上；B2 型——栓钉穿透压型钢板后焊在钢梁上。

3. 材质

栓钉宜选用镇静钢制作；栓钉钢材的机械性能应符合表 2-24 的要求；栓钉钢材的化学成分应符合表 2-25 的要求。

表 2-24 栓钉钢材的机械性能

f_y/(N/mm²)	f_u/(N/mm²)	δ_5(%)
≥240	410~520	≥20

表 2-25 栓钉钢材的化学成分含量（质量分数,%）

材料	C	Mn	Si	S	P	Al
硅镇静钢	0.08~0.28	0.3~0.9	0.15~0.35	0.05 以下	0.04 以下	—
铝镇静钢	0.08~0.2	0.3~0.9	0.10 以下	0.05 以下	0.04 以下	0.02 以下
DL 钢	0.09~0.17	0.25~0.55	0.05	0.04 以下	0.04 以下	—

参考文献

[1] 北京钢铁设计研究总院. 钢结构设计规范：GB 50017—2003 [S]. 北京：中国计划出版社，2003.

[2] 冶金工业信息标准研究院，首钢总公司，邯郸钢铁集团有限责任公司，等. 碳素结构钢：GB/T 700—2006 [S]. 北京：中国标准出版社，2007.

[3] 鞍钢股份有限公司，冶金工业信息标准研究院，济钢集团有限公司，等. 低合金高强度结构钢：GB/T 1591—2008 [S]. 北京：中国标准出版社，2009.

[4] 中国建筑标准设计研究院有限公司. 高层民用建筑钢结构技术规程：JGJ 99—2015 [S]. 北京：中国建筑工业出版社，2016.

[5] 舞阳钢铁有限责任公司，冶金工业信息标准研究院，天津钢铁集团有限公司，等. 建筑结构用钢板：GB/T 19879—2015 [S]. 北京：中国标准出版社，2016.
[6] 河北钢铁集团舞阳钢铁有限责任公司，江苏沙钢集团有限公司，湖南华菱湘覃钢铁有限公司，等. 厚度方向性能钢板：GB 5313—2010 [S]. 北京：中国标准工业出版社，2011.
[7] 鞍钢股份有限公司，冶金工业信息标准研究院，广州珠江钢铁有限责任公司，等. 耐候结构钢：GB/T 4171—2008 [S]. 北京：中国标准出版社，2009.
[8] 北京机电院高技术股份有限公司. 焊接结构用铸钢件：GB /T 7659—2010 [S]. 北京：中国标准出版社，2011.
[9] 哈尔滨焊接研究所，天津大桥焊材集团有限公司，天津市金桥焊材集团有限公司，等. 非合金钢及细晶粒钢焊条：GB/T 5117—2012 [S]. 北京：中国标准出版社，2013.
[10] 哈尔滨焊接研究所，四川大西洋焊接材料股份有限公司，上海电力修造总厂有限公司，等. 热强钢焊条：GB/T 5118—2012 [S]. 北京：中国标准出版社，2013.
[11] 天津市焊丝厂. 熔化焊用钢丝：GB/T 14957—1994 [S]. 北京：中国标准出版社，2006.
[12] 哈尔滨焊接研究院，常州华通焊丝有限公司、天津大桥焊材集团有限公司，等. 气体保护电弧焊用碳钢、低合金钢焊丝：GB/T 8110—2008 [S]. 北京：中国标准出版社，2009.
[13] 国家焊接材料质量监督检验中心，天津市金桥钢材有限公司，北京宝钢焊业有限公司. 碳钢药芯焊丝：GB/T 10045—2001 [S]. 北京：中国标准出版社，2004.
[14] 哈尔滨焊接研究所，天津大桥焊材集团有限公司，四川大西洋焊接股份有限公司，等. 低合金钢药芯焊丝：GB/T 17493—2008 [S]. 北京：中国标准出版社，2009.
[15] 哈尔滨焊接研究所，锦州天鹅焊材（集团）股份有限公司，上海焊条熔剂厂. 埋弧焊用碳钢焊丝和焊剂：GB/T 5293—1999 [S]. 北京：中国标准出版社，2004.
[16] 国家焊接材料质量监督检验中心，湖南省永州市哈陵焊接器材有限责任公司，广西宜州市桂星焊材有限责任公司，等. 埋弧焊用低合金钢焊丝和焊剂：GB/T 12470—2003 [S]. 北京：中国标准出版社，2003.
[17] 中机生产力促进中心. 紧固件机械性能 螺栓、螺钉和螺柱：GB/T 3098. 1—2010 [S]. 北京：中国标准出版社，2011.
[18] 中机生产力促进中心. 六角头螺栓 C 级：GB/T 5780—2016 [S]. 北京：中国标准出版社，2016.
[19] 中机生产力促进中心. 六角头螺栓：GB/T 5782—2016 [S]. 北京：中国标准出版社，2016.
[20] 铁道科学研究院. 钢结构用高强度大六角头螺栓：GB/T 1228—2006 [S]. 北京：中国标准出版社，2006.
[21] 铁道科学研究院. 钢结构用高强度大六角螺母：GB/T 1229—2006 [S]. 北京：中国标准出版社，2006.
[22] 铁道科学研究院. 钢结构用高强度垫圈：GB/T 1230—2006 [S]. 北京：中国标准出版社，2006.
[23] 铁道科学研究院. 钢结构用高强度大六角头螺栓、大六角螺母、垫圈技术条件：GB/T 1231—2006 [S]. 北京：中国标准出版社，2006.
[24] 中冶集团建筑研究总院，中机生产力促进中心. 钢结构用扭剪型高强度螺栓连接副：GB/T 3632—2008 [S]. 北京：中国标准出版社，2008.
[25] 机械科学研究院. 电弧螺柱焊用圆柱头焊钉：GB/T 10433—2002 [S]. 北京：中国标准出版社，2004.

第3章　建筑体型

高层建筑的体型主要由建筑使用功能和建筑美学决定，其中，建筑结构应能有效地抵抗各种作用（高层建筑中，主要为风荷载和地震作用，见表4-1和图4-1），选择合理的高层抗侧力结构方案（详见第5章），实现现代高层全钢结构用料最少（表1-3），即用最少的结构提供最大的结构承载力（doing the most with the least）[1,2]，是我国注册结构师钢结构轻量化设计的光荣职责。

《高钢规程》[3]第3.3.2条规定：高层民用建筑钢结构及其抗侧力结构的平面布置宜规则、对称，并应具有良好的整体性；建筑的立面和竖向剖面宜规则，结构的侧向刚度沿高度宜均匀变化，竖向抗侧力构件的截面尺寸和材料强度宜自下而上逐渐减小，应避免抗侧力结构的侧向刚度和承载力突变。

3.1　建筑平面

3.1.1　抗风设计

为了控制高层钢结构侧移和风振加速度，建筑平面应该尽量采用双轴对称平面形状，如方形、矩形、圆形、正六边形、正八边形和椭圆形等（图3-1）。平面形状不对称，在风荷载作用下高层建筑就会产生扭转振动。在大风作用下的扭转振动即使很轻微，居住者也会感到加剧很多的振动。因此，必须控制结构的顺风向振动加速度和横风向振动加速度。

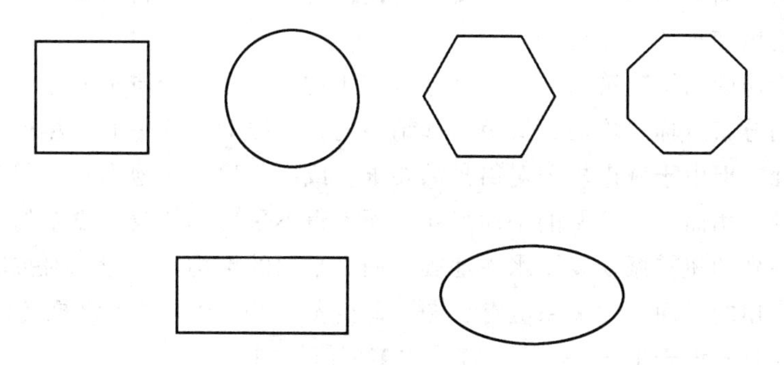

图3-1　高层建筑的对称平面

合理地选择平面形状，能够显著降低风荷载对高层建筑的作用，取得较好的经济效果。高层建筑采用圆形、椭圆形等流线型平面，与矩形平面比较，风载体型系数约可减小30%以上。此外，由于圆形平面的对称性，当风速的冲角 α 发生改变时，都不会引起侧力数值上的改变。因此，采用圆形平面的高层建筑，在大风作用下不会发生驰振现象。

1980年，加拿大相关建筑规范给出3个计算例题（表3-1）：

表 3-1 高层建筑顺风向加速度 a_d 和横风向加速度 a_w 的比较[4]

高度 H/m	平面尺寸 $\frac{B}{m}\times\frac{L}{m}$	地貌	风压 $p=0.32kN/m^2$			风压 $p=0.45kN/m^2$		
			v_H/(m/s)	a_d	a_w	v_H/(m/s)	a_d	a_w
183	30×30	平坦地形	33.5	$2.15\times10^{-2}g$	$4.89\times10^{-2}g$	39.6	$3.57\times10^{-2}g$	$3.61\times10^{-2}g$
		城市中心	26.5	$1.49\times10^{-2}g$	$2.27\times10^{-2}g$	31.7	$2.50\times10^{-2}g$	$3.99\times10^{-2}g$
183	46×30	平坦地形	33.5	$1.62\times10^{-2}g$	$2.66\times10^{-2}g$	39.6	$2.72\times10^{-2}g$	$4.68\times10^{-2}g$
		城市中心	26.5	$1.11\times10^{-2}g$	$1.23\times10^{-2}g$	31.7	$1.88\times10^{-2}g$	$2.17\times10^{-2}g$
244	76×38	平坦地形	35.1	$2.12\times10^{-2}g$	$1.97\times10^{-2}g$	41.5	$3.52\times10^{-2}g$	$3.47\times10^{-2}g$
		城市中心	29.6	$1.68\times10^{-2}g$	$1.12\times10^{-2}g$	35.1	$2.81\times10^{-2}g$	$1.98\times10^{-2}g$

表 3-1 可见：多数情况下，a_w 均大于 a_d，其中，当处于平坦地形，风压 $p=0.32\ kN/m^2$时，$\frac{a_w}{a_d}=\frac{4.89\times10^{-2}g}{2.15\times10^{-2}g}=2.3$；当处于城市中心，风压 $p=0.45kN/m^2$时，$\frac{a_w}{a_d}=\frac{3.99\times10^{-2}g}{2.50\times10^{-2}g}=1.6$。

研究表明，正六边形、正八边形、Y 形和十字形平面的风载体型系数，比矩形平面的要小。不过，在实际工程中，高层建筑采用矩形平面时，从减小风载体型系数的角度出发，对矩形平面进行切角处理，也能取得一定的效果。此外，对于采用框筒和框筒束体系的高层建筑进行切角处理，还可降低风荷载作用下角柱的峰值应力[4]。

对于采用钢框筒结构体系的高层建筑，若采用矩形平面，长边与短边的比值不应大于1.5。因为超过此比值的矩形平面钢框筒，当风力方向平行于矩形平面的短边时，由于剪力滞后现象，框筒低抗侧力的有效性会降低。

3.1.2 抗震设计

《抗震规范》[5]第 3.4.2 条规定：建筑设计应重视其平面、立面和竖向剖面的规则性对抗震性能及经济合理性的影响，宜择优选用规则的形体，其抗侧力构件的平面布置宜规则对称、侧向刚度沿竖向宜均匀变化、竖向抗侧力构件的截面尺寸和材料强度宜自下而上逐渐减小、避免侧向刚度和承载力突变。

对于抗震设防的高层建筑结构，水平地震作用的分布取决于质量分布。为使各楼层水平地震作用沿平面分布对称、均匀，避免引起结构的扭转振动，其平面应尽可能采用双轴对称的简单规则平面。但由于城市规划对街景的要求，或由于建筑场地形状的限制，高层建筑不可能千篇一律地采用简单、单调的平面形状，而不得不采用其他较为复杂的平面。为了避免地震时发生较强烈的扭转振动以及水平地震作用沿平面的不均匀分布，对抗震设防的高层建筑钢结构，其常用的平面尺寸关系应符合图 3-2 和表 3-2 的要求。当钢框筒结构采用矩形平面时，其长宽比宜不大于 1.5，否则，宜采用多束筒结构。

表 3-2 L，l，l'，B'的限值

L/B	L/B_{max}	l/b	l'/B_{max}	B'/B_{max}
≤5	≤4	≤1.5	≥1	≤0.5

《高钢规程》[3]第 3.3.2 条列出高层民用建筑平面不规则主要类型，见表 3-3。

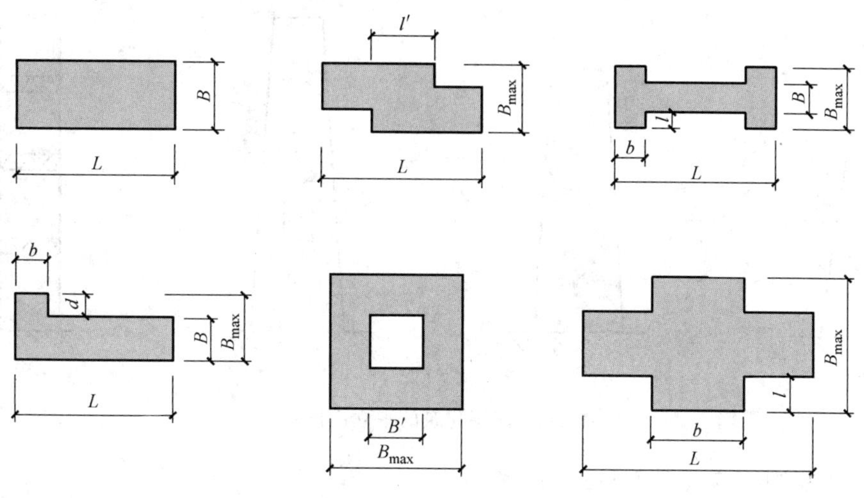

图 3-2　平面尺寸图示

表 3-3　平面不规则的主要类型[3]

不规则类型	定义和参考指标
扭转不规则	在规定的水平力及偶然偏心作用下，楼层两端弹性水平位移(或层间位移)的最大值与其平均值的比值大于 1.2
偏心布置	任一层的偏心率大于 0.15(偏心率按《高钢规程》[3]附录 A 的规定计算)或相邻层质心相差大于相应边长的 15%
凹凸不规则	结构平面凹进的尺寸，大于相应投影方向总尺寸的 30%
楼板局部不连续	楼板的尺寸和平面刚度急剧变化，例如，有效楼板宽度小于该层楼板典型宽度的 50%，或开洞面积大于该层楼面面积的 30%，或有较大的楼层错层

不规则高层民用建筑应按《高钢规程》[3]要求进行水平地震作用计算和内力调整，并应对薄弱部位采取有效的抗震构造措施。

3.2　建筑立面

3.2.1　抗风设计

1）强风地区的高楼，宜采用上小下大的锥形或截锥形立面（图 3-3a、b）。优点是：缩小风荷载值的受风面积，使风荷载产生的倾覆力矩大幅度减小；从上到下，楼房的抗推刚度和抗倾覆能力增长较快，与风荷载水平剪力和倾覆矩的示意图情况相适应；楼房周边向内倾斜的竖向构件轴力的水平分力，可部分抵消各楼层的风荷载水平剪力。

2）立面可设大洞或透空层。对于层数很多、体量较大的高层建筑，可结合建筑布局和功能要求，在楼房的中、上部，设置贯通房屋的大洞（图 3-3c），或每隔若干层设置一个透空层（图 3-3d、图 1-26a、图 5-61），则可显著减小作用于楼房的风荷载。

3.2.2　抗震设计

抗震设防的高层建筑钢结构，宜采用竖向规则的结构。在竖向位置上具有下列情况之一

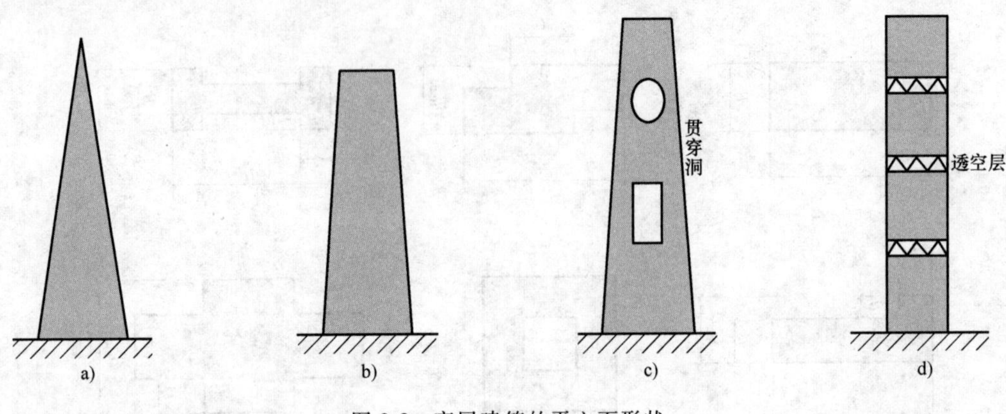

图 3-3 高层建筑的平立面形状

者，为竖向不规则结构（图 3-4）：

1）楼层刚度小于其相邻上层刚度的 70%，且连续三层总的刚度降低超过 50%。

2）相邻楼层质量之比超过 1.5（建筑为轻屋盖时，顶层除外）。

3）立面收进尺寸的比例为 $b/B<0.75$，$h/H>1.0$（图 3-4）。收进尺寸比例过大的阶梯形建筑，容易引起振幅较大的高阶振型和突变部位塑性变形集中现象，反而不利于抗震。当阶梯形建筑的楼面尺寸变化率为 $b/B<0.75$，阶梯形高度的比值 $h/H>1$ 时（图 3-4），就应该属于不规则立面，不宜用于地震区的高层建筑。

4）竖向抗侧力构件不连续。

5）任一楼层抗侧构件的总抗剪承载力，小于其相邻上层的 80%。

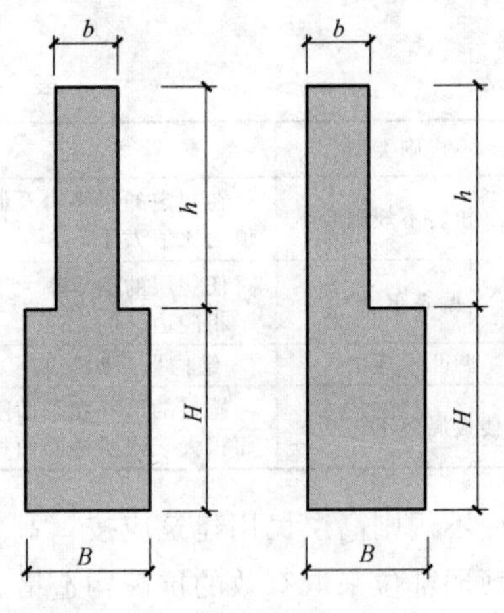

图 3-4 不规则立面

《高钢规程》[3] 第 3.3.2 条规定：竖向不规则的主要类型见表 3-4。

表 3-4 竖向不规则的主要类型

不规则类型	定义和参考指标
侧向刚度不规则	该层的侧向刚度小于相邻上一层的 70%，或小于其上相邻三个楼层侧向刚度平均值的 80%；除顶层或出屋面小建筑外，局部收进的水平向尺寸大于相邻下一层的 25%
竖向抗侧力构件不连续	竖向抗侧力构件（柱、抗震墙板、抗震支撑）的内力由水平转换构件（梁、桁架等）向下传递
楼层承载力突变	抗侧力结构的层间抗剪承载力小于相邻上一楼层的 80%

3.3 房屋高厚比 H/B

房屋高厚比是指房屋总高度与房屋底部顺风（地震）向尺寸的比值：H/B（图 1-19）。它的大小直接影响到结构的抗推刚度、风振加速度和抗倾覆能力。如果房屋的 H/B 值较大，结构就柔，风或地震作用下的侧移就大，阵风引起的振动加速度就大，结构的抗倾覆能力就低。所以，进行高层建筑结构，特别是钢结构的抗风和抗震设计时，房屋的高厚比应该得到控制。

C. H. Thornton 在《高层和超高层建筑中的结构表现》一文中指出：有力学概念的注册结构师，最常用的一个比例数就是建筑的高厚比 H/B。多数工程师认为 H/B 值应控制在8以下。若高厚比值大于8，结构的效能将过低，风荷载下结构的侧移值和振动加速度将不能满足要求。事实上，美国等地已建的全钢结构高层建筑，房屋的高厚比值均小于8。美国钢结构高层，如 Searw Tower、John Hancock Center 和 World Trade Center，H/B 值均在6.5左右。

既然房屋的高厚比决定着结构的抗推刚度和抗倾覆承载力，因此，房屋高厚比的限值，应该随水平荷载的大小而异。就是说，风荷载大和抗震设防烈度高的建筑物，高厚比值要小一些；反之，就可以大一些。

3.4　变形缝

《高钢规程》[3]第3.3.4条规定：高层民用建筑宜不设防震缝；体型复杂、平立面不规则的建筑，应根据不规则程度、地基基础等因素，确定是否设置防震缝；当在适当部位设置防震缝时，宜形成多个较规则的抗侧力结构单元。

国内外历次地震中，相邻建筑物发生碰撞的事例屡见不鲜。1985年墨西哥地震，墨西哥市就有不少高层建筑因相互碰撞，造成严重破坏甚至倒塌。究其原因[4]，有以下几方面：

1）在建筑物中设置的伸缩缝或沉降缝不符合防震缝的构造要求。

2）对地震时结构的变形量估计不足，防震缝宽度偏小。

3）软土或可液化土发生震陷，建筑物因地基不均匀沉陷发生倾斜，进一步减小相邻建筑物之间的净空。

4）防震缝的位置或构造不当。

所以，对于高层建筑来说，因需要而设置的伸缩缝和沉降缝，在缝的宽度和构造方面，均应符合对防震缝所提出的要求。

高层钢结构建筑的层数很多，地震时产生的侧移值很大，如果设置防震缝，缝的净宽将很大，给建筑处理带来困难。因此，对于地震区的高层建筑，应该采取合理的建筑和结构方案，尽量避免设置防震缝。不过，由于建筑平面和体形的多样化，不规则结构有时也难以避免，这就要求利用防震缝将它划分为若干个简单平面和规则结构。此外，若高层建筑平面过长，或各部分的地震沉降差过大，需要设置伸缩缝或沉降缝时，也需要设置防震缝。

对于钢结构，伸缩缝的允许最大间距可以达到90m，而钢结构高层建筑的平面尺寸一般不会超过90m，所以，无须设置伸缩缝。高层建筑的主楼与裙房之间是否需要设置防震缝，应视具体情况而定。

当高层建筑的裙房伸出长度，不大于整个房屋底部长度的15%时，可以利用基础的竖向刚度将主楼与裙房连成整体，不必在主楼与裙房之间设置变形缝（图3-5）。但在设计中需要考虑房屋各部分的布置不对称所引起的基础偏心影响。

当裙房的面积较大，而地基条件较好时，主楼与裙房之间也可不设缝。此时，除在施工方法上采取后浇带等措施，以减少早期产生的差异沉降外，在计算中还应进行仔细的基础沉降量分析，以考虑后期沉降差对连接构件的影响，并在构造上采取相应措施。

对于裙房与主楼相连的情况，在结构抗震设计中应采取以下对策：

1）在裙房中采用比主楼结构抗推刚度要小的较柔的结构，以减小裙房对楼层刚度突变的影响程度。

2）在地震反应分析中，考虑裙房引起的刚度突变，从而在主楼与裙房屋面相衔接的楼层中，因相对柔弱而引起的塑性变形集中效应。

3）考虑裙房非对称布置引起的结构扭转振动影响。

4）对于相对柔弱楼层和应力集中部位，应采取措施提高其结构的延性。

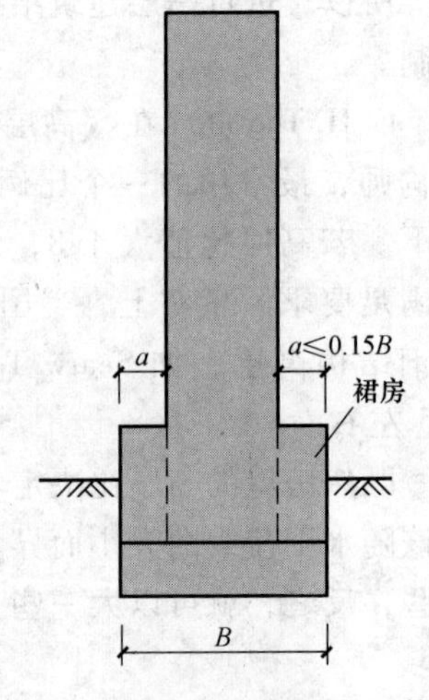

图 3-5 主楼与裙房连为一体

当主楼与裙房之间必须设置沉降缝时，为了增强地震时主楼的抗倾覆稳定性，地面以下的沉降缝，宜用粗砂等松散材料填实。

参 考 文 献

[1] 中国工程院土木水利与建筑工程学部. 论大型公共建筑工程建设：问题与建议 [M]. 北京：中国建筑工业出版社，2006.

[2] 王仕统. 提高我国全钢结构的结构效率，实现钢结构的三大核心价值 [J]. 钢结构，2010，25（9）：30-35.

[3] 中国建筑标准设计研究院有限公司. 高层民用建筑钢结构技术规程：JGJ 99—2015 [S]. 北京：中国建筑工业出版社，2015.

[4] 刘大海、杨翠如. 高层建筑结构方案优选 [M]. 北京：中国建筑工业出版社，1996.

[5] 中国建筑科学研究院. 建筑抗震设计规范：GB 50011—2010 [S]. 北京：中国建筑工业出版社，2010.

第4章　作　　用

作用（actions）分两大类：直接作用和间接作用（表 4-1）[1][2]。前者即荷载（loads），后者包括地震（earthquake）、温度（temperature）和地基沉降（ground settlement）等能够引起结构外加变形或约束变形的原因。例如，风荷载是直接作用在建筑物的表面，楼面活荷载直接作用在楼盖上等；而在地球地壳中发生的构造地震，则是间接地引起建筑物产生强迫振动（图 4-1b）。可见地震力的大小，不仅取决于一次地震的震级（magnitude），还与建筑结构的动力特性——结构的自振周期（natural period）和阻尼（damp）密切相关。

表 4-1　作用（actions）

直接作用(荷载)		间接作用
恒荷载	活荷载	
结构和非结构构件自重、设备	楼面、屋面、雪、风	地震、温度、地基沉降

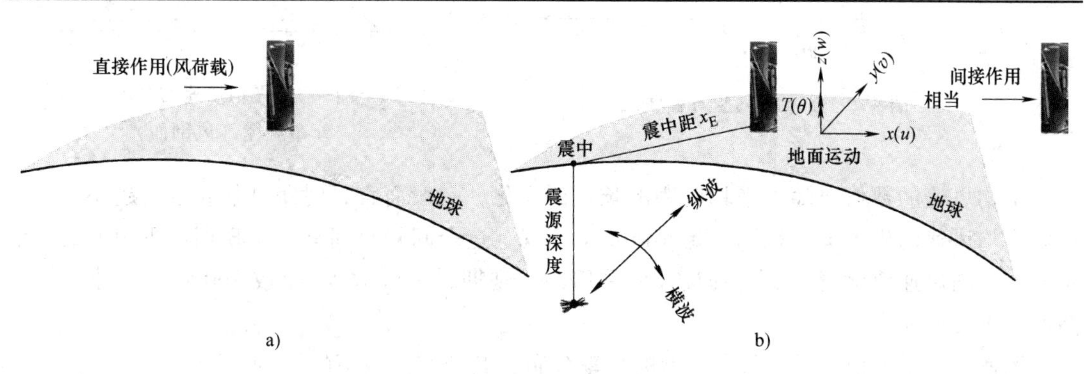

图 4-1　直接作用和间接作用

4.1　风荷载

4.1.1　风的特点

风是空气的大范围流动，是空气从气压高的地方向气压低的地方流动的结果。通常把空气的水平运动称为“风”（wind），把竖向运动称为“流”（current）。与建筑物密切相关的是靠近地面的流动风，一般简称近地风。风的强度通常用风速来表达。为了不同的使用目的，其表达方式又可分为“范围风速”和“工程风速”。工程抗风计算需要的是所在场地的风速确定值，即某一规定年限内可能遭遇的最大风速，该值应按照数理统计方法确定。

大量的强风实测数据表明，在近地风的风速时程曲线（图 4-2）中，其瞬间风速 v_t 由两部分组成：平均风速 $\bar{v}$ 和阵风风速 v_f。

1. 平均风速

平均风速是瞬时风速时程曲线中的长周期部分，其周期常在 10min 以上，即在较长时段内，某一位置上瞬时风速的平均值几乎是不变的，因此，平均风速又称为平均风。

由于近地风受建筑物的阻碍和摩擦，接近地面的风速大幅度减小；随着离开地表高度的增大，风速逐渐加大，到达一定高度（梯度风高度）后，气流不再受到地表摩擦的影响，风速恢复到常量，称为梯度风速（图 4-3），即气流按照气压梯度自由流动时所达到的速度。梯度风的高度依地面粗糙程度不同而不同，一般高度为 300~450m。

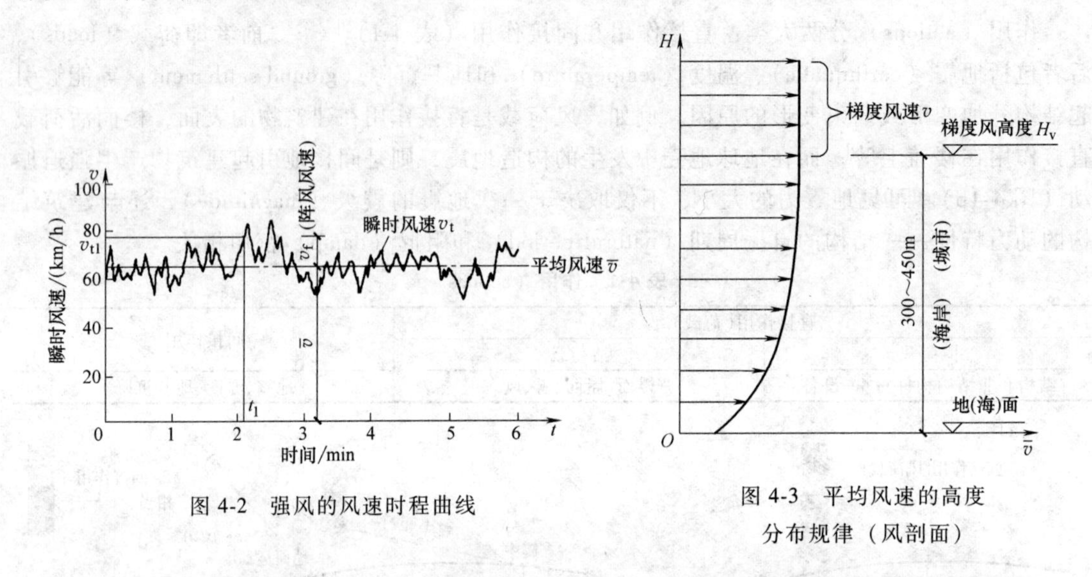

图 4-2 强风的风速时程曲线

图 4-3 平均风速的高度分布规律（风剖面）

平均风速的数值，随着平均时距的长短而变化，一般而言，时距越长，数值越小。某一地区平均风速的极大值，每隔一定年限重复出现，这个间隔时间称为重现期。重现期的取值越长，平均风速值就越大。工程设计所采用的重现期，一般取 50 年或 100 年，视建筑物的高度和重要性而定

风速的年最大值 x 采用极值 I 型的概率分布，其分布函数 $F(x)$ 为

$$F(x)=\exp\{-\exp[-\alpha(x-u)]\} \tag{4-1}$$

式中 u——分布的位置参数，即其分布的众值；

α——分布的尺度参数。

分布的参数与均值 μ 和标准差 σ 的关系按下述确定

$$\alpha=1.28255/\sigma$$

$$u=\mu-0.57722/\alpha$$

2. 阵风风速

阵风风速是瞬时风速中的短周期部分，其周期仅 1~2s。它是瞬时风速中以平均风速为基准而出现的速度变化分量，是风速中的不确定部分，它的数值随机变化，但其平均值等于零。

阵风又称脉动风，是近地风的一个重要组成部分。阵风每一波的持续时间约为 1s，是高层建筑产生振动的主要原因。阵风风速大体上为正态分布，阵风脉动可近似地当作各态历经的平稳随机过程。阵风水平风速谱的卓越频率，远低于建筑物的自振频率。

强风观测数据表明，作用于建筑物各部位的风速、风向，并非全都同步，甚至是完全无

关的。由图 4-4 可见，平均风速随高度而增大，而阵风风速的均方，随高度的变化并不明显。

按《荷载规范》[3]第 8. 6. 1 条的规定，计算围护结构（包括门窗）风荷载时，阵风系数 β_{gz} 应按表 4-2 确定。

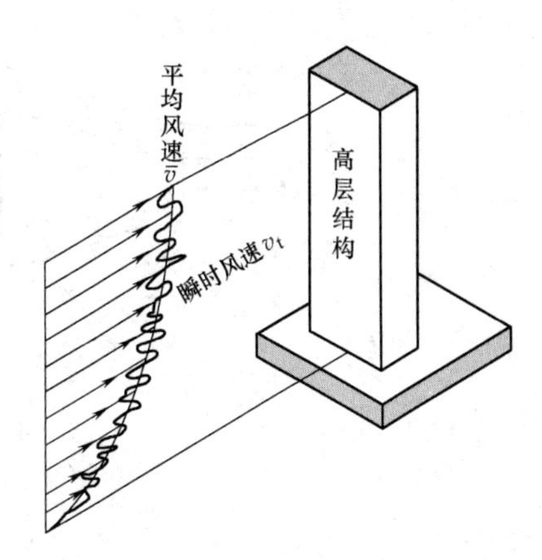

图 4-4 作用于高层建筑的平均风和阵风

3. 风对高层建筑的危害

由于现代材料的轻质高强化，高层钢结构高度的增加，刚度相对在减小，因此，风对建筑物的破坏作用，长周期的平均风速的数值要比短周期最大瞬时风速更为关键。如 1966 年 8 月 26 日天津塘沽，虽然瞬时风速高达 48. 7m/s，而 10min 内的平均风速仅 15m/s，没有造成风灾；而 1967 年 7 月 15 日，瞬时风速为 37. 8m/s，平均风速达 21m/s，却造成比较严重的风灾。

表 4-2 阵风系数 β_{gz}

离地面高度 /m	地面粗糙度类别			
	A	B	C	D
5	1. 65	1. 70	2. 05	2. 40
10	1. 60	1. 70	2. 05	2. 40
15	1. 57	1. 66	2. 05	2. 40
20	1. 55	1. 63	1. 99	2. 40
30	1. 53	1. 59	1. 90	2. 40
40	1. 51	1. 57	1. 85	2. 29
50	1. 49	1. 55	1. 81	2. 20
60	1. 48	1. 54	1. 78	2. 14
70	1. 48	1. 52	1. 75	2. 09
80	1. 47	1. 51	1. 73	2. 04
90	1. 46	1. 50	1. 71	2. 01
100	1. 46	1. 50	1. 69	1. 98
150	1. 43	1. 47	1. 63	1. 87
200	1. 42	1. 45	1. 59	1. 79
250	1. 41	1. 43	1. 57	1. 74
300	1. 40	1. 42	1. 54	1. 70
350	1. 40	1. 41	1. 53	1. 67
400	1. 40	1. 41	1. 51	1. 64
450	1. 40	1. 41	1. 50	1. 62
500	1. 40	1. 41	1. 50	1. 60
550	1. 40	1. 41	1. 50	1. 59

高层建筑在强风作用下的风压（图 4-5a），可简化为三种力：顺风力 P_x、横风力 P_y 和扭力矩 T（图 4-5b）。

调查表明，高层建筑使用者可感觉到的运动和不适感的风振加速度，多发生在横风力 P_y。原因是强风吹过矩形高层建筑时，在高层建筑横风面产生不对称的气流旋涡，旋涡依次从两侧脱落，使高层建筑产生左、右交替作用的横风向冲击力（图 4-6），其频率约等于顺风向冲击频率的 0. 5 倍。

高度 $H=200\sim400$m 的高层钢结构，自振周期仅 5～10s，强风平均风速的持续时间可长

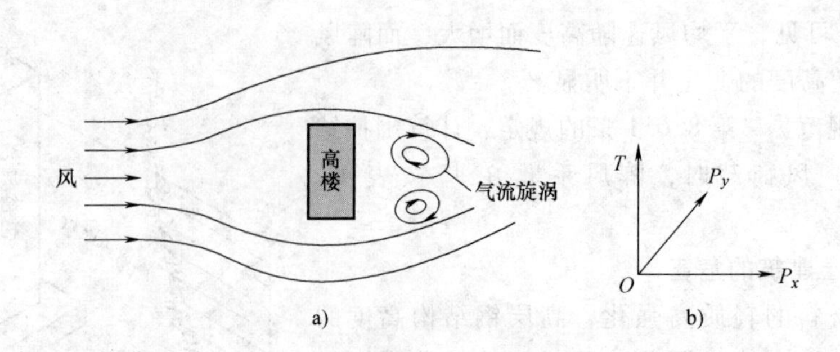

图 4-5 风对高层建筑产生的力

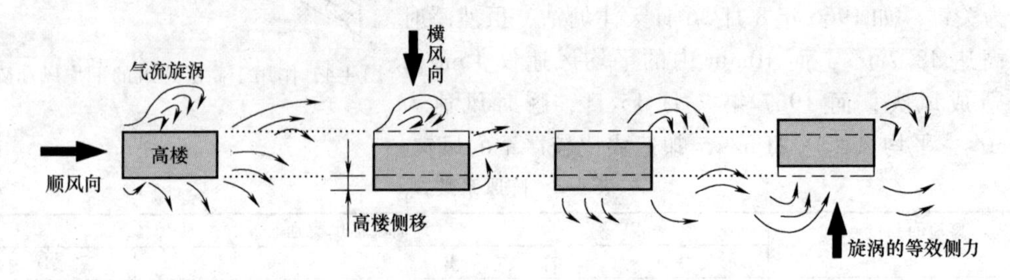

图 4-6 旋涡脱落引起的高楼横风向振动

达 10min，从而，风对高层建筑的作用可视为静力。而阵风的持续时间 1~2s，它对结构的作用则为动力，是引起结构顺风向振动的主要因素。由于阵风是一种随机荷载，它对结构的动力效应分析，必须借助随机振动理论和概率统计方法。

风洞试验表明，建筑物表面的风压分布是不均匀的，并形成三个风压区（图 4-7)：迎风面的正压力区（1 区)、横风面角部的负压力区（2 区）和背风面的负压力区（3 区)。

实测数据指出：迎风面角部的正压力远大于中间部位；最大的负压力位于横风面的角部；迎风面正压力的波动大于背风面负压力的波动。

高层建筑围护结构的振动周期一般 0. 02~0. 2s，远小于平均风速和阵风风速的波动周期，因此，围护结构及其部件的抗风设计，风可视为静荷载。

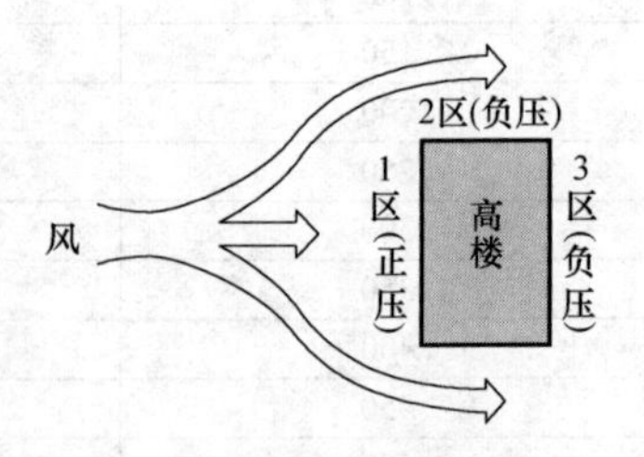

图 4-7 周边风压的分布

4. 基本风速 v_0

风速随高度、时距、地貌、周围环境等因素而变化。

(1) 标准高度　我国气象台站风速仪的安装高度 8~12m，为便于直接引用而不必换算，我国以 10m 高为标准高度，与美国、加拿大、俄罗斯、澳大利亚等世界上多数国家以及 ISO 国际标准相同。日本标准高度则采用离地面 15m，巴西、挪威采用 20m。

根据《荷载规范》[3] 规定，当风速仪高度与标准高度 10m 相差过大时，可按如下指数律作为风速剖面的表达式

$$v=v_z\ (z/10)^{\alpha} \tag{4-2}$$

式中 z——风速仪实际高度（m)；

v_z——风速仪观测风压（m/s)；

α——B 类风速剖面指数，取 $\alpha=0.15$。

（2）标准地貌 某一高度处的平均风速与所在地的地面粗糙度有关。地面越粗糙，风能的消耗就越多，平均风速也就越小。

目前，风速仪均安装在气象台站，而台站多远离城市，位于空旷、平坦地区。因此，我国及世界大多数国家都规定，在确定基本风速时，均以空旷、平坦地貌为标准，其他地貌则通过换算确定。

《荷载规范》[3]第8.2.1：对于平坦或稍有起伏的地形，风压高度变化系数应根据地面粗糙类别按表4-3确定。地面粗糙度可分别为A、B、C、D四类：A类指近海海面和海岛、海岸、湖岸及沙漠地区；B类指田野、乡村、丛林、丘陵以及房屋比较稀疏的乡镇；C类指有密集建筑群的城市市区；D类指有密集建筑群且房屋较高的城市市区。

表4-3 风压高度变化系数μ_z

离地面或海平面高度/m	地面粗糙度类别			
	A	B	C	D
5	1.09	1.00	0.65	0.51
10	1.28	1.00	0.65	0.51
15	1.42	1.13	0.65	0.51
20	1.52	1.23	0.74	0.51
30	1.67	1.39	0.88	0.51
40	1.79	1.52	1.00	0.60
50	1.89	1.62	1.10	0.69
60	1.97	1.71	1.20	0.77
70	2.05	1.79	1.28	0.84
80	2.12	1.87	1.36	0.91
90	2.18	1.93	1.43	0.98
100	2.23	2.00	1.50	1.04
150	2.46	2.25	1.79	1.33
200	2.64	2.46	2.03	1.58
250	2.78	2.63	2.24	1.81
300	2.91	2.77	2.43	2.02
350	2.91	2.91	2.60	2.22
400	2.91	2.91	2.76	2.40
450	2.91	2.91	2.91	2.58
500	2.91	2.91	2.91	2.74
≥550	2.91	2.91	2.91	2.91

（3）标准时距 平均风速的数值与时距的取值密切相关。时距短，平均风速大；时距长，平均风速小。风速记录表明，阵风的卓越周期为1min左右，若取若干个周期的平均风速，则能反映较大风速的实际作用。通常情况是，时距取10min至1h，平均风速基本上是一个稳定值。我国取10min作为确定平均风速的标准时距。由于历史原因，各国对标准时距的取值并不一致。例如，东欧国家取2min；加拿大取1h。表4-4列出时距为t的平均风速$\bar{v}_t$与时距为10min平均风速v_{10}的统计比值$\eta=\overline{v_t}/v_{10}$，供换算时采用。

表4-4 不同时距平均风速的统计

风速时距t	1h	10min	5min	2min	1min	30s	20s	10s	5s	瞬时
η	0.94	1	1.07	1.16	1.20	1.26	1.28	1.35	1.39	1.50

（4）统计样本 最大风速样本的取法影响平均风速的数值。若以日最大风速或月最大

风速为样本，则一年有365个或12个样本，一年中极大风速那一天的风速，在整个数列中仅占1/365或1/12的权，降低了一年中极大风速所起的重要作用，使所得结果偏低。最大风速有它的自然周期，每年季节性地重复一次，所以，采取年最大风速作为统计样本比较合适。

（5）重现期　气象观测数据表明，极大风速是每隔一定时期再次出现的，这个间隔时期称为重现期。气象工程通常采用重现期来确定统计对象的基准值。因为最大风速的样本以年最大风速为标准，所以，重现期也以年为单位。设重现期为n_t年，则$1/n_t$为超过设计最大风速的概率；不超过该设计最大风速的概率，即保证率ω为

$$\omega_0 = 1-(1/n_t) \tag{4-3}$$

重现期n_t越长，保证率ω_0就越高。对一般结构或高层的围护结构，重现期取50年（50年一遇）；对于高层承重结构，重现期为100年。

（6）最大风速的线型　进行概率计算时，对于最大风速的统计曲线函数，采用极值Ⅰ型来描述。

5. 基本风压

（1）计算公式　当气流以一定的速度向前运动时，会对高层建筑产生高压气幕。《荷载规范》[3]采用贝努利公式计算基本风压w_0（kN/m^2），即

$$w_0 = \frac{1}{2}\rho v_0^2 \approx v_0^2/1600 \tag{4-4}$$

式中　v_0——基本风速（m/s），取当地比较空旷平坦地面上、离地面10m高度处统计所得的50年一遇的10min平均最大风速；

ρ——空气的质量密度，$\rho = 0.00125e^{-0.0001z}$（$t/m^3$）；

z——所在地点的海拔高度（m）。

（2）取值　基本风压随各地气象条件而异。对于高层钢结构、高耸结构以及对风荷载比较敏感的细柔结构，基本风压应适当提高。对于《荷载规范》[3]中全国风压分布图未给出基本风压值的城市或建设地点，其基本风压值可根据当地年最大风速资料，按基本风压定义，通过统计分析确定。分析时，应考虑样本数量的影响。

（3）不同重现期的风压换算　由于建筑物重要性的不同，对基本风压所规定的重现期也就不同。根据我国各地的风压资料，不同重现期的基本风压的比值，可按下式计算

$$\mu_r = 0.363(\lg n_t) + 0.463 \tag{4-5}$$

式中　n_t——对基本风压所规定的重现期。

若以重现期$n_t = 50$年为标准，不同重现期风压比值μ_r的数值见表4-5。

表4-5　不同重现期的风压比值μ_r

T_0/年	100	50	30	20	10	5
μ_r	1.10	1	0.93	0.87	0.77	0.66

4.1.2 风荷载标准值

对于主要抗侧力结构的抗风计算，风荷载标准值有两种表达方式：①平均风压+阵风（脉动风）导致结构风振的等效风压；②平均风压×风振系数。

结构风振计算，一般以第一振型为主，因而《荷载规范》[3]采用比较简单的后一种表达

式，综合考虑风速随时间、空间变异性及结构阻尼特性等因素，采用风振系数 β_z 来反映结构在顺风向作用下的动力响应。根据《高钢规程》[4]第 5.2.4 条和《荷载规范》[3]第 8.1.1 条；垂直于高层民用建筑表面上的风荷载标准值 w_k，应按下式规定确定

$$w_k=\beta_z\mu_s\mu_z(\zeta w_0) \tag{4-6a}$$

式中 w_0——基本风压（kN/m^2），以当地比较空旷平坦地面上，离地面 10m 高处，统计所得的 30 年一遇的 10min 平均最大风速 v_0（m/s）为标准，按 $w_0=v_0^2/1600$ 确定的风压值；

ζ——系数，一般建筑 $\zeta=1.0$，高层建筑 $\zeta=1.1$；

μ_z——风压高度变化系数（表 4-3）；

μ_s——风荷载体型系数；

β_z——高度 z 处的风振系数。

计算围护结构时，应按下式计算

$$w_k=\beta_{gz}\mu_{s1}\mu_z w_0 \tag{4-6b}$$

式中 β_{gz}——高度 z 处的阵风系数；

μ_{s1}——风荷载局部体型系数。

1. μ_z 值

平均风速沿建筑高度的变化规律，称为风速剖面，简称风剖面。在大气边界层内，风速随建筑高度而增大的规律和“梯度风高度”（图 4-3），均取决于地面粗糙类别。一般情况下，“梯度风高度”风速不再受到地面粗糙度的影响，即“梯度风速”。

对于平坦或稍有起伏的地形，风压高度变化系数 μ_z，应根据地面粗糙度类别，按表 4-3 查出。

《荷载规范》[3]第 8.2.2 条：对于山区的建筑物，风压高度变化系数除可按平坦地面的粗糙度类别由表 4-3 确定外，还应考虑地形条件的修正，修正系数 η 应按下列规定采用。

1）对于山峰和山坡，η 值应按下列规定采用。

① 顶部 B 处（图 4-8）的修正系数可按下式计算

$$\eta_B=\left[1+\kappa\tan\alpha\left(1-\frac{z}{2.5H_m}\right)\right]^2 \tag{4-7}$$

式中 $\tan\alpha$——山峰或山坡在迎风面一侧的坡度，当 $\tan\alpha>0.3$ 时，取 0.3；

κ——系数，对山峰取 2.2，对山坡取 1.4；

H_m——山顶或山坡全高（m）；

z——建筑物计算位置离建筑物地面的高度（m），当 $z>2.5H_m$ 时，取 $z=2.5H_m$。

② 其他部位的修正系数，可按图 4-8 所示，取 A、C 处的修正系数 η_A、η_C 为 1，AB 间和 BC 间的修正系数 η 按线性插值确定。

2）对于山间盆地、谷地等闭塞地形，η 可在 0.75~0.85 选取。

3）对于与风向一致的谷口、山口，η 可在 1.20~1.50 选取。

4）对于远海海面和海岛的建筑物或构筑物，风压高度变化系数除可按 A 类粗糙度类别由表 4-3 确定外，还应考虑表 4-6 中给出的修正系数。

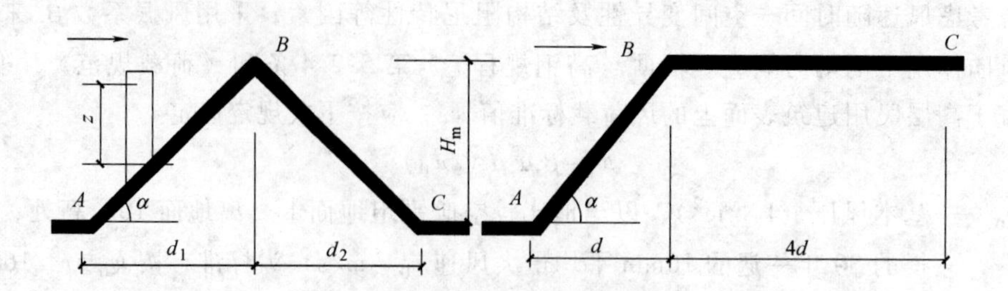

图 4-8 山峰和山坡的示意

表 4-6 远海海面的海岛的修正系数 η

距海岸距离/km	η	距海岸距离/km	η
<40	1.0	60~100	1.1~1.2
40~60	1.0~1.1		

2. μ_s 值

高层建筑的风载体型系数 μ_s 可按下列规定采用：

1）单个高层建筑的 μ_s 值，可按图 4-9 规定采用。

2）对于周围环境复杂，附近有高层建筑且建筑平面与图 4-9 不同时，其 μ_s 值应根据风洞试验确定。

3. β_z 值

《高钢规程》[4]第 5.2.2 条规定：对于房屋高度 $H>30\text{m}$ 且高宽比 $H/B>1.5$ 的房屋，应考虑风压脉动对结构产生顺风向振动的影响。结构顺风向风振响应计算应按随机振动理论进行，结构的自振周期应按结构动力学计算。

对横风向风振作用效应或扭转风振作用效应明显的高层民用建筑，应考虑横风向风振或扭转风振的影响。横风向风振或扭转风振的计算范围、方法及顺风向与横风向效应的组合方法应符合现行国家标准《荷载规范》[3]的有关规定。结构的风振系数 β_z 按下式来计算

$$\beta_z = 1+\frac{\xi \upsilon \varphi_z}{\mu_z} \tag{4-8}$$

式中 ξ——脉动增大系数；

υ——脉动影响系数；

φ_z——振型系数；

μ_z——风压高度变化系数，见表 4-3。

1）脉动增大系数 ξ 值，见表 4-7。

表 4-7 脉动增大系数 ξ 值

$w_0T_1^2/(\text{kN}\cdot\text{s}^2/\text{m}^2)$	0.01	0.02	0.04	0.06	0.08	0.10	0.20	0.40	0.60
钢结构	1.47	1.57	1.69	1.77	1.83	1.88	2.04	2.24	2.36
有填充墙的房屋钢结构	1.26	1.32	1.39	1.44	1.47	1.50	1.61	1.73	1.81
$w_0T_1^2/(\text{kN}\cdot\text{s}^2/\text{m}^2)$	0.80	1.00	2.00	4.00	6.00	8.00	10.00	20.00	30.00
钢结构	2.46	2.53	2.80	3.09	3.28	3.42	3.54	3.91	4.14
有填充墙的房屋钢结构	1.88	1.93	2.10	2.30	2.43	2.52	2.60	2.85	3.01

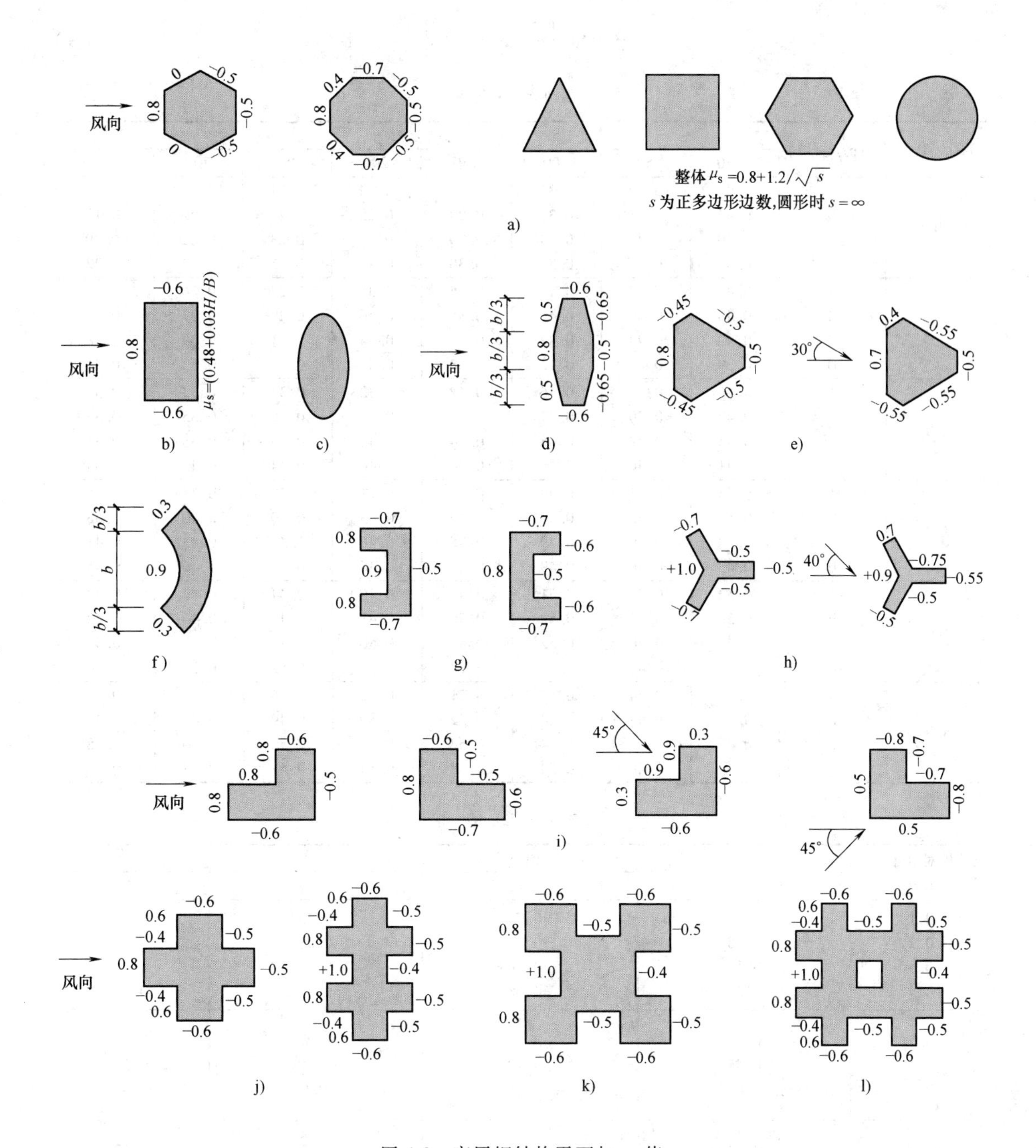

图 4-9 高层钢结构平面与 μ_s 值

a）正多边形 b）矩形 c）椭圆形 d）扇形 e）切角三边形 f）棱形

g）槽形 h）Y 形 i）L 形 j）十字形 k）X 形 l）井形

2）υ 值 若高层建筑的外形、质量沿高度比较均匀，当结构迎风面宽度较大时，应考虑宽度方向风压、空间相关性的情况，υ 值按表 4-8 采用。

3）振型系数 φ_z 应根据结构动力计算确定。对于沿高度比较规则、均匀的高层建筑，φ_z 值可近似按下式计算和表 4-9 采用。

$$\varphi_z=\tan\left[\frac{\pi}{4}(z/H)^{0.7}\right] \tag{4-9}$$

表 4-8 v 值

H/B	粗糙度类别	总高度 H/m							
		≤30	50	100	150	200	250	300	350
≤0.5	A	0.44	0.42	0.33	0.27	0.24	0.21	0.19	0.17
	B	0.42	0.41	0.33	0.28	0.25	0.22	0.20	0.18
	C	0.40	0.40	0.34	0.29	0.27	0.23	0.22	0.20
	D	0.36	0.37	0.34	0.30	0.27	0.25	0.24	0.22
1.0	A	0.48	0.47	0.41	0.35	0.31	0.27	0.26	0.24
	B	0.46	0.46	0.42	0.36	0.36	0.29	0.27	0.26
	C	0.43	0.44	0.42	0.37	0.34	0.31	0.29	0.28
	D	0.39	0.42	0.42	0.38	0.36	0.33	0.32	0.31
2.0	A	0.50	0.51	0.46	0.42	0.38	0.35	0.33	0.31
	B	0.48	0.50	0.47	0.42	0.40	0.36	0.35	0.33
	C	0.45	0.49	0.48	0.44	0.42	0.38	0.38	0.36
	D	0.41	0.46	0.48	0.46	0.46	0.44	0.42	0.39
3.0	A	0.53	0.51	0.49	0.42	0.41	0.38	0.38	0.36
	B	0.51	0.50	0.49	0.46	0.43	0.40	0.40	0.38
	C	0.48	0.49	0.49	0.48	0.46	0.43	0.43	0.41
	D	0.43	0.46	0.49	0.49	0.48	0.47	0.46	0.45
5.0	A	0.52	0.53	0.51	0.49	0.46	0.44	0.42	0.39
	B	0.50	0.53	0.52	0.50	0.48	0.45	0.44	0.42
	C	0.47	0.50	0.52	0.52	0.50	0.48	0.47	0.45
	D	0.43	0.48	0.52	0.53	0.53	0.52	0.51	0.50
8.0	A	0.53	0.54	0.53	0.51	0.48	0.46	0.43	0.42
	B	0.51	0.53	0.54	0.52	0.50	0.49	0.46	0.44
	C	0.48	0.51	0.54	0.53	0.52	0.52	0.50	0.48
	D	0.43	0.48	0.54	0.53	0.55	0.55	0.54	0.53

表 4-9 φ_z 值

相对高度 z/H	振型序号			
	1	2	3	4
0.1	0.02	-0.09	0.22	-0.38
0.2	0.08	-0.30	0.58	-0.73
0.3	0.17	-0.50	0.70	-0.40
0.4	0.27	-0.68	0.46	0.33
0.5	0.38	-0.63	-0.03	0.68
0.6	0.45	-0.48	-0.49	0.29
0.7	0.67	-0.18	-0.63	-0.47
0.8	0.74	0.17	-0.34	-0.62
0.9	0.86	0.58	0.27	-0.02
1.0	1.00	1.00	1.00	1.00

注：对结构的顺风向响应，可仅考虑第一振型；对结构的横风向共振响应，有时需验算第 1~4 振型的频率，因此表中列出前 4 个振型的值 φ。

4. 阵风系数 β_{gz}

《荷载规范》[3]第 8.6.1 条的条文说明：计算围护结构的阵风系数 β_{gz}，不再区分幕墙和其他构件，统一按下式计算

$$\beta_{gz}=1+2gI_{10}(z/10)^{2} \tag{4-10}$$

其中A、B、C、D四类地面粗糙度类别的截断高度分别为5m、10m、15m和30m，即对应的阵风系数不大于1.65、1.70、2.05和2.40。调整后的阵风系数与原规范相比系数有变化，来流风的极值速度压（阵风系数乘以高度变化系数）与之前的GB 50009—2001《荷载规范》相比降低了约5%到10%。对幕墙以外的其他围护结构，由于之前的GB 50009—2001《荷载规范》不考虑阵风系数，因此风荷载标准值会有明显提高，这是考虑到近几年来轻型屋面围护结构发生风灾破坏的事件较多的情况而做出的修订。但对低矮房屋非直接承受风荷载的围护结构，如檩条等，由于其最小局部体型系数数由-2.2修改为-1.8，按面积的最小折减系数由0.8减小到0.6，因此风荷载的整体取值与之前的GB 50009—2001《荷载规范》相当。

计算围护结构（包括门窗）风荷载时的阵风系数应按表4-2确定。

4.1.3 横风向风振

1）根据雷诺数 Re 的不同情况，对圆形截面的结构，应按下述规定进行横风向风振（旋涡脱落）的校核。

① 雷诺数 Re 可按下式确定

$$Re=69000v_{z}D \tag{4-11}$$

式中 v_z——计算高度 z 处的风速（m/s）；

D——结构截面的直径（m）。

② 当 $Re<0.3\times10^{6}$ 时（亚临界的微风共振），应按下式控制结构顶部风速 v_{H} 不超过临界风速 v_{cr}

$$v_{\mathrm{cr}}=\frac{D}{T_{1}St} \tag{4-12}$$

$$v_{\mathrm{H}}=\sqrt{\frac{2000\gamma_{\mathrm{w}}\mu_{\mathrm{H}}w_{0}}{\rho}} \tag{4-13}$$

式中 T_1——结构基本自振周期；

St——斯脱罗哈数，对圆截面结构取0.2；

γ_{w}——风荷载分项系数，取1.4；

μ_{H}——结构顶点风压高度变化系数；

w_0——基本风压（kN/m^2）；

ρ——空气的密度（kg/m^3）。

当结构顶部风速超过 v_{cr} 时，可在构造上采取防振措施，或控制结构的临界风速 v_{cr} 不小于15m/s。

③ $Re\geqslant3.5\times10^{6}$ 且结构顶部风速大于 v_{cr} 时（跨临界的强风共振），应按下面第2）条考虑横风向风荷载引起的荷载效应。

④ 当结构沿高度截面缩小时（倾斜度≤0.02），可近似取2/3结构高度处的风速和直径。

2）跨临界强风共振引起在 z 高处振型 j 的等效风荷载 w_{czj}（kN/m^2）可由下式确定

$$w_{czj}=|\lambda_j|v_{cr}^2\varphi_{zj}/12800\zeta_j \tag{4-14}$$

式中 λ_j——计算系数，按表4-10确定；

φ_{zj}——在 z 高处结构的 j 振型系数，由计算确定或参考《荷载规范》[3]的附录G；

ζ_j——第 j 振型的阻尼比；对第1振型，房屋钢结构取0.02，对高振型的阻尼比，若无实测资料，可近似按第1振型的值取用。

表4-10中的 H_1 为临界风速起始点高度，可按下式确定

$$H_1=H\,(v_{cr}/v_H)^{1/\alpha} \tag{4-15}$$

式中 α——地面粗糙度指数，对A（海上）、B（乡村）、C（城市）和D（大城市中心）四类地面粗糙度分别取0.12、0.16、0.22和0.30；

v_H——结构顶部风速（m/s）。

表4-10 λ_j 计算用表

结构类型	振型序号	H_1/H										
		0	0.1	0.2	0.3	0.4	0.5	0.6	0.7	0.8	0.9	1.0
高层建筑	1	1.56	1.56	1.54	1.49	1.41	1.28	1.12	0.91	0.65	0.35	0
	2	0.73	0.72	0.63	0.45	0.19	−0.11	−0.36	−0.52	−0.53	−0.36	0

3）校核横风向风振时，风的荷载总效应可将横风向风荷载效应 S_C 与顺风向风荷载效应 S_A 按下式组合后确定

$$S=\sqrt{S_C^2+S_A^2} \tag{4-16}$$

4）对非圆形截面的结构，横风向风振的等效风荷载宜通过空气弹性模型的风洞试验确定；也可参考有关资料确定。

4.2 地震作用

4.2.1 地震概述

地球是一个椭球体，平均半径约0.64万km。通过地震学研究，推测地球内部主要由性质互不相同的三部分组成（图4-10a），各部分的重力密度、温度及压力随深度的增加而增大。

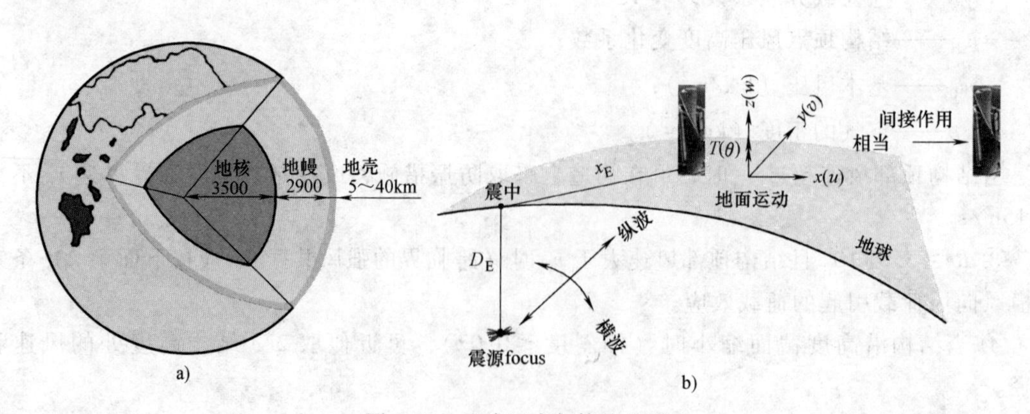

图4-10 地球组成与构造地震

在各种地震中，破坏性最大、次数最多的是由地质构造作用产生的构造地震。地球在运动和发展过程中的能量作用（如地幔对流、转速的变化等），使地壳和地幔上部的岩层在这些巨大的能量作用下产生很大的应力。当日积月累的地应力超过某处岩层的极限应变（超过 $0.1\times10^{-3}\sim0.2\times10^{-3}$）时，岩石遭到破坏，产生错动断裂，所积累的应变能将转化成波动能，并以地震波的形式向四周扩散，地震波到达地面后引起地面运动，这就是构造地震。1906年4月18日，美国旧金山圣安德烈斯断层上435km长的一段，突然发生错动，最大水平错距达6.4m，它是近代构造地震的典型例子。

断层产生剧烈相对运动的地方，称为震源（focus，图4-10b）。震源正上方的地面位置称为震中，建筑物距震中的距离叫震中距 x_E。图4-10b中，D_E 表示震源深度，一般来说：浅源地震 $D_E<60$km，中源地震 $D_E=60\sim300$km，深源地震 $D_E>300$km。我国绝大部分地震属浅源地震，通常 $D_E=10\sim40$km，深源地震仅出现于吉林和黑龙江的个别地区，$D_E=400\sim600$km。

由于我国的西南地区和台湾省等地处于世界两大地震带上（图4-11），地震次数相当频繁。

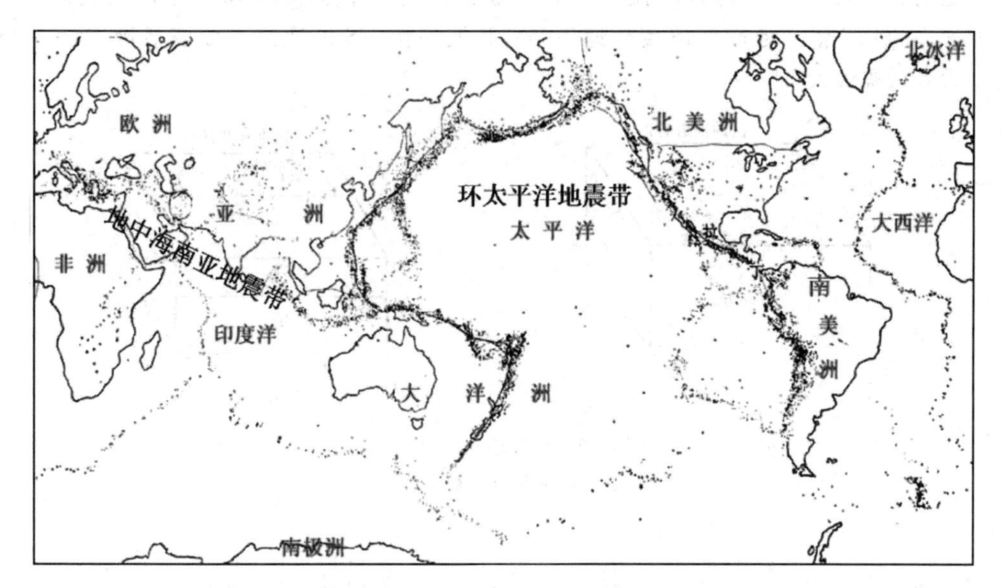

图4-11 世界主要两大地震带分布

除构造地震外，还有由火山爆发、溶洞塌陷、水库蓄水、核爆炸等原因引起的地震。由于它们影响小，不作为工程抗震研究的重点。

1. 地震波（earthquake ware）

当震源岩层发生断裂、错动时，岩层所积累的变形能突然释放，并以波的形式从震源向四周传播，这种波称为地震波。地震波按其在地壳中传播的位置不同，分为体波和面波。

在地球内部传播的波称为体波，它分为纵波和横波。

纵波是一种压缩波，又称P波或初波（primary wave），介质质点的振动方向与波的传播方向一致，它引起地面垂直方向的振动。这种波的周期短，振幅小，在地壳内它的速度一般为200~1400m/s。P波波速可按下式计算

$$v_P=\sqrt{\frac{E(1-\upsilon)}{\rho(1+\upsilon)(1-2\upsilon)}} \tag{4-17}$$

式中 E——介质的弹性模量；

υ——介质的泊松比（poisson ratio）；

ρ——介质的质量密度。

横波是一种剪切波（shear wave），也称S波或次波（secondary wave），质点的振动方向与波的传播方向垂直，它引起地面水平方向振动。这种波的周期长，振幅大，在地壳内它的波速一般为100~800m/s。S波波速按下式计算

$$v_{\mathrm{S}}=\sqrt{\frac{E}{2\rho(1+\upsilon)}}=\sqrt{\frac{G}{\rho}} \tag{4-18}$$

式中 G——介质的剪切模量。

当取$\upsilon=1/4$时，由式（4-17）、式（4-18）可得

$$v_{\mathrm{p}}=\sqrt{3}\,v_{\mathrm{S}} \tag{4-19}$$

在地球表面传播的波称为面波（face wave），它是体波经地层界面多次反射、折射后形成的次生波。面波还可细分为瑞利波（R）和勒夫波（L），如图4-12所示。面波的波速约为S波速度的0.9倍。地震波的传播速度是：P波最快、S波次之、面波最慢（图4-13）。然而，后者振幅最大。

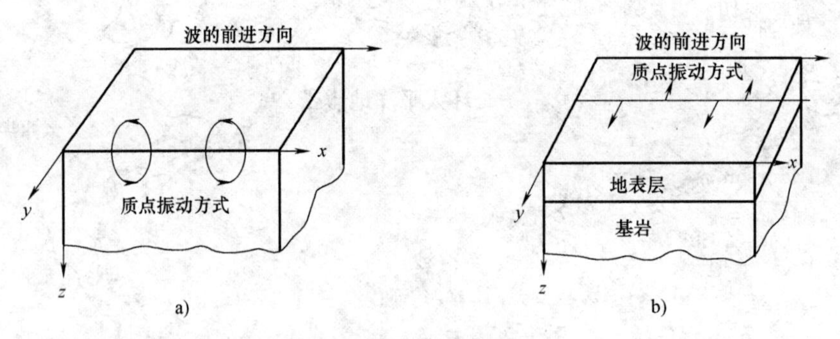

图4-12 面波质点振动方式

a）瑞利波 b）勒夫波

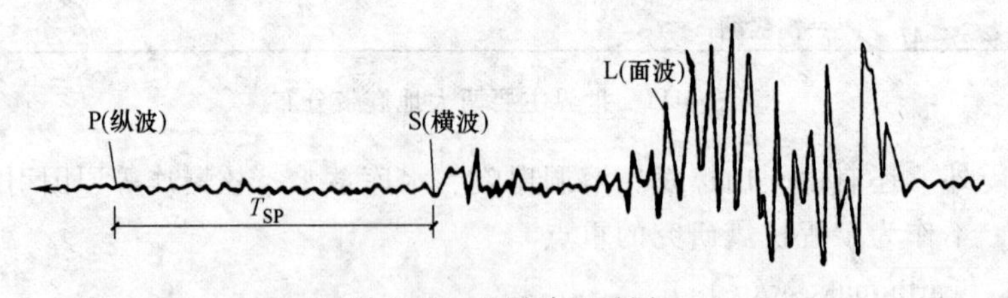

图4-13 地震波纪录图

2. 地震动（earthquake motion）

由于地震波的传播而引起的地面运动，称为地震动。地震动的位移、速度和加速度可以用仪器记录下来，对工程结构抗震一般采用加速度记录（图4-14）。人们可以根据强震记录的加速度研究地震动的特征，可以对建筑结构进行直接动力（时程）分析，以及绘制地震反应谱曲线；人们对加速度记录进行积分，可以得到地面运动的速度和位移。一般而言，一点处的地震动在空间具有6个方向的分量——3个平动分量和3个转动分量，图4-10b只绘出一个转动分量$T(\theta)$，即扭转，目前，一般只能获得平动分量的记录。

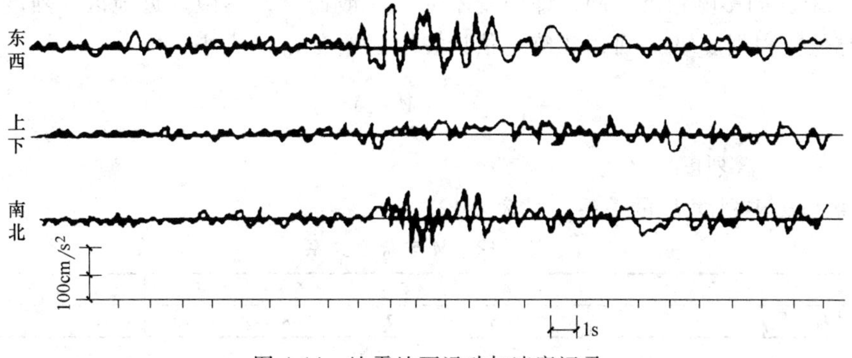

图 4-14 地震地面运动加速度记录

实际上，地震动是多种地震波综合作用的结果。因此，地震动的记录信号是不规则的。通过分析，可以采用几个有限的要素来反映不规则的地震波。例如，通过最大振幅，可以定量反映地震动的强度特性；通过对地震记录的频谱分析，可以揭示地震动的周期分布特征；通过对强震持续时间的定义和测量，可以考察地震动循环作用程度的强弱。地震动的峰值（最大振幅 A_{max}）、频谱和持续时间，通常称为地震动的三要素。工程结构的地震破坏，与地震动的三要素密切相关。

3. 震级

地震震级（magnitude）：一次地震释放能量的多少（地震强度大小的指标）。一次地震只有一个震级。1935 年里希特（Richter）首先提出震级的定义：震级大小是利用伍德-安德生（Wood-Anderson）式标准地震仪（周期 0.8s、阻尼系数 0.8、放大倍数 2800 的地震仪），在震中距 $x_E=100\text{km}$ 的处记录的最大地面位移（振幅 A）的常用对数值（$M=\lg A$）。目前我国仍采用里氏震级 M，但考虑了 $x_E<100\text{km}$ 的影响，震级按下式计算

$$M=\lg A+R(\Delta) \tag{4-20}$$

式中 A——地震记录图上量得的以 μm（$1\mu\text{m}=10^{-6}\text{m}$）为单位的最大水平位移；

$R(\Delta)$——随震中距 x_E 而变化的起算函数。若 $x_E=100\text{km}$，$R(\Delta)=0$。

若记录到震中距 $x_E=100\text{km}$ 的 $A=10\text{mm}=10^4\mu\text{m}$，则由式（4-20），$M=\lg A+0=\lg 10^4=4\lg 10=4$ 级。震级 M 与地震释放的能量 E 之间的关系为

$$\lg E=1.5M+11.8 \tag{4-21}$$

M 及相应 E 的对应关系，见表 4-11。

表 4-11 M 及相应 E 的对应关系

震级	能量 E/J	震级	能量 E/J
1	2.00×10^{6}	6	6.31×10^{13}
2	6.31×10^{7}	7	2.00×10^{1}
3	2.00×10^{9}	8	6.31×10^{16}
4	6.31×10^{10}	8.5	3.55×10^{17}
5	2.00×10^{12}	8.9	1.41×10^{18}

式（4-21）表明，震级 M 每增加一级，地震所释放的能量 E 约增加 31.6 倍。

2~4 级的地震，称为有感地震；5 级以上的地震为破坏性地震；7 级以上的地震就是强烈地震或大震。目前，世界上已记录到的最大的震级为 8.9 级。

4. 地震烈度（earthquake intensity）

地震烈度：某一地区的地面和各类建筑物遭受一次地震影响的平均强弱程度。随震中距

x_E 的不同，地震的影响程度不同，即烈度不同。一般而言，震中附近地区，烈度高；x_E 越大，烈度越低。根据震级 M 可以粗略地估计震中区烈度 I_0 的大小，即

$$I_0=\frac{3}{2}(M-1) \tag{4-22}$$

式中 I_0——震中区烈度，M 为里氏震级。

震级 M 与震中烈度 I_0 的关系，见表 4-12。

表 4-12 M 与 I_0 之关系

震级 M	2	3	4	5	6	7	8	8 以上
震中烈度 I_0	1~2	3	4~5	6~7	7~8	9~10	11	12

为评定地震烈度，需要建立一个标准，这个标准称为地震烈度表。世界各国的地震烈度表不尽相同，如日本采用 8 度地震烈度表，欧洲一些国家采用 10 度地震烈度表，我国与世界大多数国家采用 12 度烈度表。

按照地震烈度表中的标准可以对受一次地震影响的地区评定出相应的烈度。具有相同烈度的地区的外包线，称为等烈度线（或等震线）。等震线的形状与地震时岩层断裂取向、地形、土质等条件有关，多数近似呈椭圆形。一般情况下，等震线的度数随 x_E 增大而减小，但有时也会出现局部高一度或低一度的异常区。

5. 基本烈度

基本烈度：一个地区在一定时期（我国取 50 年）内，在一般场地条件下，按一定的超越概率（我国取 10%）可能遭遇到的最大地震烈度。它可以作为抗震设防的烈度。

目前，我国已将国土划分为不同基本烈度所覆盖的区域，这一工作称为地震区划。随着研究工作的不断深入，地震区划将给出相应的地震动参数，如地震动的幅值等。

4.2.2 单自由度弹性体系水平地震反应分析

工程上某些建筑结构可以简化为单质点体系，如图 4-15 所示的水塔，质量大部分集中在塔顶水箱处，可按一个单自由度体系进行地震反应分析。此时，将柱视为一无质量但有刚度的弹性杆，从而得出一个单质点弹性体系计算简图。若忽略杆的轴向变形，当体系水平振动时，质点只有一个自由度，故为单自由度体系。

1. 运动方程的建立

为了研究单质点弹性体系的水平地震反应，可根据结构的计算简图建立体系在水平地震作用下的运动方程（动力平衡方程）。如图 4-16 所示的体系具有集中质量 m，由刚度系数为 s

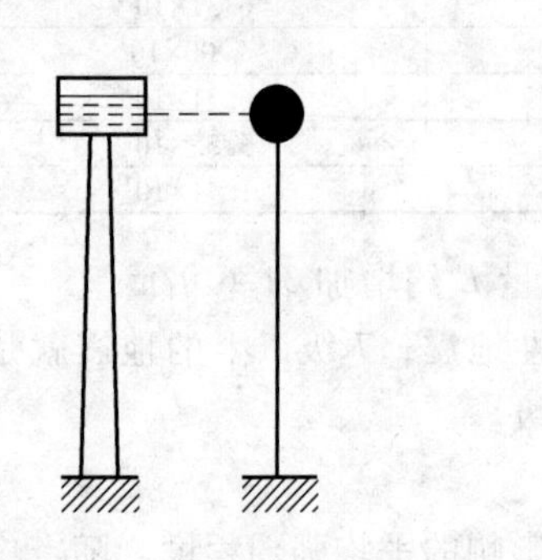

图 4-15 水塔及其计算简图

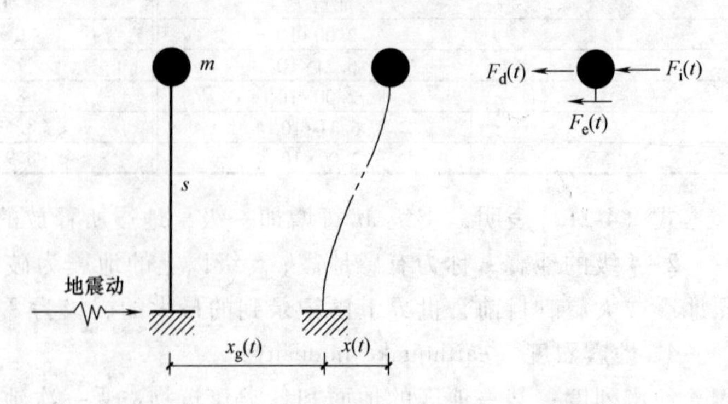

图 4-16 水平地震作用下单自由体系的振动

(stiffness coefficient) 的弹性直杆支承。抗震时地面 (ground) 水平运动的位移为 $x_g(t)$，质点相对地面的水平位移 $x(t)$，它们皆为时间 t 的函数，则质点的相对速度为 $\dot{x}(t)$，加速度为 $\ddot{x}(t)$。取质点为隔离体，其上作用有三种力：质点惯性力 (ineria force) F_I、阻尼力 (damping force) F_D 和弹性恢复力 (elastic force) F_E。

惯性力是质点的质量 m 与绝对加速度 $[\ddot{x}_g(t)+\ddot{x}(t)]$ 的乘积，但方向与质点加速度方向相反，即

$$F_I(t)=-m[\ddot{x}_g(t)+\ddot{x}(t)] \tag{4-23a}$$

弹性 (恢复) 力 (elastic force) 是使质点从振动位置恢复到平衡位置的力，它由弹性支承杆水平方向变形引起，其大小与质点的相对位移 $x(t)$ 成正比，但方向相反，即

$$F_E(t)=-sx(t) \tag{4-23b}$$

式中 s——弹性支承杆的侧移刚度系数，即质点产生单位水平位移时在质点上所需施加的水平力。

阻尼力是造成结构震动衰减的力，它由结构材料内摩擦、结点连接件摩擦、周围介质等对结构运动的阻碍作用等构成。工程中通常采用黏滞阻尼理论进行计算，即假定阻尼力与质点的相对速度 $\dot{x}(t)$ 成正比，而方向相反，即

$$F_D(t)=-d\dot{x}(t) \tag{4-23c}$$

式中 d——阻尼系数 (damping coefficient)。

根据达朗贝尔原理 (d'Alembert's principle)，在任一时刻 t，质点在惯性力、阻尼力及弹性恢复力三者作用下保持动力平衡，即

$$F_I(t)+F_D(t)+F_E(t)=0 \tag{4-24}$$

将式 (4-23a)、式 (4-23b)、式 (4-23c) 代入式 (4-24)，并整理，得

$$m\ddot{x}(t)+d\dot{x}(t)+sx(t)=-m\ddot{x}_g(t) \tag{4-25}$$

为便于求解方程，将式 (4-25) 两边同除以 m，并引入参数 ω、ζ，可得

$$\ddot{x}(t)+2\zeta\omega\dot{x}(t)+\omega^2x(t)=-\ddot{x}_g(t) \tag{4-26}$$

$$\omega=\sqrt{s/m} \tag{4-27}$$

$$\zeta=\frac{d}{2m\omega} \tag{4-28}$$

式中 ω——结构振动圆频率；

ζ——结构的阻尼比 (damping ratio)。

式 (4-26) 就是单自由度体系有阻尼的运动方程，是一个常系数二阶非齐次线性微分方程。

2. 运动方程求解

线性常微分方程式 (4-26) 的通解为齐次解和特解之和。齐次解代表体系的自由振动反应，特解代表体系在地震作用下的强迫振动反应。从而有

单自由度体系的地震反应=有阻尼自由振动反应+强迫振动反应 (4-29)

(1) 方程的齐次解——自由振动反应　令方程式 (4-26) 右端项为零，可求体系有阻尼自由振动反应，即

$$\ddot{x}(t)+2\zeta\omega\dot{x}(t)+\omega^2 x(t)=0 \tag{4-30}$$

由特征方程的解可知，当$\zeta>1$时，为过阻尼状态，体系不振动；当$\zeta<1$时，为欠阻尼状态，体系产生振动；当$\zeta=1$为临界阻尼状态，此时，体系不发生振动。因此，由结构动力学可解得欠阻尼状态下的自由振动位移反应，即

$$x(t)=\mathrm{e}^{-\zeta\omega t}\left(x_0\cos\omega_{\mathrm{d}}t+\frac{\dot{x}_0+\zeta\omega x_0}{\omega_{\mathrm{d}}}\sin\omega_{\mathrm{d}}t\right) \tag{4-31}$$

式中 x_0、$\dot{x}_0$——分别为$t=0$时的初位移和初速度；

ω_{d}——有阻尼体系的自由振动频率，$\omega_{\mathrm{d}}=\omega\sqrt{1-\zeta^2}$。

当$\zeta=0$时，为无阻尼状态，体系的自由振动为简谐振动，即

$$x(t)=x_0\cos\omega t+\frac{\dot{x}_0}{\omega_{\mathrm{d}}}\sin\omega t \tag{4-32}$$

体系的振动周期为

$$T=2\pi/\omega=2\pi\sqrt{m/s} \tag{4-33}$$

由于m和s是结构体系固有的，因此，无阻尼体系自振频率ω和周期T也是体系固有的，故将ω、T称为固有频率、固有周期。ω_{d}为体系有阻尼的自振频率，一般建筑结构的阻尼很小，其范围约为$\zeta=0.01\sim0.1$。《抗震规范》[5]第8.2.2条：多遇地震下的计算，钢结构的高度$H\leqslant50\mathrm{m}$时，可取阻尼比$\zeta=0.04$；$50\mathrm{m}<H<200\mathrm{m}$时，可取$\zeta=0.03$；$H\geqslant200\mathrm{m}$时，宜取$\zeta=0.02$。在罕遇地震下的弹塑性分析，可取$\zeta=0.05$。

（2）方程的特解——强迫振动反应

式（4-26）中$\ddot{x}_{\mathrm{g}}(t)$为地面水平地震动加速度，工程设计取实测地震加速度记录。

由于地震动的随机性，强迫振动反应不可能求出解析表达式，只能利用数值积分求出数值解。在动力学中，有阻尼强迫振动位移反应由杜哈梅积（Duhamel Integral）给出，即

$$x(t)=-\frac{1}{\omega_{\mathrm{d}}}\int_0^t\ddot{x}_{\mathrm{g}}(\tau)\mathrm{e}^{-\zeta\omega(t-\tau)}\sin\omega_{\mathrm{d}}(t-\tau)\mathrm{d}\tau \tag{4-34}$$

一般建筑的水平地震位移反应可取

$$x(t)=-\frac{1}{\omega}\int_0^t\ddot{x}_{\mathrm{g}}(\tau)\mathrm{e}^{-\zeta\omega(t-\tau)}\sin\omega(t-\tau)\mathrm{d}\tau \tag{4-35}$$

（3）方程的通解　将式（4-31）与式（4-34）取和，即为式（4-26）的通解式（4-29）。当结构体系初位移和初速度为零时，体系自由振动反应为零。由于体系有阻尼，体系的自由振动也会很快衰减，因此，仅取强迫振动反应作为单自由度体系水平地震位移反应。

3. 水平的地震作用

水平地震作用就是地震时结构质点上受到的水平方向的最大惯性力，即

$$F=F_{\mathrm{I,max}}=m\left|\ddot{x}_{\mathrm{g}}(t)+\ddot{x}(t)\right|_{\max}=\left|sx(t)+d\dot{x}(t)\right|_{\max} \tag{4-36}$$

式中 d——阻尼系数

在结构抗震设计中，建筑物的阻尼力很小，另外，惯性力最大时的加速度最大，而速度最小（$\dot{x}\to0$）。从而，式（4-36）变成$F=\left|sx(t)\right|_{\max}$，刚度系数由式（4-27）确定，即$s=$

$m\omega^2$，则最大惯性力为

$$F \approx |sx(t)|_{\max} = |m\omega^2 x(t)|_{\max}$$
$$= m\omega \left| \int_0^t \ddot{x}_g(\tau) e^{-\zeta\omega(t-\tau)} \sin\omega(t-\tau) d\tau \right|_{\max} = mS_a \tag{4-37}$$

式中 S_a——质点振动加速度最大绝对值。

4. 地震反应谱

地震反应谱是指单自由度体系最大地震反应与体系自振周期 T 之间的关系曲线，根据地震反应内容的不同，可分为位移反应谱、速度反应谱及加速度反应谱。在结构抗震设计中，通常采用加速度反应谱（acceleration response spectrum），简称地震反应谱 $S_a(T)$。由式(4-33)：$T=2\pi/\omega$，从而，可得地震的反应谱曲线方程为

$$S_a(T) = |\ddot{x}_g(t) + \ddot{x}(t)|_{\max} = \omega \left| \int_0^t \ddot{x}_g(\tau) e^{-\zeta\omega(t-\tau)} \sin\omega(t-\tau) d\tau \right|_{\max}$$
$$= \frac{2\pi}{T} \left| \int_0^t \ddot{x}_g(\tau) e^{-\zeta\omega(t-\tau)} \sin\frac{2\pi}{T}(t-\tau) d\tau \right|_{\max} \tag{4-38}$$

5. 地震作用计算的设计反应谱

由式（4-38）可见，地震反应谱与阻尼比 ζ、地震动的振幅、频谱有关。由于地震的随机性，不同的地震记录，地震反应谱不同，即使在同一地点、同一烈度，每次的地震记录也不一样，地震反应谱也不同，所以，不能用某一次的地震反应谱作为设计地震反应谱。因此，为满足一般建筑的抗震设计要求，应根据大量强震记录计算出每条记录的反应谱曲线，以此作为设计反应谱曲线。

为方便计算，将式（4-37）做如下变换

$$F = mS_a(T) = mg\frac{|\ddot{x}_g(t)|_{\max}}{g} \cdot \frac{S_a(T)}{|\ddot{x}_g(t)|_{\max}} = G_E k\beta = G_E \alpha \tag{4-39}$$

式中 G_E——体系质点的重力荷载代表值；

α——地震影响系数，$\alpha=k\beta$。

k——地震系数，$k=|\ddot{x}_g(t)|_{\max}/g$；

β——动力系数，$\beta=S_a(T)/|\ddot{x}_g(t)|_{\max}$；

g——重力加速度，$g=981\text{cm/s}^2$；

$|\ddot{x}_g(t)|_{\max}$——地面运动加速度最大绝对值，即《抗震规范》[5]中的所谓设计基本地（震）动加速度（design basic acceleration of ground motion）——50年设计基准期超越概率10%的地震加速度的设计取值。

（1）地震系数 k

$$k = |\ddot{x}_g(t)|_{\max}/g \tag{4-40}$$

通过 k 可将地震动振幅对地震反应谱的影响分离出来。一般来说，地面运动加速度峰值越大，地震烈度越高，即 k 与地震烈度之间有一定的对应关系。大量统计分析表明，烈度每增加一度，k 值大致增加一倍。《抗震规范》[5]第3.2.2条中采用的 k 与抗震设防烈度（seismic precautionary intensity）的对应关系见表 4-13。

表 4-13 抗震设防烈度与 k 值

抗震设防烈度	6	7	8	9
k	0.05	0.10(0.15)	0.20(0.30)	0.40

注：括号中数值对应设计基本地震加速度为 0.15g 和 0.30g 地区的建筑，应分别按抗震设防烈度 7 度和 8 度的要求进行抗震设计。

（2）动力系数 β

$$\beta=S_{\mathrm{a}}(T)/|\ddot{x}_{\mathrm{g}}(t)|_{\max} \tag{4-41}$$

将式（4-38）代入上式，得

$$\beta=\frac{2\pi}{T}\times\frac{1}{|\ddot{x}_{\mathrm{g}}(t)|_{\max}}\left|\int_0^t \ddot{x}_{\mathrm{g}}(\tau)\mathrm{e}^{-\zeta\omega(t-\tau)}\sin\frac{2\pi}{T}(t-\tau)\mathrm{d}\tau\right|_{\max} \tag{4-42}$$

可见，影响动力系数 β 的主要因素有：地面运动加速度 $\ddot{x}_{\mathrm{g}}(t)$ 的特征；结构体系的自振周期 T；结构阻尼比 ζ。

当 $|\ddot{x}_{\mathrm{g}}(t)|_{\max}$ 增大或减小，地震反应也相应增大或减小。因此，其值与地震烈度无关。可利用不同烈度的地震记录进行计算和统计，得出 β 的变化规律。当地面运动加速度记录 $\ddot{x}_{\mathrm{g}}(t)$ 和 ζ 给定时，对每一给定的周期 T，可按式（4-42）计算出相应的 β 值，从而可以得到 β-T 关系曲线，这条曲线称为动力系数反应谱曲线。实质上，β 谱曲线是一种加速度反应谱曲线。它也反映了地震时地面运动的频谱特性，对不同自振周期的建筑结构有不同的地震动力作用效用。研究表明，阻尼比 ζ、场地条件、震级 M、震中距 x_{E} 等对 β 谱曲线的特性形状都有影响。

图 4-17 是根据 1940 年 EI-Centro 地震地面加速度记录绘制的 β 谱曲线。可见，若 ζ 值减小，则 β 值增大；不同的 ζ 对应的 β 谱曲线，当 T 接近场地特征周期（卓越周期）T_g 时，β 均为最大峰值（共振）；当 $T<T_{\mathrm{g}}$ 时，β 值随 T 值的增大而增加，当 $T>T_{\mathrm{g}}$ 时，β 值随 T 值的增大而减小，并趋于平缓。

图 4-18 为不同场地土条件下的 β 谱曲线。对于土质松软的场地，β 谱曲线的峰值对应于较长周期，而对于土质坚硬的场地，则对应于较短 T 值。

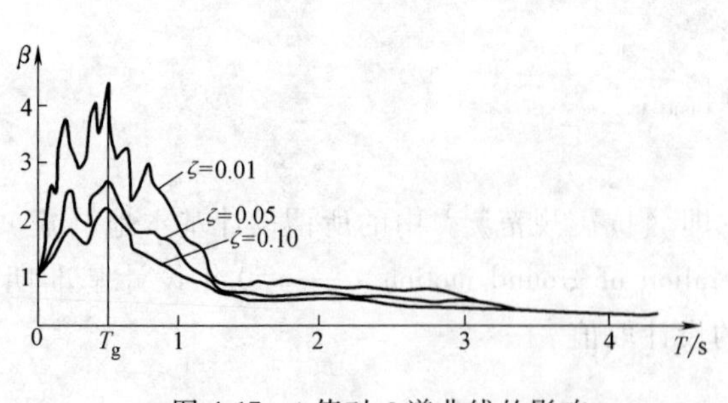

图 4-17 ζ 值对 β 谱曲线的影响

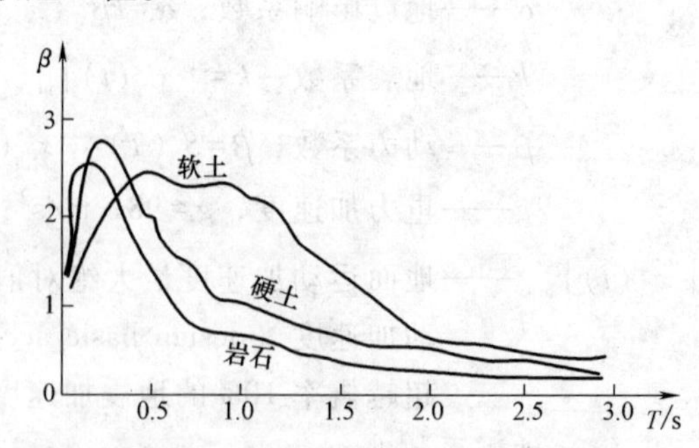

图 4-18 场地土类型对 β 谱曲线的影响

图 4-19 为相同地震烈度下不同震中距 x_{E} 的 β 谱曲线，x_{E} 大时 β 谱曲线的峰值位置对应于较长周期，x_{E} 小时对应于较短周期。因此，同等烈度下位于 x_{E} 较远地区的高柔结构受到的地震破坏更严重，而刚性结构的破坏情况则相反。

（3）地震影响系数 α 及设计反应谱

由式（4-39）可知

$$\alpha=k\beta$$

又由表4-13：不同抗震设防烈度下 k 值为一具体数值，因此，α 的物理含义与 β 相同，从而得到计算地震作用的设计反应谱 α-T 曲线，即 α 谱曲线，如图4-20所示。

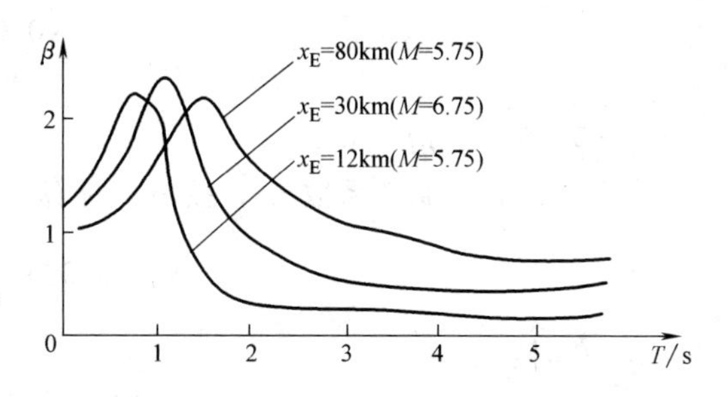

图4-19 震中距 x_E 对 β 谱曲线的影响

地震的随机性使每次的地震加速度记录的反应谱曲线各不相同。因此，为了满足房屋建筑的抗震设计要求，将大量强震记录按场地、震中距 x_E 进行分类，并考虑阻尼比 ζ 的影响，然后对每种分类进行统计分析，求出平均 β 谱曲线，然后根据 $\alpha=k\beta$ 关系，将 β 谱曲线转换为 α 谱曲线，作为抗震设计用标准反应谱曲线。《抗震规范》[5]第5.1.5条、《高钢规程》[4]第5.3.6条中采用的地震影响系数 α 谱曲线（图4-20），就是根据上述方法得出的。

图4-20中的 α 谱曲线由4部分构成：①直线上升段（$0\leqslant T<0.1$s）；②直线水平段（$0.1\text{s}\leqslant T\leqslant T_g$）；③曲线下降段（$T_g<T\leqslant 5T_g$），衰减指数 $\gamma=0.9$；④直线下降段（$5T_g<T<6.0$s），下降斜率调整系数 $\eta_1=0.02$。

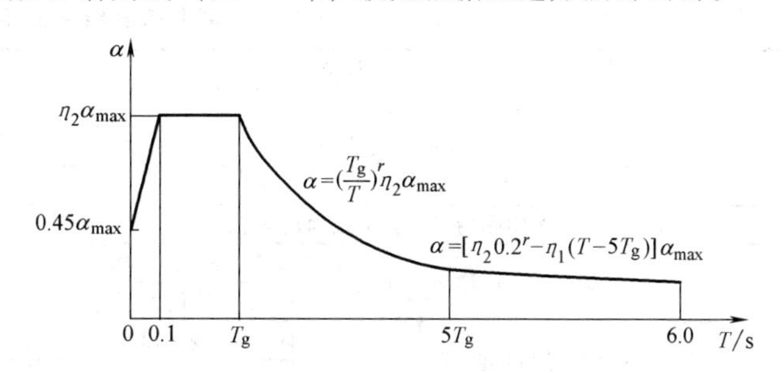

图4-20 地震影响系数 α 谱曲线

α 谱曲线中各参数的含义分别是：水平地震影响系数最大值 α_{max}，按表4-14采用；T 为结构自振周期；T_g 为场地特征周期（地动设计特征周期——design characteristic period of ground motion），与场地条件和设计地震分组有关，按表4-15采用。

表4-14 水平地震影响系数最大值 α_{max}

地震影响	设防烈度			
	6度	7度	8度	9度
多遇地震	0.04	0.08(0.12)	0.16(0.24)	0.32
罕遇地震	0.28	050(0.72)	0.90(1.20)	1.40

注：括号中数值分别用于设计基本地震加速度为0.15g和0.30g的地区。

表4-15 特征周期值 T_g （单位：s）

设计地震分组	场地类别				
	I_0	I_1	Ⅱ	Ⅲ	Ⅳ
第一组	0.20	0.25	0.35	0.45	0.65
第二组	0.25	0.30	0.40	0.55	0.75
第三组	0.30	0.35	0.45	0.65	0.90

注：计算8度、9度罕遇地震作用时，特征周期应增加0.05s。

表4-14中给出的水平地震影响系数最大值 α_{max} 是根据结构阻尼比 $\zeta=0.05$ 制定的。由 $\alpha=k\beta$，可得 $\alpha_{max}=k\beta_{max}$。根据统计分析表明，在相同 ζ 情况下，动力系数 β_{max} 的离散性不大。为简化计算，取 $\beta_{max}=2.25$ 对应 $\zeta=0.05$，当结构自振周期 $T=0$ 时，结构为刚体，此时，$\alpha\approx0.45\alpha_{max}$。阻尼调整系数 η_2，按下式计算

$$\eta_2 = 1+\frac{0.05-\zeta}{0.08+1.6\zeta} \tag{4-43}$$

当 $\eta_2<0.55$ 时，应取 0.55。

直线下降段斜率调整系数 η_1，按下式计算

$$\eta_1 = 0.02+\frac{0.05-\zeta}{4+32\zeta} \tag{4-44}$$

当 $\eta_1<0$ 时，取 0。

曲线下降段的衰减指数 γ，按下式计算

$$\gamma = 0.9+\frac{0.05-\zeta}{0.3+6\zeta} \tag{4-45}$$

（4）第 i 层的重力荷载代表值 G_{Ei}　建筑物某质点 G_{Ei} 值的确定，应根据结构计算简图中划定的计算范围，取计算范围内的结构和构件的永久荷载标准值和各可变荷载组合值之和。各可变荷载的组合值系数按《抗震规范》[5] 第 5.1.3 条采用（表 4-16）。

表 4-16　可变荷载组合值系数 C_{Ei}

<table>
<tr><th colspan="2">可变荷载种类</th><th>组合值系数</th></tr>
<tr><td colspan="2">雪荷载</td><td>0.5</td></tr>
<tr><td colspan="2">屋面积灰荷载</td><td>0.5</td></tr>
<tr><td colspan="2">屋面活荷载</td><td>不计入</td></tr>
<tr><td colspan="2">按实际情况计算的楼面活荷载</td><td>1.0</td></tr>
<tr><td rowspan="2">按等效均布荷载计算的楼面活荷载</td><td>藏书库、档案库</td><td>0.8</td></tr>
<tr><td>其他民用建筑</td><td>0.5</td></tr>
<tr><td rowspan="2">起重机悬吊物重力</td><td>硬钩起重机</td><td>0.3</td></tr>
<tr><td>软钩起重机</td><td>不计入</td></tr>
</table>

地震时，结构上的可变荷载往往达不到标准值水平，计算重力荷载代表值时可以将其折减。每层的重力荷载代表值按下式计算

$$G_{Ei} = G_{ki} + \sum C_{Ei} Q_{ki} \tag{4-46}$$

式中　G_{Ei}——体系质点重力荷载代表值；

G_{ki}——第 i 层永久荷载标准值；

Q_{ki}——第 i 层可变荷载标准值；

C_{Ei}——第 i 层可变荷载的组合值系数，按表 4-16 采用。

6. 地震作用的计算方法

根据抗震设计反应谱，就可以比较容易地确定结构上所受的地震作用，计算步骤如下：

1）根据计算简图确定结构的 G_E 值和 T。

2）根据结构所在地区的设防烈度、场地类别及设计地震分组，按表 4-14 和表 4-15 确定反应谱的 α_{max} 和 T_g。

3）根据 T，按图 4-20 确定 α。

4）按式（4-39）计算出水平地震作用 F 值。

4.2.3　多自由度弹性体系水平地震作用——振型分解反应谱法

振型分解反应谱法是求解多自由度弹性体系地震反应的基本方法。基本概念是：假定建筑结构是线弹性的多自由度体系（图 4-21），利用振型分解和振型正交性原理，将求解 n 个

自由度弹性体系的地震反应分解为求解 n 个独立的等效单自由弹性体系的最大地震反应，从而求得对应于每一个振型的作用效应（弯矩 M、剪力 V、轴力 N 和变形），再将每个振型的作用效应组合成总的地震作用效应进行截面抗震验算。由于各个振型在总的地震效应中的贡献总是以自振周期最长的基本振型（或称为第一振型）为最大，高振型的贡献随着振型阶数的增高而迅速减小。因此，即使结构体系有几十个质点，也只需将前 3~5 个振型的地震作用效应进行组合，这就可以得到精度很高的近似值，从而大大减小了计算工作量。

1. 多自由度弹性体系的运动方程

在水平地震作用下，多自由度弹性体系的位移如图 4-22 所示。由于在体系上没有外干扰作用（干扰力 $P_i(t)=0$）。这时，作用在质点 i 上的力，可仿单自由弹性体系的式（4-23a）写出，即

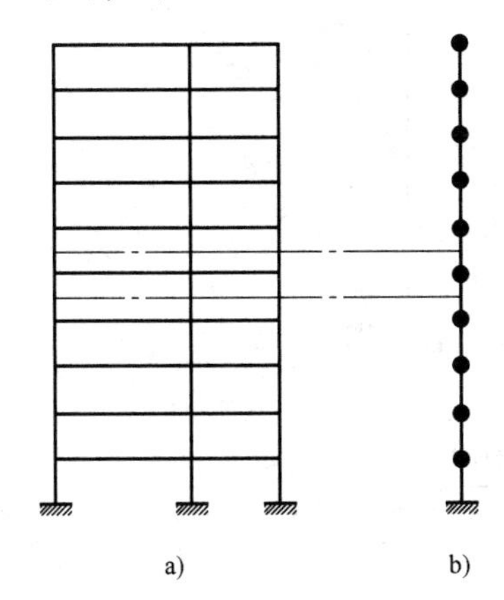

图 4-21 多质点（自由度）弹性体系

a）框架 b）质点系

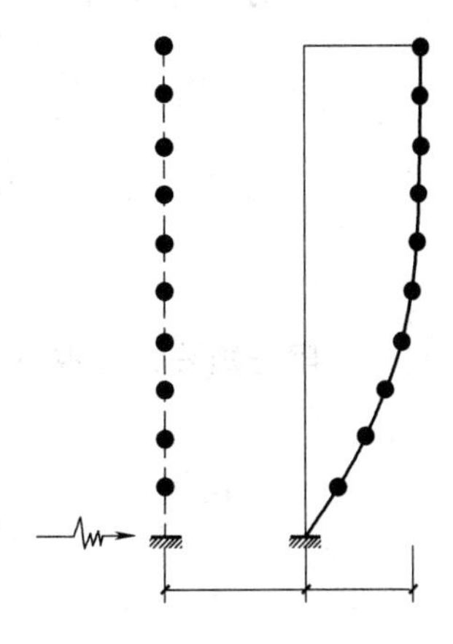

图 4-22 水平位移（剪切型）

惯性力
$$F_{\mathrm{I}i}(t)=-m_i[\ddot{x}_{\mathrm{g}}(t)+\ddot{x}_i(t)] \tag{4-47a}$$

弹性力
$$F_{\mathrm{E}i}(t)=-[s_{i1}x_1(t)+s_{i2}x_2(t)+\cdots+s_{ij}x_j(t)+\cdots+s_{in}x_n(t)]$$
$$=-\sum_{j=1}^{n}s_{ij}x_j(t) \tag{4-47b}$$

阻尼力
$$F_{\mathrm{D}i}(t)=-\sum_{j=1}^{n}d_{ij}\dot{x}_j(t) \tag{4-47c}$$

式中 $F_{\mathrm{I}i}(t)$、$F_{\mathrm{E}i}(t)$ 和 $F_{\mathrm{D}i}(t)$——作用于质点 i 上惯性力、弹性恢复力和阻尼力；

s_{ij}——i 代表产生水平位移的地点，j 代表产生位移的原因，第 j 个质点产生单位位移，其余质点不动，在第 i 个质点引起的弹性恢复力，即刚度系数；

d_{ij}——质点 j 处产生单位速度，而其余质点速度为零，在质点 i 处产生的阻尼力，即阻尼系数；

m_i——集中在 i 质点上的集中质量；

$x_i(t)$、$\dot{x}_i(t)$ 和 $\ddot{x}_i(t)$——质点 i 在 t 时间相对于基础的位移、速度和加速度。

仿单自由度体系式（4-25），可写出惯性力、阻尼力和弹性力的平衡方程式，即

$$m_i\ddot{x}_i(t)+\sum_{j=1}^{n}d_{ij}\dot{x}_j(t)+\sum_{j=1}^{n}s_{ij}x_j(t)=-m_i\ddot{x}_g(t) \tag{4-48}$$

对于 n 个质点的弹性体系，式（4-48）的矩阵表达式为

$$[M]\{\ddot{x}_i(t)\}+[D]\{\dot{x}(t)\}+[S]\{x(t)\}=[M]\{I\}\ddot{x}_g(t) \tag{4-49}$$

式中 $[M]$——质量矩阵（对角矩阵）；

$$[M]=\begin{bmatrix} m_1 & & & \\ & m_2 & & \\ & & m_i & \\ & & & m_n \end{bmatrix} \tag{4-50}$$

$\{I\}$——单位矢量：$\{\mathrm{I}\}=[1\quad 1\quad \cdots]^{\mathrm{T}}$

$[S]$——刚度矩阵（stiffness matrix），为 $n\times 12$ 阶对称方阵，对于只考虑层间剪切变形的结构（如框架），$[S]$ 为三对角矩阵：

$$[S]=\begin{bmatrix} s_{11} & s_{12} & & & \\ s_{21} & s_{22} & s_{23} & & \\ & s_{32} & s_{ij} & & \\ & & & s_{n-1,n} & \\ & & & & s_{nn} \end{bmatrix} \tag{4-51}$$

$[D]$——阻尼矩阵，可取 $[M]$ 和 $[S]$ 的线性组合，即

$$[D]=\alpha[M]+\beta[S] \tag{4-52}$$

$$\alpha=\frac{2\omega_1\omega_2(\zeta_1\omega_2-\zeta_2\omega_1)}{\omega_2^2-\omega_1^2} \tag{4-53a}$$

$$\beta=\frac{2(\zeta_2\omega_2-\zeta_1\omega_1)}{\omega_2^2-\omega_1^2} \tag{4-53b}$$

ω_1、ω_2 为多自由度体系的第 1、2 振型的自振圆频率，ζ_1、ζ_2 为阻尼比，详见式（4-28）。

式（4-49）中，$[M]$ 是对角矩阵，不存在耦联。$[S]$ 对角线以外项表明：作用在给定侧移的某一质点上的弹性恢复力，不仅取决于这一质点的侧移，而且还取决于其他各质点的位移，因而存在着刚度耦联，这就给微分方程组的求解带来麻烦。为此，需要运用振型分解和振型正交性原理来解耦，以使方程组的求解简化。

2. 多自由度弹性体系的自由振动

用振型分解反应谱法计算多自由度弹性体系的地震作用时，必须先确定各个振型和其对应的自振周期，因此，首先应求解体系的自由振动方程（undamped free vibration）。略去式（4-49）的阻尼项和右端项，可得无阻尼多自由度弹性体系的自由振动方程，即

$$[M]\{\ddot{X}(t)\}+[S]\{X(t)\}=0 \tag{4-54}$$

设上式的解为

$$\{X(t)\}=\{X\}\sin(\omega t+\psi) \tag{a}$$

$$\{\ddot{X}(t)\}=-\omega^2\{X\}\sin(\omega t+\psi) \tag{b}$$

将式（a）、式（b）代入式（4-54），得

$$([S]-\omega^2[M])\{X\}=0 \tag{4-55}$$

式中 $\{X\}$ ——体系的振动幅值向量，其中元素 x_1、$x_2\cdots x_n$ 不可能全为零，否则体系就不

可能振动。

为得到 $\{X\}$ 的非零解，由行列式 $|[S]-\omega^2[M]|=0$，得

$$\begin{vmatrix} s_{11}-\omega^2 m_1 & s_{12} & \cdots & s_{nn} \\ s_{12} & s_{12}-\omega^2 m_2 & \cdots & \vdots \\ \vdots & \vdots & s_{ii}-\omega^2 m_i & \vdots \\ s_{n1} & s_{n2} & \cdots & s_{nn}-\omega^2 m_n \end{vmatrix}=0 \tag{4-56}$$

式（4-56）是一个以 ω^2 为未知数的一元 n 次方程，可求出 n 个根（特征值）——ω_1^2、$\omega_2^2 \cdots \omega_n^2$，即体系的 n 个自振频率。式（4-56）称为体系的频率方程。几个 ω 值中，ω_1 最小，ω_n 最大。从而可仿式（4-33）写出：

$$T_i=2\pi/\omega_i \tag{4-57}$$

其中对应第一振型的自振频率 ω_1 和自振周期 T_1 称为第 1 频率（基本频率）和第 1 周期（基本周期）。

将 ω_i 回代到式（4-55），可求每个频率值时体系各质点的相对振幅 $\{X\}_i$，用这些相对值绘制的体系侧移曲线，就对应于该频率的主振型（简称振型）。一般来说，当体系的质点数>3 时，频率方程式（4-56）的求解就比较困难，就不得不借助一些近似计算方法，如顶点位移法[6]等。

振动方程（4-55）是用刚度法（stiffness method）表示的。也可用柔度法（flexibility method），这时，将式（4-55）左乘刚度矩阵的逆矩阵 $[S]^{-1}$，则

$$([S]^{-1}[S]-\omega^2[S]^{-1}[M])\{X\}=0$$

令 $\lambda=1/\omega^2$，整理后，得次线性代数方程组为

$$([F][M]-\lambda[I])\{X\}=0 \tag{4-58}$$

式中 $[F]$——柔度矩阵（flexibility matrix）

式（4-58）非零解的充要条件是它的行列式等于零，即

$$|[F][M]-\lambda[I]|=0 \tag{4-59a}$$

展开，得体系的频率方程为

$$\begin{vmatrix} f_{11}m_1-\lambda & f_{12}m_2 & \cdots & f_{1n}m_n \\ f_{21}m_1 & f_{22}m_2-\lambda & \cdots & \vdots \\ \vdots & \vdots & \ddots & \vdots \\ f_{n1}m_1 & \cdots & \cdots & f_{nn}m_n-\lambda \end{vmatrix}=0 \tag{4-59b}$$

式中 f_{ij}——在 j 质点处作用 1 个单位力，在 i 质点处引起的位移。

式（4-59b）展开后，是未知数 λ 的一元 n 次方程，借助 $\omega_j=\sqrt{1/\lambda_j}$，同样，可得体系的 n 个自振频率。

下面讨论两个质点体系，该体系的自由振动方程为

$$\begin{bmatrix} s_{11}-\omega^2 m_1 & s_{12} \\ s_{21} & s_{22}-\omega^2 m_2 \end{bmatrix}\begin{bmatrix} x_1 \\ x_2 \end{bmatrix}=0 \tag{4-60}$$

令刚度矩阵 $[S]$ 的行列式 $|S|=0$，可得未知数 ω^2 的一元二次方程为

$$(\omega^2)^2=\left(\frac{s_{11}}{m_1}+\frac{s_{22}}{m_2}\right)\omega^2-\frac{s_{11}s_{22}-s_{12}s_{21}}{m_1 m_2}=0$$

可解出两个根为

$$\omega^2=\frac{1}{2}\left(\frac{s_{11}}{m_1}+\frac{s_{22}}{m_2}\right)\pm\sqrt{\left[\frac{1}{2}\left(\frac{s_{11}}{m_1}+\frac{s_{22}}{m_2}\right)\right]^2-\frac{s_{11}s_{22}-s_{12}s_{21}}{m_1m_2}} \tag{4-61}$$

可以证明，两个根都是正的。其中，最小圆频率 ω_1，称为第一振型频率或基本频率，另一个 ω_2 为第二振型频率。

由于式（4-61）为齐次方程组，两个方程是线性相关的。所以，将值回代式（4-59），只能求得比值 x_1/x_2，这个比值所确定的振动形式是与第一频率 ω_1 相对应的振型，称为第一振型或基本振型。

$$\frac{x_{11}}{x_{12}}=\frac{s_{12}}{s_{21}-\omega_1^2m_2} \tag{4-62a}$$

式中 x_{11}、x_{12}——分别表示第一振型的质点 1、2 的相对振幅值。

同样，可得第二振型的振幅比值。

$$\frac{x_{21}}{x_{22}}=\frac{-s_{12}}{s_{11}-\omega_1^2m_1} \tag{4-62b}$$

3. 振型分解反应谱法（mode analysis-earthquake response spectrum method）

地震时，多自由度体系质点受到的地震作用，等于质点的惯性力，即式（4-47a）所示，它具有两个特点：

1）地震时地面运动对各振型的影响，仅仅是由各振型主坐标的单自由度体系运动方程式（4-26）等号右端，加一个振型与系数 γ_i，即右端项 $-\gamma_i\ddot{x}_g(t)$。

2）每个质点上都有相应的加速度，它沿结构的分布形状取决于振型｛X｝，即质点的相对加速度[7]为

$$\ddot{x}_i=\sum_{j=1}^{n}\gamma_j\Delta_j(t)x_{ij} \tag{4-63}$$

式中 Δ_j——相当于阻尼比 ζ_j 自振圆频率 ω_1 的单自由度体系在地震作用下的位移反应。

类比单自由度体系计算水平地震作用的方式（4-39），得 $F=\alpha G$，按振型分解反应谱法，仅需考虑 γ_j 和 x_{ij} 就可方便地得到多自由度体系第 j 振型，第 i 质点的水平地震作用标准值，即

$$F_{ij}=\alpha_j\gamma_jx_{ij}G_i\quad(i,j=1,2,\cdots,n) \tag{4-64}$$

式中 F_{ij}——第 j 振型第 i 质点的水平地震作用标准值；

α_j——第 j 振型自振周期的地震影响系数（图 4-20）；

γ_j——第 j 振型的参与系数。

$$\gamma_j=\frac{\sum_{i=1}^{n}G_ix_{ij}}{\sum_{i=1}^{n}G_ix_{ij}^2} \tag{4-65}$$

式中 x_{ij}——第 j 振型第 i 质点的水平相对位移；

G_i——集中于质点 i 的重力荷载代表值，它取决于结构和构配件自重标准值和各可变荷载组合值之和。

【例 4-1】 已知两层框架（图 4-23a），7 度设防，设计地震分组为第二组场地类别Ⅱ。主振型周期：$T_1=\frac{2\pi}{\omega_1}=\frac{2\pi}{6.11\text{s}^{-1}}=1.028\text{s}$，$T_2=\frac{2\pi}{15.99\text{s}^{-1}}=0.393\text{s}$。试用振型分解反应谱法，求

多遇地震作用下 F_{ij}，并绘地震剪力图 V 和弯矩图 M_0。

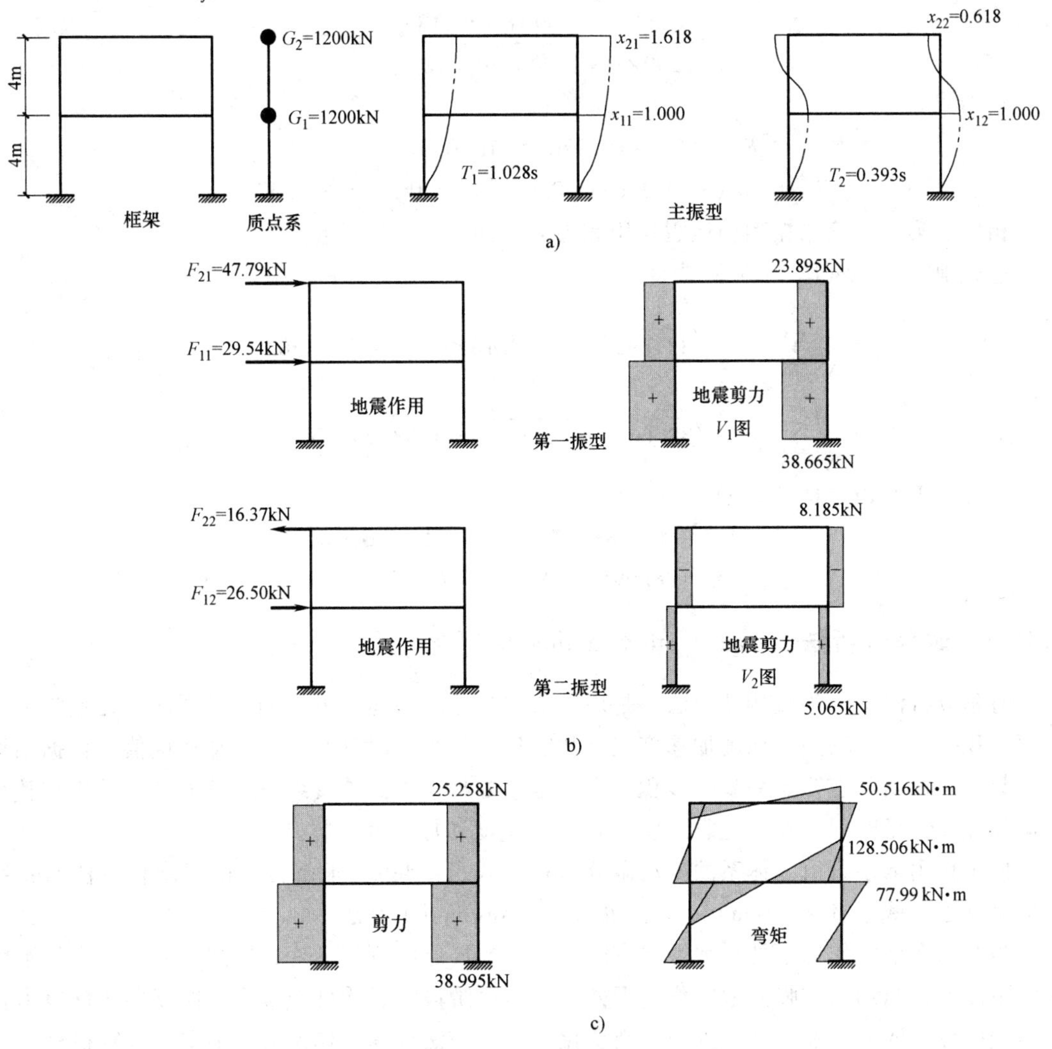

图 4-23 【例 4-1】两层框架计算图

a）已知　b）振型的地震作用和剪力图　c）组合地震剪力和弯矩

【解】 由 7 度设防，多遇地震，查表 4-14 得 $\alpha_{max}=0.08$

查表 4-15 得 $T_g=0.4\text{s}<T_1=1.028\text{s}$

由图 4-20，求得地震影响系数 $\alpha_1=\left(\dfrac{T_g}{T_1}\right)^{0.9}$，$\alpha_{max}=\left(\dfrac{0.40}{1.028}\right)^{0.9}\times0.08=0.034$

由式（4-65）求得第一振型的参与系数 $\gamma_1=\dfrac{\sum\limits_{i=1}^{n}G_ix_{ij}}{\sum\limits_{i=1}^{n}G_ix_{ij}^2}=\dfrac{1200\times1+1200\times1.618}{1200\times1^2+1200\times1.618^2}=0.724$

从而

$$F_{11}=(0.034\times0.724\times1.000\times1200)\text{kN}=29.54\text{kN}$$

$$F_{21}=(0.034\times0.724\times1.618\times1200)\text{kN}=47.79\text{kN}$$

因为 $0.1s<T_2=0.393s<T_g=0.4s$，取 $\alpha_{max}=0.08$

$$\gamma_2=\frac{1200\times1+1200\times(-0.618)}{1200\times1^2+1200(-0.618)^2}=0.276$$

从而

$$F_{12}=(0.08\times0.276\times1\times1200)\text{kN}=26.5\text{kN}$$

$$F_{22}=[0.08\times0.276\times(-0.618)\times1200]\text{kN}=-16.37\text{kN}$$

相应于第一、第二振型的地震作用和剪力图如图 4-23b 所示。

组合地震剪力（图 4-23c）为

第 2 层 $V_2=\sqrt{\sum_{j=1}^{2}v_j^2}=\sqrt{23.895^2+(-8.185)^2}\text{kN}=25.258\text{kN}$

第 1 层 $V_1=\sqrt{\sum_{j=1}^{n}v_j^2}=\sqrt{38.665^2+5.065^2}\text{kN}=38.995\text{kN}$

组合地震弯矩（图 4-23c）为

$$M_2=25.258\times2\text{kN}\cdot\text{m}=50.516\text{kN}\cdot\text{m}$$

$$M_1=38.995\times2\text{kN}\cdot\text{m}=77.99\text{kN}\cdot\text{m}$$

4.2.4 时程分析法（time-history method）概念

时程分析法又称为直接动力法，是用数值积分法求解运动方程的一种方法，在数学上称为逐步积分法。该法是将地震加速度记录数字化，使每一时刻对应一个加速度值，根据结构的参数，由初始状态开始一步一步积分求解运动方程，直到地震终止，从而了解结构在整个地震加速度记录时间过程的地震反应（位移、速度和加速度）。

地震作用下多自由度体系的振动微分方程见式（4-48）。求解方程的逐步积分法有：线性加速度法；威尔逊（wilson）θ 法；纽马克（Newmark）β 法。

当结构在地震作用下处于弹性状态时，构件或楼层的刚度不变，则式（4-48）中的刚度矩阵不改变；当结构在强烈地震作用下处于弹塑性阶段时，构件或楼层的刚度要按恢复力特征曲线的位置取值，在振动过程中不断变化。由于该法计算工作量大，需要用计算机软件求解，具体方法可查阅有关专著。

《抗震规范》[5]第 5.1.2 条规定了采用时程分析的房屋高度限值［H］（表 4-17）和时程分析所用地震加速度时程的最大值（表 4-18）。

表 4-17 采用时程分析的房屋高度限值［H］

烈度、场地类别	房屋高度范围/m
8 度Ⅰ、Ⅱ类场地和 7 度	>100
8 度Ⅲ、Ⅳ类场地	>80
9 度	>60

表 4-18 时程分析所用地震加速度时程的最大值 （单位：cm/s^2）

地震影响	6 度	7 度	8 度	9 度
多遇地震	18	35(55)	70(110)	140
罕遇地震	125	220(310)	400(510)	620

注：括号内数值分别用于设计基本地震加速度为 0.15g 和 0.30g 的地区。

《高钢规程》[4]第 6.3.1 条：高层民用建筑钢结构进行弹塑性计算分析时，可根据实际工程情况采用静力或动力时程分析法，根据时程分析的概念，“静力时程分析法”之说应受到质疑。

4.2.5 地震作用的设计规定

高层建筑结构的抗震设计，采用三水准两阶段设计法（图 4-24）。第一阶段为多遇地震作用下的弹性分析，验算构件的承载力和稳定以及结构的层间侧移 Δu；第二阶段为罕遇地震下的弹塑性分析，验算结构的层间侧移和层间侧移延性比。

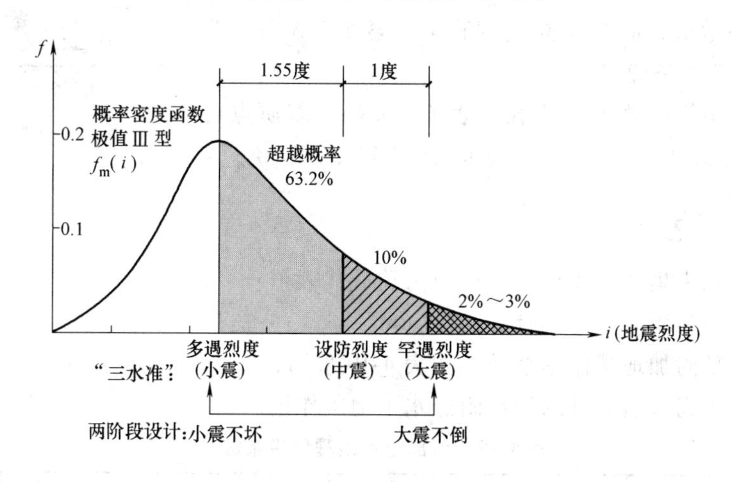

图 4-24 三水准两阶段设计

1. 第一阶段抗震设计

《高钢规程》[4]第 5.3.2 条：高层民用建筑钢结构的抗震计算，应采用下列方法：

1）高层民用建筑钢结构宜采用振型分解反应谱法；对质量和刚度不对称、不均匀的结构以及高度超过 100m 的高层民用建筑钢结构，应采用考虑扭转耦联振动影响的振型分解反应谱法。

2）高度 $H \leqslant 40$m、以剪切变形为主且质量和刚度沿高度分布比较均匀的高层民用建筑钢结构，可采用底部剪力法。

3）7 度~9 度抗震设防的高层民用建筑，下列情况采用弹性时程分析进行多遇地震下的补充计算。

① 甲类高层民用建筑钢结构。

② 表 4-17 所列的乙、丙类高层民用建筑钢结构。

③ 不满足《高钢规程》[4]第 3.3.2 条规定的特殊不规则的高层民用建筑结构。

2. 底部剪力法（Equivalent Base Shear Method）

底部剪力法是一种近似方法，通常采用手算，其思路是：首先计算出作用于结构总的地震作用，即底部剪力，然后将总的地震作用按照一定规律分配到各个质点上，从而得到各个质点的水平地震作用。最后按结构力学方法计算出各层地震剪力和位移。水平地震作用计算简图如图 4-25 所示。该法的主要优点是不需要进行烦琐的频率和振型分析计算。

采用底部剪力法时，各楼层可仅取一个自由度，结构的水平地震作用标准值 F_{Ek} 按下式

计算

$$F_{Ek}=\alpha_1 G_{eq} \tag{4-66}$$

质点 i 的水平地震作用标准值 F_i，由下式确定

$$F_i=\frac{G_iH_i}{\sum_{j=1}^{n}G_jH_j}F_{Ek}(1-\delta_n)\quad(i=1,2,\cdots,n) \tag{4-67}$$

$$\Delta F_n=\delta_n F_{Ek} \tag{4-68}$$

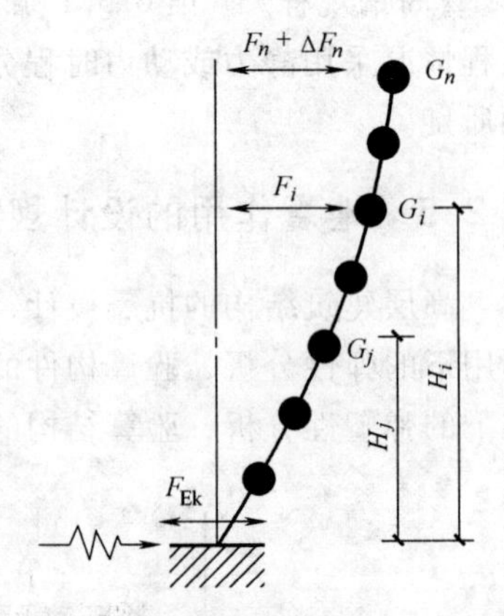

图 4-25 水平地震作用计算简图

式中 α_1——相应于结构基本自振周期 T_1 的水平地震影响系数值，应按《高钢规程》[4] 第 5.3.5 条、第 5.3.6 条确定；

G_{eq}——结构等效总重力荷载代表值（kN），多质点可取总重力荷载代表值的 85%，即 $G_{eq}=0.85\sum_{i=1}^{n}G_{Ei}$；

G_i、G_j——分别为集中于质点 i、j 的重力荷载代表值；

H_i、H_j——分别为质点 i、j 的计算高度（m）；

δ_n——顶部附加地震作用系数，按表 4-19 采用；

ΔF_n——考虑高振型贡献的顶部附加水平地震作用。

表 4-19 顶部附加地震作用系数[5]

T_g/s	$T_1>1.4T_g$	$T_1\leqslant 1.4T_g$
≤0.35	$0.08T_1+0.07$	0.0
<0.35~0.55	$0.08T_1+0.01$	
>0.55	$0.08T_1-0.02$	

注：T_1 为结构基本自振周期。

震害表明，突出屋面部分的质量和刚度与下层相比突然变小，振幅急剧增大，这一现象称为鞭梢效应（whipping effect）。当采用底部剪力法时，应做如下修正：

屋面突出部分的地震作用效应宜乘以增大系数 3，此增大部分不应往下传递，但与该突出部分相连的构件应予计入。

当采用振型分解法时，突出屋面部分可作为一个质点（图 4-26）。

钢结构的计算周期，应采用按主体结构弹性刚度计算所得的周期乘以考虑非结构构件影响的修正系数，$\varphi_T=0.90$。

对于重量及刚度沿高度分布比较均匀的结构，基本自振周期可用下列公式近似计算

$$T_1=1.7\Psi_T\sqrt{u_T} \tag{4-69a}$$

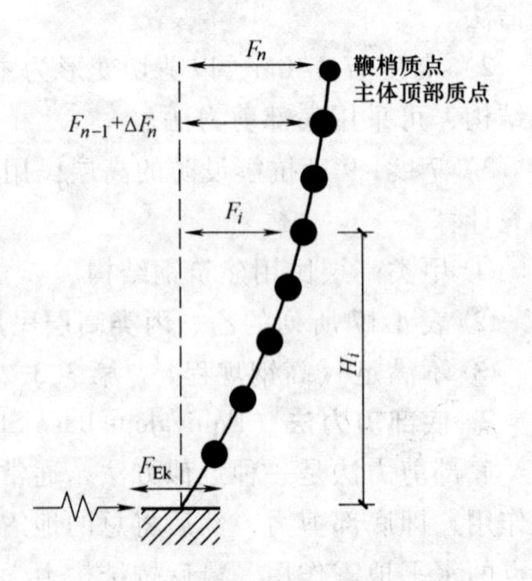

图 4-26 水平地震作用计算简图（突出屋面）

式中 u_T——结构顶层假想侧移（m），即将结构各层的重力荷载假想为楼层的集中水平

力，按弹性静力方法计算所得到的顶层侧移值。

在初步计算时，结构的基本自振周期可按下列经验公式估算

$$T_1 = 0.1n \tag{4-69b}$$

采用时程分析法计算结构的地震反应时，输入地震波的选择应符合下列要求：

1）采用不少于四条能反映当地场地特性的地震加速度波，其中宜包括一条本地区历史上发生地震时的实测记录波。地震波的持续时间不宜过短，宜取10~20s或更长。

2）输入地震波的峰值加速度，可按表4-18采用

参考文献

[1] 中国建筑科学研究院．建筑结构可靠度设计统一标准：GB 50068—2001［S］．北京：中国建筑工业出版社，2002.

[2] 中国建筑科学研究院．工程结构可靠性设计统一标准：GB 50153—2008［S］．北京：中国建筑工业出版社，2009.

[3] 中国建筑科学研究院．建筑结构荷载规范：GB 50009—2012［S］．北京：中国建筑工业出版社，2012.

[4] 中国建筑标准设计研究院有限公司．高层民用建筑钢结构技术规程：JGJ 99—2015［S］．北京：中国建筑工业出版社，2015.

[5] 中国建筑科学研究院．建筑抗震设计规范：GB 50011—2010［S］．北京：中国建筑工业出版社，2010.

[6] 陈绍蕃，郭成喜．钢结构（下册）——房屋建筑钢结构设计［M］．3版．北京：中国建筑工业出版社，2014.

[7] 袁锦根．建筑结构抗震设计［M］．长沙：湖南科技出版社，1995.

第 5 章　抗侧力结构体系

高层钢结构的抗侧力结构体系可分为：①框架结构体系（$n=10\sim30$ 层）；②框架-支撑（或延性墙板）结构体系（$n=40\sim60$ 层）；③大柱框架体系（$n=50\sim100$ 层）；④筒结构体系（$n=50\sim110$ 层）——框筒、大型支撑框筒、筒中筒、束框筒、幕墙筒；⑤巨形框架体系（$n>100$ 层）；⑥悬挂结构体系（$n=20\sim50$ 层）。

当前，结构分析软件通常采用有限单元刚度法（stiffness method）[1]，极少采用有限单元柔度法（flexibitity method）编写。因为，用刚度法编写的程序，求动不定结构的结点位移未知数才是确定的，而柔度法求力的未知数不是确定的（表 5-1）。刚度法有利于程序的交流。有限单元刚度法的计算原理，可参考有关文献，这里不再赘述。

表 5-1　刚度法、柔度法的基本结构比较

原结构	刚度法 （动不定结构：未知数——结点位移）	柔度法 （静不定结构：未知数——结点力）
	基本结构	
z　p　x(线位移)　θ(角位移)　y　x 平面刚架 结构坐标系（右手法则）	动定结构 （kinematically determinate structure） p　刚臂　链杆 动不定次数 $n=2$ 计算模型的未知位移是确定的	静定结构 （statically determinate structure） p　z(力)　或　p　m_y(力矩) 静不定次数 $n=1$ 计算模型可采用两个基本结构中的任一个未知力，即 z、m_y 中的任一个，可见，计算模型中的未知力不是确定的。

5.1　框架体系

框架体系由纵向、横向梁与柱构成。框架柱与梁的连接一般为刚性连接。

框架的优点是：建筑平面布置灵活，构造简单，构件易于标准化和定型化，便于梁-柱连接时工地采用高强度螺栓装配。由于框架层间位移（storey displacement）Δu_i 的特点——底层 Δu_1 最大，顶层 Δu_n 最小（图 6-14a），框架层数太多，底层的层间位移就会超过规范限值，因此，对于层数 $n\leqslant30$ 的高层结构而言，框架结构是一种比较经济合理的结构体系。

5.1.1　变形

1. 水平作用（风或地震）下的框架侧移

框架第 i 层侧移 u_i 由两部分组成：框架剪切变形产生的侧移 u_i^V 和框架整体弯曲变形产

生的侧移 u_i^N（图 5-1）。前者 u_i^V 取决于梁与柱的抗弯刚度（随梁、柱截面的增大而增大），约占 85%；后者 u_i^N 是由框架柱的拉（伸）、压（缩）导致框架整体弯曲产生的侧移，只占 15%。可见，在水平作用下的框架侧移，u_i^N 可忽略，只考虑 u_i^V，从而，框架结构的变形为剪切型（shear-bearing type）。

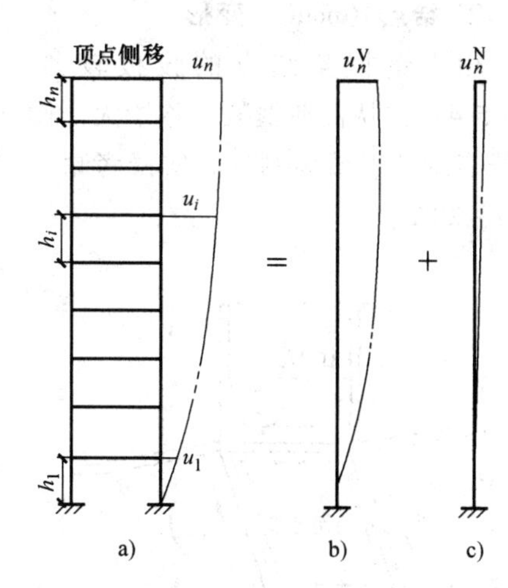

图 5-1　框架侧移由两部分组成

a）总侧移　b）剪切变形　c）弯曲变形

图 5-2a 所示为三层框架。若在第 2 层柱的反弯点处截开（图 5-2b），设第 i 层第 k 根柱的剪力 V_{ik}，则第 2 层第 1、2 柱的剪力分别为 V_{21}、V_{22}，可合成框架截面第 2 层的剪力 V_2（虚线），同理，柱轴力 N_{ik}——N_{21}、N_{22}可合成框架截面第 2 层的弯矩 M_2（虚线）。可见，剪切型变形只考虑柱反弯点处剪力 V_{21}、V_{22}引起的侧移，不考虑柱轴力 N_{21}、N_{22}引起的侧移（相当于弯矩 M_2 引起的变形），故框架结构的变形为剪切型。

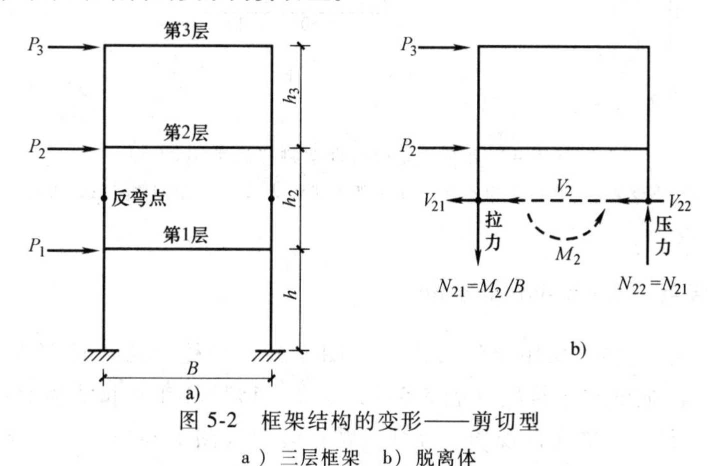

图 5-2　框架结构的变形——剪切型

a）三层框架　b）脱离体

如图 5-3a 所示的框架，用反弯点法（见第 6 章 6.1.1 节）、D 值法（见第 6 章 6.1.2 节）和精确法计算出的弯矩和侧移如图 5-3b、c 所示。

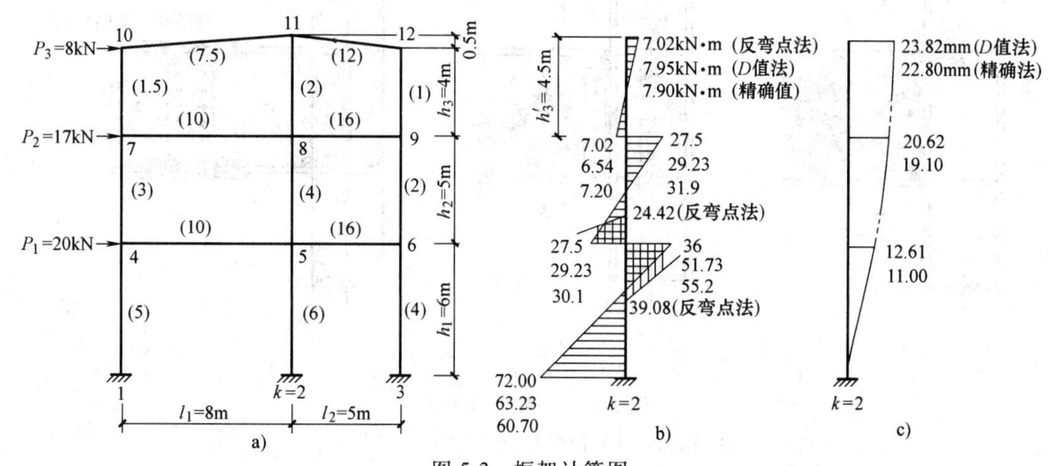

图 5-3　框架计算图

a）框架（括号中数字表示构件相对线刚度）　b）第 2 柱（k=2）弯矩　c）各层侧移（剪切型）

2. 结点（node）变形

由于钢框架结点的腹板较薄，在水平力作用下，结点域将产生较大剪切变形（图 5-4a），从而使框架侧移增大。图 5-4b、c 所示为某 10 层三跨钢框架的计算结果，其中，虚线表示结点域为刚性，实线考虑了结点域变形。可以看出，考虑结点域变形，误差可达 10%~20%。

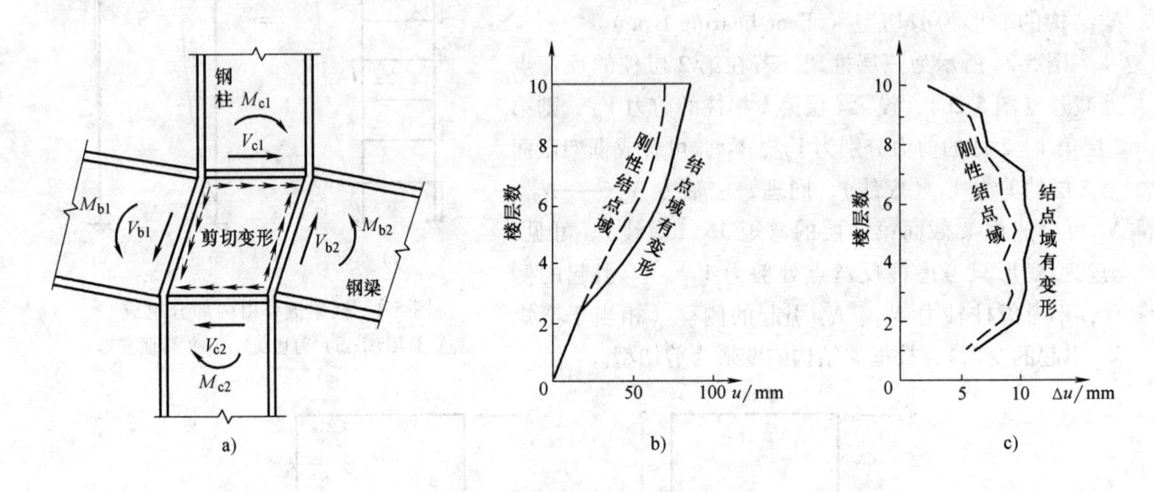

图 5-4 结点域变形对框架侧移的影响[2]

a）钢框架结点域的剪切变形 b）框架侧移 u_i 曲线 c）层间侧移 Δu_i 曲线

5.1.2 梁-柱结点（beam-column node）

关于梁-柱结点，我国多采用全焊接连接（图 5-5a）和栓焊法连接（图 5-5b）。世界先进国家工地采用全高强度螺栓装配（图 5-5c），例如，1973 年美国世界贸易中心就采用三柱三层一个吊装（树形柱）单元，现场全高强度螺栓装配（图 1-3a）。

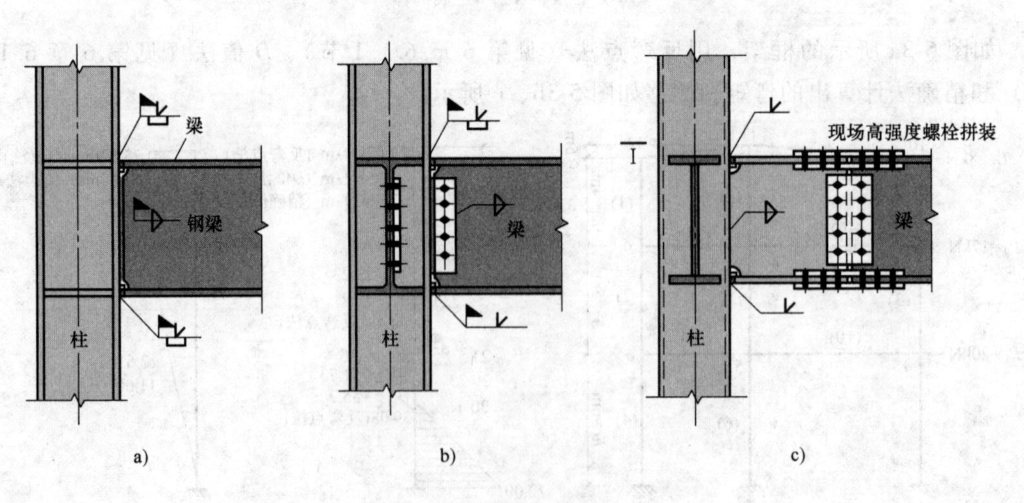

图 5-5 梁-柱连接形式

a）全焊接 b）栓焊法 c）高强度螺栓装配

1985年墨西哥城（Mexico City）地震、1994年美国诺斯里奇地震和1995年日本阪神地震等提供了很多有益的经验教训。这三次地震中，由于钢结构具有良好的延性，相对于钢筋混凝土（RC）结构的破坏程度要小得多[3]。

阪神地震表明，按1981年日本新抗震规范设计的建筑很少破坏。但是，有些钢结构建筑的倒塌和钢柱的脆性断裂，以及支撑屈曲和数量较多的梁-柱结点的破坏（图5-6），已引起工程界的重视并进行相应的分析研究。

图5-6　钢结构破坏[3]

a）柱脆断　b）结点破坏

梁-柱结点的破坏比较显著（图5-7a），焊接连接处的四种破坏模式（图5-7b）：模式1，翼缘断裂；模式2，3，热影响区的断裂；模式4，横隔板断裂。

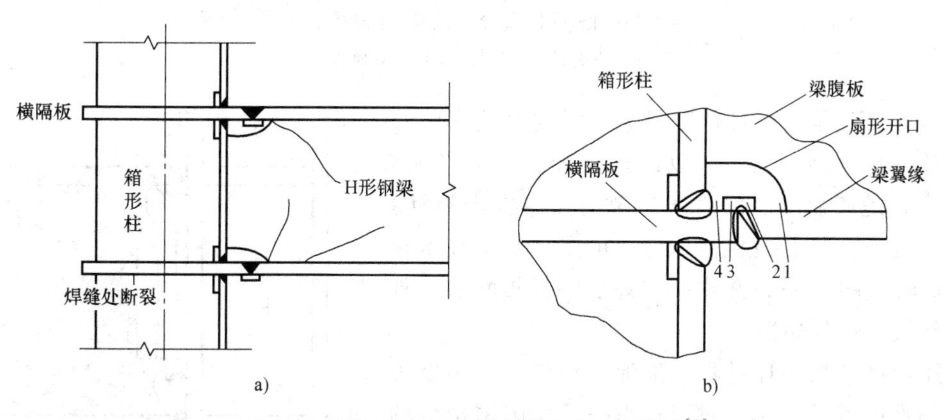

图5-7　阪神地震中梁-柱全焊接的破坏形式[3]

墨西哥城地震中Pino Suarez综合楼的D楼的倒塌，阪神地震中，年久失修的钢结构倒塌，以及钢骨混凝土（RCS）建筑中的中间层倒塌等，固然有其各自不同的因素，但反映了有关选择适宜的结构体系、设置多道抗震防线、避免结构沿竖向刚度的突变，以及减小结构扭转效应等要求未能得到实现的问题，而这些要求与实现大震不倒的抗震设计目标是直接相关的[3]。

1994 年美国诺斯里奇（Northrige）发生 6.7 级地震，梁-柱栓焊法连接有较多破坏。大多数结点破坏发生在梁-柱栓焊连接的下翼缘（图 5-8a），观察到的其他失效模式如图 5-8b 所示。

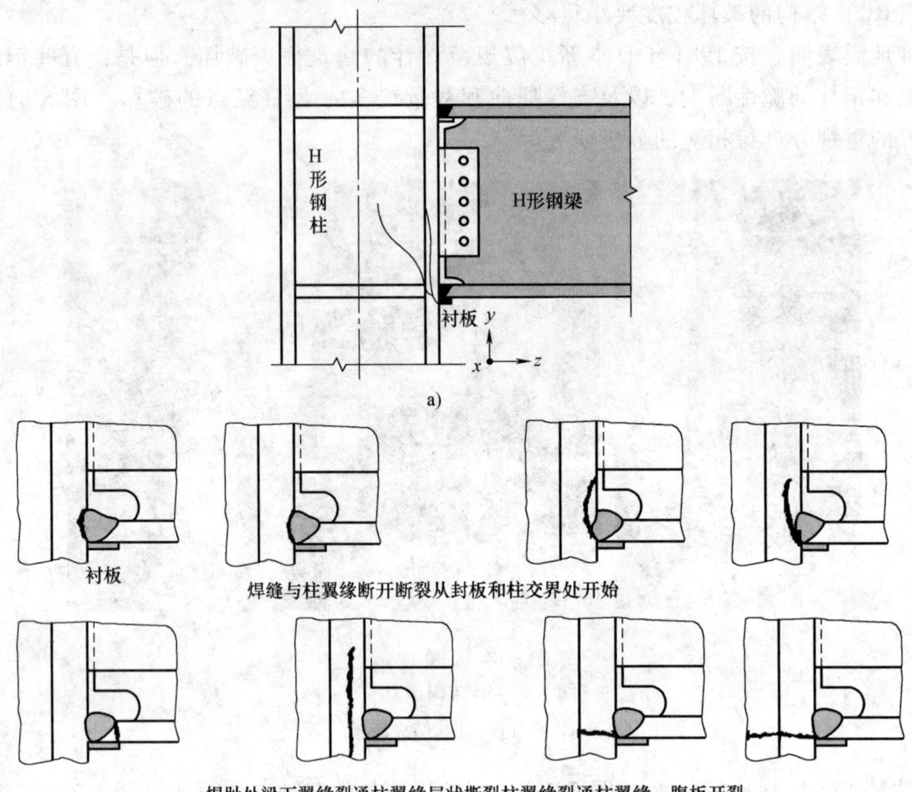

图 5-8 Northrige 地震栓焊法梁-柱连接破坏[3]

a）下翼缘典型破坏 b）失效模式

为实现“强结点弱杆件”准则，需要对栓焊法结点在设计上及焊接工艺上予以改进，参照日本（大）阪神（户）地震后发表的《1996 铁骨工事技术指针》的规定，栓焊法的梁-柱结点构造，可按《高钢技术规程》[4]采用（图 5-9），并建议在焊后将衬板除去，补焊下翼缘坡口焊的焊根。

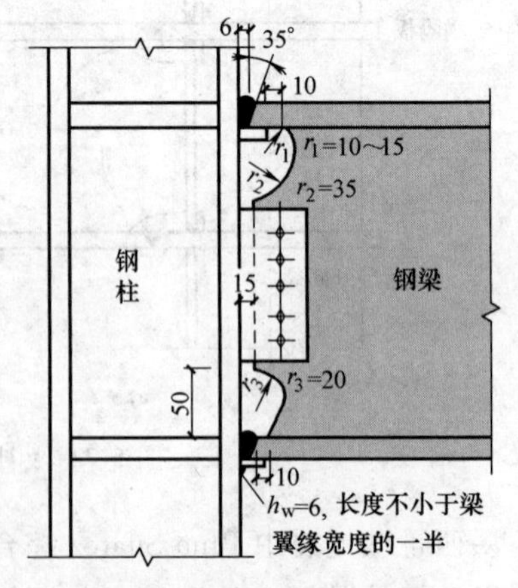

图 5-9 《高钢技术规程》[4]

对栓焊法梁-柱刚接的改进

由于焊接是热循环过程，工地焊接变形、精度等质量控制难以保证。作者建议：为提升我国钢结构的品质，先在装配式框架（含门式刚架）、框-撑（延性墙板）两类结构中，实现工地高强度螺栓装配，对其他装配式钢结构可采用高强度螺栓装配率 k 来衡量，即 $k>80\%$（某钢结构工程 100 个工地连接点，高强度螺栓装配率大于 80%，焊接小于 20%）。并建议：同一个工地连接点，不应采用两种连接方式，即栓焊法连接不可取，避免各个击破。

为实现工地梁-柱、柱-柱高强度螺栓装配，作者建议采用图5-10所示的连接形式。

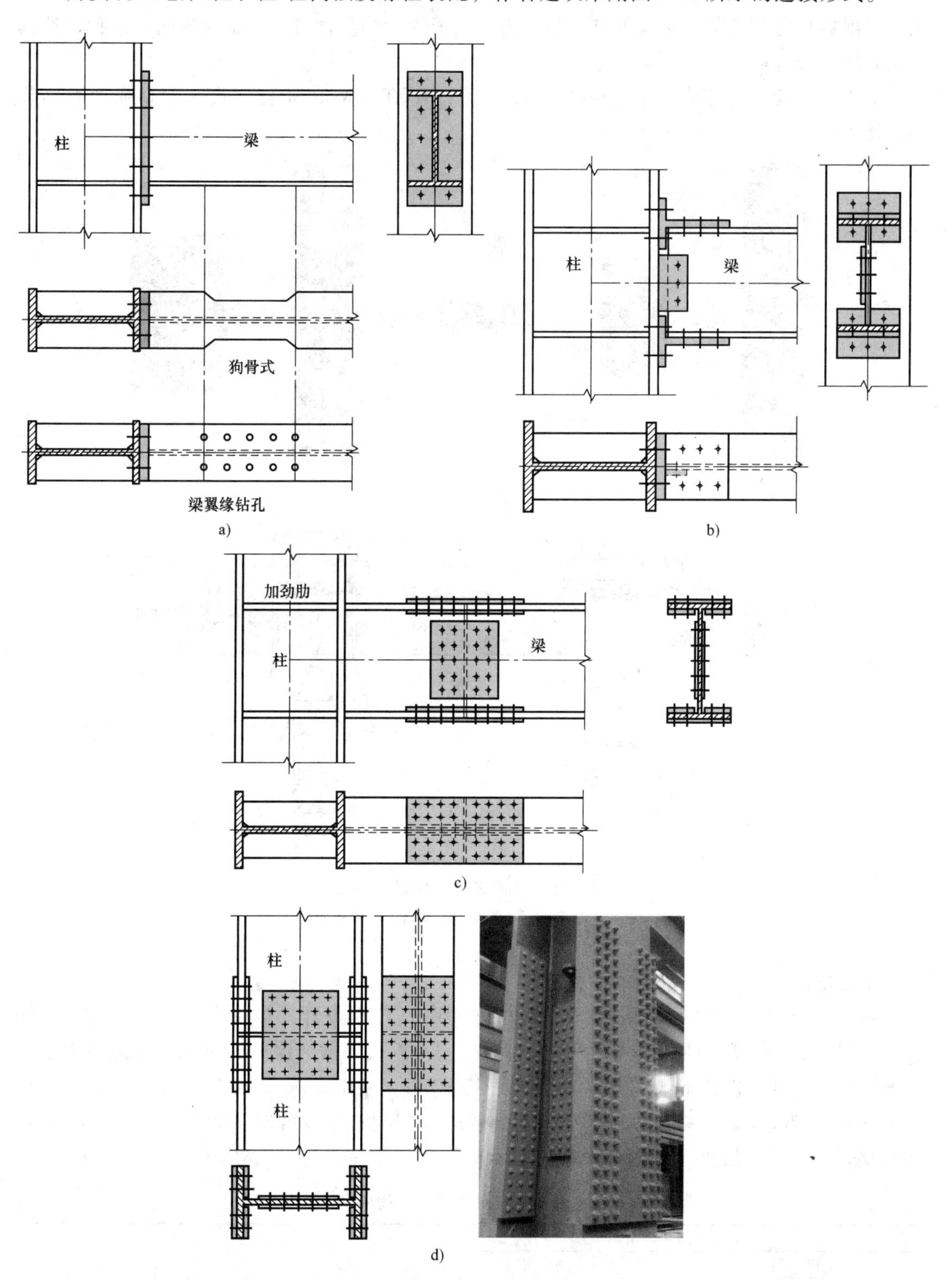

图5-10 现场高强度螺栓装配

a）梁-柱装配连接（狗骨式或梁翼缘钻孔式） b）梁-柱装配（T形件） c）柱牛腿-梁装配 d）柱-柱装配

Popov 教授等提出采用图 5-10a 所示的狗骨式设计（dog-bony design），或在翼缘上钻孔法，以削弱靠近结点部位梁段的抗弯承载力，构成人为的塑性铰区。试验表明，这种设计具有优越的抗震性能。

对于闭口薄壁构件——箱形柱-柱连接，可采用 STUCK-BOM 自锁式单向高强度螺栓装配（图 5-11）[5]。

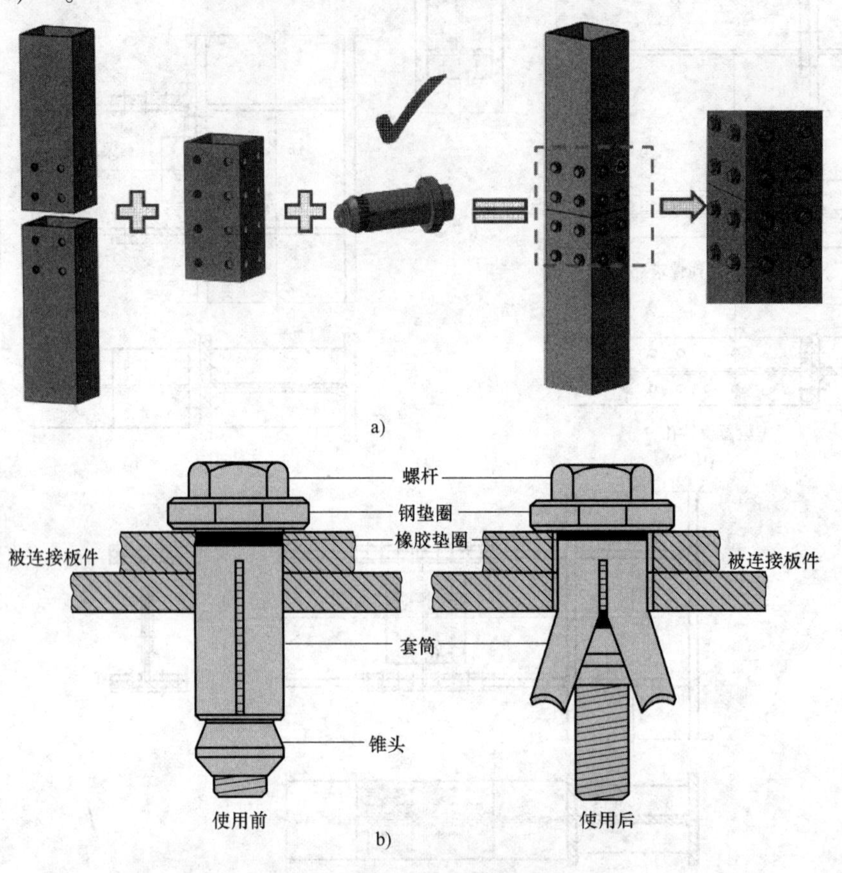

图 5-11 自锁式单向高强度螺栓

a）工地装配 b）自锁式单身高强度螺栓原理

工程案例 1. 北京长富宫中心饭店[6]

1984 年北京长富宫中心饭店（图 5-12）由中日合作设计，1988 年完工。地上 $n=26$（地下 3 层），1~2 层为型钢混凝土（RCS）柱，3~26 层为钢结构，$H=91\text{m}$。荷载按中国规范取值，设计计算以日本规范为主，中方做对比分析。基本风压 0.45kN/m^2。8 度设防，加速度峰值取 70cm/s^2（多遇）、400cm/s^2（罕遇）。层间位移角和周期见表 5-2。用钢量 106kg/m^2，平均楼层重仅 0.92t/m^2。

表 5-2 层间位移角及周期

最大层间位移角				周期/s		
地震作用		风荷载作用				
X 向	Y 向	X 向	Y 向	T_1	T_2	T_3
1/326	1/306	1/825	1/425	3.7281	3.6664	3.0423

a)

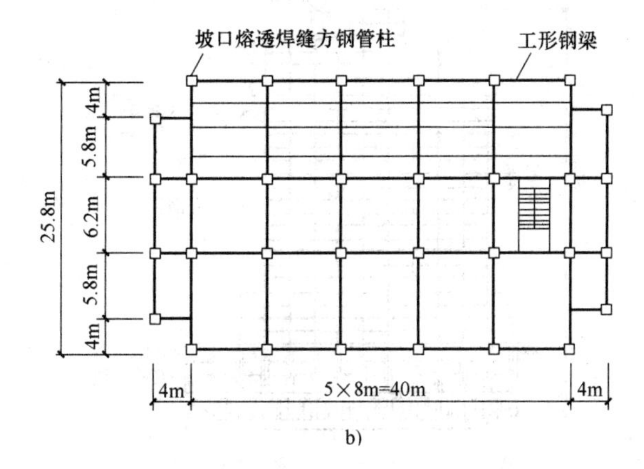

b)

图 5-12　北京长富宫中心饭店

a）外景　b）结构平面

工程案例 2. 印第安纳广场大厦（图 5-13）[2]

印第安纳广场大厦位于美国休斯敦市地震烈度区划图的 2 区，地震动峰值加速度 0.2g，基本风速 40.3m/s（12 级台风 33m/s）。$n=29$，$H=121$m。考虑地震波来自任何方向，柱的布置分别沿房屋的纵、横向。

工程案例 3. 荣民医院大楼（图 5-14）[2]

荣民医院大楼位于中国台北，地上 $n=23$ 层，$H=112$m，5 层裙楼。钢板 $t_{max}=50$mm。地下室：采用钢筋混凝土（RC）剪力墙和型钢混凝土（RCS）框架柱（柱距 8m，型钢 H 形或十字形）。纵向、横向结构的基本自振周期分别为 2.78s、2.83s。

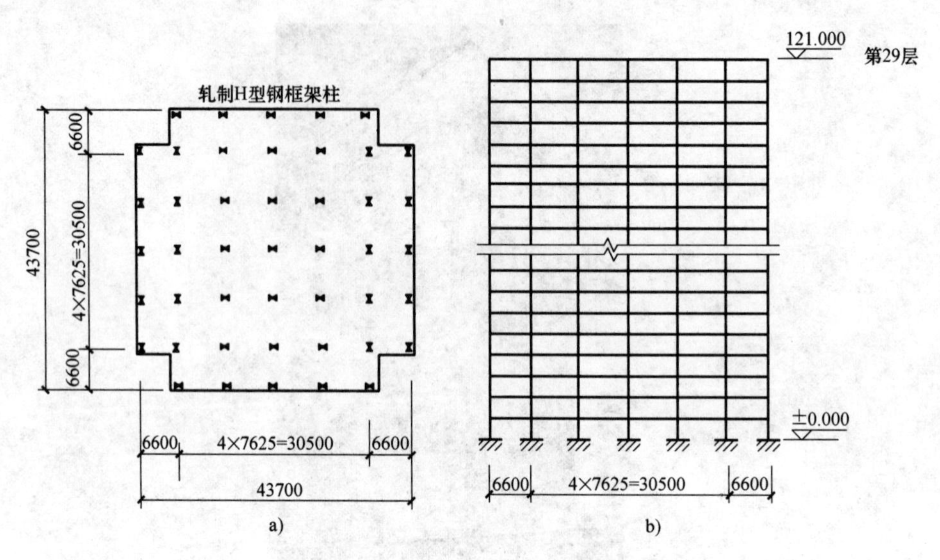

图 5-13　印第安纳广场大厦（美国休斯敦市）

a）平面　b）剖面

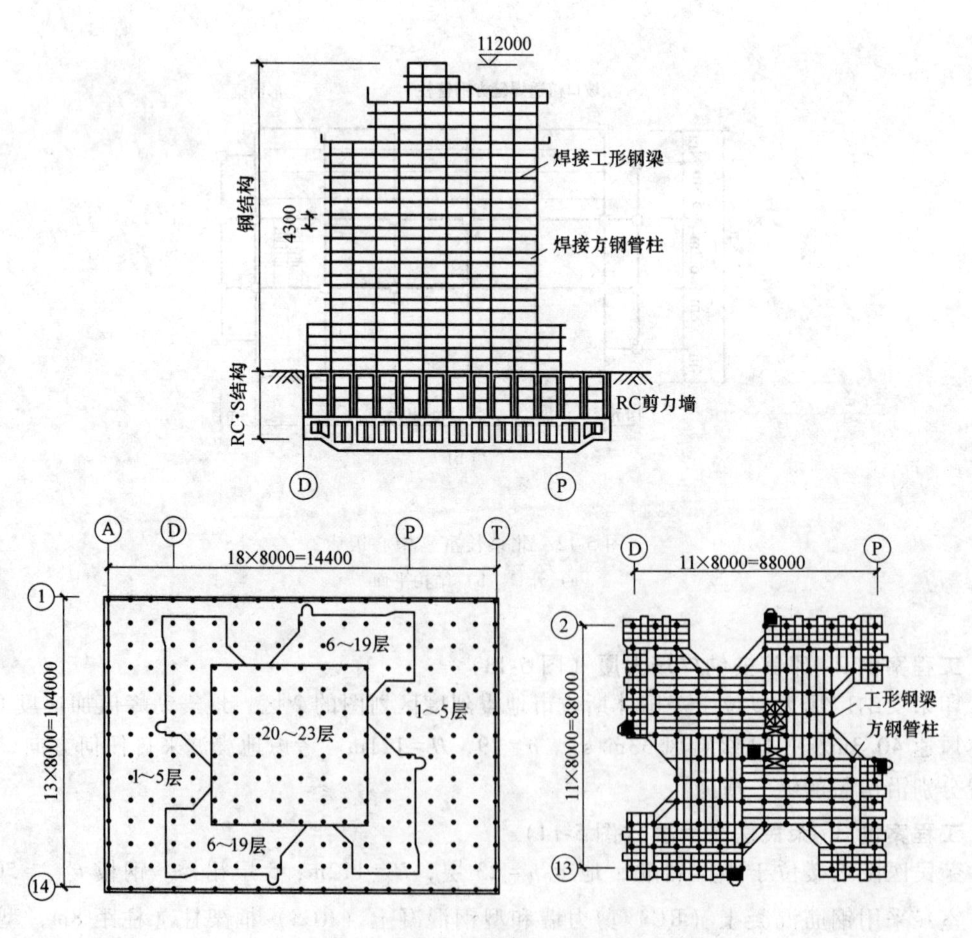

图 5-14　荣民医院大楼（中国台北）

工程案例4. 福克斯广场大厦（图5-15）[2]

福克斯广场大厦位于美国洛杉矶，n = 35层，美国地震烈度区划图中的2区，地震动峰值加速度0.2g。钢梁 l = 12.2m，采用W21宽翼缘焊接工字梁。楼板跨30.5m，采用51mm高18号压型钢板，上铺83mm厚轻质混凝土。

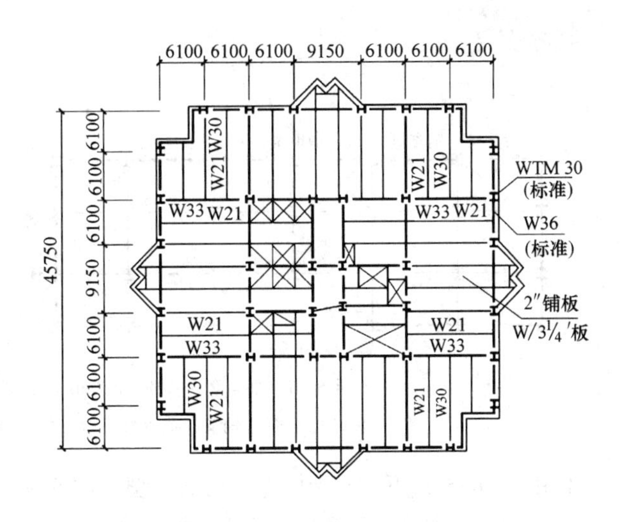

图5-15 福克斯广场大厦（美国洛杉矶市）

5.2 框架-支撑（延性墙板）体系

5.2.1 概述

钢框架的侧移刚度比支撑（或延性墙板）小得多，可用图5-16的单层单跨结构说明[7]。

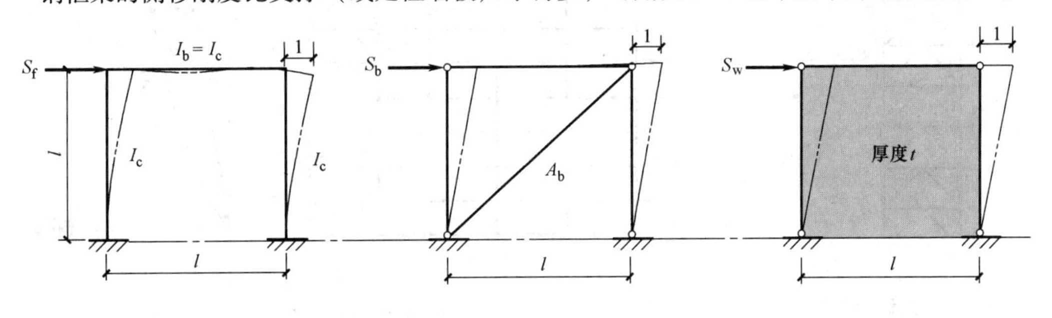

图5-16 侧移刚度

当不计轴向效应时，侧移刚度按下式计算：

框架（frame） $$S_f=\frac{16.8EI}{l^3}$$

支撑（brace） $$S_b=\frac{0.354EA_b}{l}$$

墙板（wall board） $$S_w=Gt$$

当 $l=6$m，$I_c=I_b=20\times10^3\text{cm}^4$，$A_b=200\text{cm}^2$时，$S_b=76.9S_f$，说明支撑的侧移刚度 S_b 是框架刚度 S_f 的76.9倍。设有加劲肋的钢板剪力墙，侧移刚度比支撑更大；若无加劲肋，钢板屈曲后有拉力带，也能继续承受水平力，刚度仍然可观。从而，以框架体系为基础，沿房屋的纵向、横向布置一定数量的、基本对称的支撑（竖向桁架），或延性墙板，所形成的结构体系，可简称为框-撑体系（图5-17）。

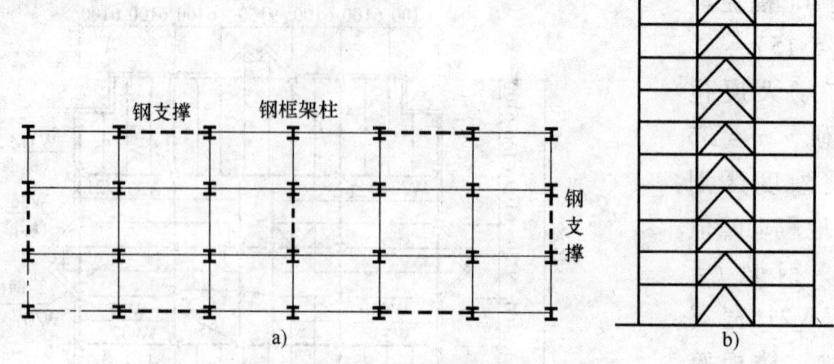

图 5-17 框-撑（或延性墙板）体系
a）结构平面（钢支撑或延性墙板） b）剖面

在水平作用（actions）下，框架的变形为剪切型（图 5-3c），而支撑的变形属弯曲型（图 5-18），从而，总框架、总支撑，并通过水平刚性楼板（刚度∞）的协同工作（图 5-19a），该框-撑体系的变形为弯剪型（图 5-19b），注意：弯剪型与剪切型（框架）、弯曲型（支撑）不相交。

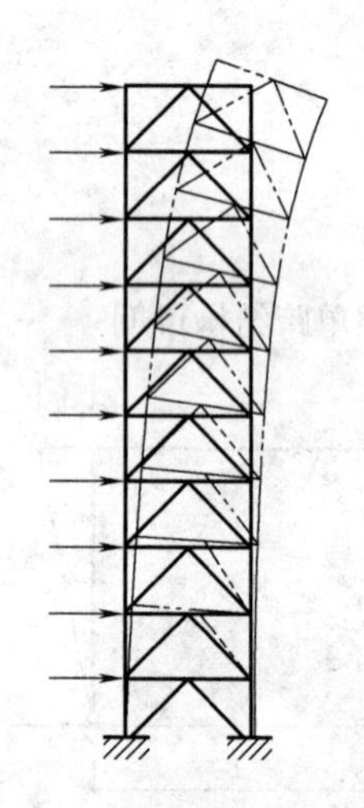

图 5-18 支撑侧移为弯曲型

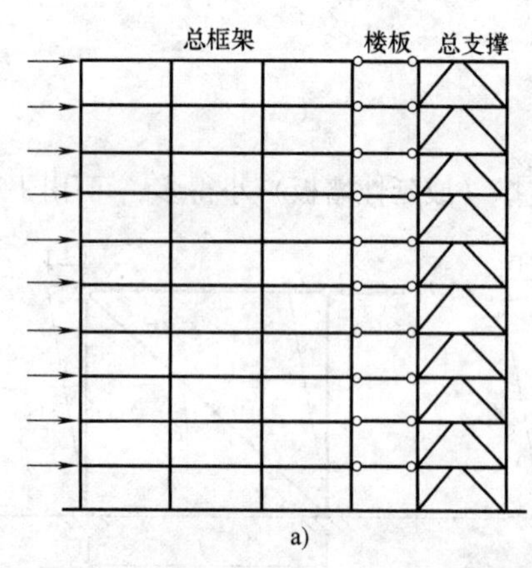

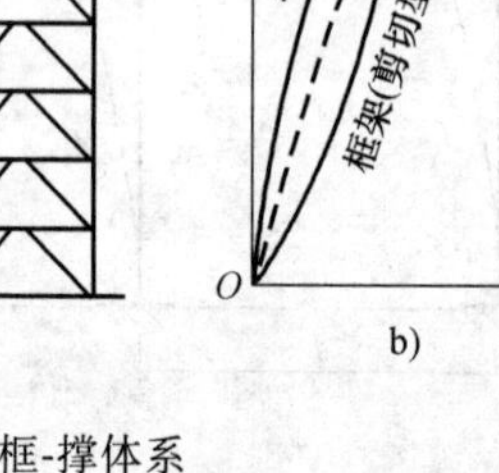

图 5-19 框-撑体系
a）并联模型 b）侧移曲线

框-撑体系为双重抗侧力体系。它的侧向刚度比框架结构大得多，可用于 $n=40\sim60$ 层。

将支撑集中布置在房屋的中央核心区，并在房屋纵向、横向的支撑平面内，布置刚性伸臂桁架（通常设置在建筑物的设备层），并在同一高度位置设置周边桁架（图 5-20），使外围框架柱参与整体抗弯工作，这既提高了结构的整个侧向刚度，又能减少核心区所承担的倾覆力矩。

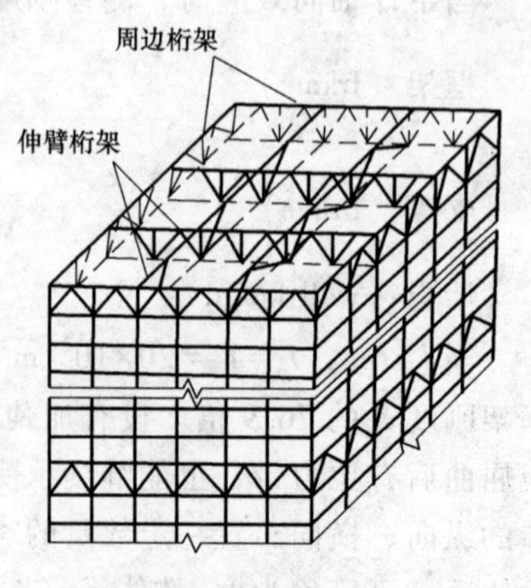

图 5-20 伸臂桁架和周边桁架

图 5-21 所示为美国 Milwaukee 市第一威斯康星中心（First Wisconsin Center），地上 $n=42$ 层，高 $H=184\text{m}$，用钢量 117kg/m^2。在水平荷载作用下，建筑整体变形和侧移曲线如图 5-21c、d 所示。由于增设了刚臂桁架，在刚臂层，

其结构侧移曲线出现了反向弯曲，减缓了结构的侧向位移，结构顶点的侧移约减小 30%。

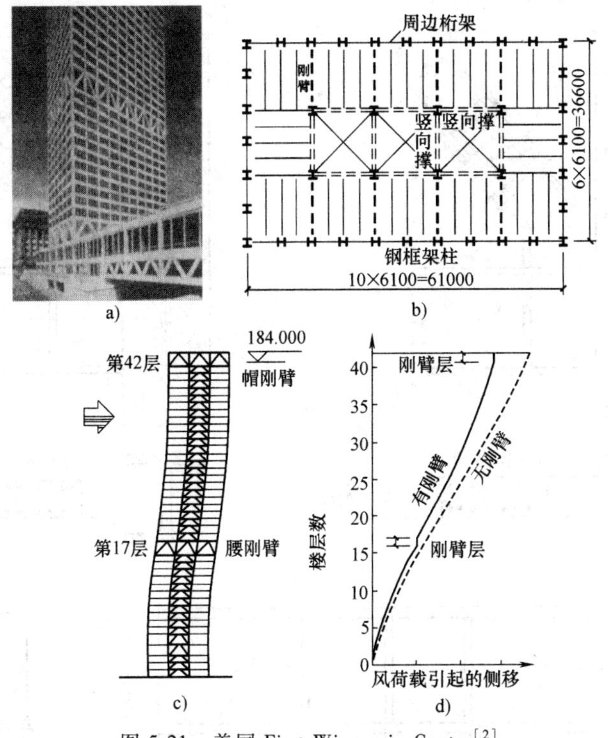

图 5-21　美国 First Wisconsin Center[2]

a）外景　b）结构平面　c）框-撑体系的侧向变形　d）有刚臂和无刚臂的比较

5.2.2　支撑（竖向桁架）

支撑形式有三类：中心支撑（图 5-22）；偏心支撑（图 5-24）；防屈曲支撑（buckling-restrained brace）（图 5-27）。

1. 中心支撑（图 5-22）

采用单斜杆支撑时，必须在其他跨内布置反向的单斜杆支撑，以避免侧移一边倒。在强震作用下，受压的钢支撑斜杆容易发生屈曲，使结构的侧向刚度降低；反向荷载作用下受压屈曲的支撑斜杆不能完全拉直，而另一方向的斜杆又可能受压；地震作用使支撑斜杆反复受压，致使支撑框架的刚度和承载力降低、侧移增大。因此，中心支撑框架更适宜于抗风结构。中心支撑的基本形式如图 5-22 所示。抗震结构不采用 K 形支撑（图 5-22e），因为 K 形支撑斜杆的尖点与柱相交，受拉杆屈服和受压杆屈曲使柱产生较大的侧向变形，可能引起柱的压屈甚至整个结构倒塌。

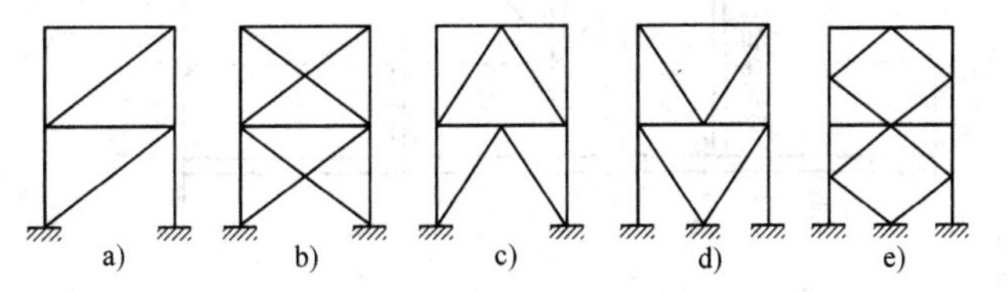

图 5-22　中心支撑的基本形式

a）单斜杆式　b）X 字交叉　c）人字形　d）V 形　e）K 形

中心支撑的斜杆现场高强度螺栓装配示意图，如图 5-23 所示。

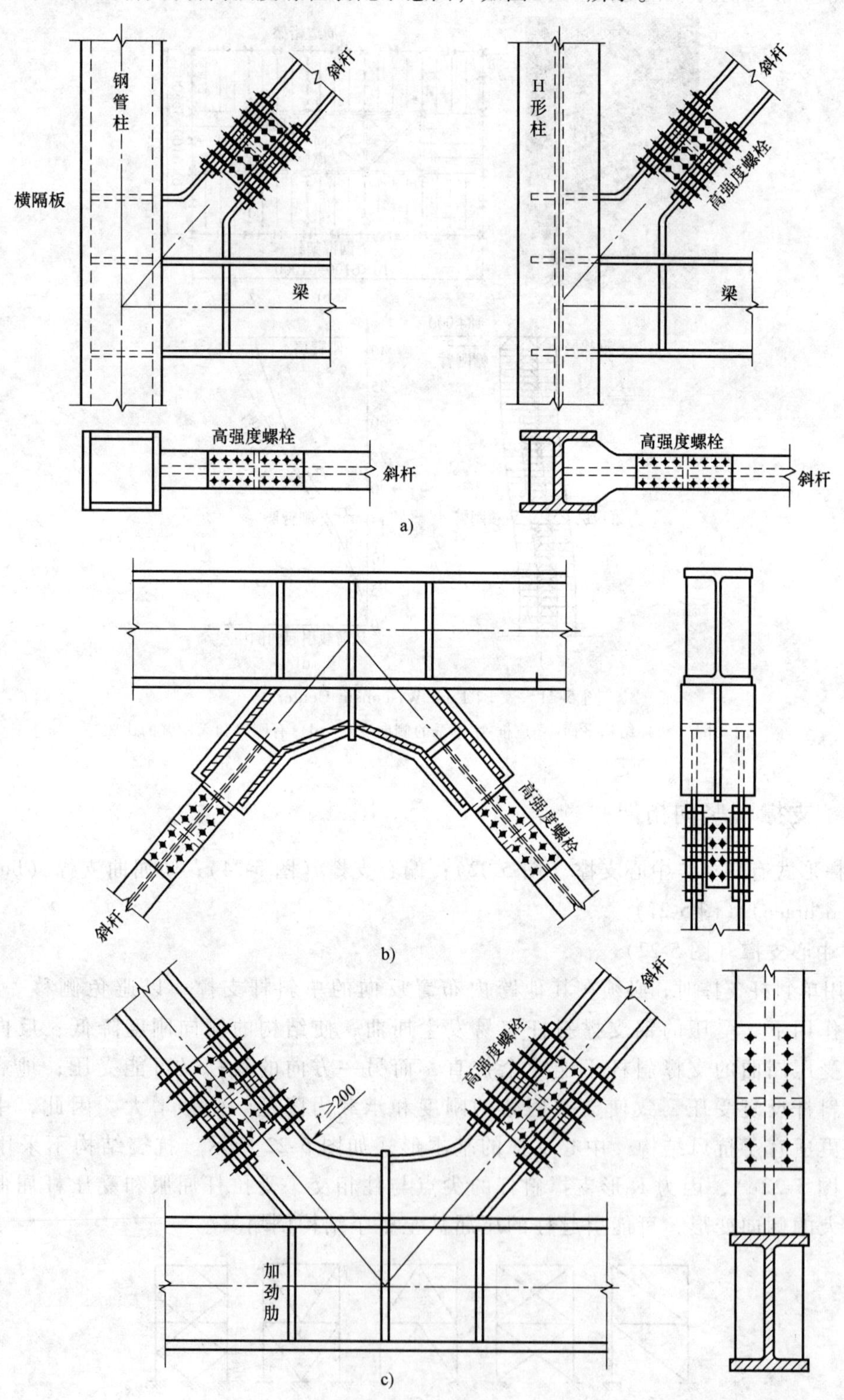

图 5-23 中心支撑的

a）斜杆边结点 b）人字形斜杆装配结点 c）V 形斜杆装配结点

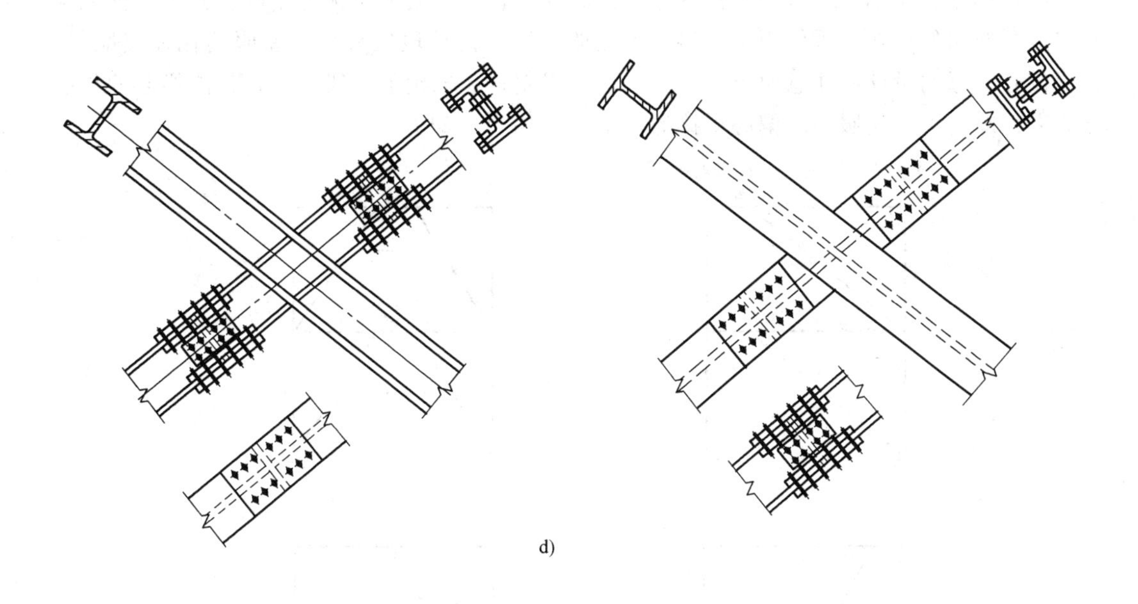
d)

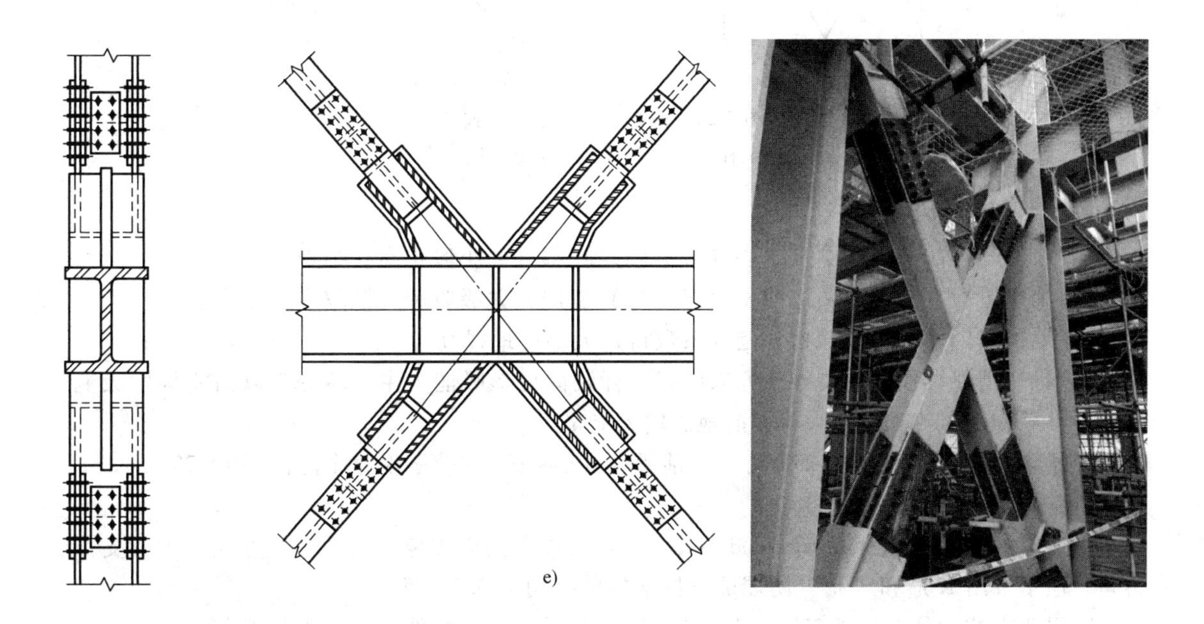
e)

斜杆高强度螺栓连接

d）X形斜杆装配结点　e）X形交叉斜杆的中心结点

2. 偏心支撑（图 5-24）

偏心支撑的斜杆至少有一端与消能梁段 a（剪切屈服梁段）相交。偏心支撑的工作原理是：在中、小地震作用下，构件弹性工作，这时支撑提供主要的抗侧力刚度，其工作性能与中心支撑框架相似；在大震作用下，斜撑不屈曲，而消能梁段腹板剪切屈服消耗地震能量。可见，偏心支撑的设计应注意两点：一是强柱、强斜杆、弱消能梁段；二是耗能梁段的长度不能太大，即为剪切屈服梁。偏心支撑的基本形式如图 5-24 所示。

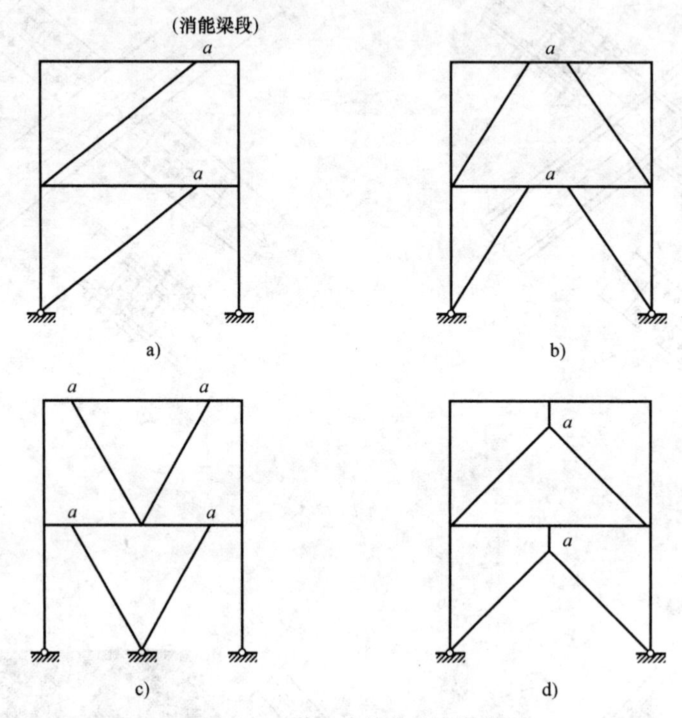

图 5-24 偏心支撑的基本形式

a）单斜杆 b）八字形 c）V 形 d）人形

偏心支撑的优点如下：

1）斜杆与梁的交点从结点中心（或梁轴线）移开一小段距离，结点构造简洁。

2）消能梁段在斜杆屈曲之前发生剪（弯）屈服，并吸收和耗散较多地震能量。

3）结构滞回曲线饱满，构件延性系数得以大幅度地提高。

4）设置消能梁段后，支撑从原来的以斜杆轴向变形吸能为主，转变为以消能梁段吸能为主，因而能够吸收和耗散大得多的地震输入能量。

消能梁段塑性变形如图 5-25 所示。消能梁段与支撑斜杆的高强度螺栓装配如图 5-26 所示。

3. 防屈曲支撑（图 5-27）

防屈曲支撑（buckling reatrained brace），也称屈曲约束支撑，它的布置方式与中心支撑相同，但不采用 K 形和 X 形。防屈曲支撑与柱的夹角为 35°~55°。

防屈曲支撑构件（图 5-27a）是一种金属屈服耗能支撑构件，主要由耗能芯材、约束构件和无黏结材料三部分构成，其中主受力芯材采用低屈服强度钢材（Q160、Q225 或 Q235）。为了防止芯材受压时整体屈曲，即在受压、受拉时都能达到屈服，芯材被置于一个屈曲约束单元内。

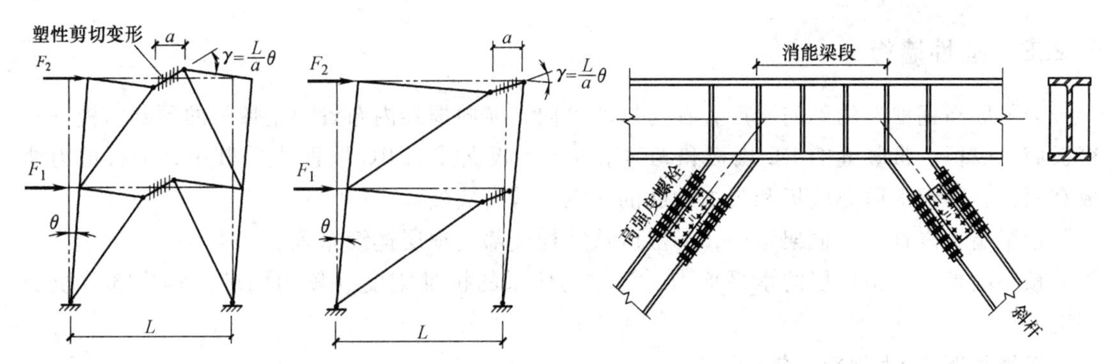

图 5-25　偏心支撑的塑性变形机构（消能梁段塑性变形）　图 5-26　消能梁段与斜杆连接（高强螺栓装配）

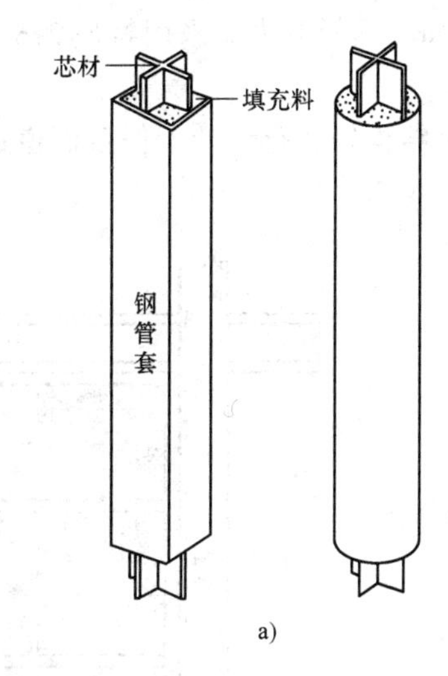

a)

b)

图 5-27　防屈曲支撑

a）构件　b）工程

5.2.3 延性墙板

为了提高钢框架的侧向刚度，在房屋的纵向、横向框架内布置一定数量的预制墙板——钢板剪力墙板、带竖缝的 RC 墙板和无黏结内藏钢板支撑的 RC 墙板[4]。其中，钢板剪力墙板有两种：厚钢板剪力墙板和带加劲肋的薄钢板剪力墙板。

预制墙板嵌置于钢框架格内，一般应从结构底部到顶层连续布置。

预制墙板仅承担楼层的水平剪力，为结构体系的抗推刚度（侧向刚度）提供部分抗剪刚度。

工程案例 1. 上海锦江饭店

上海的锦江饭店（图 5-28），钢柱采用焊接方管，一般截面尺寸为 500mm×500mm×(12~30mm)，最大为 700mm×700mm×67mm。框架梁采用焊接工字形截面。高 500~750mm，翼缘宽 250~300mm，翼缘厚 9~52mm。钢板剪力墙采用特厚钢板（t=100mm）+纵、横加劲肋。7 度抗震设防，用钢量 132kg/m^2。

建筑用钢量很大，说明，我国钢结构轻量化设计，任重而道远。

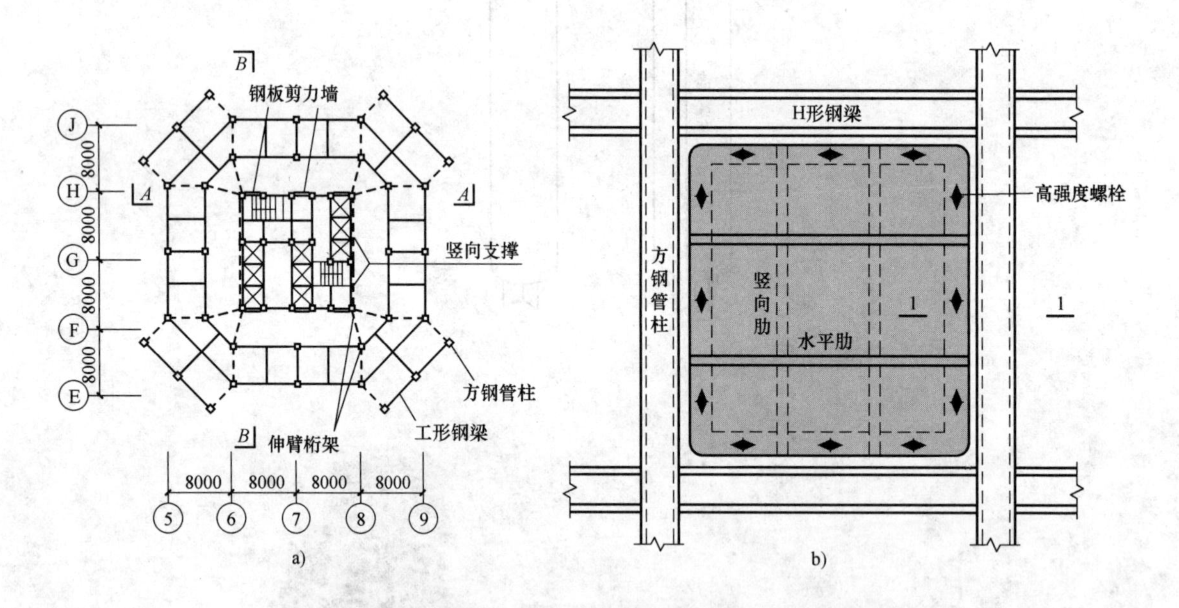

图 5-28 锦江饭店（上海，n=44，H=153m，1988 年）[2]

a）结构平面（32m×32m） b）带肋钢板剪力墙

工程案例 2. 东京京王广场饭店

日本东京的京王广场饭店（图 5-29），建筑平面为工字形，建筑立面的高厚比（H/B）为 6.6（中段）和 10（两端）。按我国地震烈度标准，京王广场的基本烈度介于 8~9 度。

为了满足强风或地震作用下的层间侧移角限值：京王广场饭店一方面采用横向框架承重方案和小柱距（2.8m、2.9m）；另一方面配置 4 列带竖缝 RC 墙板。

带竖缝的 RC 墙板（图 5-29b）只承担水平作用产生的剪力，不考虑承受框架竖向荷载产生的压力。设计这种墙板不仅要考虑强度，还要进行变形验算。RC 墙板的承载力以一个缝间墙及其相应范围内的水平带状实体为验算对象，为了确保这类墙板的延性，墙板的弯曲屈服承载力和弯曲极限承载力，应不超过抗剪承载力。

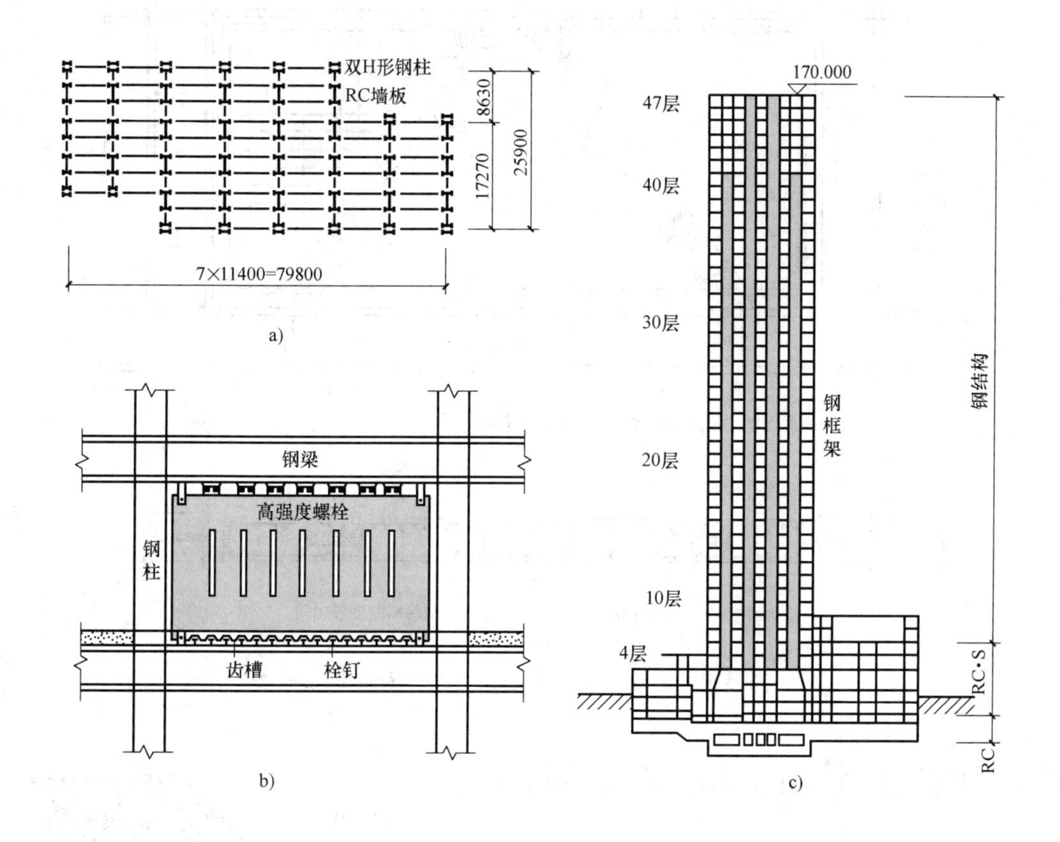

图5-29 京王广场饭店（东京，$n=27$，$H=170\text{m}$，1971年）[2]

a）典型层结构平面 b）带竖缝RC墙板 c）结构横剖面

工程案例3. 北京京城大厦

北京的京城大厦（图5-30），8度地震设防，$n=52$（27层以下办公、28层以上为公寓），$H=183\text{m}$。柱距为4.8m和9.6m。墙板四边与框架梁、柱之间留25mm空隙。地上1~3层，墙板换成钢支撑。

内藏钢板支撑RC墙板仅在内藏钢板支撑的节点处与钢框架相连，外包RC墙板周边与框架梁、柱间应留有间隙，以避免强震时出现像一般现浇RC墙板那样在结构变形初期就发生脆性破坏的不利情况，从而提高了墙板与钢框架同步工作的程度，增加了整体结构的延性，以吸收更多的地震能量。

内藏钢板支撑依其与框架的连接方式，在高烈度地区，宜采用偏心支撑。

内藏钢板支撑的形式可采用X形支撑、人字形支撑、V形支撑或单斜杆支撑等。

内藏钢板支撑斜杆的截面形式一般为矩形板，其净截面面积应根据所承受的剪力按强度条件确定。由于钢板支撑外包RC，它能有效地防止钢板支撑斜杆的侧向屈曲。

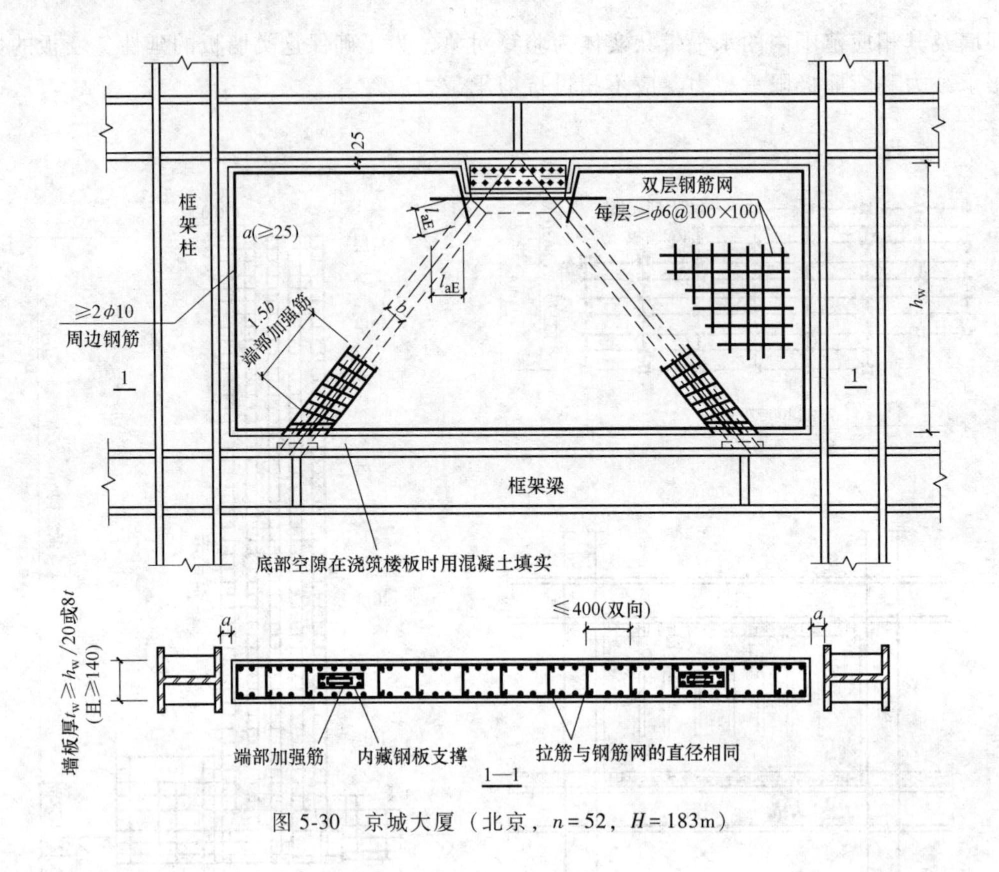

图 5-30 京城大厦（北京，$n=52$，$H=183\text{m}$）

5.3 框筒结构（frame-tube structures）

框筒结构：由密柱（柱距 $d<3\text{m}$）和窗裙梁（即深梁，跨高比 $d/h<3$）组成的框架筒体结构（图 5-31）[8]。

框筒结构的平面可以是圆形、矩形、三角形、多边形。

框筒体系的抗侧力构件沿房屋周边布置，不仅具有很大的抗倾覆能力，而且具有很强的抗扭能力，因此，它适用于平面复杂的高层建筑。

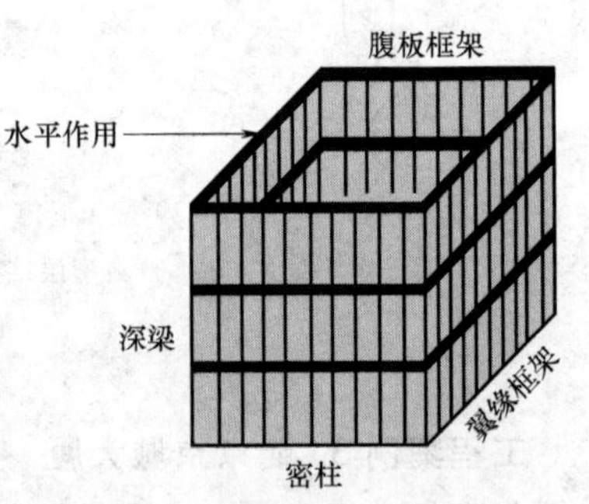

图 5-31 框筒（密柱深梁）

水平作用下的框筒，水平剪力由两片腹板框架承担，倾覆力矩则由腹板框架和翼缘框架共同承担（图 5-31）。框筒的高宽比 H/B 不应小于 4。

5.3.1 框筒-框架体系

框筒-框架体系由建筑外围的框筒体系和楼面内部的框架所组成的结构。由于框筒沿房屋的最外周边闭口布置，抗倾覆和抗扭能力都很强。

楼面内部的框架仅承受重力荷载，柱网可随意布置。

一般来说，框筒平面的边长 $L\leq 50\text{m}$，矩形框筒平面 $L/B\leq 1.5$，否则，框筒将因剪力滞后效应（shear lag effect）而不能充分发挥受力功效。

工程案例 1. 纽约世界贸易中心

世界贸易中心（World Trade Center，图 5-32），$n=110$，$H=416.966\mathrm{m}$；箱形钢柱截面尺寸为 450mm×450mm×(7.5～12.5)mm；底层柱截面尺寸为 762mm×762mm；用钢量 186.6kg/m²。

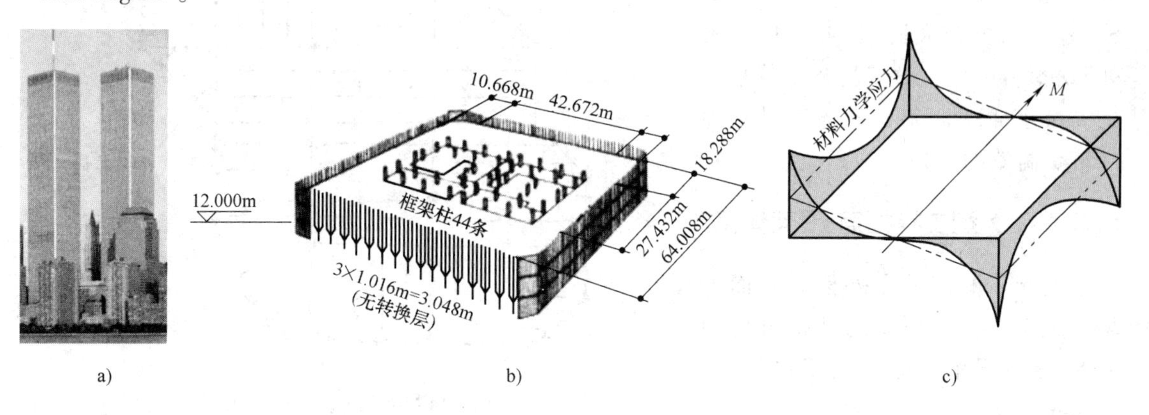

图 5-32　World Trade Center（美国纽约，1973 年）

a）实景　b）结构平面　c）剪力滞后效应

工程案例 2. 芝加哥标准石油公司大楼（图 5-33a）

大楼平面如图 5-33a 所示，地上 $n=82$ 层，$H=342\mathrm{m}$，地下 5 层，基础深标高 -17m。外围框筒采用人字形截面柱，在开口处的板端加焊等边小角钢（图 5-33b）。

立面开洞率 28%。为了加快施工进度，工厂焊接单元为三层楼高吊装件，长 11.58m（3×3.86m），工地高强度螺栓装配。整座大楼的平均用钢量 161kg/m²。

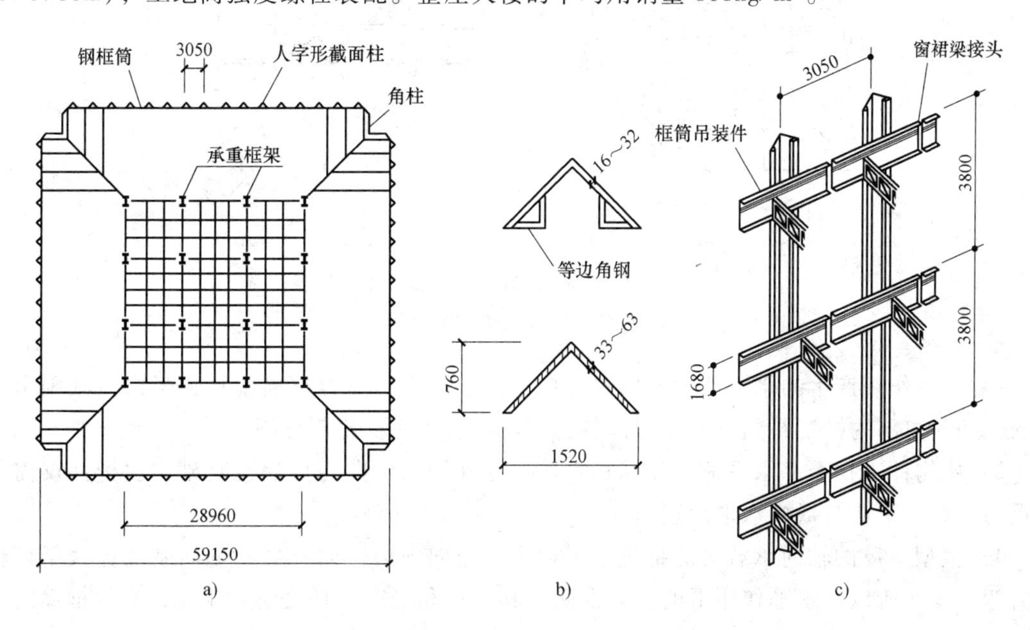

图 5-33　标准石油公司（美国芝加哥市）

a）典型层结构平面　b）框筒柱截面　c）框筒的吊装件

工程案例 3. Sixty State Street 办公大楼（美国波士顿）

大城市用地紧张，市区建筑见缝插针，场地不规则，为了避开邻近高层建筑的遮挡，大楼平面设计成不规则形状（图 5-34）。Sixty State Street 办公大楼 $n=45$，用钢量 $90kg/m^2$。可见，对于复杂建筑平面的高层建筑，框筒-框架体系是一种经济、高效的结构体系。

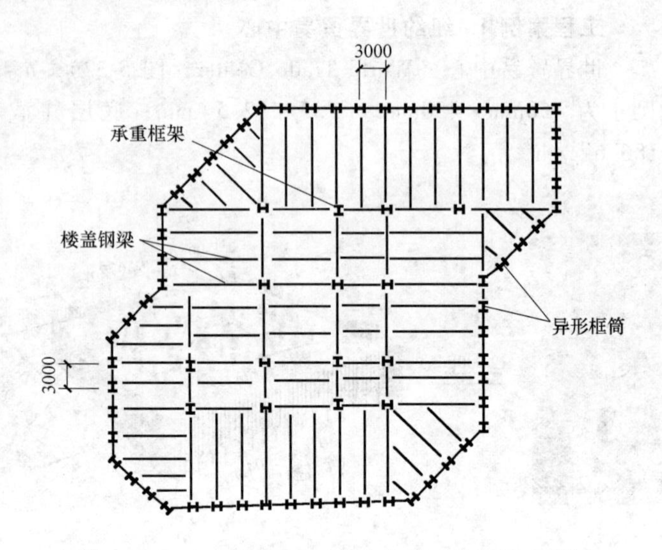

图 5-34 Sixty State Street 办公大楼（美国波士顿）

5.3.2 大型支撑框筒-框架体系

支撑外框筒是在外框筒立面上增加大型支撑。框筒的柱距可增加 $d>5m$，窗裙梁的截面高度也较矮，通过增设大型支撑二力杆，简单而巧妙地消除剪力滞后效应。

建筑外圈的支撑框筒可以划分为“主构件”和“次构件”两部分。图 5-35a 表示支撑框筒的一个典型区段。在每一个区段中，主构件包括大型支撑、角柱和主楼层的窗裙梁；次构件包括四边各中间柱和介于主楼层之间的各层窗裙梁。图 5-35b 表示支撑中心结点的构造示意。

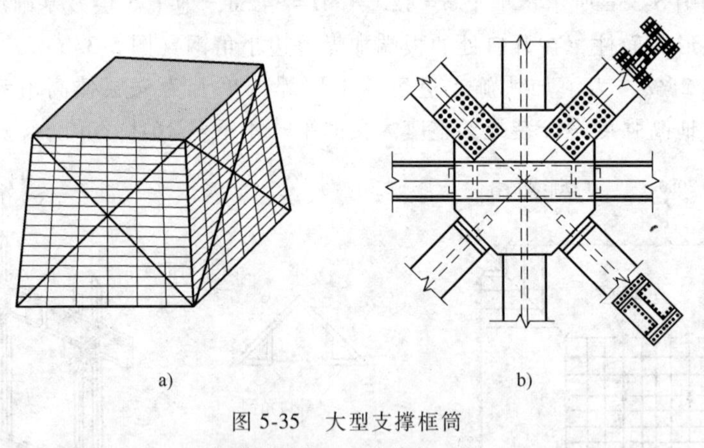

图 5-35 大型支撑框筒
a）典型区段 b）支撑中心结点

1）水平作用产生的水平剪力和倾覆力矩，由外圈大型支撑框筒承担；竖向荷载则由外圈的框架和内部的框架共同承担，并按各自的荷载从属面积比例分担。

2）主构件承担全部水平荷载，并将它转化为杆件的轴向力传递至基础；次构件仅需承担重力荷载，不参与抵抗水平荷载。

3）大型支撑的轴向承载力能抵抗水平剪力和竖向剪力。而杆件的轴向刚度远大于杆件的剪弯刚度，所以，水平作用下的支撑框筒，其水平和竖向剪切变形均很小，支撑框筒的剪力滞后效应也就很弱，大型支撑框筒就更接近于完全的抗侧力构件。

4）由于三角形杆系支撑具有几何不变性，因此支撑框筒有着很大的水平和竖向抗剪刚度。水平荷载下整个结构体系所产生的侧移中，大型支撑框筒整体弯曲产生的侧移约占 80%以上，而整体剪切变形所产生的侧移，仅占 20%以下。

工程案例 1. 芝加哥约翰·汉考克中心（John Hancock Center）

John Hancock Center（图 5-36），地上 $n=100$，$H=1127\text{ft}=343.510\text{m}$。结构平面尺寸：底层，$265\text{ft}\times165\text{ft}=80.772\text{m}\times50.292\text{m}$；顶层，$165\text{ft}\times100\text{ft}=50.292\text{m}\times30.480\text{m}$。锥形筒体可减小侧移 10%～30%。大型支撑斜角 45°，支撑起点和终点设大型水平杆。用钢量 145kg/m^2。

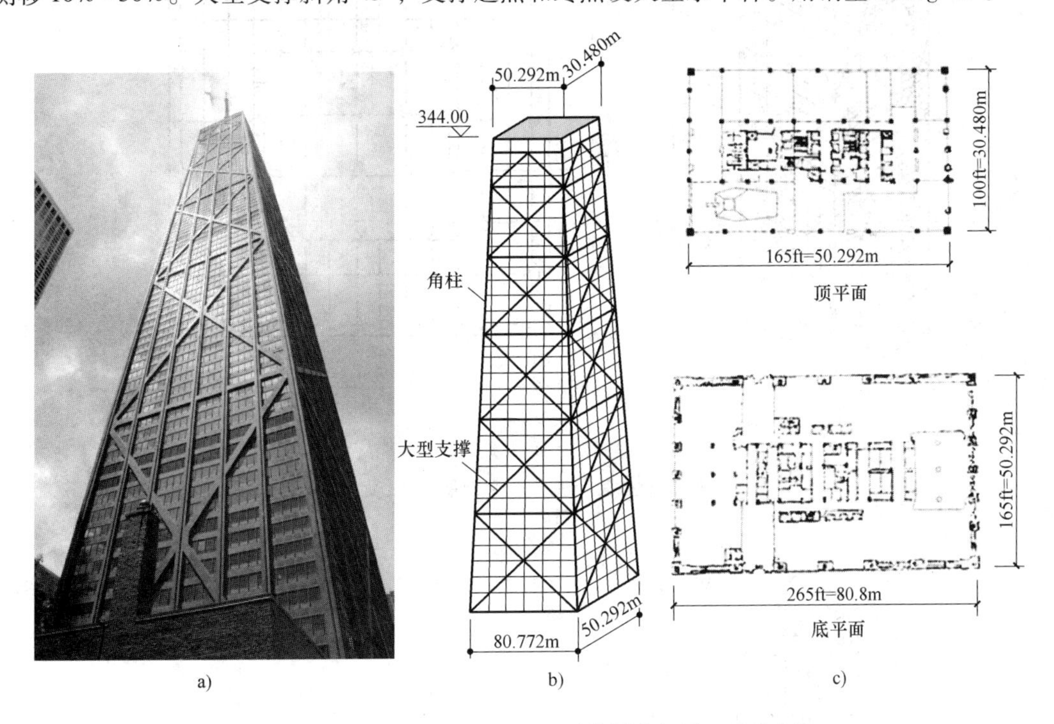

图 5-36 John Hancock Center（美国芝加哥，1969 年）
a）实景 b）大型支撑 c）平面

工程案例 2. 达拉斯第一国际广场大厦

第一国际广场大厦（图 5-37），地上 $n=56$，$H=216\text{m}$。大型支撑置于玻璃幕墙之内。支撑框筒的所有梁、柱和支撑斜杆，均采用 W14 热轧型钢（同一种截面高度具有多种板厚和截面面积），仅结构底部少量杆件采用焊接组合截面。底层钢柱采用焊接 H 形截面（533mm×584mm），地下室角柱采用焊接方管截面（610mm×610mm）。大型斜撑采用 H 型钢截面（610mm×610mm），用于连接斜杆、柱和梁的结点板尺寸为 3m×3.65m（宽×高）。

斜杆在工厂制作成 4 层楼高的吊装单元。工地组装时，一端采用全熔透焊缝与结点板连接，另一端采用高强度螺栓与结点板连接。前者可减少结点板用料，后者可调节杆件的安装误差。

在支撑框筒的转角，两个面上的支撑斜杆交汇处，设置角部结点板组件。组件由 4 块钢板组成，每个方向 2 块。4 块钢板用电渣焊连接，并用后热处理，消除焊接应力。

楼板是在钢梁上搁置肋高 76mm 的压型钢板，并在其中现浇 83mm 厚的轻质混凝土。

工程案例 3. 洛杉矶第一州际世界中心大厦（First Interstate World Center）

First Interstate World Center（图 5-38），地上 $n=77$，$H=338\text{m}$。设计地震动加速度 $0.4g$，相当我国地震烈度表的 9 度地震区。

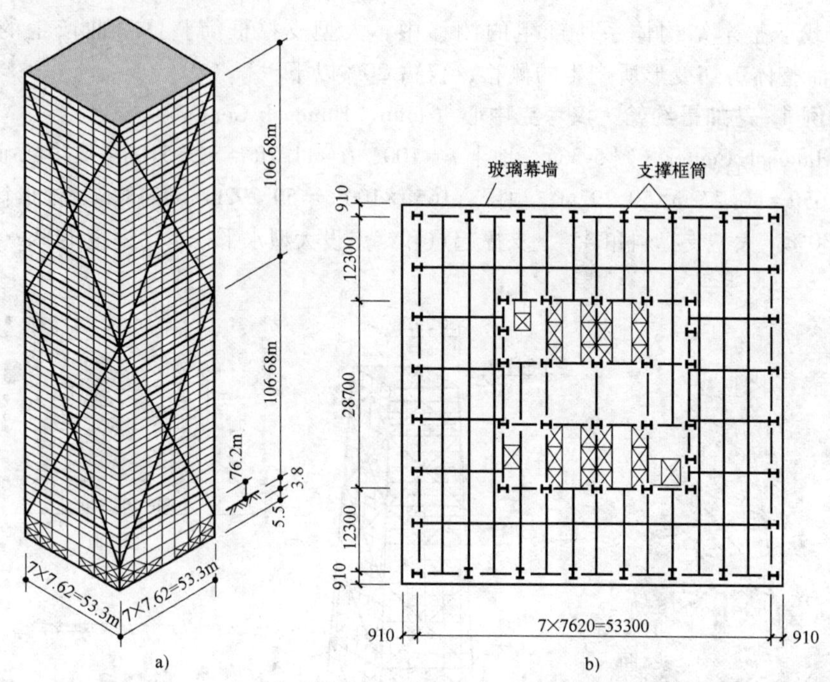

图 5-37 第一国际广场大厦（美国达拉斯市，1974 年）

a）支撑框筒全貌 b）典型层结构平面

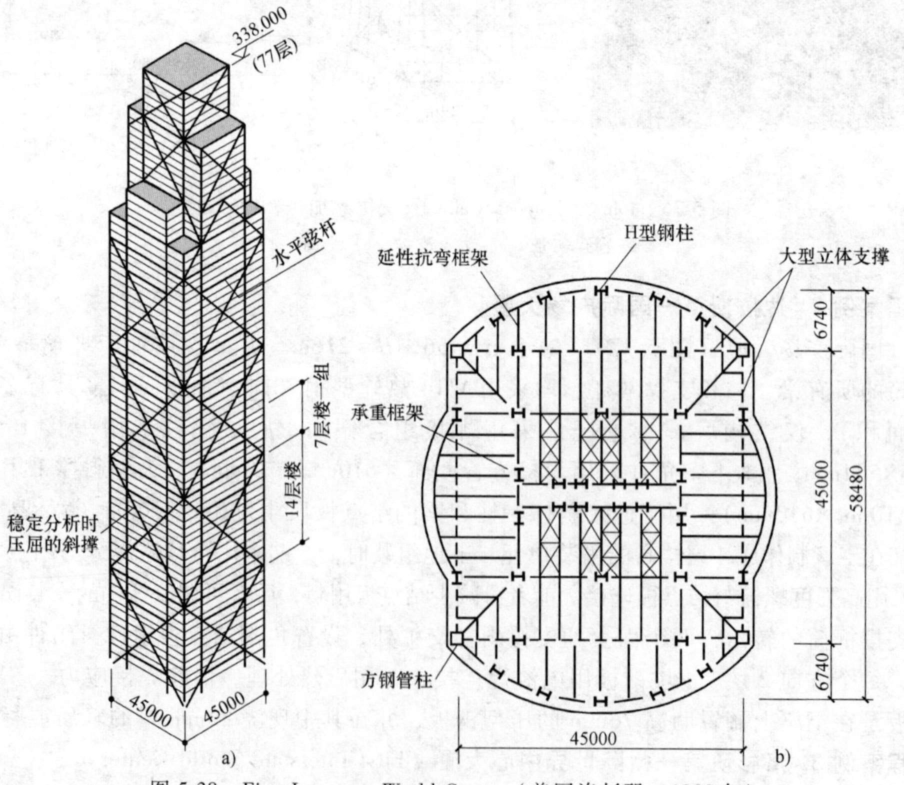

图 5-38 First Interstate World Center（美国洛杉矶，1989 年）

a）大型立体支撑 b）结构平面

5.3.3 大柱框架体系

图5-39 我国台北国际金融中心大厦

我国台北国际金融中心大厦[3]，简称台北101（图5-39），由台湾省永峻工程顾问公司结构设计（1998年），2004年竣工。地面至塔楼大屋面91层，高390.6m；算至小塔楼 n = 101层，H = 427.1m（图5-44）。地下室共5层。塔楼为办公建筑，裙楼6层为购物商场。塔楼1~26形成上小下大的梯形立面，外柱为与玻璃幕墙平行的倾斜柱（图5-45）；26~90层分8个高度段（图5-44），形成8斗造型，每一斗段为8个楼面高度，每斗段为上大下小的立体斗，每斗段的下部平面尺寸为22.5m×22.5m。7层以上标准层层高4.2m，7层以下的层高4.2~8.4m。

1. 体系的构成

26层以上8个斗形段，角部不设置角柱（图5-40），各斗段的每一外墙面上可设置4根H形截面的钢柱（分段倾斜的非连续柱），由此可形成次框架结构。塔楼主结构采用井字形平面STC大柱框架体系（图5-41）——8根外侧主大柱结合内柱，在纵横方向各形成2榀大柱框架。

在26层以下再设置8根次大柱（图5-41，在26层以上则改用非大柱），但仍结合内柱在纵横方向形成次要大柱框架。内筒设置柱间支撑构成基本上封闭的支撑框筒。

上述主、次大柱框架中，每8层设置伸臂桁架，且贯通内筒。此外，在26层以下共设置3道腰桁架；在26层以上每8层沿外墙柱设置腰桁架及伸臂桁架（图5-42），相应地每8层形成一空间桁架层。

内筒四周周边上各设置上下连续的3列柱间支撑，中间一列为八字形偏心支撑，两侧为对称布置的单斜杆支撑（图5-42）；在电梯井道再设共8列单斜杆柱间支撑。

由于底部7层层高较大，内柱及支撑部位采用外包钢筋混凝土，形成型钢混凝土（steel-reinforced concrete，RCS）剪力墙，提高该部位的侧向刚度。

2. 矩形钢管混凝土大柱设计

61层以下8根主大柱和8根次大柱，以及16根内柱，均采用箱形钢管混凝土（concrete-filled steel tubular，STC）柱。主大柱的最大截面箱形尺寸为2.4m×3.0m；钢板 t_{max} = 110mm。61层以上，不灌混凝土钢柱。

1~25层的8根主大柱倾斜角4.4°，它们向内侧收进8.4m。该柱在25层以上分6次减小柱截面的宽度和高度，两者每次均减小200mm，至顶层时柱截面尺寸为1.4m×1.8m（图5-42），相应钢板厚度每次减薄5mm。

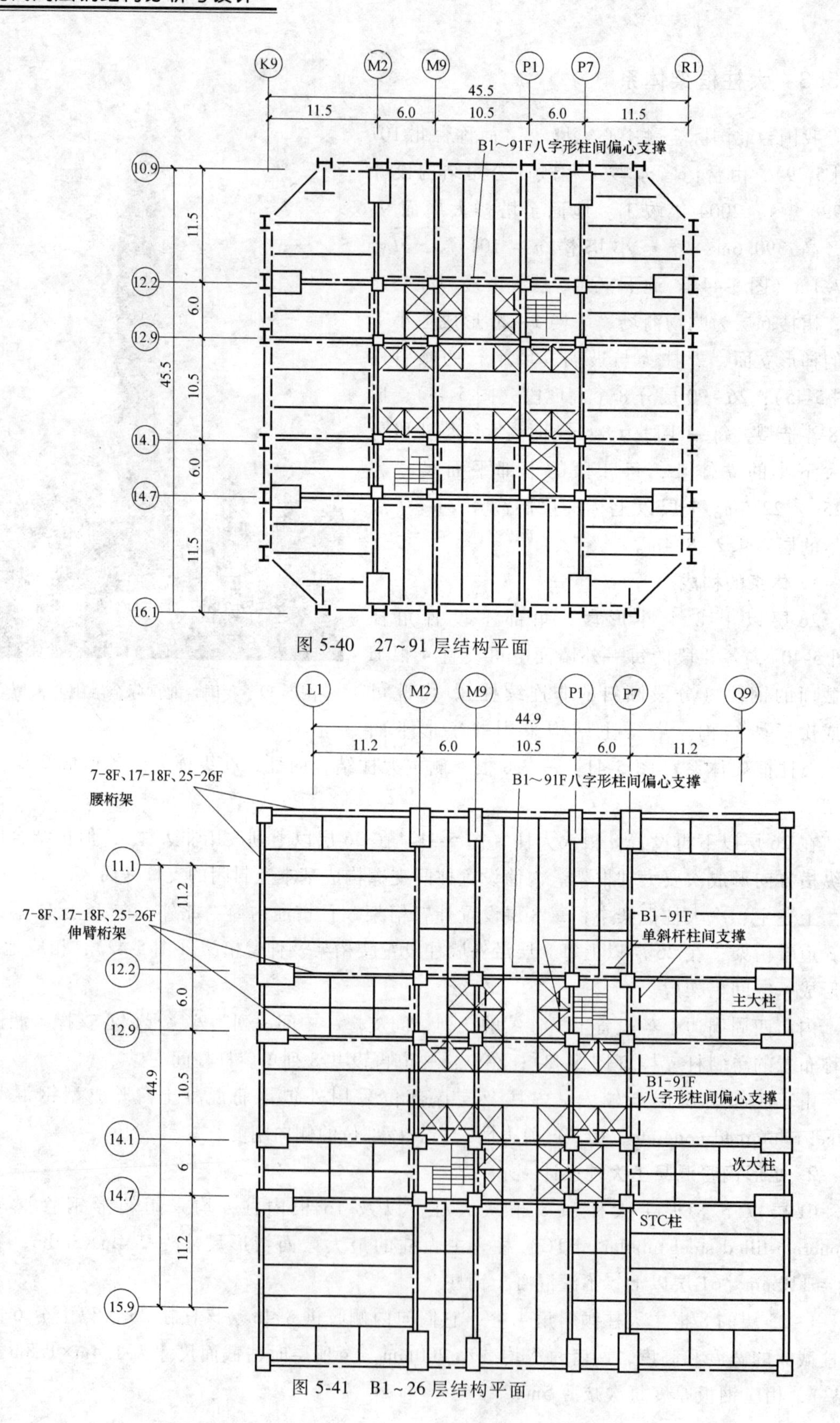

图 5-40　27～91 层结构平面

图 5-41　B1～26 层结构平面

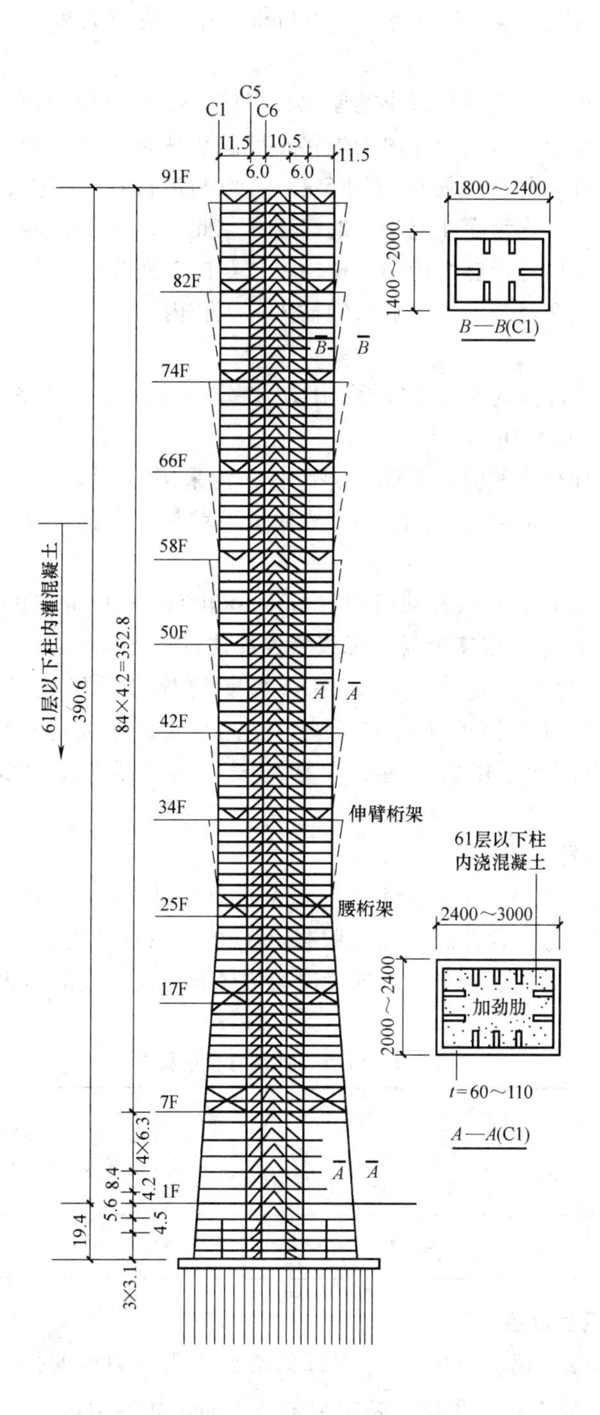

图 5-42　12.2 及 14.7 轴剖面和柱截面

STC柱内灌注的混凝土强度，是按90d龄期确定为10000psi[⊖]（相当于C70）。泵送方法灌注的高流动性混凝土，坍落度650~700mm，每次浇筑高度约3个楼层，时间不超过1.5h。

为提高箱形柱钢板的承载力和减小宽厚比，焊接2~3片纵向加劲肋（图5-42）。加劲肋的工地拼接采用高强螺栓，以减少柱内的焊接难度。在纵向加劲肋间焊接井字形拉结筋。柱内水平加劲肋上留设进人孔及穿筋孔（图5-43），以利进行焊接工作、拧紧连接螺栓工作、连接竖向钢筋工作，以及作为灌注混凝土的流通孔。此外，还在钢柱壁板和水平加劲肋上焊接栓钉，以形成组合柱后进行应力传递。柱内设置竖向钢筋及钢筋笼，除作温度筋外还可提高柱的承载力。钢筋笼在浇筑混凝土前吊装插入进人孔内。

3. 一般构件

8个斗段的16根倾斜的框架柱，采用H形截面（图5-44，图5-45），最大截面为H1000mm×500mm×25mm×50mm。

内筒柱间支撑及伸臂桁架的上下弦和斜腹杆，均采用H形截面，柱间支撑的最大截面为H500mm×500mm×25mm×40mm，伸臂桁架的上下弦最大截面为1000mm×60mm×32mm×45mm。

楼面梁采用H形截面，其最大截面为H800mm×400mm×19mm×30mm。

4. 梁柱刚接连接时采用变宽度骨形翼缘板连接法（图5-46）

框架梁与框架柱为刚接连接时，采用变宽度的骨形翼缘连接法（高韧性抗弯接头）。该法的目的是既使塑性铰外移至框架梁上，又使翼缘板的骨形区段成为与弯矩图一致的应力塑性分布区域，由此可避免罕遇地震作用下梁翼缘焊缝及腹板的连接出现裂缝。

5. 主要构件的钢号

塔楼主要构件采用SM570M（后缀M代表Modify修订之意），主要依据厚钢板的韧性及焊接性要求。韧性部分是包含控制最大屈服强度f_y值、屈强比f_y/f_u、厚度方向断面收缩率及冲击韧性等。焊接性能包含碳当量、焊接冷裂敏感系数及焊接前预热温度的要求，其数值见表5-3。

表5-3 SM570M钢材材质要求

屈服强度 f_y /(kg/cm²)	抗拉强度 f_u /(kg/cm²)	屈强比		三个子向断面收缩率试验值(%)	≥50mm的冲击吸收能量/J	>40mm的碳当量 C_{eq}(%)	冷裂敏感系数 P_{cm}
		箱形	>40mm的主梁、斜撑				
4200~5200	5800~7300	≤0.85	≤0.8	≥25	≥27(-5℃)	≤0.46	≤0.29

6. 自振周期及风阻尼器

塔楼结构第1自振周期$T_1=6.93s$。为减低塔楼遭受风力时的摇晃程度和改善舒适度，在塔楼顶部87~92层处设置一质量调频阻尼器（Tuned Mass Damper，简称TMD）。其原理为单摆的被动控制。阻尼器中的球体质量块直径为5.5m，质量750t。

⊖ psi为压强单位，磅/英寸²，1psi=6.895kPa。

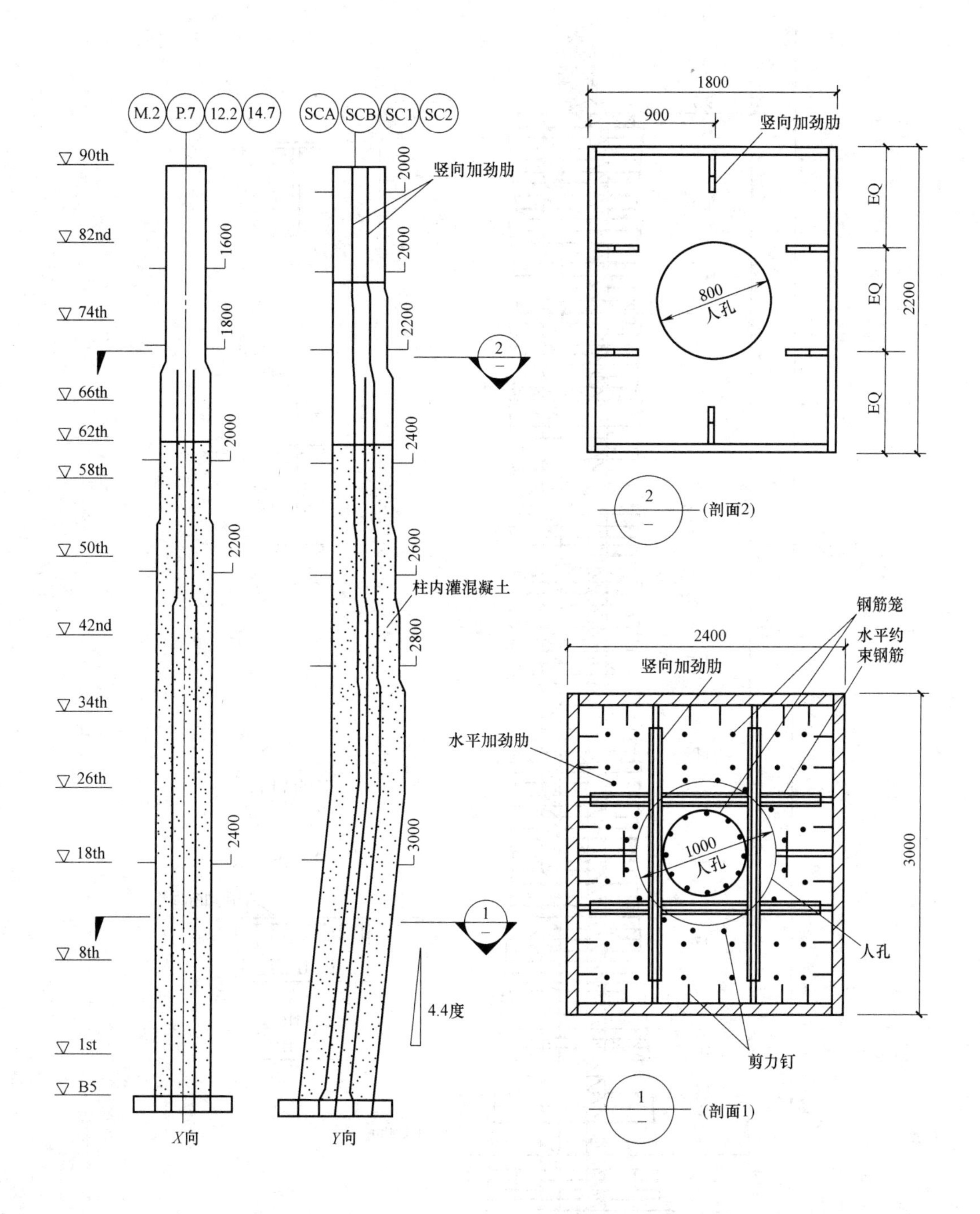

图 5-43　大巨柱断面变化及剖面示意图

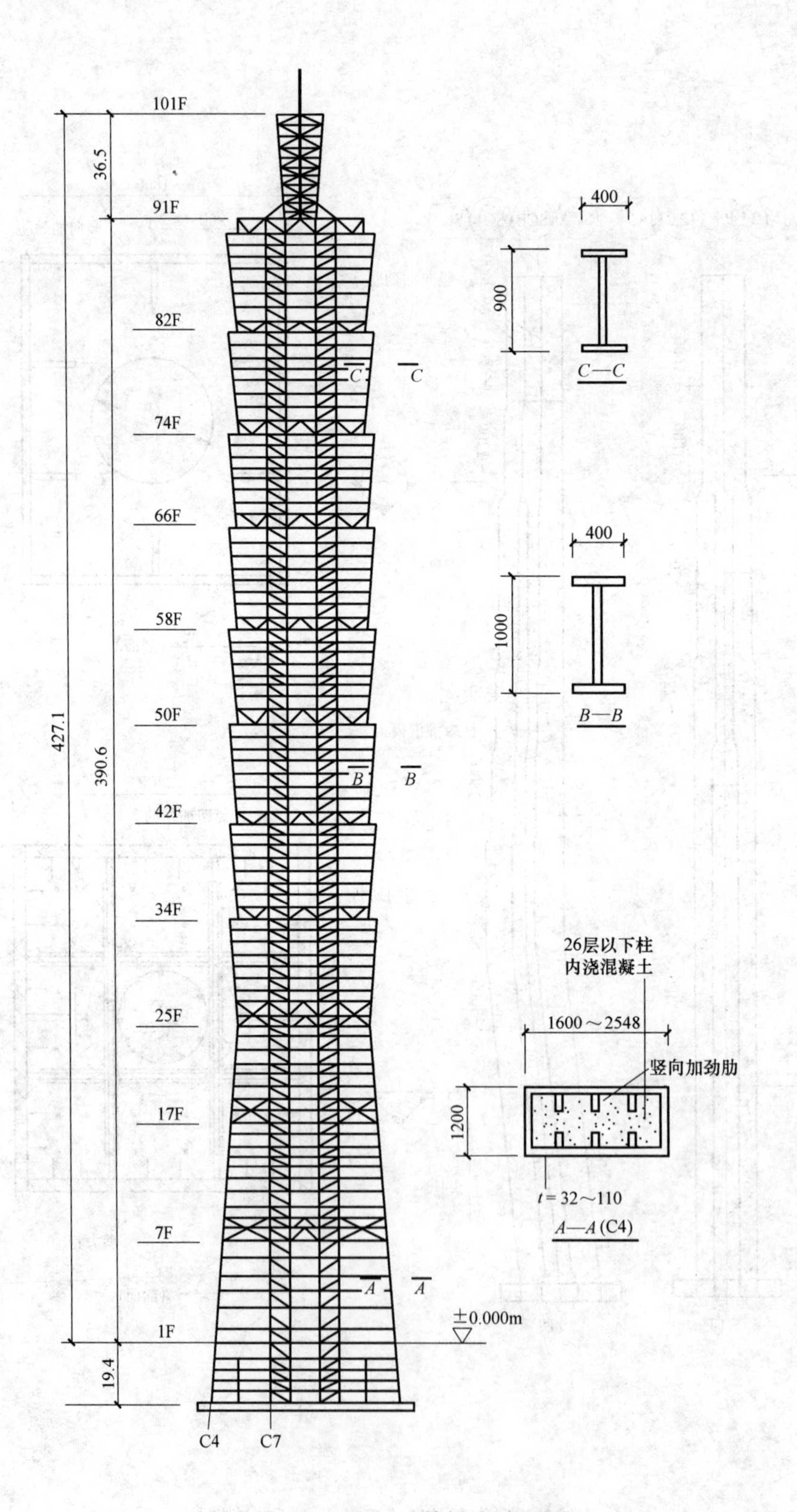

图 5-44　12.9 及 14.1 轴剖面和柱截面

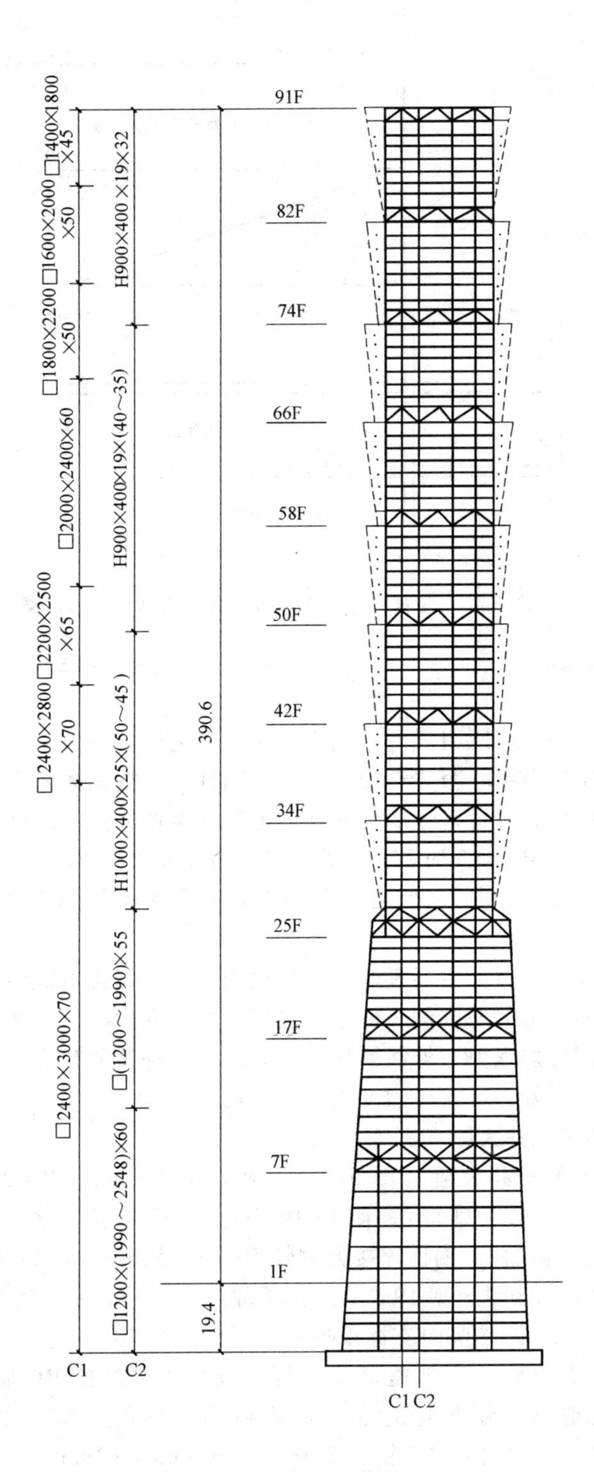

图 5-45　轴剖面及柱截面

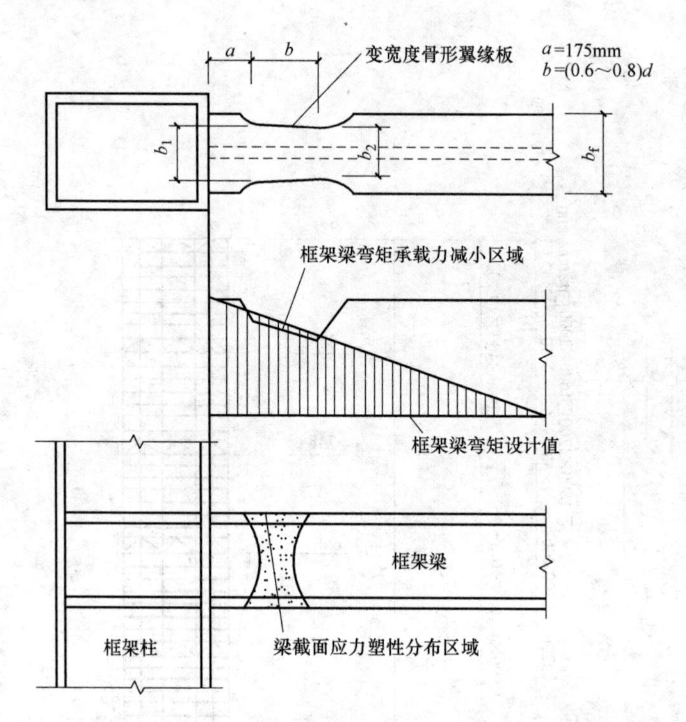

图 5-46 变宽度骨形翼缘板及其应力塑性分布区域

5.3.4 筒中筒体系

由两个以上的同心框筒所组成的抗侧力体系，称为筒中筒体系，简称筒中筒。

筒中筒体系利用房屋中心服务性面积的可封闭性，将框架体系换成内框筒。

内框筒也可采用框架嵌置延性墙板或在内框筒的某些开间增设竖向支撑。

当房屋的长宽比 $L/B \geqslant 1.5$ 时，为了改善外框筒的剪力滞后效应，提高外框筒的整体抗弯能力，可沿房屋的短边方向每 15 层左右设置一道刚性伸臂桁架（刚臂），与外框筒的长边钢柱相连。

水平作用下的框筒，剪力主要靠两片腹板框架承担，倾覆力矩则由腹板框架和翼缘框架共同承担，筒中筒属于弯剪型抗侧力体系。嵌置于框架内的墙板，属于剪切型构件，具有较强的抗剪承载力。刚臂加强内、外筒连接，有效地减少外筒的剪力滞后效应。筒中筒体系的抗震性能比框筒体系更好，可在高烈度地震区采用。

工程案例 1. 新宿三井大厦（图 5-47）

日本东京新宿区的三井大厦（图 5-47），地上 $n=55$ 层，$H=223.7\text{m}$，高厚比 $H/B=4.7$。地下 3 层，RC 箱形基础埋深标高 -16.7m。地下 3 层至地上 1 层采用型钢混凝土（RCS）柱，2 层以上为钢柱。钢柱焊接方钢管 500mm×500mm×(12~15)mm。外框筒两端宽 17.70m（=13.3m+2×2.2m）、高 19m（五层楼高）的大开口处，用竖向支撑进行补强，支撑截面 500mm×500mm。两端竖向支撑承担总水平剪力约 20%。

新宿三井大厦位于 8~9 度地震区，内框筒设置带竖缝的 RC 墙板，以增强抗推刚度和延性，较大幅度地减小外框筒的水平地震剪力，致使外框筒的竖向剪力减小。内、外框筒的框架梁均采用焊接工字钢（800mm×300mm×12mm）。大厦的横向基本周期为 5.1s。

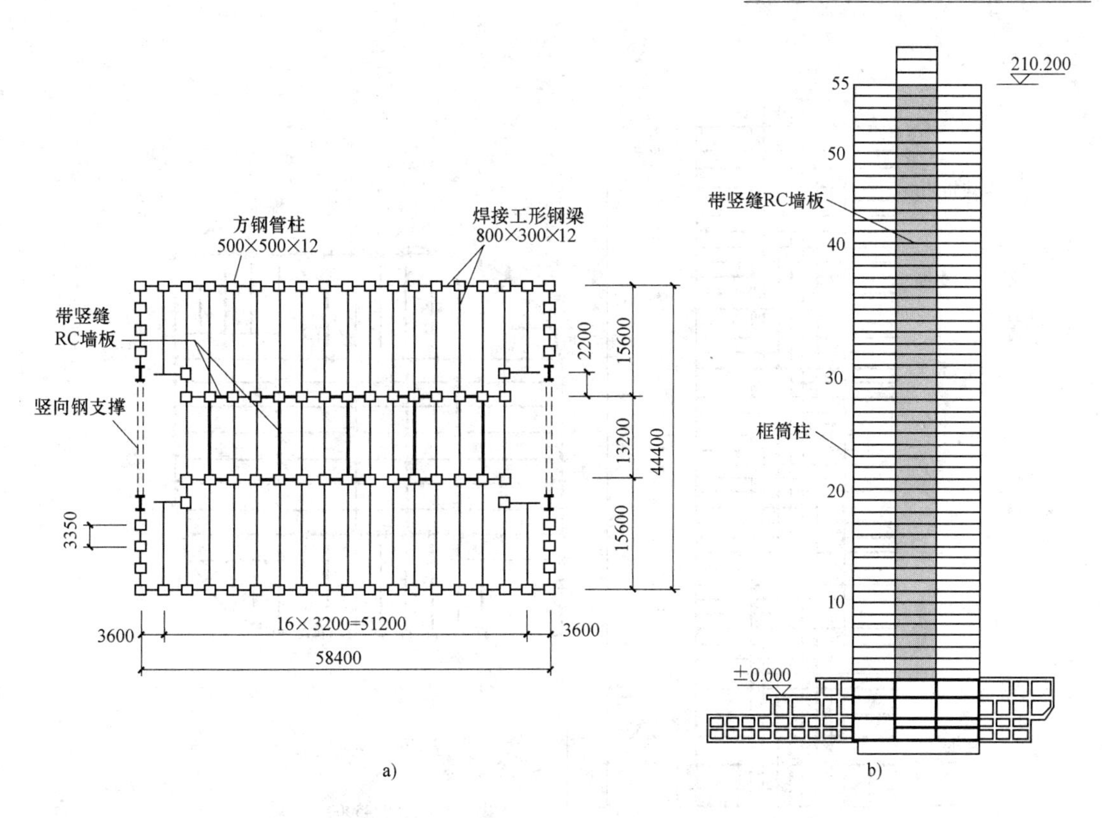

图 5-47　新宿三井大厦（日本东京）

a）典型层结构平面　b）结构剖面

工程案例 2. 中国国际贸易中心大厦（图 5-48）

北京的国际贸易中心大厦，地上 $n=39$，$H=155\text{m}$，1～3 层采用 RCS 柱，4 层以上钢结构。抗震设防 8 度。地下室 2 层，RC 筏板基础，RC 结构。设计过程中，曾对筒中筒体系考虑两种结构方案：

（1）混合结构方案（刚性）　内筒 RC 框筒、外筒钢框筒。RC 框筒几乎承担 100%的水平地震剪力，弹性极限的变形角远小于钢框筒，两者不同步工作。设计时，要求外钢框筒再承担 25%的地震剪力，浪费钢材。

（2）钢结构方案（柔性）　内、外钢框筒。按美国 UBC 规范进行比较计算，最后选定柔性方案。优点是：水平地震力较小，内、外框筒的分配较均匀，外框筒相对刚度较大。按 Taft 波进行结构进动力分析，侧移值见表 5-4。

表 5-4　输入 Taft 波进行结构动力分析

峰值加速度	基底剪力	基底倾覆力矩	顶点侧移		最大层间侧移		
/g	/kN	/(kN · m)	u_n/mm	u_n/H	Δu/mm	$\Delta u/h$	位置
0.15	1.4×10^4	1.2×10^6	370	1/400	14	1/270	第 30 层
0.20	1.9×10^4	1.6×10^6	500	1/300	19	1/200	第 30 层
0.35	3.4×10^4	2.8×10^6	870	1/170	38	1/98	第 30 层

工程案例 3. 东京阳光大厦（图 5-49）。

东京的阳光大厦，地上 $n=60$ 层（典型层高 $h_i=3.65\text{m}$），$H=200\text{m}$，$H/B=5.2$。大厦位于 8～9 度地震区，RC 箱形基础埋置于标准贯入函数 $N>50$ 的薄砂砾层上，其下为 $N=40$～

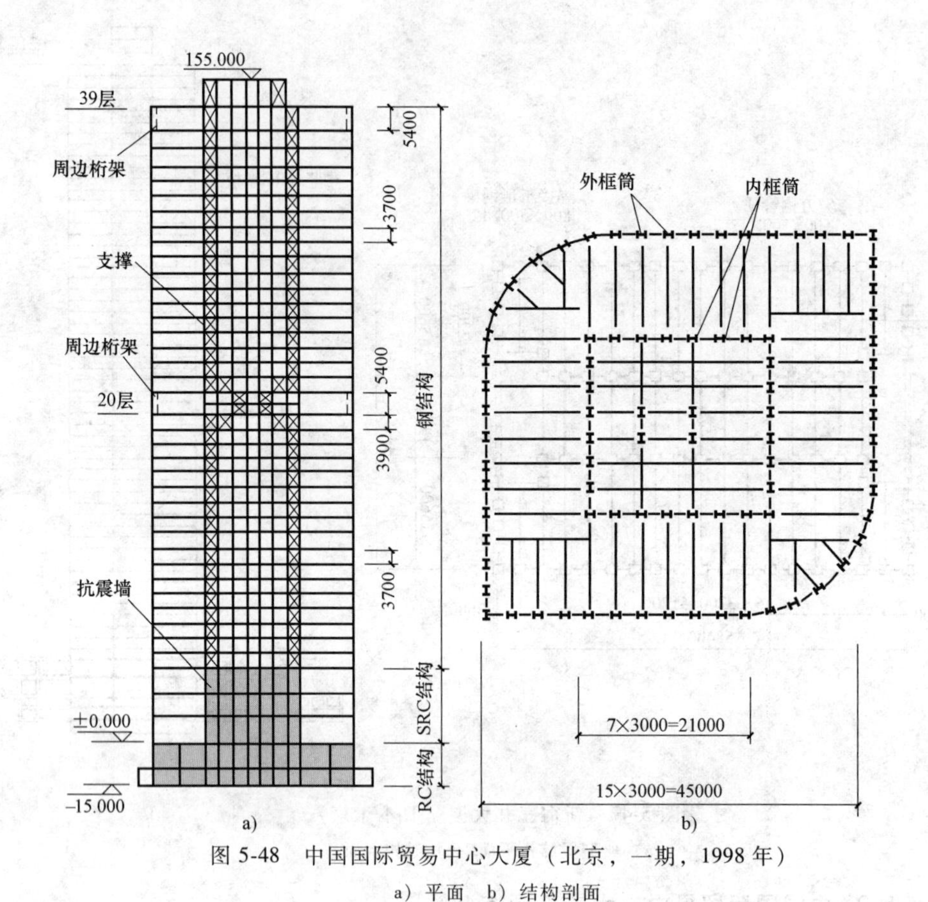

图 5-48 中国国际贸易中心大厦（北京，一期，1998 年）

a）平面 b）结构剖面

50 的坚实固结淤泥层。基础埋深标高-23. 3m。

主楼的地下 2 层至地上 3 层，采用钢框架和现浇 RC 剪力墙板所组成的框-墙体系；地面 4 层以上，则采用内、外钢框筒和核心区带竖缝 RC 墙板（板厚分 120mm、150mm 两种）的筒中筒体系。

由于建筑平面 L/B = 71. 2m/43. 6m = 1. 63>1. 5，且长边 71. 2m>45m，剪力滞后效应严重。为了提高框筒长边参与外框筒纵向工作的贡献，特准房屋横向的楼盖钢梁与内、外框筒钢柱的连接采用刚接，使外框筒长边的钢柱与墙板框架连为一体，形成整体抗弯。

阳光大厦的地震反应分析如下：

1）动力分析时采用弯剪型“层模型”，结构阻尼比取 2%。采用下列 4 条地震波作为时程分析时的地震输入：EI Centro，1940(NS)；Taft，1952(EW)；东京 101，1956(NS)；仙台 501，1962(NS)。

2）弹性分析时，峰值加速度取 250cm/s^2；此时，要求钢梁和钢柱均仍处在弹性范围内，结构层间侧移角小于 1/180。结构的纵、横向基本周期分别为 4. 6s 和 6. 0s。

3）弹塑性分析时，峰值加速度取 400cm/s^2；允许结构进入塑性阶段，但不出现过大的变形。

4）按等效静力计算，在外框筒腹板框架（即房屋两端框架）、内筒钢框架和带竖缝钢筋混凝土墙板约承担横向水平地震剪力的 30%，钢框架约承担 70%。

5）从图 5-49b 中的几条曲线可以看出：增设带竖缝的钢筋混凝土墙板后，外框筒所承担的横向水平地震剪力，下降到总剪力的 30%左右。

6）峰值加速度分别取 250cm/s² 和 400cm/s² 的四条地震波，作为结构的地震输入，进行结构动力反应分析，计算结果列于表 5-5。从表 5-5 所列数值可以看出，两种情况下的结构变形数值不大，满足设计要求。

表 5-5 60 层阳光大厦横向动力反应分析结果

输入地震波	峰值加速度			
	$a_{max}=250cm/s^2$		$a_{max}=400cm/s^2$	
	最大层间侧移角	所在楼层	最大层间侧移角	所在楼层
EI Centro(NS)	1/340	第 49 层	1/220	第 49 层
Taft(EW)	1/350	第 51 层	1/220	第 51 层
东京 101(NS)	1/330	第 41 层	1/210	第 41 层
仙台 501(NS)	1/360	第 33 层	1/230	第 33 层

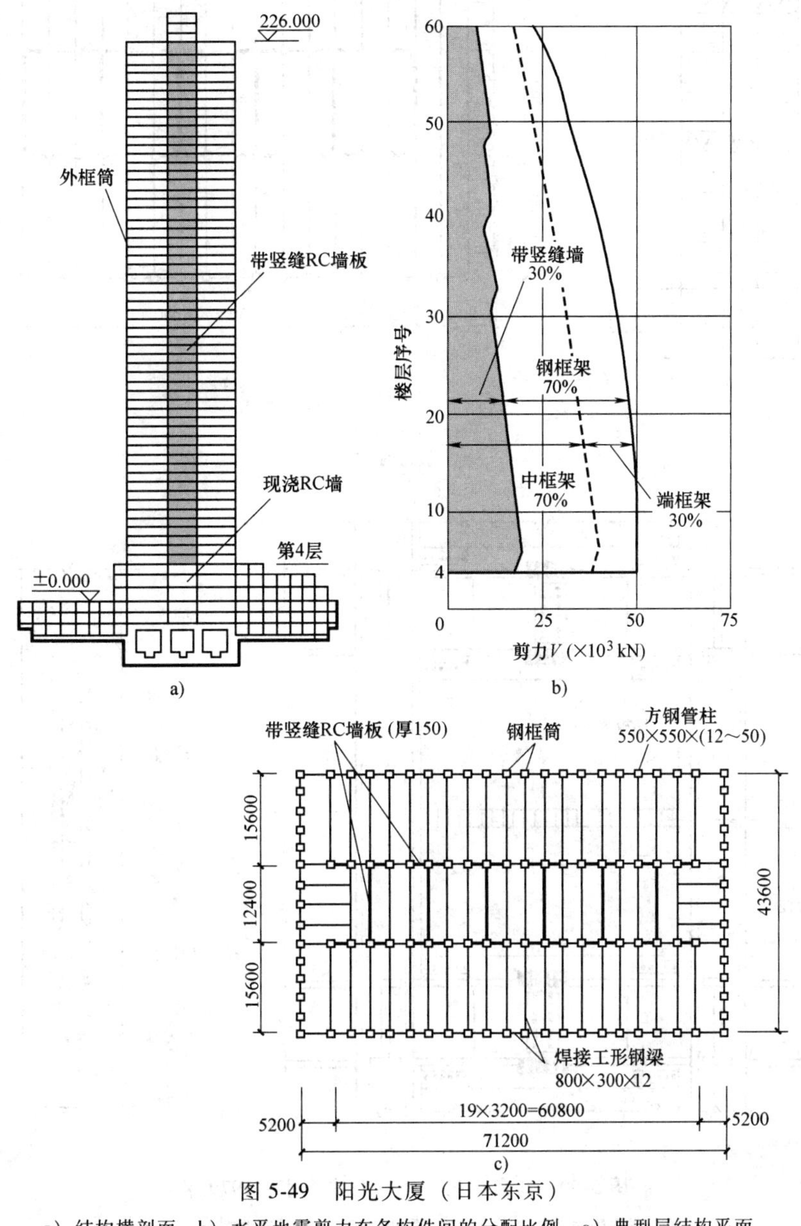

图 5-49 阳光大厦（日本东京）

a）结构横剖面 b）水平地震剪力在各构件间的分配比例 c）典型层结构平面

工程案例 4. 新宿行政大楼（图 5-50）

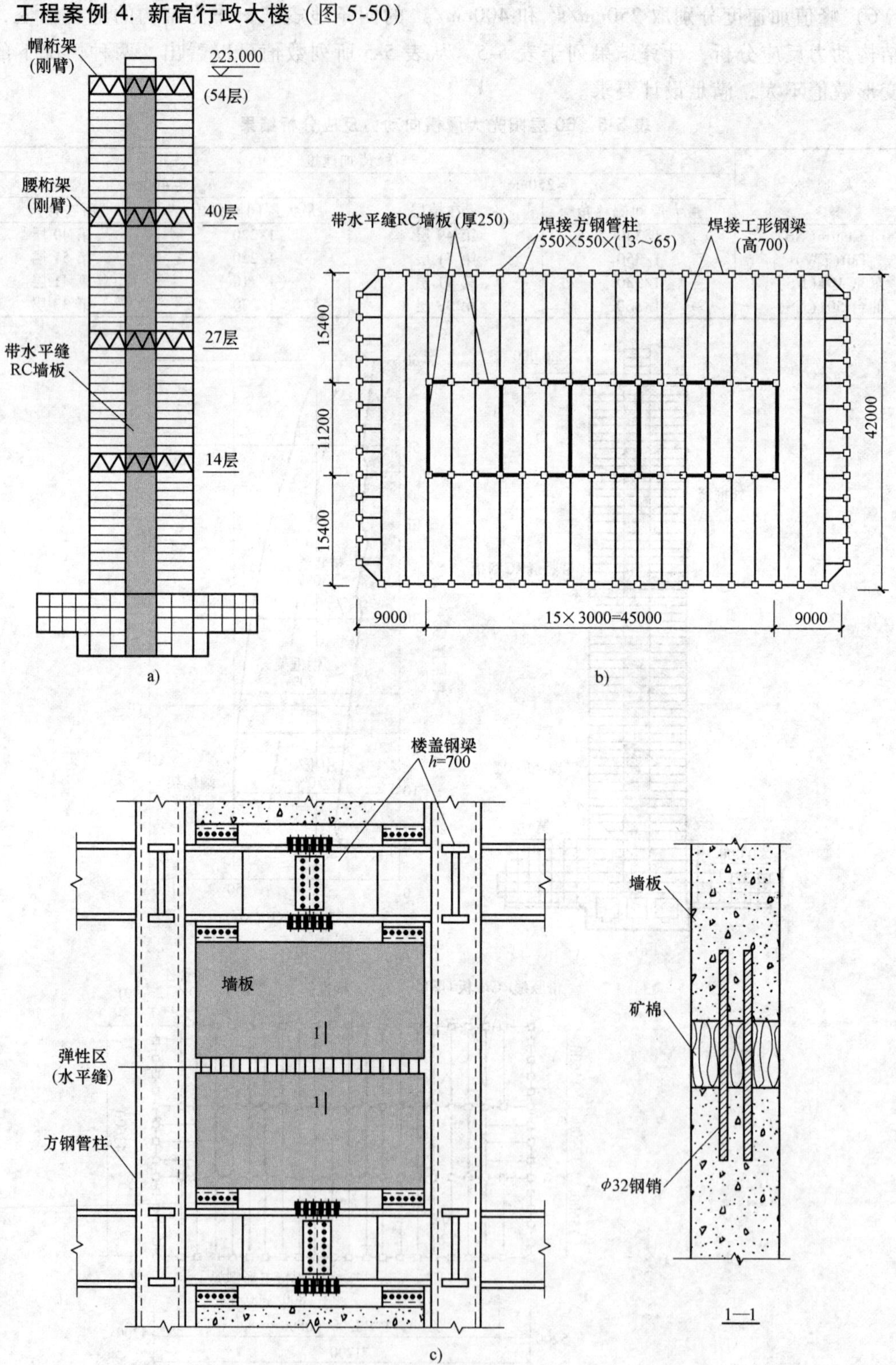

图 5-50　新宿行政大楼（日本东京，1979 年）

a）结构横剖面　b）典型层结构平面　c）带水平缝的 RC 墙板

日本东京的新宿行政大楼，地上 $n=54$ 层（典型层高 $h_i=3.65$m），$H=223$m，$H/B=5.3$。地下5层，基础埋深标高-27.5m。大楼位于8~9度地震区。内筒拐角处的焊接钢柱750mm×550mm×65mm。RC墙板厚度：250mm（层数小于或等于14层）、180mm（层数大于或等于15层）。墙板的半高处，设一道水平缝和两排小间距的 ϕ32钢销组成弹性区，并用矿棉填缝（图5-50c）。墙面的四个角用高强度螺栓与钢梁连接；墙板的侧边无连接件，以免钢柱与墙板侧向变形相互干扰。

该建筑有如下的几项结构措施：

1）为便于钢构件制作和安装，钢梁和钢柱的板厚不宜大于100mm。

2）框筒平面转角处采取小切角（图5-50b），削减角柱高峰应力。

3）刚臂的效果见表5-6。

表5-6 刚臂效果

刚臂设置情况	无刚臂	顶部一道刚臂	四道刚臂
结构顶点侧移/m	1.82	1.64	0.92
顶点侧移角 u_n/h	1/123	1/146	1/242
相对值	100%	90%	51%

新宿行政大厦用钢量175kg/m^2（型钢131kg/m^2，钢筋44kg/m^2）；楼盖混凝土用量9.8万m^3。

5.3.5 束筒体系

将两个以上框筒连成一体，内部设置承重框架的结构体系，称为束筒体系（图5-51）。束筒的任一框筒单元，可以根据各层楼面面积的实际需要，在任意高度处中止，但中止层的周边应设置一圈桁架，形成刚性环梁。为了减小束筒的剪力滞后效应，也可在顶层以及每隔20~30层的设备层或避难层，沿束筒的各榀内、外框架，设置整个楼层高度的桁架，形成刚性环梁。

1. 受力特点

1）水平作用下的束筒，水平剪力由平行于剪力方向的各榀内、外腹板框架承担，倾覆力矩则由各榀腹板框架和翼缘框架共同承担。

2）束筒各个框筒单元内部的框架柱，仅承担楼面范围内的竖向荷载。除抗震设防烈度为9度的高层钢结构房屋需要考虑竖向地震作用外，通常情况下，竖向荷载仅是重力荷载。

3）倾覆力矩使束筒腹板框架、翼缘框架的各层窗裙梁中产生竖向剪力，若窗裙梁截面高度较小而产生较大竖向剪弯变形时，将导致束筒产生剪力滞后效应，使各框架柱的轴力呈曲线分布，而不再与各根钢柱到束筒水平截面中和轴的距离成正比。

2. 设计要点

1）束筒中每个子筒的边长不应超过45m。

2）采用束筒体系的楼房，房屋的高厚比不应小于4。

3）窗裙应采用实腹式工形梁，截面高度一般取0.9~1.5m。

4）框筒柱若采用具有强、弱轴的H形、矩形截面钢柱，则应将柱的强轴方向（H形柱的腹板方向）置于所在框架平面内。

5）外圈框筒内部的纵、横向腹板框架，部分或全部采用竖向支撑代换时，该支撑应具有同等的抗推刚度和水平承载力。

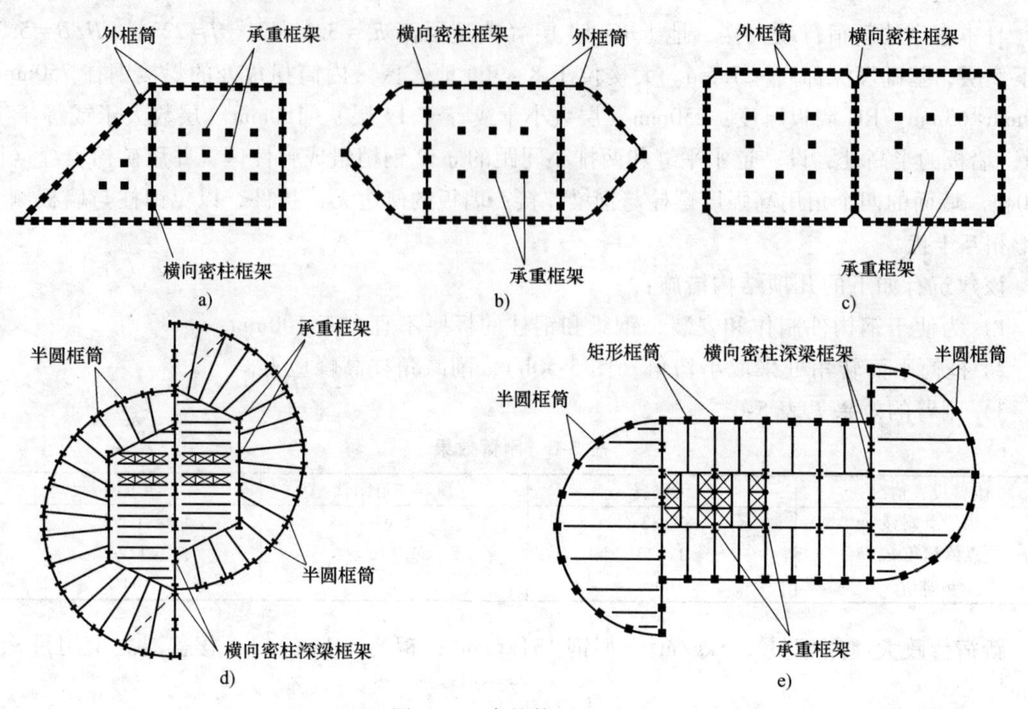

图 5-51 束筒体系的平面

a）美国克劳柯中心大楼（$n=57$） b）旧金山 354 号大厦 c）新西兰雷蒙·凯塞公司

d）两半圆平面错开 e）两半圆加矩形平面

6）束筒中的某个或某几个子筒，在楼房的某中间楼层中止时，应在该子框筒顶层的所在楼层，沿框筒束的各榀框架设置一层楼高的钢桁架，形成一道刚性环梁。

工程案例 1. 美国芝加哥西尔斯塔（Sears Tower）

如图 1-23b 所示，西尔斯塔为 9 束框筒，$n=110$ 层，$H=443.179\text{m}$，用钢量 161kg/m^2。

工程案例 2. 联合银行大厦（图 5-52，美国休斯敦市）

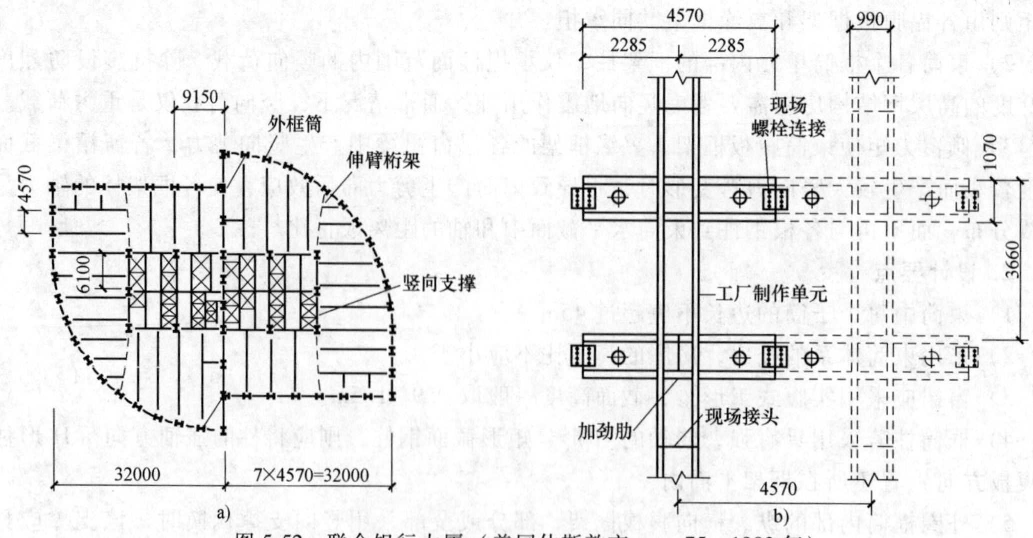

图 5-52 联合银行大厦（美国休斯敦市，$n=75$，1983 年）

a）典型层结构平面 b）框筒的吊装件

联合银行大厦地上 $n=75$，$H=296$m。吊装件为两层楼高的钢柱和窗裙梁，将梁的拼装点设置在梁跨中点（图 5-52），加快了安装进度。竖向支撑、刚臂和外圈桁架的设置，以及与外圈框筒的刚性连接，对减小外框筒的剪力滞后效应，起着十分重要的作用。

工程案例 3. 4 号艾伦中心（Four Allen Center）

如图 5-53 所示，4 号艾伦中心地上 $n=51$，$H=212$m。

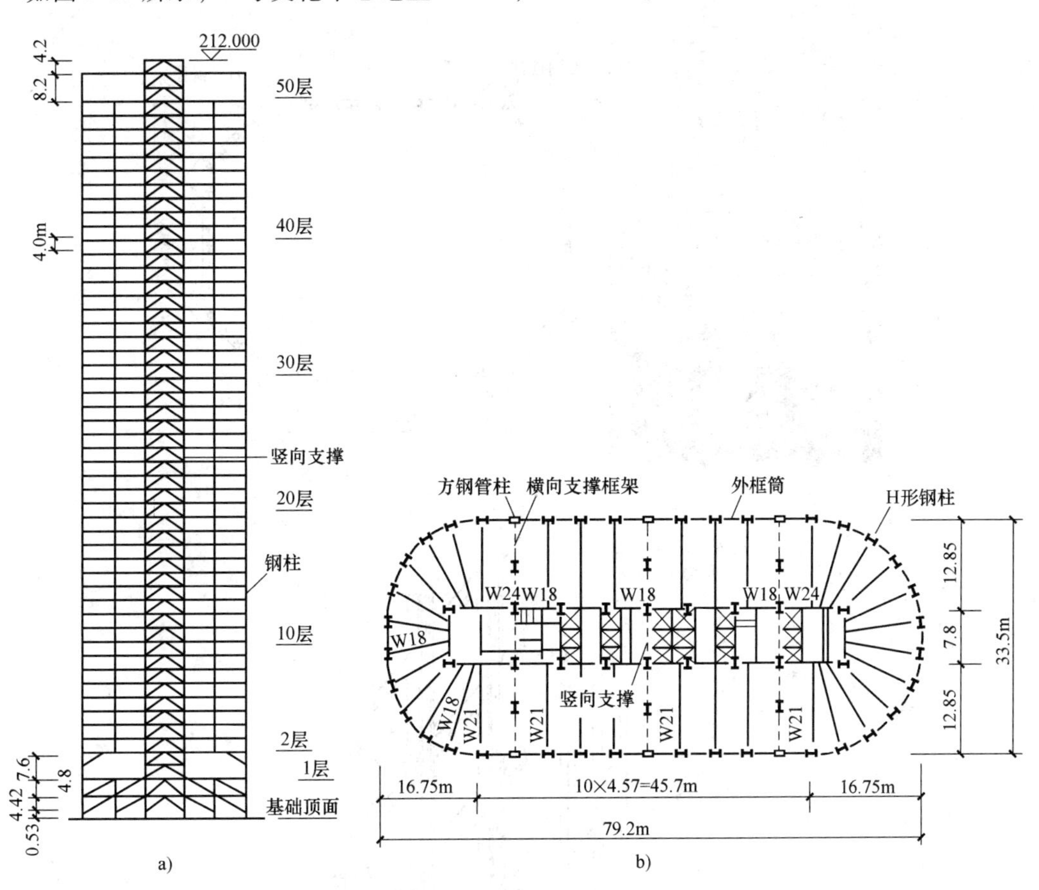

图 5-53　4 号艾伦中心（美国休斯敦市，1984 年）

a）结构剖面　b）典型层结构平面

5.3.6　承力幕墙框筒体系

承力（抗剪）幕墙结构体系，又称受力蒙皮结构，它是由建筑周边的钢板框筒与楼面内部的一般钢框架所组成的结构体系。

结构受力状态：

1）作用于大楼的水平荷载全部由建筑外圈的钢板框筒承担；大楼的竖向荷载则由钢板框筒的钢柱和楼面内部的一般框架共同承担，并按它们的荷载从属面积比例分担。

2）作用于钢板框筒的水平荷载，其水平剪力以及倾覆力矩引起的竖向剪力由幕墙钢板承担，倾覆力矩引起轴向压力和轴向拉力由钢柱承担。框架梁一般仅承担所在楼层的重力荷载。

3）幕墙钢板与框筒柱的连接节点，需要承担外框筒在水平荷载倾覆力矩作用下产生的竖向剪力。

工程案例：梅隆银行中心（One Mellon Bank Center）

美国匹兹堡市梅隆银行中心（One Mellon Bank Center），地上 $n=54$，$H=222\text{m}$。外景、结构平面、承力幕墙与钢骨架如图 5-54 所示。

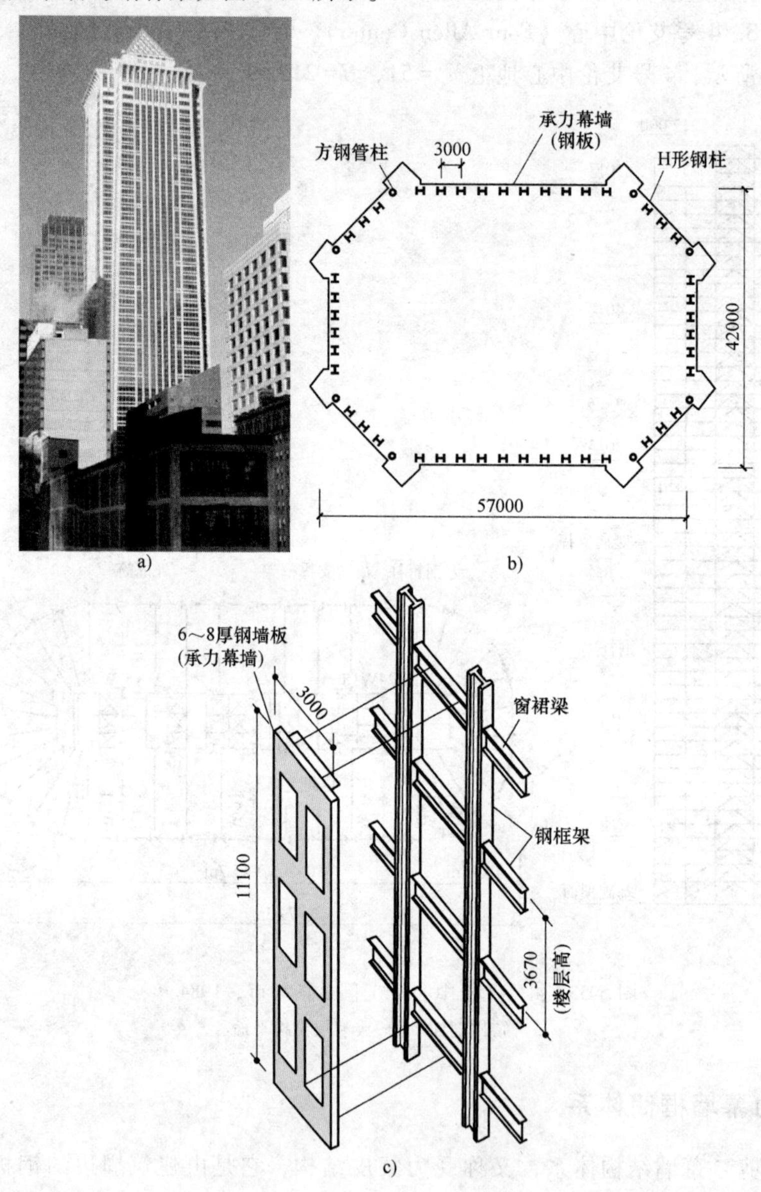

图 5-54 梅隆银行中心（美国匹兹堡，1983 年）

a）外景 b）结构平面 c）承力幕墙与钢骨架

5.4 巨型框架体系

巨型结构体系以巨型框架为主体，配以局部小框架所组成的结构体系。

5.4.1　三种基本类型（图 5-55）

1）支撑型巨型框架的“柱”，是由四片竖向支撑围成的支撑筒；巨型框架的“梁”，是由两榀竖向桁架和两榀水平桁架围成的立体桁架（图 5-55a）。

2）斜杆型巨型框架，“梁”和“柱”均是由四片斜格式多重腹杆桁架所围成的立体杆件（图 5-55b）。

3）框筒型巨型框架的“柱”，是由密柱深梁围成的框筒；“梁”则是采用由两榀竖向桁架和两榀水平桁架所围成的立体桁架（图 5-55c）。

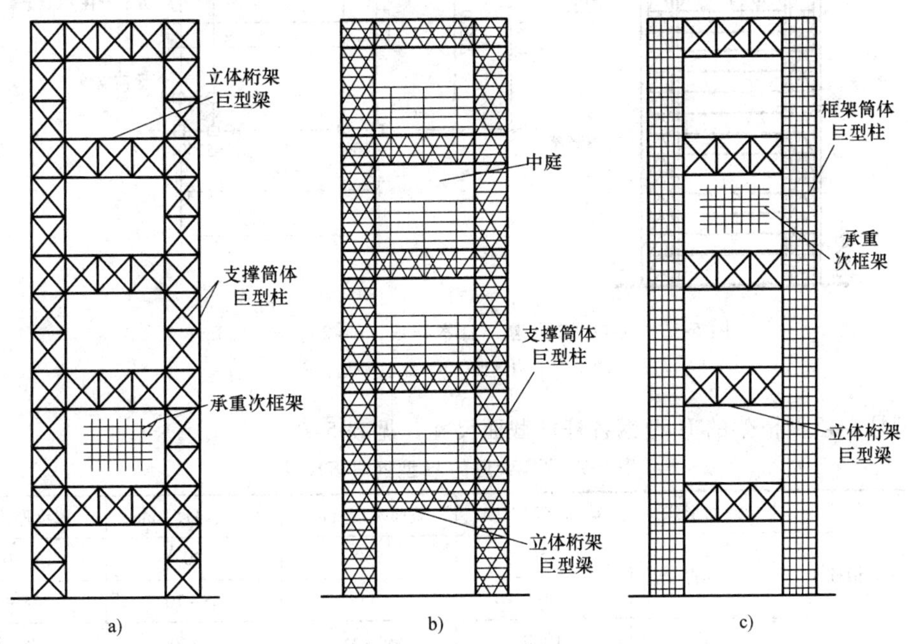

图 5-55　巨型框架的三种基本形式

a）支撑型　b）斜杆型　c）框筒型

5.4.2　结构受力特点

1）作用于楼房上的水平荷载所产生的水平剪力和倾覆力矩，全部由巨型框架承担。

2）在局部范围内设置的小框架，仅承担所辖范围的楼层重力荷载。

3）巨型框架的“梁”和“柱”，还要承受侧力在框架各节间引起的杆端弯矩。

工程案例 1. TC 大厦（图 5-56）

日本神户的 TC 大厦是一座高层办公楼，地下 3 层，地上 $n=25$ 层，$H=103\text{m}$。建筑平面尺寸为 33m×32m。

该大楼采用巨型钢结构框架体系。在建筑平面的 4 个角各设置一根巨型柱，截面边长为 6.5m×6.5m，是由 4 根 750mm×750mm 方形钢管和 4 片人字形竖向支撑所围成的格构式柱。在顶层（第 25 层）和第 14 层，沿楼面四个边各设置一根巨型桁架，该巨型桁架 4 榀桁架围成（高约 4m，宽约 6m）。4 根巨型柱与两道、双向各两根巨型桁架共同组成一个单跨、双层的巨型框架。

巨型框架的纵、横向净跨度分别为 21.6m 和 20.6m。巨型框架的结构平面和结构剖面分别示于图 5-56。

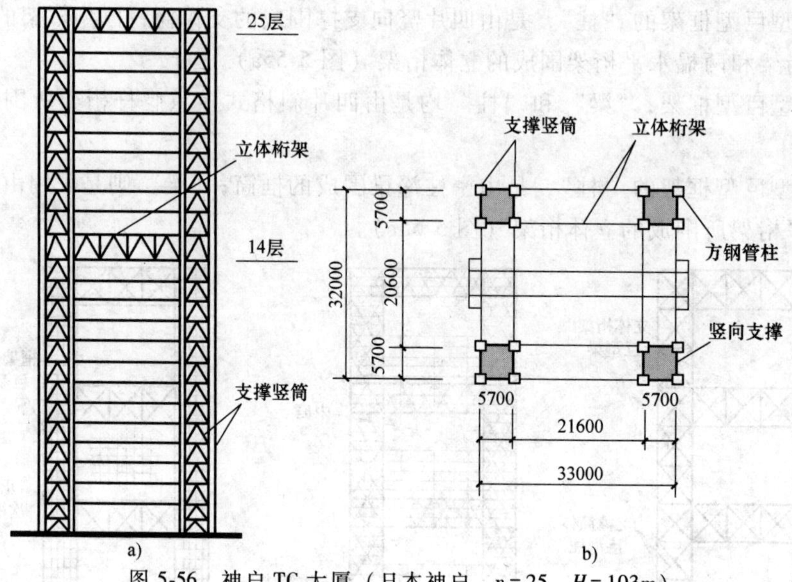

图 5-56 神户 TC 大厦（日本神户，$n=25$，$H=103$m）
a）结构剖面 b）结构平面

巨型柱、巨型桁架的 H 型钢各杆件截面尺寸，见表 5-7。

表 5-7 TC 大厦的 H 型钢截面尺寸

杆 件	截面形式	截面高度/mm	截面宽度/mm	腹板厚度/mm	翼缘厚度/mm
巨型柱的钢柱	方管	750	750	70	70
		700	700	28~70	28~70
巨型桁架的上、下弦杆	BH	1000	350~450	16~28	28~36
巨型柱的支撑腹杆	H	350	350	12~25	19~25
巨型桁架的支撑腹杆	H	350	350	12~19	19~25

计算出的巨型框架结构体系的基本自振周期为 2.4s。

结构体系前 5 阶振型的周期，见表 5-8。

表 5-8 神户 TC 大厦前 5 阶振型的周期

振型序号	T_1	T_2	T_3	T_4	T_5
周期/s	2.4	0.7	0.34	0.22	0.16

工程案例 2. 四川航空大厦（图 5-57）[2]

四川航空公司大厦主楼：地下 4 层；地上 41 层，高 150m。平面尺寸：40m×40m。按 7 度抗震设防。建筑功能要求：楼面中央不设置核心筒，竖向交通分期布置在楼面四角；14 层以下，中央 24m×24m 范围内不设柱子和楼板，形成高大的共享空间；第 15 层以上的各个楼层，整个楼面满铺楼板，并按一般情况布置柱网，即在楼面中央部位增设 4 根柱子；第 38、39 层，又要求楼面为大空间。

（1）结构方案 通过对钢结构、钢筋混凝土结构、型钢混凝土（RCS）结构和“钢-混凝土”混合结构四种结构方案的比较，最后选定钢结构巨型框架体系。

柱网尺寸为8m×8m，第3层和第15层结构平面分别如图5-57所示。

巨型框架是由位于楼面四角的4个巨型柱和3层巨型梁所组成。巨型柱采用立体支撑柱，是由4片竖向支撑所组成的边长为8m的支撑筒；巨型桁架由4榀桁架组成，高4.5m，宽8m。

巨型框架承担着整座大楼的绝大部分风荷载和水平地震作用；中间框架主要是承担层面积内的楼层重力荷载。

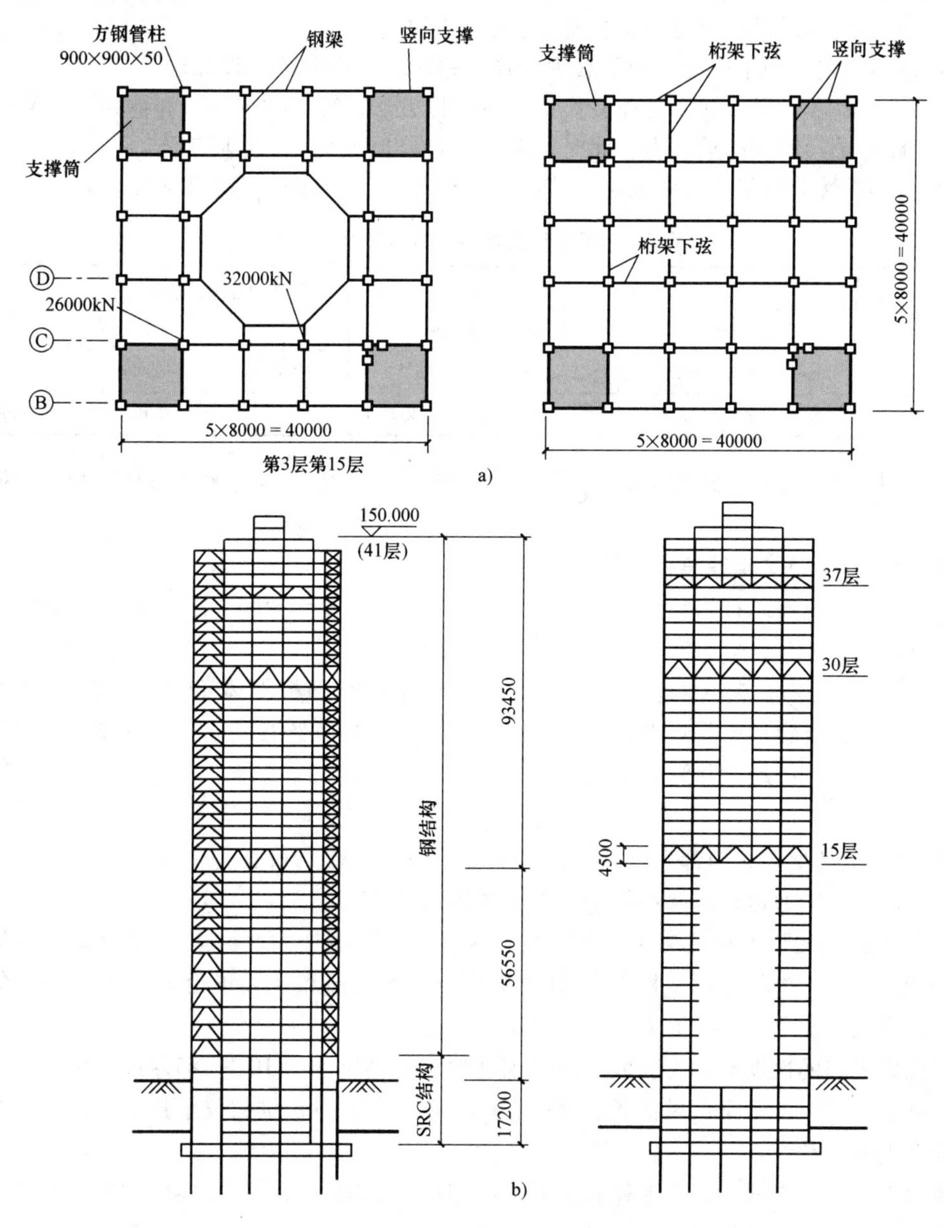

图5-57　四川航空大厦（$n=41$，$H=150$m，用钢量139kg/m^2）

a）结构方案　b）结构剖面

地下 4 层至地上 2 层采用型钢混凝土（RCS）柱，作为上部钢结构的过渡层。

（2）杆件截面尺寸　巨型框架柱四角均采用方形焊接钢管，截面尺寸分别为 900mm×900mm×50mm 和 800mm×800mm×40mm。巨型柱的支撑斜杆也采用方形钢管，截面尺寸为 300mm×300mm×18mm。巨型梁钢桁架的上、下弦杆和腹杆，也都采用方形钢管，截面尺寸为 600mm×600mm×25mm（下层桁架）和 450mm×450mm×16mm（顶层桁架）。

（3）荷载分析

1）风荷载和重力荷载作用下的结构内力和变形，按弹性方法计算。此外，还进行结构风振加速度的验算，以检验是否引起使用者的风振不适感。

2）地震作用下的结构变形和承载力验算，采用三水准两阶段设计法：

第一阶段，考虑多遇烈度的地震作用，按弹性方法计算结构的内力和侧移，验算构件的稳定性、杆件及其连接的承载力。此时，考虑组合楼板与钢梁的共同工作。

3）结构弹性分析采用有限元法，使用 SAP84 程序，初步计算结果见表 5-9。

表 5-9　风或地震作用下结构内力和变形

基本自振周期 T_1/s	水平地震作用				结构顶点风振加速度 /(m/s²)		柱底轴力设计值/kN
	顶点侧移		最大层间侧移				
	u/mm	u/H	Δu/mm	$\Delta u/h$	顺风向 a_d	横风向 a_w	
5.01	187	1/775	7.3	1/434	0.055	0.06	32000

（4）用钢量　四川航空大厦用钢量为 139kg/m²，其中，型钢为 116kg/m²，钢筋为 23kg/m²。

工程案例 3. 日本电器总社塔楼

日本东京的电器总社塔楼（图 5-58），地上 n =43，H=180m。地下 3 层，基础埋深标高-24.4m。

结构方案：经过多方案比较后，决定采用钢结构巨型框架体系。其主框架由 4 根巨型柱与四道纵、横巨型梁所组成。主框架的纵、横向净跨度分别为 44.6m 和 10.8m。大楼的上、中、下段结构平面如图 5-58a 所示，大楼结构的纵、横部面如图 5-58b、c 所示。

从底层到 13 层设置内部大庭园；在第 13 层到第 15 层，设置一个横穿整个房屋全宽的大洞口，形成风的通道，以减小作用于大楼的风力。

巨型柱由 4 根 H 形钢柱与 4 片人字形支撑组成，巨型柱的截面边长（钢柱中心距）为 11.2m×10.8m。巨型梁是由 4 根 H 形钢梁作为上、下弦杆和 4 榀华伦式桁架所围成的立体桁架梁，梁宽（钢管中心距）10.8m，梁高 6.1m。

主框架之间的次框架，为一般的刚接钢框架，柱网尺寸为 10.8m×7.4m。

主框架承担大厦的全部风荷载、地震作用和重力荷载。次框架仅承担主框架之间少数楼层的局部重力荷载。

地面以下，巨形框架的巨形柱和巨形梁采用型钢混凝土（RCS）构件，作为上部钢结构与钢筋混凝土基础之间的过渡层。

巨形柱的四根单肢柱和四片支撑的斜杆，分别采用 1000mm×1000mm 和 500mm×500mm 的焊接 H 形截面，壁厚为 40~100mm。H 形截面的强轴位于纵向巨形框架平面内。

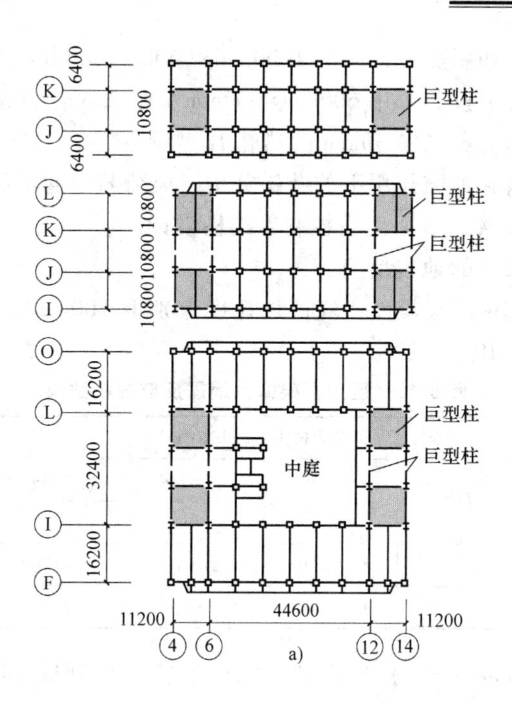

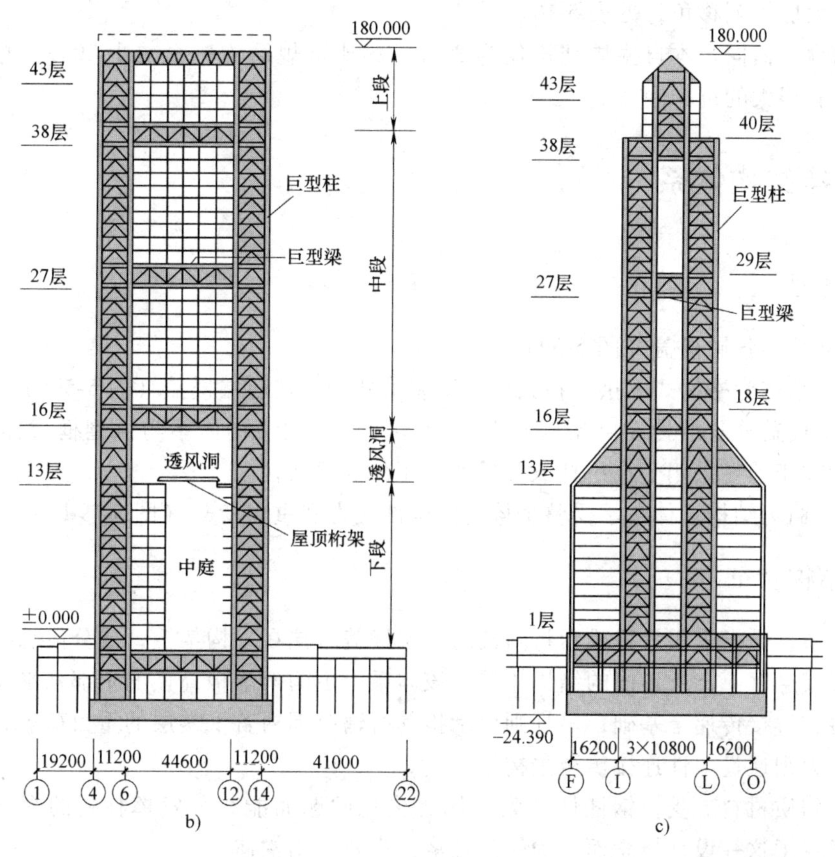

图5-58 日本电器总社塔楼

a）结构平面 b）纵剖面 c）横剖面

巨形梁的上、下弦杆和斜腹杆，采用 1000mm×(600~900)mm 的焊接 H 形截面。

次框架的钢柱：大楼下段，采用 600mm×600mm、厚 22mm 的焊接方形钢管；大楼的中段和上段，采用 500 系列的翼缘厚 30mm 的热轧 H 型钢。

对大厦分别进行了风和地震作用下的结构分析。风荷载引起的结构底部水平剪力，仅为地震作用时底部剪力的 69%，表明地震控制着结构设计。

对结构进行了两个水准的地震反应分析。

输入 1952 年 Talt（EW）地震波，峰值加速度分别取 300cm/s^2 和 600cm/s^2，计算出结构底部倾覆力矩，见表 5-10。

表 5-10 巨型框架体系地震反应分析结果

验算方向	自振周期/s		底层倾覆力矩/(kN·m)		最大层间侧移角		
	T_1	T_2	$a_{max}=300$ cm/s^2	$a_{max}=600$ cm/s^2	$a_{max}=144$cm/s^2 δ/h	$a_{max}=288$cm/s^2 δ/h	位置
纵向	3.42	1.11	4.48×10^6	8.96×10^6	1/260	1/130	第 27 层
横向	3.44	1.22	4.35×10^6	8.70×10^6	1/190	1/96	第 30 层

输入 1968 年 Hachinohe（EW）地震波，峰值加速度分别取 144cm/s^2 和 288cm/s^2，计算出结构最大层间侧移角，见表 5-10。

结构的纵、横向基本自振周期均仅为 3.4s。约比常规结构体系减小 20%。说明，巨型框架体系具有很大的抗推刚度。

5.5 悬挂结构体系

5.5.1 类型

1）用索悬挂各层楼盖（图 5-59a）。

2）主体结构为格构式大拱，在大拱上安装吊杆，悬挂各层楼盖（图 5-59b）。

3）各层楼盖分段悬挂在巨型框架上（图 5-59c）。此结构体系与巨型框架体系（图 5-58）的区别在于前者采用受拉吊杆取代后者承压的次框架柱。

4）核心筒为结构主体，承受整个楼房的全部侧力和重力荷载（图 5-59d），

5.5.2 结构特征

悬挂体系，是指采用吊杆或索将高楼的各层楼盖悬挂在主构架上，或分段悬挂到主构架的各道桁架或悬臂上，所形成的结构体系。该体系中主构架承担高楼的全部水平荷载和竖向荷载，并将它直接传递至基础；吊杆则仅承担其所辖范围内若干楼层的重力荷载，各楼层的风力或地震力则通过柔性连接传至主构架。

钢材是匀质材料。受拉钢杆件（索）因无失稳问题而能充分发挥材料的高强度。悬挂体系正好实现了这一设计概念而成为一种经济、高效的结构体系。

悬挂体系中，除主构架落地外，其余部分均可不落地，为实现建筑底层的全开敞空间创造条件。

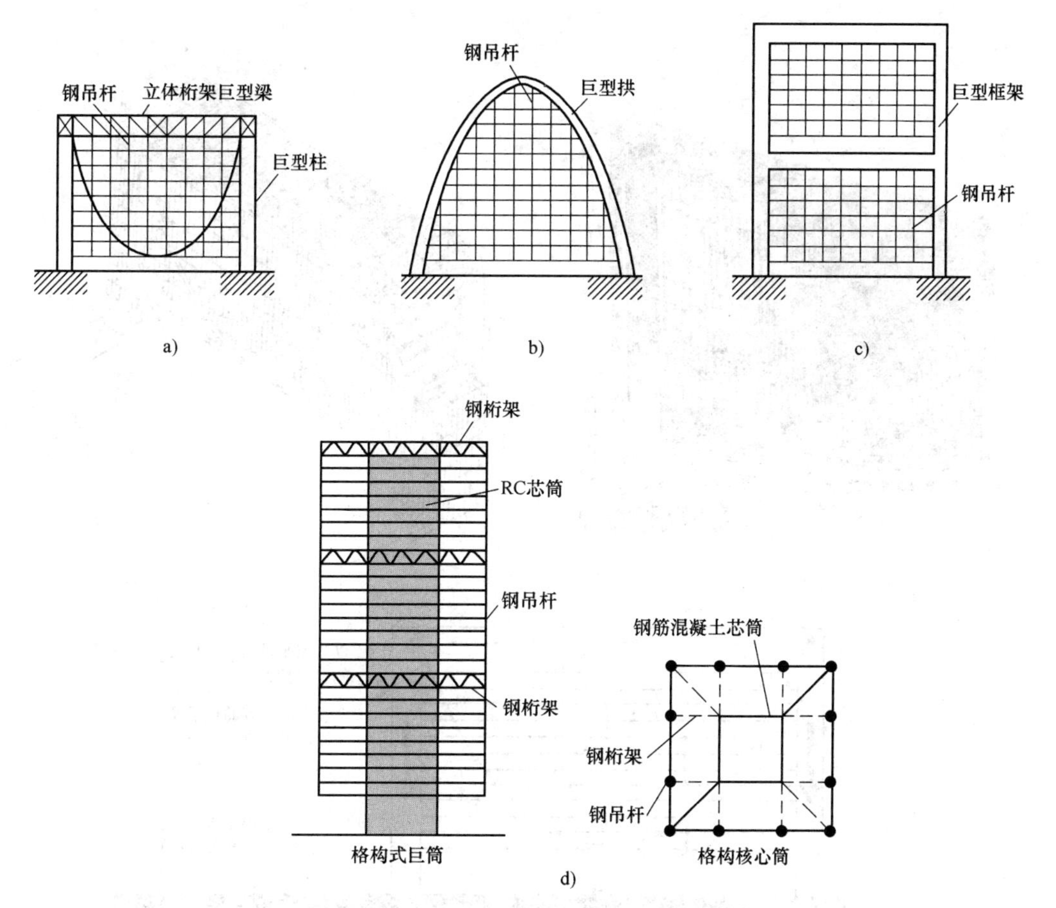

图 5-59　悬挂体系的四种结构方案

位于地震区的高楼，采用悬挂体系，相当一个被动耗能系统，可大幅度地减小地震力。例如，法国的一幢高层学生宿舍，每三层作为一个单元，悬挂在巨大的门式钢架上，据测算，动力反应减小 50%以上。

5.5.3　工程案例

工程案例 1. 美国明尼阿波利斯联邦储备银行[9]（Federal Reserve Bank of Mihneapolis）

如图 5-60 所示美国明尼阿波利斯联邦储备银行，$n=10$，广场横跨 270ft = 82.296m。

工程案例 2. 我国香港汇丰银行大楼[10]

我国香港汇丰银行大楼（图 5-61），地上 $n=43$，$H=175$m。地下 4 层，基础埋深标高 -20m。大楼采用矩形平面，底层平面尺寸为 55m×72m（图 5-61d），应城市规划和建筑设计要求，大楼底层为全开敞式大空间，与大楼前面的皇后广场自然地连成一片。

大楼主体采用钢结构悬挂体系，其主构架是由 8 根格构柱和 5 道纵、横向立体桁架梁所构成。各层桁架通过钢吊杆分别吊挂 4~7 层楼盖。

沿房屋横向，格构柱的净距为 11.1m；沿房屋纵向，一对格构柱之间的净跨度为 33.6m，立体桁架梁两端悬臂净长度为 10.8m。大楼第 13 层到第 18 层的结构平面如图 5-61 所示。

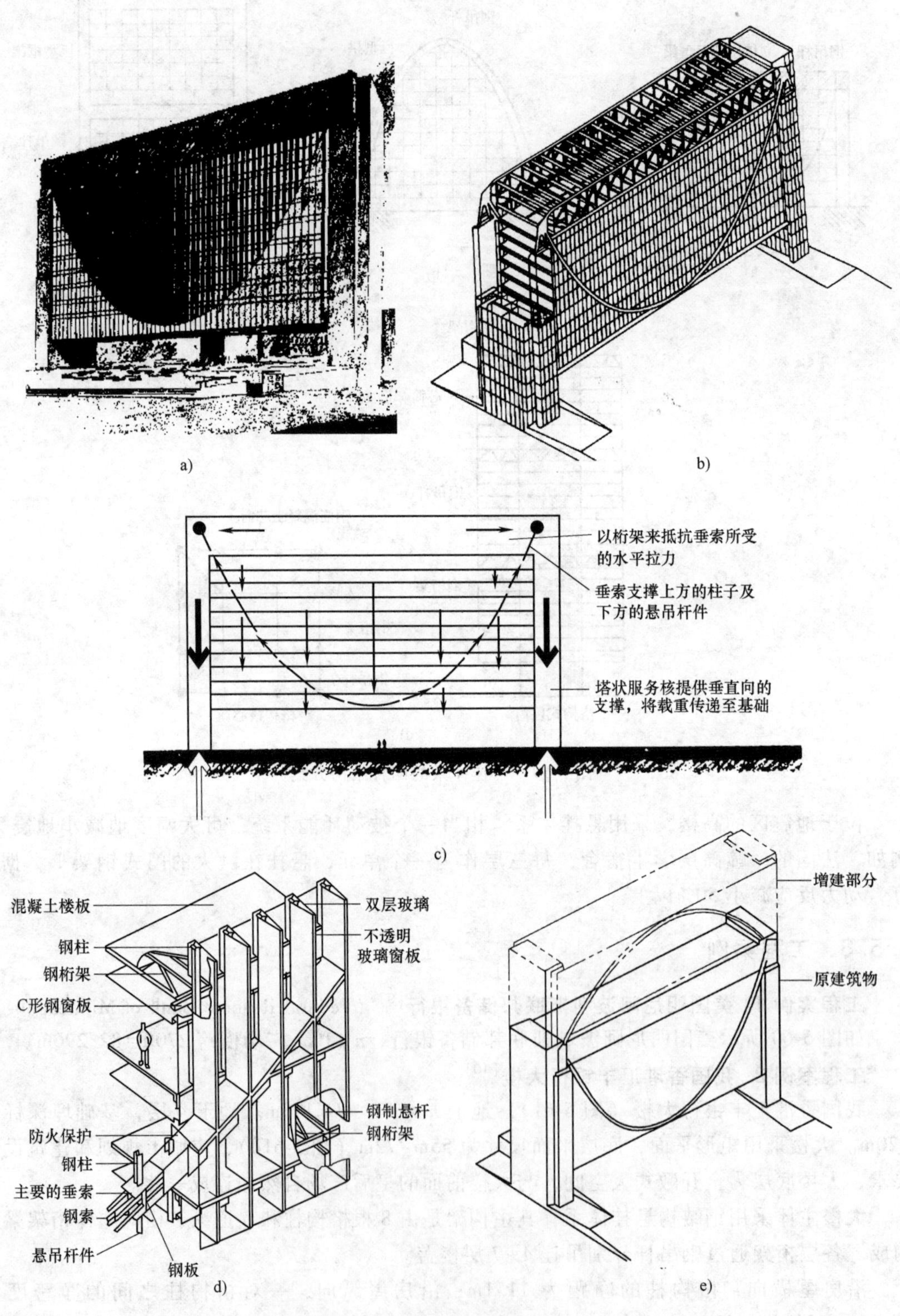

图 5-60 联邦储备银行（美国明尼阿波利斯，1973 年）[9]

a）实景 b）主体结构体系 c）索传入 d）索透视 e）未来设想增建

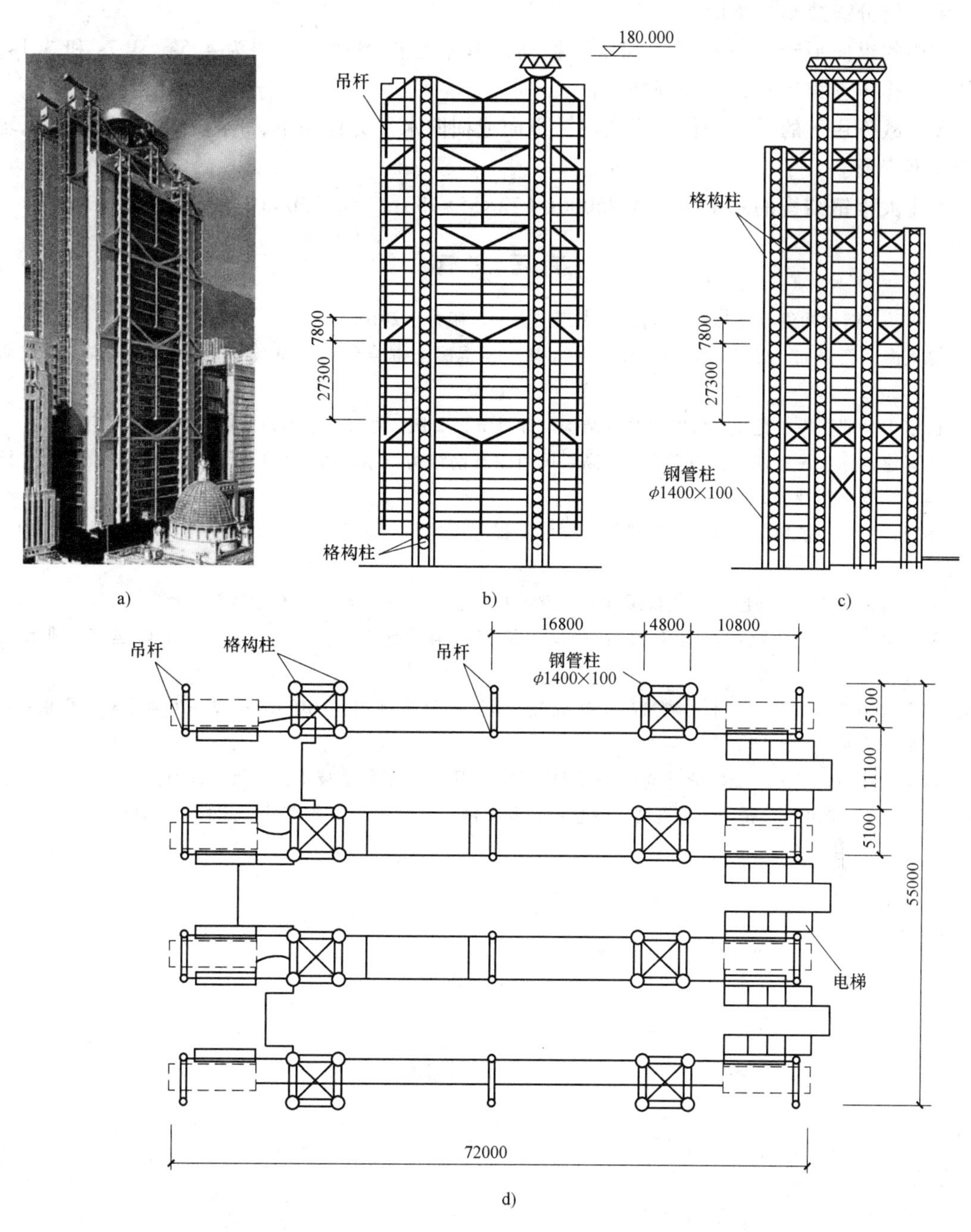

图 5-61　汇丰银行大楼（我国香港，$n=43$，$H=175$m，1985 年）

a）实景　b）结构纵剖面　c）结构横剖面　d）结构平面

格构柱是由纵、横间距分别为 4.8m 和 5.1m 的 4 根圆形钢管，与沿高度每隔 3.9m 的 4 根纵、横向变截面箱形钢梁，刚性连接所组成的。

桁架梁是由高度 7.8m 的华伦式钢桁架所组成的。4 榀主构架的各层桁架沿房屋横向采用 X 形支撑连为一体。大楼悬挂体系的结构纵剖面和横剖面，分别如图 5-61b、c 所示。

格构柱的 4 根立柱均采用平钢板卷制焊接而成的圆管，其截面尺寸随杆件内力大小而变，由底层分级减小到顶层。

结构的纵向平动、横向平动和扭转振动的基本自振周期，分别为 4.5s、3.7s 和 3.1s，与其他结构体系相比较，自振周期稍偏长。

风荷载作用下的结构分析结果表明，纵向或横向水平力作用下，结构体系的侧移曲线均属剪切型变形。

整座大楼钢结构的总用钢量为 $25000t/(72\times55\times43)m^2=0.15t/m^2$。

参考文献

[1] 王仕统. 钢结构设计 [M]. 广州：华南理工大学出版社，2010.

[2] 刘大海，杨翠如. 高楼钢结构设计：钢结构、钢-混凝土混合结构 [M]. 北京：中国建筑工业出版社，2003.

[3] 陈富生，邱国桦，范重. 高层建筑钢结构设计 [M]. 2 版. 北京：中国建筑工业出版社，2004.

[4] 中国建筑标准设计研究院有限公司. 高层民用建筑钢结构技术规程：JGJ 99—2015 [S]. 北京：中国建筑工业出版社，2015.

[5] 王双，王波，侯兆新，等. 自锁式单向螺栓工程应用现状与研究方向 [J]. 钢结构，2016，31 (9)：30-33.

[6] 崔鸿超，胡庆昌. 高层钢框架抗震性能研究 [J]. 建筑结构，2013 (16)：8-14.

[7] 陈绍蕃、郭成喜. 钢结构 (下册)：房屋建筑钢结构设计 [M]. 3 版. 北京：中国建筑工业出版社，2014.

[8] 广东省钢结构协会，广东省建筑科学研究院. 钢结构设计规程：DBJ 15—102—2014 [S]. 北京：中国城市出版社，2015.

[9] Fuller Moore. 结构系统概论 [M]. 赵梦琳，译. 沈阳：辽宁科学技术出版社，2001.

[10] 罗福午，张惠英，杨华. 建筑结构概念设计及案例 [M]. 北京：清华大学出版社，2003.

第6章 框架的手算方法

6.1 水平力作用下的框架内力

在水平力作用下，框架中的第 i 层第 k 柱结点 a（图 6-1），将同时产生层间相对水平线位移，即第 k 柱第 i 层的位移——第 i 层的层间位移（storey displacement）Δu_{ik} 和角位移 φ_{ik}，这里，$i=1, 2, \cdots, n$；$k=1, 2, \cdots, m$。图 6-1 中的 V_{ik} 表示第 i 层第 k 柱的剪力，第 i 层框架柱的总剪力，可由第 i 层反弯点以上脱离体的平衡条件求得

$$V_i = \sum_{i}^{n} P_i \tag{6-1}$$

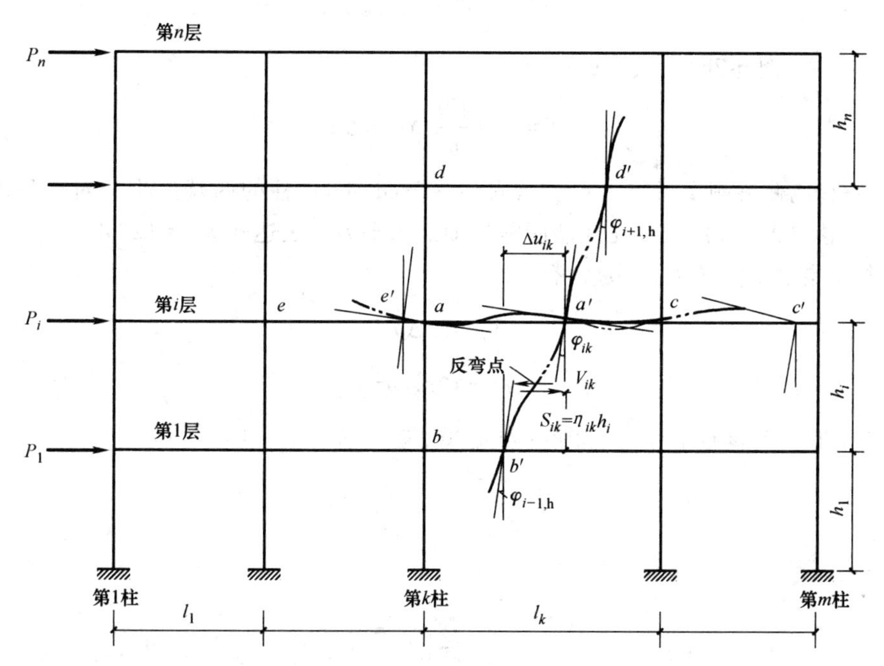

图 6-1 n 层 m 柱框架——有关结点 a 的杆件变形

6.1.1 反弯点法[1]

对于层数不多的框架，水平力产生的轴力较小，梁（beam）的线刚度 $i^{\mathrm{b}}=EI^{\mathrm{b}}/l_{\mathrm{k}}$ 比柱（column）的线刚度 $i^{\mathrm{c}}=EI^{\mathrm{c}}/h_i$ 大得多。计算表明，当梁、柱线刚度之比 $\xi=i^{\mathrm{b}}/i^{\mathrm{c}}\geqslant 3$ 时，结点角位移都很小，因此，反弯点法采取以下两个假定：

假定 1：在求 V_{ik} 时，认为 $\varphi_{ik}=0$，即视 $i^{\mathrm{b}}=\infty$。

根据结构力学，柱端同时产生 Δu 和 φ 时（图 6-2a），柱剪力为

$$V=\frac{12i^{c}}{h^{2}}\Delta u-\frac{12i^{c}}{h}\varphi \tag{6-2}$$

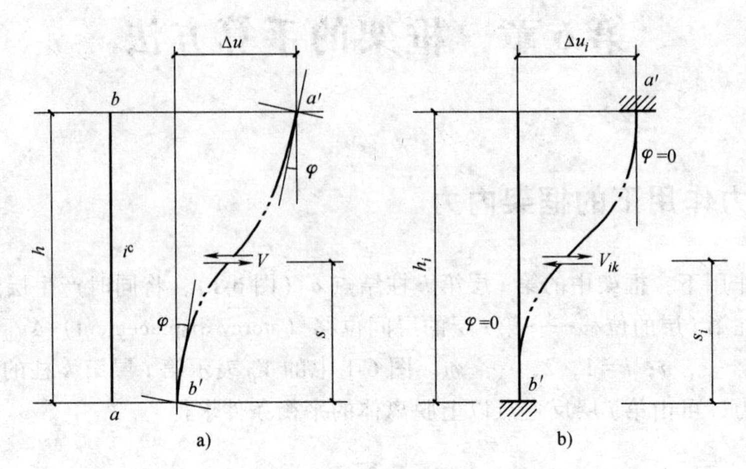

图 6-2 反弯点法假定 1

a）角位移 φ b）$\varphi=0$（两端固定）

当 $\varphi=0$ 时（图 6-2b），式（6-2）变为

$$V=V^{F}=\frac{12i^{c}}{h^{2}}\Delta u=r\Delta u \tag{a}$$

式中 r——柱的侧移刚度系数，它表示固端（fixed end）柱的两端产生相对单位水平线位移（$\Delta u=1$）时，在柱端所需施加的水平力，表达式为 $r=12i^{c}/h^{2}$。

对于第 i 层第 k 柱（图 6-2b），有

$$V_{ik}=r_{ik}\Delta u_{i} \tag{b}$$

$$r_{ik}=12i_{ik}^{c}/h_{i}^{2} \tag{6-3}$$

根据第 i 层各柱的剪力 V_{ik} 之和等于框架第 i 层的剪力 V_i，即

$$V_{i}=\sum_{k=1}^{m}V_{ik}=\sum_{k=1}^{m}r_{ik}\Delta u_{i} \tag{6-4}$$

有

$$\Delta u_{i}=V_{i}/\sum_{k=1}^{m}r_{ik}=V_{i}/r_{i} \tag{6-5}$$

将式（6-5）代入式（b），得

$$V_{ik}=\frac{r_{ik}}{r_{i}}V_{i}=\mu_{ik}V_{i} \tag{6-6}$$

式中 μ_{ik}——柱剪力分配系数

$$\mu_{ik}=r_{ik}/r_{i} \tag{6-7a}$$

r_i——第 i 层柱的侧移刚度系数之和。

当同层各柱的柱高相等时

$$\mu_{ik}=i_{ik}^{c}/i_{i}^{c} \tag{6-7b}$$

假定 2：在确定各楼层柱的反弯点位置：$s_{ik}=\eta_{i}h_{i}$ 时（图 6-1），假定所有结点的角位移

φ_{ik}均相等，即 $\varphi_{ik}=\varphi$，可得 $s_{ik}=s_i$；从而

$$s_1=2h_1/3 \qquad (i=1) \tag{6-8a}$$

$$s_i=h_i/2 \qquad (i=2,3,\cdots,n) \tag{6-8b}$$

由式（6-6）和式（6-8）分别算出 V_{ik}和 s_i 后，柱端弯矩按下式计算（图 6-3）

$$M_{ab}=V_{ik}(h_i-s_i) \qquad (\text{柱上端}) \tag{6-9a}$$

$$M_{ba}=V_{ik}s_i \qquad (\text{柱下端}) \tag{6-9b}$$

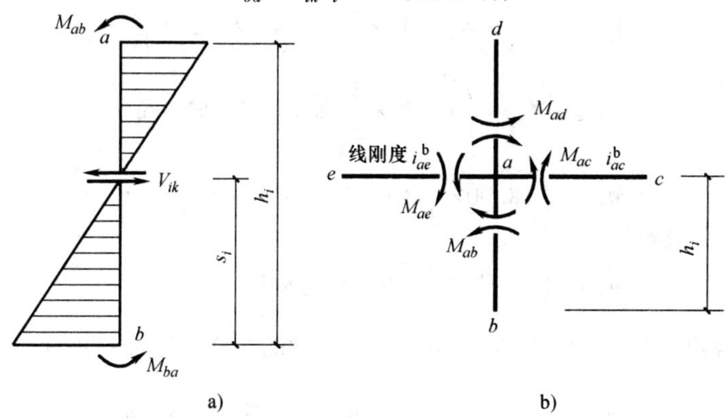

图 6-3 反弯点法假定 2（对照图 6-1）

梁端弯矩为（图 6-3b）

$$M_{ac}=\frac{i_{ac}^{\mathrm{b}}}{i_{ac}^{\mathrm{b}}+i_{ae}^{\mathrm{b}}}(M_{ab}+M_{ad}) \tag{6-10a}$$

$$M_{ae}=\frac{i_{ae}^{\mathrm{b}}}{i_{ac}^{\mathrm{b}}+i_{ae}^{\mathrm{b}}}(M_{ab}+M_{ad}) \tag{6-10b}$$

【例 6-1】 用反弯点法求图 5-3a 所示框架第 2 柱（$k=2$）的各层柱端弯矩和第 1 层梁的梁端弯矩 M_{54}、M_{56}。

【解】 为了应用式（6-7b），应将第 3 层第 2 柱（中柱）的线刚度做如下变换

$$i_{ik}^*=i_{3,2}^*=(h_3/h_3^*)^2 i_{3,2}=(4/4.5)^2\times 2=1.58$$

从而，由式（6-7b）求得第 2 柱（$k=2$）各层的剪力分配系数 μ_{ik}为

$$\mu_{32}=1.58/(1.5+1.58+1)=0.39 \qquad i=3$$

$$\mu_{22}=4/(3+4+2)=0.44 \qquad i=2$$

$$\mu_{12}=6/(5+6+4)=0.40 \qquad i=1$$

由式（6-1）求得框架第 i 层的剪力为

$$V_3=\sum_{i=3}^{3}P_i=8\text{kN}$$

$$V_2=\sum_{i=2}^{3}P_i=8\text{kN}+17\text{kN}=25\text{kN}$$

$$V_1=\sum_{i=1}^{3}P_i=20\text{kN}+17\text{kN}+8\text{kN}=45\text{kN}$$

由式（6-6）求得框架中柱的剪力为

$$V_{3,2}=0.39\times 8\text{kN}=3.12\text{kN}$$

$$V_{2,2}=0.44\times 25\text{kN}=11.00\text{kN}$$

$$V_{1,2}=0.40\times 45\text{kN}=18.00\text{kN}$$

由式（6-9）求得第2柱的柱端弯矩（图5-3）为

$$M_{11,8}=M_{8,11}=\left(3.12\times\frac{4.5}{2}\right)\text{kN}=7.02\text{kN}\cdot\text{m}$$

$$M_{8,5}=M_{5,8}=\left(11.00\times\frac{5}{2}\right)\text{kN}=27.5\text{kN}\cdot\text{m}$$

$$M_{5,2}=\left(18.00\times\frac{1}{3}\times 6\right)\text{kN}=36\text{kN}\cdot\text{m}$$

$$M_{2,5}=\left(18.00\times\frac{2}{3}\times 6\right)\text{kN}=72\text{kN}\cdot\text{m}$$

由式（6-10）求得第2柱（$k=2$）第1层（$i=1$）梁的弯矩（图5-3）为

$$M_{5,4}=\frac{10}{10+16}(27.5+36)\text{kN}=24.42\text{kN}\cdot\text{m}$$

$$M_{5,6}=\frac{16}{10+16}(27.5+36)\text{kN}=39.08\text{kN}\cdot\text{m}$$

6.1.2 *D*值法[1]

柱的截面随框架层数的增加而增大，致使 $\xi=i^{\text{b}}/i^{\text{c}}<3$，甚至小于1。为此，在分析水平力作用下的高层框架时，必须考虑各层柱上、下两端结点角位移的差异。

1933年，日本武藤清（Kiyoshi Muto）教授针对高层框架的上述变形特点，提出用*D*值法来分析[2]。*D*值法只有一个假定，即同层各结点的角位移相等：$\varphi_{ik}=\varphi_i$（图6-1)。这说明框架梁的反弯点在梁跨的中央。由于柱子的上下端角位移不等，必须对侧移刚度系数 γ_{ik} 和反弯点位置 s_i 进行修正。

1. 基本概念

为了阐明*D*值法的力学概念，下面以单层框架为例加以说明。

由结构力学可知，图6-4a所示单层框架的柱顶侧移为

$$u_1=\left(\frac{4+6\xi}{1+6\xi}\right)\frac{h_1^2}{12i^{\text{c}}}V_{11}$$

式中 $\xi=i^{\text{b}}/i^{\text{c}}$

从而，框架柱两端产生相对单位侧移时所需的水平力，即柱的绝对抗侧移刚度（图6-4b）为

$$D_{11}=\frac{V_{11}}{u_1}=\left(\frac{1+6\xi}{4+6\xi}\right)\frac{12i^{\text{c}}}{h_1^2}=\alpha_1 V_{11}^{\text{F}}$$

式中 V_{11}^{F}——固端（fixed end）柱的两端产生相对单位水平线位移，即 $u_1=1$ 时（图6-4b），固端柱的剪力，称为固端柱的抗侧移刚度，表达式为 $V_{11}^{\text{F}}=12i^{\text{c}}/h_1^2$；

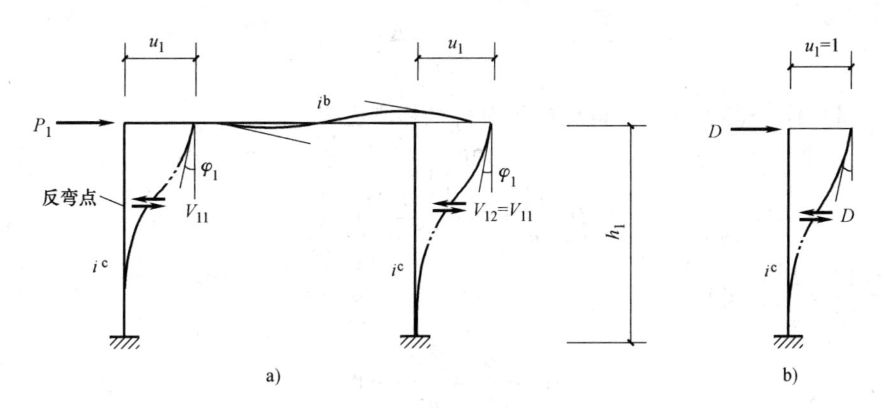

图 6-4 单层框架

α_1——柱两端角位移的影响系数，$\alpha_1=\dfrac{1+6\xi}{4+6\xi}$。武藤清[1]称 α_1 为 shear distribution coefficient，中文翻译为 D 值。

2. 规则框架柱的侧移刚度

所谓规则框架，就是指各楼层高 h、梁跨 l 以及，i^b、i^c 分别全相等的多、高层框架。

（1）一般柱（除底层柱外的第 2 层、第 3 层…第 n 层柱） 对于规则框架，可仿图 6-1 绘出梁柱的变形图，并可假定各结点的角位移 φ 和各柱的 $\Delta u/h$ 相等（图 6-5a），由此，可写出所有梁、柱的端弯矩和柱的剪力值如下

$$M^b=6i^b\varphi \tag{a}$$

$$M^c=6i^c\varphi-6i^c\Delta u/h \tag{b}$$

$$V^c=\frac{12i^c}{h}\left(\frac{\Delta u}{h}-\varphi\right) \tag{c}$$

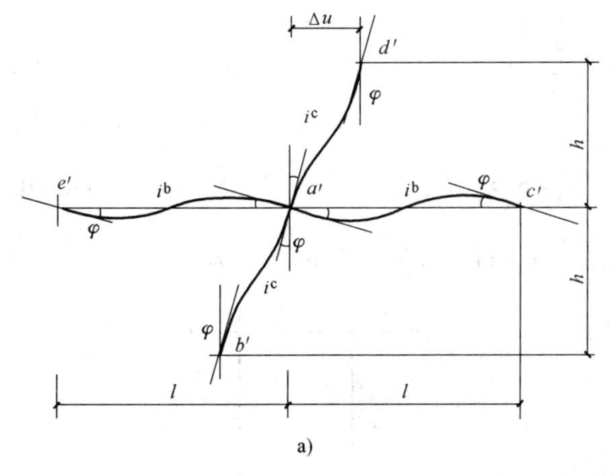

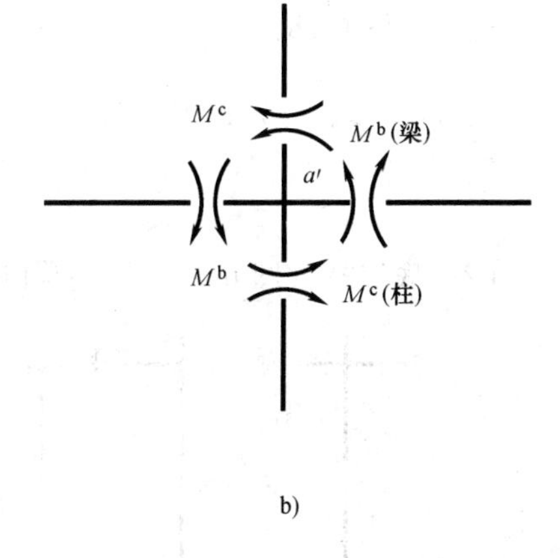

图 6-5 规则框架

由结点 a' 的力矩平衡条件

$$\sum M=2M^b+2M^c=0$$

即

$$2\times6i^b\varphi+2(6i^c\varphi-6i^c\Delta u/h)=0$$

可得

$$\varphi=\frac{i^{\mathrm{c}}}{i^{\mathrm{c}}+i^{\mathrm{b}}}\times\frac{\Delta u}{h} \tag{d}$$

将式（d）代入式（c），可得柱的绝对抗侧移刚度为

$$D=\frac{V^{\mathrm{c}}}{u}=\frac{\frac{12i^{\mathrm{c}}}{h}\left(1-\frac{i^{\mathrm{c}}}{i^{\mathrm{c}}+i^{\mathrm{b}}}\right)\frac{\Delta u}{h}}{u}$$

令 $\gamma=\frac{4i^{\mathrm{b}}}{2i^{\mathrm{c}}}=\frac{2i^{\mathrm{b}}}{i^{\mathrm{c}}}$，可得

$$D=\frac{\gamma}{2+\gamma}\times\frac{12i^{\mathrm{c}}}{h^{2}}=\alpha V^{\mathrm{F}}$$

对于第 i 层第 k 柱

$$D_{ik}=\frac{\gamma_i}{2+\gamma_i}\times\frac{12i_{ik}^{\mathrm{c}}}{h_i^2}=\alpha_i V_{ik}^{\mathrm{F}} \quad (i=2,3,\cdots,n) \tag{6-11a}$$

相对抗侧移刚度

$$D_{ik}^{*}=\alpha_i\times i_{ik}^{\mathrm{c}} \tag{6-11b}$$

$$\alpha_i=\frac{\gamma_i}{2+\gamma_i} \quad (i=2,3,\cdots,n) \tag{6-12a}$$

$$\gamma_i=\frac{4i^{\mathrm{b}}}{2i_{ik}^{\mathrm{c}}} \tag{e}$$

当上、下、左、右构件的线刚度不等时（图 6-6），γ_i 值可近似取为

中柱（图 6-6a）
$$\gamma_i=\frac{\frac{i_1^{\mathrm{b}}+i_2^{\mathrm{b}}}{2}+\frac{i_3^{\mathrm{b}}+i_4^{\mathrm{b}}}{2}}{i^{\mathrm{c}}}=\frac{i_1^{\mathrm{b}}+i_2^{\mathrm{b}}+i_3^{\mathrm{b}}+i_4^{\mathrm{b}}}{2i^{\mathrm{c}}} \tag{f}$$

边柱（图 6-6b）
$$\gamma_i=\frac{i_2^{\mathrm{b}}+i_4^{\mathrm{b}}}{2i^{\mathrm{c}}} \tag{g}$$

式（f）、式（g）的通式为

$$\gamma_i=\frac{\sum i^{\mathrm{b}}}{2i^{\mathrm{c}}} \quad (i=2,3,\cdots,n) \tag{6-12b}$$

（2）底层柱（图 6-7） 柱侧移刚度仍按式（6-11）计算，但 α_i、γ_i 为

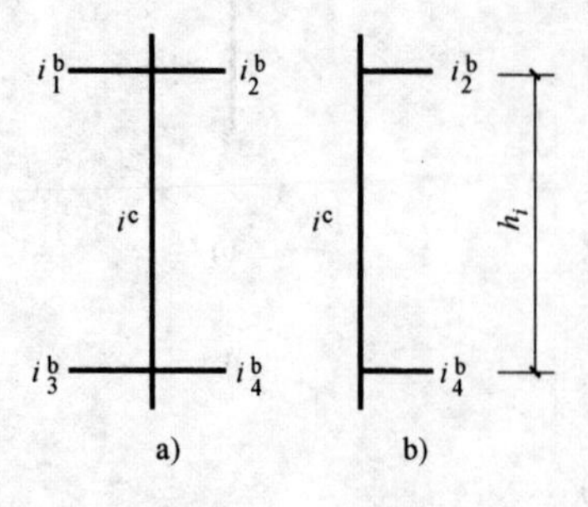

图 6-6 一般中层柱
a）中柱 b）边柱

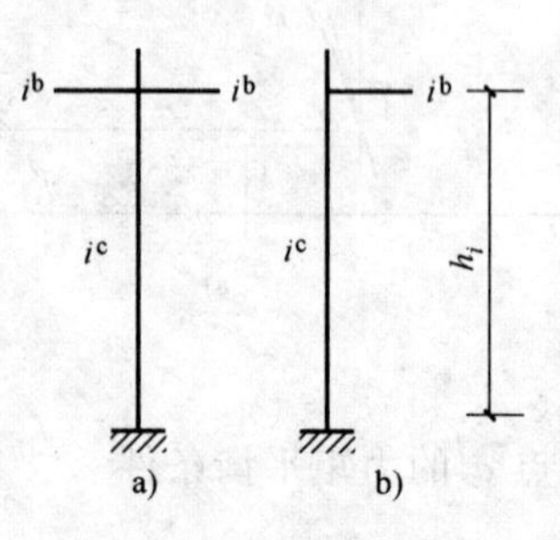

图 6-7 底层柱
a）中柱 b）边柱

$$\alpha_i=\frac{0.5+\gamma_i}{2+\gamma_i} \quad (i=1) \tag{6-13a}$$

$$\gamma_i=\sum i^{b}/i^{c} \quad (i=1) \tag{6-13b}$$

（3）小结　系数 α_i、γ_i 的取值参见表 6-1。

表 6-1　系数 α_i、γ_i

层数	系数		注
	α_i	γ_i	
$i=2,3,\cdots,n$	$\frac{\gamma_i}{2+\gamma_i}$	$\frac{\sum i^{b}}{2i^{c}}$	式(6-12)
$i=1$	$\frac{0.5+\gamma_i}{2+\gamma_i}$	$\frac{\sum i^{b}}{i^{c}}$	式(6-13)

《高钢规程》第 6.1.3 条[3]规定，高层民用建筑钢结构弹性计算时，钢筋混凝土楼板与钢梁间有可靠连接，可计入钢筋混凝土楼板对钢梁刚度的增大作用

$$I^{b}=kI_{s} \tag{6-14}$$

式中　I_s——钢梁的惯性矩；

k——系数，两侧有楼板时，$k=1.5$；一侧有楼板时，$k=1.2$。

3. 柱子反弯点的高度比 $\eta_{ik}=s_{ik}/h_i$（图 6-1）

由于框架柱上、下两端的角位移不相等，柱的反弯点高度比 η_{ik} 不再是一个定值［式(6-8) 中的 s_{ik} 是定值］。η_i 值的大小主要与三个因素有关[3]：柱子所在的楼层位置；上、下梁的相对线刚度比；上、下层层高的变化。

（1）标准反弯点高度比 $\eta_0=s_0/h_i$（楼层位置的影响）　承受水平力作用的规则框架，可简化为合成框架计算，如图 6-8 所示。

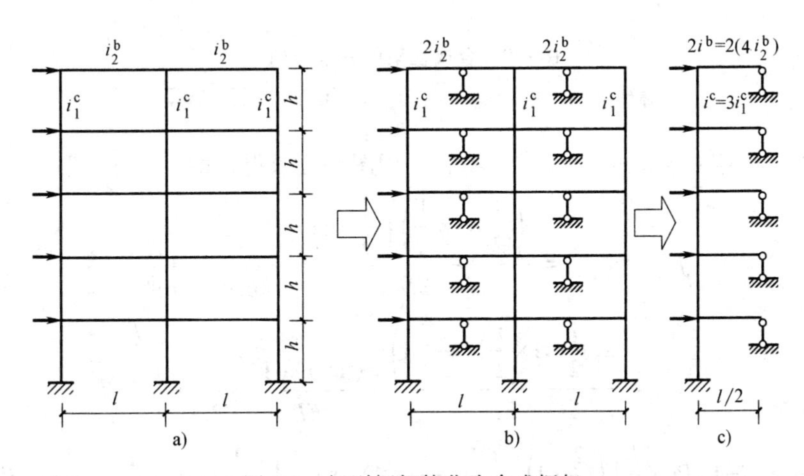

图 6-8　规则框架简化为合成框架

a）规则框架　b）合成框架　c）半框架

对于均布水平力作用下的合成框架（图 6-9），可采用力法求内力。基本结构如图 6-9b 所示，待求的基本未知量是各柱下端截面的弯矩 M_i。由于各层剪力 V_i 是静定已知的，故一旦求出 M_i，就可确定各层柱的反弯点位置 $s_{0i}=M_i/V_i$。

荷载弯矩图 M_p 和单位弯矩图 $\overline{M}_{i-1}$、$\overline{M}_i$、$\overline{M}_{i+1}$，分别如图 6-9c、d、e、f 所示。力法方程

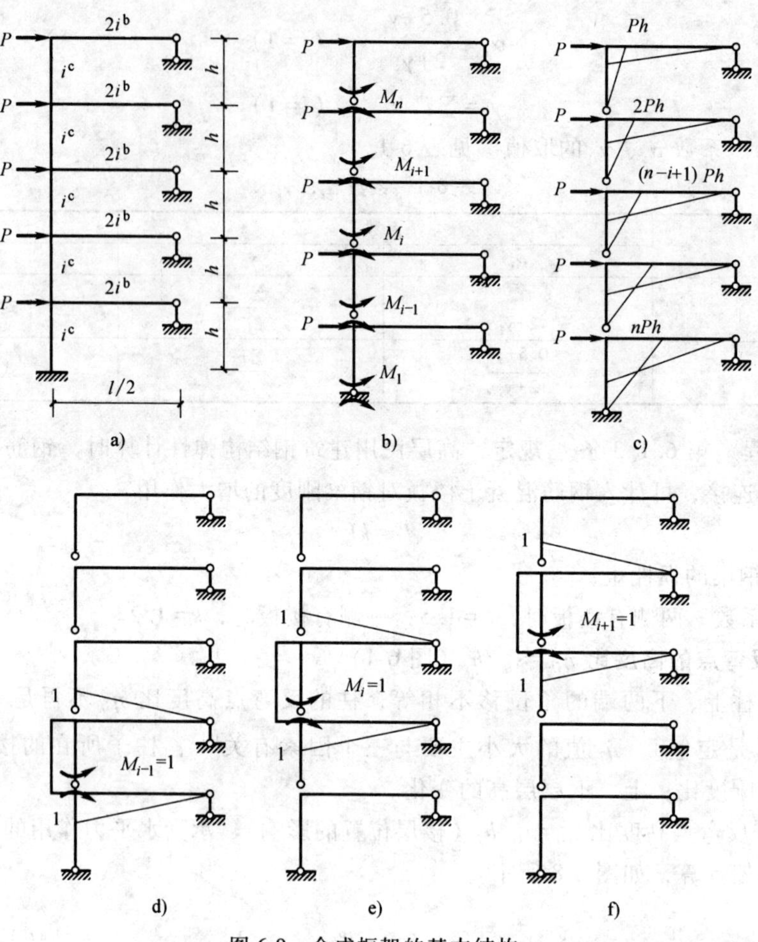

图 6-9 合成框架的基本结构

a) 原结构 b) 基本结构 c) M_p d) $\overline{M}_{i-1}$ e) $\overline{M}_i$ f) $\overline{M}_{i+1}$

中的柔度系数（flexibility factor）和常数项，可用图乘法求得，即

$$f_{i,i-1}=f_{i,i+1}=-\frac{\left(\frac{1}{2}\times1\times\frac{1}{2}\right)\left(\frac{2}{3}\times1\right)}{EI^{b}}=-\frac{1}{6EI^{b}}=-\frac{1}{6i^{b}}$$

$$f_{i,i}=-\frac{2\left(\frac{1}{2}\times1\times\frac{1}{2}\right)\left(\frac{2}{3}\times1\right)}{EI^{b}}+\frac{(1\times h)(1)}{EI^{c}}=\frac{1}{3i^{b}}+\frac{1}{i^{c}}$$

$$\Delta_{i,p}=-\frac{\left[\frac{1}{2}(n-i+1)Ph\times\frac{l}{2}\right]\left(\frac{2}{3}\times1\right)}{EI^{b}}+\frac{\left[\frac{1}{2}(n-i+2)Ph\times\frac{l}{2}\right]\left(\frac{2}{3}\times1\right)}{EI^{b}}-\frac{\left[\frac{1}{2}(n-i+1)Ph\times h\right]\times1}{EI^{c}}$$

$$=-\left[\frac{1}{6i^{b}}-\frac{1}{2i^{c}}(n-i+1)\right]Ph\quad(i=1,2,\cdots,n)$$

代入力法方程，得

$$f_{i,i-1}M_{i-1}+f_{i,i}M_{i}+f_{i,i+1}M_{i+1}+\Delta_{i,p}=0$$

整理后可得图6-9a所示 n 层规则框架的 n 个变形协调方程，即

$$i=1-(1+6\gamma_i)M_1+M_2=-(1+3\gamma_i)nPh \tag{6-15a}$$

$$i=2\sim(n-1)M_{i-1}-(2+6\gamma_i)M_i+M_{i+1}=[-3\gamma_i(n-i+1)Ph] \tag{6-15b}$$

$$i=nM_{n-1}-(2+6\gamma_i)M_n=(1-3\gamma_i)Ph \tag{6-15c}$$

式中　γ_i——由表6-1求得。

解式（6-13），可得柱的下端弯矩为

$$M_i=0.5\left[\left(-\frac{1}{3\gamma_i}+n-i+1\right)+\frac{(1+2n)\zeta^i}{(1-\zeta)}+\frac{\zeta^{n-i+1}}{3\gamma_i}\right]Ph$$

由于第 i 层的剪力为常数 $V_i=(n-i+1)P$，上式变为

$$M_i=0.5\left\{1-\frac{1}{3\gamma_i(n-i+1)}+\frac{1}{n-i+1}\left[\frac{(1+2n)\zeta^i}{1-\zeta}+\frac{\zeta^{n-i+1}}{3\gamma_i}\right]\right\}V_ih \tag{6-16}$$

$$\zeta=1+3\gamma_i-\sqrt{(1+3\gamma_2)^2-1} \tag{6-17}$$

从而，第 i 层标准反弯点高度比（图6-10）为

$$\eta_{0i}=\frac{s_{0i}}{h_i}=\frac{M_i}{V_ih_i}=0.5\left\{1-\frac{1}{3\gamma_in-i+1}+\frac{1}{n-i+1}\left[\frac{(1+2n)\zeta^i}{1-\zeta}+\frac{\zeta^{n-i+1}}{3\gamma_i}\right]\right\} \tag{6-18}$$

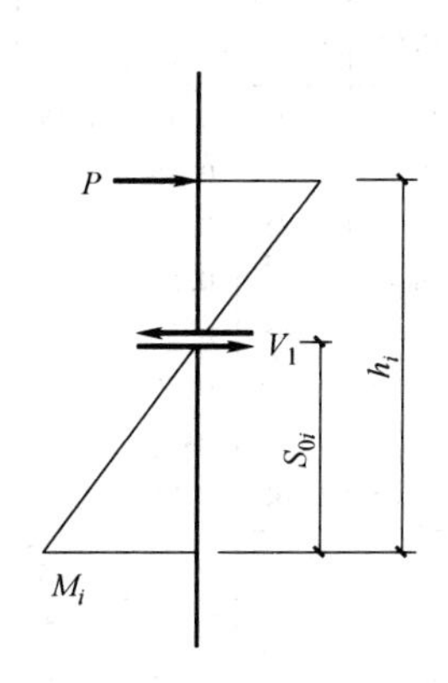

图6-10　标准反弯点高度比

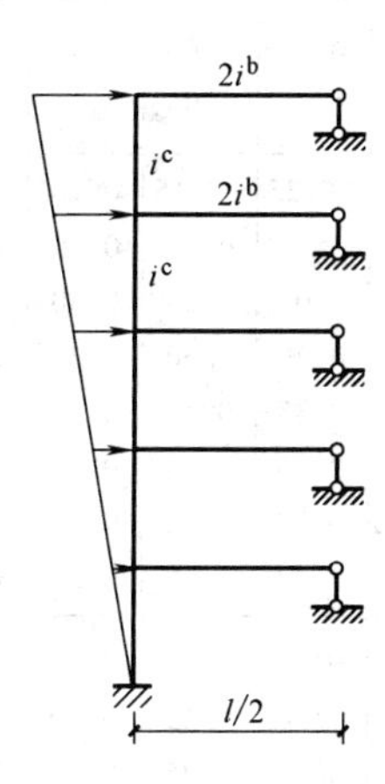

图6-11　三角形水平力下的 η_0 值

由式（6-18）可见，η_0 是 n、i、γ_i 的函数，见表6-2a。同理，可导出倒三角形水平力作用下（图6-11）的 η_0 值（表6-2b）。

表6-2a　规则框架承受均布水平力作用时标准反弯点的高度比 η_0 值

n	i \ γ_i	0.1	0.2	0.3	0.4	0.5	0.6	0.7	0.8	0.9	1.0	2.0	3.0	4.0	5.0
1	1	0.80	0.75	0.70	0.65	0.65	0.60	0.60	0.60	0.60	0.55	0.55	0.55	0.55	0.55
2	2	0.45	0.40	0.35	0.35	0.35	0.35	0.40	0.40	0.40	0.40	0.45	0.45	0.45	0.45
	1	0.95	0.80	0.75	0.70	0.65	0.65	0.65	0.60	0.60	0.60	0.55	0.55	0.55	0.50
3	3	0.15	0.20	0.20	0.25	0.30	0.30	0.30	0.30	0.30	0.30	0.40	0.45	0.45	0.45
	2	0.55	0.50	0.45	0.45	0.45	0.45	0.45	0.45	0.45	0.45	0.45	0.50	0.50	0.50
	1	1.00	0.85	0.80	0.75	0.70	0.70	0.65	0.65	0.65	0.60	0.55	0.55	0.55	0.55
4	4	-0.05	0.05	0.15	0.20	0.25	0.30	0.30	0.35	0.35	0.35	0.40	0.45	0.45	0.45
	3	0.25	0.30	0.30	0.35	0.35	0.40	0.40	0.40	0.40	0.40	0.45	0.50	0.50	0.50
	2	0.65	0.55	0.50	0.50	0.45	0.45	0.45	0.45	0.45	0.45	0.50	0.50	0.50	0.50
	1	1.10	0.90	0.80	0.75	0.70	0.70	0.65	0.65	0.65	0.65	0.55	0.55	0.55	0.55

（续）

n	i \ γ_i	0.1	0.2	0.3	0.4	0.5	0.6	0.7	0.8	0.9	1.0	2.0	3.0	4.0	5.0
5	5	-0.20	0.00	0.15	0.20	0.25	0.30	0.30	0.30	0.35	0.35	0.40	0.45	0.45	0.45
	4	0.10	0.20	0.25	0.30	0.35	0.35	0.40	0.40	0.40	0.40	0.45	0.45	0.50	0.50
	3	0.40	0.40	0.40	0.40	0.40	0.45	0.45	0.45	0.45	0.45	0.50	0.50	0.50	0.50
	2	0.65	0.55	0.50	0.50	0.50	0.50	0.50	0.50	0.50	0.50	0.50	0.50	0.50	0.50
	1	1.20	0.95	0.80	0.75	0.75	0.70	0.70	0.65	0.65	0.65	0.55	0.55	0.55	0.55
6	6	-0.30	0.00	0.10	0.20	0.25	0.25	0.30	0.30	0.30	0.30	0.40	0.45	0.45	0.45
	5	0.00	0.20	0.25	0.30	0.35	0.35	0.40	0.40	0.40	0.40	0.45	0.45	0.50	0.50
	4	0.20	0.30	0.35	0.35	0.40	0.40	0.40	0.45	0.45	0.45	0.45	0.45	0.50	0.50
	3	0.40	0.40	0.40	0.45	0.45	0.45	0.45	0.45	0.45	0.45	0.50	0.50	0.50	0.50
	2	0.70	0.60	0.55	0.50	0.50	0.50	0.50	0.50	0.50	0.50	0.50	0.50	0.50	0.50
	1	1.20	0.95	0.85	0.80	0.75	0.75	0.70	0.65	0.65	0.65	0.55	0.55	0.55	0.55
7	7	-0.35	-0.05	0.10	0.20	0.20	0.25	0.30	0.30	0.35	0.35	0.40	0.45	0.45	0.45
	6	0.10	0.15	0.25	0.30	0.5	0.35	0.35	0.40	0.40	0.40	0.45	0.45	0.50	0.50
	5	0.10	0.25	0.30	0.35	0.40	0.40	0.40	0.45	0.45	0.45	0.45	0.50	0.50	0.50
	4	0.30	0.35	0.40	0.40	0.40	0.45	0.45	0.45	0.45	0.45	0.50	0.50	0.50	0.50
	3	0.50	0.45	0.45	0.45	0.45	0.45	0.45	0.45	0.45	0.45	0.50	0.50	0.50	0.50
	2	0.75	0.60	0.55	0.50	0.50	0.50	0.50	0.50	0.50	0.50	0.50	0.50	0.50	0.50
	1	1.20	0.95	0.85	0.80	0.75	0.70	0.70	0.65	0.65	0.65	0.55	0.55	0.55	0.55
8	8	-0.35	-0.15	0.10	0.15	0.25	0.25	0.30	0.30	0.35	0.35	0.40	0.45	0.45	0.45
	7	-0.10	0.15	0.25	0.30	0.35	0.35	0.40	0.40	0.40	0.40	0.45	0.50	0.50	0.50
	6	0.05	0.25	0.30	0.35	0.40	0.40	0.40	0.45	0.45	0.45	0.45	0.50	0.50	0.50
	5	0.20	0.30	0.35	0.40	0.40	0.45	0.45	0.45	0.45	0.45	0.50	0.50	0.50	0.50
	4	0.35	0.40	0.40	0.45	0.45	0.45	0.45	0.45	0.45	0.45	0.50	0.50	0.50	0.50
	3	0.50	0.45	0.45	0.45	0.45	0.45	0.45	0.45	0.50	0.50	0.50	0.50	0.50	0.50
	2	0.75	0.60	0.55	0.55	0.50	0.50	0.50	0.50	0.50	0.50	0.50	0.50	0.50	0.50
	1	1.20	1.00	0.85	0.80	0.75	0.70	0.70	0.65	0.65	0.65	0.55	0.55	0.55	0.55
9	9	-0.40	-0.05	0.10	0.20	0.25	0.25	0.30	0.30	0.35	0.35	0.45	0.45	0.45	0.45
	8	-0.15	0.15	0.20	0.30	0.35	0.35	0.35	0.40	0.40	0.40	0.45	0.45	0.50	0.50
	7	0.05	0.25	0.30	0.35	0.40	0.40	0.40	0.45	0.45	0.45	0.45	0.50	0.50	0.50
	6	0.15	0.30	0.35	0.40	0.40	0.45	0.45	0.45	0.45	0.45	0.50	0.50	0.50	0.50
	5	0.25	0.35	0.40	0.40	0.45	0.45	0.45	0.45	0.45	0.45	0.50	0.50	0.50	0.50
	4	0.40	0.40	0.40	0.45	0.45	0.45	0.45	0.45	0.45	0.45	0.50	0.50	0.50	0.50
	3	0.55	0.45	0.45	0.45	0.45	0.45	0.45	0.45	0.50	0.50	0.50	0.50	0.50	0.50
	2	0.80	0.65	0.55	0.55	0.50	0.50	0.50	0.50	0.50	0.50	0.50	0.50	0.50	0.50
	1	1.20	1.00	0.85	0.80	0.75	0.70	0.70	0.65	0.65	0.65	0.55	0.55	0.55	0.55
10	10	-0.40	-0.05	0.10	0.20	0.25	0.30	0.30	0.30	0.35	0.35	0.40	0.45	0.45	0.45
	9	-0.15	0.15	0.25	0.30	0.35	0.35	0.40	0.40	0.40	0.40	0.45	0.45	0.50	0.50
	8	0.00	0.25	0.30	0.35	0.40	0.40	0.40	0.45	0.45	0.45	0.45	0.50	0.50	0.50
	7	0.10	0.30	0.35	0.40	0.40	0.45	0.45	0.45	0.45	0.45	0.50	0.50	0.50	0.50
	6	0.20	0.35	0.40	0.40	0.45	0.45	0.45	0.45	0.45	0.45	0.50	0.50	0.50	0.50
	5	0.30	0.40	0.40	0.45	0.45	0.45	0.45	0.45	0.45	0.50	0.50	0.50	0.50	0.50
	4	0.40	0.40	0.45	0.45	0.45	0.45	0.45	0.45	0.45	0.50	0.50	0.50	0.50	0.50
	3	0.55	0.50	0.45	0.45	0.45	0.50	0.50	0.50	0.50	0.50	0.50	0.50	0.50	0.50
	2	0.80	0.65	0.55	0.55	0.55	0.50	0.50	0.50	0.50	0.50	0.50	0.50	0.50	0.50
	1	1.30	1.00	0.85	0.80	0.75	0.70	0.70	0.65	0.65	0.65	0.60	0.55	0.55	0.55

（续）

n	i \ γ_i	0.1	0.2	0.3	0.4	0.5	0.6	0.7	0.8	0.9	1.0	2.0	3.0	4.0	5.0
11	11	−0.40	0.05	0.10	0.20	0.25	0.30	0.30	0.30	0.35	0.35	0.40	0.45	0.45	0.45
	10	−0.15	0.15	0.25	0.30	0.35	0.35	0.40	0.40	0.40	0.40	0.45	0.45	0.50	0.50
	9	0.00	0.25	0.30	0.35	0.40	0.40	0.40	0.45	0.45	0.45	0.45	0.50	0.50	0.50
	8	0.10	0.30	0.35	0.40	0.40	0.45	0.45	0.45	0.45	0.45	0.50	0.50	0.50	0.50
	7	0.20	0.35	0.40	0.45	0.45	0.45	0.45	0.45	0.45	0.45	0.50	0.50	0.50	0.50
	6	0.25	0.35	0.40	0.45	0.45	0.45	0.45	0.45	0.45	0.45	0.50	0.50	0.50	0.50
	5	0.35	0.40	0.40	0.45	0.45	0.45	0.45	0.45	0.45	0.50	0.50	0.50	0.50	0.50
	4	0.40	0.40	0.45	0.45	0.45	0.45	0.45	0.50	0.50	0.50	0.50	0.50	0.50	0.50
	3	0.55	0.50	0.50	0.50	0.50	0.50	0.50	0.50	0.50	0.50	0.50	0.50	0.50	0.50
	2	0.80	0.65	0.60	0.55	0.55	0.50	0.50	0.50	0.50	0.50	0.50	0.50	0.50	0.50
	1	1.30	1.00	0.85	0.80	0.75	0.70	0.70	0.65	0.65	0.65	0.60	0.55	0.55	0.55
12以上	↓1	−0.40	−0.05	0.10	0.20	0.25	0.30	0.30	0.30	0.35	0.35	0.40	0.45	0.45	0.45
	2	−0.15	0.15	0.25	0.30	0.35	0.35	0.40	0.40	0.40	0.40	0.45	0.45	0.50	0.50
	3	0.00	0.25	0.30	0.35	0.40	0.40	0.40	0.45	0.45	0.45	0.50	0.50	0.50	0.50
	4	0.10	0.30	0.35	0.40	0.40	0.45	0.45	0.45	0.45	0.45	0.50	0.50	0.50	0.50
	5	0.20	0.35	0.40	0.40	0.45	0.45	0.45	0.45	0.45	0.45	0.50	0.50	0.50	0.50
	6	0.25	0.35	0.40	0.45	0.45	0.45	0.45	0.45	0.45	0.45	0.50	0.50	0.50	0.50
	7	0.30	0.40	0.40	0.45	0.45	0.45	0.45	0.45	0.50	0.50	0.50	0.50	0.50	0.50
	8	0.35	0.40	0.45	0.45	0.45	0.45	0.45	0.50	0.50	0.50	0.50	0.50	0.50	0.50
	中间	0.40	0.40	0.45	0.45	0.45	0.45	0.50	0.50	0.50	0.50	0.50	0.50	0.50	0.50
	4	0.45	0.45	0.45	0.45	0.50	0.50	0.50	0.50	0.50	0.50	0.50	0.50	0.50	0.50
	3	0.60	0.50	0.50	0.50	0.50	0.50	0.50	0.50	0.50	0.50	0.50	0.50	0.50	0.50
	2	0.80	0.65	0.60	0.55	0.55	0.50	0.50	0.50	0.50	0.50	0.50	0.50	0.50	0.50
	↑1	1.30	1.00	0.85	0.80	0.75	0.70	0.70	0.65	0.65	0.65	0.55	0.55	0.55	0.55

表 6-2b 规则框架承受倒三角形分布水平力作用时标准反弯点的高度比η_0值

n	i \ γ_i	0.1	0.2	0.3	0.4	0.5	0.6	0.7	0.8	0.9	1.0	2.0	3.0	4.0	5.0
1	1	0.80	0.75	0.70	0.65	0.65	0.60	0.60	0.60	0.60	0.55	0.55	0.55	0.55	0.55
2	2	0.50	0.45	0.40	0.40	0.40	0.40	0.40	0.40	0.40	0.45	0.45	0.45	0.45	0.50
	1	1.00	0.85	0.75	0.70	0.70	0.65	0.65	0.65	0.60	0.60	0.55	0.55	0.55	0.55
3	3	0.25	0.25	0.25	0.30	0.30	0.35	0.35	0.35	0.40	0.40	0.45	0.45	0.45	0.50
	2	0.60	0.50	0.50	0.50	0.50	0.45	0.45	0.45	0.45	0.45	0.50	0.50	0.50	0.50
	1	1.15	0.90	0.80	0.75	0.75	0.70	0.70	0.65	0.65	0.65	0.60	0.55	0.55	0.55
4	4	0.10	0.15	0.20	0.25	0.30	0.30	0.35	0.35	0.35	0.40	0.45	0.45	0.45	0.45
	3	0.35	0.35	0.35	0.40	0.40	0.40	0.40	0.45	0.45	0.45	0.45	0.50	0.50	0.50
	2	0.70	0.60	0.55	0.50	0.50	0.50	0.50	0.50	0.50	0.50	0.50	0.50	0.50	0.50
	1	1.20	0.95	0.85	0.80	0.75	0.70	0.70	0.70	0.65	0.65	0.55	0.55	0.55	0.55
5	5	−00.5	0.10	0.20	0.25	0.30	0.30	0.35	0.35	0.35	0.35	0.40	0.45	0.45	0.45
	4	0.20	0.25	0.35	0.35	0.40	0.40	0.40	0.40	0.40	0.45	0.45	0.50	0.50	0.50
	3	0.45	0.40	0.45	0.45	0.45	0.45	0.45	0.45	0.45	0.45	0.50	0.50	0.50	0.50
	2	0.75	0.60	0.55	0.55	0.50	0.50	0.50	0.50	0.50	0.50	0.50	0.50	0.50	0.50
	1	1.30	1.00	0.85	0.80	0.75	0.70	0.70	0.65	0.65	0.65	0.65	0.55	0.55	0.55
6	6	−0.15	0.05	0.15	0.20	0.25	0.30	0.30	0.35	0.35	0.35	0.40	0.45	0.45	0.45
	5	0.10	0.25	0.30	0.35	0.35	0.40	0.40	0.40	0.45	0.45	0.45	0.50	0.50	0.50
	4	0.30	0.35	0.40	0.40	0.45	0.45	0.45	0.45	0.45	0.45	0.50	0.50	0.50	0.50
	3	0.50	0.45	0.45	0.45	0.45	0.45	0.45	0.45	0.45	0.50	0.50	0.50	0.50	0.50
	2	0.80	0.65	0.55	0.55	0.55	0.50	0.50	0.50	0.50	0.50	0.50	0.50	0.50	0.50
	1	1.30	1.00	0.85	0.80	0.75	0.70	0.70	0.65	0.65	0.65	0.60	0.55	0.55	0.55

（续）

n	i \ γ_i	0.1	0.2	0.3	0.4	0.5	0.6	0.7	0.8	0.9	1.0	2.0	3.0	4.0	5.0
7	7	−0.20	0.05	0.15	0.20	0.25	0.30	0.30	0.35	0.35	0.35	0.45	0.45	0.45	0.45
	6	0.05	0.20	0.30	0.35	0.35	0.40	0.40	0.40	0.40	0.45	0.45	0.50	0.50	0.50
	5	0.20	0.30	0.35	0.40	0.40	0.45	0.45	0.45	0.45	0.45	0.50	0.50	0.50	0.50
	4	0.35	0.40	0.40	0.45	0.45	0.45	0.45	0.45	0.45	0.45	0.50	0.50	0.50	0.50
	3	0.55	0.50	0.50	0.50	0.50	0.50	0.50	0.50	0.50	0.50	0.50	0.50	0.50	0.50
	2	0.80	0.65	0.60	0.55	0.55	0.55	0.50	0.50	0.50	0.50	0.50	0.50	0.50	0.50
	1	1.30	1.00	0.90	0.80	0.75	0.70	0.70	0.70	0.65	0.65	0.60	0.55	0.55	0.55
8	8	−0.20	0.05	0.15	0.20	0.25	0.30	0.30	0.35	0.35	0.35	0.45	0.45	0.45	0.45
	7	0.00	0.20	0.30	0.35	0.35	0.40	0.40	0.40	0.40	0.45	0.45	0.50	0.50	0.50
	6	0.15	0.30	0.35	0.40	0.40	0.45	0.45	0.45	0.45	0.45	0.50	0.50	0.50	0.50
	5	0.30	0.40	0.40	0.45	0.45	0.45	0.45	0.45	0.45	0.45	0.50	0.50	0.50	0.50
	4	0.40	0.45	0.45	0.45	0.45	0.45	0.45	0.50	0.50	0.50	0.50	0.50	0.50	0.50
	3	0.60	0.50	0.50	0.50	0.50	0.50	0.50	0.50	0.50	0.50	0.50	0.50	0.50	0.50
	2	0.85	0.65	0.60	0.55	0.55	0.55	0.50	0.50	0.50	0.50	0.50	0.50	0.50	0.50
	1	1.30	1.00	0.90	0.80	0.75	0.70	0.70	0.70	0.65	0.65	0.60	0.55	0.55	0.55
9	9	−0.25	0.00	0.15	0.20	0.25	0.30	0.30	0.35	0.35	0.40	0.45	0.45	0.45	0.45
	8	0.00	0.20	0.30	0.35	0.35	0.40	0.40	0.40	0.40	0.45	0.45	0.50	0.50	0.50
	7	0.15	0.30	0.35	0.40	0.40	0.45	0.45	0.45	0.45	0.45	0.50	0.50	0.50	0.50
	6	0.25	0.35	0.40	0.40	0.45	0.45	0.45	0.45	0.45	0.50	0.50	0.50	0.50	0.50
	5	0.35	0.40	0.45	0.45	0.45	0.45	0.45	0.45	0.50	0.50	0.50	0.50	0.50	0.50
	4	0.45	0.45	0.45	0.45	0.45	0.50	0.50	0.50	0.50	0.50	0.50	0.50	0.50	0.50
	3	0.60	0.50	0.50	0.50	0.50	0.50	0.50	0.50	0.50	0.50	0.50	0.50	0.50	0.50
	2	0.85	0.65	0.60	0.55	0.55	0.55	0.55	0.50	0.50	0.50	0.50	0.50	0.50	0.50
	1	1.35	1.00	0.90	0.80	0.75	0.75	0.70	0.70	0.65	0.65	0.60	0.55	0.55	0.55
10	10	−0.25	0.00	0.15	0.20	0.25	0.30	0.30	0.35	0.35	0.40	0.45	0.45	0.45	0.45
	9	−0.10	0.20	0.30	0.35	0.35	0.40	0.40	0.40	0.40	0.45	0.45	0.50	0.50	0.50
	8	0.10	0.30	0.35	0.40	0.40	0.40	0.45	0.45	0.45	0.45	0.50	0.50	0.50	0.50
	7	0.20	0.35	0.40	0.40	0.45	0.45	0.45	0.45	0.45	0.50	0.50	0.50	0.50	0.50
	6	0.30	0.40	0.40	0.45	0.45	0.45	0.45	0.45	0.45	0.50	0.50	0.50	0.50	0.50
	5	0.40	0.45	0.45	0.45	0.45	0.45	0.45	0.50	0.50	0.50	0.50	0.50	0.50	0.50
	4	0.50	0.45	0.45	0.45	0.50	0.50	0.50	0.50	0.50	0.50	0.50	0.50	0.50	0.50
	3	0.60	0.55	0.50	0.50	0.50	0.50	0.50	0.50	0.50	0.50	0.50	0.50	0.50	0.50
	2	0.85	0.65	0.60	0.55	0.55	0.55	0.55	0.50	0.50	0.50	0.50	0.50	0.50	0.50
	1	1.35	1.00	0.90	0.80	0.75	0.75	0.70	0.70	0.65	0.65	0.60	0.55	0.55	0.55
11	11	−0.25	0.00	0.15	0.20	0.25	0.30	0.30	0.30	0.35	0.35	0.45	0.45	0.45	0.45
	10	−0.05	0.20	0.25	0.30	0.35	0.40	0.40	0.40	0.40	0.45	0.45	0.50	0.50	0.50
	9	0.10	0.30	0.35	0.40	0.40	0.40	0.45	0.45	0.45	0.45	0.50	0.50	0.50	0.50
	8	0.20	0.35	0.40	0.40	0.45	0.45	0.45	0.45	0.45	0.45	0.50	0.50	0.50	0.50
	7	0.25	0.40	0.40	0.45	0.45	0.45	0.45	0.45	0.45	0.50	0.50	0.50	0.50	0.50
	6	0.35	0.40	0.45	0.45	0.45	0.45	0.45	0.50	0.50	0.50	0.50	0.50	0.50	0.50
	5	0.40	0.45	0.45	0.45	0.45	0.50	0.50	0.50	0.50	0.50	0.50	0.50	0.50	0.50
	4	0.50	0.50	0.50	0.50	0.50	0.50	0.50	0.50	0.50	0.50	0.50	0.50	0.50	0.50
	3	0.65	0.55	0.50	0.50	0.50	0.50	0.50	0.50	0.50	0.50	0.50	0.50	0.50	0.50
	2	0.85	0.65	0.60	0.55	0.55	0.55	0.55	0.50	0.50	0.50	0.50	0.50	0.50	0.50
	1	1.35	1.05	0.90	0.80	0.75	0.75	0.70	0.70	0.65	0.65	0.60	0.55	0.55	0.55

（续）

n	i \ γ_i	0.1	0.2	0.3	0.4	0.5	0.6	0.7	0.8	0.9	1.0	2.0	3.0	4.0	5.0
12以上	↓1	-0.30	0.00	0.15	0.20	0.25	0.30	0.30	0.30	0.35	0.35	0.40	0.45	0.45	0.45
	2	-0.10	0.20	0.25	0.30	0.35	0.40	0.40	0.40	0.40	0.40	0.45	0.45	0.45	0.50
	3	0.05	0.25	0.35	0.40	0.40	0.40	0.45	0.45	0.45	0.45	0.45	0.50	0.50	0.50
	4	0.15	0.30	0.40	0.40	0.45	0.45	0.45	0.45	0.45	0.45	0.45	0.50	0.50	0.50
	5	0.25	0.35	0.50	0.45	0.45	0.45	0.45	0.45	0.45	0.45	0.50	0.50	0.50	0.50
	6	0.30	0.40	0.50	0.45	0.45	0.45	0.45	0.50	0.50	0.50	0.50	0.50	0.50	0.50
	7	0.35	0.40	0.55	0.45	0.45	0.45	0.50	0.50	0.50	0.50	0.50	0.50	0.50	0.50
	8	0.35	0.45	0.55	0.45	0.50	0.50	0.50	0.50	0.50	0.50	0.50	0.50	0.50	0.50
	中间	0.45	0.45	0.55	0.45	0.50	0.50	0.50	0.50	0.50	0.50	0.50	0.50	0.50	0.50
	4	0.55	0.50	0.50	0.50	0.50	0.50	0.50	0.50	0.50	0.50	0.50	0.50	0.50	0.50
	3	0.65	0.55	0.50	0.50	0.50	0.50	0.50	0.50	0.50	0.50	0.50	0.50	0.50	0.50
	2	0.70	0.70	0.60	0.55	0.55	0.55	0.55	0.50	0.50	0.50	0.50	0.50	0.50	0.50
	↑1	1.35	1.05	0.90	0.80	0.75	0.70	0.70	0.70	0.65	0.65	0.60	0.55	0.55	0.55

（2）上、下层框架梁刚度变化时反弯点高度比的修正值 η_1　假定 η_1 值按图 6-12 所示各层柱承受等剪力的条件下求得。修正方法是在标准反弯点处 s_{0i} 向上或向下移动 $s_{1i}=\eta_1 h_i$。η_1 值随 β_1 和 γ_i 两个参数而定（表 6-3）。当 $\beta_1>1$，可用 β_1 值的倒数查表 6-3，此时，取 η_1 负号，即修正点在标准反弯点之下。

表 6-3　上下层框架梁线刚度比对 η_0 的修正值 η_1

β_1 \ γ_i	0.1	0.2	0.3	0.4	0.5	0.6	0.7	0.8	0.9	1.0	2.0	3.0	4.0	5.0
0.4	0.55	0.40	0.30	0.25	0.20	0.20	0.20	0.15	0.15	0.15	0.05	0.05	0.05	0.05
0.5	0.45	0.30	0.20	0.20	0.15	0.15	0.15	0.10	0.10	0.10	0.05	0.05	0.05	0.05
0.6	0.30	0.20	0.15	0.15	0.10	0.10	0.10	0.10	0.05	0.05	0.05	0.05	0	0
0.7	0.20	0.15	0.10	0.10	0.10	0.10	0.05	0.05	0.05	0.05	0.05	0	0	0
0.8	0.15	0.10	0.05	0.05	0.05	0.05	0.05	0.05	0.05	0	0	0	0	0
0.9	0.05	0.05	0.05	0.05	0	0	0	0	0	0	0	0	0	0
1.0	0	0	0	0	0	0	0	0	0	0	0	0	0	0

注：β_1 为上、下框架梁线刚度之比。对于框架底层柱，不考虑 β_3 值的影响。

（3）上、下层层高变化时的修正值 η_2（图 6-13a）和 η_3（图 6-13b）　η_2 和 η_3 值由表 6-4 查出，它们也是按各层柱承受等剪力的条件下求得的。

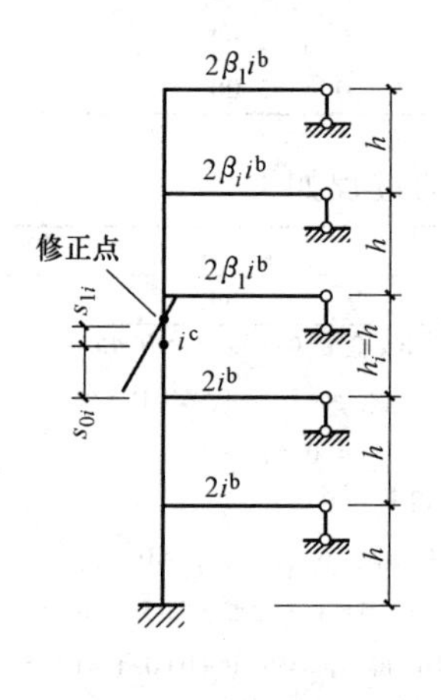

图 6-12　求 s_{1i} 值

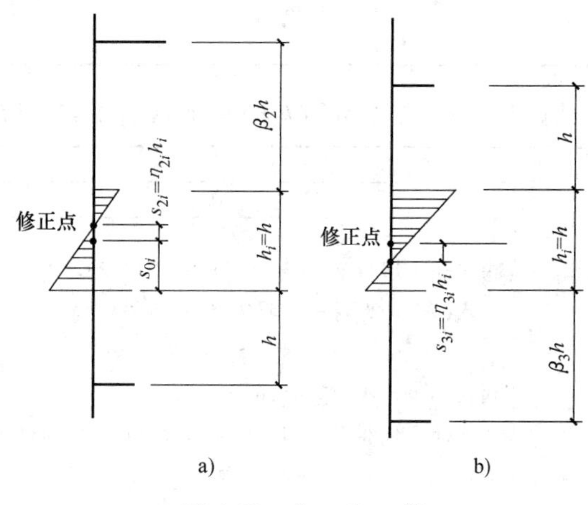

图 6-13　求 s_{2i} 和 s_{3i} 值

表 6-4 上下层层高变化对η_0的修正值η_2和η_3

β_2	β_3 \ γ_i	0.1	0.2	0.3	0.4	0.5	0.6	0.7	0.8	0.9	1.0	2.0	3.0	4.0	5.0
2.0		0.25	0.15	0.15	0.10	0.10	0.10	0.10	0.10	0.05	0.05	0.05	0.05	0.0	0.0
1.8		0.20	0.15	0.10	0.10	0.10	0.05	0.05	0.05	0.05	0.05	0.05	0.0	0.0	0.0
1.6	0.4	0.15	0.10	0.10	0.05	0.05	0.05	0.05	0.05	0.05	0.05	0.0	0.0	0.0	0.0
1.4	0.6	0.10	0.05	0.05	0.05	0.05	0.05	0.05	0.05	0.05	0.0	0.0	0.0	0.0	0.0
1.2	0.8	0.05	0.05	0.05	0.0	0.0	0.0	0.0	0.0	0.0	0.0	0.0	0.0	0.0	0.0
1.0	1.0	0.0	0.0	0.0	0.0	0.0	0.0	0.0	0.0	0.0	0.0	0.0	0.0	0.0	0.0
0.8	1.2	−0.05	−0.05	−0.05	0.0	0.0	0.0	0.0	0.0	0.0	0.0	0.0	0.0	0.0	0.0
0.6	1.4	−0.10	−0.05	−0.05	−0.05	−0.05	−0.05	−0.05	−0.05	−0.05	0.0	0.0	0.0	0.0	0.0
0.4	1.6	−0.15	−0.10	−0.10	−0.05	−0.05	−0.05	−0.05	−0.05	−0.05	−0.05	0.0	0.0	0.0	0.0
	1.8	−0.20	−0.15	−0.10	−0.10	−0.10	−0.05	−0.05	−0.05	−0.05	−0.05	−0.05	0.0	0.0	0.0
	2.0	0.25	−0.15	−0.15	−0.10	−0.10	−0.10	−0.10	−0.10	−0.05	−0.05	−0.05	−0.05	0.0	0.0

注：表中“-”号表示修正点在标准反弯点之下；当$\beta_2=0$时，不考虑η_{2i}值。

综上所述，各层柱反弯点高度比η_i为

$$\eta_{ik}=\eta_0+\eta_1+\eta_2+\eta_3=\sum_{j=0}^{3}\eta_j \tag{6-19}$$

（4）D值法的计算步骤

步骤1分别按表6-1计算α_i，并代入式（6-11）求D_{ik}或D_{ik}^*。

步骤2求各柱剪力，即

$$V_{ik}=\frac{D_{ik}}{D_i}V_i \tag{6-20a}$$

或

$$V_{ik}=\frac{D_{ik}^*}{D_i^*}V_i \tag{6-20b}$$

$$D_i^*=\sum_{k=1}^{m}D_{ik}^* \tag{6-20c}$$

式中 V_i——按式（6-1）计算。

步骤3由式（6-19）求η_{ik}，从而，柱的反弯点位置为

$$s_{ik}=\eta_{ik}h_i \tag{6-21}$$

步骤4分别由式（6-9）、式（6-10）计算柱端弯矩和梁端弯矩。

【例6-2】 用D值法求图5-3a所示第2柱（$k=2$）的柱端弯矩。已知条件为

$k=1$	$k=2$
$D_{3,1}^*=1.11$	$D_{3,3}^*=0.88$
$D_{2,1}^*=1.86$	$D_{2,3}^*=1.60$
$D_{1,1}^*=3.15$	$D_{1,3}^*=3.00$

【解】 计算第2柱（$k=2$）的剪力V_{i2}和反弯点位置s_{i2}的过程如下：

层第	第2柱 $k=2$	
	V_{ik}值	s_{ik}值
3	由式(6-12b)得$\gamma_3=(7.5+12+10+16)/(2\times2)=11.38$ 由式(6-12a)得$\alpha_3=11.38/(2+11.38)=0.85$ $\alpha_3^*=(4/4.5)^2\times0.85=0.67$ 由式(6-11b)得$D_{3,2}^*=0.67\times2=1.34$ 由式(6-20b)得$V_{3,2}=1.34\times8/(1.11+1.34+0.88)\text{kN}$ $=3.22\text{kN}$	由$\gamma_3=11.38$查表6-2得$\eta_0=0.45$ 因 $\beta_1=(7.5+12)/(10+16)$ $=0.67$ 查表6-4得$\eta_1=0$ 因 $\beta_1=0$，由表6-5注得$\eta_2=0$ 因 $\beta_3=5/4.5=1.11$，查表6-5得$\eta_3=0$ 由式(6-16)得$\eta_{3,2}=0.45+0+0+0=0.45$ 由式(6-18)得$s_{3,2}=0.45\times4.5=2.03\text{m}$

续表

层第	第2柱 $k=2$	
	V_{ik}值	s_{ik}值
2	$\gamma_2=(10+16+10+16)/(2\times4)=6.5$ $\alpha_2=6.5/(2+6.5)=0.76$ $D'_{2,2}=0.76\times4=3.04$ $V_{2,2}=3.04(8+17)/(1.86+3.04+1.6)\text{kN}=11.69\text{kN}$	$\eta_0=0.50$, $\eta_1=0$, $\eta_2=0$, $\eta_3=0$ } $\eta_{2,2}=0.50$ $s_{2,2}=0.50\times5=2.50\text{m}$
1	由式(6-13b)得 $\gamma_1=(10+16)/6=4.33$ 由式(6-13a)得 $\alpha_1=(0.5+4.33)/(2+4.33)=0.76$ $D'_{1,2}=0.76\times6=4.56$ $V_{1,2}=4.56(8+17+20)/(3.15+4.56+3)\text{kN}$ $=19.16\text{kN}$	$\eta_0=0.55$, $\eta_1=0$, $\eta_2=0$, η_3(不考虑) } $\eta_{1,2}=0.55$ $s_{1,2}=0.55\times6\text{m}=3.30\text{m}$

从而，第2柱（$k=2$）的各层柱端弯矩由式（6-10b）计算：

$$k=3\text{ 时}\quad M_{8,11}=(3.22\times2.03)\text{kN}\cdot\text{m}=6.54\text{kN}\cdot\text{m},$$
$$M_{11,8}=3.22\times(4.5-2.03)\text{kN}\cdot\text{m}=7.95\text{kN}\cdot\text{m}$$
$$k=2\text{ 时}\quad M_{5,8}=(11.69\times2.5)\text{kN}\cdot\text{m}=29.23\text{kN}\cdot\text{m},$$
$$M_{8,5}=11.69\times(5-2.5)\text{kN}\cdot\text{m}=29.23\text{kN}\cdot\text{m}$$
$$k=1\text{ 时}\quad M_{2,5}=(19.16\times3.3)\text{kN}\cdot\text{m}=63.23\text{kN}\cdot\text{m},$$
$$M_{5,2}=19.16\times(6-3.3)\text{kN}\cdot\text{m}=51.73\text{kN}\cdot\text{m}$$

请读者练习：用D值法求图5-3a第3柱（$k=3$）的柱端弯矩；并根据【例6-2】的结果，求框架梁的弯矩$M_{8,7}$、$M_{8,9}$。

6.2 水平力作用下框架侧移

侧移控制包括两个内容：顶点最大侧移值u_n和层间相对侧移值Δu_i。若前者过大，将影响使用；若后者过大，将会使填充墙开裂。

框架侧移是梁柱弯曲（图6-14a）和柱轴向受力（图6-14b）两部分所引起的侧移之和，即

$$u_i=u_i^{V}+u_i^{N}(i=1,2,\cdots,n) \tag{6-22}$$

式中 u_i^{V}、u_i^{N}——分别由剪力、轴力引起的侧移。

6.2.1 梁柱弯曲产生的侧移

图6-14a所示，框架侧移曲线呈剪切型（由框架剪力引起）。利用前面的D值，可计算框架各层的绝对侧移

$$u_i^{V}=\sum_{1}^{i}\Delta u_i^{V}\ (i=1,2,\cdots,n) \tag{6-23}$$

式中 Δu_i^{V}——第i层的相对侧移。

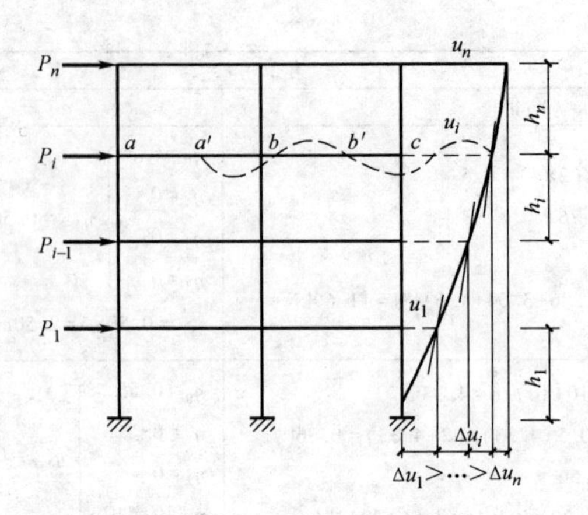

图 6-14 框架楼层位移 u_i 和层间位移 Δu_i（剪切型）

$$\Delta u_i^{\mathrm{V}}=\frac{V_{ik}}{D_{ik}} \tag{6-24a}$$

或

$$\Delta u_i^{\mathrm{V}}=\frac{V_i}{D_i} \tag{6-24b}$$

【例 6-3】 借用【例 6-2】的结果，求图 5.3a 框架的侧移。

【解】 $u_1^{\mathrm{V}}=\Delta u_1^{\mathrm{V}}=\dfrac{19.16}{4.56\times12/6^2}=12.61$

$$u_2^{\mathrm{V}}=u_1^{\mathrm{V}}+\Delta u_2^{\mathrm{V}}=12.61+\frac{11.69}{3.04\times12/5^2}=20.62$$

$$u_3^{\mathrm{V}}=u_2^{\mathrm{V}}+\Delta u_3^{\mathrm{V}}=20.62+\frac{3.22}{1.34\times12/4^2}=23.82$$

侧移曲线如图 5-3c 所示。由图可见，剪力 V_{ik} 引起的框架侧移曲线呈剪切型。

6.2.2 柱轴向变形产生的侧移

水平力作用下的弯曲型框架（图 6-15），边柱轴力（一拉一压）较大，中柱轴力较小或为 0。从而，边柱的轴力可由下式近似求得

$$N(z)=\pm M(z)/B \tag{6-25}$$

式中 $M(z)$——上部水平力对 z 处（各层反弯点）的力矩；

B——边柱轴线之间的距离。

式（6-25）可见，对于高层框架水平力产生的弯矩较大，轴力引起的侧移不可忽略。

框架顶点侧移 u_n^{N} 可用单位荷载法求得

$$u_n^{\mathrm{N}}=\int_0^H\frac{\overline{N}(z)N(z)}{E_{\mathrm{h}}A(z)}\mathrm{d}z \tag{a}$$

式中 $\overline{N}(z)$——框架顶端作用单位水平力时在边柱中引起的轴力，即

$$\overline{N}(z)=\pm(H-z)/B \tag{b}$$

$N(z)$——$q(z)$ 引起的边柱轴力，即

$$N(z)=\pm\frac{M(z)}{B}=\pm\frac{1}{B}\int_z^H q(z)\,\mathrm{d}\tau(\tau-z) \tag{c}$$

$$A(z)=A^{\text{bottom}}\left(1-\frac{1-\lambda}{H}z\right) \tag{d}$$

λ——顶层与底层边柱截面面积之比，即

$$\lambda=A^{\text{top}}/A^{\text{bottom}} \tag{e}$$

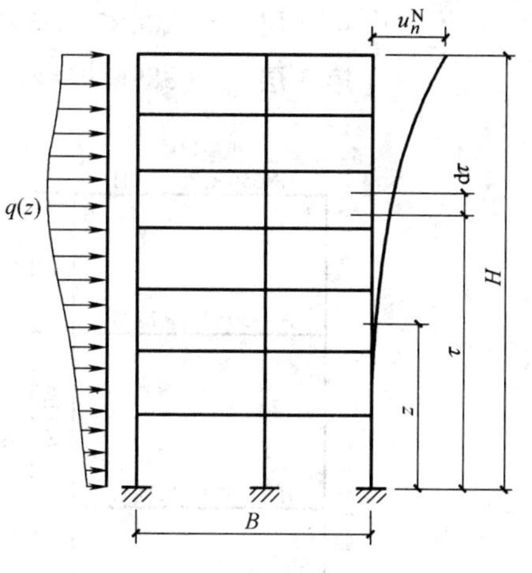

图 6-15 弯曲型框架

将式（b）、式（c）、式（d）代入式（a），得

$$u_n^{\mathrm{N}}=\frac{1}{E_{\mathrm{h}}B^2A^{\text{bottom}}}\int_0^H\frac{H-z}{\left(1-\frac{1-\lambda}{H}z\right)}\int_z^H q(z)(\tau-z)\,\mathrm{d}\tau\mathrm{d}z$$

均布水平力时，$q(z)=q$（为常数），上式变成

$$\begin{aligned}u_n^{\mathrm{N}}&=\frac{q}{E_{\mathrm{h}}B^2A^{\text{bottom}}}\int_0^H\frac{H-z}{\left(1-\frac{1-\lambda}{H}z\right)}\int_z^H(\tau-z)\,\mathrm{d}\tau\mathrm{d}z\\&=\frac{q}{2E_{\mathrm{h}}B^2A^{\text{bottom}}}\int_0^H\frac{(H-z)^3}{\left(1-\frac{1-\lambda}{H}z\right)}\mathrm{d}z\end{aligned} \tag{f}$$

上式积分项内之值与 λ 有关，经过整理简化，并考虑到三种水平力的影响，式（f）可写成

$$u_n^{\mathrm{N}}=\frac{V_0H^3}{EB^2A^{\text{bottom}}}F(\lambda) \tag{6-26}$$

式中 $F(\lambda)$——由图 6-16 查得；

V_0——作用在房屋上的水平力之和，$V_0=qH$。

【例 6-4】 某三层抗震钢框架体系如图6-17所示。已知：框架钢材 Q235（$E=206\text{kN/m}^2$），屋盖和楼板用第 3 代压型钢板上现浇混凝土（板厚 $h=110\text{mm}$，C25 重度 24kN/m^3），框架钢梁上砌轻质墙体（重度 16kN/m^3）用顶点位移法近似公式，求结构体系的自振周期。（$T_1=1.7\varphi_{\mathrm{T}}\sqrt{u_{\mathrm{T}}}$）。

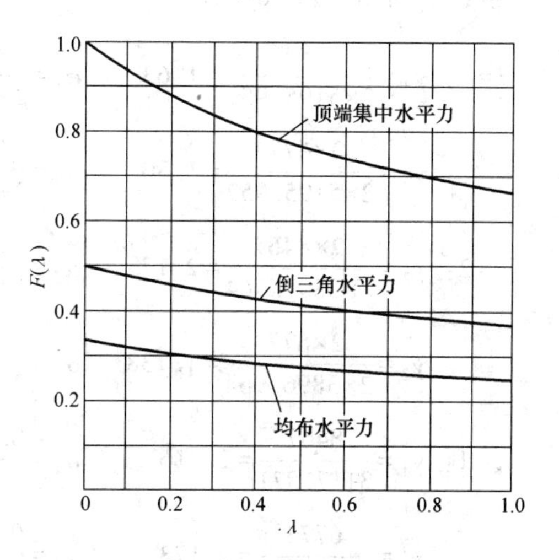

图 6-16 三种水平力的 $F(\lambda)$

【解】 各层质点的重力荷载代表值，如图 6-17 所示。框架箱形柱（column）：□250×8，$I^{\mathrm{c}}=7566.92\ \text{cm}^4=75.6692\times10^{-6}\text{m}^4$。

线刚度：第 1 层 $i_1^{\mathrm{c}}=(206\times10^6\times75.6692\times10^{-6}/5)\text{kN}\cdot\text{m}=3117.571\text{kN}\cdot\text{m}$

第 2 层 $i_2^c=(206\times75.6692/4)\text{kN}\cdot\text{m}=3896.964\text{kN}\cdot\text{m}$

第 3 层 $i_3^c=(3896.964\times4/3)\text{kN}\cdot\text{m}=5195.952\text{kN}\cdot\text{m}$

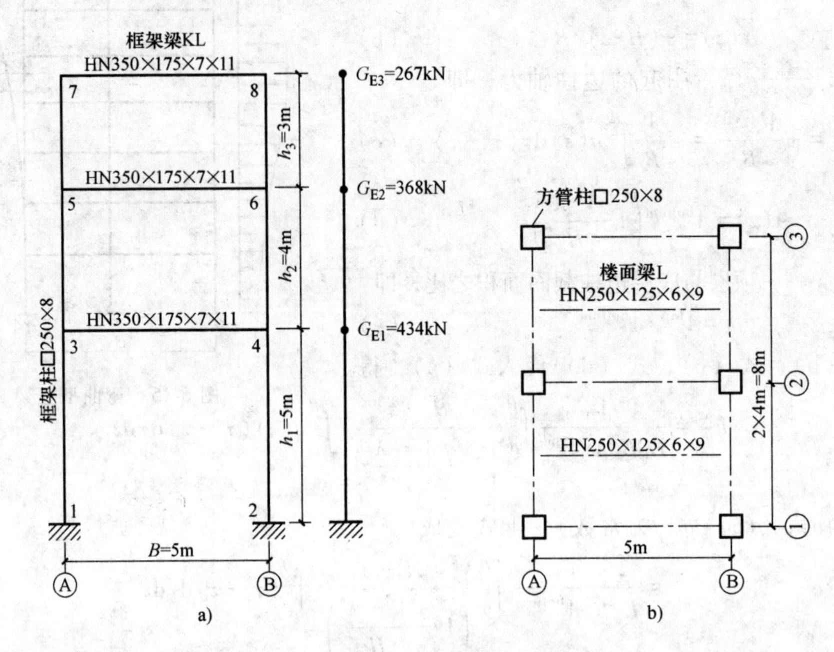

图 6-17 【例 6-4】三层抗震钢框架体系

a）钢框架立面和 G_{Ei} 值 b）平面

框架梁 HN350×175×7×11，$I_s=13700\text{cm}^4=137\times10^{-6}\text{m}^4$

由式（6-14）知 $I^b=1.5I_s=1.5\times137\times10^{-6}\text{m}^4=205.5\times10^{-6}\text{m}^4$（两侧有楼板）

$$I^b=1.2I_s=164.4\times10^{-6}\text{m}^4\text{（一侧有楼板）}$$

相应的框架梁的线刚度 $i^b=(206\times10^6\times205.5\times10^{-6}/5)\text{kN}\cdot\text{m}=8466.6\text{kN}\cdot\text{m}$

$$i^b=6773.280\text{kN}\cdot\text{m}$$

系数 γ_i 和 α_i 按表 6-1 计算

$i=3$：$\gamma_3=\dfrac{2\times8467}{2\times5195.952}=1.63$ $\qquad\alpha_3=\dfrac{\gamma_i}{2+\gamma_i}=\dfrac{1.63}{2+1.63}=0.449$

$\gamma_3=\dfrac{2\times6773}{2\times5195.952}=1.30$ $\qquad\alpha_3=\dfrac{1.3}{2+1.3}=0.394$

$i=2$：$\gamma_2=\dfrac{2\times8467}{2\times3896.964}=2.173$ $\qquad\alpha_2=\dfrac{2.173}{2+2.173}=0.521$

$\gamma_2=\dfrac{2\times6773}{2\times3896.964}=1.738$ $\qquad\alpha_2=\dfrac{1.738}{2+1.738}=0.465$

$i=1$：$\gamma_1=\dfrac{8467}{3117.571}=2.716$ $\qquad\alpha_1=\dfrac{0.5+2.716}{2+2.716}=0.682$

$\gamma_1=\dfrac{6773}{3117.571}=2.173$ $\qquad\alpha_1=\dfrac{0.5+2.173}{2+2.173}=0.641$

i	h_i /m	$I^b=kI_s$ /($10^{-6}m^4$)	$i^b=EI^b/B$ /(10^3kN·m)	$i^c=EI^c/h_i$ /(kN·m)	$\beta_i=12i^c/h_i^2$ /(10^3kN/m)	γ_i	α_i	单柱 $D_{ik}=\alpha_i\beta_i$ (10^3kN/m)
3	3	$k=1.5$　$I^b=205.500$ $k=1.2$　$I^b=164.400$	8.467 6.773	5195.952	6.928	1.63 1.30	0.449 0.394	3.111 2.730
2	4	$k=1.5$　$I^b=205.500$ $k=1.2$　$I^b=164.400$	8.467 6.773	3896.964	2.923	2.173 1.738	0.521 0.465	1.523 1.359
1	5	$k=1.5$　$I^b=205.500$ $k=1.2$　$I^b=164.400$	8.467 6.773	3117.571	1.496	2.716 2.173	0.682 0.641	1.020 0.959

$$i=3:\ \beta_3=\frac{12\times5195.952}{3^2}\text{kN/m}=6927.936\text{kN/m}=6928\times10^3\text{kN/m}$$

$$i=2:\ \beta_2=\frac{12\times3896.964}{4^2}\text{kN/m}=2922.723\text{kN/m}=2.923\times10^3\text{kN/m}$$

$$i=1:\ \beta_1=\frac{12\times3117.571}{5^2}\text{kN/m}=1496.434\text{kN/m}=1.496\times10^3\text{kN/m}$$

i	G_{Ei}/kN	ΣG_{Ei}/kN	层间刚度 D_i/(10^3kN/m)	层间位移 $\Delta u_{Ti}=\Sigma G_{Ei}/D_i$ /m	假想楼层位移 $u_{Ti}=\Sigma\Delta u_{Ti}$/m
3	267	267	17.122	0.016	0.273
2	368	635	8.482	0.075	0.257
1	434	1069	5.876	0.182	0.182

$$D_3=(2\times3.111+4\times2.730\times10^3)\text{kN/m}=17.122\times10^3\text{kN/m}$$
$$D_2=(2\times1.523\times+4\times1.359\times10^3)\text{kN/m}=8.482\times10^3\text{kN/m}$$
$$D_1=(2\times1.020\times+4\times0.959\times10^3)\text{kN/m}=5.876\times10^3\text{kN/m}$$

求得基本自振周期为

$$T_1=1.7\varphi_T\sqrt{u_T}=1.7\times0.9\sqrt{0.273}\text{s}=0.8\text{s}$$

请读者练习：已知设防烈度 8 度，Ⅱ类场地土，求图 6-17 体系的顶点侧移 u_n 和中框架第 2 层柱的端弯矩 M_{35}^c、M_{53}^c。

6.3　竖向荷载作用下的框架内力

竖向荷载作用下，框架（图 6-18a）的侧移较小，计算内力时，通常按无侧移框架处理（图 6-18b，图上圆括号中的数值代表框架梁、柱的相对线刚度），即假定框架各结点（Node）只产生角位移。这种框架的进一步简化计算是采用分层法（sub-frame method），即将 n 层框架分为 n 个单层无侧移敞口框架单元（图 6-18c），分层的框架单元，除支座为固端支座（fixed support）外，其他为旋转弹簧支座（elastic support），每个单元只承受所在层的竖向荷载，再用弯矩分配法（moment distribution method）对之分析。

6.3.1　弯矩分配法引例

由结构力学可知杆件的刚度调整系数 α_s 和弯矩传递系数 α_d（表 6-5）。

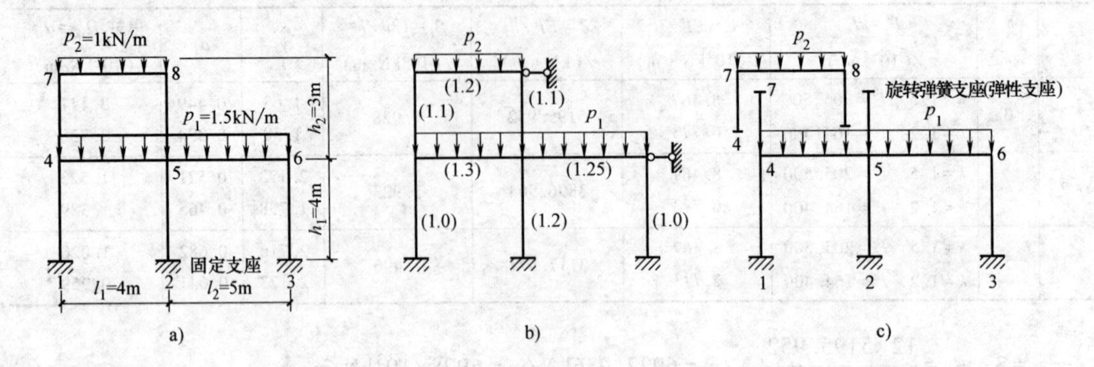

图 6-18 框架分层

a) 原框架 b) 无侧移框架 c) 框架分层单元

表 6-5 杆件的刚度调整系数 α_s 和弯矩传递系数 α_d

杆远端 / 系数	固定铰支座	旋转弹簧支座	固定支座
α_s	3/4 = 0.75	0.9	1
α_d	0	1/3	1/2

弯矩分配法举例：假定各杆抗弯刚度均为 EI，对于图 6-19 所示框架，可计算交于结点 b 各杆的弯矩分配系数为

$$\mu_{ba}=0 \quad (\text{因放松结点 } b \text{ 时,悬臂杆 } ab \text{ 毫无抵抗能力})$$

$$\mu_{bd}=1.125/(1.0+1.125)=0.53$$

$$\mu_{bc}=1.0/(1.0+1.125)=0.47$$

固端弯矩（fixed-end moment）为

$$M_{ba}^{\mathrm{F}}=\frac{p_1 l_0^2}{2}+P_1 l_0=\left(\frac{1\times 1^2}{2}+1\times 1\right)\text{kN}\cdot\text{m}=1.5\text{kN}\cdot\text{m}$$

$$M_{bc}^{\mathrm{F}}=-\left[\frac{p_1 l_1^2}{12}+\frac{p_2 l_1^2}{12}\left(1-\frac{2c}{l_1^2}+\frac{c^3}{l_1^3}\right)+\frac{P_2 ab^2}{l_1^2}\right]$$

$$=-\left[\frac{1\times 6^2}{12}+\frac{2\times 6^2}{12}\left(1-\frac{2\times 1}{6^2}+\frac{1^3}{6^3}\right)+\frac{3\times 2\times 4^2}{6^2}\right]\text{kN}\cdot\text{m}$$

$$=-[3+5.69+2.67]=-11.36\text{kN}\cdot\text{m}$$

$$M_{cb}^{\mathrm{F}}=+\left[3+5.69+\frac{3\times 2^2\times 4}{6^2}\right]\text{kN}\cdot\text{m}=+10.02\text{kN}\cdot\text{m}$$

弯矩的分配和传递如图 6-19b 所示；最后弯矩图如图 6-19c 所示。

6.3.2 柱子的不调不传法[1]

为了简化分层单元（图 6-18c）的计算（符合力学原则），可对框架分层单元各柱远端为旋转弹簧支座采取 $\alpha_s=1$（刚度不调）和柱的 $\alpha_d=0$（弯矩不传），笔者把这种实用的简捷计算，称为柱子不调不传法。

取图 6-18c 为例，其柱的相对线刚度不调（图 6-20a），从而，可计算各杆端的分配

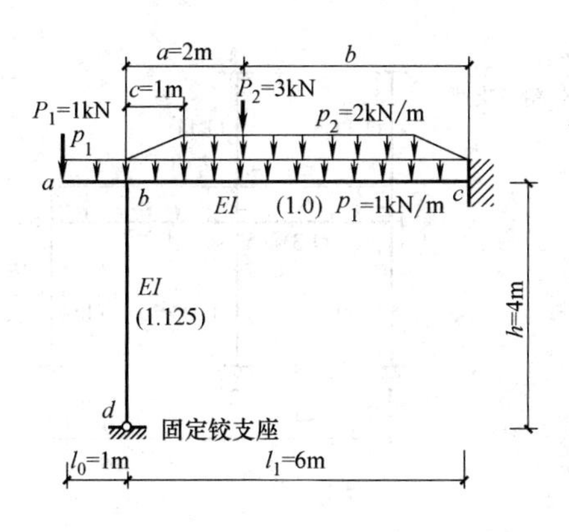

杆件	线刚度	
	绝对值	相对值
bc	$i^{\mathrm{b}}=\frac{EI}{l_1}\alpha_{\mathrm{s}}=\frac{EI}{6}\times 1$	(1.0)
bd	$i^{\mathrm{c}}=\frac{EI}{h}\alpha_{\mathrm{s}}=\frac{EI}{4}\times\frac{3}{4}$	(1.125)

a)

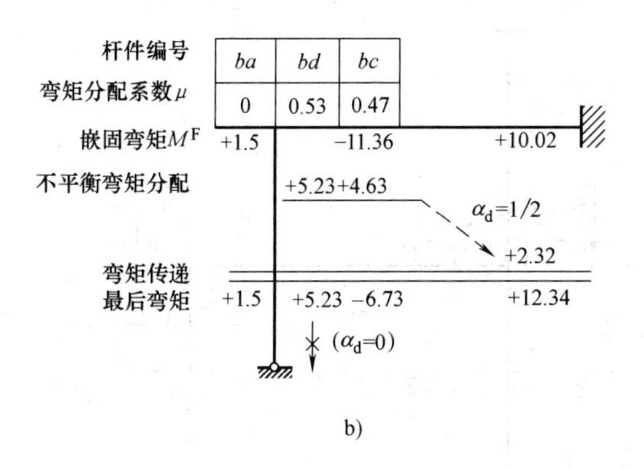

b)

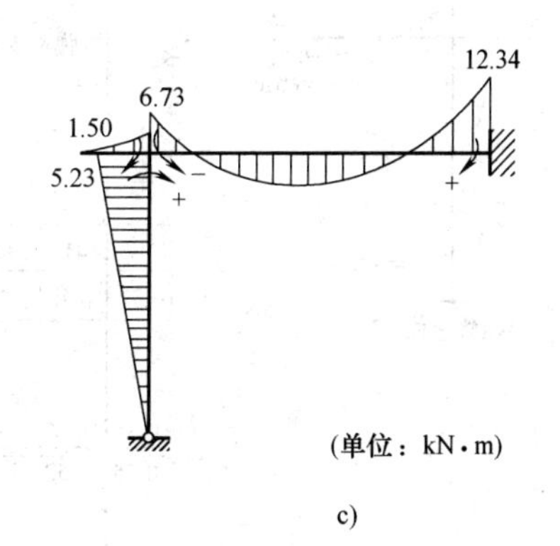

c)

图 6-19　求框架弯矩图（弯矩分配法）

a）原结构　b）弯矩分配和传递　c）M 图

系数：

图 6-20a 左图　$\mu_{7,4}=1.1/(1.1+0.6)=0.65$

图 6-20a 右图　$\mu_{4,7}=1.1/(1.1+1.3+1.0)=1.1/3.4=0.32$

$\mu_{4,1}=1.0/3.4=0.30$

$\mu_{4,5}=1.3/3.4=0.38$

图 6-20b 表示框架分层单元的弯矩分配、传递计算，其中第 2 层的杆端弯矩 $M_{7,4}=0.65\times3.13\mathrm{kN\cdot m}=2.03\mathrm{kN\cdot m}$。整个框架弯矩图如图 6-20b 所示。

固端弯矩为

$$M_{8,7}^{\mathrm{F}}=-M_{7,8}^{\mathrm{F}}=+p_2l_1^2/12=+1\times4^2/12\mathrm{kN\cdot m}=+1.33\mathrm{kN\cdot m}$$

$$M_{5,4}^{\mathrm{F}}=-M_{4,5}^{\mathrm{F}}=+p_1l_1^2/12=+1.5\times4^2/12\mathrm{kN\cdot m}=+2.00\mathrm{kN\cdot m}$$

$$M_{6,5}^{\mathrm{F}}=-M_{5,6}^{\mathrm{F}}=+p_1l_2^2/12=+1.5\times5^2/12\mathrm{kN\cdot m}=+3.13\mathrm{kN\cdot m}$$

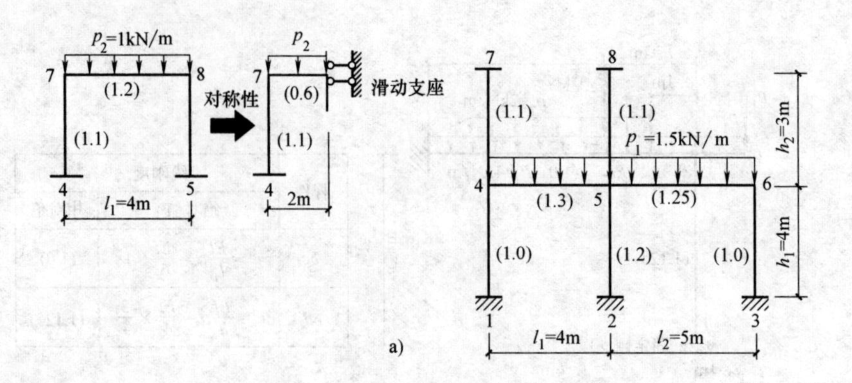

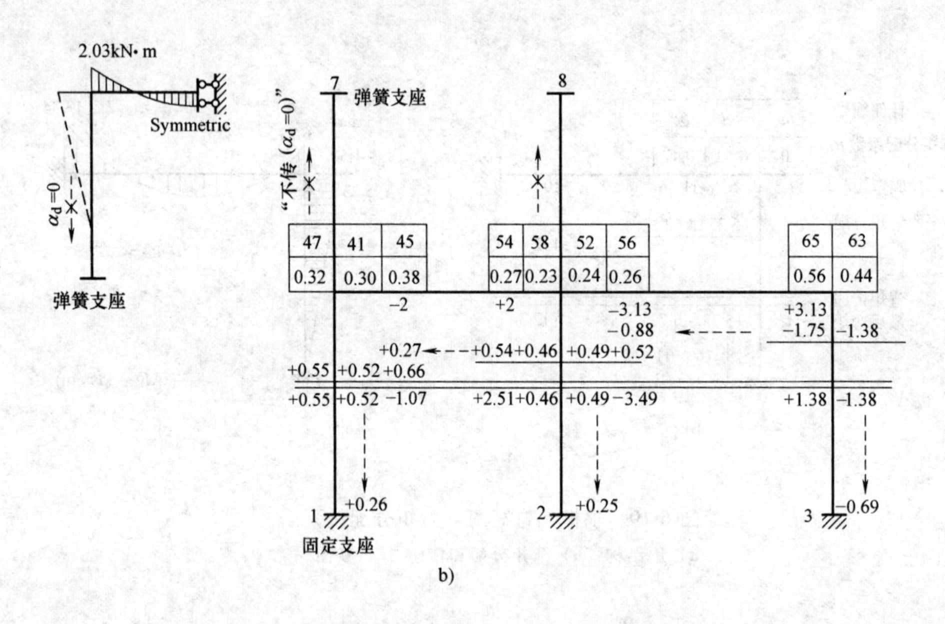

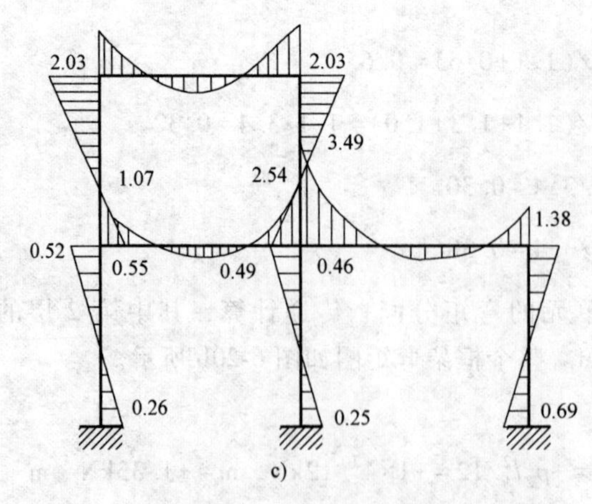

图 6-20 柱子的不调不传法（以图 6-18 所示结构为例）

a）分层 b）框架单元弯矩分配、传递计算 c）整个框架最后弯矩图（单位：kN · m）

必须指出，当框架具有如下情况之一者，用分层计算的误差太大，不能满足工程精度：

① 杆的线刚度 $i^b<i^c$ 时。

② 单跨单边外廊式框架（图 6-21）。

为了提高上述两种情况的计算精度，笔者建议：对于情况①，可取五层［由第 1 层、中间三层和顶层（第 n 层）组成］进行弯矩分配计算；对于情况②，建议采用卡尼法来分析[5]。

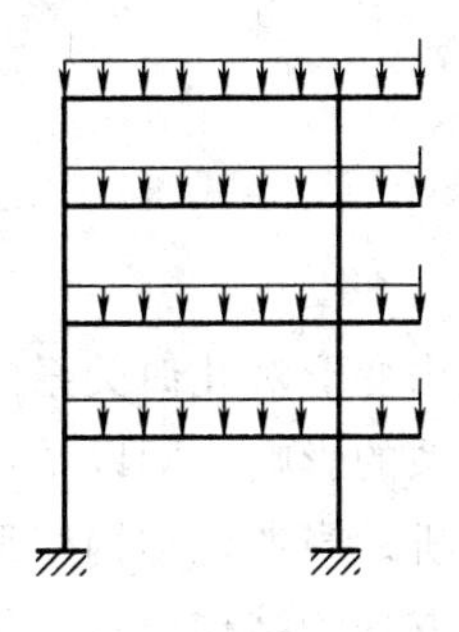

图 6-21　单跨单边外廊式框架

参考文献

［1］ 王仕统. 钢结构设计［M］. 广州：华南理工大学出版社，2010.

［2］ Muto K. Aseismic Design Analysis of Buildings［M］. Tokyo：Maruzen Co，Ltd.，1974.

［3］ 中国建筑标准设计研究院有限公司. 高层民用建筑钢结构技术规程：JGJ 99—2015［S］. 北京：中国建筑工业出版社，2015.

［4］ Kani G. 多层刚架计算：一个考虑节点侧移简单而省时的方法［M］. 程积高，译. 北京：中国建筑工业出版社，1973.

第7章 钢结构的精确分析

7.1 概述

7.1.1 结构分析方法的分类

在结构分析中，根据是否忽略结构变形对几何关系的影响，将结构分析分为一阶分析和二阶分析。当忽略结构变形对几何关系的影响，即以结构受力变形前的几何关系为依据而建立平衡方程的结构分析，称为一阶分析；当考虑结构变形对几何关系的影响，即以结构受力变形后的几何关系为依据而建立平衡方程的结构分析，称为二阶分析。常规的结构力学分析方法为一阶分析。

根据结构所用材料性质（线弹性或弹塑性），结构分析又可分为弹性分析和弹塑性分析。结合上述两种因数又可进一步分为一阶弹性分析、一阶弹塑性分析、二阶弹性分析和二阶弹塑性分析。在多高层钢结构分析中，宜按二阶弹性或二阶弹塑性分析方法进行结构分析。

根据结构所需的计算工作量及求解精度，结构分析可分为简化分析和精确分析。

该处的精确计算方法是指使用较少的计算假定，运用电子计算机对多高层钢结构进行分析的计算方法。根据结构分析模型（二维模型或三维模型）的不同，其计算方法可分为二维分析（平面分析）和三维分析（空间分析）。对于多高层建筑钢结构，通常采用空间结构分析模型对其进行结构分析。只有当结构布置规则、质量和刚度沿高度分布均匀、不计扭转效应时，可采用平面结构分析模型进行结构分析。但在方案设计阶段可用简化方法进行近似计算。

按结构的受荷性质（静力或动力）可分为静力分析（计算）和动力分析（计算）。对于抗震设防的结构，通常需进行动力分析。

由于高层建筑钢结构的体系众多、体型复杂、规模差异较大，因此，在确定计算方法时，应综合考虑建筑体型、规模、结构体系，计算所耗机时、人力、物力等多种因素，以便在满足计算精度的基础上，尽量减少计算机时、人力、物力的投入，提高设计效率和降低设计成本。

7.1.2 结构分析的一般规定

对高层建筑钢结构进行结构分析时，应遵循下列规定：

1）结构分析可采用弹性方法计算。对于抗震设防的结构，除进行多遇地震作用下的弹性效应计算外，尚应计算结构在罕遇地震作用下进入弹塑性状态时的变形。

2）在设计中，采取能保证楼面（屋面）整体刚度的构造措施后，可假定楼面（屋面）在其自身平面内为绝对刚性。对整体性较差，或开孔面积大，或有较长外伸段的楼面，或相邻层刚度有突变的楼面，当不能保证楼面的整体刚度时，宜采用楼板平面内的实际刚度，或对按刚性楼面假定计算所得结果进行调整。

3）当进行结构弹性分析时，宜考虑现浇钢筋混凝土楼板与钢梁共同工作，且在设计中应使楼板与钢梁间有可靠连接；当进行结构弹塑性分析时，可不考虑楼板与梁的共同工作。

4）高层建筑钢结构的计算模型，可采用平面抗侧力结构的空间协同计算模型。当结构布置规则、质量和刚度沿高度分布均匀、不计扭转效应时，可采用平面结构计算模型；当结构平面或立面不规则、体型复杂、无法划分成平面抗侧力单元的结构，或为筒体结构时，应采用空间结构计算模型。

5）结构作用效应计算中，应计算梁、柱的弯曲变形和柱的轴向变形，且宜计算梁、柱的剪切变形，并应考虑梁柱节点域剪切变形对侧移的影响。一般可不考虑梁的轴向变形，但当梁同时作为腰桁架或帽桁架的弦杆时，应计入轴力的影响。

6）柱间支撑两端应为刚性连接，但可按两端铰接杆来计算，其端部连接的刚度，则通过支撑构件的计算长度加以考虑。偏心支撑中的耗能梁段应取为单独单元计算。

7）现浇竖向连续钢筋混凝土剪力墙的计算，宜计入墙的弯曲变形、剪切变形和轴向变形；当钢筋混凝土剪力墙具有比较规则的开孔时，可按带刚域的框架计算；当具有复杂开孔时，宜采用平面有限元法计算。对于装配嵌入式剪力墙，可按相同水平力作用下侧移相同的原则，将其折算成等效支撑或等效剪力墙板计算。

8）除应力蒙皮结构外，结构计算中不应计入非结构构件对结构承载力和刚度的有利作用。

9）当进行结构内力分析时，应计入重力荷载引起的竖向构件差异缩短所产生的影响。

7.2 静力分析

7.2.1 结构分析的单元划分与分析思路

1. 单元划分

在高层钢结构分析中，为了考虑梁柱节点域剪切变形对结构变形和内力的影响，应将梁柱节点域单独作为一个单元进行结构分析，因此，其单元划分如图7-1所示。

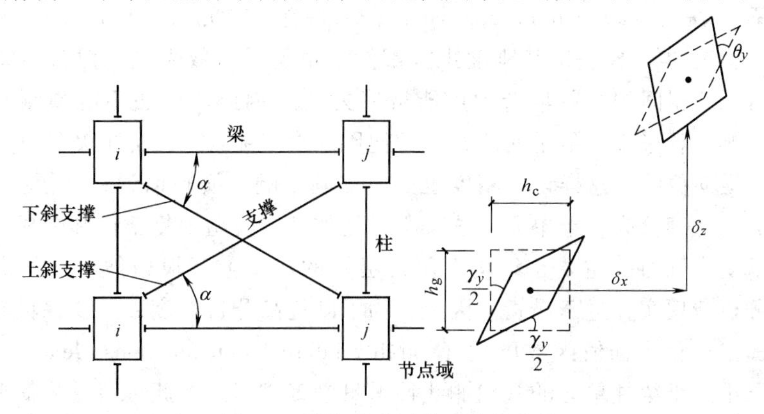

图7-1 结构单元划分及位移参量

2. 分析思路

首先，在单元坐标系（局部坐标系）中建立单元刚度方程，然后将其转换到整体坐标系中形成整体坐标系下的单元刚度方程，再组装成结构整体刚度方程，最后求解结构非线性方程，从而获得作用效应。

7.2.2 三维结构的二阶弹性分析

我国现行《高钢规程》规定，对于有侧移结构，应按能反映 P-Δ 效应和梁柱效应的二阶分析方法进行计算。由于钢材强度高，所设计的结构构件壁薄、面积小，因此结构相对较柔，结构的二阶效应比较明显，在压力作用下，构件（结构）易于失稳[1]，这是钢结构的一个重要特点，可见结构的二阶分析是多么的重要。

为使本书所建立的结构分析理论与方法能涵盖包括高层、超高层钢结构这类大型复杂结构体系在内的所有钢结构体系，因此首先针对高层、超高层钢结构这类大型复杂结构体系的特点进行分析。根据大量计算的探索和体会，由简单结构过渡到复杂结构的全过程分析，这中间不只是量的变化，而是一个质的飞跃。因为对于简单结构而言，影响迭代收敛与路径跟踪的很多因素（如计算累积误差、矩阵病态、计算的 CPU 时间等问题）显得并不突出，所以似乎路径跟踪的计算方法变成为一个主要问题，于是人们把主要精力都用在计算方法的研究上。但对于大型复杂结构体系的全过程分析而言，仅仅靠计算方法可能仍然无能为力。为了保证迭代的实际收敛，非线性有限元分析理论表达式的精确化、灵活的迭代策略、一些计算控制参数的合理选择，同样起到十分关键的作用。作者在研究中对这些问题进行了大量的探讨，并取得了较好的效果。

结构的几何非线性主要包含 P-Δ 效应和梁柱效应[2]，因此结构的二阶弹性分析也可称为结构的几何非线性分析。众所周知，以高层、超高层为代表的钢结构，往往是由成千上万根杆件及节点组成，要对具有如此大量自由度的复杂结构体系进行几何非线性全过程分析，理论表达式的精确化是保证迭代计算收敛和计算结果正确的必要条件，而计算模型和分析方法的简捷合理化则是能够顺利完成计算所不可忽视的先决条件[2]。因此，在保证分析精度前提下，探寻简捷合理的计算模型与分析方法，是始终贯穿本章的基本思想。

在对结构的二阶分析中，关键是建立结构的整体非线性刚度方程，而建立结构整体非线性刚度方程的基础又是梁柱单元的非线性刚度方程。建立梁柱单元非线性刚度方程通常有两种方法：一是梁-柱法（beam column approach）；二是有限单元法（finite element approach）。若采用基于梁柱理论的梁-柱法，其刚度矩阵虽然是由超越函数表达，但将二维单元直接扩展为三维单元后，弯扭间的某些耦合项可能被遗失[3]，因此，该法不能预测弯扭屈曲，其分析精度受到影响。若采用有限单元法，通常使用三次多项式[4-8]或五次多项式[9-11]插值函数来近似单元的横向位移，这样计算精度也必然受到影响。换句话说，为了提高分析精度，必须将结构中的构件细分为若干单元，这又必然增加结构模型的复杂性和分析计算费用与时间。这对于由承受高轴力（主要是结构下部几层）的成千上万根构件组成的高层、超高层钢结构来讲，分析费用实在过于昂贵。因此，为了既提高分析精度，又要保证较高的结构分析效率，本章提出了稳定插值函数单元（stability interpolation functions element，简称 SIFE）模型，并据此导出三维梁柱单元的几何非线性增量刚度方程。对此本章首先简要介绍非线性有限元分析中采用的有限变形理论的基本原理；然后运用更新的拉格朗日列式法建立严格的三维梁柱单元虚功方程；再根据梁柱理论推导出计入轴力和剪切变形影响的梁柱单元真实的横向位移和转角位移，并将其作为稳定插值函数（对位移的高阶项没有任何省略，可以认为是精确的，因而在结构分析中，位移和转角都可以任意大），即将传统的梁柱理论与有限元法技巧相结合；最后建立包括各种耦合项在内的严格三维梁柱单元二阶弹性（几何非线性）增量刚度方程。

该法采用一个单元/构件的方式即可获得结构分析的较高精度，为大型复杂结构的几何非线性分析开辟了一条高效简捷的途径。

7.2.2.1　基本假定

在框架结构的有限元分析中，严格来讲，单元的挠度和截面转角应是相互独立地变化，但人们为了分析简单起见，一般都假定截面转角为相应挠度的一阶导数，即不计剪切变形的影响，这必将引起一些计算误差。而有学者[6,12]在大量分析研究后也认为，对于常用H形截面或箱形截面等双轴对称薄壁截面所组成的多高层钢结构，不能忽略剪切变形的影响。因此，为了提高分析精度，本章根据铁摩辛柯（Timoshenko）梁理论来考虑剪切变形的影响，从而提出第二条基本假定。在空间结构的分析中，是否需要考虑构件的翘曲约束问题，有学者[13~16]认为：这与构件的长细比有关，当构件长细比为10~13时，翘曲变形对结构分析结果有一定的影响；但若构件的长细比接近20时，则无须考虑构件的翘曲变形。在多高层钢结构中，其构件的长细比一般情况下都不小于20，因此，忽略构件的翘曲变形，不会对结构的分析结果造成什么影响。对此，采用如下基本假定：

1）构件是等截面的，且双轴对称。

2）变形前与构件中线垂直的平截面变形后仍为平面，但不必再与变形后的中线垂直。

3）采用大位移小应变理论。

4）构件截面无局部屈曲和翘曲变形。

5）材料为匀质、弹性的。

6）节点域中以剪切变形为主，因此忽略其轴向、弯曲变形；支撑斜杆的轴力由与其相交节点处柱翼缘和横向加劲肋（或梁翼缘）共同承担；忽略节点板域平面外的受力及变形影响；空间框架中两正交方向节点域的剪切变形各自独立。

7.2.2.2　三维连续体有限变形理论的基本描述

对于非线性问题，通常分为两大类，即物理非线性问题和几何非线性问题。物理非线性问题是指应力-应变之间不再呈线性关系，即所谓材料非线性问题。而几何非线性问题主要是指大位移大应变（结构具有大位移、大转角，每一构件具有大应变）或大位移小应变（结构整体的线位移和角位移都很大，但应变较小，即每一构件的伸长和相对转角都较小）引起的非线性[12,17]。在这类问题中，反映应变-位移关系的几何方程是非线性的，应变-位移关系中的高次项不能忽略。对此，统称这两种情况为大变形问题。在大变形（有限变形）情况下，变形前后力的方向、微元体的面积和体积都发生变化。因此，应力-应变如何定义，以哪个状态来描述所有物理量，必须加以明确。采用不同的参考坐标系，对变形前后的各物理量就有不同的表达形式。对此，本节概要介绍三维连续体有限变形理论的基本概念，以利于建立严格三维梁柱单元的虚功方程和几何非线性增量刚度方程。

1. 物体变形和运动的描述

从变形角度来说，物体的变化过程实际上是从一个图形变换到另一种图形的过程。由于物体是由质点所组成的，物体的形状可以用质点间的相互位置来表示。为了表示物体中质点的位置，可以用质点在直角坐标参考系（图 7-2）中的位置坐标来表示。

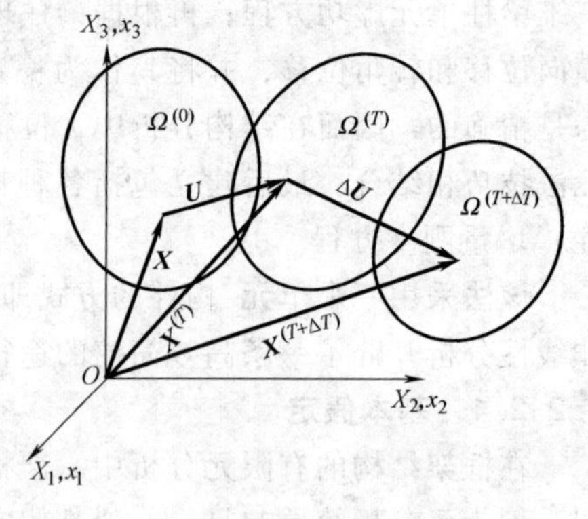

图 7-2 物体的运动和变形

设有一个位于三维空间内的连续体，在加载过程中连续变化。增量理论把这一连续的拟静态变化过程划分为一系列的平衡状态。这些状态依次为（图 7-2）

$$\Omega^{(0)},\Omega^{(\Delta T)},\cdots,\Omega^{(T)},\Omega^{(T+\Delta T)},\cdots,\Omega^{(\tau)}$$

其中 $\Omega^{(0)}$ 和 $\Omega^{(\tau)}$ 分别为物体的初始和最后状态。$\Omega^{(T)}$ 是一任意的中间状态。

物体的变形和运动是绝对的，但对物体运动的认识和描述只能是相对的，因此，需要选择某一特定时刻的位形作为参考坐标系来描述。在有限变形理论中，通常采用以下几种方式：

（1）拉格朗日（Lagrange）描述　物体是质点的集合，简称为质点系。物体的每个质点可用一大写矢量 $\boldsymbol{X}$ 或其分量 $X_i(i=1, 2, 3)$ 来识别和标记。最简单的是选择该质点的初始位置（时间 $T=0$ 时刻，即 $\Omega^{(0)}$ 状态）X_i 来标记，称为拉格朗日坐标，也叫物质坐标或随体坐标。不同质点有不同的物质坐标，不同的物质坐标代表着不同的质点。

如果把物体开始变形和运动前的状态（$T=0$）称为初始位形，那么拉格朗日坐标就是以物体初始位形为参考的质点的坐标。

以拉格朗日坐标作为自变量，把其他各个物理量表示为拉格朗日坐标的函数，并研究这些函数变化的规律，这就叫拉格朗日描述，而 $X_i(i=1, 2, 3)$ 就称为 Lagrange 变量，这种描述是跟随质点运动来研究质点运动状态。

（2）欧拉（Euler）描述　物体的不同质点因物体变形和运动，在不同时刻将占据空间不同位置。用小写的矢量 $\boldsymbol{x}$ 或其分量 $x_i(i=1, 2, 3)$ 来表示这空间位置，称之为欧拉坐标。这种坐标是以物体变形和运动后的位形为参考，其参考位置完全随物体变形和运动后的空间瞬时位置而变化，故也称为空间坐标。

以欧拉坐标作为自变量，把其他各物理量表示为欧拉坐标 x_i 和时间 T 的函数，并研究它们的变化规律，这就叫欧拉描述，$x_i(i=1, 2, 3)$ 称为 Euler 变量。这种描述的研究方式不是跟随着质点运动，而是研究各不同质点经过空间某一定点时的状态，它描述空间中 T 时刻某一固定点（x_i），而在由 0 时刻至 T 时刻内会有不同的质点与其对应。

（3）更新的拉格朗日（Lagrange）描述　在物体运动的整个过程中，如果从 0 时刻至 T 时刻的所有力学量都是已知的，度量 $T+\Delta T$ 时刻的各个力学量的参考坐标是以 T 时刻的坐标来描述。也就是说，在某一时刻物体的力学量，都是以它的前一个时刻的坐标系来描述的，称之为更新的拉格朗日描述。

一般在流体力学中，特别是对于流体问题，通常采用欧拉坐标；而在固体力学中，则通常采用拉格朗日坐标较为方便。

为了区分各物理量所处的状态，以及测量这些量的参考基准状态，在以后我们又引用了这样的角标，用左上角标表示该量所处的状态，用左下角标表示测量该量的参考状态，即表示该量所取坐标基准的状态。至于增量，由于总是指由 T 到 $T+\Delta T$ 这一加载步内的增量，因此无需加注左上角标，但仍需注明度量的参考状态即左下角标。因而约定，凡是仅有左下角标的量都是表示增量。

2. 应变张量

由于我们所研究的物体是连续体，因此通常假设它的变形也是连续的，也就是变形前连续的物体，变形后不出现裂缝或重叠，相邻的质点仍旧相邻。同时还认为物体随时间的变化和它在空间的运动也是连续的，也就是没有突变现象发生。

对于变形体力学来说，物体的变形是要研究的主要对象之一。而实际上，对于一个物体，如果一旦能确定它上面任意两点之间距离的变化，则除了物体的空间绝对位置之外，物体的大小、形态、面积、体积等几何形状的变化，很快就能确定下来。因此，对变形体变形的研究，关键在于弄清物体的内部任意邻近两点之间，在物体变形时发生了怎样的变化。

下面在直角坐标系之中来研究物体的变形。令变形前和变形后两个直角坐标系具有相同的原点（图 7-3）。设在初始参考状态中的质点为 $P(X_i)$，其邻近点为 $Q(X_i+\mathrm{d}X_i)$，初始参考状态（物体变形前）中的一微段 PQ 用 $\mathrm{d}s_0$表示；相应的，与初始参考状态对应，在 T 时刻（或 $T+\Delta T$ 时刻）状态中的质点为 $P'(x_i)$，其邻近点为 $Q'(x_i+\mathrm{d}x_i)$，变形后（T 时刻）该微段 $P'Q'$用 $\mathrm{d}s$ 表示，如图 7-3 所示。

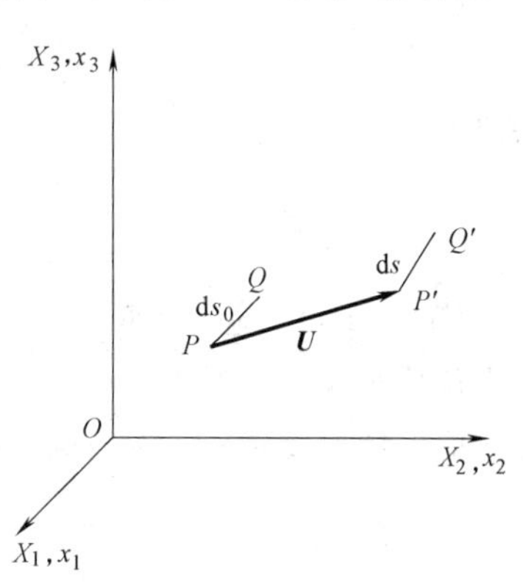

图 7-3　物体微段长度的变化

在研究物体内任一质点的应变状态时，应随所选参考状态的不同而选用不同的描述应变状态的方法。人们在研究有限变形时，常使用如下几种描述应变状态的方法：

（1）Green-Lagrange 应变张量　如果采用变形前（初始状态 $\Omega^{(0)}$）的坐标作为描述的基准，即采用拉格朗日描述，则变形前后微段长度的变化，可用变形前的坐标表示为

$$\mathrm{d}s^2-\mathrm{d}s_0^2=2E_{ij}\mathrm{d}X_i\mathrm{d}X_j \tag{7-1}$$

式中　$\mathrm{d}X_i$——微段 PQ 在三个坐标轴上的分量；

$$\begin{aligned}E_{ij}&=\frac{1}{2}\left(\frac{\partial u_i}{\partial X_j}+\frac{\partial u_j}{\partial X_i}+\frac{\partial u_k}{\partial X_i}\cdot\frac{\partial u_k}{\partial X_j}\right)\\&=\frac{1}{2}(u_{i,j}+u_{j,i}+u_{k,i}\cdot u_{k,j})\end{aligned} \tag{7-2}$$

通常称 E_{ij}为三维空间笛卡儿直角坐标系中的 Green-Lagrangian 应变张量，它是以变形前的坐标为基准，来度量物体变形的物理量，即它是由 Lagrangian 坐标描述的，式中的 $u_{k,i}$、$u_{k,j}$为非线性项。该公式是几何非线性基本公式，其展开公式为

$$E_{11}=\frac{\partial u_1}{\partial X_1}+\frac{1}{2}\left[\left(\frac{\partial u_1}{\partial X_1}\right)^2+\left(\frac{\partial u_2}{\partial X_1}\right)^2+\left(\frac{\partial u_3}{\partial X_1}\right)^2\right] \tag{7-3a}$$

类似的有 E_{22}、E_{33}，而

$$2E_{12}=\frac{\partial u_1}{\partial X_2}+\frac{\partial u_2}{\partial X_1}+\left[\frac{\partial u_1}{\partial X_1}\cdot\frac{\partial u_1}{\partial X_2}+\frac{\partial u_2}{\partial X_1}\cdot\frac{\partial u_2}{\partial X_2}+\frac{\partial u_3}{\partial X_1}\cdot\frac{\partial u_3}{\partial X_2}\right] \tag{7-3b}$$

（2）Almansi-Euler 应变张量　如果采用变形后（当前状态 $\Omega^{(T)}$）的坐标作为描述的基

准，即采用 Euler 描述，则变形前后微段长度的变化，可用变形后的坐标表示为

$$ds^2-ds_0^2=2e_{ij}dx_idx_j \tag{7-4}$$

$$\begin{aligned} e_{ij}&=\frac{1}{2}\left(\frac{\partial u_i}{\partial x_j}+\frac{\partial u_j}{\partial x_i}-\frac{\partial u_k}{\partial x_i}\cdot\frac{\partial u_k}{\partial x_j}\right)\\ &=\frac{1}{2}(u_{i,j}+u_{j,i}-u_{k,i}\cdot u_{k,j}) \end{aligned} \tag{7-5}$$

通常称 e_{ij} 为 Almansi-Euler 应变张量，它是以变形后的坐标为基准，来度量物体变形的物理量，即它是由 Euler 坐标描述的，式中的 $u_{k,i}$、$u_{k,j}$ 为非线性项。该公式是几何非线性基本公式，其展开公式为

$$e_{11}=\frac{\partial u_1}{\partial x_1}-\frac{1}{2}\left[\left(\frac{\partial u_1}{\partial x_1}\right)^2+\left(\frac{\partial u_2}{\partial x_1}\right)^2+\left(\frac{\partial u_3}{\partial x_1}\right)^2\right] \tag{7-6a}$$

类似的有 e_{22}、e_{33}，而

$$2e_{12}=\frac{\partial u_1}{\partial x_2}+\frac{\partial u_2}{\partial x_1}-\left[\frac{\partial u_1}{\partial x_1}\cdot\frac{\partial u_1}{\partial x_2}+\frac{\partial u_2}{\partial x_1}\cdot\frac{\partial u_2}{\partial x_2}+\frac{\partial u_3}{\partial x_1}\cdot\frac{\partial u_3}{\partial x_2}\right] \tag{7-6b}$$

（3）Cauchy 应变张量　在式（7-2）和式（7-5）中的 $u_{k,i}$、$u_{k,j}$ 项，都是位移的二次项，在小位移小应变情况下，$u_{k,i}$、$u_{k,j}$ 与 $u_{i,j}$、$u_{j,i}$ 相比，它是小量，可以略去。因此，对于小位移小应变情况，Green-Lagrangian 应变张量 E_{ij} 和 Almansi-Euler 应变张量 e_{ij} 都退化为相同的形式，即

$$\overline{e_{ij}}=\frac{1}{2}(u_{i,j}+u_{j,i}) \tag{7-7}$$

式（7-7）称为 Cauchy 应变张量，这就是小变形情况下经常使用的应变-位移关系式。其展开公式为

$$\overline{e_{11}}=\frac{\partial u_1}{\partial x_1} \tag{7-8a}$$

$$\begin{aligned} 2\,\overline{e_{12}}&=\frac{\partial u_1}{\partial x_2}+\frac{\partial u_2}{\partial x_1}\\ &\cdots \end{aligned} \tag{7-8b}$$

上述公式的详细推导过程可参见《线性与非线性有限元原理和应用》[18] 或其他相关文献，故此处不予赘述。

3. 应力张量

在小变形情况下，通常定义

$$\boldsymbol{P}=\frac{d\boldsymbol{F}}{dA}=\lim_{\Delta A\to 0}\frac{\Delta\boldsymbol{F}}{\Delta A} \tag{7-9}$$

为总应力矢量，其中 $\Delta\boldsymbol{F}$ 为作用在变形体微面积 ΔA 上的内力。由于是小变形小应变，在研究应力的时候，并没有考虑变形前后形态（面积）的变化，也没有考虑到内力作用方向在变形前后的改变。因为这种变化很微小，可以忽略不计，即

$$\frac{d\boldsymbol{F}}{dA}=\frac{d\boldsymbol{F}_0}{dA_0} \tag{7-10}$$

式中，$\mathrm{d}\boldsymbol{F}_0$、$\mathrm{d}\boldsymbol{F}$、$\mathrm{d}A_0$、$\mathrm{d}A$ 分别为变形前后的内力和微元面积。

但是在大变形（大应变）情况下，变形前后微元面积 $\mathrm{d}A_0$、$\mathrm{d}A$ 的变化不能不予以考虑，而且内力 $\mathrm{d}\boldsymbol{F}_0$、$\mathrm{d}\boldsymbol{F}$ 的方向也不相同，因此在应力的定义中，是采用 $\mathrm{d}A_0$ 还是 $\mathrm{d}A$？是用 $\mathrm{d}\boldsymbol{F}_0$ 还是用 $\mathrm{d}\boldsymbol{F}$？或者在 $\mathrm{d}\boldsymbol{F}_0$、$\mathrm{d}\boldsymbol{F}$ 之间，要采取什么样的一种联系方式？就必须加以研究。不同的选择，就推导得出不同的应力张量表达式。

在大变形分析中，可以对应力张量用几种不同的定义，现分别介绍如下：

（1）柯西（Cauchy）应力张量　采用变形后的微面积 $\mathrm{d}A$ 和变形后的内力 $\mathrm{d}\boldsymbol{F}$ 来定义微面元上的应力，同时又以变形后的坐标 x_i 作为基准，即定义应力矢量为 $\mathrm{d}\boldsymbol{F}/\mathrm{d}A$。

根据微元体的平衡，显然 $\mathrm{d}\boldsymbol{F}$ 在三个坐标方向上的分量 $\mathrm{d}F_i$ 与平行于坐标方向微元面上的应力分量 σ_{ji} 之间，有下述关系

$$\mathrm{d}F_i=\sigma_{ji}\mathrm{d}A_j \tag{7-11}$$

上式通常称为柯西应力公式，其中 $\mathrm{d}A_j$ 为任意斜面 $\mathrm{d}A$ 在三个坐标轴方向上的投影。

由上述定义得到的应力张量 σ_{ji} 称为柯西应力张量，也称为欧拉（Euler）应力张量。

柯西应力也可看成为

$$\sigma_{ji}=\frac{\mathrm{d}F_i}{\mathrm{d}A_j} \tag{7-12}$$

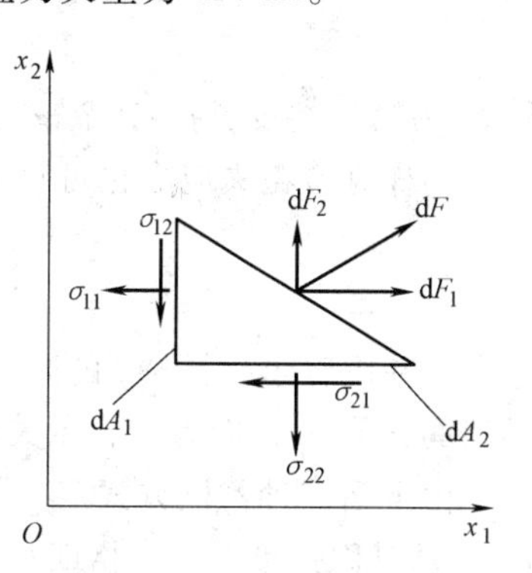

图 7-4　二维情况的柯西应力

它表示在垂直于坐标轴 j 的微元面 $\mathrm{d}A_j$ 上，当作用有 i 方向的内力分量时，$\mathrm{d}F_i$ 与 $\mathrm{d}A_j$ 比值 σ_{ji} 即为柯西应力张量的分量。二维情况的柯西应力如图 7-4 所示。

（2）拉格朗日（Lagrangian）应力张量　假设变形前作用在微面元上的内力 $\mathrm{d}\boldsymbol{F}_0$，与变形后作用在它上面的内力 $\mathrm{d}\boldsymbol{F}$，大小方向都相同，并采用变形前的微面积 $\mathrm{d}A_0$ 和变形前的（也就是变形后的）内力 $\mathrm{d}\boldsymbol{F}_0(=\mathrm{d}\boldsymbol{F})$ 来定义应力矢量，即应力矢量为 $\mathrm{d}\boldsymbol{F}_0/\mathrm{d}A_0=\mathrm{d}\boldsymbol{F}/\mathrm{d}A_0$。考虑微元体的平衡，若任意斜面上的内力沿坐标轴方向的分量为 $\mathrm{d}F_{0_i}$；垂直于坐标轴的微面元 $\mathrm{d}A_{0j}$ 上的应力为 T_{ji}，则有

$$\mathrm{d}F_{0i}=\mathrm{d}F_i=T_{ji}\mathrm{d}A_{0j} \tag{7-13}$$

称 T_{ji} 为拉格朗日应力张量，有时也称为第一类皮奥拉-克希霍夫（Piola-Kirchhoff）应力张量。

拉格朗日应力也可写成为

$$T_{ji}=\frac{\mathrm{d}F_{0i}}{\mathrm{d}A_{0j}}=\frac{\mathrm{d}F_i}{\mathrm{d}A_{0j}} \tag{7-14}$$

它表示在垂直于坐标轴 j 的微面元 $\mathrm{d}A_{0j}$ 上，作用有 i 方向的内力分量 $\mathrm{d}F_{0i}$ 时，$\mathrm{d}F_{0i}$ 与 $\mathrm{d}A_{0j}$ 的比值 T_{ji} 即为拉格朗日应力张量的分量。

（3）克希霍夫（Kirchhoff）应力张量　采用变形前的微元面积 $\mathrm{d}A_0$ 和变形前微面元上的内力 $\mathrm{d}\boldsymbol{F}_0$，来定义应力矢量 $\mathrm{d}\boldsymbol{F}_0/\mathrm{d}A_0$，但是假设变形前微面元上的内力 $\mathrm{d}\boldsymbol{F}_0$ 沿坐标轴的分量 $\mathrm{d}F_{0i}$，与变形后作用在微面元上的内力 $\mathrm{d}\boldsymbol{F}$ 沿坐标轴的分量 $\mathrm{d}F_j$ 之间，满足与坐标线段微元一样的变换关系，即

$$\mathrm{d}F_{0i}=\frac{\partial X_i}{\partial x_j}\mathrm{d}F_j \tag{7-15}$$

式中，X_i为变形前的坐标，x_j为变形后的坐标。

利用柯西公式，考虑微元体的平衡，在任意斜面上的内力分量与垂直于坐标轴平面上的应力分量之间，存在下述关系

$$\mathrm{d}F_{0i}=S_{ji}\mathrm{d}A_{0j} \tag{7-16}$$

或者

$$\frac{\partial X_i}{\partial x_j}\mathrm{d}F_j=S_{ji}\mathrm{d}A_{0j} \tag{7-17}$$

称S_{ji}为第二类皮奥拉-克希霍夫（Piola-Kirchhoff）应力张量，或简称为克希霍夫应力张量。

同样克希霍夫应力也可写成

$$S_{ji}=\frac{\mathrm{d}F_{0i}}{\mathrm{d}A_{0j}}=\frac{\partial X_i}{\partial x_j}\cdot\frac{\mathrm{d}F_j}{\mathrm{d}A_{0j}} \tag{7-18}$$

它表示在垂直于坐标轴j的微面元$\mathrm{d}A_{0j}$上，当作用有i方向的内力分量$\mathrm{d}F_{0i}$时，按式（7-18）得到的比值S_{ji}，即为克希霍夫应力张量的分量。

由上面三种不同方式定义的三种不同应力张量中，柯西应力张量σ_{ji}与克希霍夫应力张量S_{ji}是对称张量，而拉格朗日应力张量T_{ji}是不对称张量。一般在大变形情况下，采用柯西应力张量σ_{ji}与克希霍夫应力张量S_{ji}。

7.2.2.3 三维梁柱单元的虚功增量方程

增量法求解大变形问题的基本思路是：从一已知状态$\Omega^{(T)}$的位移U_i、应变E_{ij}及应力S_{ij}出发，确定由$\Omega^{(T)}$到$\Omega^{(T+\Delta T)}$的位移增量、应变增量与应力增量，然后得到$\Omega^{(T+\Delta T)}$状态的位移、应变与应力。在下一加载步中，$\Omega^{(T+\Delta T)}$状态变为已知状态，进而求得$\Omega^{(T+2\Delta T)}$状态。这样便可求出整个变形过程直到最后状态。在增量求解法中，基本的未知量不是各状态的状态量，而是它们的增量。三维虚功增量方程就是确定增量的基本方程。

为了描述（$T+\Delta T$）时刻的平衡状态，通常采用两种表达方法。其一，是在整个变形过程中，恒取$t=0$时刻的初始状态$\Omega^{(0)}$为参考状态，在平衡方程中采用格林-拉格朗日（Green-Lagrangian）应变张量及克希霍夫（Piola-Kirchhoff）应力张量，据此建立的增量理论称为完全的拉格朗日列式法（total Lagrangian formulation），简称为TL法；另一种方法就是假设$\Omega^{(0)}$，$\Omega^{(\Delta T)}$，…，$\Omega^{(T)}$状态的所有状态变量，如位移、应变、应力，都已求得，要求确定$\Omega^{(T+\Delta T)}$状态中的所有状态变量，而后又以$\Omega^{(T+\Delta T)}$为参考状态，又可确定$\Omega^{(T+2\Delta T)}$状态。这样参考状态是逐步更新的，并总与当前状态重合。这样建立的增量理论称为更新的拉格朗日列式法（updated Lagrangian formulation），简称为UL法。

由于完全的拉格朗日列式法虽然初始构形明确，计算相对简单，但是当节点转动较大时，将会导致节点处的弯矩不平衡，因此不适于大位移大转角这类的大变形分析；而更新的拉格朗日列式法能够把单元纯变形的影响从节点位移中分离出来，从而排除了刚体位移，消除了不平衡因素，因此它最适于大位移大转角这类的大变形分析。所以本章采用能满足结构高等分析条件的适于大位移大转角这类的大变形分析的更新的拉格朗日（UL）列式法来建立梁柱单元的几何非线性增量刚度方程。其具体过程如下：

以T时刻的状态作为度量基准来描述物体在$T+\Delta T$时刻的平衡，并在平衡方程中采用格

林-拉格朗日（Green-Lagrangian）应变张量及克希霍夫（Piola-Kirchhoff）应力张量，则 $T+\Delta T$ 时刻的虚功方程的物体平衡条件为

$$\int_{^TV} \{{}^{T+\Delta T}_{T}S\}^T \{\delta {}^{T+\Delta T}_{T}E\} \mathrm{d}^T V = {}^{T+\Delta T}_{T}W \tag{7-19}$$

式（7-19）中左端表示内力做的虚功，右端表示外力做的虚功，其外力虚功可表达为

$$ {}^{T+\Delta T}_{T}W = \int_{^TV} \{{}^{T+\Delta T}_{T}q_{\mathrm{v}}\}^T \{\delta U\} \mathrm{d}^T V + \int_{^TS} \{{}^{T+\Delta T}_{T}q_{\mathrm{s}}\}^T \{\delta U\} \mathrm{d}^T S + \{{}^{T+\Delta T}_{T}R\}^T \{\delta U_O\} \tag{7-20}$$

式中 $\{{}^{T+\Delta T}_{T}S\}$——第二类 Piola-kirchhoff 应力分量；

$\{{}^{T+\Delta T}_{T}E\}$——Green-Lagrangian 应变分量；

$\{{}^{T+\Delta T}_{T}q_{\mathrm{v}}\}$、$\{{}^{T+\Delta T}_{T}q_{\mathrm{s}}\}$、$\{{}^{T+\Delta T}_{T}R\}$——分别为体力、面力和节点集中力。

为了将方程式（7-20）改写为增量形式的虚功方程，可将 $T+\Delta T$ 时刻的应力、应变、位移用增量关系表示为

$$\{{}^{T+\Delta T}_{T}S\} = \{{}^{T}_{T}\sigma\} + \{{}_{T}S\} \tag{7-21}$$

$$\{{}^{T+\Delta T}_{T}E\} = 0 + \{{}_{T}E\} \tag{7-22}$$

$$\{{}^{T+\Delta T}_{T}U\} = 0 + \{{}_{T}U\} \tag{7-23}$$

式中 $\{{}^{T}_{T}\sigma\}$——T 时刻 Cauchy 应力分量；

$\{{}_{T}S\}$——克希霍夫（Kirchhoff）增量应力。

式（7-22）及式（7-23）中的第一项为零，是因为应变和位移是从零开始测量的。进一步将应变增量 $\{{}_{T}E\}$ 分成线性部分 $\{{}_{T}e\}$ 和非线性部分 $\{{}_{T}\eta\}$ 之和，则有

$$\{{}_{T}E\} = \{{}_{T}e\} + \{{}_{T}\eta\} \tag{7-24}$$

$$ {}_{T}e_{ij} = \frac{1}{2}({}_{T}U_{i,j} + {}_{T}U_{j,i}) \tag{7-25}$$

$$ {}_{T}\eta_{ij} = \frac{1}{2}{}_{T}U_{k,i}\,{}_{T}U_{k,j} \tag{7-26}$$

将式（7-21）代入式（7-19），并注意到

$$\{\delta {}^{T+\Delta T}_{T}E\} = \{\delta_T E\}$$

$$\{\delta {}^{T+\Delta T}_{T}U\} = \{\delta_T U\}$$

再应用增量应力 $\{{}_{T}S\}$ 与增量应变 $\{{}_{T}E\}$ 之间的关系

$$\{{}_{T}S\} = \{{}_{T}C\}\{{}_{T}E\} \tag{7-27}$$

式中 $[{}_{T}C]$——弹塑性本构关系矩阵。

则方程式（7-19）可以写成

$$\int_{^TV} \{{}_{T}E\}^{\mathrm{T}} [{}_{T}C] \{\delta_T E\} \mathrm{d}^T V + \int_{^TV} \{{}^{T}_{T}\sigma\}^{\mathrm{T}} \{\delta_T \eta\} \mathrm{d}^T V$$

$$ = {}^{T+\Delta T}_{T}W - \int_{^TV} \{{}^{T}_{T}\sigma\}^{\mathrm{T}} \{\delta_T e\} \mathrm{d}^T V \tag{7-28a}$$

将式（7-28a）线性化处理，近似取

$$\{{}_{T}E\} \approx \{{}_{T}e\}$$

$$\{\delta_T E\} \approx \{\delta_T e\}$$

则方程式（7-19）最后可以写成

$$\int_{^TV} \{_Te\}^{\mathrm{T}}[_TC]\{\delta_Te\}\mathrm{d}^TV + \int_{^TV} \{^T_T\boldsymbol{\sigma}\}^{\mathrm{T}}\{\delta_T\boldsymbol{\eta}\}\mathrm{d}^TV = {}^{T+\Delta T}_{\ \ \ T}W - \int_{^TV} \{^T_T\boldsymbol{\sigma}\}^{\mathrm{T}}\{\delta_Te\}\mathrm{d}^TV \tag{7-28b}$$

式（7-28b）即为增量形式的更新的拉格朗日（UL）方程。

图 7-5 表示一典型空间杆单元的变形路径，图中构形 $\Omega^{(0)}$ 表示初始的未变形状态；构形 $\Omega^{(T)}$ 为当前已知的变形平衡状态；构形 $\Omega^{(T+\Delta T)}$ 为邻近要求的变形平衡状态。图 7-5 还同时表示出了局部坐标系与整体坐标系。在更新的拉格朗日列式法中，每个单元的局部参考状态均为上次算得的构形 $\Omega^{(T)}$。

在整体分析中，位移、荷载等都是在固定的笛卡尔坐标系中来度量的。

如图 7-5 所示，(X, Y, Z) 表示整体坐标系，(x, y, z) 表示局部坐标系。在局部坐标系中，x 轴与截面的形心轴重合，y、z 轴分别为截面的两个主轴。在通常的三维工程梁理论中，只有三个独立的应力分量 ${}^T_T\sigma_{xx}$、${}^T_T\sigma_{xy}$、${}^T_T\sigma_{xz}$ 和三个独立的应变分量。应变分量的线性部分和非线性部分可分别表示为 ${}_Te_{xx}$、${}_Te_{xy}$、${}_Te_{xz}$、${}_T\eta_{xx}$、${}_T\eta_{xy}$、${}_T\eta_{xz}$，其本构关系矩阵可以表示为

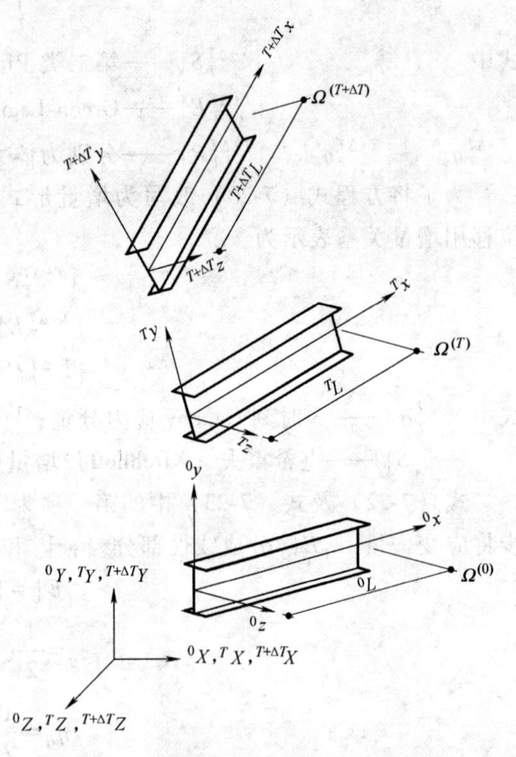

图 7-5 空间杆单元的运动及其坐标系

$$[_TC] = \begin{bmatrix} E & 0 & 0 \\ 0 & G & 0 \\ 0 & 0 & G \end{bmatrix} \tag{7-29}$$

式中 E——弹性模量；

G——剪切模量。

因而，对于空间杆单元，将式（7-29）代入式（7-28b），并考虑应变分量与应变张量表达之间的关系，可得相应的虚功增量方程为

$$\int_V (Ee_{xx}\delta e_{xx} + 4Ge_{xy}\delta e_{xy} + 4Ge_{xz}\delta e_{xz})\mathrm{d}V + \int_V (\sigma_{xx}\delta\eta_{xx} + 2\sigma_{xy}\delta\eta_{xy} + 2\sigma_{xz}\delta\eta_{xz})\mathrm{d}V = {}^{T+\Delta T}W - \int_V (\sigma_{xx}\delta e_{xx} + 2\sigma_{xy}\delta e_{xy} + 2\sigma_{xz}\delta e_{xz})\mathrm{d}V \tag{7-30}$$

在式（7-30）中，左上角标及左下角标 T 已省去，因为我们已经知道方程中的所有物理量都是以 $\Omega^{(T)}$ 状态为基准来度量的，此时，$\Omega^{(T)}$ 状态已经求得。

若令 ΔU_x、ΔU_y 和 ΔU_z 分别表示截面 x 上一任意点 N 的轴向位移和两个横向位移增量（图 7-6），则 Green-Lagrange 应变增量可用位移增量表示，即

$$e_{xx}=\Delta U_{x,x} \tag{7-31a}$$

$$e_{xy}=(\Delta U_{x,y}+\Delta U_{y,x})/2 \tag{7-31b}$$

$$e_{xz}=(\Delta U_{x,z}+\Delta U_{z,x})/2 \tag{7-31c}$$

$$\eta_{xx}=(\Delta U_{x,x}^2+\Delta U_{y,x}^2+\Delta U_{z,x}^2)/2 \tag{7-31d}$$

$$\eta_{xy}=(\Delta U_{x,x}\Delta U_{x,y}+\Delta U_{y,x}\Delta U_{y,y}+\Delta U_{z,x}\Delta U_{z,y})/2 \tag{7-31e}$$

$$\eta_{xz}=(\Delta U_{x,x}\Delta U_{x,z}+\Delta U_{y,x}\Delta U_{y,z}+\Delta U_{z,x}\Delta U_{z,z})/2 \tag{7-31f}$$

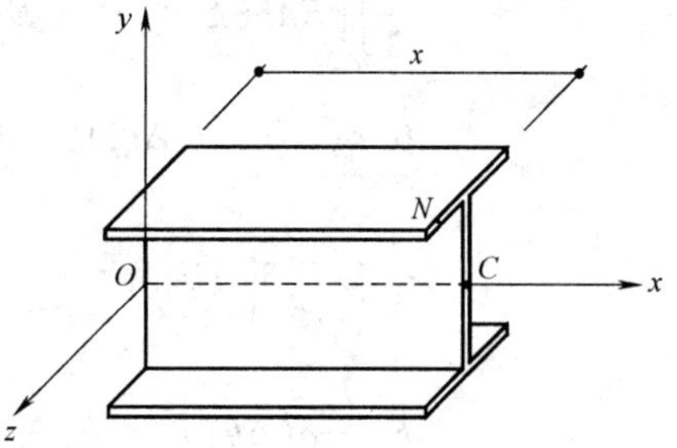

图 7-6 单元的坐标

式中，逗号表示对后面坐标的导数。若用 ΔU_{x0}、ΔU_{y0}、和 ΔU_{z0} 表示截面 x 形心 C 处的位移增量，$\Delta\theta_x$、$\Delta\theta_y$ 和 $\Delta\theta_z$ 表示截面 x 的转动增量，则同一截面上点 N 处的位移增量可以表示为

$$\Delta U_x=\Delta U_{x0}+\Delta\theta_y z-\Delta\theta_z y \tag{7-32a}$$

$$\Delta U_y=\Delta U_{y0}-\Delta\theta_x z \tag{7-32b}$$

$$\Delta U_z=\Delta U_{z0}+\Delta\theta_x y \tag{7-32c}$$

将式（7-32）代入式（7-31），可得用截面 x 形心 C 处的位移增量和转动增量表示的 Green-Lagrange 应变增量，即

$$e_{xx}=\Delta U'_{x0}+\Delta\theta'_y z-\Delta\theta'_z y \tag{7-33a}$$

$$e_{xy}=(-\Delta\theta'_x z+\Delta U'_{y0}+\Delta\theta_z)/2 \tag{7-33b}$$

$$e_{xz}=(\Delta\theta'_x y+\Delta U'_{z0}+\Delta\theta_y)/2 \tag{7-33c}$$

$$\eta_{xx}=[(\Delta U'_{x0}+\Delta\theta'_y z-\Delta\theta'_z y)^2+(\Delta U'_{y0}+\Delta\theta'_x z)^2+(\Delta U'_{z0}+\Delta\theta'_x y)^2]/2 \tag{7-33d}$$

$$\eta_{xy}=[-(\Delta U'_{x0}+\Delta\theta'_y z-\Delta\theta'_z y)\cdot\Delta\theta_z+(\Delta U'_{z0}+\Delta\theta'_x y)\cdot\Delta\theta_x]/2 \tag{7-33e}$$

$$\eta_{xz}=[(\Delta U'_{x0}+\Delta\theta'_y z-\Delta\theta'_z y)\cdot\Delta\theta_y-(\Delta U'_{y0}-\Delta\theta'_x z)\cdot\Delta\theta_x]/2 \tag{7-33f}$$

式（7-33）中，$(\quad)'=\mathrm{d}(\quad)/\mathrm{d}x$

将式（7-33）代入式（7-30），并注意如下关系式

$$\sigma_{xx}=\frac{F_x}{A}+\frac{M_y z}{I_y}-\frac{M_z y}{I_z}$$

$$\sigma_{xy}=\frac{F_y}{A}-\frac{M_x z}{J_x}$$

$$\sigma_{xz}=\frac{F_z}{A}+\frac{M_x y}{J_x}$$

$$\int_A y\mathrm{d}A=0,\quad \int_A z\mathrm{d}A=0,\quad \int_A yz\mathrm{d}A=0$$

$$\int_A y^3\mathrm{d}A=0,\quad \int_A yz^2\mathrm{d}A=0,\quad \int_A zy^2\mathrm{d}A=0$$

$$\int_A z^3\mathrm{d}A=0,\quad \int_A \mathrm{d}A=A,\quad \int_A y^2\mathrm{d}A=I_z$$

$$\int_A z^2\mathrm{d}A=I_y,\quad \int_A (y^2+z^2)\mathrm{d}A=J_x$$

可得三维梁柱单元的虚功增量方程为

$$
\begin{aligned}
&\frac{1}{2}\int_0^L [EA\delta(\Delta U'_{x0})^2 + EI_y\delta(\Delta\theta'_y)^2 + EI_z\delta(\Delta\theta'_z)^2 + GJ_x\delta(\Delta\theta'_x)^2 + \\
&\underline{GA\delta(\Delta U'_{y0} - \Delta\theta_z)^2} + \underline{GA\delta(\Delta U'_{z0} - \Delta\theta_y)^2}]\mathrm{d}x + \\
&\frac{1}{2}\int_0^L \{F_x\delta[\underline{\Delta U'_{x0})^2} + (\Delta U'_{y0})^2 + (\Delta U'_{z0})^2] + F_x\frac{I_z + I_y}{A}\delta(\Delta\theta'_x)^2 + \\
&\underline{F_x\frac{I_y}{A}\delta(\Delta\theta'_y)^2} + \underline{F_x\frac{I_z}{A}\delta(\Delta\theta'_z)^2}\}\mathrm{d}x + \\
&\int_0^L [\underline{M_y\delta(\Delta U'_{x0}\Delta\theta'_y)} - M_y\delta(\Delta U'_{y0}\Delta\theta'_x)]\mathrm{d}x - \\
&\int_0^L [M_z\delta(\Delta U'_{z0}\Delta\theta'_x) - \underline{M_z\delta(\Delta U'_{x0}\Delta\theta'_z)}]\mathrm{d}x + \\
&\int_0^L [F_y\delta(\Delta U'_{z0}\Delta\theta'_x) - F_y\delta(\Delta U'_{x0}\Delta\theta'_z)]\mathrm{d}x + \\
&\int_0^L [F_z\delta(\Delta U'_{x0}\Delta\theta'_y) - F_z\delta(\Delta U'_{y0}\Delta\theta'_x)]\mathrm{d}x + \\
&\int_0^L \left[\frac{M_x I_y}{J_x}\delta(\Delta\theta'_y\Delta\theta_z) - \frac{M_x I_z}{J_x}\delta(\Delta\theta'_z\Delta\theta_y)\right]\mathrm{d}x \\
&= {}^2W_{\mathrm{a}} - {}^1W_{\mathrm{i}}
\end{aligned}
\tag{7-34a}
$$

式（7-34a）中的${}^2W_{\mathrm{a}}$为$T+\Delta T$时刻（称为状态2）外力所做的虚功，即${}^2W_{\mathrm{a}} = {}^{T+\Delta T}_{T}W$；${}^1W_{\mathrm{i}}$为$T$时刻（称为状态1）内力所做的虚功，将式（7-33a～c）代入式（7-30）右边第二项可得

$$
\begin{aligned}
{}^1W_i = \int_0^L [&F_x\delta(\Delta U'_{x0}) + F_y\delta(\Delta U'_{y0} - \Delta\theta_z) + F_z\delta(\Delta U'_{z0} - \Delta\theta_y) + \\
&M_y\delta(\Delta\theta'_y) + M_z\delta(\Delta\theta'_z) + M_x\delta(\Delta\theta'_x)]\mathrm{d}x
\end{aligned}
\tag{7-35}
$$

式（7-34a）中包括了弓形效应，轴向变形与弯曲、轴向变形与剪切、轴力与扭转、双向弯曲、弯曲与扭转等各耦合项的Wagner效应，可称得上是严格三维梁柱单元的虚功方程。其中标有横线的七项是前人（如Liew J Y R[3]和Remke J[19]等人）的研究均未考虑的部分。式（7-34a）中的第一、第二横线项主要反映剪切效应，在薄壁构件分析中该效应不宜忽略。第三横线项主要反映单元轴向变形的影响，这在高层特别是在超高层钢结构分析中是必须考虑的，因为W. Weaver[20]在对20层框架分析后认为，如果不考虑柱的轴向变形，会使计算出的结构水平位移减小20%，这将会导致实际结构的受力和变形与分析结果不一致，给结构带来安全隐患。第四、第五横线项则反映了在考虑剪切变形基础上，轴力对弯曲变形的影响。第六、第七横线项为在考虑剪切变形基础上的轴向变形与弯曲变形的耦合项。若令

$$
i_0^2 = (I_y + I_z)/A \tag{7-36a}
$$

$$i_y^2 = I_y/A \tag{7-36b}$$

$$i_z^2 = I_z/A \tag{7-36c}$$

$$i_{yx} = I_y/J_x \tag{7-36d}$$

$$i_{zx} = I_z/J_x \tag{7-36e}$$

并将式（7-34a）重新组合后可得三维梁柱单元的虚功增量方程为

$$\begin{aligned}
&\frac{1}{2}\int_0^L (EA + F_x)\delta(\Delta U'_{x0})^2 \mathrm{d}x + \frac{1}{2}\int_0^L (EI_y + F_x i_y^2)\delta(\Delta\theta'_y)^2 \mathrm{d}x + \\
&\frac{1}{2}\int_0^L (EI_z + F_x i_z^2)\delta(\Delta\theta'_z)^2 \mathrm{d}x + \frac{1}{2}\int_0^L (GJ_x + F_x i_0^2)\delta(\Delta\theta'_x)^2 \mathrm{d}x + \\
&\frac{1}{2}\int_0^L [GA\delta(\Delta U'_{y0} - \Delta\theta_z)^2 + GA\delta(\Delta U'_{z0} + \Delta\theta_y)^2]\mathrm{d}x + \\
&\frac{1}{2}\int_0^L F_x\delta[(\Delta U'_{y0})^2 + (\Delta U'_{z0})^2]\mathrm{d}x + \\
&\int_0^L F_y\delta(-\Delta U'_{x0}\Delta\theta_z + \Delta U'_{z0}\Delta\theta_x)\mathrm{d}x + \\
&\int_0^L F_z\delta(\Delta U'_{x0}\Delta\theta_y + \Delta U'_{y0}\Delta\theta_x)\mathrm{d}x + \\
&\int_0^L M_y\delta(\Delta U'_{x0}\Delta\theta'_y - \Delta U'_{y0}\Delta\theta'_x)\mathrm{d}x - \int_0^L M_z\delta(\Delta U'_{z0}\Delta\theta'_x - \Delta U'_{x0}\Delta\theta'_z)\mathrm{d}x + \\
&\int_0^L [M_x i_{yx}\delta(\Delta\theta'_y\Delta\theta_z) - M_x i_{zx}\delta(\Delta\theta'_z\Delta\theta_y)]\mathrm{d}x \\
&= {}^2W_\mathrm{a} - {}^1W_\mathrm{i}
\end{aligned} \tag{7-34b}$$

7.2.2.4　考虑轴力和剪切变形影响的梁柱单元位移函数

众所周知，当梁的截面高度大于其长度的 1/5 时，对这类深梁的分析就必须计入梁的剪切变形的影响，即应按铁摩辛柯梁理论来进行分析，否则将会产生较大的误差。此外，对于薄壁截面梁也应计入剪切变形的影响[12]。本书研究的对象是钢结构，其构件壁厚（即板件厚度）与横截面代表尺寸（截面最大高度或宽度）之比通常小于 0.1，符合符拉索夫（Vlazov）薄壁杆件理论中对“薄壁构件”规定的尺寸限制，因此，其构件属薄壁构件，应计入剪切变形的影响。舒兴平等人[22]也证明了对于多高层钢框架结构分析时不能忽略剪切变形的影响。同时，巨型钢框架结构中的构件承受较大的轴力，分析时不能忽略其影响。因此，本节根据梁柱理论，综合考虑轴力和剪切变形影响基础上，导出梁柱单元的横向位移函数，再根据铁摩辛柯（Timoshenko）梁理论[23]导出单元的转角位移函数，以便用于建立严格的三维梁柱单元刚度方程。

1. 梁柱单元的横向位移函数

受压梁柱单元的受力与变形如图 7-7 所示。在弯矩、剪力和轴力共同作用下，单元的横

向变形 y 包含弯曲变形 y_M 和剪切变形 y_Q 两部分，即

$$y=y_M+y_Q \tag{7-37}$$

由弯曲变形引起的曲率为

$$y''_M=-\frac{M}{EI} \tag{7-38}$$

式中 E——钢材的弹性模量；

I——单元截面惯性矩；

M——单元任意截面的弯矩。

$$M=M_j-Q_jx+Ny \tag{7-39}$$

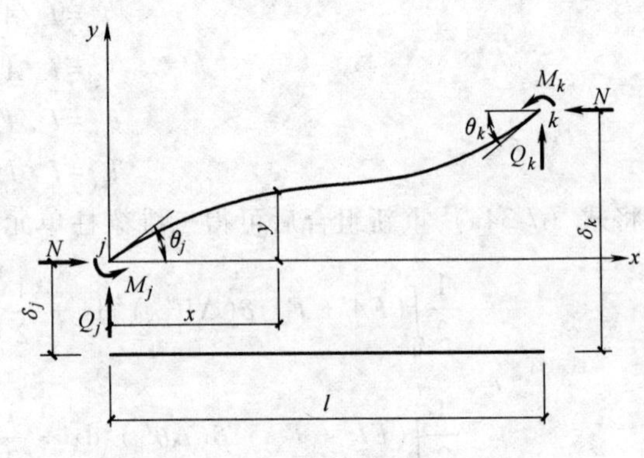

图 7-7 梁柱单元的受力与变形

由剪力 Q 产生的轴线转角为

$$y'_Q=\frac{\mu Q}{GA}=\frac{\mu}{GA}\frac{\mathrm{d}M}{\mathrm{d}x} \tag{7-40}$$

将式（7-39）代入式（7-40）得

$$y'_Q=\frac{\mu}{GA}(-Q_j+Ny') \tag{7-41}$$

则

$$y''_Q=\frac{\mu N}{GA}y'' \tag{7-42}$$

式中 G——钢材剪切弹性模量；

A——单元抗剪面积；

μ——考虑剪切变形不均匀影响的截面形状系数，如图 7-8 所示。

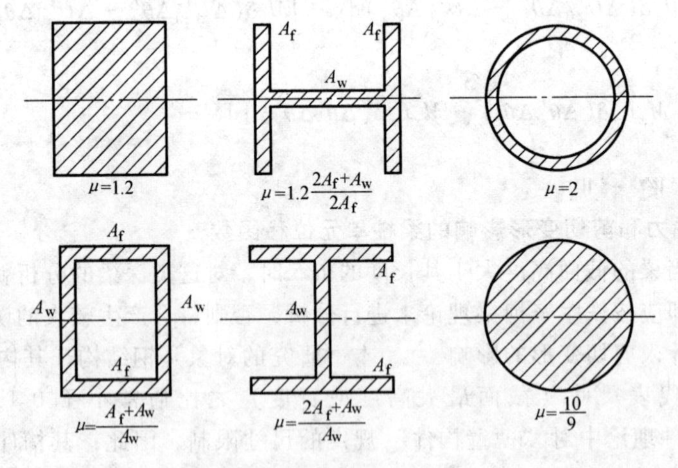

图 7-8 各种截面的形状系数 μ 值

对式（7-37）求二阶导数，并考虑式（7-38）、式（7-39）和式（7-42）的关系，可得

$$y''+\alpha^2y=-\frac{M_j-Q_jx}{\eta EI} \tag{7-43}$$

$$\eta=1-\frac{\mu N}{GA} \tag{7-44}$$

$$\alpha^2=\frac{N}{\eta EI} \tag{7-45}$$

式（7-43）的通解为

$$y=A\cos\alpha x+B\sin\alpha x-\frac{M_j-Q_jx}{N} \tag{7-46}$$

其边界条件为

$$x=0,\qquad y=0$$

$$x=0,\qquad y'=y'_M+y'_Q=\theta_j+\frac{\mu}{GA}(-Q_j+Ny') \tag{7-47a}$$

得

$$y'=\frac{1}{\eta}\left(\theta_j-\frac{\mu Q_j}{GA}\right) \tag{7-47b}$$

边界条件为

$$\begin{aligned}&x=l,\qquad y=\delta_k-\delta_j\\&x=l,\qquad y'=\theta_k+\frac{\mu}{GA}(-Q_j+Ny')\end{aligned} \tag{7-47c}$$

得

$$y'=\frac{1}{\eta}\left(\theta_k-\frac{\mu Q_j}{GA}\right) \tag{7-47d}$$

由式（7-47a～d）解得 A、B、θ_j、θ_k 后，再考虑单元力矩平衡条件和式（7-45）的关系，可确定弯矩和剪力为

$$M_j=\frac{EI}{l\varphi_c}\left[\beta(\sin\beta-\eta\beta\cos\beta)\theta_j+\beta(\eta\beta-\sin\beta)\theta_k-\eta\beta^2(1-\cos\beta)\frac{\delta_k-\delta_j}{l}\right] \tag{7-48}$$

$$Q_j=\frac{EI}{l\varphi_c}\left[\eta\beta^2(1-\cos\beta)\frac{\theta_j}{l}+\eta\beta^2(1-\cos\beta)\frac{\theta_k}{l}-\eta^2\beta^3\sin\beta\,\frac{\delta_k-\delta_j}{l^2}\right] \tag{7-49}$$

将式（7-48）、式（7-49）及由边界条件确定的系数 A 和 B 代入式（7-46），并考虑式(7-45)的关系后，可得受压梁柱单元考虑剪切变形影响后的横向位移函数，即

$$\begin{aligned}y=\frac{1}{\varphi_c}\Bigg\{&\left[\frac{1-\cos\beta+\eta\beta\sin\beta}{\eta\alpha}\sin(\alpha x)+\frac{\sin\beta-\eta\beta\cos\beta}{\eta\alpha}\cos(\alpha x)+\frac{1-\cos\beta}{\eta\alpha}\eta\alpha x+\right.\\&\left.\frac{\eta\beta\cos\beta-\sin\beta}{\eta\alpha}\right]\theta_j+\left[\frac{\cos\beta-1}{\eta\alpha}\sin(\alpha x)+\frac{\eta\beta-\sin\beta}{\eta\alpha}\cos(\alpha x)+\right.\\&\left.\frac{1-\cos\beta}{\eta\alpha}\eta\alpha x+\frac{\sin\beta-\eta\beta}{\eta\alpha}\right]\theta_k+[-\sin\beta\sin(\alpha x)+(1-\cos\beta)\cos(\alpha x)+\\&\eta\alpha\sin\beta x-(1-\cos\beta)]\delta_j+[\sin\beta\sin(\alpha x)-(1-\cos\beta)\cos(\alpha x)-\\&\eta\alpha\sin(\alpha x)x+(1-\cos\beta)]\delta_k\Bigg\}\end{aligned} \tag{7-50}$$

$$\varphi_c=2-2\cos\beta-\eta\beta\sin\beta \tag{7-51}$$

$$\alpha=\sqrt{|N/(\eta EI)|} \tag{7-52}$$

$$\beta=\alpha l=\sqrt{|Nl^2/(\eta EI)|} \tag{7-53}$$

对于受拉梁柱单元，类同于受压梁柱单元的推导，可得单元考虑剪切变形影响的横向位移函数，即

$$
\begin{aligned}
y=\frac{1}{\varphi_{t}}\Bigg\{&\left[\frac{1-\mathrm{ch}\beta+\eta_{1}\beta\mathrm{sh}\beta}{\eta_{1}\alpha}\mathrm{sh}(\alpha x)+\frac{\mathrm{sh}\beta-\eta_{1}\beta\mathrm{ch}\beta}{\eta_{1}\alpha}\mathrm{ch}(\alpha x)+\right.\\
&\left.\frac{1-\mathrm{ch}\beta}{\eta_{1}\alpha}\eta_{1}\alpha x+\frac{\eta_{1}\beta\mathrm{ch}\beta-\mathrm{sh}\beta}{\eta_{1}\alpha}\right]\theta_{j}+\\
&\left[\frac{\mathrm{ch}\beta-1}{\eta_{1}\alpha}\mathrm{sh}(\alpha x)+\frac{\eta_{1}\beta-\mathrm{sh}\beta}{\eta_{1}\alpha}\mathrm{ch}(\alpha x)+\frac{1-\mathrm{ch}\beta}{\eta_{1}\alpha}\eta_{1}\alpha x+\frac{\mathrm{sh}\beta-\eta_{1}\beta}{\eta_{1}\alpha}\right]\theta_{k}+\\
&[(1-\mathrm{ch}\beta)\mathrm{ch}(\alpha x)+\mathrm{sh}\beta\mathrm{sh}(\alpha x)-\eta_{1}\alpha\mathrm{sh}\beta x+(\mathrm{ch}\beta-1)]\delta_{j}+\\
&[(\mathrm{ch}\beta-1)\mathrm{ch}(\alpha x)-\mathrm{sh}\beta\mathrm{sh}(\alpha x)+\eta_{1}\alpha\mathrm{sh}\beta x+(1-\mathrm{ch}\beta)\delta_{k}]\Bigg\}
\end{aligned}
\tag{7-54}
$$

$$\varphi_{t}=2-2\mathrm{ch}\beta+\eta_{1}\beta\mathrm{sh}\beta \tag{7-55}$$

$$\eta_{1}=1+\frac{\mu N}{GA} \tag{7-56}$$

$$\alpha=\sqrt{|N/(\eta EI)|} \tag{7-57}$$

$$\beta=\alpha l=\sqrt{|Nl^{2}/(\eta EI)|} \tag{7-58}$$

上述各式，当 $\eta=1$ 时，为不考虑剪切变形影响的梁柱单元横向位移函数。

2. 梁柱单元的转角位移函数

根据本章基本假定第2）条，当考虑剪切变形影响时，单元横向位移与转角位移是彼此独立无关的函数。因此，下面根据铁摩辛柯梁理论导出梁柱单元的转角位移函数。

由图7-7可知，在离坐标圆点为 x 的任一截面，其剪力 $Q(x)$ 为

$$Q(x)=-Q_{j}=-\frac{EI}{l\varphi_{c}}\left[\eta\beta^{2}(1-\cos\beta)\frac{\theta_{j}}{l}+\eta\beta^{2}(1-\cos\beta)\frac{\theta_{k}}{l}-\eta^{2}\beta^{3}\sin\beta\frac{\delta_{k}-\delta_{j}}{l^{2}}\right] \tag{7-59}$$

根据铁摩辛柯梁理论，单元内任一截面的转角位移 $\theta(x)$ 为[11,22]

$$\theta(x)=\frac{\mathrm{d}y}{\mathrm{d}x}-\gamma \tag{7-60}$$

剪切变形角 γ 为

$$\gamma=-\frac{\mu EI}{GAl\varphi_{c}}\left[\eta\beta^{2}(1-\cos\beta)\frac{\theta_{j}}{l}+\eta\beta(1-\cos\beta)\frac{\theta_{k}}{l}-\eta^{2}\beta^{3}\sin\beta\frac{\delta_{k}-\delta_{j}}{l^{2}}\right] \tag{7-61}$$

将式（7-50）和式（7-61）代入式（7-60）并经整理后得梁柱受压单元的转角位移函数为

$$
\begin{aligned}
\theta(x)=\frac{1}{\varphi_{c}}\Bigg\{&\left[\frac{1-\cos\beta+\eta\beta\sin\beta}{\eta}\cos(\alpha x)-\frac{\sin\beta-\eta\beta\cos\beta}{\eta}\sin(\alpha x)+k(1-\cos\beta)\right]\theta_{j}+\\
&\left[\frac{\cos\beta-1}{\eta}\cos(\alpha x)-\frac{\eta\beta-\sin\beta}{\eta}\sin(\alpha x)+k(1-\cos\beta)\right]\theta_{k}+\\
&[-\alpha\sin\beta\cos(\alpha x)-\alpha(1-\cos\beta)\sin(\alpha x)+k\eta\alpha\sin\beta]\delta_{j}+\\
&[\alpha\sin\beta\cos(\alpha x)+\alpha(1-\cos\beta)\sin(\alpha x)-k\eta\alpha\sin\beta]\delta_{k}\Bigg\}
\end{aligned}
\tag{7-62}
$$

$$k=1+\frac{\mu\eta\alpha^{2}EI}{GA} \tag{7-63}$$

按相似的方法，可得受拉梁柱单元考虑剪切变形影响的转角位移函数为

$$\theta(x)=\frac{1}{\varphi_{t}}\left\{\left[\frac{1-\mathrm{ch}\beta+\eta_{1}\beta\mathrm{sh}\beta}{\eta_{1}}\mathrm{ch}(\alpha x)+\frac{\mathrm{sh}\beta-\eta_{1}\beta\mathrm{ch}\beta}{\eta_{1}}\mathrm{sh}(\alpha x)+k_{1}(1-\mathrm{ch}\beta)\right]\theta_{j}+\right.$$
$$\left[\frac{\mathrm{ch}\beta-1}{\eta_{1}}\mathrm{ch}(\alpha x)+\frac{\eta_{1}\beta-\mathrm{sh}\beta}{\eta_{1}}\mathrm{sh}(\alpha x)+k_{1}(1-\mathrm{ch}\beta)\right]\theta_{k}+ \tag{7-64}$$
$$[\alpha\mathrm{sh}\beta\mathrm{ch}(\alpha x)+\alpha(1-\mathrm{ch}\beta)\mathrm{sh}(\alpha x)-k_{1}\eta_{1}\alpha\mathrm{sh}\beta]\delta_{j}+$$
$$\left.[-\alpha\mathrm{sh}\beta\mathrm{ch}(\alpha x)-\alpha(1-\mathrm{ch}\beta)\mathrm{sh}(\alpha x)+k_{1}\eta_{1}\alpha\mathrm{sh}\beta]\delta_{k}\right\}$$

$$k_{1}=1-\frac{\mu\eta_{1}\alpha^{2}EI}{GA} \tag{7-65}$$

当 $k=1$ 或 $k_1=1$ 时，有 $\theta(x)=\mathrm{d}y/\mathrm{d}x$，即为按欧拉-贝努利（Euler-Benoulli）梁理论（不考虑剪切变形的影响）确定的转角位移函数。

7.2.2.5 位移插值函数

在使用有限元法建立梁柱单元的非线性刚度方程时，为了保证结构的分析精度，同时又要尽可能提高结构分析效率，以便于实际应用，关键是根据结构特征，构造合适的位移插值函值。若采用常用的三次多项式或五次多项式插值函数来近似单元的横向位移，必然会影响结构的分析精度，除非将结构中的构件细分为若干单元，这又必然增加结构模型的复杂性和降低结构的分析效率。对于像多、高层钢结构这类承受高轴力的大型复杂结构的非线性分析，这一问题更加突出。因此，为了在结构分析精度和分析效率间寻找一个平衡点，本节选用第7.2.2.4节导出的梁柱单元的精确的横向位移和转角位移函数作为三维梁柱单元的横向位移和转角位移插值函数。由于该插值函数是用稳定函数（超越函数）表示的，因此称为稳定插值函数（stability interpolation functions）。由稳定插值函数来模拟的单元称为稳定插值函数单元，简称SIF单元。使用SIF单元，每一构件只需采用一个单元进行分析，即可获得较高精度。可大大提高结构的分析设计效率。对于轴向位移增量和扭转角增量均采用线性函数位移场。

对于三维梁柱单元，其杆端力和杆端位移如图7-9所示。

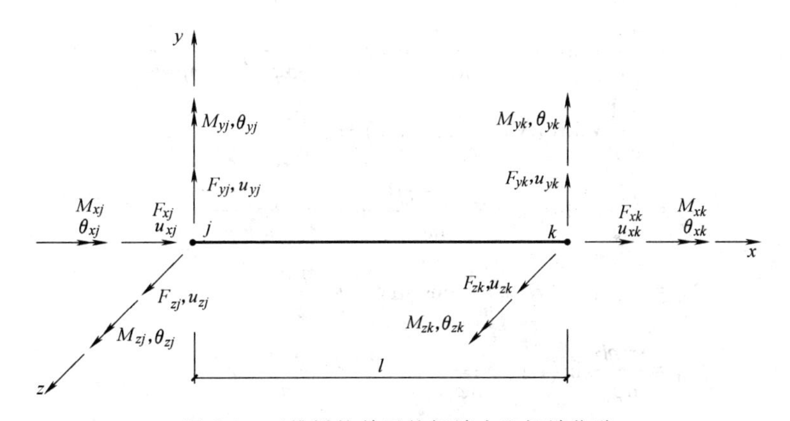

图7-9 三维梁柱单元的杆端力和杆端位移

杆端位移向量为

$$\{u\}=[u_{xj},u_{yj},u_{zj},\theta_{xj},\theta_{yj},\theta_{zj},u_{xk},u_{yk},u_{zk},\theta_{xk},\theta_{yk},\theta_{zk}]^{\mathrm{T}} \tag{7-66}$$

节点力向量为

$$\{f\}=[F_{xj},F_{yj},F_{zj},M_{xj},M_{yj},M_{zj},F_{xk},F_{yk},F_{zk},M_{xk},M_{yk},M_{zk}]^{\mathrm{T}} \tag{7-67}$$

单元任意截面质心处的位移增量与杆端位移增量间的关系为

$$\Delta u_{x0}=[N_{ux}]\{\Delta u\} \tag{7-68a}$$

$$\Delta u_{y0}=[N_{uy}]\{\Delta u\} \tag{7-68b}$$

$$\Delta u_{z0}=[N_{uz}]\{\Delta u\} \tag{7-68c}$$

$$\Delta\theta_x=[N_{\theta x}]\{\Delta u\} \tag{7-68d}$$

$$\Delta\theta_y=[N_{\theta y}]\{\Delta u\} \tag{7-68e}$$

$$\Delta\theta_z=[N_{\theta z}]\{\Delta u\} \tag{7-68f}$$

$$[N_{ux}]=[N_1,0,0,0,0,0,N_2,0,0,0,0,0] \tag{7-69a}$$

$$[N_{uy}]=[0,N_{3y},0,0,0,N_{4y},0,N_{5y},0,0,0,N_{6y}] \tag{7-69b}$$

$$[N_{uz}]=[0,0,N_{3z},0,-N_{4z},0,0,0,N_{5z},0,-N_{6z},0] \tag{7-69c}$$

$$[N_{\theta x}]=[0,0,0,N_1,0,0,0,0,0,N_2,0,0] \tag{7-69d}$$

$$[N_{\theta y}]=[0,0,-N_{7z},0,N_{8z},0,0,0,-N_{9z},0,N_{10z},0] \tag{7-69e}$$

$$[N_{\theta z}]=[0,N_{7y},0,0,0,N_{8y},0,N_{9y},0,0,0,N_{10y}] \tag{7-69f}$$

其中线性插值函数为

$$N_1=1-\xi \tag{7-70a}$$

$$N_2=\xi \tag{7-70b}$$

$$\xi=x/l \tag{7-71}$$

稳定插值函数 N_{my} 和 N_{mz}（$m=3\sim10$）选用 7.2.2.4 节导出的能满足梁柱微分方程的精确函数，其受压单元的稳定插值函数为

$$N_{3n}=\frac{1-c}{\varphi_c}\cos(\alpha x)-\frac{s}{\varphi_c}\sin(\alpha x)+\frac{\eta s}{\varphi_c}\alpha x-\frac{1-c}{\varphi_c}\quad(n=y,z) \tag{7-72a}$$

$$N_{4n}=\frac{s-\eta\beta c}{\eta\alpha\varphi_c}\cos(\alpha x)+\frac{1-c+\eta\beta s}{\eta\alpha\varphi_c}\sin(\alpha x)+\frac{1-c}{\eta\alpha\varphi_c}\eta\alpha x+\frac{\eta\beta c-s}{\eta\alpha\varphi_c} \tag{7-72b}$$

$$N_{5n}=\frac{c-1}{\varphi_c}\cos(\alpha x)+\frac{s}{\varphi_c}\sin(\alpha x)-\frac{\eta s}{\varphi_c}\alpha x+\frac{1-c}{\varphi_c} \tag{7-72c}$$

$$N_{6n}=\frac{\eta\beta-s}{\eta\alpha\varphi_c}\cos(\alpha x)+\frac{c-1}{\eta\alpha\varphi_c}\sin(\alpha x)+\frac{1-c}{\eta\alpha\varphi_c}\eta\alpha x+\frac{s-\eta\beta}{\eta\alpha\varphi_c} \tag{7-72d}$$

$$N_{7z}=\frac{c-1}{\varphi_c}\alpha\sin(\alpha x)-\frac{\alpha s}{\varphi_c}\cos(\alpha x)+k_z\frac{\eta\alpha s}{\varphi_c} \tag{7-72e}$$

$$N_{8z}=\frac{\eta\beta c-s}{\eta\varphi_c}\sin(\alpha x)+\frac{1-c+\eta\beta s}{\eta\varphi_c}\cos(\alpha x)+k_z\frac{1-c}{\varphi_c} \tag{7-72f}$$

$$N_{9z}=\frac{1-c}{\varphi_c}\alpha\sin(\alpha x)+\frac{\alpha s}{\varphi_c}\cos(\alpha x)-k_z\frac{\eta\alpha s}{\varphi_c} \tag{7-72g}$$

$$N_{10z}=\frac{s-\eta\beta}{\eta\varphi_c}\sin(\alpha x)+\frac{c-1}{\eta\varphi_c}\cos(\alpha x)+k_z\frac{1-c}{\varphi_c} \tag{7-72h}$$

$$N_{7y}=\frac{c-1}{\varphi_c}\alpha\sin(\alpha x)-\frac{\alpha s}{\varphi_c}\cos(\alpha x)+k_y\frac{\eta\alpha s}{\varphi_c} \tag{7-72i}$$

$$N_{8y}=\frac{\eta\beta c-s}{\eta\varphi_c}\sin(\alpha x)+\frac{1-c+\eta\beta s}{\eta\varphi_c}\cos(\alpha x)+k_y\frac{1-c}{\varphi_c} \tag{7-72j}$$

$$N_{9y}=\frac{1-c}{\varphi_c}\alpha\sin(\alpha x)+\frac{\alpha s}{\varphi_c}\cos(\alpha x)-k_y\frac{\eta\alpha s}{\varphi_c} \quad (7\text{-}72k)$$

$$N_{10y}=\frac{s-\eta\beta}{\eta\varphi_c}\sin(\alpha x)+\frac{c-1}{\eta\varphi_c}\cos(\alpha x)+k_y\frac{1-c}{\varphi_c} \quad (7\text{-}72l)$$

$$c=\cos\beta,\ s=\sin\beta,\ \varphi_c=2-2\cos\beta-\eta\beta\sin\beta$$

$$\alpha=\sqrt{|N/(\eta EI_n)|} \quad (n=y,z) \quad (7\text{-}73)$$

$$\eta=1+\frac{\mu N}{GA_n} \quad (压力:N<0;拉力:N>0;n=y,z) \quad (7\text{-}74)$$

$$\beta=\alpha L=\sqrt{|NL^2/(\eta EI_n)|} \quad (n=y,z) \quad (7\text{-}75)$$

$$k_y=1+\frac{\mu\eta\alpha^2 EI_z}{GA_y} \quad (7\text{-}76a)$$

$$k_z=1+\frac{\mu\eta\alpha^2 EI_y}{GA_z} \quad (7\text{-}77a)$$

式中　A_y——截面 y 轴方向受剪面积；

A_z——截面 z 轴方向受剪面积；

I_y、I_z——分别绕 y 轴和 z 轴的截面惯性矩；

L——杆单元长度。

其受拉单元的稳定插值函数为

$$N_{3n}=\frac{1-\mathrm{ch}\beta}{\varphi_t}\mathrm{ch}(\alpha x)+\frac{\mathrm{sh}\beta}{\varphi_t}\mathrm{sh}(\alpha x)-\frac{\eta\mathrm{sh}\beta}{\varphi_t}\alpha x-\frac{1-\mathrm{ch}\beta}{\varphi_t} \quad (n=y,z) \quad (7\text{-}78a)$$

$$N_{4n}=\frac{\mathrm{sh}\beta-\eta\beta\mathrm{ch}\beta}{\eta\alpha\varphi_t}\mathrm{ch}(\alpha x)+\frac{1-\mathrm{ch}\beta+\eta\beta\mathrm{sh}\beta}{\eta\alpha\varphi_t}\mathrm{sh}(\alpha x)+\frac{1-\mathrm{ch}\beta}{\eta\alpha\varphi_t}\eta\alpha x+\frac{\eta\beta\mathrm{ch}\beta-\mathrm{sh}\beta}{\eta\alpha\varphi_t} \quad (7\text{-}78b)$$

$$N_{5n}=\frac{\mathrm{ch}\beta-1}{\varphi_t}\mathrm{ch}(\alpha x)-\frac{\mathrm{sh}\beta}{\varphi_t}\mathrm{sh}(\alpha x)+\frac{\eta\mathrm{sh}\beta}{\varphi_t}\alpha x+\frac{1-\mathrm{ch}\beta}{\varphi_t} \quad (7\text{-}78c)$$

$$N_{6n}=\frac{\eta\beta-\mathrm{sh}\beta}{\eta\alpha\varphi_t}\mathrm{ch}(\alpha x)+\frac{\mathrm{ch}\beta-1}{\eta\alpha\varphi_t}\mathrm{sh}(\alpha x)+\frac{1-\mathrm{ch}\beta}{\eta\alpha\varphi_t}\eta\alpha x-\frac{\eta\beta-\mathrm{sh}\beta}{\eta\alpha\varphi_t} \quad (7\text{-}78d)$$

$$N_{7z}=\frac{1-\mathrm{ch}\beta}{\varphi_t}\alpha\mathrm{sh}(\alpha x)+\frac{\mathrm{sh}\beta}{\varphi_t}\alpha\mathrm{ch}(\alpha x)-k_{z1}\frac{\eta\alpha\mathrm{sh}\beta}{\varphi_t} \quad (7\text{-}78e)$$

$$N_{8z}=\frac{\mathrm{sh}\beta-\eta\beta\mathrm{ch}\beta}{\eta\varphi_t}\mathrm{sh}(\alpha x)+\frac{1-\mathrm{ch}\beta+\eta\beta\mathrm{sh}\beta}{\eta\varphi_t}\mathrm{ch}(\alpha x)+k_{z1}\frac{1-\mathrm{ch}\beta}{\varphi_t} \quad (7\text{-}78f)$$

$$N_{9z}=\frac{\mathrm{ch}\beta-1}{\varphi_t}\alpha\mathrm{sh}(\alpha x)-\frac{\mathrm{sh}\beta}{\varphi_t}\alpha\mathrm{ch}(\alpha x)+k_{z1}\frac{\eta\alpha\mathrm{sh}\beta}{\varphi_t} \quad (7\text{-}78g)$$

$$N_{10z}=\frac{\eta\beta-\mathrm{sh}\beta}{\eta\varphi_t}\mathrm{sh}(\alpha x)+\frac{\mathrm{ch}\beta-1}{\eta\varphi_t}\mathrm{ch}(\alpha x)+k_{z1}\frac{1-\mathrm{ch}\beta}{\varphi_t} \quad (7\text{-}78h)$$

$$N_{7y}=\frac{1-\mathrm{ch}\beta}{\varphi_t}\alpha\mathrm{sh}(\alpha x)+\frac{\mathrm{sh}\beta}{\varphi_t}\alpha\mathrm{ch}(\alpha x)-k_{y1}\frac{\eta\alpha\mathrm{sh}\beta}{\varphi_t} \quad (7\text{-}78i)$$

$$N_{8y}=\frac{\mathrm{sh}\beta-\eta\beta\mathrm{ch}\beta}{\eta\varphi_t}\mathrm{sh}(\alpha x)+\frac{1-\mathrm{ch}\beta+\eta\beta\mathrm{sh}\beta}{\eta\varphi_t}\mathrm{ch}(\alpha x)+k_{y1}\frac{1-\mathrm{ch}\beta}{\varphi_t} \quad (7\text{-}78j)$$

$$N_{9y}=\frac{\mathrm{ch}\beta-1}{\varphi_t}\alpha\mathrm{sh}(\alpha x)-\frac{\mathrm{sh}\beta}{\varphi_t}\alpha\mathrm{ch}(\alpha x)+k_{y1}\frac{\eta\alpha\mathrm{sh}\beta}{\varphi_t} \quad (7\text{-}78k)$$

$$N_{10y}=\frac{\eta\beta-\mathrm{sh}\beta}{\eta\varphi_t}\mathrm{sh}(\alpha x)+\frac{\mathrm{ch}\beta-1}{\eta\varphi_t}\mathrm{ch}(\alpha x)+k_{y1}\frac{1-\mathrm{ch}\beta}{\varphi_t} \tag{7-78l}$$

$$k_{y1}=1-\frac{\mu\eta\alpha^2 EI_z}{GA_y} \tag{7-76b}$$

$$k_{z1}=1-\frac{\mu\eta\alpha^2 EI_y}{GA_z} \tag{7-77b}$$

这些稳定插值函数，计入了由于轴力和剪力的存在引起单元弯曲刚度的变化，而且是由梁柱单元微分方程直接求解而得，能精确反映梁柱单元的变形情况。当轴力很小时，稳定插值函数的数值会不稳定。为了回避这种情况，同时也为了避免对压力和拉力采用不同的表达式，可按 Goto 和 Chen[24] 的方法，采用 Π 级数或台劳级数来简化这些稳定插值函数。本书选用更为简单方便的可考虑剪切变形影响的三次多项式插值函数，其轴向位移和扭转角仍选用线性函数插值，即

$$N_{3n}=1-\xi+K_n(\xi-3\xi^2+2\xi^3) \qquad (n=y,z) \tag{7-79a}$$

$$N_{4n}=[\xi-\xi^2+K_n(\xi-3\xi^2+2\xi^3)]\cdot L/2 \tag{7-79b}$$

$$N_{5n}=\xi-K_n(\xi-3\xi^2+2\xi^3) \tag{7-79c}$$

$$N_{6n}=[-\xi+\xi^2+K_n(\xi-3\xi^2+2\xi^3)]\cdot L/2 \tag{7-79d}$$

$$N_{7n}=-6K_n(\xi-\xi^2)/L \tag{7-79e}$$

$$N_{8n}=1-\xi-3K_n(\xi-\xi^2) \tag{7-79f}$$

$$N_{9n}=6K_n(\xi-\xi^2)/L \tag{7-79g}$$

$$N_{10n}=\xi-3K_n(\xi-\xi^2) \tag{7-79h}$$

$$\xi=x/L \tag{7-80}$$

$$K_y=\frac{1}{1+\dfrac{12EI_z}{GA_yL^2}} \tag{7-81}$$

$$K_z=\frac{1}{1+\dfrac{12EI_y}{GA_zL^2}} \tag{7-82}$$

Liew 等人[3]在使用不考虑剪切变形影响的稳定插值函数和不考虑剪切变形影响的三次多项式插值函数，按一单元/构件的方法分析后，认为：当 $|P/P_e|\leqslant 0.82$ 时（$P_e=\pi^2 EI_n/L^2$，为欧拉临界力），两种方法的最大误差不超过5%，这一误差值是钢结构工程界所允许的。因此，可以认为插值函数的这种替代是可行的实用的。

注意：对于二维分析，只需在上述插值函数中，将对 z 轴的插值函数和对 x 轴的扭转角插值函数置零即可。

7.2.2.6 三维梁柱单元的几何非线性刚度方程

1. 局部坐标系下的单元刚度方程的建立

将单元截面内力用其杆端力表示，即

$$F_x=F_{xk} \tag{7-83a}$$

$$F_y=-(M_{zj}+M_{zk})/L \tag{7-83b}$$

$$F_z = -(M_{yj} + M_{yk})/L \tag{7-83c}$$

$$M_x = M_{xk} \tag{7-83d}$$

$$M_y = -M_{yj}(1 - x/L) + M_{yk}(x/L) \tag{7-83e}$$

$$M_z = -M_{zj}(1 - x/L) + M_{zk}(x/L) \tag{7-83f}$$

将式（7-68a~f）与式（7-83a~f）代入单元的虚功增量方程式（7-34），并利用虚位移的任意性，可得严格三维梁、柱单元的几何非线性弹性刚度方程，即

$$[k_{net}]\{\Delta u\} = \{\Delta f\} \qquad (n = g, c) \tag{7-84}$$

$$\{\Delta f\} = \{{}^2 f\} - \{{}^1 f\}$$

式中　$[k_{net}]$——12×12 阶的三维梁、柱单元的弹性切线刚度矩阵；

$\{\Delta u\}$——三维梁柱单元的节点位移增量向量；

$\{\Delta f\}$——三维梁柱单元的节点力增量；

$\{{}^2 f\}$——增量步末的三维梁柱单元的节点荷载向量；

$\{{}^1 f\}$——增量步开始时的已平衡节点力向量。

其弹性切线刚度矩阵可表示为

$$\begin{aligned}
[k_{net}] = {} & EA[K^{110}_{u_x u_x}] + EI_y[K^{110}_{\theta_y\theta_y}] + EI_z[K^{110}_{\theta_z\theta_z}] + GJ_x[K^{110}_{\theta_x\theta_x}] + \\
& F_{xk}(\underline{[K^{110}_{u_x u_x}]} + [K^{110}_{u_y u_y}] + [K^{110}_{u_z u_z}] + \underline{F_{xk} i_y^2 [K^{110}_{\theta_y\theta_y}]} + \underline{F_{xk} i_z^2 [K^{110}_{\theta_z\theta_z}]} + \\
& F_{xk} i_0^2 [K^{110}_{\theta_x\theta_x}] + \underline{GA_y([K^{110}_{u_y u_y}] - [K^{010}_{\theta_z u_y}] - [K^{100}_{u_y\theta_z}] + [K^{000}_{\theta_z\theta_z}])} + \\
& \underline{GA_z([K^{110}_{u_z u_z}] + [K^{010}_{\theta_y u_z}] + [K^{100}_{u_z\theta_y}] + [K^{000}_{\theta_y\theta_y}])} + M_{xk} i_{yx}([K^{100}_{\theta_y\theta_z}] + [K^{010}_{\theta_z\theta_y}]) - \\
& M_{xk} i_{zx}([K^{100}_{\theta_z\theta_y}] + [K^{010}_{\theta_y\theta_z}]) + \frac{M_{yj} + M_{yk}}{L}([K^{100}_{u_x\theta_y}] + [K^{010}_{\theta_y u_x}] + [K^{100}_{u_y\theta_x}] + [K^{010}_{\theta_x u_y}] + \\
& \underline{[K^{111}_{u_x\theta_y}] + [K^{111}_{\theta_y u_x}]} - [K^{111}_{u_y\theta_x}] - [K^{111}_{\theta_x u_y}] - \\
& M_{yj}\underline{[K^{110}_{u_x\theta_y}] + [K^{110}_{\theta_y u_x}]} - [K^{110}_{u_y\theta_x}] - [K^{110}_{\theta_x u_y}] + \\
& \frac{M_{zj} + M_{zk}}{L}([K^{100}_{u_x\theta_z}] + [K^{010}_{\theta_z u_x}] - [K^{100}_{u_z\theta_x}] - [K^{010}_{\theta_z u_z}] + \underline{[K^{111}_{u_x\theta_z}] + [K^{111}_{\theta_z u_x}]} - [K^{111}_{u_z\theta_x}] - [K^{111}_{\theta_x u_z}]) + \\
& M_{zj}(\underline{[K^{110}_{u_x\theta_z}] + [K^{110}_{\theta_z u_x}]} - [K^{110}_{u_z\theta_x}] - [K^{110}_{\theta_x u_z}])
\end{aligned} \tag{7-85}$$

$$i_0^2 = (I_y + I_z)/A, \; i_y^2 = I_y/A,$$

$$i_z^2 = I_z/A, \; i_{yx} = I_y/J_x, \; i_{zx} = I_z/J_x$$

$$[K^{stv}_{gh}] = \int_0^L \frac{d^s[N_g]^T}{dx^s} \frac{d^t[N_h]}{dx^t} x^v dx \tag{7-86}$$

其中，下标 g 和 h 表示位移 u_x、u_y、u_z、θ_x、θ_y、θ_z；上标 s 和 t 表示对位移插值函数 $[N]$ 求导的阶数；v 则表示以 x 为底的幂函数的次数。

方程式（7-85）所表示的刚度矩阵中带横线的项主要表示单元轴向变形和（或）剪切变形对单元刚度矩阵的贡献，这些项在 JYR Liew 等人[3]和 J Remke 等人[19]的研究成果中都未曾反映过。因为他们研究都没有考虑单元轴向变形和剪切变形对结构的影响。式（7-85）全面反映了轴向变形、剪切变形、双向弯曲和扭转及其耦合项对单元刚度矩阵的贡献。因此，用该矩阵可以准确预测结构的失稳模态与稳定承载力。

注：对于二维分析，只需在上述插值函数中，将对 z 轴的插值函数和对 x 轴的扭转角插值函数置零，并在矩阵中去掉相应的行和列即可。

将式（7-68a~f）与式（7-83a~f）代入式（7-35），可得增量步开始时的已平衡节点力向量，可表示为

$$\{^1f\}=F_{xk}[K_{ux}^{10}]^{\mathrm{T}}+\frac{M_{yj}+M_{yk}}{L}([K_{u_z}^{10}]^{\mathrm{T}}+[K_{\theta_y}^{00}]^{\mathrm{T}}+[K_{\theta_y}^{11}]^{\mathrm{T}})-M_{yj}[K_{\theta_y}^{10}]^{\mathrm{T}}-$$

$$\frac{M_{zj}+M_{zk}}{L}([K_{u_y}^{10}]^{\mathrm{T}}-[K_{\theta_z}^{00}]^{\mathrm{T}}-[K_{\theta_z}^{11}]^{\mathrm{T}})-M_{zj}[K_{\theta_z}^{10}]^{\mathrm{T}}+M_{xk}[K_{\theta_x}^{10}]^{\mathrm{T}} \tag{7-87}$$

$$[K_g^{sv}]^{\mathrm{T}}=\int_o^L\frac{\mathrm{d}^s[N_g]^{\mathrm{T}}}{\mathrm{d}x^s}x^v\mathrm{d}x \tag{7-88}$$

变量意义同式（7-86）。

2. 三维梁柱单元在整体坐标系下的单元刚度方程

上述根据有限变形理论所建立的三维梁柱单元的增量刚度方程式（7-84），是在当前时刻 T 的局部坐标系上建立的，而单元的局部坐标系随着结构变形，其位置和方向随之而不断变化，如图 7-10 所示。为了便于结构整体刚度方程的组装，必须求出连续变化的任意时刻 T 的单元局部坐标系到结构整体坐标系的转换矩阵，才能组装成总体平衡方程，即结构整体刚度方程。

对于转换矩阵的推导问题，由于采用通常的方向余弦表达方式进行坐标变换获得转换矩阵方法的前提是小位移假定，而小位移假定又不太符合结构高等分析的前提条件，因此为适应结构高等分析的要求，本书采用空间解析几何矢量积与欧拉角概念相结合的方法进行坐标变换来推导其转换矩阵，其具体过程如下。

图 7-10 示出了坐标变换矩阵与几何变化之间的关系。图中（X、Y、Z）表示结构的整体坐标系；矩阵 $[{}_g^0R]$ 表示从初始未变形状态 $\Omega^{(0)}$ 的单元局部坐标系到结构整体坐标系的转换阵；矩阵 $[{}_0^TR]$ 表示从 $\Omega^{(T)}$ 状态的单元局部坐标系到 $\Omega^{(0)}$ 状态的单元局部坐标系的转换阵；矩阵 $[{}_T^{T+\Delta T}R]$ 表示从 $\Omega^{(T+\Delta T)}$ 状态的单元局部坐标系到 $\Omega^{(T)}$ 状态的单元局部坐标系的转换阵；矩阵 $[{}_g^TR]$ 表示从 $\Omega^{(T)}$ 状态的单元局部坐标系到结构整体坐标系的转换阵，矩阵 $[{}_g^{T+\Delta T}R]$ 表示从 $\Omega^{(T+\Delta T)}$ 状态的单元局部坐标系到到结构整体坐标系的转换阵。

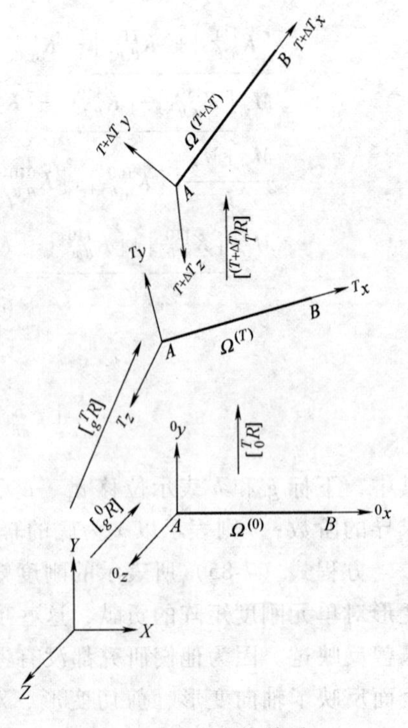

图 7-10 坐标变换关系

图 7-10 还意味着存在下列关系

$$[{}_0^TR]=[{}_{T-\Delta T}^{T}\Delta R]\quad[{}_{T-2\Delta T}^{T-\Delta T}\Delta R]\cdots[{}_0^1\Delta R]$$

$$=[{}_{T-\Delta T}^{T}\Delta R][{}_0^{T-\Delta T}R] \tag{7-89}$$

$$[{}_g^TR]=[{}_0^TR][{}_g^0R] \tag{7-90}$$

$$[{}_g^{T+\Delta T}R]=[{}_T^{T+\Delta T}\Delta R][{}_g^TR] \tag{7-91}$$

以当前时刻 T 为参考构形的三维梁柱单元局部坐标系到结构整体坐标系的转换矩阵 $[{}_g^TR]$ 可由空间解析几何确定，可以写成

$$[{}_g^TR]=\text{diag}\left[[{}_g^tr],[{}_g^tr],[{}_g^tr],[{}_g^tr]\right] \tag{7-92a}$$

令三维梁柱单元 T 时刻两端节点在整体坐标系下的坐标为 $a({}^tX_1,{}^tY_1,{}^tZ_1)$，$b({}^tX_2,{}^tY_2,{}^tZ_2)$，则此时的杆长 ${}^tL$ 为

$${}^tL=\sqrt{({}^tX_2-{}^tX_1)^2+({}^tY_2-{}^tY_1)^2+({}^tZ_2-{}^tZ_1)^2} \tag{7-93}$$

若令 ${}^t\theta_x,{}^t\theta_y,{}^t\theta_z$ 为 t 时刻的单元坐标系与整体坐标系的夹角，则有

$$\begin{aligned}\cos{}^t\theta_x &\triangleq c^t\theta_x=({}^tX_2-{}^tX_1)/{}^tL\\ \cos{}^t\theta_y &\triangleq c^t\theta_y=({}^tY_2-{}^tY_1)/{}^tL\\ \cos{}^t\theta_z &\triangleq c^t\theta_z=({}^tZ_2-{}^tZ_1)/{}^tL\end{aligned} \tag{7-94}$$

根据空间解析几何矢量积，可导得 $[{}_g^tr]$，从而可得 $[{}_g^TR]$。其矩阵 $[{}_g^tr]$ 为

$$[{}_g^tr]=\begin{bmatrix} c^t\theta_x & \dfrac{-c^t\theta_xc^t\theta_y}{\sqrt{(c^t\theta_x)^2+(c^t\theta_z)^2}} & \dfrac{-c^t\theta_z}{\sqrt{(c^t\theta_x)^2+(c^t\theta_z)^2}}\\ c^t\theta_y & \sqrt{(c^t\theta_x)^2+(c^t\theta_z)^2} & 0\\ c^t\theta_z & \dfrac{-c^t\theta_yc^t\theta_z}{\sqrt{(c^t\theta_x)^2+(c^t\theta_z)^2}} & \dfrac{c^t\theta_x}{\sqrt{(c^t\theta_x)^2+(c^t\theta_z)^2}}\end{bmatrix} \tag{7-95}$$

若 $c^t\theta_y=1$，$[{}_g^tr]$ 则可用下式取代

$$[{}_g^tr]=\begin{bmatrix}0 & -1 & 0\\ 1 & 0 & 0\\ 0 & 0 & 1\end{bmatrix} \tag{7-96}$$

至此，确定了以某一固定时刻 T 的单元局部坐标系到结构整体坐标系间的转换矩阵 $[{}_g^TR]$。

由于单元的局部坐标系随着结构变形，其位置和方向随之而不断变化。为了获得连续变化的任何时刻的单元局部坐标系到整体坐标系的转换矩阵，必须确定时刻 $T+\Delta T$ 的单元局部坐标系到时刻 T 的单元局部坐标系间的转换矩阵 $[{}^{T+\Delta T}_{T}\Delta R]$，可表示为

$$[{}^{T+\Delta T}_{T}\Delta R]=\text{diag}[[{}_t\Delta r],[{}_t\Delta r],[{}_t\Delta r],[{}_t\Delta r]] \tag{7-97}$$

为了形成坐标增量转换阵 $[{}^{T+\Delta T}_{T}\Delta R]$，可以采用欧拉角的办法来处理，而要求得欧拉角，则先要求出在 $\Omega^{(T)}$ 状态单元局部坐标系下度量的位移增量，然后计算出相对位移增量，即

$$\Delta U_m^{\text{ba}}=\Delta U_m^{\text{b}}-\Delta U_m^{\text{a}} \qquad (m=x,y,z \text{ 或 } 1,2,3\ ) \tag{7-98}$$

这些相对位移增量将用来计算欧拉角，详细情况如图 7-11a、b 所示，图中 $({}^Tx,{}^Ty,{}^Tz)$ 表示 $\Omega^{(T)}$ 状态单元的局部参考坐标系。先让坐标系绕 ${}^Ty$ 轴转动 α 角，然后绕 t 轴转动 β 角，则参考坐标系就变成（r，s，t），其中，r 轴为 $\Omega^{(T+\Delta T)}$ 状态杆端 a 和 b 的连线，而 s 轴和 t 轴仅位于与 r 轴垂直的平面内。最后让坐标系（r，s，t）绕 r 轴转动 γ 角，以便使 s 轴和 t 轴与 $\Omega^{(T+\Delta T)}$ 状态横截面的主轴一致。$\Omega^{(T)}$ 状态的单元局部参考坐标系（${}^Tx,{}^Ty,{}^Tz$）经过转动欧拉角（α，β，γ）后就得到 $\Omega^{(T+\Delta T)}$ 状态的局部参考坐标系（${}^{(T+\Delta T)}x,{}^{(T+\Delta T)}y,{}^{(T+\Delta T)}z$）。

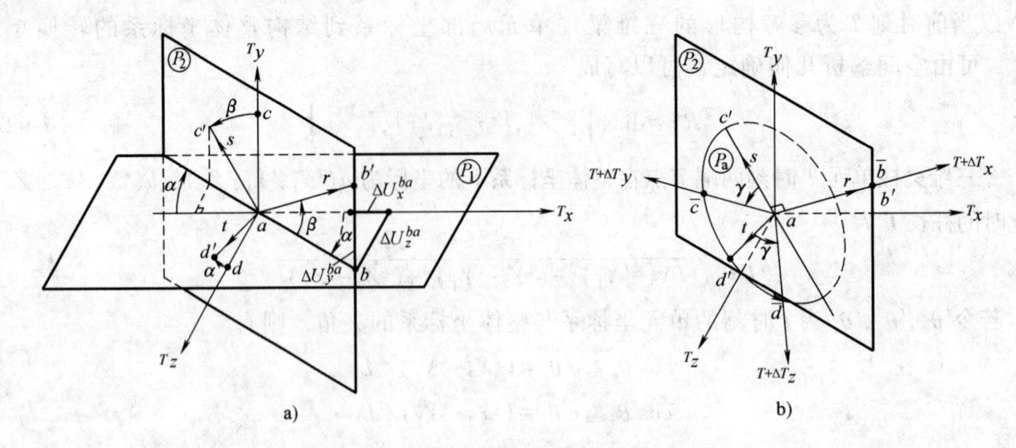

图 7-11 梁柱单元大位移状态的坐标轴转动

a）第一步 b）第二步

由上描述可知，转动欧拉角实质上分为图 7-11a 和图 7-11b 两步进行，因此，矩阵 $[{}_{t}\Delta r]$ 也可分解为矩阵 $[{}_{t}\Delta r^{1}]$ 和矩阵 $[{}_{t}\Delta r^{2}]$ 两部分，即

$$[{}_{t}\Delta r]=[{}_{t}\Delta r^{1}][{}_{t}\Delta r^{2}] \tag{7-99}$$

根据前面所述的转换过程，当转动 α 和 β 角后，转换矩阵 $[{}_{t}\Delta r^{1}]$ 可如下计算（图 7-11a）

$$[{}_{t}\Delta r^{1}]=\begin{bmatrix}\cos\alpha\cos\beta & \sin\beta & \sin\alpha\cos\beta\\ -\cos\alpha\sin\beta & \cos\beta & -\sin\alpha\cos\beta\\ -\sin\alpha & 0 & \cos\alpha\end{bmatrix} \tag{7-100}$$

转角 α 和 β 可按下列各式计算

$$\cos\alpha=\frac{{}^{T}L+\Delta U_{x}^{ba}}{L_{ab}} \tag{7-101}$$

$$\cos\beta=\frac{L_{ab}}{{}^{(T+\Delta T)}L} \tag{7-102}$$

式中 ${}^{T}L$——$\Omega^{(T)}$ 状态时杆单元的长度。

$$L_{ab}=[({}^{T}L+\Delta U_{x}^{ba})^{2}+(\Delta U_{z}^{ba})^{2}]^{1/2} \tag{7-103}$$

$${}^{T+\Delta T}L=[(L_{ba})^{2}+(\Delta U_{y}^{ba})^{2}]^{1/2} \tag{7-104}$$

当转动 γ 角后，转换矩阵 $[{}_{t}\Delta r^{2}]$ 为（图 7-11b）

$$[{}_{t}\Delta r^{2}]=\begin{bmatrix}1 & 0 & 0\\ 0 & \cos\gamma & \sin\gamma\\ 0 & -\sin\gamma & \cos\gamma\end{bmatrix} \tag{7-105}$$

式中 γ——$\Omega^{(T)}$ 状态杆单元绕 r 轴的刚体转动，取为转角增量 ${}_{r}\Delta\theta_{x}^{a}$ 和 ${}_{r}\Delta\theta_{x}^{b}$ 的平均值，左下角标 r 表示转角的参考轴。因此，刚体转动 γ 可按下式计算

$$\gamma=\sum_{m=1}^{3}[{}_{t}\Delta r^{1}(1,m)({}_{r}\Delta\theta_{m}^{a}+{}_{r}\Delta\theta_{m}^{b})]/2 \tag{7-106}$$

式中 ${}_{t}\Delta r^{1}(1,m)$——转换矩阵 $[{}_{t}\Delta r^{1}]$ 的第 1 行第 m 列的元素。

将式（7-100）、式（7-105）代入式（7-99）可得各对角子块阵

$$[{}_{t}\Delta r]=\begin{bmatrix}\Delta r_{11} & \Delta r_{12} & \Delta r_{13}\\ \Delta r_{21} & \Delta r_{22} & \Delta r_{23}\\ \Delta r_{31} & \Delta r_{32} & \Delta r_{33}\end{bmatrix} \tag{7-107}$$

$$\Delta r_{11}=\cos\alpha\cos\beta$$
$$\Delta r_{12}=\sin\beta\cos\gamma-\sin\alpha\cos\beta\sin\gamma$$
$$\Delta r_{13}=\sin\beta\sin\gamma+\sin\alpha\cos\beta\cos\gamma$$
$$\Delta r_{21}=-\cos\alpha\sin\beta$$
$$\Delta r_{22}=\cos\beta\cos\gamma+\sin\alpha\cos\beta\sin\gamma$$
$$\Delta r_{23}=\cos\beta\sin\gamma-\sin\alpha\cos\beta\cos\gamma$$
$$\Delta r_{31}=-\sin\alpha$$
$$\Delta r_{32}=-\cos\alpha\sin\gamma$$
$$\Delta r_{33}=\cos\alpha\cos\gamma$$

至此，坐标增量转换矩阵 $[{}^{T+\Delta T}_{T}\Delta R]$ 即可按式（7-97）求得。结合前述按式（7-92）已确定的以某一固定时刻 T 的单元局部坐标系到结构整体坐标系间的转换矩阵 $[{}^{T}_{g}R]$，进而最终可按式（7-91）求得用于结构大位移非线性分析的以时刻 $T+\Delta T$ 为参考构型的单元局部坐标系到结构整体坐标系间的更新的转换矩阵 $[{}^{T+\Delta T}_{g}R]$，即

$$[{}^{T+\Delta T}_{g}R]=[{}^{T+\Delta T}_{T}\Delta R][{}^{T}_{g}R] \tag{7-92b}$$

从而三维梁柱单元在结构整体坐标系下的二阶弹性增量刚度方程可表示为

$$[k_{net}]^{e}\{\Delta U\}^{e}=\{\Delta F\}^{e}\qquad(n=g,c) \tag{7-108}$$

式中　$\{\Delta U\}^{e}$、$\{\Delta F\}^{e}$、$[k_{net}]^{e}$——三维梁柱单元在结构整体坐标系下的杆端位移、杆端力和单元二阶弹性（几何非线性）切线刚度矩阵。

其中的三维梁柱单元在结构整体坐标系下的二阶弹性（几何非线性）切线刚度矩阵 $[k_{net}]^{e}$ 为

$$[k_{net}]^{e}=[{}^{T+\Delta T}_{g}R][k_{net}][{}^{T+\Delta T}_{g}R]^{\mathrm{T}}\qquad(n=g,c) \tag{7-109}$$

7.2.2.7　三维支撑单元的二阶弹性刚度方程

支撑是巨型钢框架结构和框架-支撑结构等体系的重要抗侧力构件，其受力以轴向力为主，故在结构分析中一般把它视为二力杆[25]。

在三维结构分析中的支撑为空间杆单元，空间杆单元是两端为铰接节点、只有轴向应变的杆件，计算中每个杆端节点仅考虑产生三个方向的线位移。

在建立三维支撑单元的刚度方程的过程中，其关键是确定单元的刚度矩阵。单元的刚度矩阵有两种形式，即直接刚度矩阵和切线刚度矩阵。直接刚度矩阵是总荷载与总位移的对应关系；切线刚度矩阵是荷载增量与位移增量的对应关系。结构的非线性分析一般采用增量形式，在结构稳定性分析中需要用切线刚度矩阵判别结构的各种不稳定性能，因此本章只推导单元的切线刚度矩阵。

杆单元刚度矩阵的推导通常采用有限元分析中最常用的能量方法，即首先建立一个局部坐标系，应用拉格朗日方程写出局部坐标系中应变与位移的函数式；将这个函数式代入应变能表达式并由总势能的驻值条件得出单元的平衡方程，进而求出单元的刚度矩阵。对于小位

移问题这种方法是行之有效的，对于大位移问题可以认为这样推导的刚度矩阵是一个近似的形式，因为：一方面，在应变与位移的函数式中通常忽略了位移二次以上的高阶项；另一方面用通常的方向余弦进行节点位移的整体坐标与局部坐标的转换，而这种转换的前提应该是小位移假设。

为提高分析精度，以满足结构高等分析的要求，因此本节不采用最常用的能量方法来推导单元刚度矩阵，而是根据杆单元所固有的几何及受力特点，用状态平衡方程，在整体坐标系下以最简捷的方法推导出空间杆单元切线刚度矩阵的精确表达式。

1. 支撑杆件的计算模型

根据支撑试验的轴力-轴向变形关系曲线，并结合《钢结构框架体系弹性及弹塑性分析与计算理论》[26]中支撑的滞回模型，可得支撑杆件的计算模型如图 7-12 所示。

在图 7-12 中，A 点为支撑受拉屈服点；B 点为支撑受压屈曲点；C 点为压屈后承载力急剧降低所到点。

该模型将支撑受力变形关系分为三个阶段：AOB 为弹性变形阶段①；AD 为拉伸屈服阶段②；CE 为受压屈曲阶段③。

根据图 7-12 中支撑的受力变形关系，可确定支撑的变形阶段，其判别条件[2]为：当 $N_{cr}<N<N_p$ 时，支撑处于弹性变形阶段①；当 $N \geqslant N_p$ 时，支撑进入拉伸屈服阶段②；当 $N \leqslant N_{cr}$ 时，支撑进入受压屈曲阶段③。

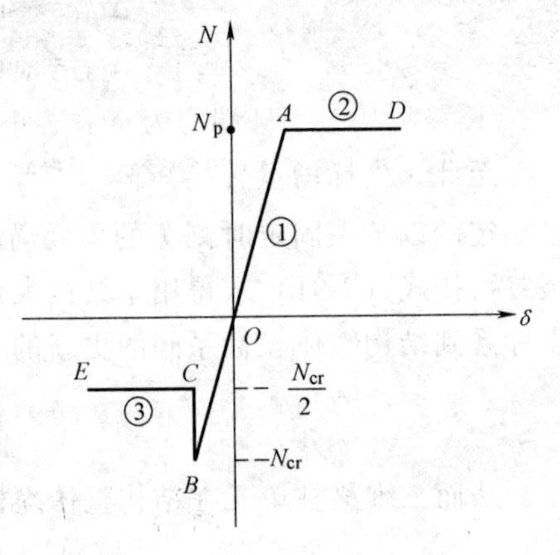

图 7-12 支撑杆件的计算模型

2. 三维支撑单元的二阶弹性刚度方程建立

支撑是巨型钢框架结构和框架-支撑结构等体系的重要抗侧力构件，其受力以轴向力为主，故在结构分析中一般把它视为二力杆。虽然其受力简单，但受压可能屈曲，使得支撑轴向力与轴向变形关系十分复杂。为分析方便，并结合图 7-12 中的计算模型，特做如下基本假定：

1）支撑两端只受轴力，两端连接为铰接。

2）支撑的应力应变关系是弹性的。

3）支撑受载前与拉伸屈服后均为直杆。

4）支撑轴压力达到屈曲荷载 P_{cr} 时，发生整体侧向弯曲，但不产生局部失稳。

设支撑单元的初始状态及任意状态如图 7-13 所示。则初始状态的杆长为

$$l_0=\sqrt{(x_j-x_i)^2+(y_j-y_i)^2+(z_j-z_i)^2} \tag{7-110}$$

设荷载作用下两个杆端的节点位移为

$$\{U\}^e=[u_i,v_i,w_i,u_j,v_j,w_j]^{\mathrm{T}} \tag{7-111}$$

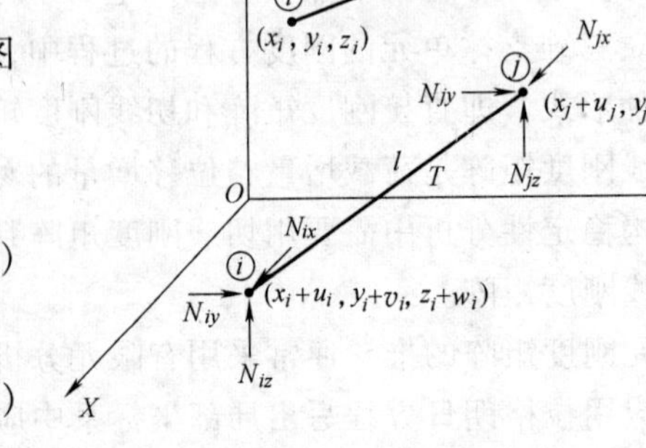

图 7-13 空间杆单元

则变形后的杆长为

$$l=\sqrt{(x_j+u_j-x_i-u_i)^2+(y_j+v_j-y_i-v_i)^2+(z_j+w_j-z_i-w_i)^2} \tag{7-112}$$

设 θ_x，θ_y 和 θ_z 是变形后的杆件与整体坐标系的夹角，即

$$\cos\theta_x=\frac{x_j+u_j-x_i-u_i}{l} \tag{7-113a}$$

$$\cos\theta_y=\frac{y_j+v_j-y_i-v_i}{l} \tag{7-113b}$$

$$\cos\theta_z=\frac{y_j+w_j-z_i-w_i}{l} \tag{7-113c}$$

假设变形后的杆件仍为线弹性，且轴向应变为常量，则变形后的杆件张力为

$$T=EA\left(\frac{l}{l_0}-1\right) \tag{7-114}$$

设荷载状态下杆端力为

$$\{F\}^e=[N_{ix},N_{iy},N_{iz},N_{jx},N_{jy},N_{jz}]^T \tag{7-115}$$

则杆端力与杆件张力之间存在下列平衡方程

$$\{F\}^e=T\begin{Bmatrix}-\cos\theta_x\\-\cos\theta_y\\-\cos\theta_z\\\cos\theta_x\\\cos\theta_y\\\cos\theta_z\end{Bmatrix} \tag{7-116}$$

设杆件的切线刚度矩阵为 $[\boldsymbol{K}]_{6\times6}$，则

$$K_{ij}=\frac{\mathrm{d}\{F_i\}}{\mathrm{d}\{U_j\}}\qquad(i,j=1,2,\cdots,6) \tag{7-117}$$

参考式（7-110）~式（7-116），由式（7-117），即可求出刚度矩阵中各个元素，从而可得三维支撑单元在整体坐标系下的弹性刚度方程的精确表达式为

$$[K_{\mathrm{bet}}]^e\{U\}^e=\{F\}^e \tag{7-118}$$

则空间杆单元在整体坐标系下的弹性切线刚度方程增量形式的精确表达式为

$$[K_{\mathrm{bet}}]^e\{\Delta U\}^e=\{\Delta F\}^e \tag{7-119}$$

式中

$$[K_{\mathrm{bet}}]^e=\begin{bmatrix}[k] & -[k]\\-[k] & [k]\end{bmatrix} \tag{7-120}$$

其中

$$[k]=\begin{bmatrix}k_{11} & k_{12} & k_{13}\\ & k_{22} & k_{23}\\ \text{对称} & & k_{33}\end{bmatrix} \tag{7-121}$$

$$k_{11}=\frac{EA}{l_0}-\frac{EA}{l}(l-\cos^2\theta_x) \tag{7-122a}$$

$$k_{12}=\frac{EA}{l}\cos\theta_x\cos\theta_y \tag{7-122b}$$

$$k_{13}=\frac{EA}{l}\cos\theta_x\cos\theta_z \tag{7-122c}$$

$$k_{22}=\frac{EA}{l_0}-\frac{EA}{l}(1-\cos^2\theta_y) \tag{7-122d}$$

$$k_{23}=\frac{EA}{l}\cos\theta_y\cos\theta_z \tag{7-122e}$$

$$k_{33}=\frac{EA}{l_0}-\frac{EA}{l}(1-\cos^2\theta_z) \tag{7-122f}$$

式（7-119）就是空间杆单元在整体坐标系下的弹性切线刚度方程增量形式的精确表达式，式（7-120）是其二阶弹性切线刚度矩阵的精确表达式。由于在公式的推导过程中没有任何小位移假设，因此在计算中节点位移可以任意大。

注：对于二维分析，只需在上述公式中，将对 z 轴有关的所有项置零，并在矩阵中去掉相应的行和列即可。

7.2.2.8 考虑节点柔性（半刚性连接）对三维单元刚度矩阵的修正

结构分析中采用刚性连接或铰接连接模型，其目的是为了简化分析和设计过程，并不意味着它能代表真实的结构特性。因为，有关梁柱节点的试验结果表明，对于常用的节点形式，其弯矩和相对转角之间的关系呈非线性状态。所以，应对刚性连接的三维单元刚度矩阵进行修正。

在建立半刚性连接的单元刚度矩阵时，通常用抗转弹簧来模拟钢框架梁-柱半刚性连接效应。因此，考虑半刚性连接影响的单元模型，即为带端弹簧的混合单元。并采用静力凝聚法对刚性连接钢框架的梁柱单元刚度进行修正，以建立半刚性连接梁柱单元非线性分析刚度矩阵，以此来反映半刚性连接的影响[1]。

分析中，对于梁单元，采用单元两端增设抗转弹簧来模拟梁柱节点半刚性。经推导可得其在局部坐标系下的切线刚度矩阵为

$$[k_{\text{sget}}]=[k_{\text{get}}][s] \tag{7-123}$$

式中，$[s]$ 为考虑半刚性连接的三维梁单元的刚度修正矩阵，其表达式为

$$[S]=\begin{bmatrix} C_{jj} & C_{jk} \\ C_{kj} & C_{kk} \end{bmatrix} \tag{7-124}$$

$$[C_{jj}]=[C_{kj}]=\begin{bmatrix}
1 & 0 & 0 & 0 & 0 & 0 \\
0 & \dfrac{4\gamma_k-2\gamma_j+\gamma_j\gamma_k}{4-\gamma_j\gamma_k} & 0 & 0 & 0 & -2L\left(\dfrac{\gamma_j(1-\gamma_k)}{4-\gamma_j\gamma_k}\right) \\
0 & 0 & \dfrac{4\beta_k-2\beta_j+\beta_j\beta_k}{4-\beta_j\beta_k} & 0 & -2L\left(\dfrac{\beta_j(1-\beta_k)}{4-\beta_j\beta_k}\right) & 0 \\
0 & 0 & 0 & 1 & 0 & 0 \\
0 & 0 & \dfrac{6}{L}\left(\dfrac{\beta_j-\beta_k}{4-\beta_j\beta_k}\right) & 0 & \dfrac{3\beta_j(2-\beta_k)}{4-\beta_j\beta_k} & 0 \\
0 & \dfrac{6}{L}\left(\dfrac{\gamma_j-\gamma_k}{4-\gamma_j\gamma_k}\right) & 0 & 0 & 0 & \dfrac{3\gamma_j(2-\gamma_k)}{4-\gamma_j\gamma_k}
\end{bmatrix} \tag{7-125}$$

$$[C_{kk}]=[C_{jk}]=\begin{bmatrix}1 & 0 & 0 & 0 & 0 & 0\\ 0 & \dfrac{4\gamma_j-2\gamma_k+\gamma_j\gamma_k}{4-\gamma_j\gamma_k} & 0 & 0 & 0 & 2L\left(\dfrac{\gamma_k(1-\gamma_j)}{4-\gamma_j\gamma_k}\right)\\ 0 & 0 & \dfrac{4\beta_j-2\beta_k+\beta_j\beta_k}{4-\beta_j\beta_k} & 0 & 2L\left(\dfrac{\beta_k(1-\beta_j)}{4-\beta_j\beta_k}\right) & 0\\ 0 & 0 & 0 & 1 & 0 & 0\\ 0 & 0 & \dfrac{6}{L}\left(\dfrac{\beta_j-\beta_k}{4-\beta_j\beta_k}\right) & 0 & \dfrac{3\beta_k(2-\beta_j)}{4-\beta_j\beta_k} & 0\\ 0 & \dfrac{6}{L}\left(\dfrac{\gamma_j-\gamma_k}{4-\gamma_j\gamma_k}\right) & 0 & 0 & 0 & \dfrac{3\gamma_k(2-\gamma_j)}{4-\gamma_j\gamma_k}\end{bmatrix} \tag{7-126}$$

四个无量纲参数 γ_j，γ_k，β_j，β_k 为

$$\begin{aligned}\gamma_j=\frac{L}{L+\dfrac{3EI_z}{R_{szj}}}\quad,\quad\gamma_k=\frac{L}{L+\dfrac{3EI_z}{R_{szk}}}\\ \beta_j=\frac{L}{L+\dfrac{3EI_y}{R_{syj}}}\quad,\quad\beta_k=\frac{L}{L+\dfrac{3EI_y}{R_{syk}}}\end{aligned} \tag{7-127}$$

考虑节点柔性性能的梁单元，在结构整体坐标系下的切线刚度矩阵则为

$$[K_{sget}]^e=[{}^{T+\Delta T}_{g}R][k_{get}][s][{}^{T+\Delta T}_{g}R]^{\mathrm{T}} \tag{7-128}$$

对于三维柱单元和支撑单元的切线刚度矩阵，无须修正，即直接采用其原切线刚度矩阵。

注：对于二维分析，只需将上述公式中的无量纲参数 β_j，β_k 置零，并去掉相应的行和列即可。

7.2.2.9　考虑节点域变形效应对三维单元刚度矩阵的修正

虽然传统的框架分析均不考虑节点域变形的影响，但是，分析及试验研究表明[1]：节点域常常有较大的剪力，节点域的剪力及变形的作用对框架特性有很大的影响。特别是在多、高层钢结构中，该影响更加不容忽视。在轴力和弯矩作用下，节点域的变形也将对框架的承载力和侧移产生影响。不过，大量的理论分析及试验研究表明，尽管实际结构中的节点域，在受到周边梁及柱的弯矩、剪力和轴力作用下，将会同时产生伸长或缩短、剪切和弯曲变形，但对结构特性影响最大的则是其剪切变形。

就目前的资料看，有关考虑节点域变形影响的结构分析，基本上都是针对平面框架进行的。为了考虑节点域变形对空间框架（包括支撑框架）性能的影响，可将 Kato-Chen-Nakao 的方法[1]推广到空间支撑框架结构，以一种较为简捷的方式导出其各单元刚度方程。

1. 节点单元

在支撑框架结构分析中，节点域分析模型应能反映支撑轴力的影响。因此，节点域受力如图 7-14 所示。图中各作用力的方向均为各构件端反力的正向。

由静力等效原则确定节点域等效剪力之后，根据剪应力互等定理可导出 *xoz* 平面节点域剪切力矩，按相似的方法可导出 *yoz* 平面节点域剪切力矩，然后建立空间框架任一节点单元

的刚度方程为[1]

$$[K_\mathrm{p}]^e\{\Delta U_\mathrm{p}\}^e=\{\Delta F_\mathrm{p}\}^e \tag{7-129}$$

$$[K_\mathrm{p}]^e=\begin{bmatrix}0&0&0&0&0&0&0&0\\0&0&0&0&0&0&0&0\\0&0&0&0&0&0&0&0\\0&0&0&0&0&0&0&0\\0&0&0&0&0&0&0&0\\0&0&0&0&0&0&0&0\\0&0&0&0&0&0&k_{px}&0\\0&0&0&0&0&0&0&k_{py}\end{bmatrix} \tag{7-130}$$

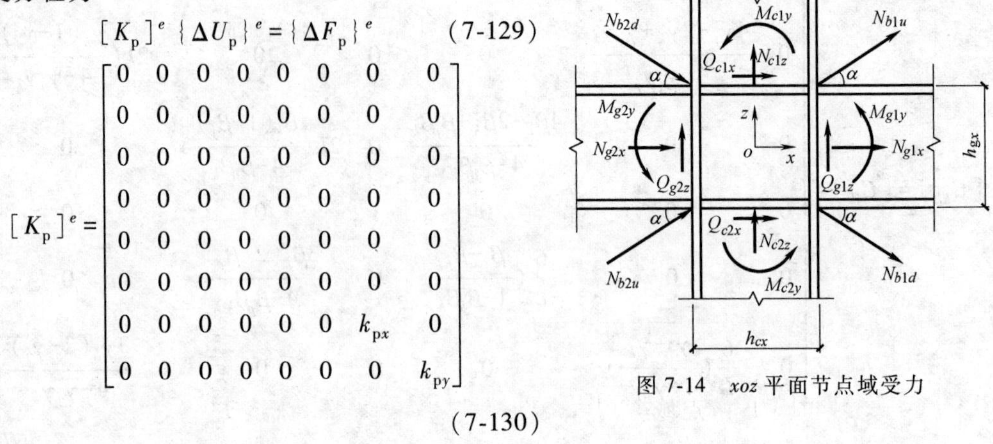

图 7-14　*xoz* 平面节点域受力

式中　$\{\Delta U_\mathrm{p}\}^e$、$\{\Delta F_\mathrm{p}\}^e$——节点位移向量和节点力向量。

节点域的抗剪刚度为

$$k_{px}=Gh_{gy}h_{cy}t_{py} \tag{7-131a}$$

$$k_{py}=Gh_{gx}h_{cx}t_{px} \tag{7-131b}$$

式中　h_{gs}、h_{cs}、t_{ps}、G——节点域的高、宽、厚及钢材剪切模量（$s=x,\ y$）。

注：对于二维分析，只需将上述公式中对 y 有关的项置零，并去掉相应的行和列即可。

2. 杆单元

在考虑节点域剪切变形影响的结构分析中，其梁、柱、支撑单元的杆端力和杆端位移是指作用于节点域边缘的力向量和位移向量，而不是节点域中心的力向量和位移向量，这将给结构总刚的组装带来困难。解决这一困难的途径，通常是寻找节点中心的力向量和位移向量与节点域边缘的力向量和位移向量的转换关系。因此，根据杆端与节点域的变形协调关系，找出杆端位移与相应的节点位移间的关系后，根据逆向法则确定杆端力与相应节点域力的平衡关系，并结合不考虑节点域剪切变形影响的各单元刚度方程，可导出考虑节点域剪切变形影响的梁、柱、支撑各三维单元二阶弹性刚度方程为

$$[K_n]^e\{\Delta U_n\}^e=\{\Delta F_n\}^e\quad(n=g,c,b) \tag{7-132}$$

$$[K_n]^e=[T_n]^\mathrm{T}[K_\mathrm{net}]^e[T_n] \tag{7-133}$$

式中　$[T_n]$、$[T_n]^\mathrm{T}$——表示考虑节点域剪切变形影响对梁、柱、支撑单元刚度矩阵的修正矩阵及其转换阵，见参考文献［1］、［2］选用；

$\{\Delta U_n\}^e$、$\{\Delta F_n\}^e$——梁、柱、支撑单元的节点位移和节点力向量，见参考文献［1］、［2］选用。

注：对于二维分析，只需将上述公式［T_n］中对 y 有关的项置零，并去掉相应的行和列即可。

7.2.2.10　结构非线性平衡方程的建立与求解

1. 结构非线性平衡方程的建立

尽管在建立了三维单元的非线性刚度方程之后，有多种方法可将其组装成结构非线性平衡方程，但据有关文献介绍，运用所谓的“共转法”来建立结构的非线性平衡方程是一条准确、简洁、有效的途径[1]。“共转法”的主要思想是：以当前时刻的单元构形为参考坐标

系（局部坐标系），求出在该坐标系下的单元切线刚度矩阵，然后，通过局部坐标系与结构整体坐标系之间的转换矩阵，将在局部坐标系下的单元切线刚度矩阵变换成在整体坐标系下的单元切线刚度矩阵，最后，把在整体坐标系下的各个单元切线刚度矩阵相互叠加，从而形成结构的总切线刚度矩阵。

由于在前面几节中，已分别建立了考虑连接柔性与节点域剪切变形效应的节点单元、三维梁单元、三维柱单元以及三维支撑单元在结构整体坐标系中的二阶弹性切线刚度方程。因此，根据“共转法”的思想，按直接刚度法，即直接“对号入座”地进行叠加，可组装结构的总刚度矩阵，从而可获得同时考虑节点域剪切变形与梁-柱半刚性连接效应的空间框架-支撑结构体系（当然也适用于纯框架结构以及所有带支撑斜杆的结构体系）的非线性增量平衡方程为

$$[K]\{\Delta U\}=\{\Delta F\} \tag{7-134}$$

式中　$[K]$——同时考虑节点域剪切变形与梁-柱半刚性连接效应的结构总刚矩阵，可通过直接“对号入座”地进行叠加获得，即

$$[K]=\sum[K_g]^e+\sum[K_c]^e+\sum[K_b]^e+\sum[K_p]^e \tag{7-135}$$

式中　$\sum$——对所给自由度相应的刚度系数进行组装；

$[K_g]^e$、$[K_c]^e$、$[K_b]^e$、$[K_p]^e$——梁、柱、支撑、节点单元在结构整体坐标系下的刚度矩阵。

2. 结构非线性平衡方程的求解方法与迭代策略

按照几何、材料、边界非线性理论建立的结构最后方程组是非线性的。求解这些非线性方程组是结构非线性分析的一个重要部分。一般来讲，对结构进行非线性分析的目的，主要是掌握结构屈曲或屈服前、后的性能。

为了研究结构屈曲或屈服前、后的性能，必须研究结构非线性全过程分析的平衡路径。屈服前的结构反应分析并不十分复杂，它只是一个常规的非线性迭代问题，目前这一课题的研究已经非常成熟了；相比之下，屈服后的路径跟踪则要复杂得多，问题的难点在于临界点（极值点）附近刚度矩阵接近奇异，使迭代难于收敛，对于像高层、超高层钢结构这类具有大量自由度的复杂结构体系更是如此。因此，这一问题应该成为研究重点。

关于这一问题，作者迄今为止所收集到的国内外文献表明，大都是在进行迭代计算方法上的研究，提出了这样或那样的一些计算方法，做了这样或那样的改进。比较有代表性的非线性问题求解方法可分为：荷载控制法、位移控制法、弧长控制法和做功控制法四大类。虽然还有许多其他求解非线性问题的方法，但是作者认为，其中大多数都只是由这四种方法加以推广和变化而来。

荷载控制法也许是非线性分析最老的方法。该法根据迭代与否，又可分为简化增量法（无须迭代）与牛顿-拉夫逊荷载增量法（Incremental Newton-Raphson Method）（需迭代）。

简化增量法的主要优点是使用简单，此外，该法可以用来跟踪算出荷载-挠度曲线的卸荷段。其具体处理方法是，在结构的非线性方程求解过程中，当刚度矩阵不再为正值时，在刚度方程中采用负荷载增量就可求得卸荷段。这种方法的主要缺点是，由于不用迭代，会使计算平衡路径与实际平衡路径之间的误差发生累积。这种所谓漂移误差在高次非线性体系中会变得很大。为了减小漂移误差，建议在每级荷载增量中，使用迭代方法，校正结构体系的外力与内力之间存在的差值。进行这种迭代，最方便的办法是牛顿-拉夫逊荷载增量法。因此，屈曲前的结构非线性有限元分析通常都采用牛顿-拉夫逊荷载增量法。该方法通过线性逼近和反复迭代使计算收敛于平衡路径。与简化增量法相比，牛顿-拉夫逊荷载增量法的显

著优点是漂移误差可大大减少或消除。但由于在临界点附近结构刚度矩阵接近奇异，迭代不易收敛，因此无法计算屈曲后的荷载反应。

关于屈曲后的反应分析，Sharifi 和 Popov[29] 曾提出用人工弹簧法（artificial spring method），即在结构中人为地加入一个线性弹簧，使结构强化，从而使结构刚度矩阵在整个加荷过程中始终保持正定，这样就可以用通常的荷载增量法进行结构的全过程分析。对于简单结构，如果仅仅需要一个弹簧，且当屈曲前、后结构的刚度变化不是特别大时，这种方法是很有效的。然而，从数学观点来看，对于多自由度体系，当需要多个弹簧时，这种方法就不适用了。后来，Batoz 和 Dhatt[30] 又提出了用位移增量来控制荷载步长，即位移增量法（incremental displacement algorithm）。在该方法中，选择 N 维位移向量中的某一分量作为已知量，而荷载作为变量，用位移变化来控制荷载步长。在此之前，曾有一些学者也提出过位移增量法，但都不够完善，或者是刚度矩阵不对称，或者是没有迭代的一步近似求解。Batoz 和 Dhatt 则提出了用两个位移向量的同时求解技术，从而可以在迭代过程中保持原来刚度矩阵的对称性。实践证明，这种方法对结构的荷载-位移全过程分析是非常有效的，能够很顺利地通过极限点（这是因为，该法是在定值的位移上进行迭代，而不是像荷载控制法那样在定值荷载上进行迭代）。但在计算中所选择的控制位移必须一直增大，如果出现减小的情况，则迭代不收敛，计算终止。对于某些复杂结构，要想选择好控制位移分量并不容易，因此这种方法也有其局限性。

Wempner 和 Riks[31] 同时分别提出了一个非常新颖的非线性求解方法，称为弧长法（arc-length method）。该方法将荷载系数和未知位移同时作为变量，引入一个包括荷载系数的约束方程，用曲线弧长来控制荷载步长。该方法对于处理结构屈曲后的荷载反应分析更为有效（特别是位移减小的情况）。而 Ramn[32] 和 Crisfield[33-35] 则巧妙地把上述两种方法结合起来，用球面弧长代替 Riks 的切面弧长，并利用 Batoz 和 Dhatt 的两个位移向量的同时求解技术，提出了便于有限元计算的球面弧长法（spherical arc-length method）。在此基础上，Crisfield 又进一步提出了柱面弧长法（cylinderical arc-length method），该方法似乎更简洁、更有效。实际数值算例表明，在各种弧长法中，柱面弧长法具有较强的适应性。

做功控制法由 Karamanlidis 等[36]（1980）和 Yang[37]（1984）各自分别建立。正如它的名称所示，其求解过程中，有关选择第 i 级荷载的荷载增量 λ_i^1，以及为消除平衡误差，确定该级荷载内随后各次迭代的荷载增量系数 $\lambda_i^j(j>1)$，都以功的概念为依据。计算中用面积增量（做功增量）来确定加载步长。与弧长控制法一样，做功控制法也可用于求解有极值点、突跳特征的问题[38]。

《钢结构高等分析理论与实用计算》[1] 中的程序，收编了上述荷载控制法、位移控制法、弧长控制法和做功控制法四大类中的所有求解方法，并具有三次多项式插值函数单元、PEP 单元[10] 和稳定插值函数三种单元模式的三维单元的二阶弹性和二阶弹塑性切线刚度矩阵，供结构分析时选择。

关于非线性全过程分析的理论和方法问题，国内外文献较多，研究重点是屈曲后路径的跟踪方法问题。人们针对如何解决由于临界点刚度矩阵奇异、屈曲后的刚度矩阵非正定而引起的问题，提出了各种路径跟踪的迭代计算方法。但迄今看到的文献在提出了这样或那样的方法以后，大都只是用一些比较简单的算例来验证这些方法，很少看到具有大量自由度的（即由大量杆件和节点组成的）大型算例或实际复杂结构的全过程分析的例子。沈世钊和陈昕[38]在进行大量的计算后认为，由简单结构过渡到复杂结构的全过程分析，这中间不只是量的变化，而是一个性质上的飞跃。因为对于简单结构体系而言，影响迭代收敛和路径跟踪的很多因素（如计算累积误差、矩阵病态、计算的 CPU 时间等问题）显得并不突出，因此似乎路径跟踪的计算方法变成为一个主要问题，于是人们把主要精力都用在计算方法的研究上。但对于复杂结构体系的全过程分析而言，仅仅靠计算方法可能仍然无能为力。为了保证迭代的实际收敛性，非线性有限元分析理论表达式的精确化、灵活的迭代策略、一些计算控制参数的合理选择，同样起到十分关键的作用。他们总结出有两个因素对于计算的成败起到极其关键的作用：一是计算的累积误差问题；二是计算的 CPU 时间问题。

就第一个问题而言，一方面结构的自由度越多，计算的累积误差就越大，另一方面随着计算步数的增加，计算的累积误差也在不断增加。在很多情况下，所谓矩阵病态问题实际上是由过大的累积误差引起的。对于多自由度复杂体系来说，在临界点附近正是由于这些累积误差的干扰才使得迭代难于收敛。就第二个问题而言，众所周知，结构的非线性全过程分析是相当耗费机时的，因为需要很多计算点才能完整地描绘出结构的全过程荷载-位移曲线，而每一个计算点都是经过反复迭代得到的。因此，为了有效地利用每一个计算点，需要在计算中自动地调节计算步长（例如在线性阶段步长自动增加，在临界点附近步长自动减小）。否则不难想象，如果没有一个好的自动变步长的控制方程及一些有效的控制参数，对成千上万自由度的结构进行荷载-位移全过程分析是很难实现的。

针对上述问题，在正确选择计算方法的基础上，结合《高层建筑钢结构巨型框架体系的高等分析理论及其实用计算》[2]所介绍的迭代收敛准则、极值点的判别准则、极限荷载的确定方法、结构分析的破坏准则等相关迭代策略，我们提出了严格地控制迭代收敛值、适合的变步长计算公式、临界点附近迅速加密计算点等一系列措施，以使结构非线性全过程分析能够顺利完成的求解方法。

换言之，对于本节所建立结构非线性平衡方程，宜用牛顿-拉夫逊荷载增量法（简称 NR 荷载增量法）进行屈曲前的结构平衡路径跟踪，用位移增量法或弧长法进行近极值点和屈曲后分析，以确定结构的极限承载力。用位移收敛准则来控制迭代精度。

遵循上述原则，迭代求解式（7-134），可获得结构的节点位移，然后将其代回单元刚度方程并求解，可获得构件内力。

7.2.3 三维结构的二阶非弹性分析

结构非线性分析的有限单元法是在线性分析有限单元法的基础上发展起来的。一般说来，非线性有限单元法有三个重要组成部分：其一是单元模式；其二是描述杆件变形的坐标系理论；其三是非线性平衡方程的求解方法。对于结构分析而言，最重要的是单元模式，若单元模式选择不当，再高的计算精度也是无益于实际工程问题解决的。

前已述及，钢结构在荷载作用下可能将既呈现几何非线性又呈现材料非线性状态。第 7.2.2 节中已经讨论了非线性有限单元法中描述杆件变形的坐标系理论并提出了几何非线性分析的单元模式，本节将解决材料非线性分析的单元模式问题。

一般说来，结构呈现的材料非线性响应主要可由下述一些因素引起：

1）塑化效应，即由于工程材料非线性的本构关系，引起材料的塑性沿着杆件横截面高度和杆件长度方向逐渐发展的现象。

2）半刚性连接的非线性变形和节点域的剪切变形。

3）多维塑性效应，即轴向力对于杆件横截面弯矩-轴力-曲率（M-N-Φ）关系曲线和塑性极限弯矩的影响。

4）杆件残余应力。

5）杆件屈服面的弹性卸载。

对于材料非线性分析的单元模式问题，作者通过查阅国内外大量的研究文献发现，尽管国内外学者提出了对于材料非弹性分析的多种单元模型，但大致可归纳为：塑性区模型（plastic zone method）、塑性铰模型（plastic hinge method）及精化塑性铰模型（refined plastic hinge method）三大类。其中的塑性区模型是被公认的最能综合考虑非线性性能要求和结构物理属性的方法。该法是将构件离散成若干单元，并将构件的横截面离散成若干网格，通过直接跟踪沿构件横截面和长度方向上大量分布的积分样点的应力-应变响应来监测塑性的发展和描述复杂的非线性效应。这种方法可以直接模拟实际的残余应力与几何缺陷分布及其对稳定性和强度的影响，其求解结果常被视为精确解，但由于计算工作量非常巨大，对于大型复杂结构的求解更为突出，从而导致实际工程应用中的困难。塑性铰模型虽然计算简单，效率高，但由于该模型假定塑化集中在零长度的塑性铰处，它既不能考虑塑性沿构件截面的扩展和沿构件长度方向的扩展，也不能考虑残余应力的影响，因此，它不能跟踪塑性渐变的全过程，更不能准确预测结构的极限承载力，计算精度差，与结构高等分析的要求有一定的差距。精化塑性铰模型是基于二维塑性铰模型改良而得，该法采用截面刚度退化函数（其刚度退化的程度由构件所受的轴力和弯矩控制）来描述塑性铰形成过程中的截面逐渐屈服，因此，该法可以考虑塑性沿构件截面的扩展，但仍未考虑塑性沿构件长度方向发展，其计算精度虽较传统的塑性铰模型的要高，但不如塑性区模型的计算结果，而且该法目前主要用于二维结构分析，至今尚未见到用于严格三维分析的报道[1]。

由于本书的工作主要是探讨包括多、高层钢结构这类大型复杂结构在内的钢结构的高等分析方法，因此，所选模型必须具有较高的精度，以便满足结构高等分析的要求；同时，又不过多增加结构的计算工作量，以便于实际应用。对此，本节以国内外关于框架结构非线性分析理论的计算方法为背景，根据框架结构在加载试验中表现出来的塑性铰形成机理，提出一种既能反映塑性在构件截面扩展，又能反映塑性沿构件长度方向（轴向）扩展的结构二阶非弹性分析的简化塑性区（simplified plastic zone）单元模型（简称 SPZ 模型）；通过引入单元截面弹塑性影响因子 p_s 和轴向弹塑性影响因子 p_a，根据有限变形理论和 Prandtl-Reuss 理论，建立三维梁柱单元在局部坐标系下的二阶非弹性（双重非线性）增量刚度方程；最后引入欧拉角概念，将其转化为在结构整体坐标系下的刚度方程。这种方法可用于三维结构的二阶非弹性大位移分析。

7.2.3.1 基本假定

钢框架和钢筋混凝土框架的大量实验结果和理论分析表明：

1）塑性铰一般总在梁柱节点附近或集中荷载的作用截面或均布荷载作用区段的中部形成。

2）杆件横截面的屈服是塑性沿着截面高度逐渐发展的过程，并且塑性也将沿杆件长度逐渐发展。

3）杆件材料的本构关系可用截面的 M-N-Φ 关系曲线表示。

根据上述前两个基本事实，只要合适地划分单元，就可使塑性铰只在杆件两端截面出现，并将杆件的塑性变形集中在杆端具有一定长度的局部区域，从而简化结构非线性分析的复杂性，减少计算时间和费用。而第三个基本事实，使在有限元数值分析中有可能确定弯矩增量和曲率增量的关系，并用增量法求解。鉴于此，并结合多、高层钢结构的特点，特作如下基本假定：

1）构件是等截面的，且双轴对称。

2）变形前与构件中线垂直的平截面变形后仍为平面，但不必再与变形后的中线垂直。

3）杆件的塑性仅出现在杆端附近的局部区域，并只在杆端形成有一定转动能力的塑性铰。

4）采用大位移小应变理论。

5）构件截面无局部屈曲和翘曲变形。

6）节点域中以剪切变形为主，因此忽略其轴向、弯曲变形；支撑斜杆的轴力由与其相交节点处柱翼缘和横向加劲肋（或梁翼缘）共同承担；忽略节点板域平面外的受力及变形影响；空间框架中两正交方向节点域的剪切变形各自独立。

7.2.3.2　三维梁柱单元的简化塑性区模型

众所周知，当结构中构件的杆端弯矩超过屈服弯矩后，截面最外边缘纤维首先屈服，随着弯矩的增大，屈服区域逐渐向截面中心和杆长方向发展，截面刚度逐渐下降，而且沿杆长各截面的截面刚度下降程度还不一致，呈现出弹塑性状态的材料非线性。随着弯矩的进一步增大，屈服区域进一步发展，直至截面完全屈服，形成塑性铰。这就是实际结构中的构件塑性发展全过程。因此，为了使结构的分析结果能够尽量反映结构的实际受力情况，在材料非线性有限元分析中所建立的单元模型，应能尽量真实地反映构件的这种实际的塑性发展过程。这就是本章解决材料非线性分析的单元模式问题的指导思想。

丁洁民、沈祖炎[7]在对多种H型钢的截面弯矩 M 与截面有效惯性矩 I_e 之间的关系进行分析计算后认为，处于弹塑性阶段的杆件，当弯矩为线性分布时，其有效弹性惯性矩沿杆长也为线性分布。因此，在遵循上述解决材料非线性分析的单元模式问题的指导思想的前提下，结合第7.2.3.1节的基本假定，本书提出一种用于三维结构非线性有限元分析的简化塑性区（SPZ）模型，如图7-15所示。它由两类区域组成，即位于中部的弹性区和位于两端的变长度弹塑性区。其弹塑性区长度（其值在杆件两端可能不等）可由杆件的弯矩分布图和截面屈服弯矩值，根据单元区段的剪力平衡条件确定。

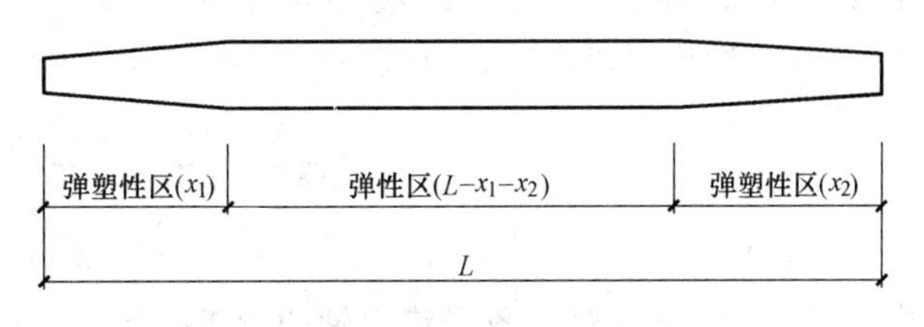

图7-15　梁柱单元SPZ模型

在材料非线性有限元分析中，通过引入单元截面弹塑性影响因子 p_s 和杆轴向弹塑性影响因子 p_a 来分别考虑塑性沿截面和杆轴方向扩展的影响。在杆端力增量作用下，只要确定了弹塑性区段的刚度和长度，即可建立SPZ单元模型的刚度矩阵[1]。

7.2.3.3　三维单元的屈服函数

设已建立三维单元截面显函数形式的屈服面方程为

$$F(n, m_y, m_z, m_x) = 0 \tag{7-136}$$

将式（7-136）改为如下形式

$$f(n, m_y, m_z, m_x) = 1 \tag{7-137}$$

若将式（7-137）的左端定义为三维单元的屈服函数，即

$$\varphi=f(n,m_y,m_z,m_x) \tag{7-138}$$

$$n=\left|\frac{F_x}{F_{xp}}\right|,\quad m_y=\left|\frac{M_y}{M_{yp}}\right|,\quad m_z=\left|\frac{M_z}{M_{zp}}\right|,\quad m_x=\left|\frac{M_x}{M_{xp}}\right| \tag{7-139}$$

式中 F_x——单元所受的轴力；

M_y——单元所受的绕 y 轴的弯矩；

M_z——单元所受的绕 z 轴的弯矩；

M_x——单元所受的绕 x 轴的扭矩；

F_{xp}——单元仅受轴力的极限屈服值；

M_{yp}——单元仅受绕 y 轴的弯矩极限屈服值；

M_{zp}——单元仅受绕 z 轴的弯矩极限屈服值；

M_{xp}——单元仅受绕 x 轴的扭矩极限屈服值。

式（7-138）是一个四维（n，m_y，m_z，m_x）关系式，不便通过一个简单的图形表示。但是，可以根据《钢结构框架体系弹性及弹塑性分析与计算理论》[26]对扭矩的处理方法，将其转换成三维（n_T，m_{yT}，m_{zT}）关系，则此时的屈服函数为

$$\varphi=f(n_T,m_{yT},m_{zT}) \tag{7-140}$$

$$n_T=\left|\frac{n}{\sqrt{1-m_x^2}}\right|,\quad m_{yT}=\left|\frac{m_y}{\sqrt{1-m_x^2}}\right|\quad m_{zT}=\left|\frac{m_z}{\sqrt{1-m_x^2}}\right| \tag{7-141}$$

此时的屈服函数就可通过图 7-16 的三维图示表达。

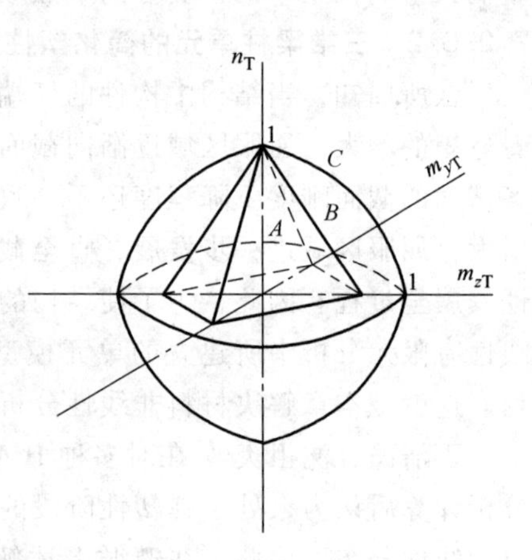

图 7-16 力状态空间分割

A—弹性区 B—弹塑性区 C—强化区

初始屈服面和极限屈服面把整个力状态空间分成三个子空间，即弹性区、弹塑性区和强化区（图 7-16）。其初始屈服函数值，可按下式计算

$$\varphi_s=\frac{m_{yT}+m_{zT}+n_T}{\left|\frac{M_y}{M_{ys}}\right|+\left|\frac{M_z}{M_{zs}}\right|+n_T} \tag{7-142}$$

式中 M_{ys}、M_{zs}——杆件仅受绕 y 轴的弯矩初始屈服值和仅受绕 z 轴的弯矩初始屈服值。

虽然极限屈服面对一个给定的截面是唯一的固定面，但初始屈服面则随加载历程而变化。对于一些常用的钢构件截面，其屈服面可以根据中性轴的位置来表达。不过，通常要用多个方程加以描述，这对于实际应用是非常不方便的。本节对于工程中常用的 H 形和箱形两种截面（图 7-17、图 7-18），给出其屈服面方程[1]。

如图 7-17 所示的宽翼缘工字形截面和 H 型钢截面，其考虑扭矩效应的屈服面方程为

$$m_{yT}^2(1-n_T^{\beta_z})^{\alpha_z}+m_{zT}^{\alpha_z}(1-n_T^{1.3})^2-(1-n_T^{1.3})^2(1-n_T^{\beta_z})^{\alpha_z}=0 \tag{7-143}$$

$$\alpha_z=1.2+2n_T,\quad \beta_z=2+1.2\frac{A_w}{A_f} \tag{7-144}$$

式中 A_w、A_f——工字形截面或 H 型钢截面腹板面积和翼缘板面积。

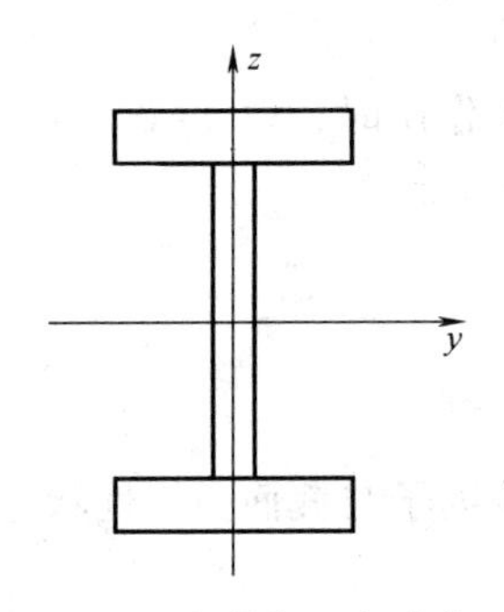

图 7-17 宽翼缘工字形截面

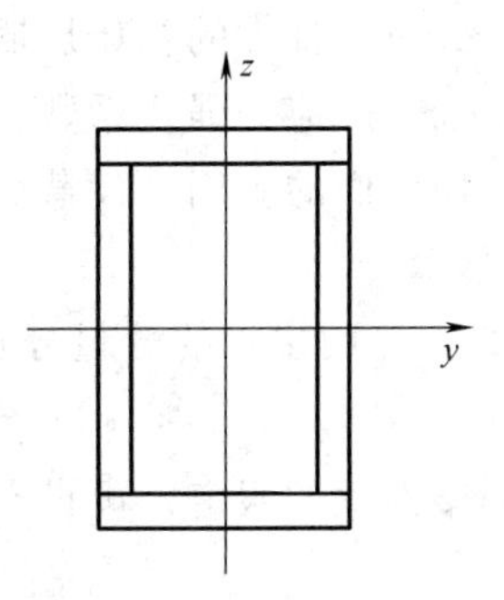

图 7-18 薄壁箱形截面

进而根据前述对屈服函数的定义，可得宽翼缘工字形截面和 H 型钢截面的考虑扭矩效应的屈服函数为

$$\varphi=m_{y\mathrm{T}}^{2}(1-n_{\mathrm{T}}^{\beta_z})^{\alpha_z}+m_{z\mathrm{T}}^{\alpha_z}(1-n_{\mathrm{T}}^{1.3})^{2}-(1-n_{\mathrm{T}}^{1.3})^{2}(1-n_{\mathrm{T}}^{\beta_z})^{\alpha_z}+1 \tag{7-145}$$

如图 7-18 所示的薄壁箱形截面，其考虑扭矩效应的屈服面方程为

$$m_{y\mathrm{T}}^{\alpha}(1-n_{\mathrm{T}}^{\beta_z})^{\alpha}+m_{z\mathrm{T}}^{\alpha}(1-n_{\mathrm{T}}^{\beta_y})^{\alpha}-(1-n_{\mathrm{T}}^{\beta_y})^{\alpha}(1-n_{\mathrm{T}}^{\beta_z})^{\alpha}=0 \tag{7-146}$$

$$\alpha=1.7+1.5n_{\mathrm{T}},\beta_y=2-0.5\frac{B}{H},\beta_z=2-0.5\frac{H}{B} \tag{7-147}$$

且要求 β_y、β_z 不得小于 1.3。

式中 B、H——薄壁箱形截面的宽度和高度。

进而得薄壁箱形截面的考虑扭矩效应的屈服函数为

$$\varphi=m_{y\mathrm{T}}^{\alpha}(1-n_{\mathrm{T}}^{\beta_z})^{\alpha}+m_{z\mathrm{T}}^{\alpha}(1-n_{\mathrm{T}}^{\beta_y})^{\alpha}-(1-n_{\mathrm{T}}^{\beta_y})^{\alpha}(1-n_{\mathrm{T}}^{\beta_z})^{\alpha}+1 \tag{7-148}$$

上述屈服面均具有光滑性、外凸的特点。

7.2.3.4 三维梁柱单元的截面弹塑性影响因子

定义梁柱单元截面的弹塑性参数 η 为

$$\eta=\frac{E_{\mathrm{t}}}{E} \tag{7-149}$$

式中 E_{t}——任意点的切线模量；

E——材料弹性模量。

当杆件截面处于弹性阶段时（$\varphi<\varphi_{\mathrm{s}}$），可取单元截面的弹塑性参数 η 为

$$\eta=1 \tag{7-150}$$

当杆件截面处于塑性阶段时（$\varphi>\varphi_{\mathrm{p}}$），可取单元截面的弹塑性参数 η 为

$$\eta=q \tag{7-151}$$

当杆件的截面处于过渡阶段时（$\varphi_{\mathrm{s}}\leqslant\varphi\leqslant\varphi_{\mathrm{p}}$），可取单元截面的弹塑性参数 η 为

$$\eta=1+(q-1)\left(\frac{\varphi-\varphi_{\mathrm{s}}}{\varphi_{\mathrm{p}}-\varphi_{\mathrm{s}}}\right) \tag{7-152}$$

综合式（7-150）、式（7-151）、式（7-152）三式，可得

$$\eta=\begin{cases}1 & \varphi<\varphi_{\mathrm{s}}\\ 1+(q-1)\left(\dfrac{\varphi-\varphi_{\mathrm{s}}}{\varphi_{\mathrm{p}}-\varphi_{\mathrm{s}}}\right) & \varphi_{\mathrm{s}}\leqslant\varphi\leqslant\varphi_{\mathrm{p}}\\ q & \varphi>\varphi_{\mathrm{p}}\end{cases} \tag{7-153}$$

式中 φ_s、φ_p——杆件的初始屈服函数值、极限屈服函数值；

q——应变强化系数，当不考虑材料的应变强化作用时，取 $q=0$。

为了方便后面的应用，设截面弹塑性状态参数 γ 为

$$\gamma = 1-\eta \tag{7-154}$$

若设在 y、z 两主轴的分量分别为 γ_y、γ_z，则有

$$\gamma^2 = \gamma_y^2+\gamma_z^2 \tag{7-155}$$

根据弹塑性铰的假定，可设空间杆件截面的弹塑性影响因子与截面弹塑性状态参数 γ 间的关系为

$$p_s = \frac{1-\gamma}{\gamma}\ ,\text{即}\quad p_s = \frac{\eta}{1-\eta} \tag{7-156}$$

则弹塑性影响因子与杆件曲率增量 $\mathrm{d}\Phi$ 间存在如下关系

$$\frac{1-\gamma}{\gamma} = \frac{\chi}{\mathrm{d}\Phi} \tag{7-157a}$$

或

$$p_s = \frac{\chi}{\mathrm{d}\Phi} \tag{7-157b}$$

式中 χ——比例常数。

设曲率增量在两主轴方向的增量分别为 $\mathrm{d}\Phi_y$、$\mathrm{d}\Phi_z$，即有

$$\mathrm{d}\Phi = \sqrt{(\mathrm{d}\Phi_y)^2+(\mathrm{d}\Phi_z)^2} \tag{7-158}$$

同样截面弹塑性影响因子与曲率增量的两主轴分量也保持上述关系，即

$$\frac{1-\gamma_y}{\gamma_y} = \frac{\chi}{\mathrm{d}\Phi_y};\quad \frac{1-\gamma_z}{\gamma_z} = \frac{\chi}{\mathrm{d}\Phi_z} \tag{7-159a}$$

或

$$p_{ys} = \frac{\chi}{\mathrm{d}\Phi_y};\quad p_{zs} = \frac{\chi}{\mathrm{d}\Phi_z} \tag{7-159b}$$

从而由式（7-157）和式（7-159），可得式（7-160）的关系式为

$$p_{ys} = \frac{\mathrm{d}\Phi}{\mathrm{d}\Phi_y}p_s;\quad p_{zs} = \frac{\mathrm{d}\Phi}{\mathrm{d}\Phi_z}p_s \tag{7-160a}$$

$$\frac{1-\gamma_y}{\gamma_y} = \frac{\mathrm{d}\Phi}{\mathrm{d}\Phi_y}\frac{1-\gamma}{\gamma};\quad \frac{1-\gamma_z}{\gamma_z} = \frac{\mathrm{d}\Phi}{\mathrm{d}\Phi_z}\frac{1-\gamma}{\gamma} \tag{7-160b}$$

根据 Drucker 塑性流动规则[27]有

$$\begin{cases} \mathrm{d}\Phi_y = \mu\dfrac{\partial\varphi}{\partial m_z} \\ \mathrm{d}\Phi_z = \mu\dfrac{\partial\varphi}{\partial m_y} \end{cases} \tag{7-161}$$

式中 μ——比例常数。

将式（7-161）代入式（7-158），得

$$\mu = \frac{\mathrm{d}\Phi}{\sqrt{\left(\dfrac{\partial\varphi}{\partial m_z}\right)^2+\left(\dfrac{\partial\varphi}{\partial m_y}\right)^2}} \tag{7-162}$$

将式（7-162）代入式（7-161），得

$$\left.\begin{aligned}\mathrm{d}\Phi_y=\frac{\partial\varphi/\partial m_z}{\sqrt{(\partial\varphi/\partial m_z)^2+(\partial\varphi/\partial m_y)^2}}\mathrm{d}\Phi\\ \mathrm{d}\Phi_z=\frac{\partial\varphi/\partial m_y}{\sqrt{(\partial\varphi/\partial m_z)^2+(\partial\varphi/\partial m_y)^2}}\mathrm{d}\Phi\end{aligned}\right\}\tag{7-163}$$

将式（7-163）代入式（7-160），得

$$\left.\begin{aligned}p_{ys}=\frac{\sqrt{\left(\dfrac{\partial\varphi}{\partial m_y}\right)^2+\left(\dfrac{\partial\varphi}{\partial m_z}\right)^2}}{\dfrac{\partial\varphi}{\partial m_z}}p_s\\ p_{zs}=\frac{\sqrt{\left(\dfrac{\partial\varphi}{\partial m_y}\right)^2+\left(\dfrac{\partial\varphi}{\partial m_z}\right)^2}}{\dfrac{\partial\varphi}{\partial m_y}}p_s\end{aligned}\right\}\tag{7-164a}$$

或

$$\left.\begin{aligned}\gamma_y=\frac{\gamma\dfrac{\partial\varphi}{\partial m_z}}{(1-\gamma)\sqrt{\left(\dfrac{\partial\varphi}{\partial m_z}\right)^2+\left(\dfrac{\partial\varphi}{\partial m_y}\right)^2}+\gamma\dfrac{\partial\varphi}{\partial m_z}}\\ \gamma_z=\frac{\gamma\dfrac{\partial\varphi}{\partial m_y}}{(1-\gamma)\sqrt{\left(\dfrac{\partial\varphi}{\partial m_z}\right)^2+\left(\dfrac{\partial\varphi}{\partial m_y}\right)^2}+\gamma\dfrac{\partial\varphi}{\partial m_y}}\end{aligned}\right\}\tag{7-164b}$$

由式（7-164）可以看出，若$\dfrac{\partial\varphi}{\partial m_z}=0$，则$p_{ys}=0$；$p_{zs}=p_s$或$\gamma_y=0$；$\gamma_z=\gamma$，即退化为只受$m_y$作用的平面杆件情形，即此时的三维梁柱单元的截面弹塑性影响因子退化为二维梁柱单元的截面弹塑性影响因子。

7.2.3.5 三维梁柱单元的轴向弹塑性影响因子

设杆件的弯矩M_z和曲率Φ_z分布如图7-19所示。其中i端的弯矩值已超过初始屈服弯矩值，C点为初始屈服弯矩，iC段即为弹塑性区段。

若单元内无分布荷载作用，并不计由轴向力引起的附加弯矩，则由iC段脱离体的平衡

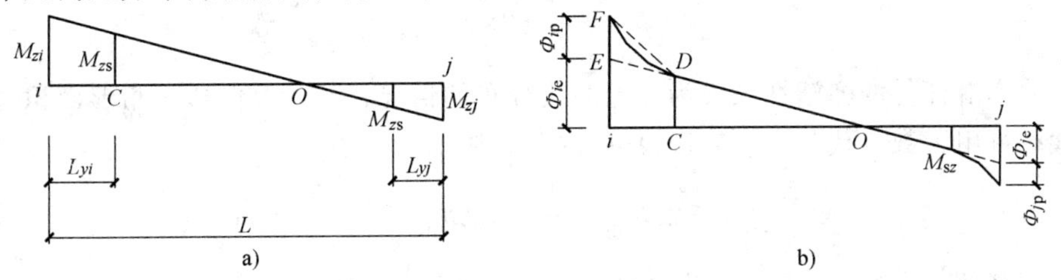

图7-19 杆件的弯矩M_z和曲率Φ_z分布图

a）弯矩分布图 b）曲率分布图

条件可得 i 端 xoy 平面弹塑性区长度为

$$L_{yi}=\frac{M_{zi}-(M_{zs}SN_{zi})}{M_{zi}+M_{zj}}L \tag{7-165a}$$

仿上可得杆件 j 端 xoy 平面的弹塑性区长度

$$L_{yj}=\frac{M_{zj}-(M_{zs}SN_{zj})}{M_{zi}+M_{zj}}L \tag{7-165b}$$

同理可得杆件在 xoz 平面的弹塑性区长度为

$$L_{zi}=\frac{M_{yi}-(M_{ys}SN_{yi})}{M_{yi}+M_{yj}}L \tag{7-166a}$$

$$L_{zj}=\frac{M_{yj}-(M_{ys}SN_{yj})}{M_{yi}+M_{yj}}L \tag{7-166b}$$

$$SN_{yi}=|M_{yi}|/M_{yi} \qquad SN_{yj}=|M_{yj}|/M_{yj}$$
$$SN_{zi}=|M_{zi}|/M_{zi} \qquad SN_{zj}=|M_{zj}|/M_{zj}$$

式中 M_{ys}、M_{zs}——计及轴力影响的杆件绕 y 轴和绕 z 轴的初始屈服弯矩；

$L_{ym}(m=i,\ j)$——表示 xoy 平面 i、j 端的弹塑性区计算长度；

$L_{zm}(m=i,\ j)$——表示 xoz 平面 i、j 端弹塑性区计算长度。

则单元 i、j 两端的弹塑性区长度可表示为

$$L_i=\sqrt{L_{yi}^2+L_{zi}^2} \tag{7-167a}$$

$$L_j=\sqrt{L_{yj}^2+L_{zj}^2} \tag{7-167b}$$

若令 θ_{yi}、θ_{yc} 分别表示杆件中的 i、c 截面在 xoy 平面的总转角，θ_{yie} 为 i 端在 xoy 平面的弹性转角，则由图 7-19b 可推导其塑性转角为

$$\theta_{yip}=\int_{x_c}^{x_i}\Phi_{FD}\mathrm{d}x-\int_{x_c}^{x_i}\Phi_{ED}\mathrm{d}x=\frac{1}{2}(\overline{iC}\times\overline{FE})=\frac{1}{2}(\Phi_{yip}\times L_{yi}) \tag{7-168}$$

因此其塑性转角增量为

$$\Delta\theta_{yip}=\frac{1}{2}(\Delta\Phi_{yip}\times L_{yi}+\Phi_{yip}\times\Delta L_{yi}+\Delta\Phi_{yip}\times\Delta L_{yi}) \tag{7-169}$$

由于只有在增加荷载增量时，塑性区长度才会改变，则当荷载增量步取得足够小时，式（7-169）表示的塑性转角增量可近似取为

$$\Delta\theta_{yip}\approx\frac{1}{2}(\Delta\Phi_{yip}\times L_{yi}) \tag{7-170}$$

则有其 i 端在 xoy 平面的曲率增量为

$$\Delta\Phi_{yip}\approx\frac{1}{L_{yi}}(2\times\Delta\theta_{yip}) \tag{7-171}$$

对于曲率沿杆件的弹塑性区段为任意曲线分布的情况，当计算曲边三角形面积时，为不失一般性，可用参数 β 代替式（7-171）中的 2，则有

$$\Delta\Phi_{yip}\approx\frac{1}{L_{yi}}(\beta\times\Delta\theta_{yip}) \tag{7-172}$$

从而可导得杆件 i 端在 xoy 平面的轴向弹塑性影响因子 p_{ayi} 为

$$p_{ayi}=\Delta\Phi_{yip}/\Delta\theta_{yip}=\beta/L_{yi} \tag{7-173a}$$

同理可得杆件 j 端在 xoy 平面的轴向弹塑性影响因子 p_{ayj} 为

$$p_{ayj}=\beta/L_{yj} \tag{7-173b}$$

仿上推导过程，可得杆件 i 端、j 端在 xoz 平面的轴向弹塑性影响因子分别为

$$p_{azi}=\Delta\Phi_{zip}/\Delta\theta_{zip}=\beta/L_{zi} \tag{7-174a}$$

$$p_{azj}==\beta/L_{zj} \tag{7-174b}$$

则单元 i、j 两端的轴向弹塑性影响因子可分别表示为

$$p_{ai}=\beta/L_i \tag{7-175a}$$

$$p_{aj}=\beta/L_j \tag{7-175b}$$

或者

$$p_{ai}=\sqrt{p_{ayi}^2+p_{azi}^2} \tag{7-176a}$$

$$p_{aj}=\sqrt{p_{ayj}^2+p_{azj}^2} \tag{7-176b}$$

上述公式中的参数 β，可根据曲率增量 $\Delta\Phi$ 在弹塑性区段上的分布情况而定。通常，当 $\Delta\Phi$ 为直线分布时，取 $\beta=2$；当 $\Delta\Phi$ 为二次曲线分布时，取 $\beta=3$；当 $\Delta\Phi$ 为三次曲线分布时，取 $\beta=4$。

7.2.3.6　三维梁柱单元的二阶非弹性增量刚度方程

1. 局部坐标系中增量刚度方程的建立

图 7-20 所示为空间压弯杆件的受力与变形情况。空间压弯杆件每端作用有三个力 Q_z、Q_y、N 和三个力矩 M_x、M_y、M_z，与之相对应，空间杆件的变形状态由杆端的三个线位移量 u_x、u_y、u_z 和三个转角量 θ_x、θ_y、θ_z 确定。图中杆端作用力和杆端位移的方向均为正方向。分别用 $\{f\}$、$\{u\}$ 表示空间杆件的杆端力向量和杆端位移向量，则

$$\{f\}=[\{f^i\}^{\mathrm{T}},\{f^j\}^{\mathrm{T}}]^{\mathrm{T}} \tag{7-177}$$

$$\{u\}=[\{u^i\}^{\mathrm{T}},\{u^j\}^{\mathrm{T}}]^{\mathrm{T}} \tag{7-178}$$

$$\{f^i\}=[N^i,Q_y^i,Q_z^i,M_x^i,M_y^i,M_z^i]^{\mathrm{T}} \tag{7-179}$$

$$\{f^j\}=[N^j\ Q_y^j,Q_z^j,M_x^j,M_y^j,M_z^j]^{\mathrm{T}} \tag{7-180}$$

$$\{u^i\}[u_x^i\quad u_y^i\quad u_z^i\quad \theta_x^i\quad \theta_y^i\quad \theta_z^i]^{\mathrm{T}} \tag{7-181}$$

$$\{u^j\}=[u_x^j\quad u_y^j\quad u_z^j\quad \theta_x^j\quad \theta_y^j\quad \theta_z^j]^{\mathrm{T}} \tag{7-182}$$

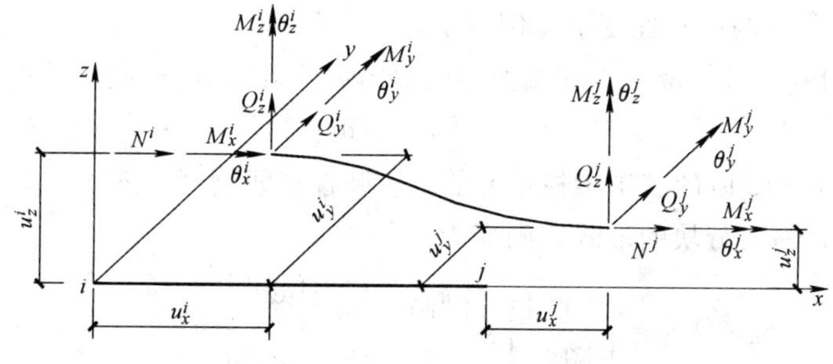

图 7-20　空间杆件的受力和变形

当杆件处于弹塑性状态（杆件一端或两端处于弹塑性状态），根据 Prandtl-Reuss 理论，杆件在弹塑性阶段，其杆端位移增量包含弹性变形增量和塑性变形增量两部分，即为

$$\{\mathrm{d}u\}=\{\mathrm{d}u_{\mathrm{e}}\}+\{\mathrm{d}u_{\mathrm{p}}\} \tag{7-183}$$

其中

$$\{\mathrm{d}u_{\mathrm{e}}\}=[\{\mathrm{d}u_{\mathrm{e}}^i\}]^{\mathrm{T}},\{\mathrm{d}u_{\mathrm{e}}^j\}^{\mathrm{T}}]^{\mathrm{T}} \tag{7-184}$$

$$\{du_p\} = [\{du_p^i\}^T, \{du_p^j\}^T]^T \tag{7-185}$$

$$\{du_e^i\} = [du_{xe}^i, du_{ye}^i, du_{ze}^i, d\theta_{xe}^i, d\theta_{ye}^i, d\theta_{ze}^i]^T \tag{7-186a}$$

$$\{du_e^j\} = [du_{xe}^j, du_{ye}^j, du_{ze}^j, d\theta_{xe}^j, d\theta_{ye}^j, d\theta_{ze}^j]^T \tag{7-186b}$$

$$\{du_p^i\} = [du_{xp}^i, du_{yp}^i, du_{zp}^i, d\theta_{xp}^i, d\theta_{yp}^i, d\theta_{zp}^i]^T \tag{7-187a}$$

$$\{du_p^j\} = [du_{xp}^j, du_{yp}^j, du_{zp}^j, d\theta_{xp}^j, d\theta_{yp}^j, d\theta_{zp}^j]^T \tag{7-187b}$$

将杆端力增量分解为相互正交的两个分量 $\{df_t\}$、$\{df_n\}$，即

$$\{df\} = \{df_t\} + \{df_n\} \tag{7-188}$$

$$\{df_t\} = [\{df_t^i\}^T, \{df_t^j\}^T]^T \tag{7-189}$$

$$\{df_n\} = [\{df_n^i\}^T, \{df_n^j\}^T]^T \tag{7-190}$$

$$\{df_t^i\} = [0, dQ_y^i, dQ_z^i, 0, 0, 0]^T \tag{7-191a}$$

$$\{df_t^j\} = [0, dQ_y^j, dQ_z^j, 0, 0, 0]^T \tag{7-191b}$$

$$\{df_n^i\} = [dN^i, 0, 0, dM_x^i, dM_y^i, dM_z^i]^T \tag{7-192a}$$

$$\{df_n^j\} = [dN^j, 0, 0, dM_x^j, dM_y^j, dM_z^j]^T \tag{7-192b}$$

根据塑性流动法则，弹塑性铰处各塑性变形分量的速率（或增量）与该处屈服函数关于该塑性变形分量相应的作用力分量的导数成同一比例因子，即

$$\{du_p^i\} = [g_i]\{1\}\lambda_i \tag{7-193a}$$

$$\{du_p^j\} = [g_j]\{1\}\lambda_j \tag{7-193b}$$

$$[g_i] = \mathrm{diag}\left[\frac{\partial\varphi_i}{\partial N_i}, 0, 0, \frac{\partial\varphi_i}{\partial M_{xi}}, \frac{\partial\varphi_i}{\partial M_{yi}}, \frac{\partial\varphi_i}{\partial M_{zi}}\right] \tag{7-194a}$$

$$[g_j] = \mathrm{diag}\left[\frac{\partial\varphi_j}{\partial N_j}, 0, 0, \frac{\partial\varphi_j}{\partial M_{xj}}, \frac{\partial\varphi_j}{\partial M_{yj}}, \frac{\partial\varphi_j}{\partial M_{zj}}\right] \tag{7-194b}$$

$$\{1\} = [1, 1, 1, 1, 1, 1]^T \tag{7-194c}$$

式中 φ_i，φ_j——单元两端的屈服函数；

λ_i，λ_j——单元两端塑性变形比例因子。

由于杆端力向量增量 $\{df\}$ 与杆端弹性变形向量增量 $\{du_e\}$ 间保持有不变的关系，即

$$\{df\} = [k_{net}]\{du_e\} \tag{7-195}$$

式中 $[k_{net}]$——12×12 阶的三维梁柱单元的二阶弹性切线刚度矩阵。

将式（7-195）写成分块的形式，则变为

$$\begin{bmatrix} \{df^i\} \\ \{df^j\} \end{bmatrix} = \begin{bmatrix} k_{net}^{ii} & k_{net}^{ij} \\ k_{net}^{ji} & k_{net}^{jj} \end{bmatrix} \begin{bmatrix} du_e^i \\ du_e^j \end{bmatrix} \tag{7-196}$$

将式（7-196）分块展开，得

$$\left.\begin{aligned} \{df^i\} &= [k_{net}^{ii}]\{du_e^i\} + [k_{net}^{ij}]\{du_e^j\} \\ \{df^j\} &= [k_{net}^{ji}]\{du_e^i\} + [k_{net}^{jj}]\{du_e^j\} \end{aligned}\right\} \tag{7-197}$$

令 $\{df_n\}$ 仅与 $\{du_p\}$ 相关，则有

$$\begin{bmatrix} \{\mathrm{d}f_{\mathrm{n}}^{i}\} \\ \{\mathrm{d}f_{\mathrm{n}}^{j}\} \end{bmatrix} = \begin{bmatrix} [k_{\mathrm{h}}^{i}] & 0 \\ 0 & [k_{\mathrm{h}}^{j}] \end{bmatrix} \begin{bmatrix} \{\mathrm{d}u_{\mathrm{p}}^{i}\} \\ \{\mathrm{d}u_{\mathrm{p}}^{j}\} \end{bmatrix} \tag{7-198a}$$

或

$$\{\mathrm{d}f_{\mathrm{n}}\} = [k_{\mathrm{h}}]\{\mathrm{d}u_{\mathrm{p}}\} \tag{7-198b}$$

式中　$[k_{\mathrm{h}}]$——弹塑性变形杆件的强化刚度矩阵，可由下式得出

$$[k_{\mathrm{h}}] = \begin{bmatrix} [k_{\mathrm{h}}^{i}] & 0 \\ 0 & [k_{\mathrm{h}}^{j}] \end{bmatrix} \tag{7-199}$$

式（7-199）中的子块矩阵

$$[k_{\mathrm{h}}^{m}] = \mathrm{diag}[B_{m1}, B_{m2}, B_{m3}, B_{m4}, B_{m5}, B_{m6}]\ (m=i,j) \tag{7-200}$$

$$B_{mr} = p_{\mathrm{s}m} p_{\mathrm{a}m} k_{\mathrm{net}}^{mrr} \quad (m=i,j; r=1,\cdots,6) \tag{7-201}$$

式中　$p_{\mathrm{s}i}$、$p_{\mathrm{s}j}$——杆件 i 端和 j 端截面弹塑性影响因子；

$p_{\mathrm{a}i}$、$p_{\mathrm{a}j}$——杆件 i 端和 j 端轴向弹塑性因子；

k_{net}^{mrr}——矩阵［k_{net}^{m}］中的第 r 行第 r 列元素。

当截面处于弹性状态时，各塑性变形分量应为零，则要求截面弹塑性影响因子 p_{s} 和轴向弹塑性影响因子 p_{a} 均为无穷大；而当截面处于理想弹塑性变形状态时，各塑性变形分量可取任意值，则要求截面弹塑性影响 $p_{\mathrm{s}}=0$，轴向弹塑性影响因子 $p_{\mathrm{a}} \neq 0$。因此，取满足上述条件的弹塑性影响因子为

$$p_{\mathrm{s}m} = \frac{1-\gamma_m}{\gamma_m} \quad (m=i,j) \tag{7-202}$$

$$p_{\mathrm{a}m} = \beta / L_m \quad (m=i,j) \tag{7-203}$$

式中　γ_i、γ_j——杆件 i 端和 j 端的截面弹塑性状态参数；

L_i、L_j——单元 i 端和 j 端的弹塑性区计算长度。

由式（7-188）、式（7-197）、式（7-198）及式（7-191）可得

$$\begin{aligned} \{\mathrm{d}f_{\mathrm{t}}^{i}\} &= \{\mathrm{d}f^{i}\} - \{\mathrm{d}f_{\mathrm{n}}^{i}\} \\ &= [k_{\mathrm{net}}^{ii}]\{\mathrm{d}u^{i}\} + [k_{\mathrm{net}}^{ij}]\{\mathrm{d}u^{j}\} - ([k_{\mathrm{net}}^{ii}] + [k_{\mathrm{h}}^{i}])[g_i]\{1\}\lambda_i - [k_{\mathrm{net}}^{ij}][g_j]\{1\}\lambda_j \end{aligned} \tag{7-204a}$$

$$\begin{aligned} \{\mathrm{d}f_{\mathrm{t}}^{j}\} &= \{\mathrm{d}f^{j}\} - \{\mathrm{d}f_{\mathrm{n}}^{j}\} \\ &= [k_{\mathrm{net}}^{ji}]\{\mathrm{d}u^{i}\} + [k_{\mathrm{net}}^{jj}]\{\mathrm{d}u^{j}\} - [k_{\mathrm{net}}^{ij}][g_i]\{1\}\lambda_i - ([k_{\mathrm{net}}^{jj}] + [k_{\mathrm{h}}^{j}])[g_j]\{1\}\lambda_j \end{aligned} \tag{7-204b}$$

由式（7-187）、式（7-191）知，向量 $\{\mathrm{d}u_{\mathrm{p}}^{i}\}$、$\{\mathrm{d}u_{\mathrm{p}}^{j}\}$ 分别与向量 $\{\mathrm{d}f_{\mathrm{t}}^{i}\}$、$\{\mathrm{d}f_{\mathrm{t}}^{j}\}$ 正交，再利用式（7-193）、式（7-204），可得

$$\{\mathrm{d}u_{\mathrm{p}}^{i}\}^{\mathrm{T}}\{\mathrm{d}f_{\mathrm{t}}^{i}\} = \lambda_i(k^{ii}\lambda_i + k^{ij}\lambda_j - [H_{ii}]\{\mathrm{d}u^{i}\} - [H_{ij}]\{\mathrm{d}u^{j}\}) = 0 \tag{7-205a}$$

$$\{\mathrm{d}u_{\mathrm{p}}^{j}\}^{\mathrm{T}}\{\mathrm{d}f_{\mathrm{t}}^{j}\} = \lambda_j(k^{ji}\lambda_i + k^{jj}\lambda_j - [H_{ji}]\{\mathrm{d}u^{i}\} - [H_{jj}]\{\mathrm{d}u^{j}\}) = 0 \tag{7-205b}$$

$$k^{ii} = \{1\}^{\mathrm{T}}[g_i]^{\mathrm{T}}([k_{\mathrm{net}}^{ii}] + [k_{\mathrm{h}}^{i}])[g_i]\{1\} \tag{7-206a}$$

$$k^{ij} = \{1\}^{\mathrm{T}}[g_i]^{\mathrm{T}}[k_{\mathrm{net}}^{ij}][g_j]\{1\} \tag{7-206b}$$

$$k^{ji} = \{1\}^{\mathrm{T}}[g_j]^{\mathrm{T}}[k_{\mathrm{net}}^{ji}][g_i]\{1\} \tag{7-206c}$$

$$k^{jj} = \{1\}^{\mathrm{T}}[g_j]^{\mathrm{T}}([k_{\mathrm{net}}^{jj}] + [k_{\mathrm{h}}^{j}])[g_j]\{1\} \tag{7-206d}$$

$$[H_{ii}] = \{1\}^{\mathrm{T}}[g_i]^{\mathrm{T}}[k_{\mathrm{net}}^{ii}] \tag{7-207a}$$

$$[H_{ij}] = \{1\}^{\mathrm{T}}[g_i]^{\mathrm{T}}[k_{\mathrm{net}}^{ij}] \tag{7-207b}$$

$$[H_{ji}] = \{1\}^{\mathrm{T}}[g_j]^{\mathrm{T}}[k_{\mathrm{net}}^{ji}] \tag{7-207c}$$

$$[H_{jj}] = \{1\}^{\mathrm{T}}[g_j]^{\mathrm{T}}[k_{\mathrm{net}}^{jj}] \tag{7-207d}$$

下面分别讨论几种情况：

(1) 杆件两端均屈服

此时 $\lambda_i \neq 0$，$\lambda_j \neq 0$，由式（7-205）得

$$\begin{bmatrix} k^{ii} & k^{ij} \\ k^{ji} & k^{jj} \end{bmatrix} \begin{Bmatrix} \lambda_i \\ \lambda_j \end{Bmatrix} = \begin{bmatrix} [H_{ii}] & [H_{ij}] \\ [H_{ji}] & [H_{jj}] \end{bmatrix} \begin{Bmatrix} \{\mathrm{d}u^i\} \\ \{\mathrm{d}u^j\} \end{Bmatrix} \tag{7-208}$$

由式（7-208）解得

$$\begin{Bmatrix} \lambda_i \\ \lambda_j \end{Bmatrix} = \begin{bmatrix} k^{ii} & k^{ij} \\ k^{ji} & k^{jj} \end{bmatrix}^{-1} \begin{bmatrix} [H_{ii}] & [H_{ij}] \\ [H_{ji}] & [H_{jj}] \end{bmatrix} \begin{Bmatrix} \{\mathrm{d}u^i\} \\ \{\mathrm{d}u^j\} \end{Bmatrix} \tag{7-209}$$

将式（7-209）代入式（7-193）可得

$$\begin{Bmatrix} \{\mathrm{d}u_{\mathrm{p}}^i\} \\ \{\mathrm{d}u_{\mathrm{p}}^j\} \end{Bmatrix} = \begin{bmatrix} [g_i] & [0] \\ [0] & [g_j] \end{bmatrix} \begin{bmatrix} \{1\} & \{0\} \\ \{0\} & \{1\} \end{bmatrix} \begin{bmatrix} k^{ii} & k^{ij} \\ k^{ji} & k^{jj} \end{bmatrix}^{-1} \begin{bmatrix} [H_{ii}] & [H_{ij}] \\ [H_{ji}] & [H_{jj}] \end{bmatrix} \begin{Bmatrix} \{\mathrm{d}u^i\} \\ \{\mathrm{d}u^j\} \end{Bmatrix} \tag{7-210}$$

由式（7-207）可知

$$\begin{bmatrix} [H_{ii}] & [H_{ij}] \\ [H_{ji}] & [H_{jj}] \end{bmatrix} = \begin{bmatrix} \{1\} & \{0\} \\ \{0\} & \{1\} \end{bmatrix}^{\mathrm{T}} \begin{bmatrix} [g_i] & [0] \\ [0] & [g_j] \end{bmatrix}^{\mathrm{T}} \begin{bmatrix} k_{\mathrm{net}}^{ii} & k_{\mathrm{net}}^{ij} \\ k_{\mathrm{net}}^{ji} & k_{\mathrm{net}}^{jj} \end{bmatrix} \tag{7-211}$$

若令 $[G]$ 为屈服梯度向量矩阵，有

$$[G] = \begin{bmatrix} [g_i] & [0] \\ [0] & [g_j] \end{bmatrix} \tag{7-212}$$

令 $[E]$ 为

$$[E] = \begin{bmatrix} \{1\} & \{0\} \\ \{0\} & \{1\} \end{bmatrix} \tag{7-213}$$

令 $[L]$ 为杆端屈服状态矩阵，它是单元二阶弹性刚度矩阵 $[k_{\mathrm{net}}]$、截面弹塑性影响因子 p_{s}、杆轴向弹塑性影响因子 p_{a} 以及屈服函数 φ 的函数。杆件两端均屈服时的杆端屈服状态矩阵 $[L]$ 为

$$[L] = \begin{bmatrix} k^{ii} & k^{ij} \\ k^{ji} & k^{jj} \end{bmatrix}^{-1} \tag{7-214}$$

则式（7-210）成为

$$\{\mathrm{d}u_{\mathrm{p}}\} = [G][E][L][E]^{\mathrm{T}}[G]^{\mathrm{T}}[k_{\mathrm{net}}]\{\mathrm{d}u\} \tag{7-215}$$

由此得

$$\begin{aligned} \{\mathrm{d}u_{\mathrm{e}}\} &= \{\mathrm{d}u\} - \{\mathrm{d}u_{\mathrm{p}}\} \\ &= ([I] - [G][E][L][E]^{\mathrm{T}}[G]^{\mathrm{T}}[k_{\mathrm{net}}])\{\mathrm{d}u\} \end{aligned} \tag{7-216}$$

式中 $[I]$——单位矩阵。

将式（7-216）代入式（7-195）得

$$\{\mathrm{d}f\}=[k_{\mathrm{net}}]([I]-[G][E][L][E]^{\mathrm{T}}[G]^{\mathrm{T}}[k_{\mathrm{net}}])\{\mathrm{d}u\} \tag{7-217}$$

式（7-217）即为杆件两端均屈服时的杆端力与杆端位移间的增量关系。若令

$$[k_{\mathrm{nep}}]=[k_{\mathrm{net}}]-[k_{\mathrm{net}}][G][E][L][E]^{\mathrm{T}}[G]^{\mathrm{T}}[k_{\mathrm{net}}] \tag{7-218}$$

则式（7-217）变为

$$\{\mathrm{d}f\}=[k_{\mathrm{nep}}]\{\mathrm{d}u\} \tag{7-219}$$

从上述分析可知，$[k_{\mathrm{nep}}]$ 即为在局部坐标系下的梁柱单元两端均屈服时二阶弹塑性刚度矩阵。

（2）杆件仅 i 端屈服时

此时 $\lambda_i\neq0$，$\lambda_j=0$，由式（7-205a）可得

$$k^{ii}\lambda_i=[H_{ii}]\{\mathrm{d}u^i\}+[H_{ij}]\{\mathrm{d}u^j\} \tag{7-220}$$

由式（7-220）可解得

$$\lambda_i=\frac{1}{k^{ii}}([H_{ii}]\{\mathrm{d}u^i\}+[H_{ij}]\{\mathrm{d}u^j\}) \tag{7-221}$$

式（7-221）可表示为

$$\begin{Bmatrix}\lambda_i\\ \lambda_j\end{Bmatrix}=\begin{bmatrix}1/k^{ii} & 0\\ 0 & 0\end{bmatrix}\begin{bmatrix}[H_{ii}] & [H_{ij}]\\ [H_{ji}] & [H_{jj}]\end{bmatrix}\begin{Bmatrix}\{\mathrm{d}u^i\}\\ \{\mathrm{d}u^j\}\end{Bmatrix} \tag{7-222}$$

仿杆件两端均屈服时的推导过程，令

$$[L]=\begin{bmatrix}1/k^{ii} & 0\\ 0 & 0\end{bmatrix} \tag{7-223}$$

则同样可得杆件仅 i 端屈服时的杆端力与杆端位移间的增量关系式和杆件仅 i 端屈服时的弹塑性刚度矩阵式，其公式形式分别与式（7-217）、式（7-218）及式（7-219）相同，只是此三式中 $[L]$ 应由式（7-223）确定。

（3）杆件仅 j 端屈服时

此时 $\lambda_i=0$，$\lambda_j\neq0$，由式（7-205b）得

$$k^{jj}\lambda_j=[H_{ji}]\{\mathrm{d}u^i\}+[H_{jj}]\{\mathrm{d}u^j\} \tag{7-224}$$

类似于杆件仅 i 端屈服时的推导过程，并令

$$[L]=\begin{bmatrix}0 & 0\\ 0 & 1/k^{jj}\end{bmatrix} \tag{7-225}$$

则同样可得杆件仅 j 端屈服时的杆端力与杆端位移间的增量关系式和杆件仅 j 端屈服时的弹塑性刚度矩阵式，其公式形式也分别与式（7-217）、式（7-218）及式（7-219）相同，只是此三式中 $[L]$ 应由式（7-225）确定。

综合以上讨论，梁柱单元在任意状态下的局部坐标系中的二阶弹塑性增量刚度方程可表达为

$$[k_{\mathrm{nept}}]\{\Delta u\}=\{\Delta f\}\quad(n=g,c) \tag{7-226}$$

其二阶弹塑性切线刚度矩阵可按式（7-227）确定

$$[k_{\mathrm{nept}}]=[k_{\mathrm{net}}]-[k_{\mathrm{net}}][G][E][L][E]^{\mathrm{T}}[G]^{\mathrm{T}}[k_{\mathrm{net}}] \tag{7-227}$$

此时矩阵 $[L]$ 按下列四种情况确定：

1）杆件两端均未屈服，即弹性阶段

$$[L]=\begin{bmatrix}0 & 0\\0 & 0\end{bmatrix} \tag{7-228}$$

2）杆件仅 i 端屈服

$$[L]=\begin{bmatrix}1/k^{ii} & 0\\0 & 0\end{bmatrix} \tag{7-229}$$

3）杆件仅 j 端屈服

$$[L]=\begin{bmatrix}0 & 0\\0 & 1/k^{jj}\end{bmatrix} \tag{7-230}$$

4）杆件两端均屈服

$$[L]=\begin{bmatrix}k^{ii} & k^{ij}\\k^{ji} & k^{jj}\end{bmatrix}^{-1} \tag{7-231}$$

注：对于二维分析，只需在各式的插值函数中，将对 z 轴的位移插值函数和对 x 轴的扭转角插值函数置零，并在矩阵中去掉相应的行和列即可。

2. 结构整体坐标系下的梁柱单元刚度方程

三维梁柱单元在局部坐标系下的二阶非弹性（双重非线性）增量刚度方程建立之后，可引入欧拉角概念，将其转化为在结构整体坐标系下的刚度方程为

$$[K_{\text{nept}}]^e\{\Delta U\}^e=\{\Delta F\}^e \quad (n=g,c) \tag{7-232}$$

式中　$\{\Delta U\}^e$、$\{\Delta F\}^e$、$[K_{\text{nept}}]^e$——三维梁柱单元在结构整体坐标系下的杆端位移、杆端力和单元二阶非弹性（双重非线性）切线刚度矩阵。

其中的三维梁柱单元在结构整体坐标系下的二阶非弹性（双重非线性）切线刚度矩阵 $[K_{\text{nept}}]^e$ 可表示为

$$[K_{\text{nept}}]^e=[{}^{T+\Delta T}_{g}R][k_{\text{nept}}][{}^{T+\Delta T}_{g}R]^{\mathrm{T}} \quad (n=g,c) \tag{7-233}$$

式中　$[k_{\text{nept}}]$——三维梁柱单元在局部坐标系下的二阶非弹性切线刚度矩阵，按式（7-227）取用。

7.2.3.7　三维支撑单元二阶非弹性刚度方程的建立

三维支撑单元二阶非弹性分析中的基本假定，除将三维支撑单元二阶弹性分析中基本假定的第2）条“支撑的应力应变关系是弹性的”改为“支撑的应力应变关系为理想弹塑性”以外，完全相同。

建立三维支撑单元二阶非弹性刚度方程的方法，除需引入刚度修正系数外，与建立三维支撑单元二阶弹性刚度方程的方法相同。其二阶非弹性刚度方程为

$$[K_{\text{bept}}]^e\{\Delta U\}^e=\{\Delta F\}^e \tag{7-234}$$

$$[K_{\text{bept}}]^e=\beta\begin{bmatrix}[k] & -[k]\\-[k] & [k]\end{bmatrix} \tag{7-235}$$

式中，β 为刚度修正系数，其值取0~1。当支撑处于弹性变形阶段时，取 $\beta=1.0$；当支撑处于拉伸屈服阶段和受压屈曲阶段时，均取 $\beta=0.0$；其子块矩阵［k］仍按弹性分析中的公式确定。

式（7-235）就是空间杆单元在整体坐标系下的二阶弹塑性切线刚度矩阵的精确表达式。由于在推导过程中没有任何小位移假设，因此在计算中节点位移可以任意大。

注：对于二维分析，只需在上述公式中，将对 z 轴有关的所有项置零，并在矩阵中去掉

相应的行和列即可。

7.2.3.8　考虑节点柔性（半刚性连接）对三维单元刚度矩阵的修正

与二阶弹性分析相同，仅需对于梁单元，采用单元两端增设抗转弹簧来模拟梁柱节点半刚性。经推导可得其在局部坐标系下的切线刚度矩阵为

$$[k_{sgept}]=[k_{gept}][s] \tag{7-236}$$

式中，$[s]$ 为考虑半刚性连接的三维梁单元的刚度修正矩阵，其表达式与二阶弹性分析相同。

考虑节点柔性性能的梁单元，在结构整体坐标系下的切线刚度矩阵则为

$$[K_{sgept}]^e=[{}^{T+\Delta T}_{g}R][k_{gept}][s][{}^{T+\Delta T}_{g}R]^{T} \tag{7-237}$$

对于三维柱单元和支撑单元的切线刚度矩阵，无须修正，即直接采用其原切线刚度矩阵。

注：对于二维分析，只需将上述公式中的无量纲参数 γ_j、γ_k 置零，并去掉相应的行和列即可。

7.2.3.9　考虑节点域变形效应对三维单元刚度矩阵的修正

其修正方法与二阶弹性分析相似，即节点单元的刚度方程及刚度矩阵相同；杆单元的刚度方程及刚度矩阵与二阶弹性分析时的形式相同，但其刚度矩阵应换为非弹性刚度矩阵，即考虑节点域剪切变形影响的梁、柱、支撑各三维单元二阶非弹性刚度方程为

$$[k_n]^e\{\Delta u_n\}^e=\{\Delta f_n\}^e \quad (n=g,c,b) \tag{7-238}$$

$$[k_n]^e=[T_n]^{T}[k_{nept}]^e[T_n] \tag{7-239}$$

式中　$[T_n]$、$[T_n]^{T}$——表示对梁、柱、支撑单元刚度矩阵及其转换阵；

$\{\Delta u\}^e$、$\{\Delta f\}^e$——单元节点位移和节点力向量。

注：对于二维分析，只需将上述公式 $[T_n]$ 中对 y 有关的项置零，并去掉相应的行和列即可。

7.2.3.10　结构非线性平衡方程的建立与求解

结构二阶非弹性分析中的非线性平衡方程的建立和求解方法与二阶弹性分析相同，其结构整体坐标系下的增量刚度方程和刚度矩阵的形式也相同，只需将梁、柱、支撑、节点单元在结构整体坐标系下的刚度矩阵 $[k_g]^e$、$[k_c]^e$、$[k_b]^e$、$[k_p]^e$ 分别换为二阶非弹性分析的刚度矩阵即可。故此处不予赘述。

7.2.4　算例分析

某六层空间钢框架的形状和截面尺寸如图 7-21 和图 7-22 所示。所有构件用同一种钢材 A36。荷载作用情况是：每层楼面上都作用有均布竖向荷载 9.6kN/m^2，在正立面图中每一梁柱节点的 y 向作用有 53.376kN 的水平集中荷载，比例加载至结构破坏。本法分析中使用一个单元/构件的单元划分方法。

该框架塑性铰形成的顺序和极限状态时的变形形状如图 7-23 所示。本书方法与本章参考文献［3］的结构分析中均形成 20 个塑性铰时结构破坏，其塑性铰形成的顺序均相同（即塑性铰最初出现在①轴的梁中，随着荷载的增加，随后在其他轴的梁、柱中形成。由于结构与荷载均不对称。因此，框架变形呈扭转模式。当第四层中有三根柱的上端形成塑性铰时，框架丧失其扭转抗力而破坏），但荷载因子不同，本书方法为 0.990，而文献［3］为

1.005，不过两者相对误差不超过1.5%。

作者认为，有此误差的主要原因是：①本书方法的稳定插值函数考虑了剪切变形的影响，而文献［3］中没有考虑该影响。②本书方法的刚度矩阵中的各项均以稳定函数插值确定，而文献［3］刚度矩阵中的非耦合项部分则是以三次插值函数来近似其单元横向位移（没有反映轴力的影响）；③本书方法以简化塑性区模型考虑塑铰处的塑化沿截面和杆长方向的发展，而文献［3］则使用的是既不考虑塑化沿截面发展又不考虑其沿杆长方向发展的经典塑性铰模型。

结构中节点 A 的 x 方向和 y 方向的荷载-位移曲线如图7-24所示。总的来讲，两者比较吻合，说明本书方法和计算机程序是可行和可靠的。但由于上述主要原因中两种方法的差别，因此本书方法的曲线变化更为平滑，更能反映结构塑性渐变的真实过程；在相同荷载水

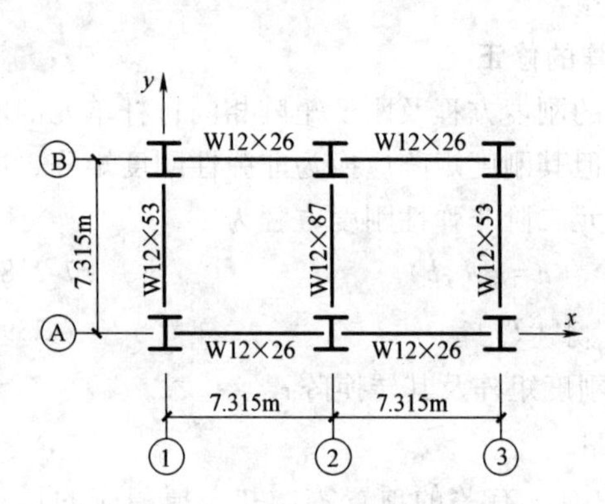

图7-21 六层空间钢框架平面图

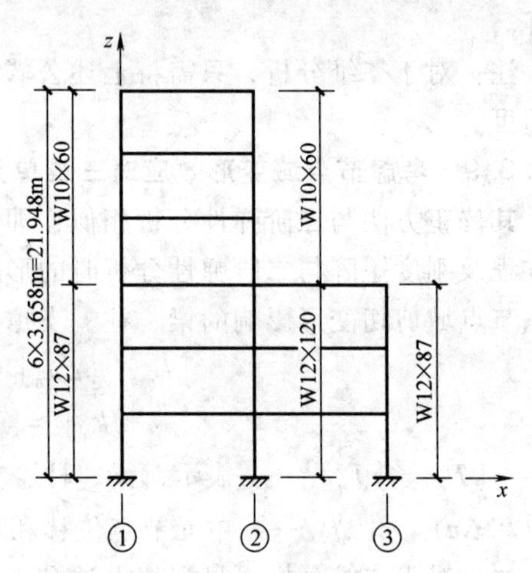

图7-22 六层空间钢框架正立面图

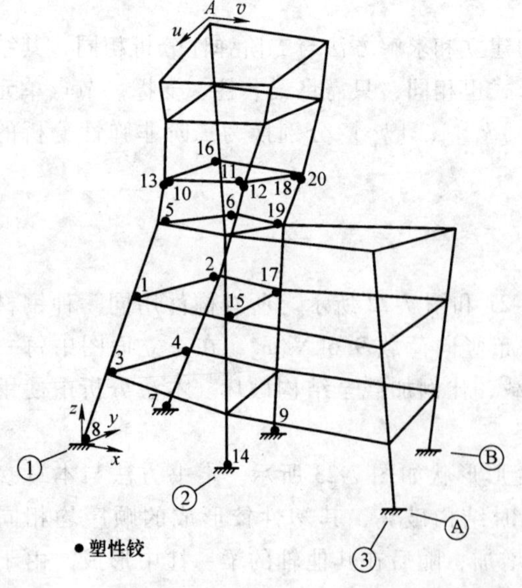

图7-23 六层空间钢框架在极限荷载时的变形形状

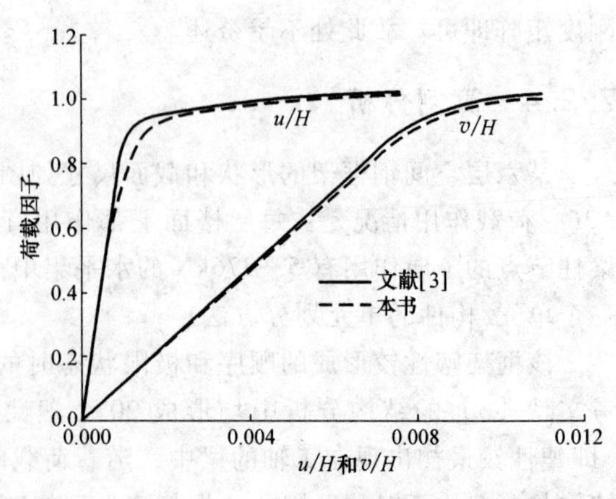

图7-24 六层空间钢框架的荷载-位移曲线

平下，本书方法计算的水平侧移大于文献［3］计算的水平侧移，这反映了剪切变形对结构侧移的影响情况。

综合比较上述分析结果，作者认为：本书方法用于空间框架结构的二阶非弹性分析是实用、可靠的，其分析精度比经典塑性铰模型要高。

7.3 抗震分析

7.3.1 抗震设计原则

1）多高层建筑钢结构的抗震设计，应遵循“三水准”“两阶段”设计原则。这里的“三水准”抗震设防目标是指小震（多遇烈度，它比中震低1.55度）不坏，中震（偶遇烈度，即基本烈度）可修，大震（罕遇烈度，它比中震大约高1度）不倒。上述三水准设防目标是通过两阶段设计来实现的，即第一阶段为多遇地震作用下的弹性分析，验算构件的承载力和稳定以及结构的层间侧移；第二阶段为罕遇地震作用下的弹塑性分析，验算结构的层间侧移和层间侧移延性比。

2）第一阶段抗震设计中，框架-支撑（剪力墙板）体系中总框架所承担的地震剪力，不得小于整个结构体系底部总剪力的25%和框架部分（各层中）地震剪力最大值的1.8倍中的较小者。当不满足上述要求时，框架部分应按能承受上述较小者计算，将其在地震作用下的内力进行调整，然后与其他荷载产生的内力组合。

3）各楼层楼盖、屋盖，应根据其平面形状、实际水平刚度和平面内变形性态，确定为刚性、分块刚性、半刚性、局部弹性和柔性等的横隔板，以及确定半刚性横隔板是属剪切型还是弯剪型。再按抗侧力系统的布置，确定抗侧力构件间的共同工作，并进行各构件间的地震内力分析。

4）计算模型：结构符合下列各项条件时，可按平面结构模型进行抗震分析：

① 平、立面形状规则。

② 质量和侧向刚度分布接近对称。

③ 楼盖和屋盖可视为刚性横隔板。

但对于角柱和两个互相垂直的抗侧力构件上所共有的柱，应考虑同时受双向地震作用的效应。通常采用简化方法处理，即将一个方向的地震作用产生的柱内力提高30%。

其他情况，则应按空间结构模型进行地震作用效应计算。

5）当多高层建筑钢结构在地震作用下的重力附加弯矩大于初始弯矩的10%时，在进行结构地震反应分析时，应计入重力二阶效应对结构内力和侧移的影响。

$$\frac{\sum G_i \cdot \Delta u_i}{V_i h_i} > 0.1 \tag{7-240}$$

式中 $\sum G_i$——i层以上全部重力荷载计算值；

Δu_i——第i层楼层质心处的弹性或弹塑性层间侧移；

V_i、h_i——第i层地震剪力计算值、楼层的层高。

6）高度超过12层且采用H截面柱的钢框架（中心支撑框架除外），宜计入梁-柱节点域剪切变形对结构侧移的影响。

7）中心支撑框架的斜杆轴线偏离梁柱轴线交点不超过支撑斜杆的宽度时，仍可按中心支撑框架分析，但应计及由此产生的附加弯矩。

8）对于甲类、9度乙类、高度超过150m的高层钢结构以及平、立面不规则且存在明显薄弱楼层（或部位）而可能导致地震时严重破坏的多高层钢结构，应进行罕遇烈度地震作用下的结构弹塑性变形分析。其分析方法，可根据结构特点，选用静力弹塑性分析方法或弹塑性时程分析方法。若选用弹塑性时程分析方法，此时阻尼比可取0.05。

当相关规范有具体规定时，尚可采用简化方法计算结构的弹塑性变形。

9）弹性时程分析时，每条时程曲线计算所得的结构底部剪力，不应小于振型分解反应谱法计算结果的65%，多条时程曲线计算所得结构底部剪力的平均值，不应小于振型分解反应谱法计算结果的80%。一般取多条时程曲线计算结果的平均值与振型分解反应谱法计算结果两者中的较大者，作为结构设计依据。

10）当采用时程分析时，时间步长不宜超过输入地震波卓越周期的1/10，且不宜大于0.02s。

11）当验算倾覆力矩对地基的作用，应符合下列规定：

① 验算在多遇地震作用下整体基础（筏形或箱形基础）对地基的作用时，可采用底部剪力法计算作用于地基的倾覆力矩，其折减系数宜取0.8。

② 计算倾覆力矩对地基的作用时，不应考虑基础侧面回填土的约束作用。

12）非结构构件，包括建筑非结构构件和建筑附属机电设备，自身及其与结构主体的连接，应进行抗震设计。

13）框架结构的围护墙和隔墙，应估计其设置对结构抗震的不利影响，避免不合理设置而导致主体结构的破坏。

14）利用计算机进行结构抗震分析，应符合下列要求：

① 计算模型的建立、必要的简化计算与处理，应符合结构的实际工作状况，计算中应考虑楼梯构件的影响。

② 计算软件的技术条件应符合本规范及有关标准的规定，并应阐明其特殊处理的内容和依据。

③ 复杂结构在多遇地震作用下的内力和变形分析时，应采用不少于两个合适的不同力学模型，并对其计算结果进行分析比较。

④ 所有计算机计算结果，应经分析判断确认其合理、有效后方可用于工程设计。

7.3.2 抗震设计方法

多高层建筑钢结构的抗震设计，可采用底部剪力法或振型分解反应谱法或时程分析法。

采用底部剪力法或振型分解反应谱法对多高层钢结构进行抗震设计时，只要按第4章的方法确定地震作用后，将该地震作用视为静力荷载，按第7.2节的方法即可确定地震作用效应（内力和侧移），然后将该地震作用效应与其他荷载效应组合，进行构件验算和结构的层间侧移验算。可见运用底部剪力法或振型分解反应谱法进行多高层钢结构抗震设计时，只需综合应用前述有关章节内容即可，故本节不再赘述。本节主要介绍时程分析法在多高层钢结构抗震设计中的应用。

1. 计算步骤

与振型分解反应谱法不同，时程分析法是对结构的振动微分方程直接进行逐步积分求解的一种动力分析方法，能比较真实地描述结构地震反应的全过程。由时程分析可得到各质点随时间变化的位移、速度和加速度时程反应，进而可计算出构件内力的时程变化以及各构件出现塑性铰的顺序。它从强度和变形两个方面来检验结构的安全和抗震可靠度，并判明结构的屈服机制和类型。采用时程分析法对多高层建筑钢结构进行地震反应分析时，可按下列步骤进行：

1）选择合适的地震波，使之尽可能与建筑场地可能发生的地震强度、频谱特性及持续时间三要素符合。

2）根据结构体系的受力特点、计算机容量、地震反应内容要求以及计算精度要求等确定合理的结构振动模型。

3）根据结构材料特性、构件类型及受力状态选择恰当的构件或结构的恢复力模型，并确定恢复力特性参数。

4）建立结构在地震作用下的振动微分方程。

5）采用逐步积分法求解振动微分方程，得出结构地震反应的全过程。

6）必要时可利用小震下的结构弹性反应所计算出的构件或杆件最大地震内力，与其他荷载内力组合，进行截面设计。

7）采用允许变形限值来检验中震和大震下结构弹塑性反应所计算出的结构层间侧移角，判别是否符合要求。

利用时程分析法确定地震反应的设计步骤可用一框图来直观表示，如图7-25所示。

2. 地震波的选取

（1）选取的地震波数量　考虑地震动的随机性及不同地震波计算结果的差异性，因此，《抗震规范》[28]规定：采用时程分析法时，应按建筑场地类别和设计地震分组，选取实际地震记录和人工模拟的加速度时程曲线，其中实际地震记录的数量不应少于总数量的2/3。

其平均地震影响系数曲线应与振型分解反应谱法所采用的地震影响系数曲线在统计意义上相符，即两者在各个周期点上的差值不大于20%，以保证时程分析结果的平均结构底部剪力，一般不会小于振型分解反应谱法计算结果的80%；每条地震波输入的计算结果不会小于振型分解反应谱法计算结果的65%。

（2）对所选地震波的要求　正确选择输入的地震加速度时程曲线，应能满足地震动三要数的要求，即频谱特性、有效峰值和持续时间均要符合规定。

1）频谱特性可用地震影响系数曲线表征，依据所处场地类别和设计地震分组确定。

2）输入的地震波的峰值加速度，可由场地危险性分析确定；未作场地危险性分析的工程，可按第4章的规定取用。

3）输入的地震加速度的持续时间不宜过短，一般不宜小于建筑结构基本自振周期的5倍和15s。常为建筑结构基本周期的5~10倍。其地震波的时间间距可取0.01s或0.02s。

（3）对所选地震波的调整　要求输入的地震波采用加速度标准化处理，在有条件时也可采用速度标准化处理，即根据建筑物的设防烈度，对所选地震波的强度进行调整，使之与设防烈度相应的多遇地震和罕遇地震的强度相当。

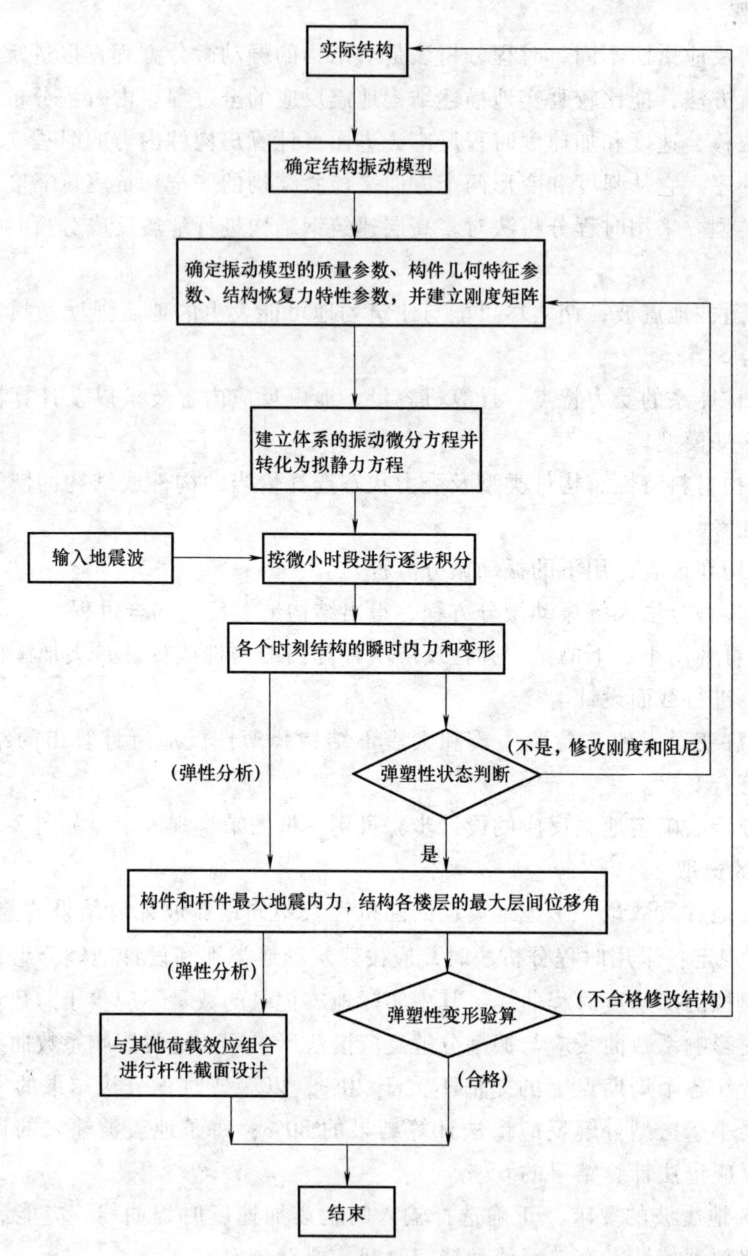

图 7-25 结构时程分析的全过程

加速度标准化处理 $$a_t' = \frac{A_{max}}{a_{max}} a_t \tag{7-241}$$

速度标准化处理 $$a_t' = \frac{V_{max}}{v_{max}} a_t \tag{7-242}$$

式中 a_t'——调整后输入地震波各时刻的加速度值；

a_t、a_{max}、v_{max}——地震波原始记录中各时刻的加速度值、加速度峰值及速度峰值；

A_{max}——由场地危险性分析确定或按第 4 章规定的输入地震波加速度峰值；

V_{max}——按设防烈度要求输入地震波速度峰值。

调整后的加速度 a_t'，根据《抗震规范》[28]，应进行两阶段设计，即需分别对多遇地震和罕遇地震作用进行时程分析，取其不利者进行设计。

3. 结构振动模型

采用时程分析法进行高层建筑钢结构地震反应分析时，需要根据结构形式、构造、受力特点、计算机容量、精度要求等因素，确定结构的振动模型。其基本原则是：既能较真实地描述结构内力和变形特性，又能使计算简单方便。

目前常用的有杆系模型、层模型和单柱框架模型三类。层模型又可进一步分为剪切型层模型、弯剪型层模型和剪-弯并联层模型。

与层模型相比较，杆系模型可以给出结构杆件的时程反应，计算结果更为精确，但计算工作量大；而采用层模型则可得到各楼层的时程反应，虽然计算精度稍差，但结果简明，易于整理，其计算结果能够满足第二阶段抗震设计的目标。因此，工程设计中多采用层模型。单柱框架模型的计算结果和工作量，介于前两种模型之间。

(1) 杆系模型　杆系模型又称杆模型，它是以结构中的梁、柱等杆件作为弹塑性分析的基本单元。该法是把整个结构转变为一榀等效的平面框架，全部质量分别集中到各个框架节点处，在每个节点处形成一个质点（图7-26a）。每一个节点均具有水平位移、竖向位移和节点转动3个位移未知量（静力自由度），整个杆模型共有 $3n$ 个静力自由度，n 为总节点数。一般情况下，每一楼层可仅考虑一个“侧移”动力自由度，每个质点考虑一个竖向自由度，质点不存在转动的动力自由度。所以，杆模型的动力自由度比静力自由度少，它等于质点数加楼层数。因此，建立杆模型的刚度矩阵时，应该先把与动力自由度无关的位移未知量消去。

杆模型比较适用于强柱型框架或混合型框架。图7-26a为框架体系的杆模型。对于框-墙体系，其中的实体抗震墙和大开洞抗震墙均可采用线形杆件来代表，大开洞抗震墙（图7-26b）可以转化为带刚域框架（图7-26c），从而形成杆模型。

采用杆模型进行框架体系和框-墙体系的弹塑性时程分析，可以比较精确地求得结构各杆件、各部位的内力和变形状态，并可求出地震过程中各杆件进入屈服状态的先后次序。但计算工作量大、耗费机时多、费用高。

(2) 层模型　层模型是以一个楼层为基本单元，将整个结构（图7-27a）各竖构件合并为一根竖杆，用结构的楼层等效剪切刚度作为竖杆的层刚度；并将全部建筑质量就近分别集中于各层楼盖处作为一个质点，从而形成“串联质点系”振动模型（图7-27b）。

层模型的特点是：自由度数目等于结构的总层数（错层结构例外），自由度较少；层弹性刚度以及层弹塑性恢复力特性比较容易确定；计算工作量少，费用低；计算结果易于整理。采用层模型进行结构弹塑性时程分析，能够快速扼要地为工程设计提供结构弹塑性变形阶段的层剪力和层位移状态全过程，实用而简便，是当前实际工程中应用最广泛的方法。

层模型又可进一步分为剪切型层模型、弯剪型层模型和剪-弯并联层模型，简称为剪切层模型、弯剪层模型和剪-弯层模型。剪切型层模型适用于强梁弱柱型框架结构体系；弯剪型层模型适用于强柱弱梁型框架，也可用于框架-支撑、框架-剪力墙等结构体系。

层刚度计算：对于前两种类型的层模型，均可利用反应谱振型分析法的计算结果来计算层刚度。第 i 楼层的层刚度 K_i 等于振型遇合后的第 i 楼层水平剪力 V_i 除以第 i 楼层的层间侧

移 δ_i（图 7-27），即 $K_i = V_i/\delta_i$。对于弱柱型框架，也可利用 D 值法计算确定。

（3）单柱框架模型　对于强柱型框架和框-墙体系等弯剪型结构，若采用剪切型层模型，由于对结构变形特性的描述不够贴切，计算误差较大。对于框架体系，杆模型虽然能给出比较精确的结果，但计算工作量很大。若将结构等代为如图 7-28b 所示的单柱半刚架体系（半刚架模型或单柱框架模型）进行分析，可克服前两种模型的不足。因此，与前两种模型相比，单柱框架模型（图 7-28）具有如下特点：

1）该模型保留了杆模型的计算特点，仍以杆件为基本计算单元，能够考虑结构的整体弯曲变形。

2）由于节点数仅相当于杆模型的几分之一，计算机时可以大大减少。

3）采用单柱框架模型进行结构的弹塑性时程分析，所给出的层间侧移反应、层剪力反应以及杆件破坏状态，与杆模型的计算结果比较接近，基本上能满足工程设计的精度要求。

单柱框架模型的分析方法与杆模型相同，但自由度大大减少。

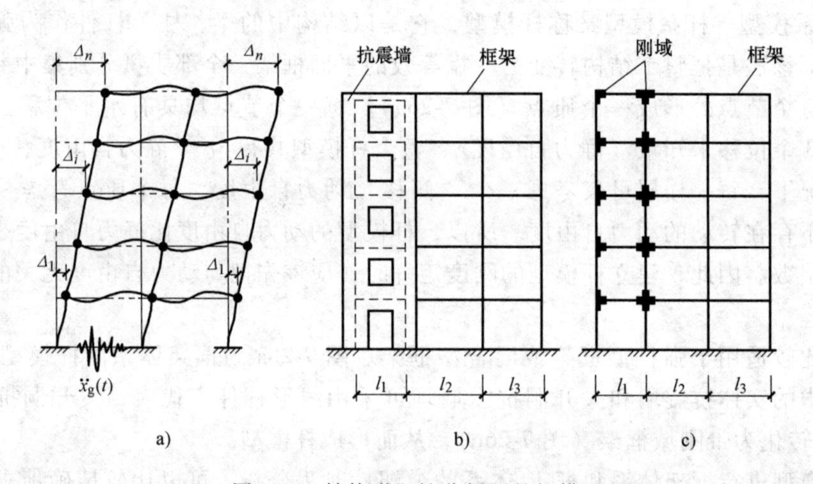

图 7-26　结构弹塑性分析用的杆模型

a）框架体系杆模型　b）框-墙体系结构（大开洞抗震墙）简图　c）带刚域框架杆模型

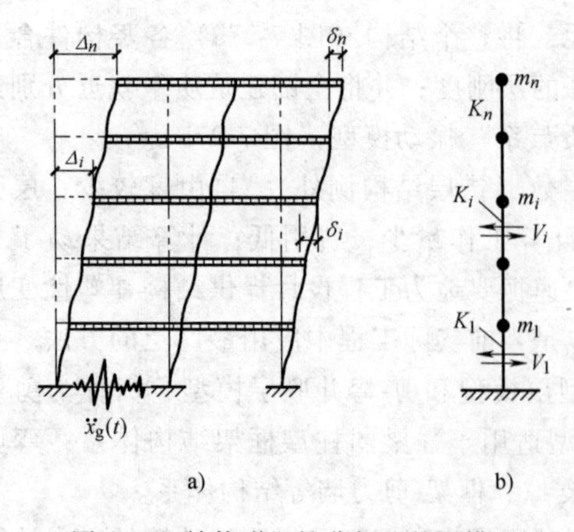

图 7-27　结构弹塑性分析用的层模型

a）结构简图及侧移　b）振动模型

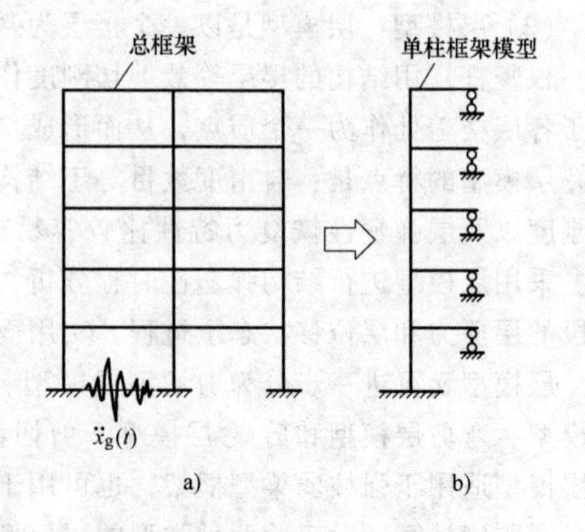

图 7-28　单柱框架模型

a）结构简图　b）分析模型

4. 恢复力模型

结构或构件在承受外力产生变形后企图恢复到原有状态的抗力称为恢复力，所以恢复力体现了结构或构件恢复到原有形状的能力。恢复力与变形的关系曲线称为恢复力特性曲线。由于结构的材料性质、受力方式以及构件类型不同，恢复力特性较复杂，必须通过大量试验研究才能做出其恢复力特性曲线。

在弹塑性地震反应时程分析中，若直接采用由试验而得的恢复力特性关系则过于繁复，需将其简化为既能尽量模拟实际曲线的特征，又能用数学公式表达而便于应用的模型。这种既能满足工程需要的精度，又使计算简化的实用化模型，称为恢复力模型。恢复力模型概括了结构或构件的刚度、强度、延性、吸能等方面力学特性，是结构弹塑性动力反应分析的重要依据。

直接对实际结构进行恢复力特性测定的试验是极其困难的，一般是采取结构中常用的梁、柱、墙体等典型杆件，典型节点，或者进一步采用框架层间单元作为试验对象，制作出恢复力模型，然后组合成分析用的结构恢复力模型。

恢复力模型的纵坐标和横坐标分别表示力（S）和变形（δ）。针对不同杆件，它可以是力-位移（F-Δ），弯矩-转角（M-θ），弯矩-曲率（M-ϕ），剪力-变形角（V-γ），或应力-应变（σ-ε）等关系曲线。

在高层建筑钢结构的弹塑性时程分析中，当采用杆系振动模型时，需先确定杆件的恢复力模型。其钢梁和钢柱可采用双线型恢复力模型（图7-29）；钢支撑和耗能梁段等构件的恢复力模型应按构件特性确定；以受弯为主的钢筋混凝土剪力墙、剪力墙板和核心筒等构件应选用退化双线型（图7-30）或三线型恢复力模型（在双线型模型的屈服强度之前再增加一个开裂点，如图7-31中的1点）。

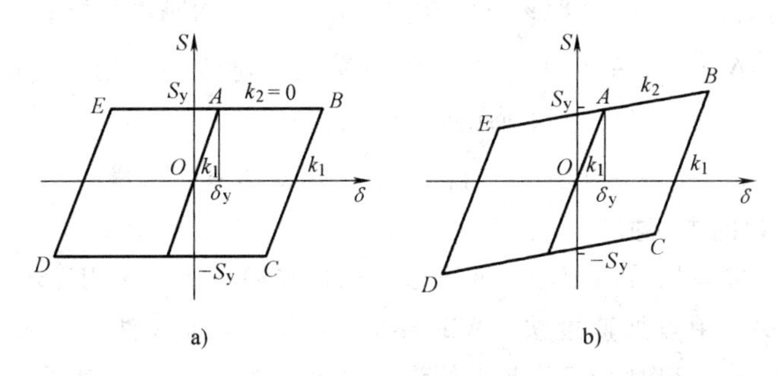

图7-29　双线性恢复力模型

a）理想弹塑性模型　b）硬化双线型

双线型恢复力模型（包括退化双线型）需要依屈服力 S_y、刚度 k_1 和 k_2 三个参数确定。S_y 和 δ_y 可由试验数据或已有资料确定；$k_1=S_y/\delta_y$ 值；k_2 值则根据最大恢复力和相应变形确定。而三线型恢复力模型一般由 S_c、S_y、k_1、k_2、k_3 五个参数确定。

当采用层模型（振动模型）进行高层建筑钢结构的弹塑性地震反应分析时，需先确定层恢复力模型。在确定等效层剪切刚度时，应计入有关构件弯曲、轴向力、剪切变形的影响。

层恢复力模型骨架线可采用静力弹塑性方法计算确定，并可简化为折线型，简化后的折线与计算所得骨架线应尽量吻合。在对结构进行静力弹塑性计算时，应同时考虑水平地震作用与重力荷载。构件所用材料的屈服强度和极限强度应采用标准值。

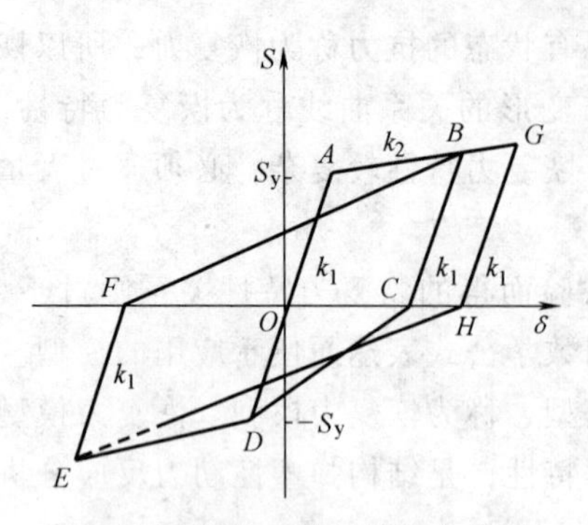

图 7-30 退化双线性恢复力模型

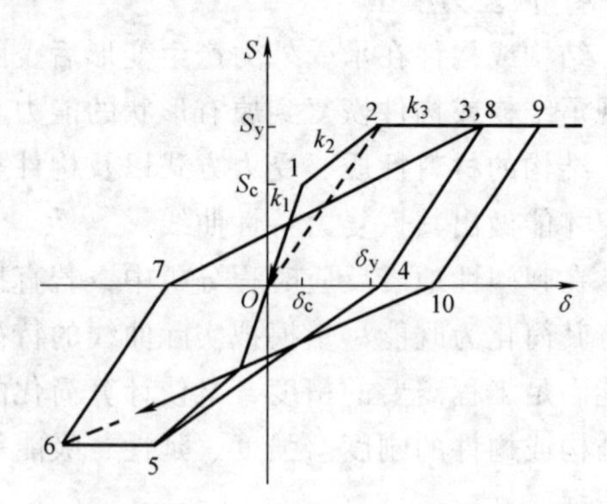

图 7-31 三线性恢复力模型

5. 结构振动方程的建立

在建立高层建筑钢结构的振动模型之后，可将高层钢结构的地震反应分析转化为多质点系的振动分析。由结构动力学可得其振动微分方程为

$$[M]\{\ddot{x}\}+[C]\{\dot{x}\}+[K]\{x\}=-[M]\{\ddot{x}_g\} \tag{7-243}$$

由于式（7-243）中的地面振动加速度 $\{\ddot{x}_g\}$ 是复杂的随机函数，同时在弹塑性反应中刚度矩阵 $[K]$ 与阻尼矩阵 $[C]$ 也随时间变化，因此，不可能直接积分求出其解析解。故常将式（7-243）转变成增量方程（7-244）后，对增量方程逐步积分求解。

$$[M]\{\Delta\ddot{x}\}+[C]\{\Delta\dot{x}\}+[K]\{\Delta x\}=-[M]\{\Delta\ddot{x}_g\} \tag{7-244}$$

式中 $[M]$ ——多质点系的质量矩阵；

$[C]$、$[K]$ ——t_i时刻的结构阻尼矩阵和结构刚度矩阵；

$\{\Delta x\}$、$\{\Delta\dot{x}\}$、$\{\Delta\ddot{x}\}$ ——t_i到 t_{i+1}时段内各质点相对位移、相对速度和相对加速度的增量所组成的列向量；

$\{\Delta\ddot{x}_g\}$ ——t_i到 t_{i+1}时段内地面运动加速度增量的列向量。

6. 结构振动方程的求解方法

结构振动方程一般采用数值解法，而且多采用逐步积分法。使用逐步积分法求解振动方程常用线性加速度法、中点加速度法、Wilson-θ 法、Newmark-β 法、Runge-Kutta 法等进行。应用这些方法求解振动方程时，只是基本假设（读者可参考相关文献资料，此处不予赘述）不同，其计算基本步骤均为：

1）将整个地震时程划分为一系列的微小时段，每一时段的长度称为时间步长，记为 Δt。一般均采用等步长，特殊情况下也可采用变步长。Δt 取值越小，计算精度越高，但计算工作量也越大。时间步长不宜超过输入地震波卓越周期的 1/10，也不宜大于 0.02s。对于高层建筑，通常取 $\Delta t=0.01\sim0.02$s，即每秒钟分为 50~100 步。必要时，可以按步长减半后，计算结构反应不再发生明显变化的原则确定。

2）对于实际地震动加速度记录，经标准化处理后，按照时段 Δt 进行数值化。

3）在每一个微小时段 Δt 内，把 M、$C(t)$、$K(t)$ 及 $\ddot{x}_g(t)$ 均视为常数。

4）利用第 i+1 时段（从 t_i时刻到 t_{i+1}时刻）的始端值 x_i、$\dot{x}_i$、$\ddot{x}_i$ 来求该时段的末端值

x_{i+1}、$\dot{x}_{i+1}$、$\ddot{x}_{i+1}$。

由第一时段（t_0时刻到t_1时刻）开始，利用第一时段起点（$i=0$处）的始端值x_0、$\dot{x}_0$、$\ddot{x}_0$，来计算第一时段终点（$i=1$处）的末端的值x_1、$\dot{x}_1$、$\ddot{x}_1$，然后又将该末端值作为第二时段的始端值（$i=1$处），求第二时段的末端值（$i=2$处）x_2、$\dot{x}_2$和$\ddot{x}_2$。循序渐进地对每一时段重复上述步骤，即得整个时程的结构地震反应。

在结构地震反应分析中，对于$i=0$处的初始值，一般取$x_0=\dot{x}_0=\ddot{x}_0=0$。有时也以静荷载下的反应作为初始值。

参考文献

[1] 郑廷银．钢结构高等分析理论与实用计算［M］．北京：科学出版社，2007.

[2] 郑廷银．高层建筑钢结构巨型框架体系的高等分析理论及其实用计算［D］．南京：东南大学，2002.

[3] LIEW J Y R, et al. Improved nonlinear plastic hinge analysis of space frame Structures［J］. Engineering Structures，2000，22（10）：1324-1338.

[4] 吕烈武．钢结构构件稳定理论［M］．北京：中国建筑工业出版社，1983.

[5] 陈骥．钢结构稳定理论与设计［M］．3版．北京：科学出版社，2006.

[6] 舒兴平，沈蒲生．钢框架极限承载力的有限变形理论分析和试验研究［J］．工程力学，1993，10（4）：32-41.

[7] 丁洁民，沈祖炎．空间钢框架结构的弹塑性稳定［J］．建筑结构学报，1993，14（6）：42-51.

[8] 丁洁民，沈祖炎．空间钢框架结构的非线性分析［J］．土木工程学报，1993（6）：37-45.

[9] CHAN S L, ZHOU Z H. Pointwise Equilibrating Polynomial Element for Nonlinear Analysis of Frames［J］. Journal of Structural Engineering，1994，120（6）：1703-1717.

[10] 周志华．结构的现代分析［D］．南京：东南大学，1997.

[11] CHAN S L, ZHOU Z H. Non-linear integrated design and analysis of skeletal Structures by 1 element Per member［J］. Engineering Structures，2000，22（3）：246-257.

[12] 崔世杰，张清杰．应用塑性力学［M］．郑州：河南科学技术出版社，1992.

[13] WY NHOVEN J H, ADAMS P F. Closure of “Behavior of structures under loads causing torsion”［J］. Journal of Structural Engineering，1972（10）：2610-2628.

[14] RAZZAQ Z, GALAMBOS T V. Biaxial Bending test with or without torsion［J］. Journal of Structural Engineering，1979，105（11）：2163-2185.

[15] RAZZAQ Z, et al. Elastic instability of unbraced space frames［J］. Journal of the Structural Division，1980，106（7）：1389-1400.

[16] ETTOU NEY M M, et al. Warping restraint in three dimensional frames［J］. Journal of Structural Engineering, ASCE. 1981（8）：1626-1638.

[17] 徐伟良．半刚性连接钢框架弹塑性大变形分析与试验研究［D］．重庆：重庆建筑大学，1994.

[18] 王志群．线性与非线性有限元原理和应用［M］．南京：南京理工大学出版社，1993.

[19] REMKE J, ROTHERT H. Eine geometrisch nichtlineare Finite-Element Berechnung räumlicher Stabtragwerke mittels einer Abspaltung von Starrkörperbewegungen［J］. Bauingenieur，1999，74：139-147.

[20] WEAVER W, NELSON M F. Three dimensional analysis of tier buildings［J］. Journal of Structural Engineering，1966（6）：1258-1272.

[21] 郑廷银，马梦寒，张玉，等．考虑节点域变形效应的空间支撑钢框架结构二阶弹塑性分析［J］．土木工程学报，2005，38（4）：38-45.

[22] 舒兴平，沈蒲生．剪切变形对钢框架结构 $P\text{-}\Delta$ 效应的影响研究 [J]. 湖南大学学报（自然科学版），1993，20（2）：89-94.

[23] TIMOSHENKO S P. Theory of Elastic Stability [M]. New York：Mc Graw Hill Book Co. 1936.

[24] GOTO Y，CHEN W F. Second-order elastic analysis for frame design [J]. Journal of Structural Engineering，1987，113（7）：1501-1519.

[25] 郑廷银．多高层房屋钢结构设计与实例 [M]. 重庆：重庆大学出版社，2014.

[26] 李国强，沈祖炎．钢结构框架体系弹性及弹塑性分析与计算理论 [M]. 上海：上海科学技术出版社，1998.

[27] 孟凡中．弹塑性有限变形理论和有限元方法 [M]. 北京：清华大学出版社，1985.

[28] 中国建筑科学研究院．建筑抗震设计规范：GB 50011—2010 [S]. 北京：中国建筑工业出版社，2010.

[29] SHARIFI P，POPOV E P. Nonlinear Buckling Analysis of Sandwich Arches [J]. J. Eng. Mech. Div. 1971，97：P1397-1412.

[30] BOTOZ J L，DHATT G. Incremental Displacement Algorithms for Nonlinear Problems [J]. Inter national Journal for Numerical Methods in Engineering，1979，14（8）：1262-1266.

[31] RIKS E. An Incremental Approach to the Solution of Snapping and Buckling Problems [J]. International Journal. Solids & Structures，1979，15（7）：529-551.

[32] RAMN E. Strategies for Tracing the Nonlinear Response Near Limit Points. Nonlinear Finite Element Analysis in Structural Mechanics，1981.

[33] CRISFIELd M A. A Faster Modified Newton-Raphson Iteration [J]. Computer Methods in Applied Mechanics & Engineering，1979，20（3）：267-278.

[34] CRISFIELd M A. A Fast Incremental/Iterative Solution Procedure that Handles "Snap-Through" [J]. Computers & Structures，1981，13（1）：55-62.

[35] CRISFIELd M A . An Arc-Length Method Including Line Searches and Accelerations [J]. Inter national Journal for Numerical Methods in Engineering，1983，19（9）：1269-1280.

[36] KARAMANL IDIS D，HONECKER A，KNOTE K. Large deflection finite element analysis for pre-and post-critical response of thin elastic frames，//W Nonlinear Finite Element Analysis in Structural Mechanics（W Wunderlich et al. Eds.）Ruhr-Universitäl，Bochum，1980，P 217-235.

[37] YANG Y B. Linear and Nonlinear Analysis of Space Frames with Nonuniform Torsion Using Interactive Computer Graphics [D] . New York：Cornell University，1984.

[38] 沈世钊，陈昕．网壳结构稳定性 [M]. 北京：科学出版社，1999.

第 8 章 作用效应组合

8.1 一般组合（不考虑地震作用时）

在持久设计状况或短暂设计状况下，当荷载和荷载效应按线性关系考虑时，荷载基本组合的效应设计值 S_d 应按下式确定

$$S_d = \gamma_G S_{GK} + \gamma_L \psi_Q \gamma_Q S_{QK} + \psi_W \gamma_W S_{WK} \tag{8-1}$$

式中 S_{GK}、S_{QK}、S_{WK}——永久荷载、楼面活荷载、风荷载标准值所产生的效应值；

γ_G、γ_Q、γ_W——永久荷载、楼面活荷载、风荷载的分项系数，其值见表 8-1；

γ_L——考虑结构设计使用年限的荷载调整系数，设计使用年限为 50 年时取 1.0，设计使用年限为 100 年时取 1.1；

ψ_Q、ψ_W——楼面活荷载组合值系数和风荷载组合值系数，当永久荷载效应起控制作用时应分别取 0.7 和 0.0；当可变荷载效应起控制作用时应分别取 1.0 和 0.6 或 0.7 和 1.0。

对于书库、档案库、储藏室、通风机房和电梯机房，本条楼面活荷载组合值系数取 0.7 的场合应取 0.9。持久设计状况和短暂设计状况下，荷载基本组合的分项系数应按下列规定采用：

1）永久荷载的分项系数 γ_G：当其效应对结构不利时，对由可变荷载效应控制的组合应取 1.2，对由永久荷载效应控制的组合应取 1.35；若其效应对结构有利时，应取 1.0。

2）楼面活荷载的分项系数 γ_Q：一般情况下应取 1.4。

3）风荷载的分项系数 γ_W 应取 1.4。

8.2 抗震组合（考虑地震作用，按第一阶段设计时）

地震设计状况下，当作用与作用效应按线性关系考虑时，荷载和地震作用基本组合的效应设计值 S_d，应按下式确定

$$S_d = \gamma_G S_{GE} + \gamma_{EH} S_{EHK} + \gamma_{EV} S_{EVK} + \psi_W \gamma_W S_{WK} \tag{8-2}$$

式中 S_{GE}、S_{EHK}、S_{EVK}、S_{WK}——重力荷载代表值、水平地震作用标准值、竖向地震作用标准值、风荷载标准值所产生的效应值；

γ_G、γ_{EH}、γ_{EV}、γ_W——上述各相应荷载或作用的分项系数，其值见表 8-1；

ψ_W——风荷载组合系数，在无地震作用的组合中取 1.0，在有地震作用的组合中取 0.2。

第一阶段抗震设计：当进行构件承载力验算时，可按表 8-1 选择可能出现的荷载组合情况及相应的荷载分项系数，分别进行内力设计值的组合，并取各构件的最不利组合，进行截

面设计；当进行结构侧移验算时，应取与构件承载力验算相同的组合，但各荷载或作用的分项系数应取 1.0，即应采用荷载或作用的标准值。

第二阶段抗震设计：当采用时程分析法验算时，不应计入风荷载，其竖向荷载宜取重力荷载代表值。

表 8-1 作用效应组合与荷载或作用的分项系数[1][2]

序号	组合情况	重力荷载 γ_G	活荷载 γ_{Q1}、γ_{Q2}	水平地震作用 γ_{EH}	竖向地震作用 γ_{EV}	风荷载 γ_W	备注
1	考虑重力、楼面活载及风荷载	1.20	1.40	—	—	1.40	用于非抗震高层钢结构
2	考虑重力及水平地震作用	1.20	—	1.30	—	—	用于一般抗震建筑
3	考虑重力、水平地震作用及风荷载	1.20	—	1.30	—	1.40	用于按 7、8 度设防的 60m 以上高层钢结构
4	考虑重力及竖向地震作用	1.20	—	—	1.30	—	用于 9 度设防的高层钢结构和 7(0.15g)、8、9 度设防的大跨度和水平长悬臂结构
5	考虑重力、水平和竖向地震作用及风荷载	1.20	—	0.50	1.30	1.40	
6	考虑重力、水平和竖向地震作用及风荷载	1.20	—	1.30	0.50	1.40	同序号 4、5，但用于 60m 以上高层钢结构

注：1. 在地震作用组合中，重力荷载代表值应符合本书第 3 章的规定。当重力荷载效应对构件承载力有利时，宜取 γ_G 为 1.0。

2. 对楼面结构，当活荷载标准值不小于 $4kN/m^2$ 时，其分项系数取 1.3。

8.3 案例分析

1. 基本条件

概况：该工程为某科技研发办公楼，总层数为 12 层，首层层高为 4.2m，其余各楼层层高均为 3.5m，平面尺寸为 33.6m×24.8m，总建筑面积约为 $10000m^2$。

抗震设防要求：设防烈度为 7 度，设计基本地震加速度为 0.10g，设计地震分组为第一组，Ⅱ类建筑场地。

气象资料：基本风压 $0.4kN/m^2$，东南偏东风为主导风向，地面粗糙程度 B 类，基本雪压 $0.4\ kN/m^2$。

2. 结构选型与布置

按建筑设计方案要求，本工程采用 12 层钢框架-支撑结构。钢材选用 Q345B 钢，焊条 E50；混凝土等级为 C30。楼、屋盖采用压型钢板-钢筋混凝土非组合楼板，压型钢板-钢筋混凝土非组合楼板的总厚度为 175mm，压型钢板采用 YX-75-230-690（Ⅰ)-1.0。基础采用桩基础，内外墙均采用蒸压加气混凝土砌块。钢框架的纵向柱距为 8.4m，横向柱距分别为 8.4m、8.4m、8m；纵横向框架梁与框架柱均为刚接，次梁与框架梁采用上表面平齐铰接连接方式，次梁间距主要为 2m。框架柱选用箱形截面，钢梁选用 H 型钢。根据甲方提供的地质资料确定基础埋深为 1.65m。结构布置如图 8-1 所示，其初选构件特性见表 8-2～表 8-4 所示。

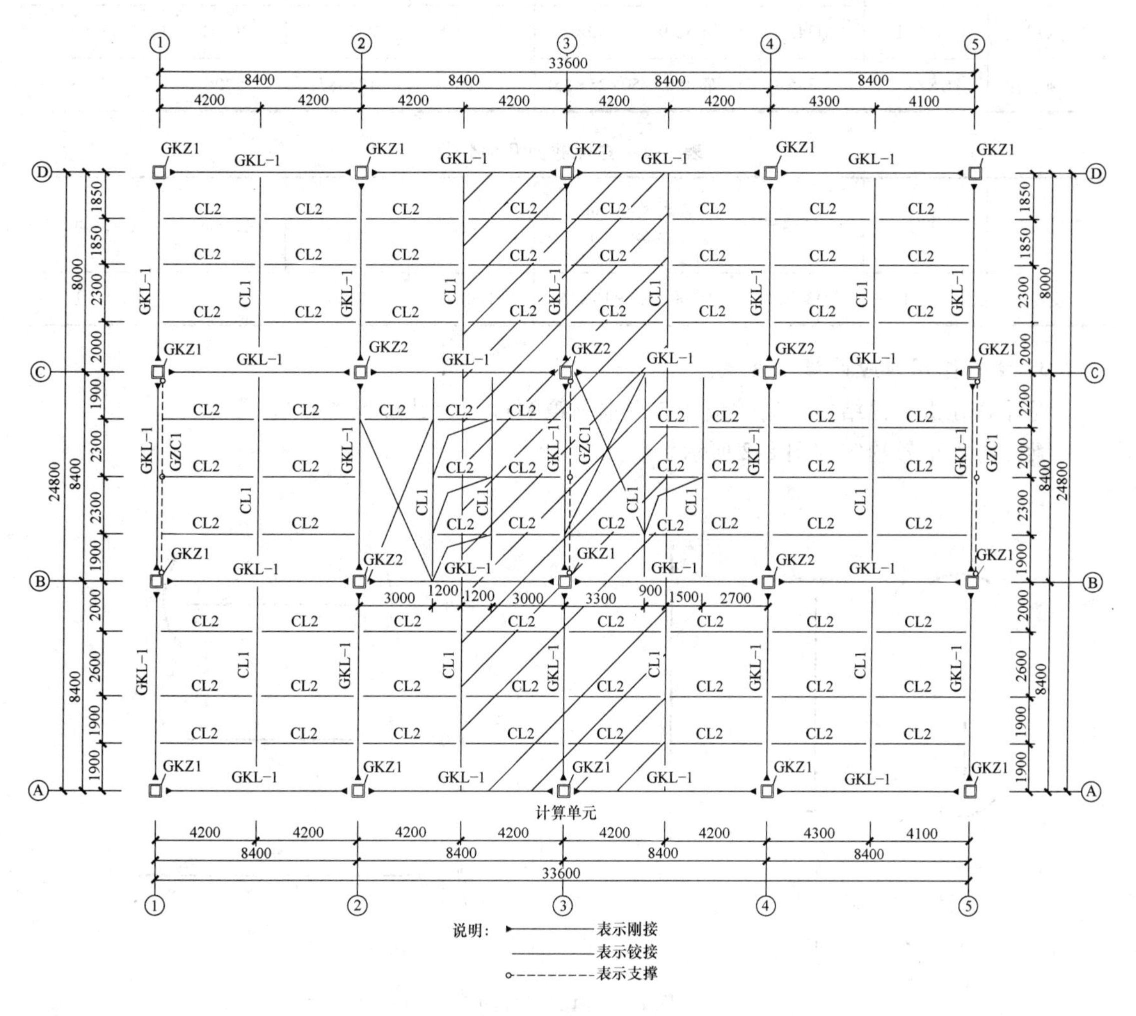

图 8-1　标准层结构平面布置图

表 8-2　梁截面几何特性

构件类型	代号	钢材编号	截面尺寸/mm (h×b×t×t_f)	A/cm^2	I_x/cm^4	W_x/cm^3	S_x/cm^3	i_x/cm	i_y/cm
主梁	GKL-1	Q345B	H700×300×13×24	235.5	201000	5760	6805	29.3	6.78
横向次梁	CL1	Q345B	H646×299×10×15	152.75	108783	3368	1889	26.81	6.64
纵向次梁	CL2	Q345B	H298×149×5.5×8	41.55	6460	433	227	12.4	3.26

表 8-3　柱截面几何特性

构件类型	代号	钢材编号	截面尺寸/mm ($h×b×t×t_f$)	A/cm^2	I_x/cm^4	W_x/cm^3	i_x/cm
一层边柱	GKZ-1	Q345B	箱 500×500×40×40	736	261525	10461	18.85
一层中柱	GKZ-2	Q345B	箱 550×550×50×50	1000	420833	15303	20.51
二-六层柱	GKZ-1	Q345B	箱 500×500×40×40	736	261525	10461	18.85
七-顶层柱	GKZ-3	Q345B	箱 450×450×25×25	425	128385	5706	17.38

表 8-4　支撑截面几何特性

构件类型	代号	钢材编号	截面尺寸/mm ($h×b×t×t_f$)	A/cm^2	I_x/cm^4	W_x/cm^3	i_x/cm
支撑	GZC1	Q345B	H300×300×10×15	120.4	20500	1370	13.1

3. 结构作用效应计算及其组合

经计算分析获得结构作用效应（考虑本书篇幅过大，其过程省略）。

梁柱内力正号约定如图 8-2 所示。

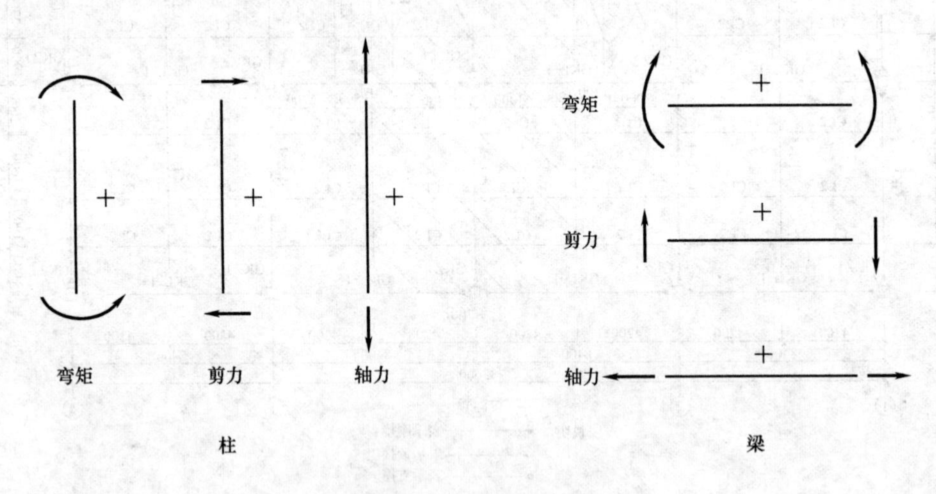

图 8-2　内力正号约定

由于本工程有抗震设防要求，因此其作用效应组合应分别根据 8.1 节和 8.2 节的规定，对各构件分别进行基本效应组合（一般组合）与地震效应组合（抗震组合）。其③轴框架作用效应组合可分别按③轴框架梁内力组合（基本组合），③轴框架梁内力组合（抗震组合），③轴框架柱内力组合（一般组合），③轴框架柱内力组合（抗震组合），③轴框架底层柱荷载基本组合值，③轴支撑内力组合（基本组合），③轴支撑内力组合（抗震组合）计算列表。为节约篇幅，本章仅列出各项组合的第一页（见表 8-5~表 8-11），其详细计算结果，详见本书附属电子资源第 8 章资源。读者可登录机械工业出版社教育服务网下载，也可致电本书后读者服务热线索取。

表 8-5 ③轴框架梁内力组合（基本组合）

杆件	跨向	截面	内力	恒载	活载	风载		1.35 恒+1.4×0.7 活	1.2 恒+1.4 活	1.2 恒+1.4×(0.6 风+活)	
						左风	右风			左风	右风
屋面横梁	*AB* 跨	梁左端	*M*	−93.0	−39.4	23.80	−23.80	−164.16	−166.76	−146.77	−186.75
			V	76.9	14.3	−6.00	6.00	117.83	112.30	107.26	117.34
		跨中	*M*	94.4	6.0	−1.45	1.45	133.32	121.68	120.46	122.90
		梁右端	*M*	−115.3	20.3	−26.70	26.70	−135.76	−109.94	−132.37	−87.51
			V	−81.5	0.0	−6.00	6.00	−110.03	−97.80	−102.84	−92.76
	BC 跨	梁左端	*M*	−79.1	8.6	−11.60	11.60	−98.36	−82.88	−92.62	−73.14
			V	50.4	−0.4	2.80	−2.80	67.65	59.92	62.27	57.57
		跨中	*M*	−4.6	−5.1	0.00	0.00	−11.21	−12.66	−12.66	−12.66
		梁右端	*M*	−73.5	9.1	11.60	−11.60	−90.31	−75.46	−65.72	−85.20
			V	−47.0	0.7	2.80	−2.80	−62.76	−55.42	−53.07	−57.77
	CD 垮	梁左端	*M*	−104.5	22.2	27.10	−27.10	−119.32	−94.32	−71.56	−117.08
			V	77.5	−0.9	−6.40	6.40	103.74	91.74	86.36	97.12
		跨中	*M*	87.0	6.0	1.45	−1.45	123.33	112.80	114.02	111.58
		梁右端	*M*	−84.5	−39.0	−24.20	24.20	−152.30	−156.00	−176.33	−135.67
			V	−73.1	−14.6	−6.40	6.40	−112.99	−108.16	−113.54	−102.78
12 层横梁	*AB* 跨	梁左端	*M*	−158.8	−82.5	35.70	−35.70	−295.23	−306.06	−276.07	−336.05
			V	114.3	39.7	−8.50	8.50	193.21	192.74	185.60	199.88
		跨中	*M*	141.8	31.3	−0.10	0.10	222.10	213.98	213.90	214.06
		梁右端	*M*	−158.3	−15.1	−35.90	35.90	−228.50	−211.10	−241.26	−180.94
			V	−116.9	−26.2	−8.50	8.50	−183.49	−176.96	−184.10	−169.82
	BC 跨	梁左端	*M*	−92.8	−18.1	−5.60	5.60	−143.02	−136.70	−141.40	−132.00
			V	62.4	17.2	1.30	−1.30	101.10	98.96	100.05	97.87

表 8-6 ③轴框架梁内力组合（考虑地震组合）

杆件	跨向	截面	内力	恒载	活载	地震		1.2×(恒+0.5活)+1.3地震	
						左震	右震	左震	右震
屋面横梁	*AB* 跨	梁左端	*M*	−93.0	−39.4	50.5	−50.50	−69.59	−200.89
			V	76.9	14.3	−12.8	12.80	84.22	117.50
		跨中	*M*	94.4	6.0	−3.1	3.10	112.85	120.91
		梁右端	*M*	−115.3	20.3	−56.7	56.70	−199.89	−52.47
			V	−81.5	0.0	−12.8	12.80	−114.44	−81.16
	BC 跨	梁左端	*M*	−79.1	8.6	−25.2	25.20	−122.52	−57.00
			V	50.4	−0.4	6.0	−6.00	68.04	52.44
		跨中	*M*	−4.6	−5.1	0.2	−0.15	−8.39	−8.78
		梁右端	*M*	−73.5	9.1	25.5	−25.50	−49.59	−115.89
			V	−47.0	0.7	6.0	−6.00	−48.18	−63.78
	CD 跨	梁左端	*M*	−104.5	22.2	57.5	−57.50	−37.33	−186.83
			V	77.5	−0.9	−13.6	13.60	74.78	110.14
		跨中	*M*	87.0	6.0	3.3	−3.25	112.23	103.78
		梁右端	*M*	−84.5	−39.0	−51.0	51.00	−191.10	−58.50
			V	−73.1	−14.6	−13.6	13.60	−114.16	−78.80
12层横梁	*AB* 跨	梁左端	*M*	−158.8	−82.5	77.1	−77.10	−139.83	−340.29
			V	114.3	39.7	−18.3	18.30	137.19	184.77
		跨中	*M*	141.8	31.3	−0.2	0.20	188.68	189.20
		梁右端	*M*	−158.3	−15.1	−77.5	77.50	−299.77	−98.27
			V	−116.9	−26.2	−18.3	18.30	−179.79	−132.21
	BC 跨	梁左端	*M*	−92.8	−18.1	−12.6	12.60	−138.60	−105.84
			V	62.4	17.2	3.0	−3.00	89.10	81.30

表 8-7 ③轴框架柱内力组合（一般组合）

杆件	跨向	截面	内力	恒载	活载	风载		1.35 恒+1.4×0.7 活	1.2 恒+1.4 活	1.2 恒+1.4×(0.6 风+活)		$\|M_{max}\|$ 及 N	N_{max} 及 M
						左风	右风			左风	右风		
顶层柱	A 柱	柱顶	M	-93.0	-39.4	23.8	-23.8	-164.16	-166.76	-146.77	-186.75	186.75	-146.77
			N	-233.6	-25.6	5.4	-5.4	-340.45	-316.16	-311.62	-320.70	-320.70	-311.62
		柱底	M	-32.5	-40.9	16.2	-16.2	-83.96	-96.26	-82.65	-109.87	109.87	-82.65
			N	-233.6	-25.6	5.4	-5.4	-340.45	-316.16	-311.62	-320.70	-320.70	-311.62
	B 柱	柱顶	M	36.0	-11.8	15.1	-15.1	37.04	26.68	39.36	14.00	39.36	14.00
			N	-371.2	-20.0	-14.8	14.8	-520.72	-473.44	-485.87	-461.01	-485.87	-461.01
		柱底	M	11.6	-4.5	11.6	-11.6	11.25	7.62	17.36	-2.12	17.36	-2.12
			N	-371.2	-20.0	-14.8	14.8	-520.72	-473.44	-485.87	-461.01	-485.87	-461.01
	C 柱	柱顶	M	-30.8	13.1	15.3	-15.3	-28.74	-18.62	-5.77	-31.47	31.47	-5.77
			N	-362.2	-18.6	15.1	-15.1	-507.20	-460.68	-448.00	-473.36	-473.36	-448.00
		柱底	M	-9.5	5.8	11.8	-11.8	-7.14	-3.28	6.63	-13.19	13.19	6.63
			N	-362.2	-18.6	15.1	-15.1	-507.20	-460.68	-448.00	-473.36	-473.36	-448.00
	D 柱	柱顶	M	84.5	39.0	24.2	-24.2	152.30	156.00	176.33	135.67	176.33	135.67
			N	-225.6	-25.2	-5.6	5.6	-329.26	-306.00	-310.70	-301.30	-310.70	-301.30
		柱底	M	30.3	39.7	16.5	-16.5	79.81	91.94	105.80	78.08	105.80	78.08
			N	-225.6	-25.2	-5.6	5.6	-329.26	-306.00	-310.70	-301.30	-310.70	-301.30
11 层柱	A 柱	柱顶	M	-126.4	-41.7	19.5	-19.5	-211.51	-210.06	-193.68	-226.44	226.44	-193.68
			N	-540.7	-108.0	13.3	-13.3	-835.79	-800.04	-788.87	-811.21	-811.21	-788.87
		柱底	M	-48.2	-41.2	17.3	-17.3	-105.45	-115.52	-100.99	-130.05	130.05	-100.99
			N	-540.7	-108.0	13.3	-13.3	-835.79	-800.04	-788.87	-811.21	-811.21	-788.87
	B 柱	柱顶	M	53.9	1.5	18.5	-18.5	74.24	66.78	82.32	51.24	82.32	51.24
			N	-935.0	-184.5	-31.1	31.1	-1443.06	-1380.30	-1406.42	-1354.18	-1406.42	-1354.18
		柱底	M	17.7	0.8	16.2	-16.2	24.68	22.36	35.97	8.75	35.97	8.75

表 8-8 ③轴框架柱内力组合（考虑地震组合）

杆件	跨向	截面	内力	恒载	活载	地震作用		1.2×(恒+0.5 活)+1.3 地震		$\|M_{max}\|$ 及 N	N_{max} 及 M
						左震	右震	左震	右震		
顶层柱	A 柱	柱顶	M	-93.0	-39.4	50.5	-50.5	-69.59	-200.89	200.89	-69.59
			N	-233.6	-25.6	11.5	-11.5	-280.73	-310.63	-310.63	-280.73
		柱底	M	-32.5	-40.9	33.0	-33.0	-20.64	-106.44	106.44	-20.64
			N	-233.6	-25.6	11.5	-11.5	-280.73	-310.63	-310.63	-280.73
	B 柱	柱顶	M	36.0	-11.8	31.8	-31.8	77.46	-5.22	77.46	-5.22
			N	-371.2	-20.0	-31.6	31.6	-498.52	-416.36	-498.52	-416.36
		柱底	M	11.6	-4.5	23.7	-23.7	42.03	-19.59	42.03	-19.59
			N	-371.2	-20.0	-31.6	31.6	-498.52	-416.36	-498.52	-416.36
	C 柱	柱顶	M	-30.8	13.1	32.5	-32.5	13.15	-71.35	71.35	13.15
			N	-362.2	-18.6	32.4	-32.4	-403.68	-487.92	-487.92	-403.68
		柱底	M	-9.5	5.8	24.2	-24.2	23.54	-39.38	39.38	23.54
			N	-362.2	-18.6	32.4	-32.4	-403.68	-487.92	-487.92	-403.68
	D 柱	柱顶	M	84.5	39.0	51.0	-51.0	191.10	58.5	191.10	58.50
			N	-225.6	-25.2	-12.1	12.1	-301.57	-270.11	-301.57	-270.11
		柱底	M	30.3	39.7	33.7	-33.7	103.99	16.37	103.99	16.37
			N	-225.6	-25.2	-12.1	12.1	-301.57	-270.11	-301.57	-270.11
11 层柱	A 柱	柱顶	M	-126.4	-41.7	44.2	-44.2	-119.24	-234.16	234.16	-119.24
			N	-540.7	-108.0	28.6	-28.6	-676.46	-750.82	-750.82	-676.46
		柱底	M	-48.2	-41.2	38.0	-38.0	-33.16	-131.96	131.96	-33.16
			N	-540.7	-108.0	28.6	-28.6	-676.46	-750.82	-750.82	-676.46
	B 柱	柱顶	M	53.9	1.5	43.2	-43.2	121.74	9.42	121.74	9.42
			N	-935.0	-184.5	-69.9	69.9	-1323.57	-1141.83	-1323.57	-1141.83
		柱底	M	17.7	0.8	37.0	-37.0	69.82	-26.38	69.82	-26.38

表 8-9 ③轴框架底层柱荷载基本组合值

杆件	跨向	内力	恒载	活载	风载		1.2 恒+1.4×(0.6 风+活)		1.35 恒+1.4×0.7 活	1.2 恒+1.4 活
					左风	右风	左风	右风		
底层柱	A 柱柱底	M	-66.8	-8.6	92.4	-92.4	-14.58	-169.82	-98.608	-92.2
		V	35.0	4.5	-23.8	23.8	28.31	68.29	51.66	48.3
		N	-3813.8	-906.7	140.5	-140.5	-5727.92	-5963.96	-6037.196	-5845.94
	B 柱柱底	M	68.5	11.8	139.6	-139.6	215.98	-18.54	104.039	98.72
		V	-35.9	-6.1	-37.0	37.0	-82.70	-20.54	-54.443	-51.62
		N	-6805.8	-1901.6	640.4	-640.4	-10291.26	-11367.14	-11051.398	-10829.2
	C 柱柱底	M	-65.9	-11.3	140.1	-140.1	22.78	-212.58	-100.039	-94.9
		V	34.5	6.0	-37.2	37.2	18.55	81.05	52.455	49.8
		N	-6710.8	-1877.0	-628.9	628.9	-11209.04	-10152.48	-10899.04	-10680.76
	D 柱柱底	M	62.0	8.0	92.8	-92.8	163.55	7.65	91.54	85.6
		V	-32.4	-4.1	-24.1	24.1	-64.86	-24.38	-47.758	-44.62
		N	-3724.6	-873.0	-152.1	152.1	-5819.48	-5563.96	-5883.75	-5691.72

表 8-10 ③轴支撑内力组合（基本组合）

杆件	位置	内力	恒载	活载	左风	右风	1.35 恒+1.4×0.7 活	1.2 恒+1.4 活	1.2 恒+1.4×(0.6 风+活)
12 层支撑	左下右上	N	-52.9	-11.1	0.0	0.0	-82.29	-79.02	-79.02
	左上右下	N	-55.7	-13.0	0.0	0.0	-87.94	-85.04	-85.04
11 层支撑	左下右上	N	-65.1	-25.6	31.0	-31.0	-112.97	-113.96	-87.92
	左上右下	N	-60.9	-27.1	-31.0	31.0	-108.77	-111.02	-137.06
10 层支撑	左下右上	N	-80.3	-34.4	55.4	-55.4	-142.12	-144.52	-97.98
	左上右下	N	-77.8	-35.5	-55.5	55.5	-139.82	-143.06	-189.68
9 层支撑	左下右上	N	-93.3	-37.9	79.1	-79.1	-163.10	-165.02	-98.58
	左上右下	N	-92.0	-38.9	-79.3	79.3	-162.32	-164.86	-231.47

（续）

杆件	位置	内力	恒载	活载	左风	右风	1.35 恒+1.4×0.7 活	1.2 恒+1.4 活	1.2 恒+1.4×(0.6 风+活)
8 层支撑	左下右上	N	-106.1	-41.5	102.1	-102.1	-183.91	-185.42	-99.66
	左上右下	N	-105.8	-42.2	-102.3	102.3	-184.19	-186.04	-271.97
7 层支撑	左下右上	N	-117.5	-44.5	129.3	-129.3	-202.24	-203.30	-94.69
	左上右下	N	-117.9	-45.0	-129.6	129.6	-203.27	-204.48	-313.34
6 层支撑	左下右上	N	-101.5	-38.4	130.6	-130.6	-174.66	-175.56	-65.86
	左上右下	N	-101.5	-38.7	-130.8	130.8	-174.95	-175.98	-285.85
5 层支撑	左下右上	N	-107.9	-40.7	154.6	-154.6	-185.55	-186.46	-56.60
	左上右下	N	-108.1	-40.7	-154.6	154.6	-185.82	-186.70	-316.56
4 层支撑	左下右上	N	-114.8	-42.5	175.0	-175.0	-196.63	-197.26	-50.26
	左上右下	N	-115.1	-42.5	-175.0	175.0	-197.04	-197.62	-344.62
3 层支撑	左下右上	N	-121.0	-44.4	195.3	-195.3	-206.86	-207.36	-43.31
	左上右下	N	-121.5	-44.4	-195.3	195.3	-207.54	-207.96	-372.01
2 层支撑	左下右上	N	-128.6	-46.7	229.8	-229.8	-219.38	-219.70	-26.67
	左上右下	N	-129.3	-46.7	-229.8	229.8	-220.32	-220.54	-413.57
1 层支撑	左下右上	N	-136.6	-45.7	269.1	-269.1	-229.20	-227.90	-1.86
	左上右下	N	-137.5	-45.7	-269.1	269.1	-230.41	-228.98	-455.02

表 8-11 ③轴支撑内力组合（考虑地震组合）

杆件	位置	内力	恒载	活载	地震	1.2(恒+0.5 活)+1.3 地震
12 层支撑	左下右上	N	-52.9	-11.1	-27.7	-106.15
	左上右下	N	-55.7	-13.0	27.8	-38.50
11 层支撑	左下右上	N	-65.1	-25.6	-95.0	-216.98
	左上右下	N	-60.9	-27.1	95.1	34.29

10层支撑	左下右上	N	-80.3	-34.4	153.6	82.68
	左上右下	N	-77.8	-35.5	-153.8	-314.60
9层支撑	左下右上	N	-93.3	-37.9	200.1	125.43
	左上右下	N	-92.0	-38.9	-200.5	-394.39
8层支撑	左下右上	N	-106.1	-41.5	238.6	157.96
	左上右下	N	-105.8	-42.2	-238.8	-462.72
7层支撑	左下右上	N	-117.5	-44.5	282.1	199.03
	左上右下	N	-117.9	-45.0	-282.2	-535.34
6层支撑	左下右上	N	-101.5	-38.4	272.1	208.89
	左上右下	N	-101.5	-38.7	-272.2	-498.88
5层支撑	左下右上	N	-107.9	-40.7	313.2	253.26
	左上右下	N	-108.1	-40.7	-313.3	-561.43
4层支撑	左下右上	N	-114.8	-42.5	349.8	291.48
	左上右下	N	-115.1	-42.5	-350.0	-618.62
3层支撑	左下右上	N	-121.0	-44.4	388.7	333.47
	左上右下	N	-121.5	-44.4	-388.8	-677.88
2层支撑	左下右上	N	-128.6	-46.7	453.5	407.21
	左上右下	N	-129.3	-46.7	-453.5	-772.73
1层支撑	左下右上	N	-136.6	-45.7	515.5	478.81
	左上右下	N	-137.5	-45.7	-515.7	-862.83

参 考 文 献

[1] 中国建筑标准设计研究院有限公司．高层民用建筑钢结构技术规程：JGJ 99—2015 [S]．北京：中国建筑工业出版社，2015.

[2] 郑廷银．多高层房屋钢结构设计与实例 [M]．重庆：重庆大学出版社，2014.

第9章 结构验算

9.1 承载力验算

9.1.1 不考虑地震时承载力验算

对于多高层钢结构，当不考虑地震作用时，即在风荷载和重力荷载作用下，结构构件、连接及节点应采用下列承载能力极限状态设计表达式：

对持久设计状况、短暂设计状况

$$\gamma_0 S \leqslant R \tag{9-1}$$

式中 S——荷载或作用效应组合的设计值；

R——结构构件承载力设计值；

γ_0——结构重要性系数，对安全等级为一级、二级和三级的结构构件，应分别取不小于1.1、1.0和0.9。

9.1.2 考虑地震时承载力验算

对于多高层钢结构进行第一阶段抗震设计时，在多遇烈度地震作用下，构件承载力应满足下列条件式

$$S \leqslant R/\gamma_{RE} \tag{9-2}$$

式中 S——荷载效应和地震作用效应最不利组合的内力设计值；

R——结构构件承载力设计值，按各有关规定计算；

γ_{RE}——结构构件承载力的抗震调整系数，按表9-1取值。

当仅考虑竖向地震效应组合时，各类构件承载力抗震调整系数均取1.0。

表9-1 承载力抗震调整系数[1]

结构类型	结构构件	受力状态	γ_{RE}
钢结构	柱,梁,支撑,节点板件,螺栓,焊缝	强度	0.75
	柱,支撑	稳定	0.80

注：当仅计算竖向地震作用时，取 $\gamma_{RE}=1.0$。

9.2 结构侧移检验

9.2.1 风荷载作用下的侧移检验

1. 变形计算规定

1）多高层建筑的各类结构，均应验算其在风荷载作用下的弹性变形。

2）计算结构的弹性侧移时，各项荷载和作用均应采用标准值。

2. 侧移检验方法

钢结构自身的变形能力很强，而且在钢结构多高层建筑中，内部隔断又多采用轻型隔墙，外墙面多采用悬挂墙板或玻璃幕墙、铝板幕墙，适应变形的能力较强。因此，对于钢结构高层建筑，风荷载作用下的变形限值可以比其他结构放宽一些，所以其侧移应满足下列要求[1,2]：

1）结构顶点质心位置的侧移不宜超过建筑高度 1/500。

2）各楼层质心位置的层间侧移不宜超过楼层高度的 1/400。

3）结构平面端部构件的最大侧移值，不得超过质心侧移的 1.2 倍。

4）弹性层间侧移角（楼层层间最大水平位移与层高之比）不宜大于 1/250。

9.2.2 地震作用下的侧移检验

1. 第一阶段抗震设计

（1）侧移计算规定

1）多高层钢结构，均应验算其在多遇烈度地震作用下的弹性变形。

2）计算结构的弹性侧移时，各项荷载和作用均应采用标准值。

3）对于钢-混凝土混合构件和组合构件，其截面刚度可采用弹性刚度。

4）除结构平移振动产生的侧移外，还应考虑因结构平面不对称产生扭转所引起的水平相对位移。

5）对于高度超过 12 层的钢框架结构，当其柱截面为 H 形时，侧移计算中应计入节点域剪切变形的影响；当其柱截面为箱形时，可忽略其影响。

6）当结构在地震作用下的重力附加弯矩大于初始弯矩的 10% 时，还应计入二阶效应所产生的附加侧移。

（2）侧移验算方法　根据《抗震规范》[3]的规定，多高层建筑结构在多遇地震作用下，其结构平面内的最大弹性层间侧移，应满足下式要求

$$\Delta u_e \leqslant h[\theta_e] \tag{9-3}$$

式中　Δu_e——多遇烈度地震作用下结构平面内的最大弹性层间侧移。

$[\theta_e]$——结构弹性层间侧移角的限值，各种结构体系，均按 1/250 取用。

h——所计算楼层的层高。

注意，对于高层钢结构建筑，结构平面端部构件最大侧移不得超过质心位置侧移的 1.3 倍。

2. 第二阶段抗震设计

多高层建筑钢结构的第二阶段抗震设计，应验算结构在罕遇地震作用下的弹塑性层间侧移和层间侧移延性比两项。

（1）验算对象[1,2]

1）应验算的对象：甲类建筑和 9 度抗震设防的乙类建筑结构；高度超过 150m 的钢结构高层建筑；采用隔震和消能减震设计的结构。

2）宜验算的对象：7 度Ⅲ、Ⅳ类场地和 8 度时乙类建筑中的钢结构；竖向不规则结构的多高层钢结构；高度不超过 150m 的钢结构建筑。

(2) 侧移计算方法

1) 在罕遇地震作用下，结构薄弱层（部位）的弹塑性变形计算，一般情况下，宜采用三维静力弹塑性分析方法（如 Push-Over），或弹塑性时程分析法。

2) 对于楼层侧向刚度无突变的钢框架结构和钢框架-支撑结构，在罕遇地震作用下，其薄弱层（部位）的弹塑性侧移 Δu_p 可用下述方法进行简化计算

$$\Delta u_p = \eta_p \Delta u_e \tag{9-4}$$

或

$$\Delta u_p = \mu \Delta u_y = \frac{\eta_p}{\xi_y} \Delta u_y \tag{9-5}$$

式中 Δu_e——在罕遇地震作用下按弹性分析所得的结构层间侧移；

Δu_y——结构的层间屈服侧移；

μ——结构的楼层延性系数；

ξ_y——结构的楼层屈服强度系数；

η_p——结构的弹塑性层间侧移增大系数，当薄弱层（部位）的屈服强度系数与相邻层（部位）屈服强度系数平均值的比值不小于 0.8 时，可按表 9-2 采用；当其比值大于 0.5 时，可按表 9-2 中相应数值的 1.5 倍采用；当其比值介于 0.5 与 0.8 之间的情况，采用内插法取值时。

表 9-2 钢结构薄弱层的弹塑性层间侧移增大系数 η_p[1]

结构类型	总层数 n 或部位	ξ_y		
		0.5	0.4	0.3
均匀框架结构	2~4	1.30	1.40	1.60
	5~7	1.50	1.65	1.80
	8~12	1.80	2.00	2.20

(3) 侧移验算 震害经验和研究成果表明：梁、柱、墙等构件及其节点的变形达到临近破坏时的极限层间侧移角，可作为防止结构遭遇罕遇烈度地震时发生倒塌的结构弹塑性层间侧移角的限值。因此，在罕遇烈度地震作用下，结构薄弱层的弹塑性层间侧移应满足下列要求

$$\Delta u_p \leqslant h[\theta_p] \tag{9-6}$$

式中 Δu_p——罕遇烈度地震作用下结构薄弱层的弹塑性层间侧移；

$[\theta_p]$——结构弹塑性层间侧移角的限值，各种结构体系，均按 1/50 取用[1,2]；

h——结构薄弱层的层高。

(4) 侧移延性比控制 多高层建筑钢结构的层间侧移延性比不得超过表 9-3 规定的限值。

层间侧移延性比限值，意指结构允许的最大层间侧移与其弹性极限侧移（屈服侧移）之比。

表 9-3 钢结构层间侧移延性比限值[1]

	结构类别和体系	层间侧移延性比限值
钢结构	框架体系	3.5
	框架-(偏心)支撑体系	3.0
	框架-(中心)支撑体系	2.5
型钢-混凝土框架体系		2.5
钢-混凝土混合结构		2.0

9.3 风振舒适度验算

9.3.1 风振舒适度的验算方法

1. 风振舒适度验算公式

工程实例和研究表明，在高层建筑特别是超高层钢结构建筑中，必须考虑人体的舒适度，不能用水平位移控制来代替。风工程学者通过大量试验研究后认为，结构的风振加速度是衡量人体对风振反应的最好尺度。因此，《高钢规程》[2] 规定：高层建筑钢结构在风荷载作用下的顺风向和横风向顶点最大加速度，应满足下列要求

住宅、公寓建筑 a_w(或 a_{tr})$\leqslant 0.20\text{m/s}^2$ (9-7)

办公、旅馆建筑 a_w(或 a_{tr})$\leqslant 0.28\text{m/s}^2$ (9-8)

2. 风振加速度计算公式

参考国内外有关规范和资料，其高层建筑钢结构的顺风向和横风向加速度的计算公式可按下式计算。

（1）顺风向顶点最大加速度

$$a_W = \xi\nu \frac{\mu_s\mu_r w_0 A}{m_{tot}} \tag{9-9}$$

式中 a_W——顺风向顶点最大加速度（m/s^2）；

μ_s——风荷载体型系数；

μ_r——重现期调整系数，取重现期为 10 年时的系数 0.77；

w_0——基本风压（kN/m^2）；

ξ、ν——分别为脉动增大系数和脉动影响系数；

A——建筑物总迎风面积（m^2）；

m_{tot}——建筑物总质量（t）。

（2）横风向顶点最大加速度

$$a_{tr} = \frac{b_r}{T_{tr}^2} \cdot \frac{\sqrt{BL}}{\gamma_B \sqrt{\zeta_{t,cr}}} \tag{9-10}$$

$$b_r = 2.05\times10^{-4}\left(\frac{v_{n,m}T_{tr}}{\sqrt{BL}}\right)^{3.3} \quad (\text{kN/m}^3) \tag{9-11}$$

$$v_{n,m} = 40\sqrt{\mu_s\mu_z w_0} \tag{9-12}$$

式中 a_{tr}——横风向顶点最大加速度（m/s^2）；

$v_{n,m}$——建筑物顶点平均风速（m/s）；

μ_z——风压高度变化系数；

γ_B——建筑物所受的平均重力（kN/m^3）；

$\zeta_{t,cr}$——建筑物横风向的临界阻尼比值，一般可取 0.01~0.02；

T_{tr}——建筑物横风向第一自振周期（s）；

B、L——建筑物平面的宽度和长度（m）。

9.3.2 共振与舒适度控制

1. 横风向共振控制

圆筒形高层建筑有时会发生横风向的涡流共振现象，此种振动较为显著，设计不允许出现横风向共振。一般情况下，设计中用高层建筑顶部风速来控制。因此《高钢规程》[2] 规定：圆筒形高层建筑钢结构应满足下列条件

$$v_n < v_{cr} \tag{9-13}$$

式中 v_n——高层建筑顶部风速，$v_n = 40\sqrt{\mu_z w_0}$；

v_{cr}——临界风速，$v_{cr} = 5D/T_1$；

D——圆筒形建筑的直径（m）；

T_1——圆筒形建筑的基本自振周期（s）。

若不能满足式（9-13）的要求，一般可采用增加刚度使结构自振周期减小来提高临界风速，或进行横风向涡流脱落共振验算。

2. 楼盖舒适度控制

楼盖结构应具有适宜的舒适度。楼盖结构的竖向振动频率不宜小于 3Hz，竖向振动加速度峰值不应超过表 9-4 的限值。

一般情况下，当楼盖结构竖向振动频率小于 3Hz 时，应验算其竖向振动加速度。楼盖结构竖向振动加速度可按现行行业标准《高混凝土技术规程》的有关规定计算。

表 9-4 楼盖竖向振动加速度限值

人员活动环境	峰值加速度限值/(m/s^2)	
	竖向频率不大于 2Hz	竖向频率不小于 4Hz
住宅、办公	0.07	0.05
商场及室内连廊	0.22	0.15

注：结构竖向频率为 2~4Hz 之间时，峰值加速度限值可按线性插值选取。

9.4 结构稳定验算

9.4.1 稳定分类及区别

高层建筑钢结构的稳定可分为整体稳定和局部稳定两大类型。

整体稳定又可分为整体倾覆稳定和整体压屈稳定[1]。倾覆稳定是将结构物视为刚体，计算所有竖向荷载对其基跟点的稳定力矩和所有水平荷载对其基跟点的倾覆力矩，并要求稳定力矩不小于倾覆力矩；而压屈稳定则是将结构物视为弹性体，对其进行二阶分析，要求实际荷载不大于其极限承载力。

构件或杆件以及板件是整体结构的组成部分，因此相对结构而言，构件或杆件以及板件是局部，其稳定统称为局部稳定。

但就构件或杆件及板件而言，构件或杆件是由板件组成，构件或杆件可称为整体，板件则是局部，因此构件或杆件整体的稳定，常简称整体稳定，而板件的稳定则又被称为局部稳定。

构件或杆件以及板件的稳定问题详见本书的构件设计章节，此处只介绍多高层钢结构的整体稳定验算。

9.4.2 倾覆稳定验算

为防止高楼发生倾覆失稳，在风或地震作用下，高层建筑结构应按下式进行倾覆稳定验算[1]

$$1.3M_{ov} \leqslant M_{st} \tag{9-14}$$

式中 M_{ov}——由水平风荷载或水平地震作用标准值产生的倾覆力矩标准值；

M_{st}——结构的抗倾覆力矩标准值，取90%的重力荷载标准值和50%的活荷载标准值计算。

9.4.3 压屈稳定验算

（1）需进行整体压屈稳定验算的条件　结构的整体压屈稳定分析，主要是计及二阶效应的结构极限承载力验算，而《钢结构设计标准》又规定，对$\frac{\sum N_i \cdot \Delta u_i}{\sum H_i \cdot h_i}>0.1$的框架结构宜采用二阶弹性分析，据此可得出推论：凡需进行二阶分析的结构，均需进行整体稳定验算。因此，需进行整体压屈稳定验算的条件是

$$\frac{\sum N_i \cdot \Delta u_i}{\sum H_i \cdot h_i}>0.1 \tag{9-15}$$

（2）可不验算结构整体压屈稳定的条件　凡符合下述1)、2）中的任何一款规定，均可不必验算结构的整体压屈稳定。

1）根据（1）中叙述，按逆向法则可知，凡不需进行二阶分析的结构，均不需进行整体稳定验算。因此，不需进行整体压屈稳定验算的条件可以是

$$\frac{\sum N_i \cdot \Delta u_i}{\sum H_i \cdot h_i} \leqslant 0.1 \tag{9-16}$$

2）根据理论分析和实例计算，若把结构的层间侧移、柱的轴压比和长细比，控制在某一限值以内，就能控制住二阶效应对结构极限承载力的影响。因此，多高层建筑钢结构同时符合以下两个条件时，可不验算结构的整体稳定[1]。

① 结构各楼层柱子平均长细比和平均轴压比满足下式要求

$$\frac{N_m}{N_{pm}}+\frac{\lambda_m}{80} \leqslant 1 \tag{9-17}$$

$$N_{pm}=f_y A_m \tag{9-18}$$

式中 λ_m——楼层柱的平均长细比；

N_m——楼层柱的平均轴压力设计值；

N_{pm}——楼层柱的平均全塑性轴压力；

f_y——钢材的屈服强度；

A_m——楼层柱截面面积的平均值。

② 结构按一阶线性弹性计算所得各楼层的层间相对侧移值，满足下式要求

$$\frac{\Delta u}{h} \leqslant 0.12 \frac{\sum F_h}{\sum F_v} \tag{9-19}$$

式中 Δu——按一阶线弹性计算所得的质心处层间侧移；

h——楼层的层高；

$\sum F_h$——所验算楼层以上的全部水平作用之和；

$\sum F_v$——所验算楼层以上的全部竖向作用之和。

（3）结构整体压屈稳定验算方法的选择

1）无侧移结构（强支撑结构）。研究表明，对于无侧移的结构，采用“有效长度法”来验算结构的整体稳定，能够取得较高精度的计算结果。对于有侧移的钢框架体系，当在结构体系中设置竖向支撑或剪力墙或筒体等侧向支承，且层间侧移角 $\Delta u/h \leqslant 1/1000$ 时，可视为无侧移的框架，同样可以采用“有效长度法”进行结构整体稳定的验算。柱的计算长度系数可按现行《钢结构设计标准》采用。

2）有侧移结构（弱支撑结构）。在结构体系中未设置竖向支撑或剪力墙或筒体等侧向支承的钢框架，以及虽设置侧向支承，但层间侧移角 $\Delta u/h>1/1000$ 的结构，均属有侧移的结构。验算有侧移结构的整体稳定，应采用能反映 $P\text{-}\Delta$ 效应的二阶分析法。

参考文献

[1] 郑廷银. 多高层房屋钢结构设计与实例 [M]. 重庆：重庆大学出版社，2014.

[2] 中国建筑标准设计研究院有限公司. 高层民用建筑钢结构技术规程：JGJ 99—2015 [S]. 北京：中国建筑工业出版社，2015.

[3] 中国建筑科学研究院. 建筑抗震设计规范：GB 50011—2010 [S]. 北京：中国建筑工业出版社，2010.

第10章 构件设计

高层房屋钢结构的主要受力构件按照其功能和构造特点可分为承重构件和抗侧力构件两大类。承重构件包括梁、柱（一般梁、柱和框架梁、柱）；抗侧力构件包括框架梁、框架柱、中心支撑和偏心支撑、抗震剪力墙等。

在高层钢结构中的构件设计内容及一般步骤可为：首先试选构件截面（形式和尺寸）；然后进行构件截面验算；最后检验是否满足构造要求。

多高层建筑钢结构构件的截面形式、构造特点、设计原理和计算原则与一般建筑钢结构并没有本质上的差别，主要是构件的截面尺寸较大、钢板厚度较大。因此，本章不介绍构件的详细设计过程，只介绍其设计特点。

10.1 梁的设计

10.1.1 梁的截面初选

在高层建筑钢结构中，梁是主要承受横向荷载的受弯构件，其受力状态主要表现为单向受弯。无论框架梁或承受重力荷载的梁，其截面一般采用双轴对称的轧制或焊接H型钢。当跨度较大或受荷很大，而高度又受到限制时，可选用抗弯和抗扭性能较好的箱形截面。有些设计，考虑了钢梁和混凝土楼板的共同工作，选用组合梁。对于墙梁等维护构件，可采用槽形等截面形式，其受力状态主要表现为双向受弯。

梁截面预估时，一般根据荷载与支座情况，其截面高度按跨度的1/20~1/50确定；其翼缘宽度b根据侧向支撑间的距离l/b确定；其板件厚度按《钢结构设计标准》中局部稳定的限值确定。

10.1.2 梁的截面验算

一般而言，所选梁截面需要根据荷载组合按《钢结构设计标准》的验算公式进行强度、整体稳定（满足某些条件可不验算）、局部稳定和刚度验算，并满足构造要求。其验算方法可参见《钢结构设计标准》或前期课程“钢结构原理”的相关教材，此处不予赘述。下面仅就某些特殊规定简述如下。

10.1.2.1 梁的强度

梁的强度主要包括抗弯强度和抗剪强度。

1. 抗弯强度

计算梁的抗弯强度时，框架梁端弯矩的取值原则如下：

1）在重力荷载作用下，或风与重力荷载组合作用下，梁端弯矩应取柱轴线处的弯矩值。

2）当计入水平地震作用的组合时，梁端弯矩应取柱面处（即梁端处）的弯矩值。

当不考虑梁腹板屈曲后强度时，其抗弯强度按下式计算：

（1）单向弯曲梁

$$\frac{M_x}{\gamma_x W_{nx}} \leqslant f \tag{10-1}$$

（2）双向弯曲梁

$$\frac{M_x}{\gamma_x W_{nx}} + \frac{M_y}{\gamma_y W_{ny}} \leqslant f \tag{10-2}$$

式中　M_x、M_y——绕 x 轴、y 轴的弯矩设计值；

W_{nx}、W_{ny}——对 x 轴、y 轴的净截面抵抗矩；

γ_x、γ_y——截面塑性发展系数，非抗震设计时，按《钢结构设计标准》的规定采用；抗震设计时宜取 1.0；

f——钢材的抗弯强度设计值，抗震设计时，应除以抗震调整系数 0.75。

2. 抗剪强度

在主平面内受弯的实腹式钢梁，当不考虑梁腹板屈曲后强度时，其抗剪强度应按下式计算

$$\tau = \frac{VS}{It_w} \leqslant f_v \tag{10-3}$$

框架梁端部腹板受切割削弱时，其端部截面的抗剪强度应按下列公式计算

$$\tau = V/A_{wn} \leqslant f_v \tag{10-4}$$

式中　V——计算截面处沿腹板平面作用的剪力；

S——计算剪应力处以上毛截面对中和轴的面积矩；

I——毛截面对中和轴的惯性矩；

t_w——腹板厚度；

f_v——钢材的抗剪强度设计值，抗震设计时，应除以抗震调整系数 0.75；

A_{wn}——扣除扇形切角和螺栓孔后的腹板受剪净截面面积。

注意：高层钢结构中的托柱梁，因柱不连续，在支承柱处会发生该托柱梁的受力状态集中现象。因此在多遇地震作用下计算托柱梁的承载力时，其内力应乘以不小于 1.5 的增大系数。9 度抗震设防的结构不应采用大梁托柱的结构形式。

10.1.2.2　梁的整体稳定

1. 不必验算整体稳定的条件

符合下列条件之一者，可不必验算梁的整体稳定：

1）有刚性铺板（钢板、各种钢筋混凝土板、压型钢板-混凝土组合楼板）密铺在梁的受压翼缘，并与其牢固相连时，刚性板能阻止梁的受压翼缘的侧向位移。

2）钢框架梁的上翼缘采用抗剪连接件与组合楼板连接时。

3）对于非抗震设防或按 6 度抗震设防的结构，其简支实腹钢梁受压翼缘的侧向自由长度与其宽度之比（侧向长细比），不超过表 10-1 所规定的数值时（对于箱形截面简支梁，其截面尺寸还应同时满足 $h/b_0 \leqslant 6$ 的要求）。

4）按 7 度及以上抗震设防的结构，实腹钢梁相邻侧向支撑点间的长细比满足表 10-2 中的规定时。

表 10-1 非抗震设防或按 6 度抗震设防的简支实腹钢梁的最大侧向长细比

钢号	工字形截面(含 H 型钢)梁 l_1/b_f			箱形截面梁 l_1/b_0
	跨中无侧向支承点		跨中受压翼缘有侧向支承点	
	荷载作用于上翼缘	荷载作用于下翼缘	荷载作用于任何部位	
Q235	13.0	20.0	16.0	95
Q345	10.5	16.5	13.0	65
Q390	10.0	15.5	12.5	57
Q420	9.5	15.0	12.0	

注：采用其他钢号的梁，最大 l_1/b_f 值应取 Q235 相应值乘以 $\sqrt{235/f}$（工形梁）或 $235/f_y$（箱形梁）。

表 10-2 按 7 度及以上抗震设防的实腹钢梁允许侧向长细比

应力比值	侧向支承点间的构件长细比 λ_y
$-1.0\leqslant\dfrac{M_1}{W_{px}f}\leqslant0.5$	$\lambda_y\leqslant\left(60-40\dfrac{M_1}{W_{px}f}\right)\sqrt{\dfrac{235}{f_y}}$
$0.5\leqslant\dfrac{M_1}{W_{px}f}\leqslant1.0$ 时	$\lambda_y\leqslant\left(45-10\dfrac{M_1}{W_{px}f}\right)\sqrt{\dfrac{235}{f_y}}$

注：表中 λ_y 为钢梁在弯矩作用平面外的长细比，$\lambda_y=l_1/i_y$；l_1 为钢梁相邻支撑点间的距离；i_y 为钢梁截面对 y 轴的回转半径；M_1 表示与塑性铰相距为 l_1 的侧向支撑点间的距离；当在长度 l_1 范围内为同向曲率时，$M_1/(W_{px}f)$ 为正；当为反向曲率时，$M_1/(W_{px}f)$ 为负；W_{px} 为钢梁截面对 x 轴的塑性截面模量；f_y、f 分别为钢材屈服强度与强度设计值。

2. 整体稳定验算公式

当不符合上述条件之一者，应按下式计算梁的整体稳定。

单向弯曲梁

$$\frac{M_x}{\varphi_b W_x}\leqslant f \tag{10-5}$$

双向弯曲梁

$$\frac{M_x}{\varphi_b W_x}+\frac{M_y}{\gamma_y W_y}\leqslant f \tag{10-6}$$

式中 M_x、M_y——绕 x 轴、y 轴的最大弯矩设计值；

W_x、W_y——对 x 轴、y 轴的毛截面抵抗矩；

γ_y——截面塑性发展系数，按《钢结构设计标准》的规定采用；

f——钢材的抗弯强度设计值，抗震设计时，应除以抗震调整系数 0.75；

φ_b——梁的整体稳定系数，按《钢结构设计标准》的规定确定，当梁在端部仅以腹板与柱（或主梁）相连时，φ_b（或当 φ_b>0.6 时的 φ_b'）应乘以降低系数 0.85。

10.1.2.3 梁的局部稳定（板件宽厚比）

防止板件局部失稳最有效的方法是限制其宽厚比。钢框架梁的板件宽厚比，应随截面塑性变形发展程度的不同，而需满足不同的要求。

在多高层建筑钢结构中，对按 7 度及以上抗震设防的多高层建筑，在抗侧力框架的梁可能出现塑性铰的区段，要求在出现塑性铰之后，仍具有较大的转动能力，以实现结构内力重分布，因此板件的宽厚比限制较严；而对于非抗震设防和按 6 度抗震设防的钢结构建筑，当抗侧力框架的梁中可能出现塑性铰之后，不要求具有太大的转动能力，因此板件宽厚比限制相对较宽。梁的板件宽厚比应符合《钢结构设计标准》中的限值，对于抗震设防结构的框架梁还应满足表10-3规定的限值。

表10-3 框架梁、柱的板件宽厚比限值[1]

板件名称		抗震等级				非抗震设计
		一级	二级	三级	四级	
柱	工字形截面翼缘外伸部分	10	11	12	13	13
	工字形截面腹板	43	45	48	52	52
	箱形截面壁板	33	36	38	40	40
	冷成型方管壁板	32	35	37	40	40
	圆管（径厚比）	50	55	60	70	70
梁	工字形截面和箱形截面翼缘外伸部分	9	9	10	11	11
	箱形截面翼缘在两腹板之间部分	30	30	32	36	36
	工字形截面和箱形截面腹板	$30\leqslant72\sim120\rho\leqslant60$	$35\leqslant72\sim100\rho\leqslant65$	$40\leqslant80\sim110\rho\leqslant70$	$45\leqslant85\sim120\rho\leqslant75$	$85\sim120\rho$

注：1. 表列数值适用于Q235钢，采用其他牌号钢材时，应乘以$\sqrt{235/f_y}$，圆管应乘以$235/f_y$。
2. 表中$\rho=N/(Af)$为梁轴压比。
3. 表中冷成型方管适用于Q235GJ或Q345GJ钢。
4. 非抗侧力构件的板件宽厚比，应按现行国家标准《钢结构设计标准》的有关规定执行。

钢结构房屋应根据设防分类、烈度和房屋高度采用不同的抗震等级，并应符合相应的计算和构造措施要求。丙类建筑的抗震等级应按表10-4确定。

表10-4 钢结构房屋的抗震等级[2]

房屋高度	抗震设防裂度			
	6	7	8	9
≤50m		四	三	二
>50m	四	三	二	一

注：1. 高度接近或等于高度分界时，应允许结合房屋不规则程度和场地、地基条件确定抗震等级。
2. 一般情况，构件的抗震等级应与结构相同；当某个部位各构件的承载力均满足2倍地震作用组合下的内力要求时，7～9度的构件抗震等级应允许按降低一度确定。

对于框架-支撑（含中心支撑和偏心支撑）结构体系中的框架，当房屋高度不超过100m，且框架部分所承担的地震作用不大于结构底部地震总剪力的25%时，对8、9度抗震设防的框架梁的板件宽厚比限值，可按表10-3中规定的相应条款降低一度的要求采用。

10.1.3 梁的构造要求

1）变截面框架梁的截面变化，宜改变梁翼缘的宽度和厚度，而保持梁的腹板高度不变。

2）当梁的上翼缘采用抗剪连接件与组合楼板连接时，可不验算组合梁的整体稳定，但仍应根据条件在其下翼缘设置隅撑。

3）框架梁的端部以及有集中荷载作用点等可能出现塑性铰的部位，梁的受压翼缘应设置侧向支撑（按7度及以上抗震设防的结构，梁的上、下翼缘均应设置侧向支撑），且实腹钢梁相邻侧向支撑点间的长细比应符合表10-2的要求。

4）焊接梁的翼缘一般用一层钢板做成；当大跨度钢梁的翼缘采用两层钢板时，外层钢板与内层钢板之比宜为0.5～1.0，其外层钢板的理论断点应符合《钢结构设计标准》的相关要求；其梁中横向加劲肋的切角应符合图10-1的要求。

5）采用高强度螺栓摩擦型连接拼合的大跨度钢梁，其翼缘板不宜超过三层；其外层钢板的理论断点处的外伸长度内的高强度螺栓数目，应按该层钢板的1/2净截面面积的承载力进行计算；钢梁翼缘角钢截面面积不宜少于整个翼缘截面面积的30%，当采用最大型号的角钢仍不能满足此项要求时，可增设腋板（图10-2），此时，角钢与腋板截面面积之和不应少于翼缘总截面面积的30%。

6）钢梁端部支座应满足图10-3所示的构造要求。

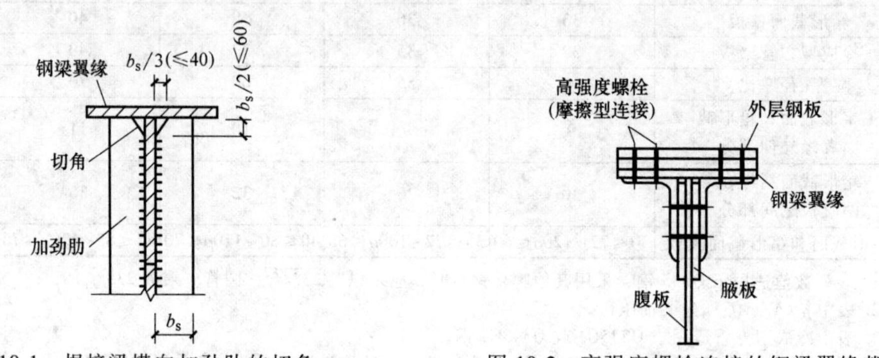

图10-1 焊接梁横向加劲肋的切角　　图10-2 高强度螺栓连接的钢梁翼缘截面

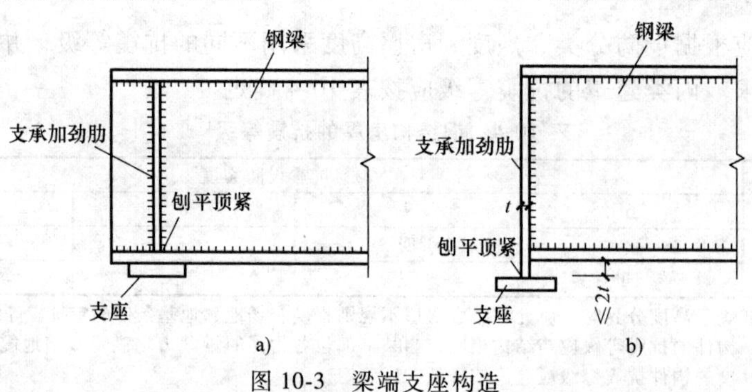

图10-3 梁端支座构造

a）平板支座 b）突缘支座

10.1.4 案例分析

1. 已知条件

某总层数为12层的科技研发办公楼，标准层的结构平面布置图如图8-1所示。柱距为8.4m和8.0m两种；采用钢框架-支撑（人字形中心）结构体系，支撑所在跨柱距为8.4m，底层柱高5.85m，按7度设防，梁-柱节点均设计为刚接，初选③轴线框架梁截面及钢材见表10-5。梁上作用的荷载标准值为：恒载 $q_k=12.95\text{kN/m}$，$p=82.25\text{kN}$；活载 $g=2.88\text{kN/m}$，$p=21.13\text{kN}$。经内力组合发现，梁最不利内力组合在其梁端，其基本效应组合值为 $M_{1\max}=-416.36\text{kN}\cdot\text{m}$，$V_{1\max}=213.86\text{kN}$，其抗震效应组合值为 $M_{2\max}=-468.63\text{kN}\cdot\text{m}$，$V_{2\max}=210.45\text{kN}$。试验算该框架梁是否安全。

表10-5 梁截面几何特性

构件类型	钢材编号	截面尺寸/mm ($h\times b\times t\times t_f$)	A/cm^2	I_x/cm^4	W_x/cm^3	S_x/cm^3	i_x/cm	i_y/cm
框架梁	Q345B	H700×300×13×24	235.5	201000	5760	6805	29.3	6.78

2. 解题分析

由于该办公楼需按7度设防，所以框架梁验算时，需根据《高钢规程》[2]的规定，分别进行基本效应组合与抗震效应组合情况下的梁各项验算，满足相应规范规定的各项要求后，方能判断为安全。

3. 求解过程

（1）基本效应组合下的截面验算

1）强度验算

① 抗弯强度

$$\sigma=\frac{M_{1\max}}{\gamma_x W_x}=\frac{416.36\times10^6}{1.05\times5760\times10^3}\mathrm{N/mm^2}=68.84\mathrm{N/mm^2}<f=310\mathrm{N/mm^2}$$

② 抗剪强度

$$\tau=\frac{V_{1\max}S_x}{I_x t_w}=\frac{213.86\times10^3\times6805\times10^3}{201000\times10^4\times13}\mathrm{N/mm^2}=55.70\mathrm{N/mm^2}<f_v=180\mathrm{N/mm^2}$$

③ 折算应力验算

$$s=bt\frac{h-t}{2}=30\times2.4\times\frac{70-2.4}{2}\mathrm{cm^3}=2433.6\mathrm{cm^3}$$

$$\tau=\frac{V_{1\max}s}{I_x t_w}=\frac{213.86\times10^3\times2433.6\times10^3}{201000\times10^4\times13}\mathrm{N/mm^2}=19.92\mathrm{N/mm^2}$$

$$\sigma=\frac{M_{1\max}}{I_x}\cdot\frac{h-2t}{2}=\frac{416.36\times10^6}{201000\times10^4}\times\frac{700-2\times24}{2}\mathrm{N/mm^2}=67.53\mathrm{N/mm^2}$$

$$\sqrt{\sigma^2+3\tau^2}=\sqrt{67.53^2+3\times19.92^2}\mathrm{N/mm^2}=75.83\mathrm{N/mm^2}<1.1f=341\mathrm{N/mm^2}$$

梁端截面强度满足要求。

2）整体稳定验算。由于该办公楼楼板与钢梁通过抗剪栓钉紧密连接在一起，可以阻止梁受压翼缘侧向位移，梁的整体稳定可以得到保证，故可不验算。

3）局部稳定验算

翼缘 $\frac{b_1}{t}=\frac{(300-13)/2}{24}=6.0<11\sqrt{\frac{235}{345}}\approx9.2$，满足要求。

由于 $85-120\rho=85-120N/(Af)=85-120\times\frac{213.86}{23550\times310\times10^{-3}}=81.48$，查表10-3，则取 $85-120\rho=75$。

腹板 $\frac{h_0}{t_w}=\frac{700-2\times24}{13}=50.15<75\sqrt{\frac{235}{345}}\approx61.90$，满足要求。

4）刚度验算。取荷载的标准组合 g_k+q_k 进行验算。

恒载 $q_k=12.95\mathrm{kN/m}$，$p=82.25\mathrm{kN}$

将集中荷载转化为等效均布荷载 $g_k=\left(12.95+\frac{82.25}{2.075}\right)\mathrm{kN/m}=52.59\mathrm{kN/m}$

活载 $g=2.88\mathrm{kN/m}$，$p=21.13\mathrm{kN}$

将集中荷载转化为等效均布荷载 $q_k=\left(2.88+\frac{21.13}{2.075}\right)\mathrm{kN/m}=13.06\mathrm{kN/m}$

荷载的标准组合值 $=g_k+q_k=(52.59+13.06)\,\mathrm{kN/m}=65.65\mathrm{kN/m}$

$$\nu=\frac{5(g_k+q_k)l^4}{384EI}=\frac{5\times65.65\times8.4^4\times10^{12}}{384\times2.06\times10^5\times2.01000\times10^4}\mathrm{mm}=10.28\mathrm{mm}<\frac{l}{400}=21.00\mathrm{mm}$$

满足要求。

(2) 抗震效应组合下的构件截面验算

1) 强度验算

① 抗弯强度

$$\sigma=\frac{M_{2\max}}{\gamma_x W_x}=\frac{468.63\times10^6}{1.05\times5760\times10^3}\mathrm{N/mm^2}=77.49\mathrm{N/mm^2}<\frac{f}{\gamma_{RE}}=\frac{310}{0.75}=413\mathrm{N/mm^2}$$

② 抗剪强度

$$\tau=\frac{V_{2\max}S_x}{It_w}=\frac{210.45\times10^3\times6805\times10^3}{201000\times10^4\times13}\mathrm{N/mm^2}=54.81\mathrm{N/mm^2}<\frac{f_v}{\gamma_{RE}}=\frac{180}{0.75}=240\mathrm{N/mm^2}$$

③ 折算应力验算

$$s=bt_f\frac{h-t_f}{2}=30\times2.4\times\frac{70-2.4}{2}\mathrm{cm^3}=2433.6\mathrm{cm^3}$$

$$\tau=\frac{V_{2\max}s}{It_w}=\frac{210.45\times10^3\times2433\times10^3}{20100\times10^4\times13}\mathrm{N/mm^2}=19.60\mathrm{N/mm^2}$$

$$\sigma=\frac{M_{2\max}}{I_x}\cdot\frac{h-2t_f}{2}=\frac{468.63\times10^6}{201000\times10^4}\times\frac{700-2\times24}{2}\mathrm{N/mm^2}=76.01\mathrm{N/mm^2}$$

$$\sqrt{\sigma^2+3\tau^2}=\sqrt{76.01^2+3\times19.60^2}\,\mathrm{N/mm^2}=83.25\mathrm{N/mm^2}$$

$$<1.1\frac{f}{\gamma_{RE}}=1.1\times\frac{310}{0.75}\mathrm{N/mm^2}=455\mathrm{N/mm^2}$$

梁端截面强度满足要求。

2) 整体稳定验算。由于楼板与钢梁通过抗剪栓钉紧密连接在一起，可以阻止梁受压翼缘侧向位移，梁的整体稳定可以得到保证，故可不验算。

3) 局部稳定验算

翼缘 $\frac{b_1}{t}=\frac{(300-13)/2}{24}=6.0<11\times\sqrt{\frac{235}{345}}\approx9.2$，满足要求。

由于，$85-120\rho=85-120N/(Af)=85-120\times\frac{210.45}{23550\times310\times10^{-3}}=81.54$

查表 10-3 得 $45\leqslant85-120\rho\leqslant75$，取 $85-120\rho=75$。

腹板 $\frac{h_0}{t_w}=\frac{700-2\times24}{13}=50.15<75\sqrt{\frac{235}{345}}\approx61.9$，满足要求。

该框架梁安全。

10.2 柱的设计

10.2.1 轴心受压柱

在非抗震的高层钢结构中，当采用双重抗侧力体系时，若考虑其核心筒或支撑等抗侧力结构承受全部或大部分侧向及扭转荷载，其框架中的梁与柱的连接，可以做成铰接，此时的柱即为轴心受压柱，按重力荷载设计。梁与柱采用铰接连接，设计和施工都比较方便。

高层建筑中的轴心受压柱，主要是承受轴向荷载作用，一般不涉及抗震的问题，柱的设计方法与一般轴心受压柱相似，所不同的是柱子的钢材厚度较厚。对厚壁柱设计应注意材料强度设计值和稳定系数 φ 的取值有所不同（较一般轴心受压柱低）。

10.2.1.1 轴心受压柱的截面初选

轴心受压柱宜采用双轴对称的实腹式截面。截面形式可采用 H 形、箱形、十字形、圆形等。通常采用轧制或焊接的 H 型钢或由 4 块钢板焊成的箱形截面。箱形截面材料分布合理，截面受力性能好，抗扭刚度大，应用日益广泛。

轴心受压柱的截面可按长细比 λ 预估，通常 $50 \leqslant \lambda \leqslant 120$，设计时一般假定 $\lambda = 100$ 时进行截面预估。

10.2.1.2 轴心受压柱的截面验算

1. 轴心受压柱的强度

1）轴心受压柱（高强度螺栓摩擦型连接除外），当端部连接（及中部拼接）处组成截面的各板件都有连接件直接传力时，截面强度应按式（10-7）计算，但含有虚孔的构件尚需在孔心所在截面按式（10-8）验算。

毛截面屈服

$$\sigma = \frac{N}{A} \leqslant f \tag{10-7}$$

净截面断裂

$$\sigma = \frac{N}{A_n} \leqslant 0.7 f_u \tag{10-8}$$

式中 N——所计算截面的轴力设计值；

f——钢材抗拉强度设计值，抗震设计时，应除以抗震调整系数 0.75；

A——构件的毛截面面积；

A_n——构件的净截面面积，当构件多个截面有孔时，取最不利的截面；

f_u——钢材抗拉强度最小值。

2）高强度螺栓摩擦型连接处的轴心受压柱强度，其截面强度计算应按下式验算

$$\sigma = \left(1 - 0.5\frac{n_1}{n}\right)\frac{N}{A_n} \leqslant f \tag{10-9}$$

式中 n——在节点或拼接处，轴心受压柱一端连接的高强度螺栓数目；

n_1——轴心受压柱所验算截面的高强度螺栓数目。

注：轴压构件，当其组成板件在节点或拼接处并非全部直接传力时，应对危险截面的面积乘以有效截面系数 η，不同构件截面形式和连接方式的 η 值应符合表 10-6 的规定。

表 10-6 轴心受力构件节点或拼接处危险截面有效截面系数

构件截面形式	连接形式	η	图例
角钢	单边连接	0.85	
工形、H 形	翼缘连接	0.90	
	腹板连接	0.70	

2. 轴心受压柱的整体稳定

(1) 验算公式 轴心受压柱的承载力，往往取决于整体稳定性，应按下式计算

$$\sigma=\frac{N}{\varphi_{\min}A}\leqslant f \tag{10-10}$$

式中 A——柱的毛截面面积；

$\varphi_{\min}$——轴心受压构件最小稳定系数，取截面中两主轴的稳定系数 φ_x、φ_y 的较小者；

f——钢材的强度设计值，抗震设计时，应除以抗震调整系数 0.80。

(2) 稳定系数的确定 对于轴心受压构件稳定系数 φ_x、φ_y，应根据板件的厚度、截面分类、长细比和钢材屈服强度等因数确定。

1) 截面分类

① 当轴心受压构件的板件厚度 $t<40$mm 时，构件的截面分类按表 10-7 确定。

② 当轴心受压构件的板件厚度 $t\geqslant40$mm 时，构件的截面分类按表 10-8 确定。

表 10-7 板件厚度 $t<40$mm 的轴心受压构件截面分类

截面形式		制作工艺及边长比		截面分类	
				φ_x	φ_y
H 形截面		轧制	$b_f/h\leqslant0.8$	a 类	b 类
			$b_f/h>0.8$	a 类	b 类
		焊接	翼缘为焰切边	b 类	b 类
			翼缘为轧制或剪切边	b 类	c 类
箱形截面		轧制		b 类	b 类
		焊接	板件宽厚比 $b/t>20$	b 类	b 类
			板件宽厚度 $b/t\leqslant20$	c 类	c 类

（续）

截面形式		制作工艺及边长比	截面分类	
			φ_x	φ_y
十字形截面		焊接	b 类	b 类
圆管		轧制	a 类	a 类
		焊接	b 类	b 类

表 10-8 板件厚度 $t \geqslant 40$mm 的轴心受压构件截面分类

构件截面形式			板件厚度/mm	截面分类	
				φ_x	φ_y
	轧制 H 形截面		$t<80$	b 类	c 类
			$t \geqslant 80$	c 类	d 类
	焊接 H 形截面	翼缘为焰切边	$t \geqslant 40$	b 类	b 类
		翼缘为轧制或剪切边	$t \geqslant 40$	c 类	d 类
	焊接箱形截面		$b/t>20$	b 类	b 类
			$b/t \leqslant 20$	c 类	c 类

2）构件长细比计算

构件长细比λ应根据其失稳模式，按下述方法分别计算。

① 当计算弯曲屈曲时（截面为双轴对称）

对主轴 x 或主轴 y 长细比，分别按下式计算

$$\lambda_x = \frac{l_{0x}}{i_x}, \lambda_y = \frac{l_{0y}}{i_y} \tag{10-11}$$

式中 l_{0x}、l_{0y}——构件对主轴 x 和主轴 y 的计算长度；

i_x、i_y——构件截面对主轴 x 和主轴 y 的回转半径。

② 当计算扭转屈曲时

其长细比按下式计算

$$\lambda_z = \sqrt{\frac{I_0}{I_t/25.7 + I_\omega/l_\omega^2}} \tag{10-12}$$

式中 I_0、I_t、I_ω——构件毛截面对剪心的极惯性矩、截面抗扭惯性矩和扇性惯性矩，对十字形截面可近似取 $I_\omega=0$；

l_ω——扭转屈曲的计算长度，两端铰支且端截面可自由翘曲者，取几何长度 l；

两端嵌固且端部截面的翘曲完全受到约束者，取 $0.5l$。

双轴对称十字形截面板件宽厚比不超过 $15\sqrt{235/f_y}$ 者，可不计算扭转屈曲（f_y 为钢材牌号所指屈服强度，以 MPa 计）。

③ 当计算弯扭屈曲时，截面为单轴对称的构件，绕非对称轴（设为 x 轴）的长细比 λ_x，仍按式（10-11）计算；但绕对称轴（设为 y 轴）的长细比，应考虑其扭转效应，用换算长细比 λ_{yz} 取代，其换算长细比 λ_{yz} 应按下式计算

$$\lambda_{yz}=\frac{1}{\sqrt{2}}\left[(\lambda_y^2+\lambda_z^2)+\sqrt{(\lambda_y^2+\lambda_z^2)^2-4(1-e_0^2/i_0^2)\lambda_y^2\lambda_z^2}\right] \tag{10-13}$$

式中 i_0——构件截面对剪心的极回转半径，$i_0^2=e_0^2+i_x^2+i_y^2$；

e_0——构件截面形心至剪心的距离；

λ_y——构件对对称轴 y 的长细比；

λ_z——构件扭转屈曲的换算长细比，按式（10-12）计算。

3）构件稳定系数。稳定系数 φ 值，应根据板件的厚度、截面分类、长细比和钢材屈服强度等因数，由《钢结构设计标准》查表获得，也可按下列公式计算确定

$$\lambda_n=\frac{\lambda}{\pi}\sqrt{\frac{f_y}{E}} \tag{10-14}$$

当 $\lambda_n\leqslant 0.215$ 时

$$\varphi=1-\alpha_1\lambda_n^2 \tag{10-15}$$

当 $\lambda_n>0.215$ 时

$$\varphi=\frac{1}{2\lambda_n^2}\left[(\alpha_2+\alpha_3\lambda_n+\lambda_n^2)-\sqrt{(\alpha_2+\alpha_3\lambda_n+\lambda_n^2)^2-4\lambda_n^2}\right] \tag{10-16}$$

式中 α_1、α_2、α_3——系数，根据表 10-7、表 10-8 的截面分类，按表 10-9 采用。

表 10-9 系数 α_1、α_2、α_3

截面类别		α_1	α_2	α_3
a 类		0.41	0.986	0.152
b 类		0.65	0.965	0.300
c 类	$\lambda_n\leqslant 1.05$	0.75	0.906	0.595
	$\lambda_n>1.05$		1.216	0.302
d 类	$\lambda_n\leqslant 1.05$	1.35	0.868	0.915
	$\lambda_n>1.05$		1.375	0.432

3. 轴心受压柱的局部稳定

轴心受压柱的局部稳定是通过其板件宽厚比来控制的，其板件的宽厚比，抗震设计时应满足表 10-3 的要求，非抗震设计时应符合《钢结构设计标准》的规定要求。

对于 H 形、工字形、箱形截面的轴压构件，非抗震设计时，可按如下方法验算：

（1）H 形截面腹板

当 $\lambda\leqslant 50\varepsilon_k$ 时

$$h_0/t_w\leqslant 42\varepsilon_k \tag{10-17a}$$

当 $\lambda>50\varepsilon_k$ 时：

$$h_0/t_w\leqslant \min(21\varepsilon_k+0.42\lambda, 21\varepsilon_k+50) \tag{10-17b}$$

式中 λ——构件的较大长细比；

h_0、t_w——腹板计算高度和厚度；

ε_k——参数，$\varepsilon_k=\sqrt{235/f_y}$，$f_y$ 为钢材牌号所指的屈服强度。

（2）H形截面翼缘

当 $\lambda \leqslant 70\varepsilon_k$ 时 $$b/t_f \leqslant 14\varepsilon_k \quad (10\text{-}18a)$$

当 $\lambda > 70\varepsilon_k$ 时 $$b/t_f \leqslant \min(7\varepsilon_k + 0.1\lambda, 7\varepsilon_k + 12) \quad (10\text{-}18b)$$

式中 b、t_f——翼缘板自由外伸宽度和厚度。

（3）箱形截面壁板

当 $\lambda \leqslant 52\varepsilon_k$ 时 $$b/t \leqslant 42\varepsilon_k \quad (10\text{-}19a)$$

当 $\lambda > 52\varepsilon_k$ 时 $$b/t \leqslant \min(29\varepsilon_k + 0.25\lambda, 29\varepsilon_k + 30) \quad (10\text{-}19b)$$

式中 b——壁板的净宽度。

长方箱形截面较宽壁板宽厚比限值应按式（10-19）取值，并乘以按下式计算的调整系数

$$\alpha_r = 1.12 - \frac{1}{3}(\eta - 0.4)^2 \quad (10\text{-}20)$$

式中 η——箱形截面宽度和高度之比，$\eta \leqslant 1.0$。

（4）圆管压杆 圆管压杆的外径与壁厚之比不应超过 $100\varepsilon_k^2$。

注：① 当轴压构件的压力小于稳定承载力 φfA 时，可将其板件宽厚比限值由上述公式算得后乘以放大系数 $\alpha = \sqrt{\varphi fA/N}$。

② 若其腹板的高厚比不满足现行规范的要求时，可采用下列措施之一：

1）采用有效截面法验算构件的强度和稳定性。此时，其有效截面取全部翼缘面积与图10-4a中腹板阴影部分之和，但在计算构件的稳定系数时，仍取腹板的全部面积。

2）配置纵向加劲肋。在腹板两侧配置成对的纵向加劲肋（图10-4b），使腹板在较大翼缘与纵向加劲肋之间的高厚比满足现行规范对高厚比的要求。

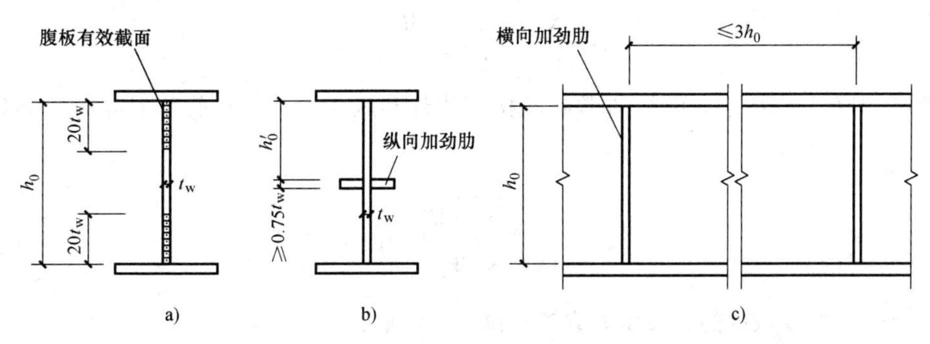

图10-4 受压构件腹板的补强

a）腹板有效截面 b）腹板纵向加劲肋 c）腹板横向加劲肋

4. 轴心受压柱的刚度验算

轴心受压柱的刚度验算是通过其长细比来控制的。根据参考文献［2］的规定，其长细比不宜大于120，即两主轴方向的最大长细比应满足下式要求

$$\lambda_{max}(\lambda_x, \lambda_y) \leqslant 120\sqrt{\frac{235}{f_y}} \quad (10\text{-}21)$$

10.2.1.3 轴心受压柱的构造要求

对于大型实腹柱，在较大水平力处及运送单元的端部，应设置横隔。横隔板的间距不得

大于柱截面较大宽度的 9 倍，且不应大于 8m。

H 形、工字形和箱形截面轴压构件的腹板，当用纵向加劲肋加强以满足宽厚比限值时，加劲肋宜在腹板两侧成对配置，其腹板一侧的外伸宽度不应小于 $10t_w$，厚度不应小于 $0.75t_w$，其 t_w 为受压构件的腹板厚度。

当实腹柱的腹板计算高度与其厚度之比 $h_0/t_w>70\sqrt{235/f_y}$ 时，应采用横向加劲肋加强，加劲肋的间距不得大于 $3h_0$（图 10-4c）。

10.2.2 框架柱

由于与梁刚接的框架柱，在轴向力和弯矩的共同作用下，兼有压杆和梁的特点，属压弯或拉弯构件，其受力相对复杂，所以通常凭经验预估截面，然后按《钢结构设计标准》的相应公式进行验算。下面仅就某些特殊规定做简要介绍。

10.2.2.1 框架柱的截面初选

对于仅沿一个方向与梁刚性连接的框架住，宜采用 H 形截面，并将柱腹板置于刚接框架平面内。对于在相互垂直的两个方向均与梁刚性连接的框架柱，宜采用箱形截面或十字形截面。一般而言，框架柱受力复杂。因此，设计时通常在选定截面形式后，凭经验预估其截面尺寸。

10.2.2.2 框架柱的验算

1. 框架柱的强度

与梁刚接的框架柱，属于压弯或拉弯构件。由于轴心压力的存在，柱中出现塑性铰的弯矩比梁中塑性铰弯矩低。根据《钢结构设计标准》的规定，弯矩作用于两个主平面内（圆形截面除外）的压弯构件和拉弯构件，考虑其截面局部发展的塑性变形，其强度应按下式计算

$$\sigma=\frac{N}{A_n}\pm\frac{M_x}{\gamma_x W_{nx}}\pm\frac{M_y}{\gamma_y W_{ny}}\leqslant f \tag{10-22}$$

弯矩作用在两个主平面内的圆形截面拉弯构件和压弯构件，其截面强度应按下列规定计算

$$\frac{N}{A_n}+\frac{\sqrt{M_x^2+M_y^2}}{\gamma_m W_n}\leqslant f \tag{10-23}$$

式中 N——验算截面的轴心压力或轴心拉力设计值；

A_n——验算截面的净截面面积；

M_x、M_y——验算截面处绕强轴和弱轴的弯矩；

W_{nx}、W_{ny}——验算截面处绕强轴和弱轴的净截面模量（抵抗矩）；

γ_x、γ_y——截面塑性发展系数，非抗震设防时按《钢结构设计标准》中的规定采用；抗震设防时应取 $\gamma_x=\gamma_y=1.0$；

f——钢材的强度设计值，抗震设计时，应除以抗震调整系数 0.75；

γ_m——圆形构件的截面塑性发展系数，非抗震时，对于实腹圆形截面取 1.2，圆管截面取 1.15；抗震设防取 1.0；

W_n——构件的净截面模量。

注：当单轴受弯时，令式（10-22）、式（10-23）中的一项弯矩为零即可。

2. 框架柱的整体稳定

（1）单向压弯　弯矩作用于对称轴平面内（如绕 x 轴）的实腹式压弯构件（圆管截面除外），其弯矩作用平面内的整体稳定，应按下式计算

$$\sigma=\frac{N}{\varphi_x A}+\frac{\beta_{mx}M_x}{\gamma_x W_{1x}\left(1-0.8\dfrac{N}{N'_{Ex}}\right)}\leqslant f \tag{10-24}$$

而弯矩作用平面外的整体稳定，则应按下式计算

$$\sigma=\frac{N}{\varphi_y A}+\eta\frac{\beta_{tx}M_x}{\varphi_b W_{1x}}\leqslant f \tag{10-25}$$

式中　N——所验算构件段范围内的轴心压力设计值；

A——验算截面的毛截面面积；

M_x——所验算构件段范围内的最大弯矩；

W_{1x}——在弯矩作用平面内对较大受压纤维的毛截面模量（抵抗矩）；

γ_x——截面塑性发展系数，非抗震设防时按《钢结构设计标准》中的规定采用；抗震设防时应取 $\gamma_x=\gamma_y=1.0$；

f——钢材的强度设计值，抗震设计时，应除以抗震调整系数0.80；

φ_x、φ_y——弯矩作用平面内、外的轴心受压构件稳定系数；

N'_{Ex}——参数，$N'_{Ex}=\pi^2EA/(1.1\lambda_x^2)$；

E——钢材的弹性模量；

λ_x——构件对 x 轴的长细比；

φ_b——均匀弯曲的受弯构件整体稳定系数，对于箱形截面，可取 $\varphi_b=1.0$；对于双轴对称的H形截面，$\varphi_b=1.07-\dfrac{\lambda_y^2}{44000}\cdot\dfrac{f_y}{235}$；

η——截面影响系数，箱形截面 $\eta=0.7$；其他截面 $\eta=1.0$；

β_{mx}、β_{tx}——等效弯矩系数，按《钢结构设计标准》中的有关规定采用。

（2）双向受弯

1）双向弯矩作用于两个主平面内的双轴对称实腹式H形截面和箱形截面的压弯构件，其整体稳定，应按下式计算

强轴平面内稳定
$$\sigma=\frac{N}{\varphi_x A}+\frac{\beta_{mx}M_x}{\gamma_x W_{1x}\left(1-0.8\dfrac{N}{N'_{Ex}}\right)}+\eta\frac{\beta_{ty}M_y}{\varphi_{by}W_{1y}}\leqslant f \tag{10-26}$$

弱轴平面内稳定
$$\sigma=\frac{N}{\varphi_y A}+\eta\frac{\beta_{tx}M_x}{\varphi_{bx}W_{1x}}+\frac{\beta_{my}M_y}{\gamma_y W_{1y}\left(1-0.8\dfrac{N}{N'_{Ey}}\right)}\leqslant f \tag{10-27}$$

式中　M_x、M_y——所验算构件段范围内对强轴和弱轴的最大弯矩；

W_{1x}、W_{1y}——验算截面处绕强轴和弱轴的毛截面模量（抵抗矩）；

γ_x、γ_y——截面塑性发展系数，非抗震设防时按《钢结构设计标准》中的规定采用；

抗震设防时应取 $\gamma_x=\gamma_y=1.0$；

f——钢材的强度设计值，抗震设计时，应除以抗震调整系数 0.80；

φ_x、φ_y——对强轴和弱轴的轴心受压构件稳定系数；

N'_{Ex}、N'_{Ey}——参数，$N'_{Ex}=\pi^2EA/(1.1\lambda_x^2)$，$N'_{Ey}=\pi^2EA/(1.1\lambda_y^2)$；

E——钢材的弹性模量；

λ_x、λ_y——构件对 x 轴和 y 轴的长细比；

φ_{bx}、φ_{by}——均匀弯曲的受弯构件整体稳定系数，对于箱形截面，可取 $\varphi_{bx}=\varphi_{by}=1.0$；

对于双轴对称的 H 形截面，$\varphi_{bx}=\varphi_{by}=1.07-\dfrac{\lambda_y^2}{44000}\cdot\dfrac{f_y}{235}$；

η——截面影响系数，箱形截面 $\eta=0.7$；其他截面 $\eta=1.0$；

β_{mx}、β_{my}——等效弯矩系数，按《钢结构设计标准》中的矩作用平面内的稳定计算有关规定采用；

β_{tx}、β_{ty}——等效弯矩系数，按《钢结构设计标准》中弯矩作用平面外的稳定计算有关规定采用。

2）当柱段中没有很大横向力或集中弯矩时，双向压弯圆管的整体稳定按下式计算

$$\frac{N}{\varphi A}+\frac{\beta M}{\gamma_m W\left(1-0.8\dfrac{N}{N'_{Ex}}\right)}\leqslant f \tag{10-28}$$

$$M=\max\left(\sqrt{M_{xA}^2+M_{yA}^2},\sqrt{M_{xB}^2+M_{yB}^2}\right) \tag{10-29}$$

$$\beta=\beta_x\beta_y \tag{10-30}$$

$$\beta_x=1-0.35\sqrt{N/N_E}+0.35\sqrt{N/N_E}(M_{2x}/M_{1x}) \tag{10-31a}$$

$$\beta_y=1-0.35\sqrt{N/N_E}+0.35\sqrt{N/N_E}(M_{2y}/M_{1y}) \tag{10-31b}$$

$$N_E=\frac{\pi^2EA}{\lambda^2} \tag{10-32}$$

式中 φ——轴心受压构件的整体稳定系数，按构件最大长细比取值；

M——计算双向压弯圆管构件整体稳定时采用的弯矩值；

M_{xA}、M_{yA}、M_{xB}、M_{yB}——构件 A 端关于 x、y 轴的弯矩和构件 B 端关于 x、y 轴的弯矩；

β——计算双向压弯整体稳定时采用的等效弯矩系数；

M_{1x}、M_{2x}、M_{1y}、M_{2y}——构件两端关于 x 轴的最大、最小弯矩；关于 y 轴的最大、最小弯矩，同曲率时取同号，异曲率时取负号；

N_E——根据构件最大长细比计算的欧拉力。

3. 框架柱的计算长度

现行的国内、外结构设计规范，基本都不直接计算结构的整体稳定，而是通过对组成结构的框架柱的稳定分析来间接控制结构的整体稳定，即先按一阶弹性分析或二阶弹性分析方法计算结构由多种荷载产生的内力设计值，然后把框架柱作为单独的压弯构件来设计。由于该法在设计框架柱是应用了计算长度的概念，因此常被称为计算长度法或有效长度法。其计算长度等于该层柱的高度乘以计算长度系数。等截面框架柱在框架平面内的计算长度系数，按下列规定确定。

（1）无支撑纯框架体系（有侧移框架）

1）当采用一阶弹性分析方法计算框架内力时，框架柱的计算长度系数 μ 应按有侧移框架确定，即按表 10-10 的规定取值。为便于计算机使用，其计算长度系数也可采用近似公式（10-33）计算

$$\mu=\sqrt{\frac{1.6+4(K_1+K_2)+7.5K_1K_2}{K_1+K_2+7.5K_1K_2}} \tag{10-33}$$

式中　K_1、K_2——交于柱上、下端的横梁线刚度之和与柱线刚度之和的比值。

表 10-10　有侧移框架柱的计算长度系数 μ

K_2 \ K_1	0	0.05	0.1	0.2	0.3	0.4	0.5	1	2	3	4	5	≥10
0	∞	6.02	4.46	3.42	3.01	2.78	2.64	2.33	2.17	2.11	2.08	2.07	2.03
0.05	6.02	4.16	3.47	2.86	2.58	2.42	2.31	2.07	1.94	1.90	1.87	1.86	1.83
0.1	4.46	3.47	3.01	2.56	2.33	2.20	2.11	1.90	1.79	1.75	1.73	1.72	1.70
0.2	3.42	2.86	2.56	2.23	2.05	1.94	1.87	1.70	1.60	1.57	1.55	1.54	1.52
0.3	3.01	2.58	2.33	2.05	1.90	1.80	1.74	1.58	1.49	1.46	1.45	1.44	1.42
0.4	2.78	2.24	2.20	1.94	1.80	1.71	1.65	1.50	1.42	1.39	1.37	1.37	1.35
0.5	2.64	2.31	2.11	1.87	1.74	1.65	1.59	1.45	1.37	1.34	1.32	1.32	1.30
1	2.33	2.07	1.09	1.70	1.58	1.50	1.45	1.32	1.24	1.21	1.20	1.19	1.17
2	2.17	1.94	1.79	1.60	1.49	1.42	1.37	1.24	1.16	1.14	1.12	1.12	1.10
3	2.11	1.90	1.75	1.57	1.46	1.39	1.34	1.21	1.14	1.11	1.10	1.09	1.07
4	2.08	1.87	1.73	1.55	1.45	1.37	1.32	1.20	1.12	1.10	1.08	1.08	1.06
5	2.07	1.86	1.72	1.54	1.44	1.37	1.32	1.19	1.12	1.09	1.08	1.07	1.05
≥10	2.03	1.83	1.70	1.52	1.42	1.35	1.30	1.17	1.10	1.07	1.06	1.05	1.03

注：1. 若与所考虑的柱相连的梁远端出现以下情况，则在计算 K_1、K_2 时梁的线刚度首先应进行修正：当梁的远端铰接时，梁的线刚度应乘以 0.5；当梁的远端固接时，梁的线刚度应乘以 2/3；当梁近端与柱铰接时，梁的线刚度为零。

2. 对底层框架柱，K_2 应符合以下规定：下端铰接且具有明确转动可能时，$K_2=0$；下端采用平板式铰支座时，$K_2=0.1$；下端刚接时，$K_2=10$。

3. 当与柱刚接的横梁承受的轴力很大时，横梁线刚度应进行折减，折减系数 α 为：横梁远端与柱刚接时，$\alpha=1-N_b/4N_{Eb}$；横梁远端铰接时，$\alpha=1-N_b/N_{Eb}$；横梁远端嵌固时，$\alpha=1-N_b/2N_{Eb}$。式中，N_b 为柱轴力；$N_{Eb}=\pi^2\frac{EI_b}{l_b}$；$I_b$ 和 l_b 分别为横梁的惯性矩和长度。

2）当采用二阶弹性分析方法计算框架内力时，框架柱的计算长度系数 $\mu=1.0$。

3）纯框架结构当设有摇摆柱时，由式（10-33）计算得到框架柱的计算长度系数应乘以下列放大系数 η

$$\eta=\sqrt{1+\frac{\sum(N_1/h_1)}{\sum(N_f/h_f)}} \tag{10-34}$$

式中　$\sum(N_f/h_f)$——本层各框架柱轴心压力设计值与柱子高度比值之和；

$\sum(N_1/h_1)$——本层各摇摆柱轴心压力设计值与柱子高度比值之和。

摇摆柱本身的计算长度系数为 1.0。

4）支撑框架采用线性分析设计时，框架柱的计算长度系数应按下列规定采用：

① 当不考虑支撑对框架稳定的支承作用，框架柱的计算长度按式（10-33）计算。

② 当框架柱的计算长度系数取 1.0，或取无侧移失稳对应的计算长度系数时，应保证支撑能对框架的侧向稳定提供支承作用。

③ 当支撑构件的应力比 ρ 满足下式要求时，可认为能对框架提供充分支承。

$$\rho \leqslant 1-3\theta \tag{10-35}$$

式中 θ——所考虑柱所在楼层的二阶效应系数。

（2）有支撑框架体系 我国现行规范《钢结构设计标准》将有支撑框架，根据其抗侧移刚度的大小，将其分为强支撑框架和弱支撑框架两类。当支撑结构（竖向支撑、剪力墙、竖向筒体等）的抗侧移刚度（产生单位侧倾角的水平力）S_b 满足下式的要求时，为强支撑框架，否则为弱支撑框架。

$$S_b \geqslant \frac{3.6K_0}{1-\rho} \qquad \rho=\frac{H_i}{H_{i,\rho}} \tag{10-36}$$

式中 H_i、$H_{i,\rho}$——第 i 层支撑所分担的水平力和所能抵抗的水平力；

K_0——多层框架柱的层侧移刚度；

S_b——支撑系统的层侧移刚度。

1）强支撑框架（无侧移框架）柱的计算长度系数。强支撑框架柱的计算长度系数 μ 应按无侧移框架确定，即按表 10-11 的规定取值。为便于计算机使用，其计算长度系数也可采用下式计算

$$\mu=\sqrt{\frac{(1+0.41K_1)(1+0.41K_2)}{(1+0.82K_1)(1+0.82K_2)}} \tag{10-37}$$

表 10-11 无侧移框架柱的计算长度系数 μ

K_2 \ K_1	0	0.05	0.1	0.2	0.3	0.4	0.5	1	2	3	4	5	≥10
0	1.000	0.990	0.981	0.964	0.949	0.935	0.922	0.875	0.820	0.791	0.773	0.760	0.732
0.05	0.990	0.981	0.971	0.955	0.940	0.926	0.914	0.867	0.814	0.784	0.766	0.754	0.726
0.1	0.981	0.971	0.962	0.946	0.931	0.918	0.906	0.860	0.807	0.778	0.760	0.748	0.721
0.2	0.964	0.955	0.946	0.930	0.916	0.903	0.891	0.846	0.795	0.767	0.749	0.737	0.711
0.3	0.949	0.940	0.931	0.916	0.902	0.889	0.878	0.834	0.784	0.756	0.739	0.728	0.701
0.4	0.935	0.926	0.918	0.903	0.889	0.877	0.866	0.823	0.774	0.747	0.730	0.719	0.693
0.5	0.922	0.914	0.906	0.891	0.878	0.866	0.855	0.813	0.765	0.738	0.721	0.710	0.685
1	0.875	0.867	0.860	0.846	0.834	0.823	0.813	0.774	0.729	0.704	0.688	0.677	0.654
2	0.820	0.814	0.07	0.795	0.784	0.774	0.765	0.729	0.686	0.663	0.648	0.638	0.615
3	0.791	0.784	0.778	0.767	0.756	0.747	0.738	0.704	0.663	0.640	0.625	0.616	0.593
4	0.773	0.766	0.760	0.749	0.739	0.730	0.721	0.688	0.648	0.625	0.611	0.601	0.580
5	0.760	0.754	0.748	0.737	0.728	0.719	0.710	0.677	0.638	0.616	0.601	0.592	0.570
≥10	0.732	0.726	0.721	0.711	0.7041	0.693	0.685	0.654	0.615	0.593	0.580	0.570	0.549

① 若与所考虑的柱相连的梁远端出现以下情况，则在计算 K_1、K_2 时梁的线刚度首先应进行修正：当梁的远端铰接时，梁的线刚度应乘以 1.5；当梁的远端固接时，梁的线刚度应乘以 2；当梁近端与柱铰接时，梁的线刚度为零。

② 对底层框架柱，K_2 应符合以下规定：下端铰接且具有明确转动可能时，$K_2=0$；下端

采用平板式铰支座时，$K_2=0.1$；下端刚接时，$K_2=10$。

③ 当与柱刚接的横梁承受的轴力很大时，横梁线刚度应进行折减，折减系数 α 为：横梁远端与柱刚接时，$\alpha=1-N_b/N_{Eb}$；横梁远端铰接时，$\alpha=1-N_b/N_{Eb}$；横梁远端嵌固时，$\alpha=1-N_b/2N_{Eb}$。

式中 N_b——柱轴力；

$N_{Eb}=\pi^2EI_b/l_b^2$，此处，I_b和 l_b分别为横梁的惯性矩和长度。

2）弱支撑框架。由于弱支撑框架的抗侧移刚度介于强支撑框架（无侧移框架）和无支撑纯框架（有侧移框架）的抗侧移刚度之间，所以弱支撑框架柱的轴心受压杆稳定系数 φ 应按下式求得

$$\varphi=\varphi_0+(\varphi_1-\varphi_0)\frac{(1-\rho)S_b}{3K_0} \tag{10-38}$$

式中 φ_1、φ_0——框架柱按无侧移框架和有侧移框架柱的计算长度系数算得的轴心压杆稳定系数。

4. 框架柱的局部稳定

框架柱的局部稳定是通过其板件宽厚比来控制。非抗震设防的框架柱板件宽厚比，可按《钢结构设计标准》的规定采用；抗震设防的框架柱板件宽厚比，不应大于表 10-3 所规定的限值，但应注意下列情况的调整。

1）框架-支撑体系中的框架，当房屋高度未超过 100m，且框架部分（总框架）所承担的水平地震作用不大于结构底部总地震剪力的 25%时，对于按 8、9 度抗震设防的框架柱的板件宽厚比限值，可按降低一级的要求采用。

2）对于因建筑功能布局等要求所形成的“强柱弱梁型”框架，为使其钢柱能耐受较大侧移而不发生局部失稳，其板件宽厚比限值宜比表 10-3 控制得更严一些。

3）当箱形柱的板件宽厚比超过限值时，也可采取在管内加焊纵向加劲肋（图 10-5）等措施，以满足其局部稳定的要求。

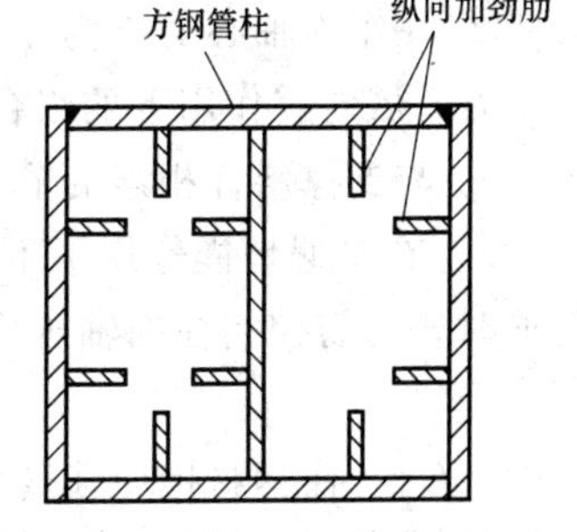

图 10-5 箱形柱的纵向加劲肋

5. 框架柱的刚度

框架柱的刚度是通过控制其长细比来实现的。非抗震设防和按 6 度抗震设防的结构，其柱长细比 λ 不应大于 $120\sqrt{235/f_y}$。为了保证框架柱具有较好的延性和稳定性，地震区框架柱的长细比应满足下列规定：

按 7 度及以上抗震设防时，高层框架柱的长细比 λ，抗震等级为：一级不应大于 $60\sqrt{235/f_y}$，二级不应大于 $70\sqrt{235/f_y}$，三级不应大于 $80\sqrt{235/f_y}$，四级时不应大于 $100\sqrt{235/f_y}$。

对于框架-支撑体系中的框架，当房屋高度未超过 100m，且框架部分（总框架）所承担的水平地震作用不大于结构底部总地震剪力的 25%时，对于按 8、9 度抗震设防的框架柱的长细比限值，可按降低一级的要求采用。

10.2.2.3 **抗震承载力验算**（对强柱弱梁的要求）

为使框架在水平地震作用下进入弹塑性阶段工作时，避免发生楼层屈服机制，实现总体屈服机制，以增大框架的耗能容量，因此框架柱和梁应按“强柱弱梁”的原则设计。为此柱端应比梁端有更大的承载力储备。对于抗震设防的框架柱，在框架的任一节点处，汇交于该节点的、位于验算平面内的各柱截面的塑性抵抗矩和各梁截面的塑性抵抗矩宜满足下式的要求。

等截面梁 $$\sum W_{pc}(f_{yc}-N/A_c)\geqslant\eta\sum W_{pb}f_{yb} \tag{10-39a}$$

端部翼缘变截面的梁 $$\sum W_{pc}(f_{yc}-N/A_c)\geqslant\sum(\eta W_{pb1}f_{yb}+V_{pb}S) \tag{10-39b}$$

式中 W_{pc}、W_{pb}——计算平面内交汇于节点的柱和梁的塑性截面模量；

W_{pb1}——梁塑性铰所在截面的梁塑性截面模量；

f_{yc}、f_{yb}——柱和梁钢材的屈服强度；

N——按多遇地震作用组合计算出的柱轴向压力设计值；

A_c——框架柱的截面面积；

η——强柱系数，一级取1.15，二级取1.10，三级取1.05；

V_{pb}——梁塑性铰剪力；

S——塑性铰至柱面的距离，塑性铰可取梁端部变截面翼缘的最小处。

1）当符合下列条件之一时，可不遵循“强柱弱梁”的设计原则，即不需满足式（10-39）的要求：

① 柱所在层的受剪承载力比上一层的受剪承载力高出25%。

② 柱轴压比不超过0.4。

③ 柱作为轴心受压构件，在2倍地震力作用下的稳定性仍能得到保证时，即 $N_2\leqslant\varphi A_c f$（$N_2$ 为2倍地震作用下的组合轴力设计值，φ 为压杆稳定系数）。

④ 与支撑斜杆相连的节点。

2）在罕遇地震作用下不可能出现塑性铰的部分，框架柱和梁当不满足式（10-39）的要求时，则需控制柱的轴压比。此时，框架柱应满足下式的要求

$$N\leqslant 0.6A_c f \tag{10-40}$$

式中 f——柱钢材抗压强度设计值。

10.2.2.4 **框筒结构柱的验算**

框筒结构柱应符合下列要求

$$\frac{N_c}{A_c}\leqslant\beta f \tag{10-41}$$

式中 N_c——框筒结构柱在地震作用组合下的最大轴向压力设计值；

A_c——框筒结构柱截面面积；

f——框筒结构柱钢材强度设计值；

β——系数，一、二、三级时取0.75，四级时取0.80。

10.2.2.5 **托墙柱的内力调整**

对于承托钢筋混凝土抗震墙的钢框架柱或转换层下的钢框架柱，在进行多遇地震作用下构件承载力验算时，由地震作用产生的内力，应乘以增大系数1.5。

10.2.2.6 框架柱的构造要求

箱形截面框架柱角部的拼装焊缝，应采用部分熔透的V形或U形焊缝。其焊缝厚度不应小于板厚的1/3，且不应小于14mm；对于抗震设防结构，焊缝厚度不应小于板厚的1/2（图10-6a）。

当钢梁与柱刚性连接时，H形截面框架柱与腹板的连接焊缝和箱形截面框架柱的角部拼装焊缝，在钢梁上、下翼缘的上、下各500mm的区段内，应采用坡口全熔透焊缝（图10-6b），以保证地震时该范围柱段进入塑性状态时不破坏。

十字形截面框架柱可采用厚钢板拼装焊接而成（图10-7a），或者采用一个H型钢和两个剖分T型钢焊接而成（图10-7b）。其拼装焊缝均应采用部分熔透的K形剖口焊缝，每条焊缝深度不应小于板厚的1/3。

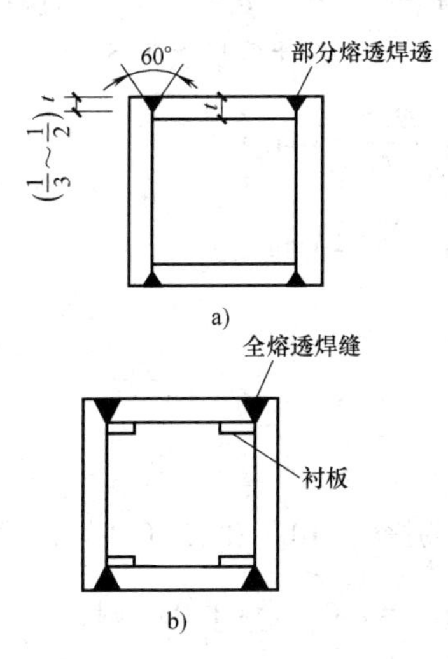

图10-6 焊接箱形柱的角部拼装焊缝
a）柱身截面 b）梁-柱节点段截面

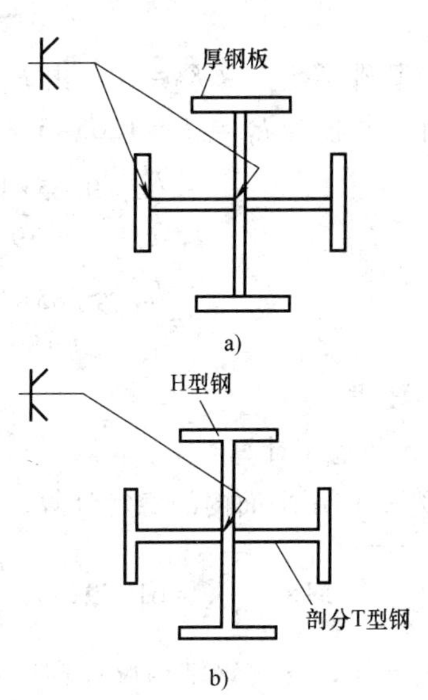

图10-7 十字形截面柱的拼装焊接
a）用钢板拼焊 b）用H型钢和剖分T型钢拼焊

10.2.3 案例分析

1. 已知条件

某总层数为12层的科技研发办公楼，标准层结构平面布置如图8-1所示。首层层高为4.2m，其余各楼层层高均为3.5m；柱距为8.4m和8.0m两种；采用钢框架-支撑（人字形中心）结构体系，支撑所在跨柱距为8.4m，底层柱高5.85m，按7度设防，初选框架柱的截面几何特性见表8-3。钢材选用Q345B钢。经内力组合发现，底层边柱最不利基本效应内力组合为$M=-229.55\text{kN}\cdot\text{m}$，$N=-5963.96\text{kN}$；底层边柱最不利抗震效应内力组合为$M=314.90\text{kN}\cdot\text{m}$，$N=-5484.19\text{kN}$。试验算该框架柱是否安全。

2. 解题分析

由于该办公楼需按7度设防，所以框架柱验算时，需根据《高钢规程》[2]的规定，分别进行基本效应组合与抗震效应组合情况下的框架柱各项验算，满足相应规范规定的各项要求后，方能判断为安全。

3. 求解过程

(1) 基本效应组合下的截面验算

1) 强度验算

$$\frac{N}{A_n}+\frac{M_x}{\gamma_x W_x}=\frac{5963.96\times10^3}{73600}\text{N/mm}^2+\frac{229.55\times10^3}{1.05\times10461\times10^3}\text{N/mm}^2=81.05\text{N/mm}^2<f=310\text{N/mm}^2$$

2) 刚度验算。由于柱长 $l_0=5.85\text{m}$，其上端梁线刚度之和 $\sum K_b=49.29\times10^3\text{kN}\cdot\text{m}$，上端柱线刚度之和 $\sum K_c=(153.90\times10^3+128.27\times10^3)\text{kN}\cdot\text{m}=282.17\times10^3\text{kN}\cdot\text{m}$，则系数

$$K_1=\frac{\sum K_b}{\sum K_c}=\frac{49.29\times10^3}{282.17\times10^3}=0.17$$

柱与基础刚接，取 $K_2=10$。由 $K_1=0.17$、$K_2=10$ 查表 10-10 得 $\mu=1.65$，则此柱弯矩平面内的计算长度为 $l_{0x}=\mu l_0=1.65\times5.85\text{m}=9.65\text{m}$，弯矩平面外的计算长度为 5.85m。

$$\lambda_x=\frac{l_{0x}}{i_x}=\frac{9.65\times10^3}{189}=51<[\lambda]=120\sqrt{\frac{235}{f_y}}=104.48$$

$$\lambda_y=\frac{l_{0y}}{i_y}=\frac{5.85\times10^3}{189}=31<[\lambda]=120\sqrt{\frac{235}{f_y}}=104.48$$

满足要求。

3) 整体稳定计算

① 弯矩作用平面内的稳定计算。由

$\lambda_x\sqrt{\frac{f_y}{235}}=51\times\sqrt{\frac{345}{235}}=61.79$，且$\frac{b}{t}=\frac{500}{40}=12.5$，分别查表 10-7 和表 10-8 知，截面类型属于 c 类截面，查《钢结构设计标准》得 $\varphi_x=0.656$，$\beta_{mx}=1.0$，$\gamma_x=1.05$。则：

$$N'_{Ex}=\frac{\pi^2EA}{1.1\lambda_x^2}=\frac{3.14^2\times2.06\times10^5\times73600}{1.1\times61.79^2}\text{kN}=35629.99\times10^3\text{kN}$$

$$\frac{N}{\varphi_x A}+\frac{\beta_{mx}M_x}{\gamma_x W_{1x}\left(1-0.8\frac{N}{N'_{Ex}}\right)}=\frac{5963.96\times10^3}{0.656\times73600}\text{N/mm}^2+\frac{1\times229.55\times10^6}{1.05\times10461\times10^3\times\left(1-0.8\times\frac{5963.96}{356299.99}\right)}\text{N/mm}^2$$

$=144.68\text{N/mm}^2<f=310\text{N/mm}^2$

满足要求。

② 弯矩作用平面外的稳定验算

$\lambda_y\sqrt{\frac{f_y}{235}}=31\times\sqrt{\frac{345}{235}}=37.56$，依据表 10-7 和表 10-8，截面类型属于 b 类截面，查《钢结构设计标准》得 $\varphi_y=0.908$。

对箱形截面，$\varphi_b=1.0$，$\beta_{tx}=1.0$，$\eta=0.7$。

$$\frac{N}{\varphi_y A}+\eta\frac{\beta_{tx}M_x}{\varphi_b W_{1x}}=\frac{5963.96\times10^3}{0.908\times73600}\text{N/mm}^2+0.7\times\frac{229.55\times10^6}{10461\times10^3}\text{N/mm}^2=104.6\text{N/mm}^2<f=310\text{N/mm}^2$$

满足要求。

4）局部稳定计算

① 受压翼缘宽厚比验算。$\frac{b}{t_0}=\frac{500-40\times2}{40}=10.5<40\sqrt{\frac{235}{f_y}}=33$，满足要求。

② 腹板宽厚比验算。$\frac{h}{t_f}=\frac{500-40\times2}{40}=10.5<40\sqrt{\frac{235}{f_y}}=33$，满足要求。

（2）抗震效应组合下的截面验算

1）强度验算

$$\frac{N}{A_n}+\frac{M_x}{\gamma_x W_x}=\frac{5484.19\times10^3}{73600}\text{N/mm}^2+\frac{314.90\times10^3}{1.05\times10461\times10^3}\text{N/mm}^2=74.54\text{N/mm}^2<\frac{f}{\gamma_{RE}}=\frac{310}{0.75}$$
$$=413\text{N/mm}^2$$

2）刚度验算。由于柱长 $l_0=5.85\text{m}$，其上端梁线刚度之和，$\sum k_b=49.29\times10^3\text{kN}\cdot\text{m}$ 上端柱线刚度之和 $\sum K_c=(153.90\times10^3+128.27\times10^3)\text{kN}\cdot\text{m}=282.17\times10^3\text{kN}\cdot\text{m}$，则系数 $K_1=\frac{\sum K_b}{\sum K_c}=\frac{49.29\times10^3}{282.17\times10^3}=0.17$。

柱与基础刚接，取 $K_2=10$。由 $K_1=0.17$，$K_2=10$ 查表 10-10 得 $\mu=1.65$。则此柱弯矩平面内的计算长度为 $l_{0x}=\mu l_0=1.65\times5.85\text{m}=9.65\text{m}$，弯矩平面外的计算长度为 5.85m。

$$\lambda_x=\frac{l_{0x}}{i_x}=\frac{9.65\times10^3}{189}=51<[\lambda]=120\sqrt{\frac{235}{f_y}}=104.48$$

$$\lambda_y=\frac{l_{0y}}{i_y}=\frac{5.85\times10^3}{189}=31<[\lambda]=120\sqrt{\frac{235}{f_y}}=104.48$$

满足要求。

3）整体稳定计算

① 弯矩作用平面内的稳定计算。由 $\lambda_x\sqrt{\frac{f_y}{235}}=51\times\sqrt{\frac{345}{235}}=61.79$，且 $\frac{b}{t}=\frac{500}{40}=12.5$，依据表 10-7 和表 10-8，截面类型属于 c 类截面，查《钢结构设计标准》得 $\varphi_x=0.656$，$\beta_{mx}=1.0$，$\gamma_x=1.05$。则：

$$N'_{Ex}=\frac{\pi^2 EA}{1.1\lambda_x^2}=\frac{3.14^2\times2.06\times10^5\times73600}{1.1\times61.79^2}\text{kN}=356299.99\times10^3\text{kN}$$

$$\frac{N}{\varphi_x A}+\frac{\beta_{mx}M_x}{\gamma_x W_{1x}\left(1-0.8\frac{7N}{N'_{Ex}}\right)}=\frac{5484.19\times10^3}{0.656\times73600}\text{N/mm}^2+\frac{1\times314.90\times10^6}{1.05\times10461\times10^3\times\left(1-0.8\times\frac{5484.19}{356299.99}\right)}\text{N/mm}^2$$
$$=142.61\text{N/mm}^2<\frac{f}{\gamma_{RE}}=\frac{310}{0.8}=387.5\text{N/mm}^2$$

满足要求。

② 弯矩作用平面外的稳定验算

$\lambda_y\sqrt{\frac{f_y}{235}}=31\times\sqrt{\frac{345}{235}}=37.56$，依据表 10-7 和表 10-8，截面类型属于 b 类截面，查《钢

结构设计标准》得 $\varphi_y=0.908$。

对箱形截面，$\varphi_b=1.0$，$\beta_{tx}=1.0$，$\eta=0.7$。

$$\frac{N}{\varphi_y A}+\eta\frac{\beta_{tx}M_x}{\varphi_b W_{1x}}=\frac{5484.19\times10^3}{0.908\times73600}\text{N/mm}^2+0.7\times\frac{314.90\times10^6}{10461\times10^3}\text{N/mm}^2=103.13\text{N/mm}^2<\frac{f}{\gamma_{RE}}=\frac{310}{0.8}=387.5\text{N/mm}^2$$

满足要求。

4）局部稳定计算

受压翼缘宽厚比验算。$\frac{b}{t_0}=\frac{500-40\times2}{40}=10.5<40\sqrt{\frac{235}{f_y}}=33$，满足要求。

腹板宽厚比验算。$\frac{h}{t_f}=\frac{500-40\times2}{40}=10.5<40\sqrt{\frac{235}{f_y}}=33$，满足要求。

5）强柱弱梁检验

由于$\frac{N}{A_c f}=\frac{5484.19\times10^3}{73600\times310}=0.25<0.4$，根据《建筑抗震设计规范》[3]的规定，满足强柱弱梁的要求，不必验算。

由上述验算结果可知，该框架柱安全。

10.3 支撑设计

根据支撑斜杆轴线与框架梁、柱轴线交点的区别，可将竖向支撑划分为中心支撑和偏心支撑两大类。根据支撑斜杆是否被约束耗能情况，又可将其分为约束屈曲支撑与非约束屈曲支撑（如中心支撑和偏心支撑）两种。

中心支撑系指支撑斜杆的轴线与框架梁、柱轴线的交点汇交于同一点的支撑，所以中心支撑又称轴交支撑（图 10-8）；而偏心支撑是在构造上使支撑斜杆轴线偏离梁和柱轴线交点（在支撑与柱之间或支撑与支撑之间形成一段称为耗能梁段的短梁）的支撑，所以偏心支撑又称偏交支撑 。而约束屈曲支撑则是将支撑芯材通过刚度相对较大的约束部件约束，使芯材在压力作用下屈服而不屈曲，通过芯材屈服耗能。

实际工程中，抗风及抗震设防烈度为 7 度以下时，可采用非约束屈曲支撑中的中心支撑；抗震设防烈度为 8 度及以上时，宜采用偏心支撑或约束屈曲支撑。

10.3.1 中心支撑

1. 中心支撑的类型及应用

中心支撑包括十字交叉（X 形）支撑、单斜杆支撑、人字形支撑、V 形支撑、K 形支撑等形式（图 10-8）。

在多高层建筑钢结构中，宜采用十字交叉（X 形）支撑、单斜杆支撑、人字形支撑或 V 形支撑。特别是十字交叉支撑、人字形或 V 形支撑，在弹性工作阶段具有较大的刚度，层间位移小，能很好地满足正常使用的功能要求，因此在非抗震高层钢结构中最常应用。K 形支撑的交点位于柱上，在地震力作用下可能因受压斜杆屈曲或受拉斜杆屈服而引起较大的侧向变形，从而使柱中部受力而屈曲破坏，故在抗震结构中，不得采用 K 形支撑体系。

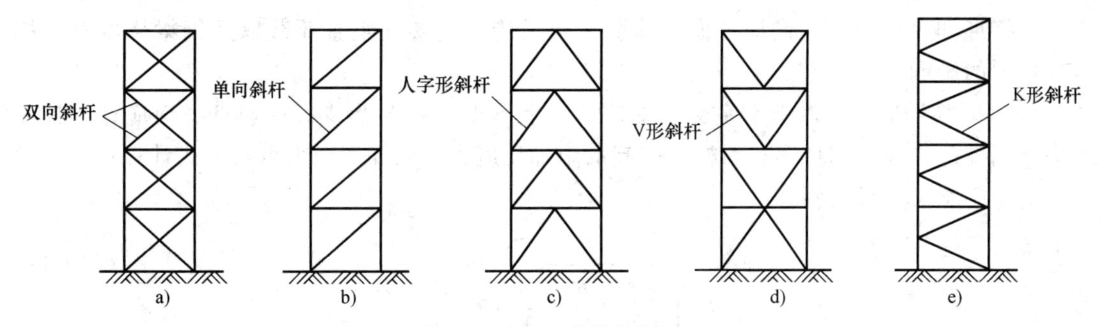

图 10-8 中心支撑的类型

a）X 形支撑 b）单斜杆支撑 c）人字形支撑 d）V 形支撑 e）K 形支撑

当采用只能受拉的单斜杆体系时，必须设置两组不同倾斜方向的支撑，即单斜杆对称布置（图 10-9），且每层中不同方向斜杆的截面面积在水平方向的投影面积之差不得大于10%，以保证结构在两个方向具有大致相同的抗侧力的能力。

2. 支撑斜杆截面选择

支撑斜杆宜采用轧制或焊接 H 型钢（工字形）、箱形截面、圆管等双轴对称截面（图10-10）。

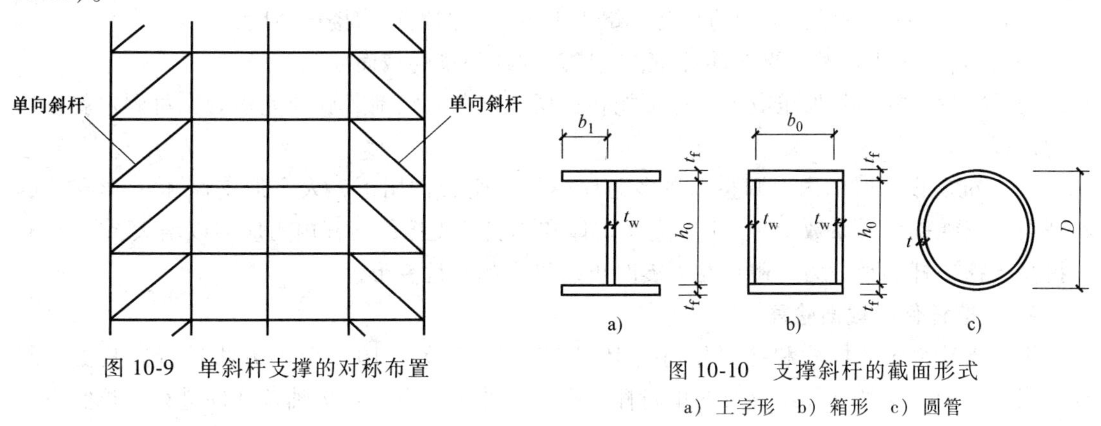

图 10-9 单斜杆支撑的对称布置

图 10-10 支撑斜杆的截面形式

a）工字形 b）箱形 c）圆管

设防烈度为 8、9 度时，若支撑斜杆采用焊接工字形截面，其翼缘与腹板的连接宜采用全熔透连续焊缝。

3. 支撑杆件的内力计算

计算支撑杆件的内力时，其中心支撑斜杆可按两端铰接杆件，根据作用效应章节中的有关方法进行，并应考虑施工过程逐层加载及各受力构件的变形对支撑内力的影响。

（1）附加剪力 在重力和水平力（风荷载或多遇地震作用）下，支撑除作为竖向桁架斜杆承受水平荷载引起的剪力外，还承受水平位移和重力荷载产生的附加弯曲效应（P-Δ 效应）。故计算支撑内力时，还应计入按下式计算的由附加弯曲效应引起的附加剪力的影响。

$$V_i = 1.2\frac{\Delta u_i}{h_i}\sum G_i \tag{10-42}$$

式中 h_i——计算楼层的高度；

$\sum G_i$——计算楼层以上的全部重力；

Δu_i——计算楼层的层间位移。

人字形和 V 形支撑，尚应考虑支撑所在跨梁传来的楼面垂直荷载以及钢梁挠度对支撑斜杆内力的影响。

(2) 附加压应力　对于十字交叉支撑、人字形支撑和 V 形支撑的斜杆，尚应计入柱在重力作用下的弹性压缩变形在斜杆中引起的附加压应力。附加压应力可按下式计算：

对十字交叉支撑的斜杆

$$\Delta\sigma_{br}=\frac{\sigma_c}{\left(\frac{l_{br}}{h}\right)^2+\frac{h}{l_{br}}\cdot\frac{A_{br}}{A_c}+2\frac{b^3}{l_{br}h^2}\cdot\frac{A_{br}}{A_b}} \tag{10-43}$$

对于人字形和 V 形支撑的斜杆

$$\Delta\sigma_{br}=\frac{\sigma_c}{\left(\frac{l_{br}}{h}\right)^2+\frac{b^3}{24l_{br}}\cdot\frac{A_{br}}{I_b}} \tag{10-44}$$

式中　σ_c——斜杆端部连接固定后，该楼层以上各层增加的恒荷载和活荷载产生的柱压应力；

l_{br}——支撑斜杆长度；

b、I_b、h——支撑所在跨梁的长度、绕水平主轴的惯性矩和楼层高度；

A_{br}、A_c、A_b——计算楼层的支撑斜杆、支撑跨的柱和梁的截面面积。

为了减少斜杆的附加压应力，尽可能在楼层大部分永久荷载施加完毕后，再固定斜撑端部的连接。

(3) 抗震设防时的内力调整　在多遇地震效应组合作用下，人字形支撑和 V 形支撑的斜杆内力应乘以增大系数 1.5，十字交叉支撑和单斜杆支撑的斜杆内力应乘以增大系数 1.3，以提高支撑斜杆的承载力，避免在大震时出现过大的塑性变形。

4. 支撑杆件的截面验算

组成支撑系统的横梁和柱，分别按 10.1 节、10.2 节与 10.3 节的方法进行。其支撑斜杆，当采用十字交叉支撑或成对的单斜杆支撑时，非抗震设计可按轴拉杆件进行，抗震设计时按轴压设计；其余形式的支撑斜杆均按轴压设计。压杆设计需验算其强度、整体稳定、局部稳定和刚度；拉杆设计仅需验算其强度和刚度即可。强度验算按 10.2 节的方法进行，其余验算按如下方法进行。

(1) 整体稳定验算　在多遇地震效应组合作用下，其斜杆整体稳定性，应按下式[2]验算

$$\frac{N_{br}}{\varphi A_{br}}\leqslant\frac{\psi f}{\gamma_{RE}},\ \psi=\frac{1}{1+0.35\lambda_n} \tag{10-45}$$

式中　N_{br}——支撑斜杆的轴心压力设计值；

φ——轴心压力构件的整体稳定系数；

ψ——受循环荷载时的设计强度降低系数，对于 Q235 钢，其值可按表 10-12 采用；

λ_n——支撑斜杆的正则化长细比，按式 $\lambda_n=\frac{\lambda}{\pi}\sqrt{\frac{f_y}{E}}$ 计算；

f——钢材强度设计值；

γ_{RE}——支撑承载力抗震调整系数，取 0.80。

表 10-12　Q235 钢强度降低系数[1]

杆件长细比 λ	50	70	90	120
ψ 值	0.84	0.79	0.75	0.69

（2）局部稳定验算　支撑斜杆的局部稳定是通过限制板件宽厚比来实现的。按非抗震设计的支撑斜杆板件宽厚比可按《钢结构设计标准》的规定采用；当按抗震设计的结构，支撑斜杆的板件宽厚比应比钢梁按塑性设计要求更严格一些。中心支撑斜杆的板件宽厚比不应超过表 10-13 规定的限值。采用节点板连接时，应注意节点板的强度和稳定。

表 10-13　钢结构中心支撑板件宽厚比限值[3]

板件名称	一级	二级	三级	四级
翼缘外伸部分	8	9	10	13
工字形截面腹板	25	26	27	33
箱形截面壁板	18	20	25	30
圆管外径与壁厚比	38	40	40	42

注：1. 表列数值适用于 Q235 钢，采用其他牌号钢材应乘以 $\sqrt{235/f_y}$，圆管应乘以 $235/f_y$。
2. 非抗震设计的支撑斜杆板件宽厚比可按四级的宽厚比限制采用。

（3）刚度验算　支撑斜杆的刚度是通过其长细比来控制的。中心支撑的斜杆长细比，按压杆设计时，不应大于 $120\sqrt{235/f_y}$；一、二、三级中心支撑不得采用拉杆设计，四级和非抗震采用拉杆设计时，其长细比不应大于 $180\sqrt{235/f_y}$。

5. 中心支撑的有关构造要求

1）中心支撑斜杆的轴线，原则上应汇交于框架梁、柱轴线的交点，有困难时，斜杆轴线偏离梁、柱轴线交点的距离，不应超过斜杆的截面宽度。

2）人字形支撑和 V 形支撑的中间节点，两个方向斜杆的轴线应与梁轴线交汇于一点。

3）人字形支撑和 V 形支撑的横梁，其跨中部位与支撑斜杆的连接处，应保持整根梁连续通过，并应在连接处设置水平侧向撑杆，此时梁的侧向长细比应符合表 10-2 的规定。

4）沿竖向连续布置的支撑，其地面以下部分宜采用剪力墙的形式延伸至基础。

5）在抗震设防的结构中，支撑斜杆两端与框架梁、柱的连接，在构造上应采取刚接。

6）抗震设防烈度为 7 度及以上时，设置中心支撑的框架，其梁与柱的连接不得采用铰接。

7）按 8 度及以上抗震设防或一、二、三级抗震等级[2]的钢结构，宜采用带有消能装置的中心支撑体系（图 10-11）。此时，支撑斜杆的承载力应为消能装置滑动或屈服时承载力

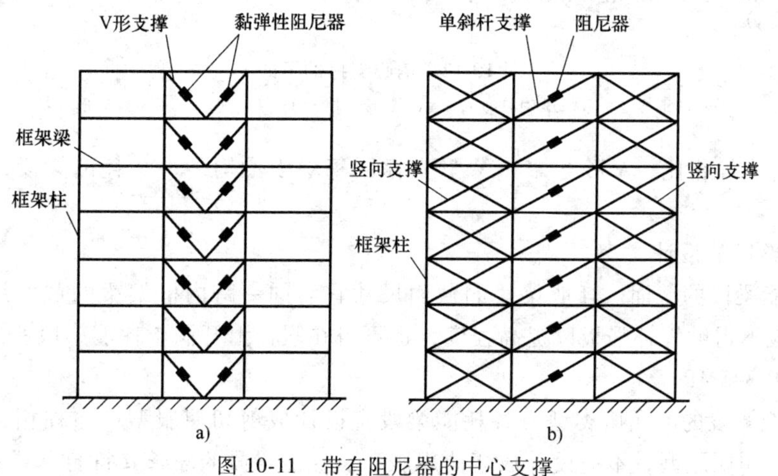

图 10-11　带有阻尼器的中心支撑

的 1.5 倍。

10.3.2 偏心支撑

1. 偏心支撑框架的性能与特点

偏心支撑框架的设计原则是强柱、强支撑和弱耗能梁段，使其在大震时耗能梁段屈服形成塑性铰，而柱、支撑和其他梁段仍保持弹性。

偏心支撑框架在弹性阶段呈现较好的刚度（其弹性刚度接近中心支撑框架），在大震作用下通过耗能梁段的非弹性变形耗能，达到抗震的目的，而支撑不屈曲，提高了整个结构体系的抗震可靠度。因此，偏心支撑框架是一种良好的抗震设防结构体系。

偏心支撑框架中的每根支撑斜杆，只能在一端与耗能梁段相连。

为使偏心支撑斜杆能承受耗能梁段的端部弯矩，支撑斜杆与横梁的连接应设计成刚接。

总层数超过 12 层的 8、9 度抗震设防钢结构，宜采用偏心支撑框架，但顶层可不设耗能梁段，即在顶层改用中心支撑；在设置偏心支撑的框架跨，当首层（即底层）的弹性承载力等于或大于其余各层承载力的 1.5 倍时，首层也可采用中心支撑。

沿竖向连续布置的偏心支撑，在底层室内地坪一下，宜改用中心支撑或剪力墙的形式延伸至基础。

2. 偏心支撑的类型

偏心支撑（也叫偏交支撑），可分为：八字形支撑，单斜杆支撑，A 形支撑，人字形支撑，V 形支撑五种形式（图 10-12）。

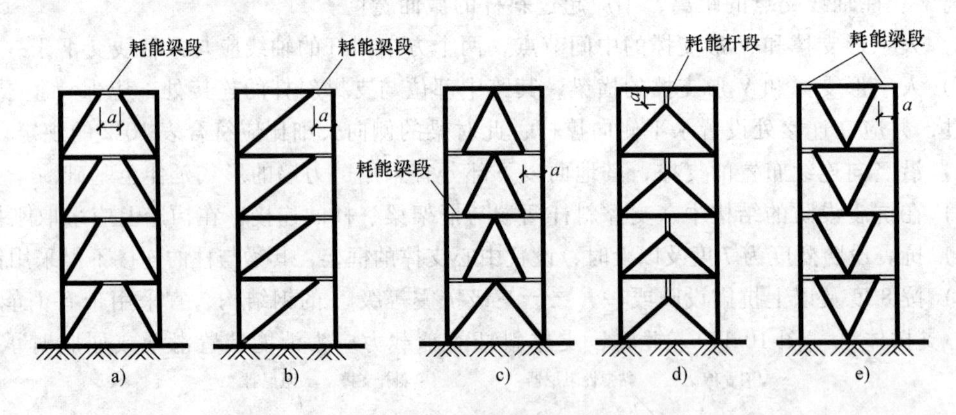

图 10-12 偏心支撑的形式

a）八字形支撑 b）单斜杆支撑 c）A 形支撑 d）人字形支撑 e）V 形支撑

与八字形支撑相比，A 形支撑和 V 形支撑因每层横梁均多一个耗能梁段，因而具有更大的耗能容量。

3. 耗能梁段的设计

（1）耗能梁段的截面 耗能梁段的截面尺寸宜与同一跨内框架梁的截面尺寸相同。耗能梁段的腹板不得贴焊补强板以提高强度，也不得在腹板上开洞。耗能梁段所用钢材的屈服强度不应大于 345MPa。

（2）耗能梁段的的屈服类型 各耗能梁段宜设计成剪切屈服型；与柱相连的耗能梁段必须设计成剪切屈服型，不应设计成弯曲屈服型。耗能梁段的净长 a 符合下式者为剪切屈服型，否则为弯曲屈服型。

$$a \leqslant 1.6M_{lp}/V_l \tag{10-46}$$

$$V_l = \min\{0.58f_y h_0 t_w,\ 2M_{lp}/a\} \tag{10-47}$$

$$M_{lp} = W_p f_y \tag{10-48}$$

式中　h_0、t_w——耗能梁段腹板计算高度和厚度；

W_p——耗能梁段截面的塑性抵抗矩；

V_l、M_{lp}——耗能梁段的塑性（屈服）受剪承载力和塑性（屈服）受弯承载力。

（3）耗能梁段的净长　偏心支撑框架的抗推刚度，主要取决于耗能梁段的长度与所在跨框架梁长度的比值。随着耗能梁段的变短，其抗推刚度将逐渐接近于中心支撑框架；相反，随着耗能梁段的变长，其抗推刚度逐渐减小，以至接近纯框架。因此，为使偏心支撑框架具有较大的抗推刚度，并使耗能梁段能承受较大的剪力，一般宜采用较短的耗能梁段，通常可取框架梁净长度的 0.1~0.15 倍。

《抗震规范》[3]规定：当耗能梁段承受的轴力 $N>0.15Af$ 时，耗能梁段的净长度应符合下列规定：

当 $\rho(A_W/A)<0.3$ 时　　$a \leqslant 1.6M_{lp}/V_l$　　(10-49)

当 $\rho(A_W/A)\geqslant 0.3$ 时　　$a \leqslant [1.15-0.5\rho(A_W/A)]1.6M_{lp}/V_l$　　(10-50)

$$\rho = N/V$$

式中　N、V——耗能梁段承受的轴力和剪力设计值；

ρ——耗能梁段轴力和剪力设计值的比值；

A、A_W——耗能梁段的截面面积和腹板截面面积。

（4）耗能梁段的强度验算　为了简化计算并确保耗能梁段在全截面剪切屈服时具有足够的抗弯能力，耗能梁段的截面设计宜采用“腹板受剪、翼缘承担弯矩和轴力”的设计原则。

1）耗能梁段的抗剪承载力验算。偏心支撑框架耗能梁段的抗剪承载力，应按下列公式验算：

当 $N\leqslant 0.15Af$ 时，不计轴力对受剪承载力的影响，即

$$V \leqslant \varphi V_l/\gamma_{RE} \tag{10-51}$$

当 $N>0.15Af$ 时，计及轴力对受剪承载力的影响，即

$$V \leqslant \varphi V_{lc}/\gamma_{RE} \tag{10-52}$$

$$V_{lc} = \min\{0.58f_y h_0 t_w\sqrt{1-[N/(Af)^2]},\ 2.4M_{lp}[1-N/(Af)]/a\}$$

式中　φ——修正系数，取 0.9；

f——钢材的抗拉强度设计值；

γ_{RE}——耗能梁段承载力抗震调整系数，取 0.75。

其余字母含义同前。

2）耗能梁段的抗弯承载力（翼缘强度）验算。耗能梁段的翼缘强度应分别按下式计算：

当耗能梁段的 $N\leqslant 0.15Af$ 时

$$\frac{M_{lb}}{W}+\frac{N_{lb}}{A_{lb}} \leqslant \frac{f}{\gamma_{RE}} \tag{10-54}$$

当耗能梁段的 $N>0.15Af$ 时

$$\left(\frac{M_{lb}}{h_{lb}}+\frac{N_{lb}}{2}\right)\frac{1}{b_f t_f}\leqslant\frac{f}{\gamma_{RE}} \tag{10-55}$$

式中 M_{lb}——耗能梁段的弯矩设计值；

W、h_{lb}——耗能梁段截面抵抗矩和截面高度。

3）耗能梁段的腹板强度验算。耗能梁段腹板强度应按下式计算

$$\frac{V_{lb}}{0.8\times0.58h_0 t_w}\leqslant\frac{f}{\gamma_{RE}} \tag{10-53}$$

（5）耗能梁段的板件宽厚比控制　耗能梁段和非耗能梁段的板件宽厚比，均不应大于表10-14及表10-3所规定的限值，以保证耗能梁段屈服时的板件稳定。

表 10-14　偏心支撑框架梁的板件宽厚比限值[3]

简图	板件所在部位		板件宽厚比限值
	翼缘外伸部分（b_1/t_f）		8
	腹板 $\left(\frac{h_0}{t_w}\right)$	当 $\frac{N}{Af}\leqslant0.14$ 时	$90\left(1-\frac{1.65N}{Af}\right)$
		当 $\frac{N}{Af}\leqslant0.14$ 时	$33\left(2.3-\frac{N}{Af}\right)$

注：1. A、N 分别为偏心支撑框架梁的截面面积和轴力设计值，f 为钢材的抗压强度设计值；

2. 表列数值适用于 Q235 钢，当材料为其他钢号时，应乘以 $\sqrt{235/f_y}$，f_y 为钢材的屈服强度。

4. 支撑斜杆设计

（1）支撑斜杆截面　支撑斜杆宜采用轧制 H 型钢或圆形或箱形等双轴对称截面。当支撑斜杆采用焊接工字形截面时，其翼缘与腹板的连接焊缝宜采用全熔透连续焊缝。

（2）偏心支撑斜杆的承载力验算　在多遇地震效应组合作用下，偏心支撑斜杆的强度应按 10.2 节的相关公式进行验算；其斜杆稳定性，应按下列公式验算

$$\frac{N_{br}}{\varphi A_{br}}\leqslant\frac{f}{\gamma_{RE}} \tag{10-56}$$

$$N_{br}=\eta\frac{V_l}{V_{lb}}N_{br,com} \tag{10-57}$$

$$N_{br}=\eta\frac{M_{pc}}{M_{lb}}N_{br,com} \tag{10-58}$$

式中 A_{br}——支撑斜杆截面面积；

φ——由支撑斜杆长细比确定的轴心受压构件稳定系数；

η——偏心支撑杆件内力增大系数，按表 10-15 取值；

N_{br}——支撑斜杆轴力设计值，取公式（10-57）和式（10-58）中之较小值；

$N_{br,com}$——在跨间梁的竖向荷载和多遇水平地震作用最不利组合下的支撑斜杆轴力设计值；

M_{pc}——耗能梁段承受轴向力时的全塑性受弯承载力，即压弯屈服承载力，应按下式计算

$$M_{pc}=W_p(f_y-\sigma_N) \tag{10-59}$$

σ_N——耗能梁段轴力产生的梁段翼缘平均正应力，应按式（10-60）、式（10-61）计

算，当计算出的 $\sigma_N<0.15f_y$ 时，取 $\sigma_N=0$。

当耗能梁段净长 $a<2.2M_{lp}/V_l$ 时

$$\sigma_N=\frac{V_l}{V_{lb}}\cdot\frac{N_{lb}}{2b_ft_f} \tag{10-60}$$

当耗能梁段净长 $a\geqslant 2.2M_{lp}/V_l$ 时

$$\sigma_N=\frac{N_{lb}}{A_{lb}} \tag{10-61}$$

式中　V_{lb}、N_{lb}——耗能梁段的剪力设计值和轴力设计值；

b_f、t_f、A_{lb}——耗能梁段翼缘宽度、厚度和梁段截面面积；

V_l——耗能梁段的屈服受剪承载力，按式（10-47）计算。

表 10-15　偏心支撑杆件内力增大系数 η 的最小取值[2]

杆件名称＼抗震等级	一级	二级	三级	四级
支撑斜杆	1.4	1.3	1.2	1.0
支撑横梁	1.3	1.2	1.2	1.2
支撑柱	1.3	1.2	1.2	1.2

（3）支撑斜杆的刚度　支撑斜杆的刚度是通过其长细比来控制的。其长细比不应大于 $120\sqrt{235/f_y}$。

（4）支撑斜杆的板件宽厚比　支撑斜杆的板件宽厚比不应超过表 10-13 对中心支撑斜杆所规定的宽厚比限值。

5. 偏心支撑框架柱的设计

偏心支撑框架柱的设计，应按 10.2 节中的方法进行。但在计算承载力时，其弯矩设计值 M_c 应按下列公式计算，并取其较小值

$$M_c=\eta\frac{V_l}{V_{lb}}M_{c,com} \tag{10-62}$$

$$M_c=\eta\frac{M_{pc}}{M_{lb}}M_{c,com} \tag{10-63}$$

其轴力设计值 N_c 应按下列公式计算，并取其较小值

$$N_c=\eta\frac{V_l}{V_{lb}}N_{c,com} \tag{10-64}$$

$$N_c=\eta\frac{M_{pc}}{M_{lb}}N_{c,com} \tag{10-65}$$

式中　$M_{c,com}$、$N_{c,com}$——偏心支撑框架柱在竖向荷载和水平地震作用最不利组合下的弯矩设计值和轴力设计值；

η——偏心支撑杆件内力增大系数，按表 10-15 取值；

其余字母含义同前。

6. 偏心支撑框架梁的设计

偏心支撑框架梁的设计，应按 10.1 节中的方法进行。但在计算承载力时，其弯矩设计值 M_b 应按下式计算

$$M_{\mathrm{b}}=\frac{V_{1}}{V_{\mathrm{lb}}}\cdot M_{\mathrm{b,\,com}}$$

式中 V_{lb}——耗能梁段的剪力设计值；

$M_{\mathrm{b,com}}$——对应于耗能梁段剪力设计值 V_{lb} 的位于耗能梁段同一跨框架梁组合的弯矩设计值。

10.3.3 案例分析

1. 已知条件

某总层数为 12 层的科技研发办公楼，标准层结构平面布置图如图 8-1 所示。首层层高为 4.2m，其余各楼层层高均为 3.5m；柱距为 8.4m 和 8.0m 两种；采用钢框架-(人字形中心）支撑结构体系，支撑所在跨柱距为 8.4m，底层柱高 5.85m，按 7 度设防，初选支撑斜杆的截面几何特性见下表 8-4。钢材选用 Q345B 钢。经内力组合发现，底层支撑斜杆最不利基本效应内力组合为 $N_{\max}=-455.02\mathrm{kN}$；底层支撑最不利抗震效应内力组合为 $N_{\max}=-862.83\mathrm{kN}$。试验算该支撑斜杆是否安全。

2. 解题分析

由于该办公楼需按 7 度设防，所以支撑验算时，需根据《高钢规程》[2] 的规定，分别进行基本效应组合与抗震效应组合情况下的支撑各项验算，并满足相应规范规定的各项要求后，方能判断为安全。

3. 求解过程

（1）基本效应组合下的支撑截面验算

1）强度验算

$$\frac{N}{A_{\mathrm{n}}}=\frac{455.02\times10^{3}}{12040}\mathrm{N/mm^2}=37.79\mathrm{N/mm^2}<f=310\mathrm{N/mm^2}$$

2）刚度验算。由于支撑两端的连接方式为铰接，其计算长度系数取 $\mu=1.0$，则支撑的计算长度为

$$l_x=\mu l_0=1.0\times7.2\mathrm{m}=7.2\mathrm{m}$$

则
$$\lambda_x=\frac{l_x}{i_x}=\frac{7.2\times10^{3}}{131}=54.96<[\lambda]=120\sqrt{\frac{235}{f_{\mathrm{y}}}}=104.48$$

满足要求。

3）整体稳定验算。由 $\lambda_x\sqrt{\frac{f_{\mathrm{y}}}{235}}=54.96\times\sqrt{\frac{345}{235}}=66.59$，且 $b/t>0.8$，查表 10-7，截面类型属于 b 类截面，查《钢结构设计标准》得 $\varphi_x=0.766$。

则
$$\frac{N}{\varphi_x A}=\frac{455.02\times10^{3}}{0.766\times12040}=49.34\mathrm{N/mm^2}<f=310\mathrm{N/mm^2}$$

满足要求。

4）局部稳定计算

① 受压翼缘宽厚比验算。$b/t=\frac{(300-10)/2}{15}=9.67<13\sqrt{\frac{235}{f_{\mathrm{y}}}}=10.73$，满足要求。

② 腹板宽厚比验算。$h_0/t_w=\dfrac{300-2\times15}{10}=27<33\sqrt{\dfrac{235}{f_y}}=27.24$，满足要求。

（2）抗震效应组合下的支撑截面验算

1）强度验算

$$\frac{N}{A_n}=\frac{862.83\times10^3}{12040}\text{N/mm}^2=71.66\text{N/mm}^2<\frac{f}{\gamma_{RE}}=\frac{310}{0.75}\text{N/mm}^2=413\text{N/mm}^2$$

2）刚度验算。由于支撑两端的连接方式为铰接，其计算长度系数取 $\mu=1.0$，则支撑的计算长度为。

$l_x=\mu l_0=1.0\times7.2\text{m}=7.2\text{m}$。

则 $\lambda_x=\dfrac{l_x}{i_x}=\dfrac{7.2\times10^3}{131}=54.96<[\lambda]=120\sqrt{\dfrac{235}{f_y}}=104.48$

满足要求。

3）整体稳定验算。由 $\lambda_x\sqrt{\dfrac{f_y}{235}}=54.96\times\sqrt{\dfrac{345}{235}}=66.59$，且 $b/t>0.8$，查表10-7，截面类型属于b类截面，查《钢结构设计标准》得

$\varphi_x=0.769$，$\gamma_{RE}=0.8$，$\psi=0.83$。

则 $\dfrac{N}{\varphi_x A}=\dfrac{862.83\times10^3}{0.769\times12040}=93.19\text{N/mm}^2<\psi f/\gamma_{RE}=0.83\times310/0.8\text{N/mm}^2=321.6\text{N/mm}^2$

满足要求。

4）局部稳定计算

① 受压翼缘宽厚比验算。$b/t=\dfrac{(300-10)/2}{15}=9.67<13\sqrt{\dfrac{235}{f_y}}=10.7$，满足要求。

② 腹板宽厚比验算。$h_0/t_w=\dfrac{300-2\times15}{10}=27<33\sqrt{\dfrac{235}{f_y}}=27.2$，满足要求。

该支撑斜杆安全。

10.4 剪力墙设计

剪力墙是多高层钢结构工程中抗侧力构件的主要类型之一。根据制作安装方式，可将其分为现浇和预制两大类；根据所用材料，可将其分为钢筋混凝土剪力墙、型钢混凝土剪力墙、钢板剪力墙、内藏钢板支撑剪力墙，带竖缝钢筋混凝土剪力墙等。综合上述两种分类方法，又可分为现浇钢筋混凝土剪力墙、现浇型钢混凝土剪力墙、预制钢板剪力墙、预制内藏钢板支撑混凝土剪力墙，预制带竖缝钢筋混凝土剪力墙等。多高层钢结构工程中，特别是有抗震设防要求的高层钢结构工程，多选用预制剪力墙。预制剪力墙板嵌置于钢框架的梁、柱框格内，构造和计算均与现浇剪力墙有较大的区别。所以，本节主要介绍上述三种预制剪力墙的设计特点。其详细内容可参见《高钢规程》[2]或相关资料。

10.4.1 钢板剪力墙

钢板剪力墙可采用纯钢板剪力墙、防屈曲钢板剪力墙及组合剪力墙，纯钢板剪力墙常简

称为钢板剪力墙。

1. 钢板剪力墙的设计要点

1）钢板剪力墙是采用厚钢板或带加劲肋的较厚钢板制成。

2）钢板剪力墙嵌置于钢框架的梁、柱框格内（图 10-14）。

3）钢板剪力墙与钢框架的连接构造，应能保证钢板剪力墙仅参与承担水平剪力，而不参与承担重力荷载及柱压缩变形引起的压力。实际情况不易实现时，承受竖向荷载的钢板剪力墙，其竖向应力导致抗剪承载力的下降不应超过 20%[2]。

4）非抗震设防或抗震等级为四级的多高层房屋钢结构，采用钢板剪力墙可不设置加劲肋；抗震等级为三级及以上抗震设防的多高层房屋钢结构，宜采用带纵（竖）向和横向（水平）加劲肋的钢板剪力墙，且加劲肋宜两面设置。

5）纵、横加劲肋可分别设置于钢板剪力墙的两面，即在钢板剪力墙的两面非对称设置（图 10-13、图 10-14a、图 10-15）；必要时，钢板剪力墙的两面均对称设置纵、横加劲肋，即在钢板剪力墙的两面对称设置（图 10-14b）。

6）钢板剪力墙的内力分析模型应符合下列规定：

① 不承担竖向荷载的钢板剪力墙，可采用剪切膜单元参与结构的整体内力分析。

② 参与承担竖向荷载的钢板剪力墙，应采用正交异性板的平面应力单元参与结构整体的内力分析。

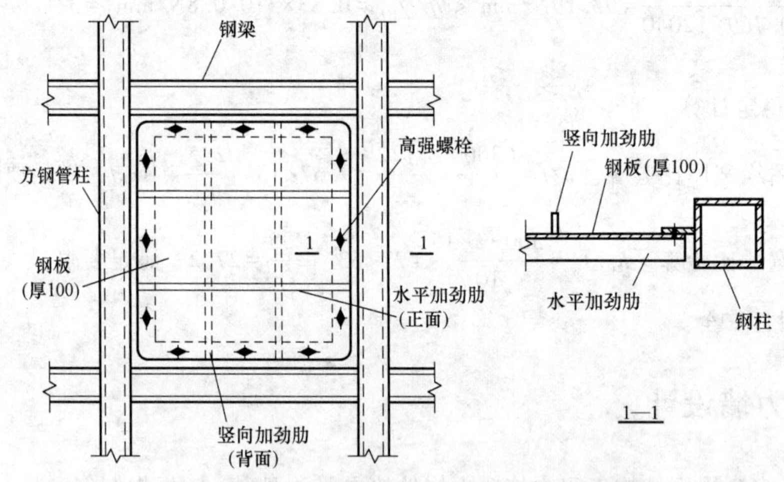

图 10-13 上海新锦江分馆采用的钢板剪力墙

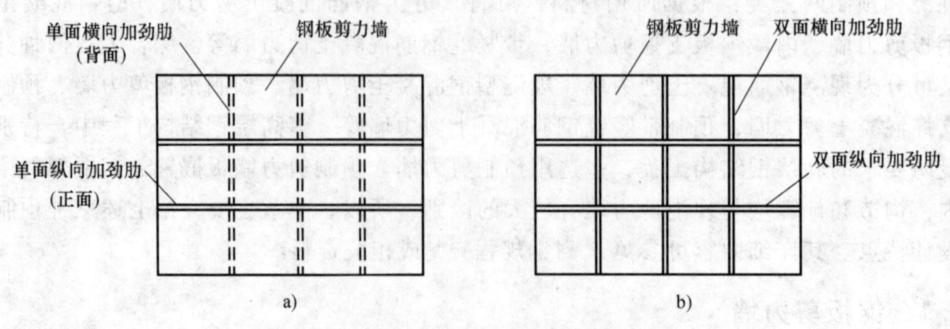

图 10-14 钢板剪力墙的加劲肋设置方式

a）两面非对称设置的纵、横加劲肋 b）两面对称设置的纵、横加劲肋

如上海新锦江分馆采用的钢板剪力墙体系，剪力墙的钢板厚度为100mm，在墙板的正面，分别在高度的三分点处各焊接一块水平加劲肋，在墙板的背面宽度的三分点处各焊接一块竖向加劲肋（图10-13）。

2. 钢板剪力墙的承载力验算

（1）无肋钢板剪力墙　对于不设加劲肋的钢板剪力墙，其抗剪强度及稳定性可按下列公式计算：

抗剪强度
$$\tau \leqslant f_{\mathrm{v}} \tag{10-66}$$

抗剪稳定性
$$\tau \leqslant \tau_{\mathrm{cr}}=\left[123+\frac{93}{(l_1/l_2)^2}\right]\left(\frac{100t}{l_2}\right)^2 \tag{10-67}$$

式中　f_{v}——钢材抗剪强度设计值，抗震设防的结构应除以承载力抗震调整系数0.75；

τ、τ_{cr}——钢板剪力墙的剪应力和临界剪应力；

l_1、l_2——所验算的钢板剪力墙所在楼层梁和柱所包围区格的长边和短边尺寸；

t——钢板剪力墙的厚度。

对非抗震设防的钢板剪力墙，当有充分根据时可利用其屈曲后强度，其计算详见参考文献［2］的附录B；在利用钢板剪力墙的屈曲后强度时，钢板屈曲后的张力应能传递至框架梁和柱，且设计梁和柱截面时应计入张力场效应。

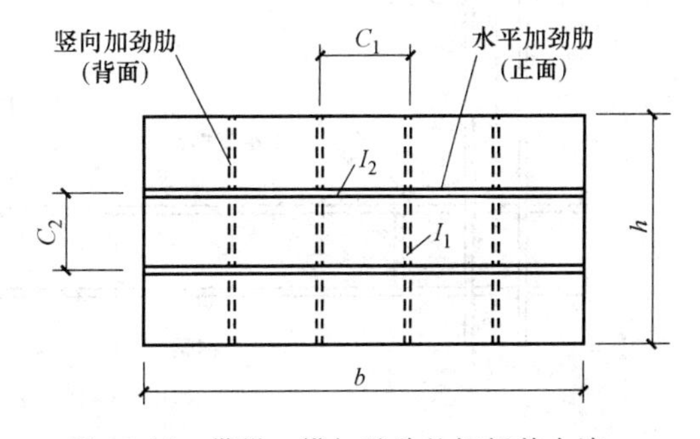

图10-15　带纵、横加劲肋的钢板剪力墙

（2）有肋钢板剪力墙　对于设有纵向和横向加劲肋的钢板剪力墙（图10-15），不考虑屈曲后强度时，应按以下公式验算其强度和稳定性：

抗剪强度
$$\tau \leqslant \alpha f_{\mathrm{v}} \tag{10-68}$$

局部稳定性
$$\tau \leqslant \alpha \tau_{\mathrm{cr,\,p}} \tag{10-69}$$

$$\tau_{\mathrm{cr,\,p}}=\left[100+75\left(\frac{c_2}{c_1}\right)^2\right]\left(\frac{100t}{c_2}\right)^2 \tag{10-70}$$

式中　α——调整系数，非抗震设防时取1.0，抗震设防时取0.9；

$\tau_{\mathrm{cr,p}}$——由纵向和横向加劲肋分割成的区格内钢板的临界应力；

c_1、c_2——区格的长边和短边尺寸。

整体稳定性
$$\tau_{\mathrm{crt}}=\frac{3.5\pi^2}{h_{\mathrm{t}}^2}D_1^{1/4}\cdot D_2^{3/4} \geqslant \tau_{\mathrm{cr,\,p}} \tag{10-71}$$

$$D_1=EI_1/c_1 \qquad D_2=EI_2/c_2 \tag{10-72}$$

式中　τ_{crt}——钢板剪力墙的整体临界应力；

D_1、D_2——两个方向加劲肋提供的单位宽度弯曲刚度，数值大者为D_1，小者为D_2。

整体稳定性验算式（10-71），适于$h<b$的同时有水平和竖向加肋钢板剪力墙的情况（图10-15）。其他情况的计算详见参考文献［2］的附录B。

3. 楼层倾斜率计算

采用钢板剪力墙的钢框架结构，其楼层倾斜率可按下式计算

$$\gamma=\frac{\tau}{G}+\frac{e_{\mathrm{c}}}{b} \tag{10-73}$$

式中 e_c——剪力墙两边的框架柱在水平力作用下轴向伸长和压缩之和；

b——设有钢板剪力墙的开间宽度。

10.4.2 内藏钢板支撑剪力墙

内藏钢板支撑剪力墙是以钢板为基本支撑，外包钢筋混凝土墙板为约束构件所形成的板式约束屈曲预制装配式抗侧力支撑构件（图 10-16）。

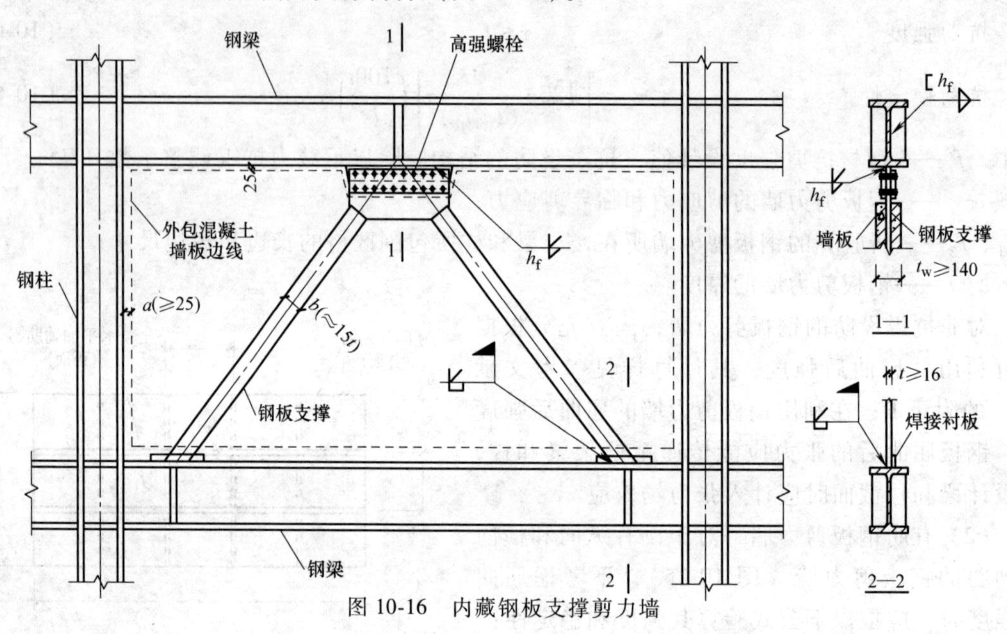

图 10-16 内藏钢板支撑剪力墙

1. 设计要点

1）内藏钢板支撑剪力墙仅在内藏钢板支撑的节点处与钢框架相连，外包混凝土墙板周边与框架梁、柱间应留有间隙。以避免强震时出现同一般现浇钢筋混凝土墙板一样，在结构变形初期就发生脆性破坏的不利情况，从而提高了墙板与钢框架同步工作的程度，增加整体结构的延性，以吸收更多的地震能量。

2）内藏钢板支撑依其与框架的连接方式，可做成中心支撑，也可做成偏心支撑。在高烈度地区，宜采用偏心支撑。

3）内藏钢板支撑的形式可采用 X 形支撑、人字形支撑、V 形支撑或单斜杆支撑等。

4）内藏钢板支撑剪力墙就其受力特性而言，仍属钢支撑范畴，所以其基本设计原则可参照第 10.3 节的普通钢支撑。

5）内藏钢板支撑斜杆的截面形式一般为矩形板，其净截面面积应根据所承受的楼层剪力按强度条件确定（即无须考虑钢板支撑斜杆的屈曲影响，因为钢板支撑斜杆外包了钢筋混凝土，它能有效地保证钢板支撑斜杆在屈服前不会屈曲）。

6）钢板支撑的材料性能应满足下列要求：钢材拉伸应有明显屈服台阶，且钢材屈服强度的波动范围应不大于 $100\mathrm{N/mm^2}$；屈强比不大于 0.8；伸长率不小于 20%；具有良好的焊接性。

2. 强度验算

（1）钢板支撑的受剪承载力 设计荷载下内藏钢板支撑所受剪力 V，应满足下式要求

$$V \leqslant nA_{br}f\cos\theta \tag{10-74}$$

式中 n——支撑斜杆数，单斜杆支撑，$n=1$；人字形支撑、V 形支撑和 X 形支撑，$n=2$；

θ——支撑斜杆的倾角；

A_{br}——支撑斜杆的截面面积；

f——支撑钢材的抗拉、抗压强度设计值。

（2）混凝土墙板的承载力 内藏钢板支撑剪力墙的混凝土墙板截面尺寸，应满足下式要求

$$V \leqslant 0.1 f_c d_w l_w \tag{10-75}$$

式中 V——设计荷载下墙板所承受的水平剪力；

d_w、l_w——混凝土墙板厚度及长度；

f_c——墙板混凝土的轴心抗压强度设计值，按 GB 50010—2010《混凝土结构设计规范》的规定采用。

（3）支撑连接强度 内藏钢板支撑剪力墙与钢框架连接节点的极限承载力，应不小于钢板支撑屈服承载力的 1.2 倍，以避免在大震作用下，连接节点先于支撑杆件的破坏，即遵循“强节点、弱杆件”的设计原则。

3. 刚度计算

（1）支撑钢板屈服前 内藏钢板支撑剪力墙的侧移刚度 K_1，可近似地按下式计算

$$K_1 = 0.8(A_s + m d_w^2 / \alpha_E) E_s \tag{10-76}$$

式中 E_s——钢材弹性模量；

α_E——钢与混凝土弹性模量之比，$\alpha_E = E_s / E_c$；

d_w——墙板厚度；

m——墙板有效宽度系数，单斜杆支撑为 1.08，人字支撑及 X 形支撑为 1.77。

（2）支撑钢板屈服后 内藏钢板支撑剪力墙的侧移刚度 K_2，可近似取

$$K_2 = 0.1 K_1 \tag{10-77}$$

4. 构造要求

（1）钢板支撑

1）内藏钢板支撑的斜杆宜采用与框架结构相同的钢材。

2）支撑斜杆的钢板厚度不应小于 16mm，适当选用较小的宽厚比。一般支撑斜杆的钢板宽厚比以 15 左右为宜。

3）混凝土墙板对支撑斜杆端部的侧向约束较小，为了提高钢板支撑斜杆端部的抗屈曲能力，可在支撑钢板端部长度等于其宽度的范围内，延支撑方向设置构造加劲肋。

4）支撑斜杆端部的节点构造，应力求截面变化平缓，传力均匀，以避免应力集中。

5）在支撑钢板端部 1.5 倍宽度范围内不得焊接钢筋、钢板或采用任何有利于提高局部粘结力的措施。

6）当平卧浇捣混凝土墙板时，应采取措施避免钢板自重引起支撑的初始弯曲。

（2）混凝土墙板

1）混凝土墙板的混凝土强度等级应不小于 C20。

2）混凝土墙板的厚度不应小于下列各项要求

$$d_w \geqslant 140\text{mm} \tag{10-78a}$$

$$d_w \geqslant h_w / 20 \tag{10-78b}$$

$$d_w \geqslant 8t \tag{10-78c}$$

式中 t——支撑斜杆的钢板厚度；

d_w、h_w——混凝土墙板的厚度、高度。

3）混凝土墙板内应双面设置钢筋网，每层钢筋网的双向最小配筋率ρ_{min}均为0.4%，且不应少于Φ6@100×100；双层钢筋网之间应适当设置横向连系钢筋，一般不宜少于Φ6@400×400；在钢板支撑斜杆端部、墙板边缘处，双层钢筋网之间的横向连系钢筋还应加密；墙板四周宜设置不小于2Φ10的周边钢筋；钢筋网的保护层厚度c不应小于15mm（图10-17）。

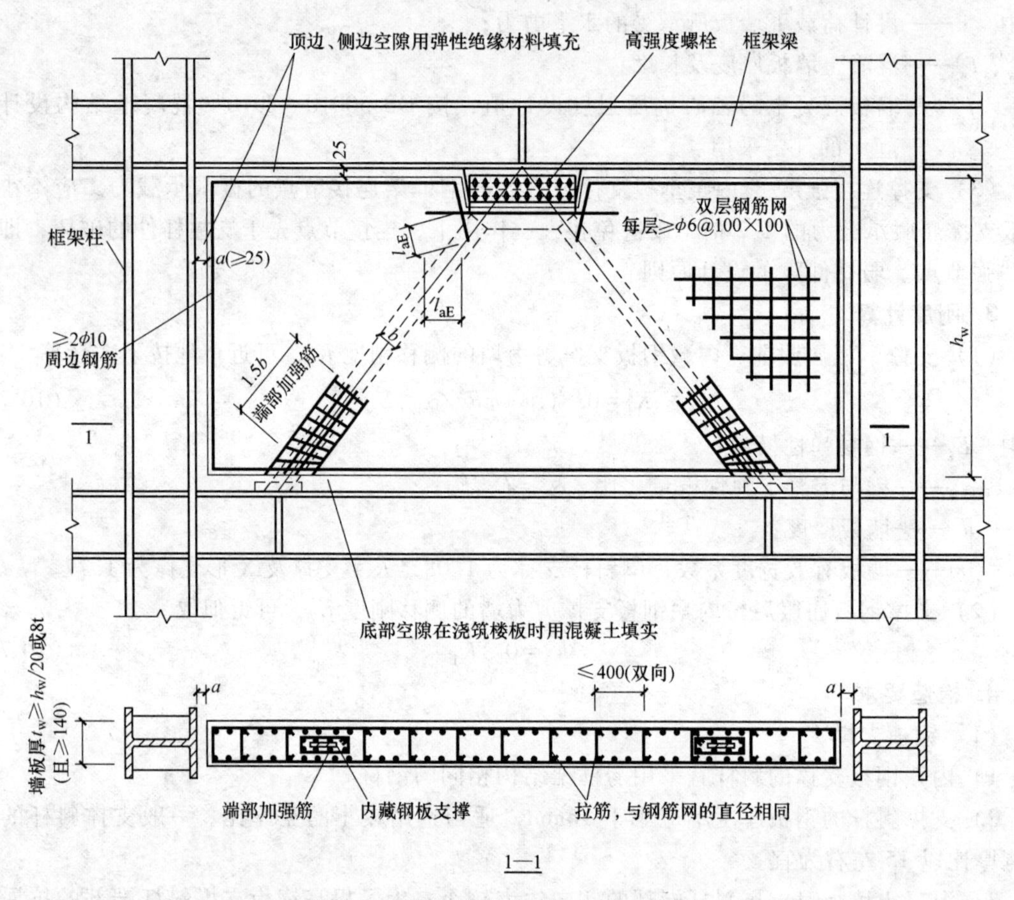

图10-17 内藏钢板支撑混凝土剪力墙的构造

4）在钢板支撑端部离墙板边缘1.5倍支撑钢板宽度的范围内，应在混凝土板中设置加强构造钢筋。加强构造钢筋可从下列几种形式中选用：加密钢箍的钢筋骨架（图10-18a）；麻花形钢筋（图10-18b）；螺旋形钢箍。

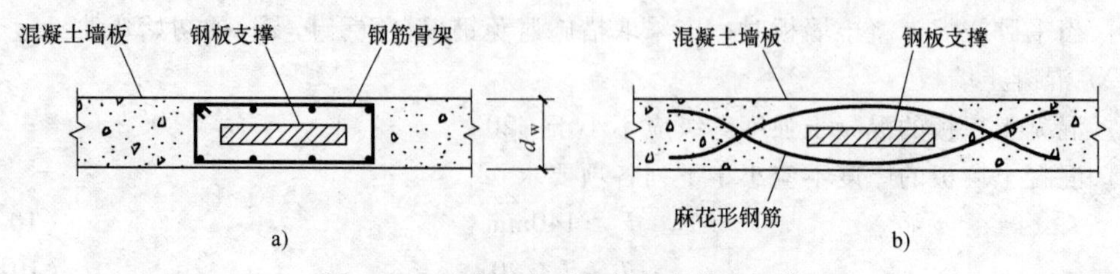

图10-18 钢板支撑斜杆的加强构造钢筋

a）杆端钢筋骨架 b）杆端麻花形钢筋

5）当混凝土墙板厚度 d_w 与支撑钢板的厚度相比较小时，为了提高墙板对支撑的侧向约束，也可沿钢板支撑斜杆全长在墙板内设置带状钢筋骨架（图 10-18a）。

6）当支撑钢板端部与墙板边缘不垂直时，应注意使支撑钢板端部的加强构造钢筋（箍筋）在靠近墙板边缘附近与墙板边缘平行布置，然后逐步过渡到与支撑斜杆垂直（图 10-19a），以避免钢板支撑的端部形成钢筋空白区（图 10-19b），无力控制支撑钢板端部失稳。

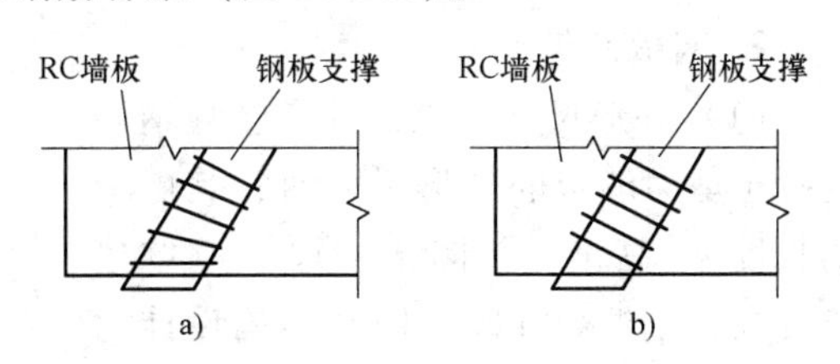

图 10-19 钢板支撑斜杆端部的箍筋布置

a）布置正确 b）布置错误

（3）与框架的连接

1）内藏钢板支撑剪力墙仅在节点处（支撑斜杆端部）与框架结构相连。

2）墙板上部宜用节点板和高强度螺栓与上框架梁下翼缘处的连接板在施工现场连接。

支撑钢板的下端与下框架梁的上翼缘连接件之间在现场应采用全熔透坡口焊缝连接（图 10-17）。

3）用高强度螺栓连接时，每个节点的高强度螺栓不宜少于 4 个，螺栓布置应符合《钢结构设计标准》的要求。

4）剪力墙板与四周梁、柱之间均宜留出不小于 25mm 的空隙。

5）剪力墙板与框架柱的间隙 a，还应满足下列要求

$$2[u] \leqslant a \leqslant 4[u] \tag{10-79}$$

式中 $[u]$——荷载标准值下框架的层间侧移允许值。

6）剪力墙墙板下端的缝隙，在浇筑楼板时，应该用混凝土填实；剪力墙墙板上部与上框架梁之间的间隙以及两侧与框架柱之间的间隙，宜用隔声的弹性绝缘材料填充，并用轻型金属架及耐火板材覆盖。

10.4.3 带竖缝钢筋混凝土剪力墙

带竖缝钢筋混凝土剪力墙，是一种在混凝土墙板中间以一定间隔沿竖向设置许多缝的预制钢筋混凝土墙板（图 10-20）。它嵌固于钢框架梁、柱所形成的框格之间，它是一种延性很好的抗侧力构件。

1. 设计要点

1）带竖缝钢筋混凝土剪力墙只承担水平荷载产生的剪力，不考虑承受框架竖向荷载产生的压力。

2）带竖缝钢筋混凝土剪力墙的设计，不仅要考虑强度要求，而且还要使其具有足够的变形能力，以确保延性，所以要进行变形验算。

3）从保证延性的意义来讲，带竖缝钢筋混凝土剪力墙的弯曲屈服承载力和弯曲极限承载力，不能超过抗剪承载力。

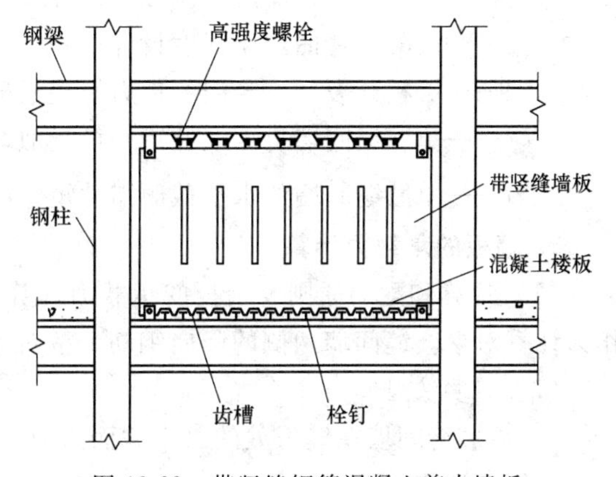

图 10-20 带竖缝钢筋混凝土剪力墙板

4）带竖缝钢筋混凝土剪力墙的承载力，是以一个缝间墙及其相应范围内的水平带状实体墙作为验算对象而进行计算的。

2. 墙板几何尺寸

（1）外形尺寸　在设计带竖缝钢筋混凝土剪力墙板的外形尺寸时，其墙板的长度 l、高度 h（图 10-21），应按建筑层高、钢框架柱间净距和结构设计的要求确定。当钢框架柱距较大时，同一柱距内也可沿长度方向划分为两块墙板。

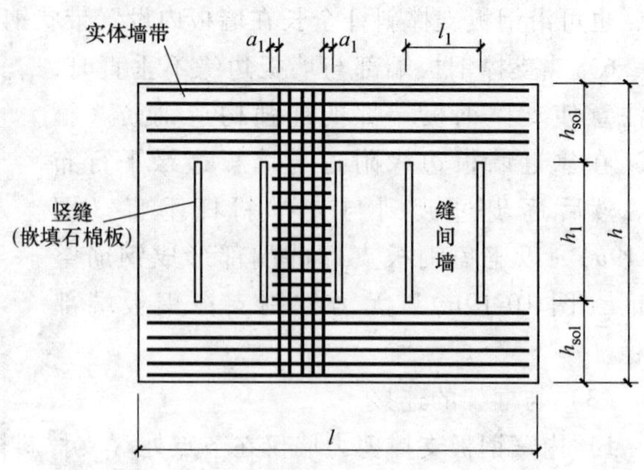

图 10-21　带竖缝钢筋混凝土剪力墙的几何尺寸

（2）竖缝数量　为实现墙板的延性破坏，每块墙板的竖缝数量及其尺寸，应满足下列要求：

缝间墙的高度　$$h_1 \leqslant 0.45h \tag{10-80}$$

缝间墙的高宽比　$$1.7 \leqslant h_1/l_1 \leqslant 2.5 \quad 或 \quad 0.6 \geqslant l_1/h_1 \geqslant 0.4 \tag{10-81}$$

上、下实体墙带的高度　$$h_{sol} \geqslant l_1 \tag{10-82}$$

（3）墙板厚度　为使墙板的水平配筋配置合理、适当，带竖缝钢筋混凝土剪力墙板的厚度，可按下列公式确定

$$t \geqslant \frac{F_v}{\omega \rho_{sh} l f_{shy}} \tag{10-83}$$

$$\omega = \frac{2}{1 + \dfrac{0.4 I_{os}}{t l_1^2 h_1} \cdot \dfrac{1}{\rho_2}} \leqslant 1.5 \tag{10-84}$$

式中　F_v——墙板的总水平剪力设计值；

ρ_{sh}——墙板水平横向钢筋配筋率，初步设计时可取 $\rho_{sh}=0.6\%$；

ρ_2——箍筋的配筋系数，$\rho_2=\rho_{sh} \cdot f_{shy}/f_{cm}$；

f_{shy}——水平横向钢筋的抗拉强度设计值；

f_{cm}——混凝土弯曲抗压强度设计值；

ω——墙板开裂后，竖向约束力对墙板横向（水平）承载力的影响系数；

I_{os}——单肢缝间墙折算惯性矩，可近似取 $I_{os}=1.08I$；

I——单肢缝间墙的水平截面惯性矩，$I=tl_1^3/12$。

3. 墙板的承载力计算

（1）计算和配筋原则　墙板的承载力计算，是以一个缝间墙及其相应范围内的实体墙作为计算对象。缝间墙两侧的竖向钢筋，按对称配筋大偏心受压构件计算确定。

（2）计算方法

1）单肢缝间墙在缝根处的水平截面内力，按下列公式确定：

弯矩设计值　$$M = V_1 \cdot h_1/2 \tag{10-85}$$

轴力设计值 $$N=0.9V_1\cdot h_1/l_1 \tag{10-86}$$

剪力设计值 $$V_1=F_v/n_1 \tag{10-87}$$

式中 n_1——为一块墙板内的缝间墙肢数。

2）由缝间墙弯剪变形引起的附加偏心距 Δe，按下列公式确定

$$\Delta e=0.003h \tag{10-88}$$

3）缝间墙的截面配筋系数 ρ_1 按下式计算

$$\rho_1=\frac{A}{t(l_1-a_1)}\cdot\frac{f_{sy}}{f_{cm}}=\rho\cdot\frac{f_{sy}}{f_{cm}} \tag{10-89}$$

ρ_1 宜控制在 0.075~0.185，且实配钢筋面积不宜超过计算所需面积的 5%。若超过此范围过多，则应重新调整缝间墙肢数 n_1、缝间墙尺寸 l_1、h_1 以及 a_1（受力纵筋合力中心至缝间墙边缘的距离）f_{cm}、f_{sy} 的值，使 ρ_1 尽可能控制在上述范围内。

4）单肢缝间墙斜截面抗剪强度应满足下式要求

$$\eta_v V_1\leqslant 0.18t(l_1-a_1)f_c \tag{10-90}$$

式中 η_v——剪力设计值调整系数，可取 1.2；

f_c——墙板混凝土抗压强度设计值。

5）上、下带状实体墙的斜截面抗剪强度应满足下式要求

$$\eta_v V_1\leqslant k_s t l_1 f_c \tag{10-91}$$

$$k_s=\frac{\lambda\cdot(l_1/h_1)\cdot\beta}{\beta^2+(l_1/h_1)^2[h/(h-h_1)]^2} \tag{10-92}$$

式中 k_s——竖向约束力对上、下带状实体墙斜截面抗剪承载力的影响系数；

λ——剪应力不均匀修正系数，$\lambda=0.8(n_1-1)/n_1$；

β——竖向约束系数，$\beta=0.9$。

4. 墙板的 V-u 曲线

（1）墙板变形 带竖缝的墙板在水平荷载作用下的变形由三部分组成（图 10-22）——缝间墙压弯变形、缝间墙剪切变形和上、下带状实体墙的剪切变形。

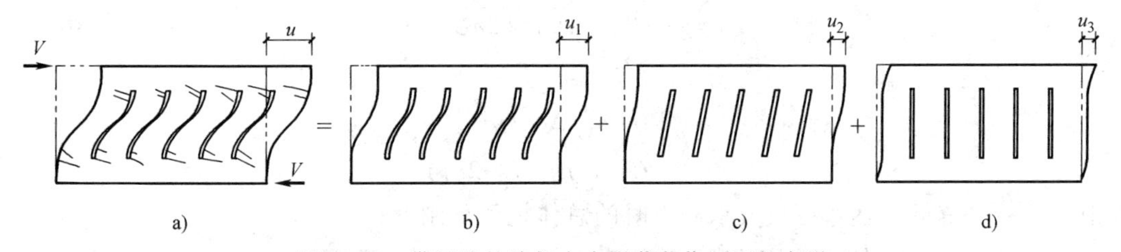

图 10-22 带竖缝的墙板在水平荷载作用下的变形

a）墙板总变形 b）缝间墙压弯变形 c）缝间墙剪切变形 d）上、下带状实体墙的剪切变形

试验结果表明：在墙板的总变形中，缝间墙的压弯变形约占 75%。因此，作为一种简化计算，墙板的总变形计算，是以缝间墙的纯弯曲变形为基础，再考虑约束压力的影响及另外两项变形，对其进行修正后而得。

（2）墙板的抗侧力性能　带竖缝墙板的抗侧力性能，可通过其 V-u 曲线来描述（图 10-23）。

1）当缝间墙的纵筋（竖向钢筋）屈服时，单肢缝间墙的受剪承载力 V_y 和墙板的总体侧移 u_y，按下列公式计算

$$V_{y1}=\mu\cdot\frac{l_1}{h_1}\cdot A_s f_{shy} \tag{10-93}$$

$$u_y=V_{y1}/K_y \tag{10-94}$$

$$K_y=B_1\cdot 12/(\xi h_1^3) \tag{10-95}$$

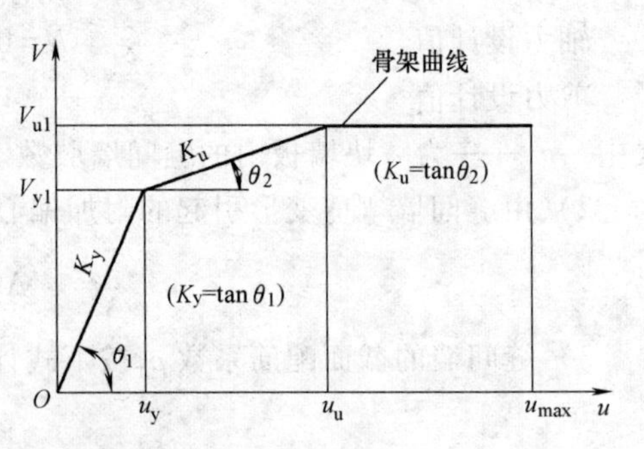

图 10-23　带竖缝墙板的 V-u 曲线

$$\xi=\left[35\rho_1+20\left(\frac{l_1-a_1}{h_1}\right)^2\right]\left(\frac{h-h_1}{h}\right)^2 \tag{10-96}$$

式中　μ——系数，按表 10-16 的规定采用；

A_s——单肢缝间墙所配纵筋截面面积；

K_y——缝间墙纵筋屈服时墙板的总体抗侧力刚度；

ξ——考虑剪切变形影响的刚度修正系数；

B_1——缝间墙抗弯刚度，按 GB 50010—2010《混凝土结构设计规范》的规定确定，

$$B_1=\frac{E_sA_s(l_1-a_1)^2}{1.35+6(E_s/E_c)\rho} \tag{10-97}$$

表 10-16　系数 μ 值

a_1	μ
$0.05l_1$	3.67
$0.10l_1$	3.41
$0.15l_1$	3.20

2）当缝间墙弯曲破坏时，单肢缝间墙的最大抗剪承载力 V_{u1} 和墙板的总体最大侧移 u_u，可按下列公式计算

$$V_{u1}=(2txf_{cmk}e_1)/h_1\approx 1.1txf_{cmk}\cdot l_1/h_1 \tag{10-98}$$

$$u_u=u_y+(V_{u1}-V_{y1})/K_u \tag{10-99}$$

$$K_u=0.2K_y \tag{10-100}$$

$$x=[-AB\sqrt{(AB)^2+2AC}]/A \tag{10-101}$$

$$A=tf_{cmk}$$

$$B=e_1+\Delta e-l_1/2$$

$$C=A_sf_{shy}(l_1-2a_1)$$

式中　K_u——缝间墙达弯压最大承载力时的总体抗侧移刚度；

e_1——缝间墙在竖缝根部截面的约束力偏心距，$e_1=l_1/1.8$；

x——缝根截面的缝间墙混凝土受压区高度。

墙板的极限侧移可按下式确定

$$u_{max}=\frac{h}{\sqrt{\rho_1}}\cdot\frac{h_1}{l_1-a_1}\cdot 10^{-3} \tag{10-102}$$

式中各符号的含义同前。

5. 构造要求

（1）墙板材料

1）墙板应采用C20~C30混凝土。

2）墙板的竖缝宜采用延性好、易滑动的耐火材料（如两片石棉板）作为填充材料。

（2）墙板的连接

1）墙板的两侧边与框架柱之间，应留有一定的空隙，使彼此之间无任何连接。

2）墙板的上端采用高强度螺栓与框架梁连接；墙板的下端除临时连接措施外，全长均应埋于现浇混凝土楼板内，并通过楼板底面齿槽与钢梁顶面的焊接栓钉实现可靠的连接；墙板四角还应采取充分可靠的措施与框架梁连接。

（3）墙板配筋

1）墙板竖缝两端的上、下带状实体墙中应配置横向主筋（水平钢筋），其数量不应低于缝间墙一侧纵向（竖向）钢筋用量。

2）墙板中水平（横向）钢筋的配筋率，应符合下列要求：

当 $\eta_v V_1/V_{y1}<1$ 时 $$\rho_{sh}=\frac{A_{sh}}{t\cdot s} \quad 且 \quad \rho_{sh}\leqslant 0.65\frac{V_{y1}}{tf_{shyk}} \tag{10-103}$$

当 $1\leqslant\eta_v V_1/V_{y1}\leqslant 1.2$ 时 $$\rho_{sh}=\frac{A_{sh}}{t\cdot s} \quad 且 \quad \rho_{sh}\leqslant 0.60\frac{V_{u1}}{tl_1 f_{shyk}} \tag{10-104}$$

式中 s——横向（水平）钢筋间距；

A_{sh}——同一高度处横向（水平）钢筋总截面积；

V_{y1}、V_{u1}——缝间墙纵筋（竖向钢筋）屈服时的抗剪承载力和缝间墙弯压破坏时的抗剪承载力，分别按式（10-93）和式（10-98）计算。

参考文献

[1] 郑廷银. 多高层房屋钢结构设计与实例 [M]. 重庆：重庆大学出版社，2014.

[2] 中国建筑标准设计研究院有限公司. 高层民用建筑钢结构技术规程：JGJ 99—2015 [S]. 北京：中国建筑工业出版社，2015.

[3] 中国建筑科学研究院. 建筑抗震设计规范：GB 50011—2010 [S]. 北京：中国建筑工业出版社，2010.

第 11 章　组合楼盖设计

11.1　分类与组成

组合楼盖由组合梁与楼板组成，其构造如图 11-1 所示。因此，组合楼盖设计主要包括组合梁设计与楼板设计两大部分内容。

组合梁是由钢梁与钢筋混凝土翼板通过抗剪连接件组合成为整体而共同工作的一种受弯构件，它可以提高结构的强度和刚度、节约钢材、降低造价、减轻结构自重，具有较显著的技术经济效果。其中，钢筋混凝土板可以是在压型钢板上现浇钢筋混凝土所构成的楼板（以下简称压型钢板-混凝土楼板），也可以是现浇的钢筋混凝土板或预制后浇成整体的混凝土板（叠合板）。

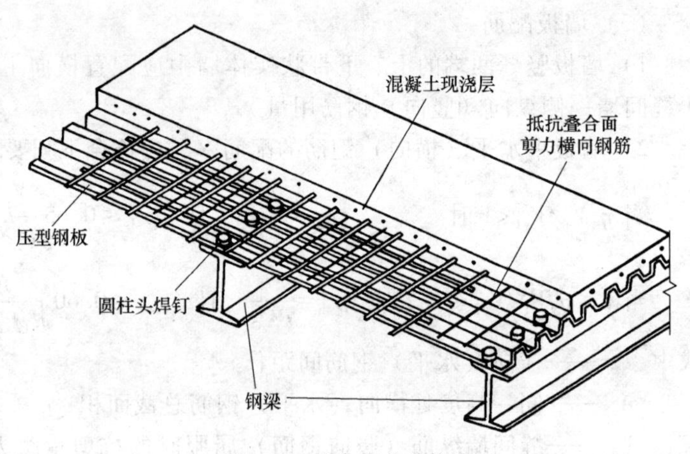

图 11-1　组合楼盖的构造

在多高层建筑钢结构中，普遍使用的是压型钢板-混凝土楼板。这是因为它不仅具有良好的结构性能和合理的施工工序，而且比其他组合楼盖有更好的综合经济效益，更能显示其优越性。

对于压型钢板-混凝土楼板，根据压型钢板的使用功能，可将其分为压型钢板-混凝土组合楼板（以下简称组合楼板）与压型钢板-混凝土非组合楼板（以下简称非组合楼板）两大类型。其主要区别在于[1]：组合楼板中的压型钢板不仅用作永久性模板，而且代替混凝土板的下部受拉钢筋与混凝土一起工作，承担包括自重在内的楼面荷载；而非组合楼板中的压型钢板仅用作永久性模板，不考虑与混凝土共同工作。

在多高层建筑钢结构中，大多采用非组合楼板。因为非组合楼板的压型钢板不需另做防火保护处理，其总造价反而较低。

11.2　组合楼板设计

由于非组合楼板的设计方法与普通钢筋混凝土楼板相同，本节不予赘述。本节仅介绍组合楼板的设计方法。

在组合楼板中，为使压型钢板与混凝土板形成整体，使其叠合面能够承受和传递纵向剪力，可采用下列三种措施之一：

1）采用闭合式压型钢板（图 11-2a），依靠楔形混凝土块为叠合面提供必要的抗剪能力。

2）采用带压痕、冲孔或加劲肋的压型钢板（图 11-2b），靠压痕、冲孔或加劲肋为叠合面提供必要的抗剪能力。

3）在无压痕的压型钢板上翼缘加焊横向钢筋（图 11-2c），以承受压型钢板与混凝土叠合面的纵向剪力。钢筋与压型钢板的连接，宜采用喇叭形坡口焊。

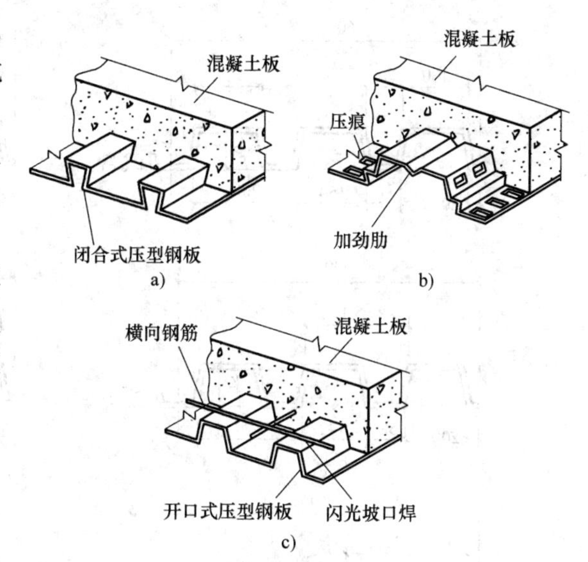

图 11-2 组合楼板的叠合面形式

a）闭合式压型钢板 b）带压痕的压型钢板

c）压型钢板上翼缘加焊横向钢筋

11.2.1 压型钢板

1. 压型钢板的材料

组合板及非组合板用的压型钢板宜采用镀锌钢板，其镀锌层厚度尚应满足在使用期间不致锈损的要求。目前国产压型钢板两面镀锌层的镀锌量总计可达 275g/m^2。

压型钢板用钢材的牌号可采用 GB/T 700—2006《碳素结构钢》中规定的 Q215 或 Q235，并应保证抗拉强度、伸长率、屈服强度及冷弯试验等四项力学性能指标，以及硫、磷、碳等三项化学成分要求。一般情况下，压型钢板用钢材的牌号宜为 Q235。

国产压型钢板的强度设计值见表 11-1。

表 11-1 国产压型钢板的强度设计值

强度种类	符号	钢牌号	
		Q215	Q235
抗拉、抗压、抗弯	f_p	190	205
抗剪	f_v	110	120
弹性模量	E_s	2.06×10^5	

2. 压型钢板的尺寸

用于组合板的压型钢板净厚度（不包括镀锌层或饰面层厚度）不应小于 0.75mm，一般宜大于 1.0mm，但不得超过 1.6mm，否则栓钉穿透焊有困难；仅作模板的压型钢板厚度不小于 0.5mm。

为便于浇筑混凝土，压型钢板的波槽平均宽度（图 11-3a）或上口槽宽（图 11-3b）不应小于 50mm。

当在槽内设置圆柱头栓钉连接件时，压型钢板总高度（包括压痕在内）不应大于 80mm。

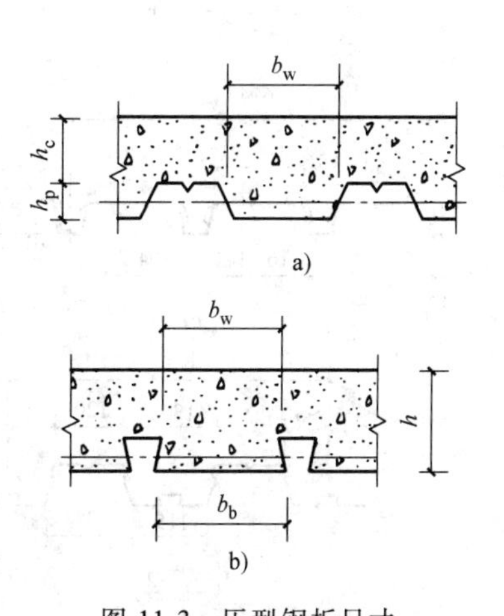

图 11-3 压型钢板尺寸

a）开口式压型钢板 b）闭合式压型钢板

3. 压型钢板的型号及其截面性能

目前国内外市场上的压型钢板部分型号及各部分尺寸如图 11-4、图 11-5 所示，这些压型钢板都可用于组合板中。

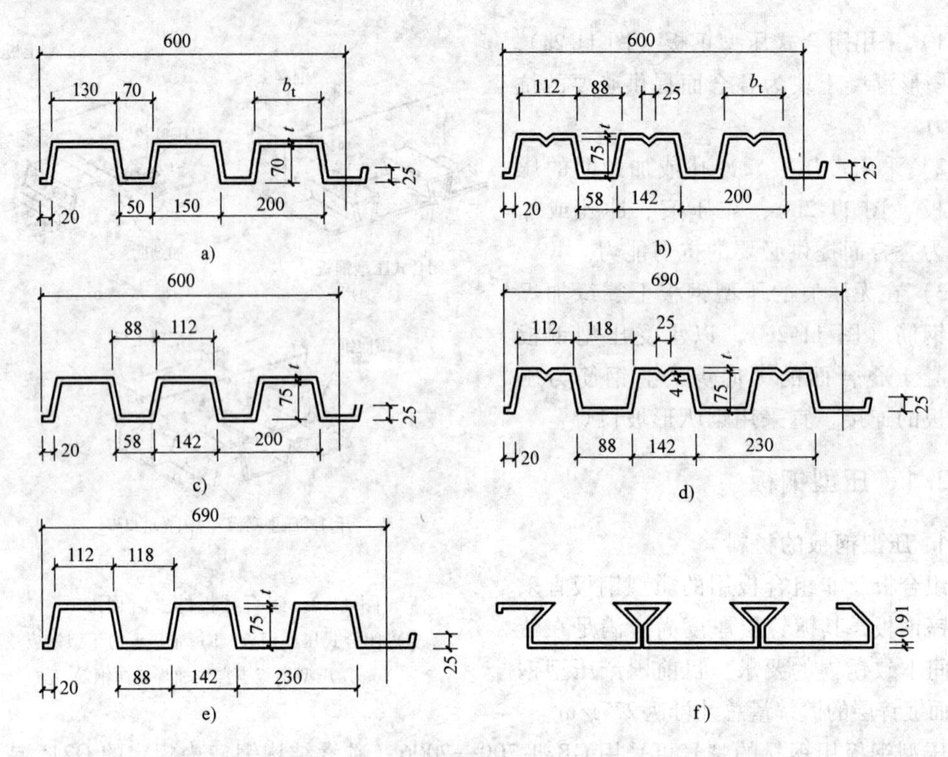

图 11-4 国产压型钢板的部分板型

a) YX-70-200-600 b) YX-75-200-600（Ⅰ） c) YX-75-200-600（Ⅱ）
d) YX-75-230-690（Ⅰ） e) YX-75-230-690（Ⅱ） f) BD-40 完全闭合型

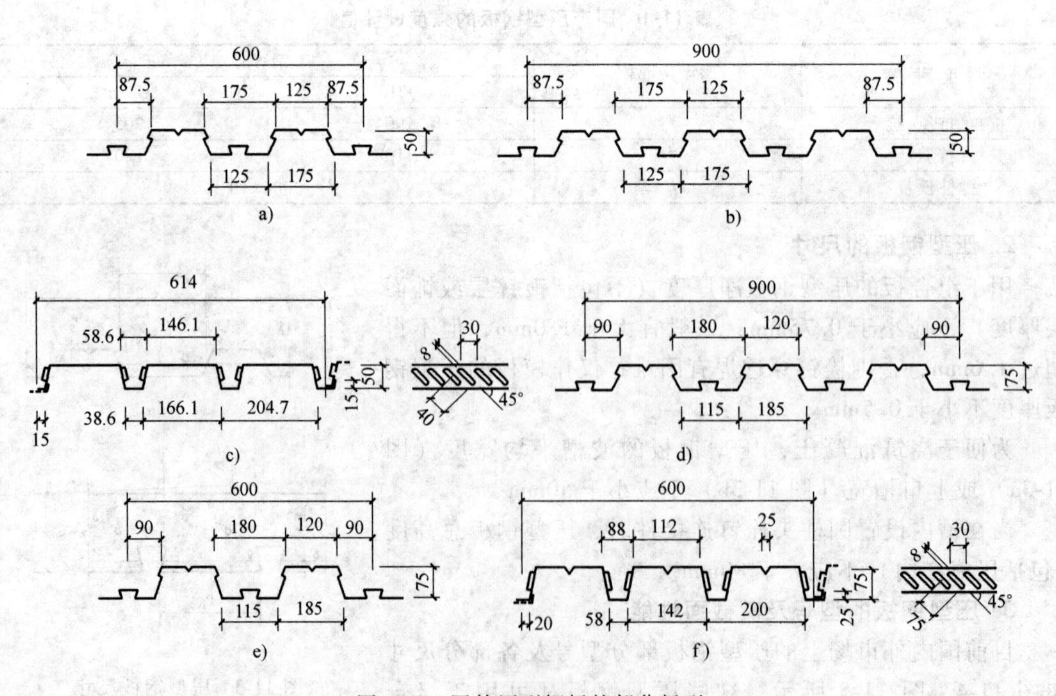

图 11-5 国外压型钢板的部分板型

a) EZ50-600 型 b) EZ50-900 型 c) EZ50 型 d) EZ75-900 型 e) EUA 型 f) EZ75-600 型

目前国产压型钢板的部分型号及其截面性能见表 11-2。

表 11-2 国产压型钢板的部分型号及其截面性能

板型	板厚/mm	质量/(kg/m)		截面性能(1m 宽)			
				全截面		有效宽度	
		未镀锌	镀锌 Z27	惯性矩 $I/(cm^4/m)$	截面系数 $W/(cm^3/m)$	惯性矩 $I/(cm^4/m)$	截面系数 $W/(cm^3/m)$
YX-75-230-690(Ⅰ)	0.8	9.96	10.6	117	29.3	82	18.8
	1.0	12.4	13.0	145	36.3	110	26.2
	1.2	14.9	15.5	173	43.2	140	34.5
	1.6	19.7	20.3	226	56.4	204	54.1
	2.3	28.1	28.7	316	79.1	316	79.1
YX-75-230-690(Ⅱ)	0.8	9.96	10.6	117	29.3	82	18.8
	1.0	12.4	13.0	146	36.5	110	26.2
	1.2	14.8	15.4	174	43.4	140	34.5
	1.6	19.7	20.3	228	57.0	204	54.1
	2.3	28.0	28.6	318	79.5	318	79.5
YX-75-200-600(Ⅰ)	1.2	15.7	16.3	168	38.4	137	35.9
	1.6	20.8	21.3	220	50.2	200	48.9
	2.3	29.5	30.2	306	70.1	306	70.1
YX-75-200-600(Ⅱ)	1.2	15.6	16.3	169	38.7	137	35.9
	1.6	20.7	21.3	220	50.7	200	48.9
	2.3	29.5	30.2	309	70.6	309	70.6
YX-70-200-600	0.8	10.5	11.1	110	26.6	76.8	20.5
	1.0	13.1	13.6	137	33.3	96	25.7
	1.2	15.7	16.2	164	40.0	115	30.6
	1.6	20.9	21.5	219	53.3	153	40.8

对于没有齿槽或压痕的压型钢板多数只适用于非组合板中，若要用于组合板中，必须在板的上翼缘加焊横向附加钢筋（图 11-2c），以提高叠合面的抗剪能力，保证组合效应。

4. 压型钢板的截面特征计算

（1）计算原则

1）当压型钢板的受压翼缘宽厚比小于允许最大宽厚比（表 11-3）时，其截面特征可采用全截面进行计算。

2）当压型钢板的受压翼缘宽厚比大于允许最大宽厚比时，其截面特征应按有效截面进行计算。

表 11-3 压型钢板受压翼缘的允许最大宽厚比

翼缘板件的支承条件	宽厚比(b_t/t)
两边支承(有中间加劲肋时,包括中间加劲肋)	500
一边支承,一边卷边	60
一边支承,一边自由	60

注：b_t 为压型钢板受压翼缘在相邻支承点（腹板或纵向加劲肋）之间的实际宽度；t 为压型钢板的基板厚度。

（2）压型钢板受压翼缘的有效宽度 当压型钢板的受压翼缘宽厚比超过表 11-3 所规定的允许最大宽厚比时，其受压翼缘的有效计算宽度（图 11-6），可按表 11-4 中所列相应公式计算。

实际计算中，压型钢板受压翼缘的有效计算宽度可取

$$b_{ef}=50t \tag{11-1}$$

式中 t——压型钢板受压翼缘的基板厚度。

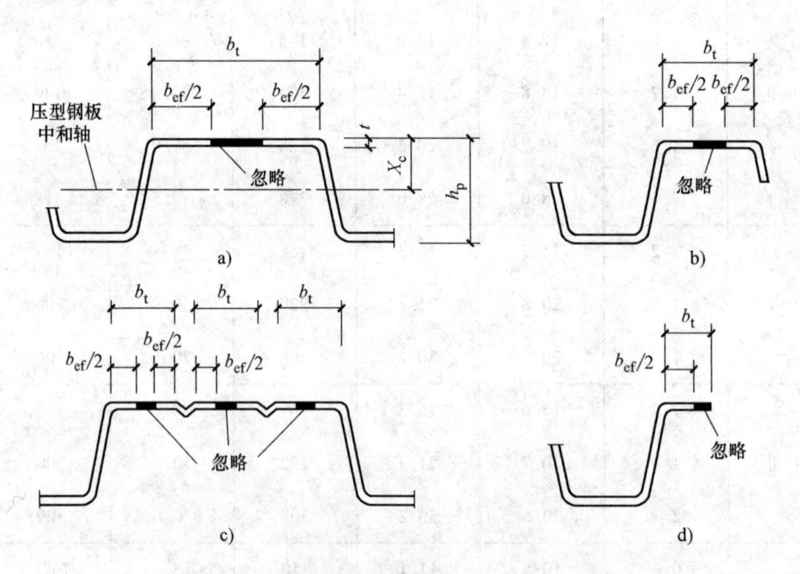

图 11-6 压型钢板受压翼缘的有效计算宽度

a）无中间加劲肋的两边支承板 b）一边支承一边卷边的板元

c）有中间加劲肋的两边支承板 d）一边支承一边自由的板元

表 11-4 压型钢板受压翼缘有效计算宽度 b_{ef}的计算公式

板元受力状态	计算公式
1. 两边支承,无中间加劲肋(图 11-6a) 2. 两边支承,上下翼缘不对称,$b_t/t>160$ 3. 一边支承,一边卷边,$b_t/t\leqslant160$	当 $b_t/t\leqslant1.2\sqrt{E/\sigma_c}$ 时 $b_{ef}=b_t$ 当 $b_t/t>1.2\sqrt{E/\sigma_c}$ 时 $b_{ef}=1.77\sqrt{E/\sigma_c}\left(1-\dfrac{0.387}{b_t/t}\sqrt{E/\sigma_c}\right)t$
4. 一边支承,一边卷边 $b_t/t>160$(图 11-6b)	$b_{ef}^{re}=b_{ef}-0.1(b_t/t-60)t$ 式中,b_{ef}按式(11-11) 计算

（续）

板元受力状态	计算公式
5. 一边支承，一边自由（图 11-6d）	当 $b_t/t \leqslant 0.39\sqrt{E/\alpha_c}$ 时 $b_{ef}=b_t$ 当 $0.39\sqrt{E/\alpha_c}<b_t/t\leqslant 1.26\sqrt{E/\alpha_c}$ 时 $b_{ef}=0.58t\sqrt{E/\alpha_c}\left(1-\dfrac{0.126}{b_t/t}\sqrt{E/\alpha_c}\right)$ 当 $1.26\sqrt{E/\alpha_c}<b_t/t\leqslant 60$ 时 $b_{ef}=1.02t\sqrt{E/\alpha_c}-0.39b_t$
6. 有 1~2 个中间加劲肋的两边支撑受压翼缘 $b_t/t\leqslant 60$（图 11-6c）	当 $b_t/t\leqslant 1.2\sqrt{E/\sigma_c}$ 时，b_{ef} 按式（11-9）计算 当 $b_t/t>1.2\sqrt{E/\sigma_c}$ 时，b_{ef} 按式（11-10）计算
7. 有 1~2 个中间加劲肋的两边支撑受压翼缘 $b_t/t>60$（图 11-6c）	b_{ef} 按式（11-11）计算

注：b_{ef} 为压型钢板受压翼缘的有效计算宽度（mm）；b_{ef}^{re} 为折剪的有效计算宽度（mm）；α_c 为按有效截面计算时，受压边缘板的支撑边缘处的实际应力（N/mm^2）；E 为压型钢板受压翼缘的有效计算宽度（mm）。

（3）压型钢板的受压翼缘纵向加劲肋的刚度要求　当压型钢板的受压翼缘带有纵向加劲肋时，其惯性矩应满足式（11-2）或式（11-3）要求；否则，其受压翼缘板应按无加劲肋的受压翼缘板计算。

1）边缘卷边的加劲肋

$$I_{es}\geqslant 1.83t^4\sqrt{(b_t/t)^2-27600/f_y}\quad 且\quad I_{es}\geqslant 9.2t^4 \tag{11-2}$$

2）中间加劲肋

$$I_{is}\geqslant 3.66t^4\sqrt{(b_t/t)^2-27600/f_y}\quad 且\quad I_{is}\geqslant 18.4t^4 \tag{11-3}$$

式中　I_{es}——边缘卷边的加劲肋截面对被加劲受压翼缘截面形心轴的惯性矩；

I_{is}——中间加劲肋截面对被加劲受压翼缘截面形心轴的惯性矩；

b_t——加劲肋所在受压翼缘板的实际宽度（mm）；

t——加劲肋所在受压翼缘板的基板厚度（mm）；

f_y——压型钢板所用钢材的屈服强度。

5. 压型钢板的连接

（1）压型钢板的侧边连接（压型钢板相互间的搭接连接）　压型钢板相互间的搭接连接可采用贴角焊或塞焊，以防止压型钢板相对移动或分离。其搭接连接的每段焊缝长度为 20~30mm，焊缝间距为 200~300mm（图 11-7）。

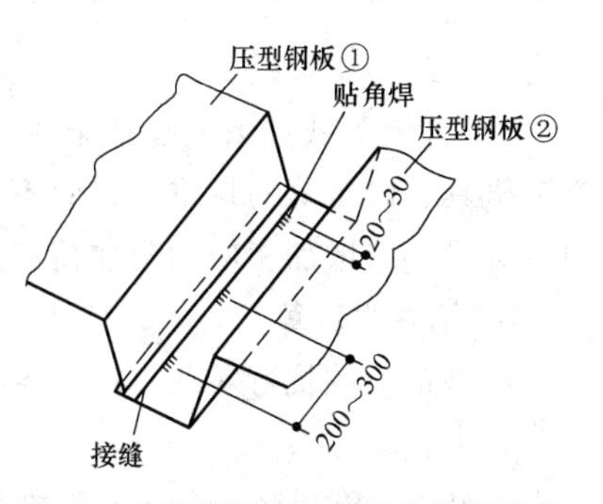

图 11-7　压型钢板相互间的搭接连接

（2）压型钢板的端部连接（压型钢板与钢梁的连接）　在压型钢板的端部，应设置锚固件与钢梁连接，可采用塞焊（图 11-8a）或贴角焊（图 11-8b）或采用圆柱头栓钉穿透压型钢板与钢梁焊接（图 11-8c）。穿透焊的栓钉直径不应大于 19mm。

11.2.2　楼板施工阶段的验算

在施工阶段，由于混凝土尚未达到强度设计值，不论组合板或非组合板，均不考虑其组

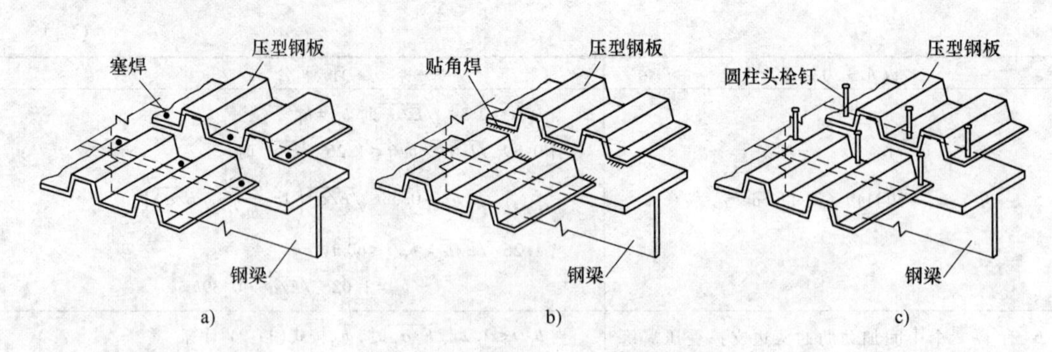

图 11-8 压型钢板与钢梁的连接

a）塞焊 b）贴角焊 c）栓钉穿透焊

合作用，因此在进行施工阶段的强度和变形计算时，只考虑压型钢板的作用。

1. 计算原则

1）在施工阶段，对组合板或非组合板的压型钢板，应验算强边（顺肋）方向的强度和变形。

2）验算压型钢板在施工阶段荷载作用下的抗弯承载力和变形时，可采用弹性分析方法进行计算。

3）压型钢板强边（顺肋）方向的正、负弯矩和挠度，应按单向板计算；弱边（垂直于肋）方向不计算。

4）经验算，若压型钢板的强度和变形不能满足要求时，可增设临时支撑以减小压型钢板的跨度，此时的计算跨度可取临时支撑点间的距离。

2. 荷载确定

施工阶段，压型钢板作为浇筑混凝土的底模和工作平台，对其进行强度和变形验算时，应考虑下列荷载：

1）永久荷载：该项包括压型钢板、钢筋和湿混凝土等自重。在确定湿混凝土自重时，应考虑挠曲效应，即当压型钢板跨中挠度 w 大于 20mm 时，应在全跨增加 $0.7w$ 厚度的混凝土均布荷载，或增设临时支撑。

2）可变荷载：该项包括施工荷载和附加荷载，主要为施工荷载。施工荷载包括工人、施工机具、设备等的自重，宜取不小于 1.5kN/m^2；当有过量冲击、混凝土堆放、管线和泵的荷载时，应增加相应的附加荷载。

3. 承载力验算

压型钢板的抗弯承载力应符合下式要求

$$M \leqslant W_s f_s \tag{11-4}$$

式中 M——压型钢板在施工阶段荷载作用下顺肋方向一个波宽的弯矩设计值；

f_s——压型钢板的抗拉、抗压强度设计值（N/mm^2）；

W_s——压型钢板的截面模量（mm^3），取受压边 W_{sc} 与受拉边 W_{st} 中的较小值。

$$W_{sc}=I_s/x_c,\ W_{st}=I_s/(h_s-x_c) \tag{11-5}$$

式中 I_s——一个波宽的压型钢板对其截面形心轴的惯性矩（mm^4）；计算 I_s 时，受压翼缘的有效计算宽度 b_{ef} 的取值（图 11-6、表 11-4），应满足 $b_{ef} \leqslant 50t$ 的要求；

x_c——压型钢板受压翼缘的外边缘到中和轴的距离（mm），如图11-6所示；

h_s——压型钢板截面的总高度。

4. 变形验算

在施工阶段，由于混凝土尚未达到强度设计值，不考虑组合板的组合作用，因此在进行施工阶段的变形计算时，只考虑压型钢板的刚度。

在施工阶段，压型钢板的变形是通过其挠度验算来控制的。考虑到下料的不利情况，压型钢板可取两跨连续板或单跨简支板进行挠度验算，其挠度验算为

两跨连续板
$$w=\frac{ql^4}{185EI_s}\leqslant[w] \tag{11-6}$$

单跨简支板
$$w=\frac{ql^4}{384EI_s}\leqslant[w] \tag{11-7}$$

式中 q——在施工阶段压型钢板上的荷载标准值（N/mm）；

EI_s——一个波宽的压型钢板截面的弯曲刚度（$N\cdot mm^2$）；

l——压型钢板的计算跨度（mm）；

$[w]$——在施工阶段压型钢板的允许挠度，可取 $l/180$ 与20mm的较小者（其中 l 为压型钢板的计算跨度）。

若压型钢板的变形不能满足式（11-6）或式（11-7）要求时，应采取增设临时支撑等措施，以减小施工阶段压型钢板的变形。

11.2.3 组合楼板使用阶段的验算

对于压型钢板仅用作永久性模板的非组合楼板，其设计方法与普通钢筋混凝土楼板相同，但楼板的有效厚度取压型钢板顶面以上的混凝土厚度，并应在压型钢板波槽内设置纵向受力钢筋，设计时可参考普通钢筋混凝土的相关资料，故本节不予赘述。本节仅叙述与组合楼板有关的验算内容。

11.2.3.1 组合板可能的主要破坏模式

在承载能力极限状态下，组合楼板可能发生的主要破坏模式有弯曲破坏、压型钢板与混凝土界面的纵向剪切破坏、斜截面剪切破坏，局部荷载作用下的冲切破坏、压型钢板局部失稳等[1]。

1. 弯曲破坏

如果压型钢板与混凝土之间连接可靠，则组合板最有可能在最大弯矩截面1—1发生弯曲破坏（图11-9）。

在正常设计情况下，应当使弯曲破坏先于其他破坏。因为，弯曲破坏一般属于延性破坏，在破坏前有明显的预兆，足以使人们引起警惕并采取有效的加固措施。

与一般钢筋混凝土板类似，根据组合板中受拉钢材（包括压型钢板与受拉钢筋）的含钢率多少，组合板可能发生少筋、超筋和适筋破坏的不同形态。

弯曲破坏的不同形态与含钢率和受压区高度 x 值密切相关，因为通常应以含钢率或受压区高度 x 值来控制其破坏形态。正常情况下，应将板设计成适筋的弯曲破坏，避免因少筋、超筋不正常破坏形态的发生。

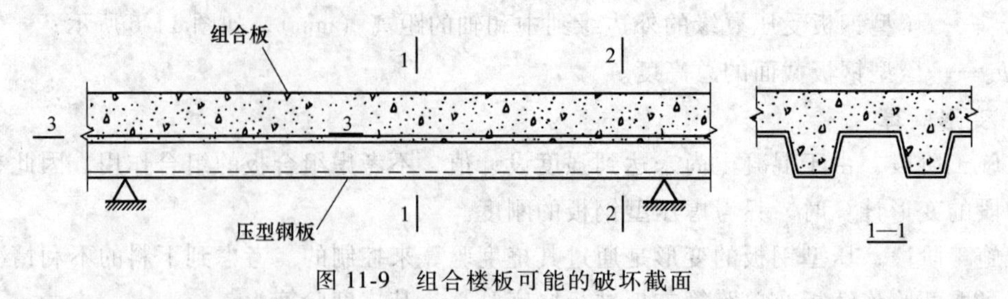

图 11-9 组合楼板可能的破坏截面

2. 压型钢板与混凝土界面的纵向剪切破坏

在组合板尚未达到极限弯矩之前，若压型钢板与混凝土界面的抗剪切连接强度不足，而导致丧失其抗剪切连接能力，从而使压型钢板与混凝土板在其界面处产生相对纵向滑移，失去其组合作用，这种破坏模式为压型钢板与混凝土界面（图 11-9 中的 3—3 截面）的纵向剪切破坏。它也是组合板的主要破坏模式之一。

在设计中应采取必要的措施，以增强其压型钢板与混凝土界面的抗剪切连接能力。

3. 斜截面剪切破坏

这种破坏模式在板中虽不常见，但当组合板的高跨比很大、荷载比较大，尤其是在集中荷载作用处（支座处，图 11-9 中的 2—2 截面），可能沿斜截面剪切破坏。因此，在较厚的组合板中，当混凝土的抗剪能力不足时，应设置钢箍以抵抗剪力。

4. 局部荷载作用下的冲切破坏

当组合板比较薄，在局部面积上作用有较大的集中荷载时，可能发生组合板局部冲切破坏。因此，当组合板的冲切强度不足时，应适当配置分布钢筋，以使集中荷载分布到较大范围的板上，并适当配置承受冲切力的附加钢箍或吊筋。

5. 压型钢板的局部失稳

在连续板的中间支座处，压型钢板处于受压区，以及虽然压型钢板处于受拉区，但是当含钢量过大，受压区高度较高，以致压型钢板上翼缘及部分腹板可能处于受压区时，此时可能出现压型钢板的局部屈曲而导致组合板丧失其承载能力。设计时尚应防止压型钢板的局部失稳而导致组合板丧失其承载能力。

11.2.3.2 计算原则

1）在使用阶段，当压型钢板顶面以上的混凝土厚度为 50~100mm 时，按下列规定进行组合板计算：

① 组合板强边（顺肋）方向的正弯矩和挠度，均按承受全部荷载的简支单向板计算。

② 强边方向的负弯矩，按固端板取值。

③ 不考虑弱边（垂直于肋）方向的正、负弯矩。

2）当压型钢板顶面以上的混凝土厚度大于 100mm 时，按下列规定进行组合板计算：

① 板的挠度应按强边方向的简支单向板计算。

② 板的承载力应根据其两个方向跨度的比值按下列规定计算。

a. 当 $0.5<\lambda_e<2.0$ 时，应按双向板计算。

b. 当 $\lambda_e \leqslant 0.5$ 或 $\lambda_e \geqslant 2.0$ 时，应按单向板计算。

$$\lambda_e = \mu l_x / l_y,\ \mu = (I_x / I_y)^{1/4} \tag{11-8}$$

式中 μ——组合板的受力异向性（各向异性）系数；

l_x、l_y——组合板强边（顺肋）方向和弱边（垂直于肋）方向的跨度；

I_x、I_y——组合板强边和弱边方向的惯性矩，但计算 I_y 时只考虑压型钢板顶面以上的混凝土厚度 h_c。

3）双向组合板周边的支承条件

① 当跨度大致相等，且相邻跨是连续时，楼板周边可视为固定边。

② 当组合板相邻跨度相差较大，或压型钢板以上浇的混凝土板不连续时，应将楼板周边视为简支边。

4）四边支承双向板的设计规定

① 强边（顺肋）方向，按组合板设计。

② 弱边（垂直于肋）方向，仅取压型钢板上翼缘顶以上的混凝土板（$h=h_c$），按常规混凝土板设计。

5）在局部荷载作用下，组合板的有效工作宽度 b_{ef}（图 11-10），不得大于按下列公式计算的值。

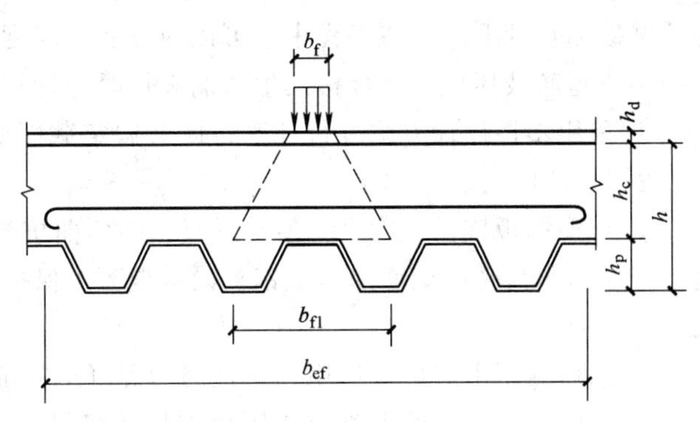

图 11-10 集中荷载分布的有效宽度

a. 抗弯计算时

简支板
$$b_{ef}=b_{f1}+2l_p(1-l_p/l) \tag{11-9}$$

连续板
$$b_{ef}=b_{f1}+[4l_p(1-l_p/l)]/3 \tag{11-10}$$

b. 抗剪计算时

$$b_{ef}=b_{f1}+l_p(1-l_p/l) \tag{11-11}$$

$$b_{f1}=b_f+2(h_c+h_d) \tag{11-12}$$

式中 l——组合板跨度；

l_p——荷载作用点到组合楼板较近支座的距离，当组合板的跨度内有多个集中荷载作用时，l_p取产生较小 b_{ef}值的相应荷载作用点到组合楼板较近支座的距离；

b_f、b_{f1}——集中（局部）荷载的作用宽度和集中荷载在组合板中的分布宽度；

h_c——压型钢板顶面以上的混凝土计算厚度；

h_d——组合板的饰面厚度，若无饰面层时取 $h_d=0$。

11.2.3.3 荷载确定

（1）永久荷载 它包括压型钢板、混凝土层、面层、构造层、吊顶等自重以及风管等设备重。

（2）可变荷载 它包括使用活荷载、安装荷载或设备检修荷载等。

当采用足尺试件进行加载试验来确定组合板的承载力时，应按下列规定确定组合板的设计荷载：

1）具有完全抗剪连接的构件，其设计荷载应取静力试验极限荷载的1/2。

2）具有不完全抗剪连接的构件，其设计荷载应取静力极限荷载的1/3。

3）取挠度达到跨度的1/50时的实际荷载的一半。

11.2.3.4 验算内容

在使用阶段，应对组合楼板在全部荷载作用下的强度和变形进行验算以及振动控制。强度验算主要包括正截面抗弯、斜截面抗剪、混凝土与压型钢板叠合面的纵向抗剪、抗冲剪四个方面；其变形验算包括挠度验算和负弯矩区段的截面裂缝宽度验算；其振动控制主要是对自振频率的验算。

11.2.3.5 验算方法

1. 强度验算

(1) 正截面抗弯强度验算

1) 计算假定。组合板正截面抗弯承载力计算，是建立在合理配筋和保证极限状态时发生适筋破坏基础上的。在工程中，可以通过受压高度的限制条件和构造要求来控制，避免少筋破坏与超筋破坏。当组合板发生适筋破坏时，计算应符合下列基本假定：

① 采用塑性设计方法进行计算，此时假定截面受拉区和受压区的材料均达到强度设计值（图 11-11）。

② 压型钢板抗拉强度设计值与混凝土的弯曲抗压强度设计值，均应乘以折减系数 0.8。这是考虑到作为受拉钢筋的压型钢板没有混凝土保护层，以及中和轴附近材料强度未能充分发挥等原因。

③ 忽略混凝土的抗拉作用，这是因为混凝土的抗拉强度很低。

④ 假定组合板中的混凝土与压型钢板始终保持共同作用，因此直至达到极限状态，组合板都符合平截面假定。

2) 抗弯承载力验算。对组合板的抗弯承载力计算分以下两种情况考虑：

① 当 $A_p f \leqslant \alpha_1 f_c b h_c$ 时，塑性中和轴在压型钢板顶面以上的混凝土截面内（图 11-11a），此时组合板在一个波宽内的弯矩应符合下式要求

$$M \leqslant 0.8\alpha_1 f_c x b y_p \tag{11-13}$$

$$y_p = h_0 - x/2 \tag{11-14}$$

式中 M——组合板在压型钢板一个波宽内的弯矩设计值（N·mm）；

x——组合板受压区高度（mm），$x = A_p f/\alpha_1 f_c b$，当 $x > 0.55h_0$ 时，取 $0.55h_0$，h_0 为组合板的有效高度（压型钢板重心以上的混凝土厚度）；

y_p——压型钢板截面应力合力至混凝土受压区截面应力合力的距离（mm）；

b——压型钢板的波距（mm）；

A_p——压型钢板波距（一个波宽）内的截面面积（mm^2）；

f——压型钢板钢材的抗拉强度设计值（N/mm^2）；

α_1——受压区混凝土矩形应力图的应力值与混凝土轴心抗压强度设计值的比值，按《混凝土结构设计规范》的规定取用；

f_c——混凝土轴心抗压强度设计值（N/mm^2）；

h_c——压型钢板顶面以上混凝土计算厚度。

② 当 $A_p f > \alpha_1 f_c b h_c$ 时，塑性中和轴在压型钢板内（图 11-11b），此时组合板在一个波宽内的弯矩应符合下式要求

$$M \leqslant 0.8(\alpha_1 f_c h_c b y_{p1} + A_{p2} f y_{p2}) \tag{11-15}$$

$$A_{p2} = 0.5(A_p - \alpha_1 f_c h_c b/f) \tag{11-16}$$

式中 A_{p2}——塑性中和轴以上的压型钢板波距内截面面积（mm^2）；

y_{p1}、y_{p2}——压型钢板受拉区截面拉应力合力分别至受压区混凝土板截面和压型钢板截面压应力合力的距离。

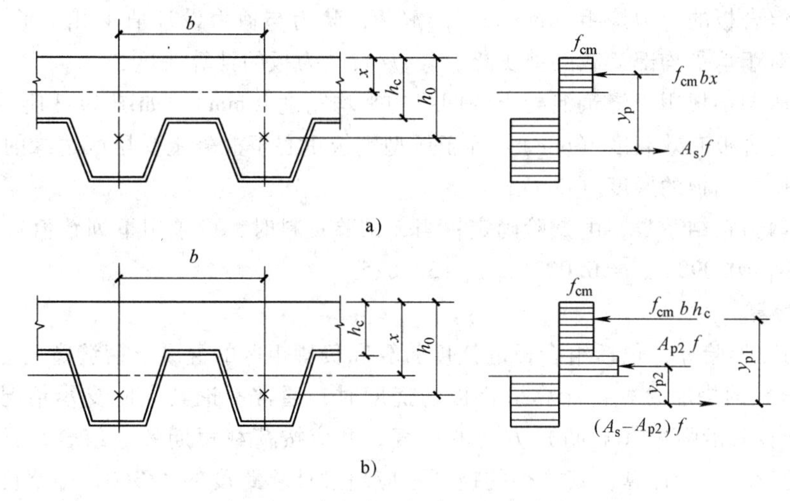

图 11-11 组合板截面抗弯承载力计算简图

a）塑性中和轴位于压型钢板顶面以上的混凝土截面内 b）塑性中和轴位于压型钢板截面内

（2）集中荷载下的抗冲切验算 组合板在集中荷载下的冲切力 V_1，应符合下式要求

$$V_1 \leqslant 0.6 f_t u_{cr} h_c \tag{11-17}$$

式中 u_{cr}——临界周界长度，如图 11-12 所示；

h_c——压型钢板顶面以上的混凝土计算厚度；

f_t——混凝土轴心抗拉强度设计值。

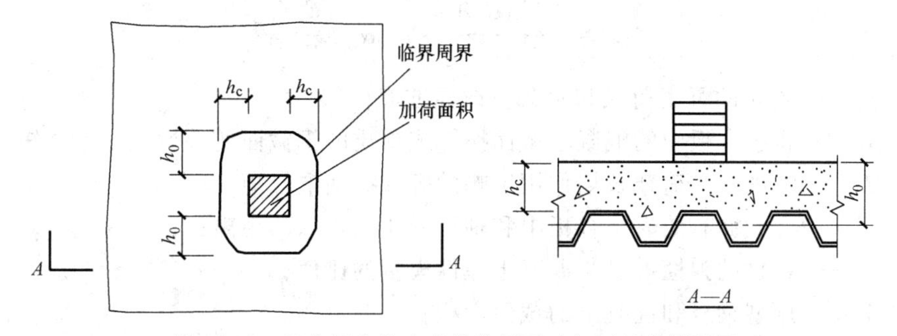

图 11-12 组合板在集中荷载作用下冲切面的临界周界

（3）斜截面抗剪验算 组合板端部（图 11-9 中的 2-2 截面）的斜截面抗剪承载力，应符合下式要求

$$V_{in} \leqslant 0.07 f_t b h_0 \tag{11-18}$$

式中 V_{in}——组合板一个波距内斜截面最大剪力设计值。

h_0——组合板有效高度，即压型钢板重心至混凝土受压区边缘的距离。

（4）叠合面的纵向抗剪验算 组合板的混凝土与压型钢板叠合面（图 11-9 中的 3—3 截面）上的纵向剪力，应符合下式要求

$$V \leqslant V_u \tag{11-19}$$

$$V_u = \alpha_0 - \alpha_1 l_v + \alpha_2 b_w h_0 + \alpha_3 t \tag{11-20}$$

式中 V——作用于组合板一个波距叠合面上的纵向剪力设计值（kN/m）；

V_u——组合板中一个波距叠合面上的纵向（允许）抗剪承载力设计值（kN/m）；

l_v——组合板的剪力跨距（mm），$l_v=M/V$，M 为与剪力设计值 V 相应的弯矩设计值；对于承受均部荷载的剪支板，$l_v=l/4$，l 为板的计算跨度；

b_w——压型钢板用于浇筑混凝土的凹槽的平均宽度（mm），如图 11-3 所示；

h_0——组合板有效高度（mm），等于压型钢板重心至混凝土受压区边缘的距离；

t——压型钢板的厚度（mm）；

$\alpha_0 \sim \alpha_3$——剪力粘结系数，由试验确定；当无试验资料时，可采用下列数值：$\alpha_0=78.124$，$\alpha_1=0.098$，$\alpha_2=0.0036$，$\alpha_3=38.625$。

2. 变形验算

组合板的变形验算，包括组合板的挠度验算和负弯矩区的混凝土裂缝宽度验算两部分。

（1）组合板的挠度验算 计算组合板的挠度时，通常不论其实际支承情况如何，均按简支单向板计算其沿强边（顺肋）方向的挠度，并应按荷载短期效应组合，且考虑永久荷载长期作用的影响进行计算，其算得的挠度不应超过计算跨度的 1/360，即挠度验算应满足下式要求

$$w=\frac{5}{384}\left(\frac{q_k l^4}{E_s I_0}+\frac{g_k l^4}{E_s I_0'}\right)\leqslant\frac{l}{360} \tag{11-21}$$

$$I_0=\frac{1}{\alpha_E}[I_c+A_c(x_n'-h_c')^2]+I_s+A_s(h_0-x_n')^2 \tag{11-22}$$

$$I_0'=\frac{1}{2\alpha_E}[I_c+A_c(x_n'-h_c')^2]+I_s+A_s(h_0-x_n')^2 \tag{11-23}$$

$$x_n'=\frac{A_c h_c'+\alpha_E A_s h_0}{A_c+\alpha_E A_s},\quad \alpha_E=\frac{E_s}{E_c} \tag{11-24}$$

式中 q_k、g_k——均布的可变荷载和永久荷载标准值；

I_0——将组合板中的混凝土截面换算成单质的钢截面的等效截面惯性矩；

I_0'——考虑永久荷载长期作用影响的等效截面惯性矩；

x_n'——全截面有效时组合板中和轴至受压区边缘的距离；

α_E——钢材的弹性模量与混凝土弹性模量的比值；

A_s、A_c——压型钢板和混凝土的截面面积；

I_s、I_c——压型钢板和混凝土各自对其自身形心轴的惯性矩；

h_0——组合板截面的有效高度，即组合板受压区边缘至压型钢板重心的距离；

h_c'——组合板受压区边缘至混凝土截面重心的距离（图 11-13）。

（2）组合板负弯矩区的裂缝宽度验算

连续组合板负弯矩区段的最大裂缝宽度计算，可近似忽略压型钢板的作用，即只考虑混凝土板及其负钢筋的作用情况下计算连续组合板负弯矩区段的最大裂缝宽度，并使其符合 GB 50010—2010《混凝土结构设计规范》规定的裂缝宽度限值，且满足不超过

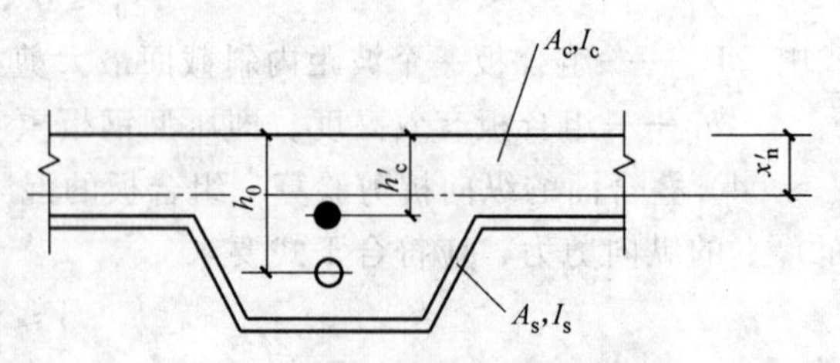

图 11-13 组合楼板截面特征简图

0.3mm（室内正常环境）或 0.2mm（室内高湿度环境或室外露天环境）要求。

上述计算中的板段负弯矩值，可近似地按一端简支一端固定或两端固定的单跨简支板算得。

3. 振动控制

组合板的振动控制是通过其自振频率的控制来实现的。我国现行《高钢规程》[2] 规定，组合板的自振频率 f 不得小于 15Hz，即应符合下式要求

$$f=\frac{1}{k\sqrt{w}}\geqslant 15\text{Hz} \tag{11-25}$$

式中　w——永久荷载作用下组合板的最大挠度（cm）；

k——支承条件系数，按下列规定取值：两端简支时，$k=0.178$；一端简支、一端固定时，$k=0.177$；两端固定时，$k=0.175$ 。

11.2.4　组合楼板的构造要求

1. 组合板的支承长度

1）组合板在钢梁上的支承长度不应小于 75mm，其中压型钢板在钢梁上的支承长度不应小于 50mm（图 11-14a、b）。

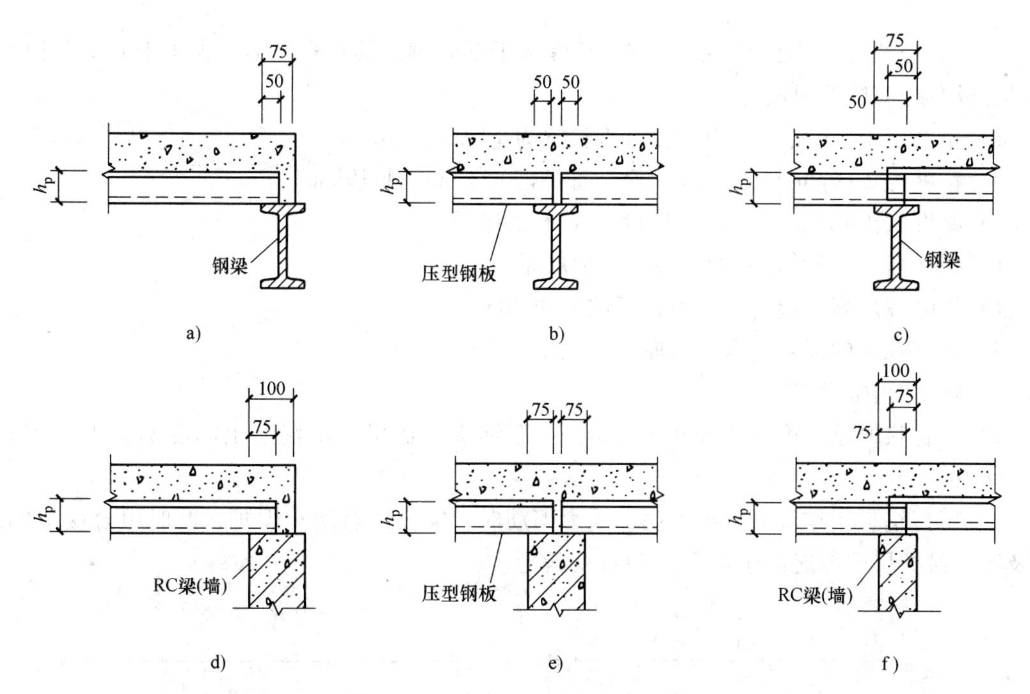

图 11-14　组合板的最小支承长度

注：a)～c）支承于钢梁上；d)～f）支承于混凝土梁（墙）上。

2）组合板在混凝土梁或剪力墙上的支承长度不应小于 100mm，其中压型钢板在其上的支承长度不应小于 75mm（图 11-14d、e）。

3）连续板或搭接板在钢梁或混凝土梁（墙）上的支承长度，应分别不小于 75mm 或 100mm（图 11-14c、f）。

2. 组合板的端部锚固

为防止压型钢板与混凝土之间的相对滑移，在简支组合板的端部支座处和连续组合板的各跨端部，均应按下列要求设置栓钉锚固件。

(1) 栓钉的设置位置　应将圆柱头栓钉设置于压型钢板端部的凹槽内，利用穿透平焊法，将栓钉穿透压型钢板焊至钢梁的上翼缘（图 11-15a)，或者将圆柱头栓钉焊至钢梁上翼缘的中线处，同时将两侧的压型钢板端部凸肋打扁，并点焊固定于钢梁上翼缘（图 11-15b)。

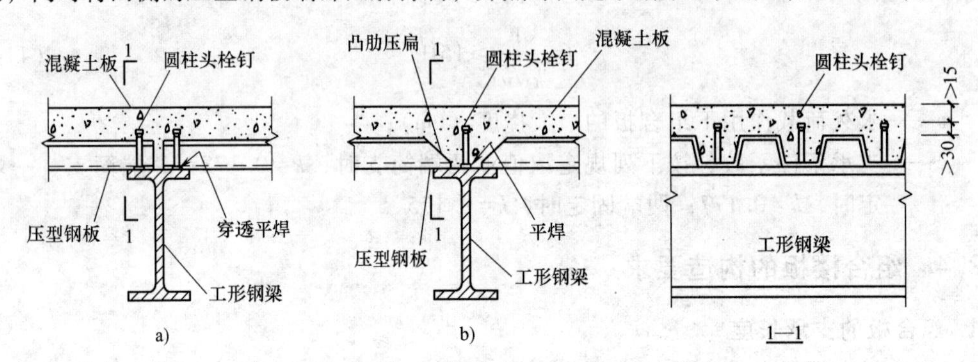

图 11-15　组合板的端部锚固

a) 双排栓钉　b) 单排栓钉加焊点

(2) 栓钉直径　当栓钉穿透压型钢板焊接于钢梁时，其直径 d 不得大于 19mm，并可根据组合板的跨度按下列规定采用：

1) 跨度小于 3m 的组合板，栓钉直径宜为 13mm 或 16mm。

2) 跨度为 3~6mm 的组合板，栓钉直径宜为 16mm 或 19mm。

3) 跨度大于 6m 的组合板，栓钉直径宜为 19mm。

(3) 栓钉高度及其顶面的混凝土保护层厚度

1) 栓钉焊后高度应大于压型钢板波高加 30mm。

2) 栓钉顶面的混凝土保护层厚度不应小于 15mm。

3. 组合板中的混凝土

1) 组合板的总厚度不应小于 90mm；压型钢板顶面以上的混凝土厚度不应小于 50mm（图 11-16）。

2) 压型钢板用作混凝土板的底部受力钢筋时，需要进行防火保护，此时组合楼板的厚度及防火保护层的厚度尚应符合表 11-5 的规定。

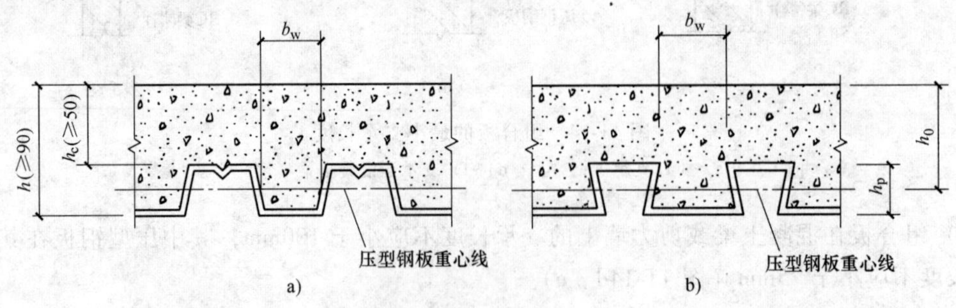

图 11-16　组合板的截面尺寸

a) 开口式压型钢板　b) 闭合式压型钢板

表 11-5 耐火极限为 1.5 小时的压型钢板组合楼板厚度及其防火保护层厚度

类别	无保护层的楼板		有保护层的楼板	
图例	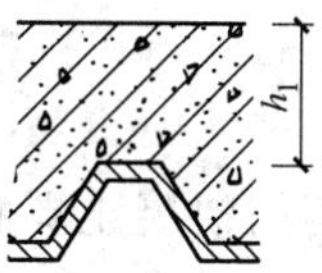	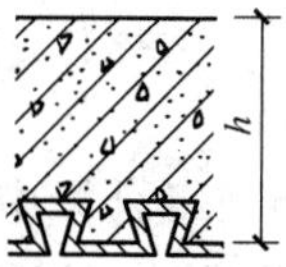	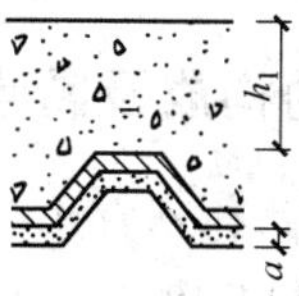	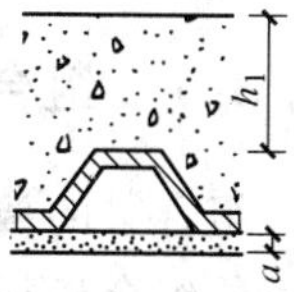
楼板厚度 h_1 或 h/mm	≥80	≥110	≥50	
保护层厚度 a/mm	—	—	≥15	

3）组合板中的混凝土强度等级不宜低于 C20 。

4. 组合板的配筋原则

出现下列情况之一时应配置钢筋：

1）为组合板提供储备承载力，需沿板的跨度方向设置附加抗拉钢筋。

2）在连续组合板或悬臂组合板的负弯矩区段，应在板的上部沿板的跨度方向按计算配置连续钢筋，且钢筋应伸过板的反弯点，并留有足够的锚固长度和弯钩。

3）连续组合板下部纵向钢筋在支座处应连续配置，不得中断。

4）在集中荷载区段和孔洞周围，应配置分布钢筋。

5）当楼板的防火等级提高时，应在组合板的底部沿板跨方向配置附加抗拉钢筋。

6）在集中荷载作用的部位，应在组合板的有效宽度 b_{ef}（图 11-10）范围内配置横向钢筋，其截面面积不应小于压型钢板顶面以上混凝土板截面面积的 0.2%。

7）当在压型钢板上翼缘焊接横向钢筋时，其横向钢筋应配置在剪跨区段（均布荷载时，为板两端各 1/4 跨度范围）内，横向钢筋直径宜取 $\phi 6$，间距宜为 150~300mm，且要求压型钢板上翼缘与横向钢筋焊接的每段喇叭形焊缝的焊缝长度不应小于 50mm（图 11-17）。

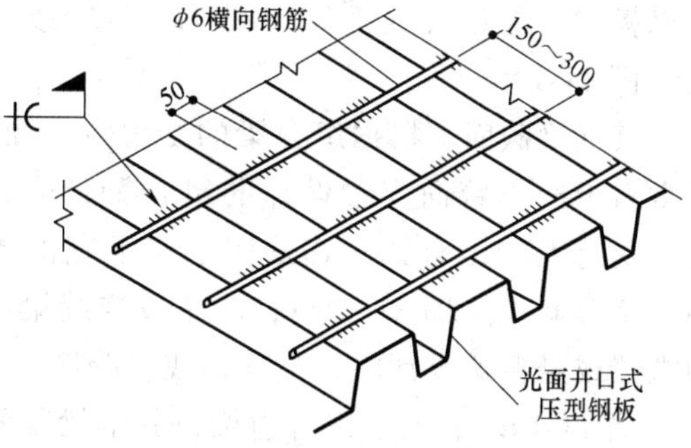

图 11-17 压型钢板上翼缘焊接横向钢筋构造要求

5. 组合板中抗裂钢筋的配筋要求

当连续组合板按简支板设计时，其抗裂钢筋的配置应符合下列要求：

1）抗裂钢筋的截面面积不应小于混凝土截面面积的 0.2%。

2）抗裂钢筋从支承边缘算起的长度，不应小于跨度的 1/6，且应与不少于 5 支分布钢筋相交。

3）抗裂钢筋的最小直径为 4mm。

4）抗裂钢筋的最大间距应为 150mm。

5）顺肋方向抗裂钢筋的保护层厚度宜为 20mm。

6）与抗裂钢筋垂直的分布钢筋直径，不应小于抗裂钢筋直径的 2/3，其间距不应大于抗裂钢筋间距的 1.5 倍。

11.3 组合梁设计

11.3.1 组合梁的构成及特点

组合梁的截面高跨比不宜小于1/15。组合梁中的钢筋混凝土翼板可以是以压型钢板为底模的组合楼板（图11-18a），或者是普通的现浇钢筋混凝土楼板（图11-18b）或预制后浇成整体的混凝土楼板（叠合楼板）。

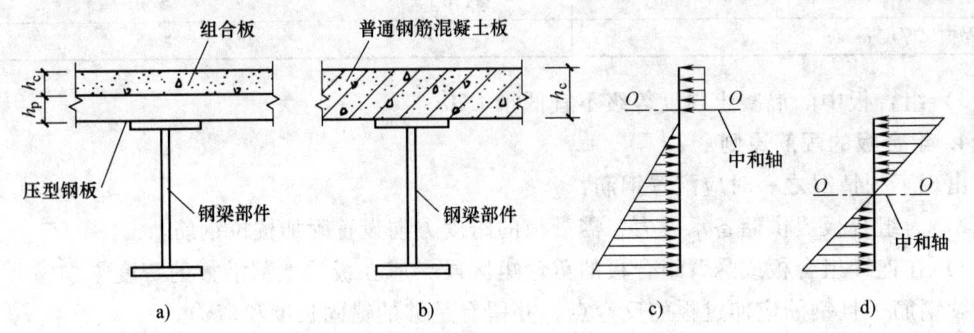

图11-18 组合梁的构成与受力状态

a）组合楼板 b）普通钢筋混凝土楼板 c）组合梁的受力状态 d）非组合梁的受力状态

在工程中，对于由组合楼板或叠合楼板作组合梁的翼板时，均不必设置板托（图11-18a、b，图11-19b）；对于由现浇钢筋混凝土楼板作组合梁的翼板时，可以设置板托（图11-19a）或不设板托（图11-19b）。

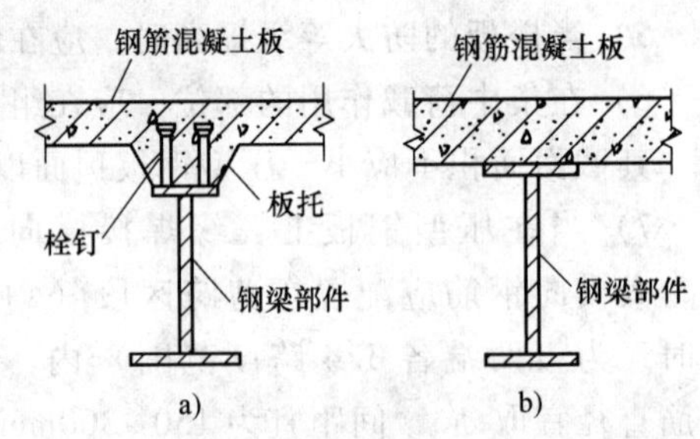

图11-19 组合梁中的钢梁截面

a）单轴对称工字形截面 b）双轴对称工字形截面

其钢梁截面须根据组合梁的受力特点而确定，通常对于按单跨简支梁设计的组合梁，或者跨度大、受荷大的组合梁，宜采用上窄下宽的单轴对称工字形截面（图11-19a）；对于按连续梁或单跨固端梁或悬臂梁设计的组合梁，或者跨度小、受荷小的组合梁，宜采用的双轴对称工字形截面（图11-19b）；对于组合边梁，其钢梁截面宜采用槽钢形式。

在正弯矩区段，对于完全抗剪连接组合梁的受力状态大体是，混凝土翼板受压，其下的钢梁全部受拉（图11-18c）；而对于非组合梁，由于混凝土楼板不参与梁的抗弯，其下的钢梁则是上部受压，下部受拉（图11-18d）；对于部分抗剪连接组合梁的受力状态，则介于上述二者之间，混凝土翼板与其下钢梁各自受弯（图11-20），混凝土翼板与其下钢梁在界面处出现相对滑移。

组合梁中的抗剪连接件是把钢梁与混凝土楼板二者有效地组合起来共同工作的关键部件。其主要作用是：承受钢梁与混凝土楼板二者叠合面之间的纵向剪力，限制二者之间的相对滑移；抵抗组合梁中的梁端“掀起力”。

组合梁中的抗剪连接件宜采用带头栓钉，也可采用槽钢、弯筋或有可靠依据的其他类型连接件。带头栓钉、槽钢及弯筋连接件的外形及设置方向如图11-21所示。

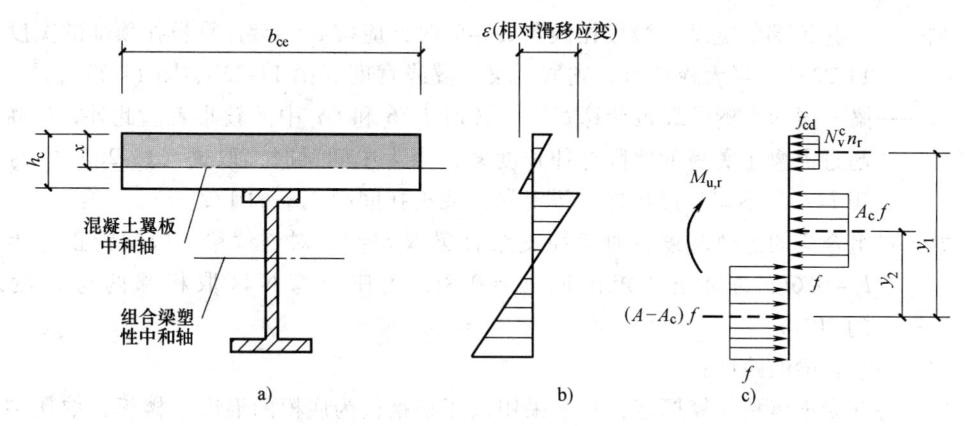

图 11-20 部分抗剪连接组合梁的受力状态

a）组合梁的截面 b）截面应变 c）截面正应力

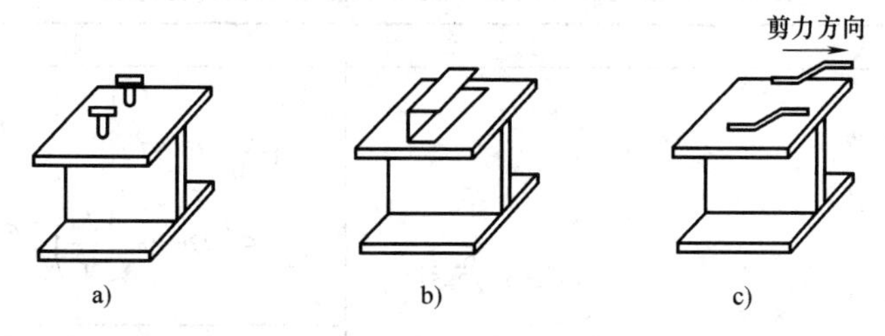

图 11-21 连接件的外形及设置方向

a）带头栓钉连接件 b）槽钢连接件 c）弯筋连接件

11.3.2 组合梁设计的一般原则

1. 设计方法及其适用条件

组合梁的设计遵循极限状态设计准则进行。其承载能力极限状态设计可采用弹性分析法或塑性分析法；其正常使用极限状态设计一般均采用弹性分析法。

各设计方法的适用条件是：

1）塑性分析法用于不直接承受动力荷载的组合梁承载力的计算，且要求钢材的力学性能满足：强屈比 $f_u/f_y \geqslant 1.2$；伸长率 $\delta_5 \geqslant 15\%$；$\varepsilon_u \geqslant 20\varepsilon_y$，$\varepsilon_y$ 和 ε_u 分别为钢材的屈服强度应变和抗拉强度应变。

2）弹性分析法用于直接承受动力荷载或钢梁中受压板件的宽厚比（表 11-6）不符合塑性设计要求的组合梁计算（强度和变形）。

注：不管什么条件的组合梁，其挠度计算始终是采用弹性方法。

2. 组合梁设计工况

组合梁的设计一般均应按施工阶段和使用阶段两种工况进行，只有当施工阶段钢梁下设置了临时支承，而且其支承点间的距离小于 3.5m 时，才可只按使用阶段设计。

3. 组合梁混凝土翼板的有效宽度

组合梁混凝土翼板的有效宽度 b_{ce}，根据《钢结构设计标准》[3] 规定，应按下列公式计算

$$b_{ce}=b_0+b_1+b_2 \tag{11-26}$$

式中 b_0——板托顶部的宽度，当板托倾角 $\alpha<45°$时，应按 $\alpha=45°$计算板托顶部的宽度（图 11-22a）；当无板托时，则取钢梁上翼缘宽度（图 11-22b、图 11-23）；

b_1、b_2——梁外侧和内侧的翼板计算宽度，各取 $l_e/6$ 和 $6h_c$ 中的较小者。此外，b_1 尚不应超过混凝土翼板的实际外伸长度 s_1，当为中间梁时，取式（11-26）中的 b_1 等于 b_2；b_2 不应超过相邻钢梁上翼缘或板托间净距 s_n 的 1/2；

l_e——组合梁的等效跨度，对于简支组合梁取 $l_e=l$；对连续梁，中间跨正弯矩区取 $l_e=0.6l$，边跨正弯矩区取 $l_e=0.8l$，支座负弯矩区取相邻两跨跨度之和的 20%；

l——组合梁的跨度；

h_c——混凝土翼板计算厚度，对于采用以压型钢板为底模的混凝土楼板，取压型钢板肋高以上的混凝土厚度（图 11-23）。

表 11-6 塑性设计时钢梁翼缘及腹板的板件宽厚比

截面形式	翼缘	腹板
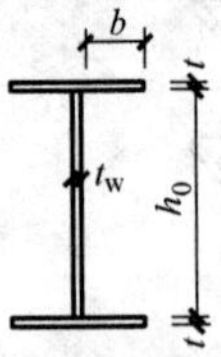	$\frac{b}{t}\leqslant 9\sqrt{235/f_y}$	当$\frac{A_s f_{sy}}{Af}<0.37$ 时 $\frac{h_0}{t_w}\leqslant\left(72-100\frac{A_s f_{sy}}{Af}\right)\sqrt{235/f_y}$
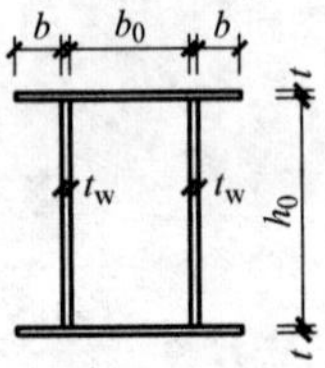	$\frac{b_0}{t}\leqslant 30\sqrt{235/f_y}$	当$\frac{A_s f_{sy}}{Af}\geqslant 0.37$ 时 $\frac{h_0}{t_w}\leqslant 35\sqrt{235/f_y}$

注：表中 A_s、f_{sy} 为组合梁负弯矩截面中钢筋的截面面积和强度设计值；A、f_y 为组合梁中钢梁截面面积和钢材屈服强度；f 为塑性设计时钢梁钢材的抗拉、抗压、抗弯强度设计值，按《钢结构设计标准》的规定取值。

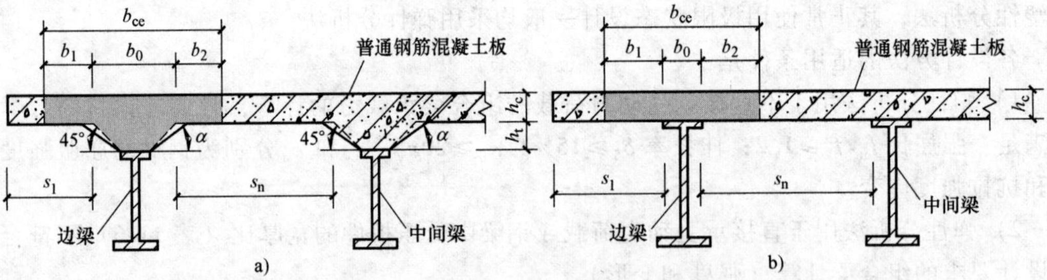

图 11-22 组合梁混凝土翼板的有效宽度（普通钢筋混凝土楼板）

a）有板托 b）无板托

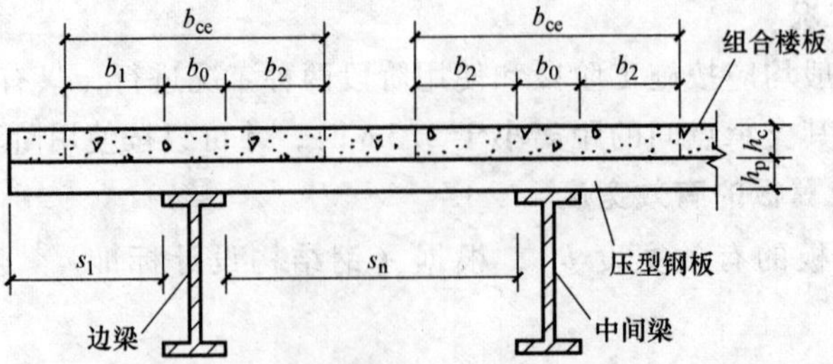

图 11-23 组合梁混凝土翼板的有效宽度（以压型钢板作底模的钢筋混凝土楼板）

4. 连续组合梁采用塑性分析法的条件

1）相邻两跨跨度之差不大于短跨的45%。

2）边跨跨度不小于邻跨的70%，也不大于邻跨的115%。

3）在每跨的1/5范围内，集中作用的荷载不大于该跨总荷载的一半。

4）内力合力与外荷载保持平衡。

5）内力调幅不超过25%。

6）中间支座截面材料总强度比γ小于0.5，且大于0.15。此处，$\gamma=A_s f_{sy}/Af$。

5. 连续组合梁采用弹性分析法的规定

1）不计入负弯矩区段内受拉开裂的混凝土翼板对刚度的影响。

2）在正弯矩区段，其换算截面应根据短期或长期荷载采用相应的刚度，参见式（11-27a）、式（11-27b）。

3）负弯矩区段的混凝土翼板受拉开裂的长度，可按试算法确定。

4）在距中间支座0.15l（l为梁的跨度）范围内，确定梁的截面刚度时，不考虑混凝土翼板的作用，仅计入混凝土翼板有效宽度范围内的钢筋面积；在其余的跨中区段，应考虑混凝土翼板与钢梁形成整体；其变截面刚度连续梁如图11-24所示。

5）考虑塑性发展的内力调幅系数不宜超过15%。

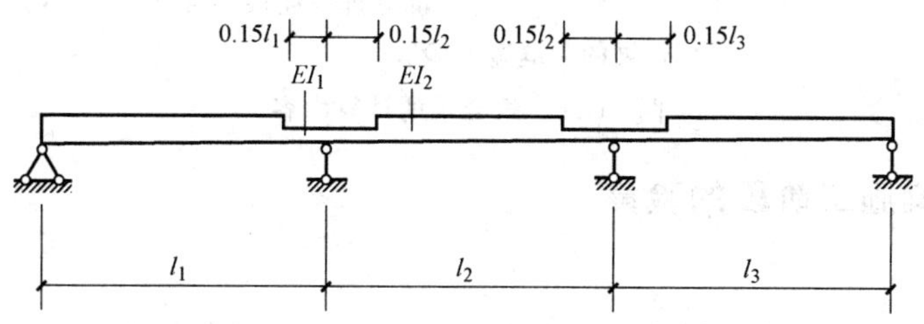

图11-24　弹性分析法计算连续组合梁的变截面刚度分布

6. 混凝土翼板的换算宽度

按弹性分析时，应将受压混凝土翼板的有效宽度b_{ce}折算成与钢材等效的弹性换算宽度b_{eq}，使组合梁变成单一材质的换算截面（图11-25），其换算宽度应根据荷载短期效应组合及长期效应组合分别计算：

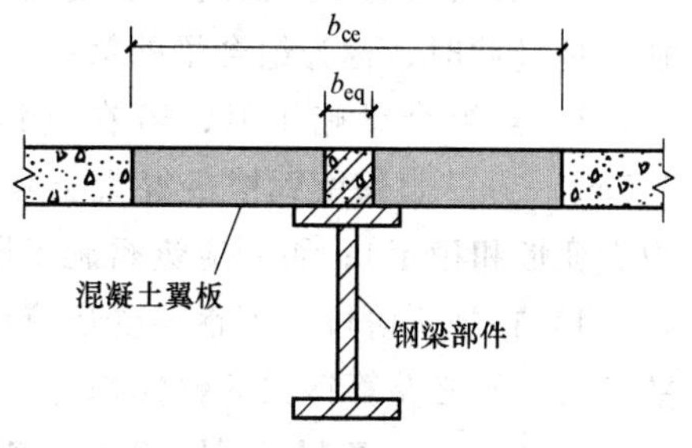

图11-25　组合梁的换算截面

荷载短期效应（标准）组合

$$b_{eq}=b_{ce}/\alpha_E \tag{11-27a}$$

荷载长期效应（准永久）组合

$$b_{eq}=b_{ce}/2\alpha_E \tag{11-27b}$$

式中　b_{eq}——混凝土翼板的换算宽度；

b_{ce}——混凝土翼板的有效宽度，应按式（11-26）确定；

α_E——钢材弹性模量与混凝土弹性模量的比值。

7. 组合梁混凝土翼板的计算厚度

组合梁混凝土翼板的计算厚度，应符合下列规定：

1）普通钢筋混凝土翼板的计算厚度，应取原厚度h_c（图11-22）。

2）带压型钢板的混凝土翼板计算厚度，取压型钢板顶面以上的混凝土厚度h_c（图11-23）。

8. 组合梁的计算内容

相对于组合板的计算内容，组合梁的计算内容相对较多而繁杂，为使读者对其有清晰认识，特归纳如图 11-26 所示。

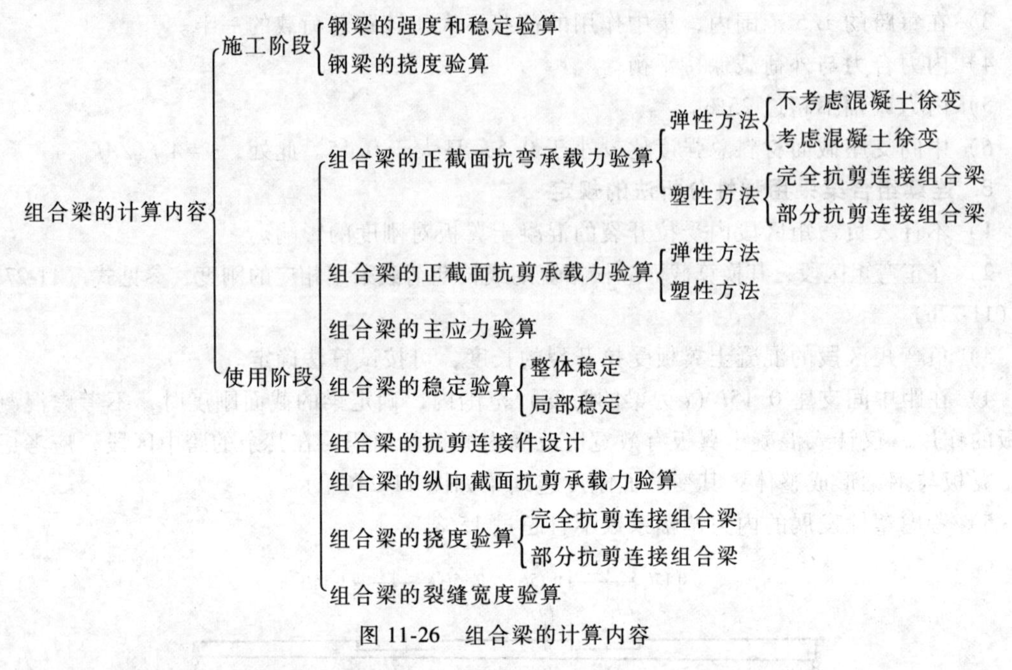

图 11-26 组合梁的计算内容

11.3.3 组合梁施工阶段的验算

1. 计算原则

1）对组合梁中的钢梁进行施工阶段验算时，应采用弹性分析方法。

2）当楼板混凝土强度未达到其强度设计值的 75%以前，全部荷载由组合梁中的钢梁单独承担（此时，称为组合梁的第一受力阶段）。

3）当组合梁施工时，若在其钢梁下方设置多个临时支撑（而且支撑后的梁跨小于 3.5m），并一直保留到楼板混凝土强度达到其强度设计值，则不必进行施工阶段验算（应力、变形和稳定）；否则应进行施工阶段验算。

4）在施工阶段，若钢梁受压翼缘的自由长度 l_1 与其宽度 b_1 的比值，不超过表 11-7 中的数值时，不必验算钢梁的整体稳定。

表 11-7 H 型钢或工字形截面简支梁不需验算整体稳定的 l_1/b_1 限值

钢号	跨中无侧向支承点的梁		跨中受压翼缘有侧向支承点的梁（不论荷载作用于何处）
	荷载作用在上翼缘	荷载作用在下翼缘	
Q235	13	20	16
Q345	10.5	16.5	13
Q390	10	15.5	12.5
Q420	9.5	15	12

注：1. l_1 为钢梁受压翼缘的自由长度，对跨中无侧向支承点的梁，l_1 为其跨度；对跨中有侧向支承点的梁，l_1 为受压翼缘侧向支承点间的距离（梁的支座处视为有侧向支承）。

2. 其他钢号的梁不需计算整体稳定性的最大 l_1/b_1 值，应取 Q235 钢的数值乘以 $\sqrt{235/f_y}$。

3. 梁的支座处，应采取构造措施防止梁端截面的扭转。

2. 荷载确定

在施工阶段，组合梁中的钢梁作为浇筑混凝土楼板的承重构件，对其验算时，应考虑下列荷载：

1）永久荷载：混凝土楼板、压型钢板或模板及钢梁自重。

2）可变荷载：施工活荷载（包括工人、施工机具、设备等自重，其值不宜小于 $1.5\mathrm{kN/m^2}$ 及附加活荷载（当有混凝土堆放、附加管线、混凝土泵等情况以及过量冲击效应时，应适当增加荷载）。

3. 验算方法

组合梁中的钢梁在施工阶段的验算方法，可参照 10.1 节的方法进行，此处不予赘述。

11.3.4 组合梁使用阶段的验算

楼板混凝土达到设计强度以后，混凝土板与钢梁形成整体，共同承担使用期间的所有荷载，称之为组合梁的第二阶段。

在使用阶段，组合梁的承载力计算可采用弹性方法或塑形方法，而变形（挠度）计算则一般只采用弹性方法。

11.3.4.1 计算假定

1. 弹性方法的计算假定

1）钢材和混凝土均为弹性体。

2）混凝土与钢梁整体工作，接触面间无相对滑移（因滑移很小，忽略不计）。

3）截面应变符合平截面假定。

4）不考虑组合梁混凝土翼板内钢筋对截面计算的影响。

5）不考虑板托对截面计算的影响。

6）不考虑混凝土开裂后的影响。

2. 塑性方法的计算假定

1）混凝土翼板与钢梁有可靠的抗剪连接。

2）位于塑性中和轴一侧的受拉混凝土因开裂不参加工作。

3）受压区混凝土为均匀受压，其压应力全部达到混凝土轴心抗压强度设计值。

4）钢梁的拉、压区分别均匀受拉、压，并分别达到钢材塑形设计的抗拉、压强度设计值。

5）组合梁中负弯矩区段的混凝土翼板有效宽度范围内的纵向受拉钢筋应力，全部达到钢筋抗拉强度设计值。

6）在组合梁的强度、变形计算中，不考虑混凝土板托截面的作用。

11.3.4.2 荷载确定

计算组合梁在使用期间的强度和变形时，应考虑下列荷载：

1. 永久荷载

1）楼板及其饰面层、找平层、防水层、吊顶等的自重。

2）钢梁及悬挂管线重，固定设备重等。

2. 可变荷载

1）屋面或楼面活荷载，设备振动效应等。

2）风和地震作用效应、地基变形效应、温差变形效应等。

11.3.4.3 组合梁抗弯承载力验算

组合梁的抗弯承载力计算可采用弹性方法或塑性方法进行。

1. 弹性方法

采用弹性方法分析组合梁抗弯承载力时，在竖向荷载作用下的组合梁截面及其正应力如图 11-27 所示，因此设计时应分别计算其混凝土板顶或板底以及钢梁上、下翼缘的最大正应力，并控制在其强度设计值之内。

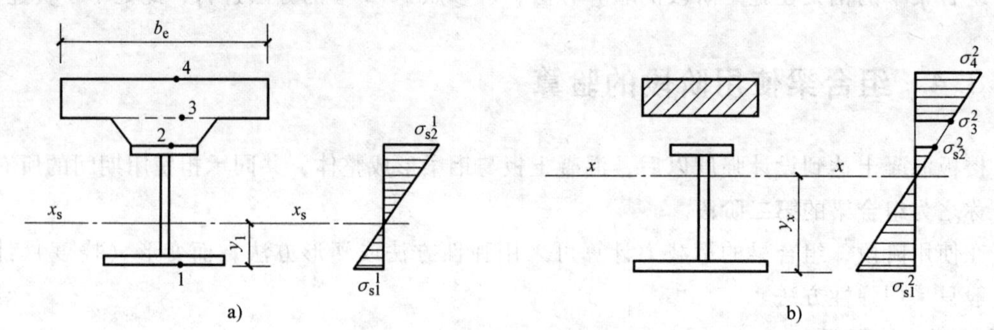

图 11-27 组合梁截面及其正应力

a）施工阶段 b）使用阶段

（1）截面特征计算

1）不考虑混凝土徐变时的组合梁截面特征计算（荷载短期效应组合）。组合梁在荷载短期效应组合作用下，混凝土翼板换算成钢材后的截面特征计算如下：

① 中和轴位于混凝土翼板内（图 11-28a），此时，组合截面面积 A_0、组合截面中和轴 $O—O$ 至混凝土翼板顶面的距离 x、组合截面对中和轴的惯性矩 I_0、对混凝土翼板顶面的抵抗矩 W_{0c}^{t}、对钢梁下翼缘的抵抗矩 W_{0s}^{b}，分别按下式计算

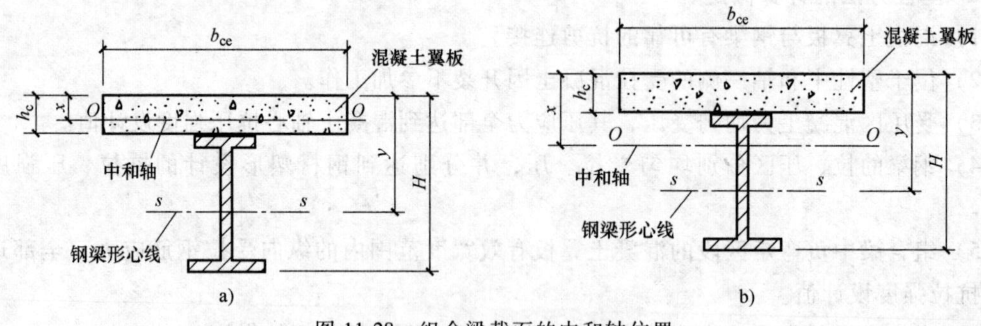

图 11-28 组合梁截面的中和轴位置

a）中和轴位于混凝土翼板内 b）中和轴位于钢梁截面内

$$A_0 = \frac{b_{ce}x}{\alpha_E} + A_s \tag{11-28}$$

$$x = \frac{1}{A_0}\left(\frac{b_{ce}x^2}{2\alpha_E} + A_s y\right) \tag{11-29}$$

$$I_0=\frac{b_{ce}x^3}{12\alpha_E}+\frac{b_{ce}x^3}{4\alpha_E}+I_s+A_s(y-x)^2 \tag{11-30}$$

$$W_{0c}^{t}=\frac{I_0}{x}, \quad W_{0s}^{b}=\frac{I_0}{H-x} \tag{11-31}$$

② 中和轴位于钢梁截面内（图 11-28b），此时的各值分别按下式计算

$$A_0=\frac{b_{ce}h_c}{\alpha_E}+A_s \tag{11-32}$$

$$x=\frac{1}{A_0}\left(\frac{b_{ce}h_c^2}{2\alpha_E}+A_s y\right) \tag{11-33}$$

$$I_0=\frac{b_{ce}h_c^3}{12\alpha_E}+\frac{b_{ce}h_c}{\alpha_E}(x-0.5h_c)^2+I_s+A_s(y-x)^2 \tag{11-34}$$

$$W_{0c}^{t}=\frac{I_0}{x}, \quad W_{0s}^{b}=\frac{I_0}{H-x} \tag{11-35}$$

式中 h_c、b_{ce}——混凝土翼板厚度和有效宽度，有效宽度按式（11-26）确定；

A_s、I_s——钢梁截面面积和截面惯性矩；

H——组合梁的截面高度。

对于以压型钢板为底模的组合板或非组合板，当压型钢板的肋与组合梁的钢梁轴线平行时，混凝土翼板的有效截面面积应包括压型钢板肋内的混凝土截面面积。

2）考虑混凝土徐变时的组合梁截面特征计算（永久荷载长期效应组合）。组合梁在永久荷载的长期作用下，由于混凝土的徐变，混凝土翼板的应力减小，而钢梁的应力增大。为了在计算中反映这一效应，可将混凝土翼板有效宽度内的截面面积除以 $2\alpha_E$ 换算成单质的钢截面面积。

此时，组合截面的中和轴多数位于其钢梁截面内（图 11-28b），其几何特征各值分别按下式计算

$$A_0^c=\frac{b_{ce}h_c}{2\alpha_E}+A_s \tag{11-36}$$

$$x^c=\frac{1}{A_0^c}\left(\frac{b_{ce}h_c^2}{4\alpha_E}+A_s y\right) \tag{11-37}$$

$$I_0^c=\frac{b_{ce}h_c^3}{24\alpha_E}+\frac{b_{ce}h_c}{2\alpha_E}(x^c-0.5h_c)^2+I_s+A_s(y-x^c)^2 \tag{11-38}$$

$$W_{0c}^{tc}=\frac{I_0}{x^c}, \quad W_{0s}^{bc}=\frac{I_0}{H-x^c} \tag{11-39}$$

（2）组合梁的弹性抗弯承载力验算　对于一般的组合梁，通常不考虑温度作用和收缩作用的影响，即只考虑竖向荷载作用，并按下列方法进行组合梁的弹性抗弯承载力验算。

1）不考虑翼板混凝土徐变影响

对混凝土翼板顶面的验算

$$\sigma_{0c}^{t}=\pm\frac{M}{W_{0c}^{t}}\leqslant f \tag{11-40}$$

对钢梁下翼缘的验算 $$\sigma_{0s}^{b}=\pm\frac{M}{W_{0s}^{b}}\leqslant f \tag{11-41}$$

式中 M——全部荷载对组合梁产生的正弯矩；

f——钢材的抗拉、抗压、抗弯强度设计值；

W_{0c}^{t}、W_{0s}^{b}——对组合梁的混凝土翼板顶面的抵抗矩和对钢梁下翼缘的抵抗矩，按公式（11-31）或式（11-35）计算。

2）考虑翼板混凝土徐变影响

对混凝土翼板顶面的验算 $$\sigma_{0c}^{tc}=\pm\left(\frac{M_q}{W_{0c}^{t}}+\frac{M_g}{W_{0c}^{tc}}\right)\leqslant f \tag{11-42}$$

对钢梁下翼缘的验算 $$\sigma_{0s}^{bc}=\pm\left(\frac{M_q}{W_{0s}^{b}}+\frac{M_g}{W_{0s}^{bc}}\right)\leqslant f \tag{11-43}$$

式中 M_q、M_g——可变荷载与永久荷载对组合梁产生的正弯矩；

W_{0c}^{tc}、W_{0s}^{bc}——考虑翼板混凝土徐变影响时，对组合梁的混凝土翼板顶面的抵抗矩和对钢梁下翼缘的抵抗矩，按式（11-39）计算。

2. 塑性方法

用塑性方法计算组合梁的强度时，对受正弯矩的组合梁截面和 $A_{st}\cdot f_{st}\geqslant 0.15Af$ 的受负弯矩的组合梁截面可不考虑弯矩和剪力的相互影响。

由于塑性设计不存在应力叠加问题，所以计算时不考虑施工过程中有无支承，也不考虑混凝土的徐变、收缩以及温差的影响。

组合梁截面抗弯承载力按塑性理论计算时，是以截面充分发展塑性作为组合梁的抗弯强度极限状态。因此，计算过程中应根据完全抗剪连接组合梁或部分抗剪连接组合梁的不同情况，分别采用相应的计算公式计算其抗弯承载力。

（1）完全抗剪连接组合梁的抗弯承载力验算 当组合梁上最大弯矩点和邻近零弯矩点之间的区段内，混凝土翼板和钢梁组合成整体，且叠合面间的纵向剪力全部由抗剪连接件承担时，该组合梁则称为完全抗剪连接组合梁。其正截面抗弯承载力可根据塑性中和轴所处位置，分别采用不同的公式进行计算。

1）塑性中和轴位于混凝土受压翼板内（图 11-29），即 $Af\leqslant b_{ce}h_c f_{cd}$ 时

$$M\leqslant b_{ce}xf_{cd}y \tag{11-44}$$

$$x=Af/(b_{ce}f_{cd}) \tag{11-45}$$

式中 x——组合梁截面塑性中和轴至混凝土翼板顶面的距离；

M——全部荷载产生的最大正弯矩设计值；

A——组合梁中的钢梁截面面积；

y——钢梁截面拉应力合力至混凝土受压区应力合力之间的距离；

f——钢梁钢材的抗拉、抗压、抗弯强度设计值；

h_c、b_{ce}——混凝土翼板的计算厚度及有效宽度；

f_{cd}——混凝土抗压强度设计值。

2）塑性中和轴位于钢梁截面内（图 11-30），即 $Af>b_{ce}h_c f_{cd}$ 时

$$M\leqslant b_{ce}h_c f_{cd}y_1+A_{sc}fy_2 \tag{11-46}$$

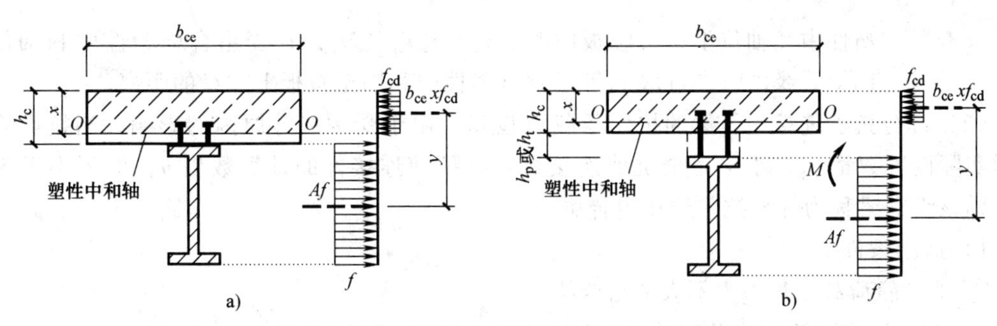

图 11-29 塑性中和轴位于混凝土受压翼板内的组合梁截面及应力图形

a）无板托的普通钢筋混凝土楼板 b）有板托的普通钢筋混凝土楼板或以压型钢板为底模的组合板及非组合板

$$A_{sc}=0.5(A-b_{ce}h_cf_{cd}/f) \tag{11-47}$$

式中 A_{sc}——组合梁中的钢梁受压区截面面积；

y_1——钢梁受拉区截面应力合力至混凝土翼板截面应力合力之间的距离；

y_2——钢梁受拉区截面应力合力至钢梁受压区截面应力合力之间的距离。

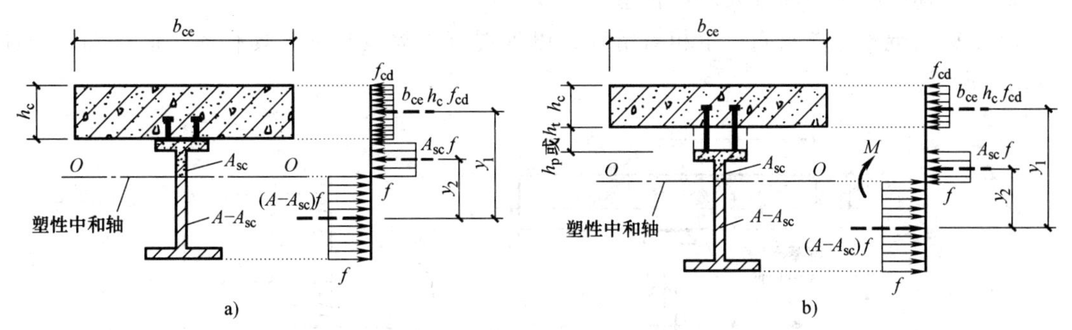

图 11-30 塑性中和轴位于钢梁截面内的组合梁截面及应力图形

a）无板托的普通钢筋混凝土楼板 b）有板托的普通钢筋混凝土楼板或以压型钢板为底模的组合板及非组合板

3）连续组合梁的负弯矩作用（图 11-31）截面抗弯承载力验算

$$M'\leqslant M_s+A_{st}f_{st}(y_3+y_4/2) \tag{11-48}$$

$$M_s=(S_1+S_2)f \tag{11-49}$$

式中 M'——连续组合梁中间支座处的最大负弯矩设计值；

M_s——钢梁截面绕自身中和轴的全塑性抗弯承载力；

S_1、S_2——钢梁塑性中和轴（平分钢梁截面积的轴线）以上和以下截面对该轴的面积矩；

A_{st}——组合梁负弯矩区翼板有效宽度范围内纵向钢筋截面面积；

f_{st}——钢筋抗拉强度设计值；

y_3——纵向钢筋截面形心至组合梁塑性中和轴的距离；

y_4——组合梁塑性中和轴至钢梁塑性中和轴的距离，当组合梁

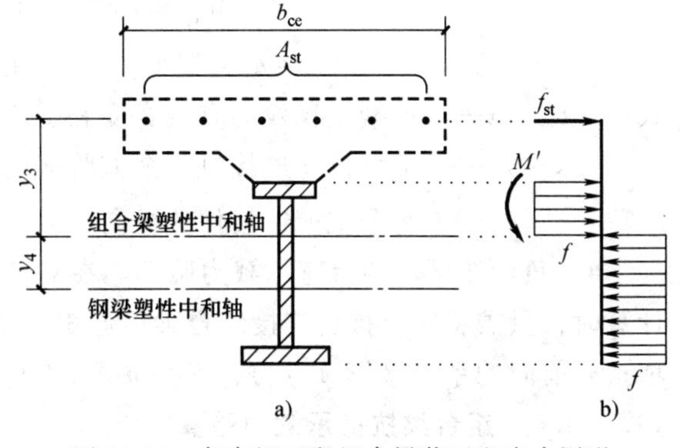

图 11-31 负弯矩区段组合梁截面和应力图形

塑性中和轴位于钢梁腹板内时，$y_4 = A_{st}f_{st}/(2t_w f)$；当组合梁塑性中和轴位于钢梁翼缘内时，可取 y_4 等于钢梁塑性中和轴至腹板上边缘的距离。

（2）部分抗剪连接组合梁的抗弯承载力验算　由于受构造等原因的影响，当抗剪连接件的实际设置数量 n_1，小于完全抗剪连接组合梁抗剪连接件的计算数量 n，但不小于 50%时，则该组合梁称为部分抗剪连接组合梁。

1）适用条件

① 承受静荷载且集中力不大的组合梁。

② 跨度不超过 20m 的组合梁。

③ 当钢梁为等截面梁时，其配置的连接件数量 n_1 不得小于完全抗剪连接时的连接件数量 n 的 50%。

2）计算假定。对于单跨简支梁，可采用简化塑性理论，按下列假定计算：

① 取所计算截面的左、右两个剪跨区段内的抗剪连接件抗剪承载力设计值之和 nN_v^c 两者中的较小者，作为混凝土翼板中的剪力。

② 抗剪连接件全截面进入塑性状态。

③ 钢梁与混凝土翼板间产生相对滑移，以致混凝土翼板与钢梁具有各自的中和轴，如图 11-32 所示。

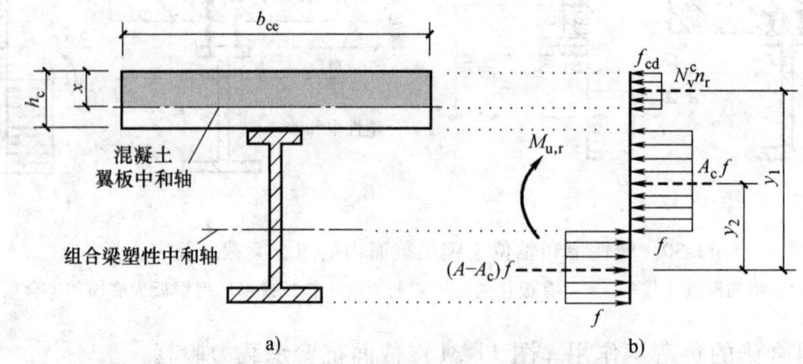

图 11-32　部分抗剪连接组合梁的计算简图

a）截面形式　b）截面正应力

3）正弯矩区段的抗弯承载力验算。部分抗剪连接组合梁正弯矩区段的抗弯承载力 $M_{u,r}$，可按下式计算

$$M_{u,r} = n_r N_v^c y_1 + 0.5(Af - n_r N_v^c) y_2 \tag{11-50}$$

$$x = n_r N_v^c/(b_{ce} f_{cd}), \quad A_c = (Af - n_r N_v^c)/(2F) \tag{11-51}$$

式中　b_{ce}、x——混凝土翼板的有效宽度和受压区高度；

n_r——部分抗剪连接时一个剪跨区的抗剪连接件总数；

N_v^c——每个抗剪连接件的纵向承载力。

4）负弯矩区段的抗弯承载力验算。在对部分抗剪连接组合梁负弯矩区段的抗弯承载力计算时，只需将完全抗剪连接组合梁负弯矩区段的抗弯承载力计算式（11-48）中右边第二项括号前面的系数（即 $A_{st}f_{st}$），换为 $n_r N_v^c$ 和 $A_{st}f_{st}$ 二者中的较小者即可。

11.3.4.4　组合梁抗剪承载力验算

组合梁的抗剪承载力计算可采用弹性方法或塑性方法进行。

1. 弹性方法

（1）计算原则

1）验算组合梁的剪应力时，应考虑它在施工和使用两个受力阶段（不同工况）的不同工作截面和受力特点。

2）在楼板混凝土未达到设计强度之前，施工阶段的全部静、活荷载均由组合梁中的钢梁单独承担，此时的剪应力按组合梁中的钢梁截面计算确定；当楼板混凝土达到其设计强度之后，后加的使用阶段荷载由整个组合梁来承担，此时的剪应力按组合梁截面计算确定。其实际剪应力（总剪应力）等于前述两个受力阶段所产生的剪应力之和，如图11-33所示。

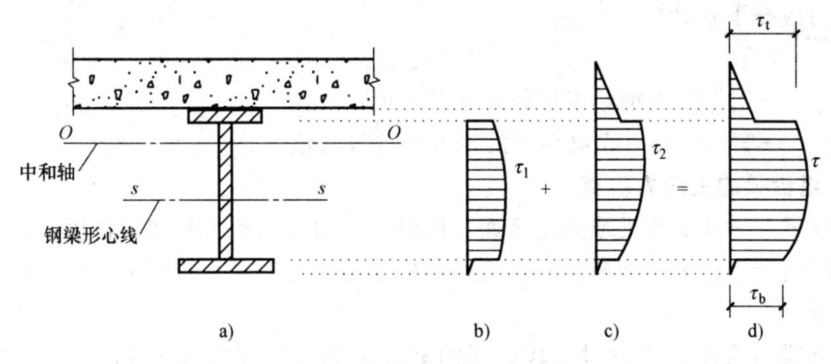

图11-33 组合梁的剪应力图形

a）组合梁截面 b）施工阶段的剪应力 c）使用阶段的剪应力 d）总剪应力

（2）计算公式

1）第一受力阶段（施工阶段）。在施工阶段的荷载作用下，钢梁单独承重时的剪应力 τ_1（图11-33b）按下式计算

$$\tau_1 = \frac{V_1 S_1}{I_s t_w} \tag{11-52}$$

式中 V_1——施工阶段的可变与永久荷载在钢梁上产生的剪力设计值；

S_1——剪应力验算截面以上的钢梁截面面积对钢梁形心轴 $s—s$ 的面积矩；

I_s、t_w——钢梁的毛截面惯性矩和腹板厚度。

2）第二受力阶段（使用阶段）。组合梁在使用阶段增加的荷载作用下，整个组合梁共同承重时钢梁的剪应力 τ_2（图11-33c）按下式计算

$$\tau_2 = \frac{V_2 S_2}{I_0 t_w} \tag{11-53}$$

式中 V_2——使用阶段的总荷载（可变与永久荷载之和）减去施工阶段的总荷载对组合梁产生的剪力设计值；

S_2——剪应力验算截面以上的组合梁换算截面面积对组合梁换算截面形心轴 $O—O$ 的面积矩；

I_0——组合梁的换算截面惯性矩。

3）剪应力验算公式

① 当组合梁的截面中和轴 $O—O$ 位于钢梁截面内时，其总剪应力 τ 等于 τ_1 与 τ_2 之和（图11-33d），所以其剪应力验算公式为

$$\tau=\tau_1+\tau_2\leqslant f_v \tag{11-54}$$

式中 f_v——钢材抗剪强度设计值。

② 当组合梁的截面中和轴 $O—O$ 位于混凝土翼板或板托内时，其总剪应力 τ 的验算截面，取钢梁腹板与上翼缘的交接面，此时其总剪应力 τ 达到最大值。

2. 塑性方法

采用塑性设计法计算组合梁的承载力时，对于受正弯矩的组合梁截面，可不计入弯矩与剪力的相互影响，即分别验算抗弯承载力和抗剪承载力。

按塑性设计进行抗剪承载力验算时，组合梁截面的全部剪力假定仅由钢梁的腹板承受，其抗剪承载力应按下式计算

$$V\leqslant h_w t_w f_v \tag{11-55}$$

式中 h_w、t_w——组合梁内钢梁腹板的高度和厚度；

f_v——塑性设计时钢梁钢材的抗剪强度设计值。

11.3.4.5 组合梁的主应力验算

对于连续梁的中间支座处或其他截面，同时受到很大的剪力和弯矩作用时，其钢梁的腹板边缘处将同时产生很大的剪应力和很大的法向应力，此时必须验算主压应力和主剪应力是否超过允许值。

验算组合梁的截面主应力时，其截面的剪应力和法向应力（图 11-34）应按弹性理论计算。

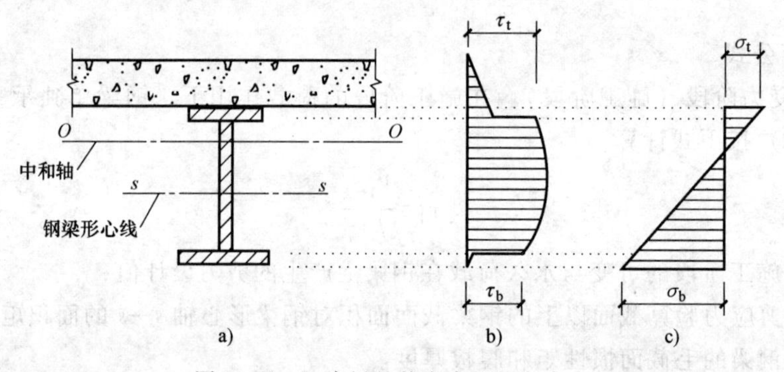

图 11-34 组合梁的剪应力和法向应力

a）组合梁截面 b）剪应力 c）法向应力

组合梁的钢梁截面腹板边缘的主压应力 σ_{max} 和主剪应力 τ_{max} 可按下式验算

$$\sigma_{max}=\frac{\sigma}{2}+\sqrt{\left(\frac{\sigma}{2}\right)^2+\tau^2}\leqslant f \tag{11-56}$$

$$\tau_{max}=\sqrt{\left(\frac{\sigma}{2}\right)^2+\tau^2}\leqslant f \tag{11-57}$$

式中 σ、τ——钢梁腹板边缘的法向压应力和剪应力。

11.3.4.6 组合梁的稳定验算

1. 整体稳定

在使用阶段，由于混凝土楼板与以压型钢板为底模的混凝土楼板的刚度均较大，可对组合梁中正弯矩区段的受压翼缘起到有效的侧向支承的作用，因此可不计算其整体稳定；但对

连续组合梁在较大可变荷载不利分布的作用下，某一跨度的全跨产生负弯矩，此时组合梁中的钢梁下翼缘受压，若该跨的钢梁受压翼缘的侧向自由长度与其宽度之比超过表 11-7 所规定的最大值，则需验算该跨钢梁的整体稳定，其验算方法可参见第 10.1 节对纯钢梁整体稳定验算的方法进行。

2. 局部稳定

对于按弹性方法设计的组合梁，其钢梁受压板件的局部稳定应满足《钢结构设计标准》中的规定要求，主要是负弯矩区段的钢梁下翼缘需满足表 11-8 中的板件宽厚比要求；对于按塑性方法设计的组合梁，其钢梁受压板件的局部稳定应满足表 11-6 中板件宽厚比的要求。

表 11-8 钢梁弹性设计时的受压翼缘宽厚比限值

项次	截面形式	宽厚比限值	符号说明
1	b t	组合工字形截面 $\frac{b}{t} \leqslant 13\sqrt{\frac{235}{f_y}}$	b——翼缘板自由外伸宽度
2	b_0 t t b_0 b_0 b	组合箱形截面 $\frac{b_0}{t} \leqslant 40\sqrt{\frac{235}{f_y}}$	b_0——箱形梁截面受压翼缘板在两腹板之间宽度，当箱形梁受压翼缘有纵向加劲肋时，则为腹板与纵向加劲肋之间翼缘板的宽度

11.3.4.7 组合梁的抗剪连接件设计

1. 组合梁抗剪连接件的设计方法及基本思路

组合梁抗剪连接件的设计方法原则上应与组合梁截面的设计方法相对应，即当组合梁截面设计采用弹性方法时，其抗剪连接件的设计应采用弹性方法；当组合梁截面设计采用塑性方法时，其抗剪连接件的设计应采用塑性方法。因此组合梁截面设计的基本假定完全适用于其抗剪连接件设计的相应方法。

组合梁是依靠抗剪连接件来保证其共同工作的。抗剪连接件除了传递水平剪力外，还对混凝土板提供锚固，以阻止混凝土板与钢梁之间产生分离。组合梁抗剪连接件按塑性设计时，假定钢梁与混凝土翼板叠合面之间的纵向水平剪力全部由抗剪连接件承担，即不考虑叠合面的粘结力。

抗剪连接件按塑性方法设计的基本思路是：应先求出组合梁上最大弯矩点和邻近零弯矩点之间的剪跨区段总的纵向水平剪力 V_s，再根据 V_s 值确定该区段内所需的抗剪连接件数量，然后将抗剪连接件在该区段内按等间距均匀地布置。

2. 纵向水平剪力 V_s

（1）剪跨区段的划分原则　根据组合梁的弯矩图，以支座点、弯矩绝对值最大点和零弯矩点为界限，将其划分为若干个剪跨区段，如图 11-35 所示。

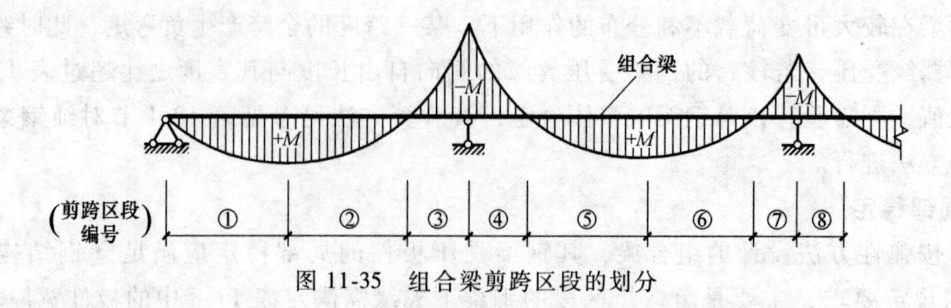

图 11-35　组合梁剪跨区段的划分

（2）剪跨区段纵向水平剪力的计算　在每个剪跨区段内，混凝土翼板与钢梁叠合面上的纵向水平剪力 V_s，分别按下列公式计算。

1）位于正弯矩区的剪跨段（图 11-35 中的①、②、⑤、⑥剪跨段），纵向水平剪力 V_s 取下列两式计算结果中的较小者。

$$V_s = Af \tag{11-58a}$$

$$V_s = b_{ce}h_c f_{cd} \tag{11-58b}$$

2）位于负弯矩区的剪跨段（图 11-35 中的③、④、⑦、⑧剪跨段），纵向水平剪力 V_s 为

$$V_s = A_{st}f_{st} \tag{11-59}$$

3. 抗剪连接件的数量

对于完全抗剪连接组合梁，每个剪跨区段内所需配置的抗剪连接件的总数 n_f，可按下式计算：

正弯矩区段
$$n_f = V_s / N_v^c \tag{11-60}$$

负弯矩区段
$$n_f = V_s / (\eta N_v^c) \tag{11-61}$$

式中　V_s——每个剪跨区内，混凝土翼板与钢梁叠合面上的纵向水平剪力设计值；

N_v^c——每个抗剪连接件的抗剪承载力设计值；

η——抗剪连接件的抗剪承载力降低系数，位于连续梁中间支座的负弯矩区段，取 $\eta = 0.9$；位于悬臂梁的负弯矩区段，取 $\eta = 0.8$。

对于部分抗剪连接组合梁，每个剪跨区段内实际配置的抗剪连接件数不得少于 n_f 的 50%。

4. 抗剪连接件的布置

根据式（11-60）和式（11-61）算得的抗剪连接件，可在对应的剪跨区段内均匀布置。当剪跨区内有较大集中荷载作用时，可将连接件总数 n_f 按各剪力区段的剪力图面积分配，然后各自均匀布置（图 11-36）。各剪力区段的抗剪连接件数按下式计算

$$n_1 = \frac{A_1}{A_1 + A_2}n_f,\quad n_2 = \frac{A_2}{A_1 + A_2}n_f \tag{11-62}$$

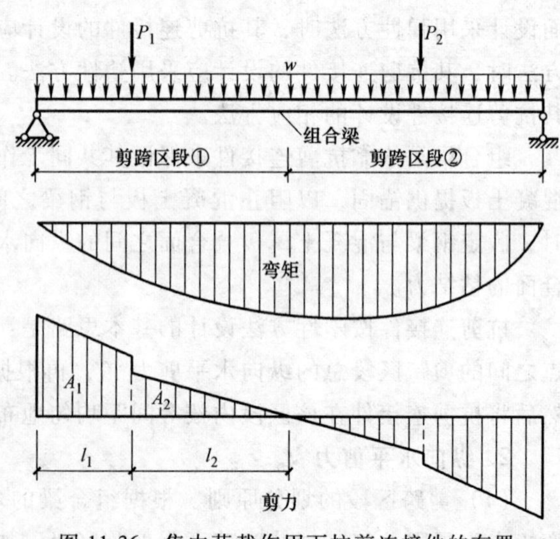

图 11-36　集中荷载作用下抗剪连接件的布置

5. 抗剪连接件的抗剪承载力设计值

由于抗剪连接件的抗剪承载力取决于连接件及其周围的混凝土强度，因此其抗

剪承载力设计值的计算由连接件及其周围混凝土的承载力两方面控制。

（1）圆柱头栓钉连接件　一颗圆柱头栓钉连接件的抗剪承载力设计值 N_v^c，应按下式计算

$$N_v^c = 0.43\beta_v A_{st}\sqrt{E_c f_c} \tag{11-63a}$$

且

$$N_v^c \leqslant 0.7A_{st}\gamma f_s \tag{11-63b}$$

式中 A_{st}——圆柱头栓钉钉杆的截面面积；

f_s——圆柱头栓钉钢材的抗拉强度设计值；

E_c、f_c——混凝土的弹性模量与轴心抗压强度设计值；

γ——圆柱头栓钉钢材的抗拉强度最小值与屈服强度之比，当栓钉材料性能等级为4.6级时，取 $f_s = 215\text{N/mm}^2$，$\gamma = 1.67$；

β_v——压型钢板影响栓钉承载力的折减系数，可根据压型钢板的肋与钢梁平行或垂直的不同情况，分别按式（11-64）或式（11-65）计算确定；对于普通钢筋混凝土楼板，取 $\beta_v = 1.0$。

当 $\beta_v = 1.0$ 时，圆柱头栓钉连接件的抗剪承载力设计值 N_v^c 可查表11-9。

表11-9　$\beta_v = 1.0$ 时的圆柱头栓钉的抗剪承载力设计值 N_v^c

栓钉直径/mm	钉杆截面面积 A_{st}/mm^2	混凝土强度等级	一个圆柱头栓钉抗剪承载力设计值/kN		在下列间距(mm)沿梁长每米的单排圆柱头栓钉的抗剪承载力设计值/kN									
			$0.7\gamma A_{st}f_s$	$0.4A_{st}\sqrt{E_c f_c}$	150	175	200	250	300	350	400	450	500	600
13	132.7	C20 C30 C40	31.0	28.8 38.3 45.4	133	114	100	80	67	57	50	44	40	33
16	201.1	C20 C30 C40	47.2	43.7 58.0 68.8	202	173	151	121	101	87	76	67	61	50
19	283.5	C20 C30 C40	66.3	61.6 81.8 97.0	284	244	213	171	142	122	107	95	85	71
22	380.1	C20 C30 C40	88.9	82.5 109.6 130.1	381	327	286	229	191	163	143	127	114	95

折减系数 β_v 应按下式计算：

1）压型钢板的肋与钢梁平行时（图11-37a）

$$\beta_v = 0.6\frac{b_w}{h_p}\left(\frac{h_s - h_p}{h_p}\right) \leqslant 1 \tag{11-64}$$

2）压型钢板的肋与钢梁垂直时（图11-37b）

$$\beta_v = \frac{0.85}{\sqrt{n_0}} \cdot \frac{b_w}{h_p}\left(\frac{h_s - h_p}{h_p}\right) \leqslant 1 \tag{11-65}$$

式中 b_w——混凝土凸肋（压型钢板波槽）的平均宽度（图11-37c），当肋的上部宽度小于下部宽度时，改取上部宽度（图11-37d）；

h_p——压型钢板的高度；

h_s——栓钉焊接后的高度，但不应大于 $h_p + 75\text{mm}$；

n_0——组合梁某截面上一个板肋中配置的栓钉总数，当栓钉数大于 3 个时，应仍取 3 个计算。

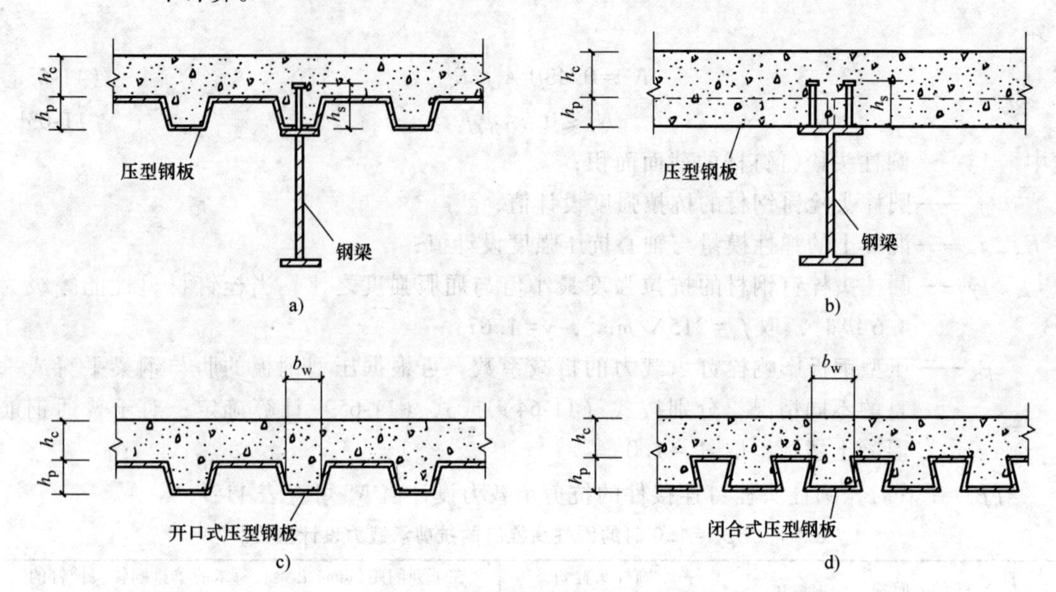

图 11-37 用压型钢板-混凝土组合板作翼缘的组合梁

a）板肋平行于钢梁 b）板肋垂直于钢梁 c）开口式压型钢板 d）闭口式压型钢板

（2）槽钢连接件 一根槽钢连接件的抗剪承载力设计值 N_v^c，可按下式计算，也可查表 11-10。

$$N_v^c = 0.26(t_f + 0.5t_w)l_c\sqrt{E_c f_c} \tag{11-66}$$

式中 t_f、t_w——槽钢连接件的翼缘平均厚度与腹板厚度；

l_c——一根槽钢连接件的长度；

E_c、f_c——混凝土的弹性模量与轴心抗压强度设计值。

槽钢连接件通过肢尖、肢背两条通长角焊缝与钢梁连接，角焊缝的高度按承受该连接件的抗剪承载力 N_v^c进行计算。

表 11-10 槽钢连接件的抗剪承载力设计值 N_c^v

槽钢型号	混凝土强度等级	一个槽钢的抗剪承载力设计值/kN	在下列间距(mm)沿梁每米的槽钢抗剪承载力设计值/kN									
			150	175	200	250	300	350	400	450	500	600
6.3	C20	130	817	743	650	520	433	371	325	289	260	217
	C30	173	1151	987	863	691	576	493	432	384	345	288
	C40	205	1366	1171	1025	820	683	585	512	455	410	342
8	C20	138	919	993	689	551	460	393	345	306	276	230
	C30	183	1221	1046	916	732	610	523	458	407	366	305
	C40	217	1449	1242	1087	869	724	621	543	483	435	362
10	C20	146	976	837	732	586	488	418	366	325	293	244
	C30	194	1296	1111	972	778	648	556	486	432	389	324
	C40	231	1539	1319	1154	923	769	659	577	513	462	385
12 12.6	C20	154	1028	882	771	617	514	441	386	343	309	257
	C30	205	1366	1171	1025	820	683	586	512	455	410	342
	C40	243	1621	1389	1216	973	811	695	608	540	486	405

注：表中槽钢长度按 100mm 计算。当槽钢长不为 100mm 时，其抗剪设计承载力按比例增减。

（3）弯筋连接件　一根弯筋连接件的抗剪承载力设计值 N_v^c，可按下式计算，也可查表 11-11。

$$N_v^c = A_{st} f_{st} \tag{11-67}$$

式中　A_{st}——一根弯筋连接件的截面面积；

f_{st}——钢筋的抗拉强度设计值。

表 11-11　弯筋连接件的抗剪承载力设计值 N_v^c

直径/mm	截面面积/mm²	钢筋强度设计值/(N/mm²)	一个弯起钢筋的抗剪承载力设计值/kN	在下列间距(mm)沿梁长每米的单排弯起钢筋的抗剪设计值承载力/kN									
				150	175	200	250	300	350	400	450	500	600
12	113.1	210	23.8	158	136	119	95	79	68	59	53	48	40
		300	33.9	234	200	175	140	117	100	88	78	70	58
14	153.9	210	32.3	215	185	162	129	108	92	81	72	65	54
		300	46.2	318	273	239	191	159	136	119	106	95	80
16	201.1	210	42.2	282	241	211	169	141	121	106	94	84	70
		300	60.3	416	356	312	249	208	178	156	139	125	104
18	254.5	210	53.4	356	305	267	214	178	153	134	119	169	89
		300	76.4	526	451	395	316	263	225	197	175	158	131
20	314.2	210	66.0	440	377	330	264	220	180	165	147	132	110
		300	94.3	649	557	487	390	325	278	244	216	195	162
22	380.1	210	79.8	532	456	399	319	266	228	200	177	160	133
		300	114.0	786	673	589	471	393	337	295	262	236	196

注：表中 210N/mm² 及 300N/mm² 的钢筋强度设计值分别为Ⅰ、Ⅱ级钢筋强度设计值。

11.3.4.8　纵向界面的抗剪承载力验算

1. 验算对象

属于下列情况之一者，需对组合梁的钢梁翼缘与混凝土翼板的纵向界面，进行抗剪承载力验算：

1）组合梁的翼板采用普通的钢筋混凝土。

2）组合梁的翼板采用以压型钢板为底模的组合板或非组合板，且压型钢板的板肋平行于钢梁的纵轴线。

注：压型钢的板肋与钢梁垂直的组合梁，可不验算其纵向界面的抗剪承载力。

2. 纵向薄弱界面的确定

为了防止钢筋混凝土翼板有可能在纵向剪力作用下发生剪切破坏，在进行组合梁的钢梁翼缘与混凝土翼板的纵向抗剪承载力的计算时，应分别对下列两种界面进行验算：

1）钢梁上翼缘两侧的混凝土翼板纵向界面（图 11-38 界面 a—a）。

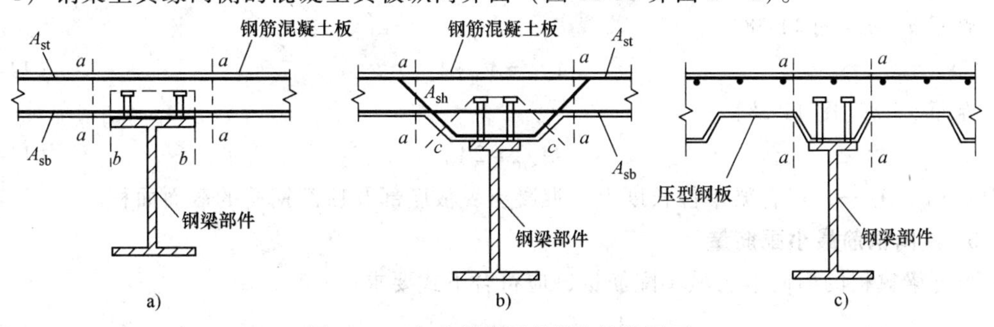

图 11-38　组合梁翼板的纵向抗剪界面

a）无板托的普通混凝土翼板　b）有板托的普通混凝土翼板　c）压型钢板的肋平行于钢梁纵轴线的混凝土翼板

2）包络连接件的纵向界面（图 11-38 界面 $b—b$、界面 $c—c$）。

3. 纵向界面水平剪力的确定

在混凝土翼板纵向界面上，沿梁单位长度的水平剪力，依其所在位置，分别按下列公式计算。

1）包络连接件的纵向界面（图 11-38 界面 $b—b$、界面 $c—c$）

$$V_1 = n_r N_v^c / s \tag{11-68}$$

2）混凝土翼板纵向界面（图 11-38 界面 $a—a$），设计时 V_1 应取式（11-69a）和式（11-69b）中之较大者。

$$V_1 = \frac{n_r N_v^c}{s} \cdot \frac{b_1}{b_{ce}} \tag{11-69a}$$

或

$$V_1 = \frac{n_r N_v^c}{s} \cdot \frac{b_2}{b_{ce}} \tag{11-69b}$$

式中 V_1——混凝土翼板单位梁长纵向界面水平剪力（N/mm）；

n_r——一个横截面上连接件的个数；

s——抗剪连接件的纵向间距（mm）；

N_v^c——一个抗剪连接件的抗剪承载力设计值；

b_1、b_2、b_{ce}——参见图 11-22、图 11-23 及式（11-26）。

4. 纵向界面的抗剪承载力验算

混凝土翼板纵向界面的水平剪力，应符合下列公式的要求

$$V_1 \leqslant k_1 u\xi + 0.7 A_{s,tr} f_{st} \tag{11-70a}$$

且

$$V_1 \leqslant k_2 u f_c \tag{11-70b}$$

式中 ξ——系数，取 $\xi = 1\text{N/mm}^2$；

u——纵向受剪界面的周长（mm），如图 11-38 所示；

f_c——混凝土轴心抗压强度设计值（N/mm^2）；

f_{st}——钢筋的抗拉强度设计值；

k_1——折减系数，混凝土翼板用普通混凝土时，取 0.9；采用轻质混凝土时，取 0.7；

k_2——折减系数，混凝土翼板用普通混凝土时，取 0.19；用轻质混凝土时，取 0.15；

$A_{s,tr}$——单位梁长纵向受剪界面上与界面相交的横向钢筋截面积（mm^2/mm），按下列规定采用：

界面 $a—a$（图 11-38）

$$A_{s,tr} = A_{sb} + A_{st} \tag{11-71}$$

界面 $b—b$（图 11-38）

$$A_{s,tr} = 2A_{sb} \tag{11-72}$$

式中 A_{sb}、A_{st}——组合梁单位长度上，混凝土翼板底部及顶部钢筋的截面面积。

5. 横向钢筋最小配筋量

组合梁翼板的横向钢筋最小配筋量，应符合下式要求

$$\frac{A_{s,tr} f_{st}}{u} \geqslant 0.75(\text{N/mm}^2) \tag{11-73}$$

11.3.4.9 组合梁的挠度验算

1. 完全抗剪连接组合梁的挠度验算

完全抗剪连接组合梁的挠度计算按结构力学的方法进行，并应考虑钢梁与混凝土翼板之间滑移效应对刚度的折减，即在计算挠度的公式中，采用折减刚度 B。

完全抗剪连接组合梁的挠度验算，应视施工阶段钢梁下有、无临时支撑，按两种情况分别进行。

（1）施工阶段钢梁下无临时支撑时

$$v_c = v_{s1} + v_{c2} \leqslant [v] \tag{11-74}$$

式中 v_c——完全抗剪连接组合梁的挠度；

v_{s1}——施工阶段组合梁的自重标准值作用下的钢梁挠度；

v_{c2}——使用阶段（施工阶段后续加的）各项荷载的标准组合与准永久组合进行计算的挠度 v_{sc2} 和 $v_{sc2,l}$ 二者之较大者，即 $v_{c2}=\max(v_{sc2},\ v_{sc2,l})$；

$[v]$——受弯构件的挠度限值，对于一般的主梁和次梁，可分别取 $l/400$ 及 $l/250$，l 为梁的跨度。

（2）施工阶段钢梁下有临时支撑时

$$v_c = v \leqslant [v] \tag{11-75}$$

式中 v——组合梁各项荷载的标准组合与准永久组合进行计算的挠度 v_{sc} 和 $v_{sc,l}$ 二者之较大者，即 $v=\max(v_{sc},\ v_{sc,l})$。

注：考虑钢梁与混凝土翼板之间滑移效应的折减刚度 B 可按下式计算

$$B = \frac{EI_{eq}}{1+\zeta} \tag{11-76}$$

式中 E——钢梁的弹性模量；

I_{eq}——组合梁的换算截面惯性矩，对于荷载的标准组合和荷载的准永久组合，分别按式（11-34）和式（11-38）计算。

ζ——刚度折减系数。

刚度折减系数按下式计算，当 $\zeta \leqslant 0$ 时，取 $\zeta=0$。

$$\zeta = \eta\left[0.4 - \frac{3}{(jl)^2}\right] \tag{11-77}$$

$$\eta = \frac{36Ed_c pA_0}{n_s khl^2} \tag{11-78}$$

$$j = 0.81\sqrt{\frac{n_s kA_1}{EI_0 p}} \tag{11-79}$$

$$A_0 = \frac{A_{ef}A}{\alpha_E A + A_{ef}} \tag{11-80}$$

$$A_1 = \frac{I_0 + A_0 d_c^2}{A_0} \tag{11-81}$$

$$I_0 = I + \frac{I_{ef}}{\alpha_E} \tag{11-82}$$

式中 A_{ef}——混凝土翼板截面面积，对以压型钢板为底模的组合板翼缘，取其较弱截面的面积，且不考虑压型钢板；

A、I——钢梁的截面面积和惯性矩；

I_{ef}——混凝土翼板截面惯性矩，对以压型钢板为底模的组合板翼缘，取其较弱截面的惯性矩，且不考虑压型钢板；

d_c——钢梁截面形心到混凝土翼板截面（对以压型钢板为底模的组合板翼缘，取其较弱截面的面积）形心的距离；

h、l——组合梁截面高度和跨度（mm）；

k——抗剪连接件的刚度系数，$k=N_v^c$（N/mm）；

p——抗剪连接件的纵向平均间距（mm）；

n_s——抗剪连接件在一根梁上的列数；

α_E——钢材与混凝土弹性模量的比值。

当按荷载效应的准永久组合进行计算时，式（11-80）和式（11-82）中的 α_E 应以 $2\alpha_E$ 替换。

2. 部分抗剪连接组合梁的挠度验算

根据《高钢规程》[2] 的规定，部分抗剪连接组合梁的挠度 v_1，可按下式计算：

$$v_1=v_c+0.5(v-v_c)(1-n_1/n_f)\leqslant[v] \tag{11-83}$$

式中 v_c——完全抗剪连接组合梁的挠度；

v——全部荷载由钢梁承受时的挠度；

n_f、n_1——分别为完全抗剪连接组合梁和部分抗剪连接组合梁所配置的抗剪连接件数目。

11.3.4.10 组合梁的裂缝宽度验算

连续组合梁负弯矩区段的最大裂缝宽度 w_{cra}（mm）限值：处于正常环境时为 0.3mm；处于室内高湿度环境或露天时为 0.2mm。

计算连续组合梁负弯矩区段内混凝土翼板的最大裂缝宽度时，应取荷载的短期效应组合。

连续组合梁的负弯矩区段，其混凝土翼板的受力状态近似于轴心受拉钢筋混凝土杆件。所以，其最大裂缝宽度 w_{cra}（mm），可按下列公式计算

$$w_{cra}=2.7\psi\frac{\sigma_s}{E_{st}}\left(2.7c+0.1\frac{d}{\rho_{ce}}\right)v \tag{11-84}$$

$$\psi=1.1-\frac{0.65f_{tk}}{\rho_{ce}\sigma_s} \tag{11-85}$$

$$\sigma_s=M_k y_s/I \tag{11-86}$$

式中 v——纵向受拉钢筋表面特征系数，变形钢筋宜取 0.7，光面钢筋宜取 1.0；

ψ——裂缝间纵向受拉钢筋应变不均匀系数，当 $\psi<0.3$ 时，宜取 $\psi=0.3$；当 $\psi>1.0$ 时，宜取 $\psi=1.0$；

d、c——纵向钢筋直径和混凝土保护层厚度，均以 mm 计；当 $c<20$mm 时，宜取 $c=20$mm；$c>50$mm 时，宜取 $c=50$mm；

ρ_{ce}——按有效受拉混凝土面积计算的纵向受拉钢筋配筋率，当 $\rho_{ce} \leqslant 0.008$ 时，宜取 $\rho_{ce}=0.008$；

f_{tk}——混凝土轴心抗拉强度标准值；

σ_s——荷载标准值短期效应作用下，负弯矩区段混凝土翼板内的纵向钢筋应力；

M_k——按荷载短期效应组合计算的负弯矩标准值；

I——由钢梁与混凝土翼板有效宽度内的纵向钢筋共同形成的钢质截面（钢梁与钢筋组合钢截面）惯性矩，即不计入混凝土翼板有效宽度内的受拉混凝土截面；

y_s——钢筋截面重心至钢梁与钢筋组合钢截面中和轴的距离（图 11-39）。

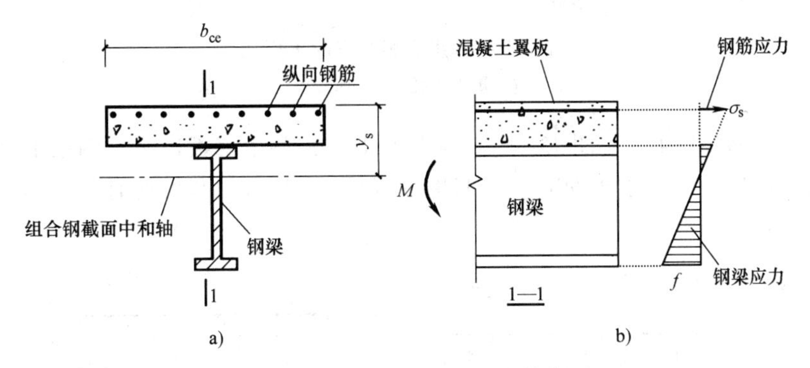

图 11-39 连续负弯矩区段的计算简图

a）组合梁截面 b）截面应力

11.3.5 组合梁的构造要求

11.3.5.1 组合梁截面尺寸的规定

1）组合梁的高跨比不宜小于 1/15，即 $h/l \geqslant 1/15$。

2）为使钢梁的抗剪强度与组合梁的抗弯强度协调，钢梁截面高度 h_s 不宜小于组合梁截面高度 h 的 1/2.5，即 $h_s \geqslant h/2.5$。

11.3.5.2 混凝土楼板

1. 板厚

1）当楼板采用以压型钢板为底模的组合板时，组合板的总厚度不应小于 90mm；其压型钢板顶面以上的混凝土厚度不应小于 50mm。

2）当楼板采用普通钢筋混凝土板时，其混凝土板的厚度不应小于 100mm，一般采用 100mm、120mm、140mm、160mm。

2. 板托尺寸

当楼板采用以压型钢板为底模的组合板时，其组合梁一般不设板托；当楼板采用普通钢筋混凝土板时，为了提高组合梁的承载力及节约钢材，可采用混凝土板托（图 11-40），其尺寸应符合下列要求：

1）板托的高度 h_t 不应大于钢筋混凝土楼板厚度 h_c 的 1.5 倍，即 $h_t \leqslant 1.5h_c$。

2）板托的顶面宽度 b_t：对于上、下等宽的工字形钢梁，其 b_t 不宜小于板托高度 h_t 的 1.5 倍（图 11-40a）；对于上窄、下宽的工字形钢梁，其 b_t 不宜小于钢梁上翼缘宽度 b_f 与板托高度 h_t 的 1.5 倍之和，即 $b_t \geqslant b_f+1.5h_t$（图 11-40b）。

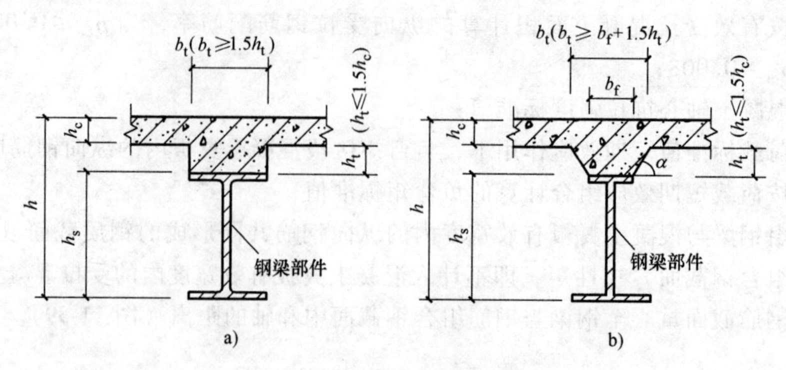

图 11-40 组合梁的混凝土板托

a）矩形板托 b）梯形板托

3）楼板边缘的组合梁（图 11-41），无板托时，混凝土翼板边缘至钢梁上翼缘边和至钢梁中心线的距离应分别不小于 50mm 和 150mm（图 11-41a）；有板托时，外伸长度不宜小于 h_t（图 11-41b）。

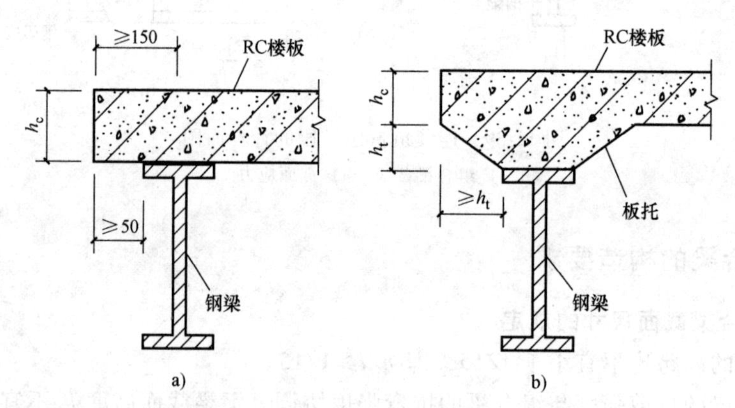

图 11-41 边梁混凝土翼板的最小外伸长度

a）无板托 b）有板托

3. 配筋

1）在连续组合梁的中间支座负弯矩区段，混凝土翼板内的上部纵向钢筋，应伸过梁的反弯点，并应留出足够的锚固长度和弯钩。

2）支承于组合梁上的混凝土翼板，其下部纵向钢筋在中间支座处应连续配置，不得中断（图 11-42），钢筋长度不够时，可在其他部位搭接。

11.3.5.3 钢梁

1）跨度小、受荷小时，主、次钢梁均可采用热轧 H 型钢或工字型钢；跨度大、受荷大时，次梁可采用热轧 H 型钢，主梁宜采用上窄、下宽的单轴对称焊接工字形截面（图 11-43）；对于组合边梁，其钢梁截面宜采用槽钢形式。

2）钢梁截面高度 h_s 不宜小于组合梁截面高度 h 的 1/2.5，即 $h_s \geq h/2.5$。

3）为了确保组合梁腹板的局部稳定，应视其腹板高厚比的大小，设置必要的腹板横向加劲肋，其形式如图 11-43。

4）钢梁顶面不得涂刷油漆。

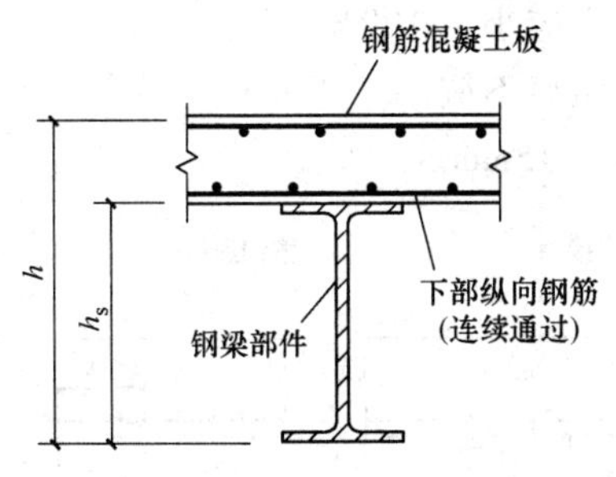

图 11-42　混凝土翼板的下部纵向钢筋

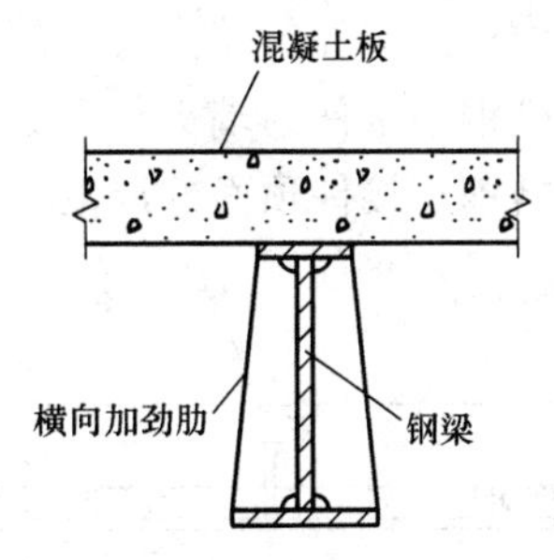

图 11-43　组合梁的横向加劲肋

5）在浇注或安装混凝土翼板以前，应消除钢梁顶面的铁锈、焊渣、冰层、积雪、泥土和其他杂物。

6）主、次钢梁的连接构造与纯钢结构相似，可参考第 10 章的相应章节。

11.3.5.4　抗剪连接件

为了保证组合梁中的钢梁与混凝土楼板二者的共同工作，应沿梁的全长每隔一定距离在钢梁顶面设置连接件，以承受钢梁与混凝土楼板二者叠合面之间的纵向剪力，限制二者之间的相对滑移。

组合梁中常用的抗剪连接件有带头栓钉、槽钢、弯起钢筋三种类型，如图 11-21 所示。当采用以压型钢板为底模的混凝土组合楼板时，一般均采用圆柱头栓钉连接件。

1. 圆柱头栓钉连接件

1）当栓钉的位置不正对钢梁腹板时，如栓钉焊于钢梁受拉翼缘，其直径不得大于翼缘板厚度的 1.5 倍；如栓钉焊于无拉应力的翼缘，其直径不得大于翼缘板厚度的 2.5 倍。

2）当采用以压型钢板为底模的混凝土翼板时，栓钉须穿透压型钢板焊接于钢梁，其直径不宜大于 19mm。

3）圆柱头栓钉的钉头直径和长度，应分别不小于其钉杆直径 d 的 1.5 倍和 4 倍。

4）圆柱头栓钉的最小间距为 $6d$（顺梁轴线方向）和 $4d$（垂直于梁轴线方向），边距不得小于 35mm。

5）圆柱头栓钉的最大间距为混凝土翼板厚度的 4 倍，且不大于 400mm。

6）圆柱头栓钉的钉头底面，宜高出混凝土翼板的底部钢筋顶面 30mm 以上；当采用以压型钢板为底模的混凝土组合翼板时，焊后的栓钉高度应高出压型钢板波高 30mm 以上。

7）圆柱头栓钉的外侧边缘与钢梁上翼缘边缘的距离不应小于 20mm。

8）圆柱头栓钉的外侧边缘与混凝土翼板边缘的距离不应小于 100mm。

9）圆柱头栓钉的外侧边缘与混凝土板托边缘的距离不应小于 40mm。

10）圆柱头栓钉顶面的混凝土保护层厚度不应小于 15mm。

2. 槽钢连接件

1）槽钢连接件一般采用 Q235 钢轧制的[8、[10、[12、[12.6 等小型槽钢。

2）槽钢连接件的开口方向应与板、梁叠合面的纵向剪力方向一致（图 11-44）。

3）槽钢连接件沿梁轴线方向的最大间距为混凝土翼板厚度的 4 倍，且不大于 400mm。

4）槽钢连接件上翼缘的下表面，宜高出混凝土翼板的底部钢筋顶面 30mm 以上。

5）槽钢连接件的端头与钢梁上翼缘边缘的距离不应小于 20mm。

6）槽钢连接件的端头与混凝土翼板边缘的距离不应小于 100mm。

7）槽钢连接件的端头与混凝土板托上口边缘的距离不应小于 40mm。

8）槽钢连接件顶面的混凝土保护层厚度不应小于 15mm。

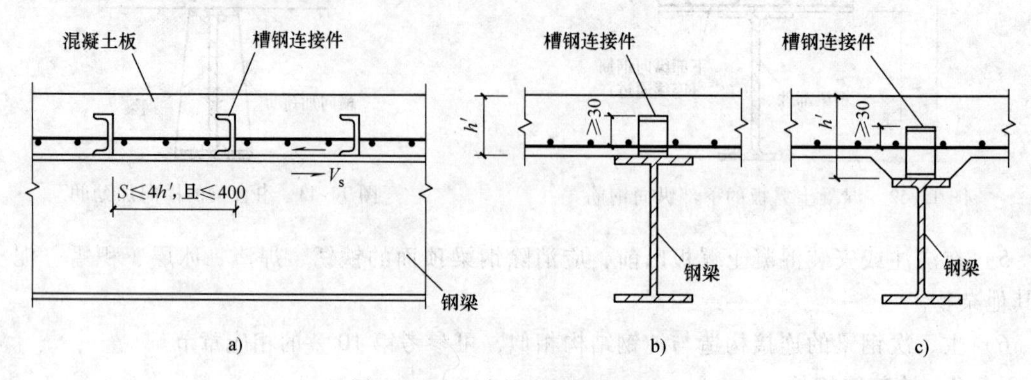

图 11-44 组合梁中的槽钢连接件

a）纵剖面 b）横剖面（无板托） c）横剖面（有板托）

3. 弯起钢筋连接件

1）弯起钢筋宜采用直径 d 不小于 12mm 的 HRB 级钢筋，并应成对对称布置，其弯起角一般为 45°，弯折方向应与混凝土翼板对钢梁的水平剪力方向相一致（图 11-45）。

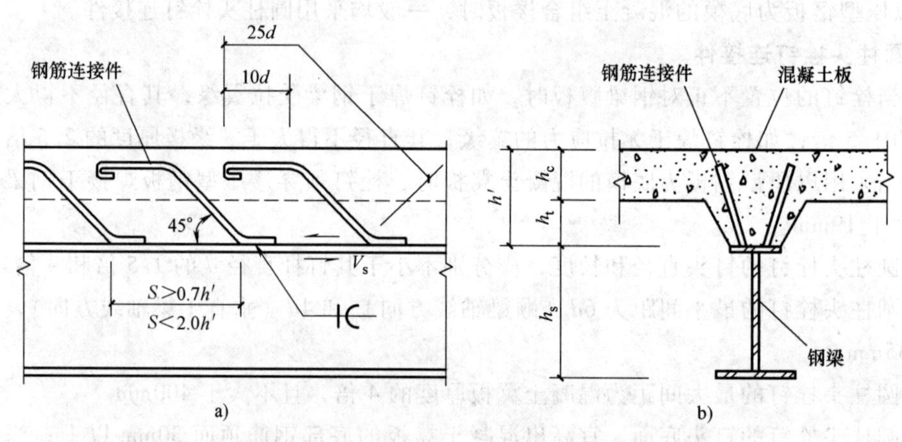

图 11-45 组合梁中的弯起钢筋连接件

a）纵剖面 b）横剖面

2）在梁的跨中可能产生纵向水平剪应力变号处，应在两个方向均设置弯起钢筋（U 形钢筋）。

3）每根弯起钢筋从弯起点算起的总长度不应小于 $25d$（HRB 级钢筋应另加弯钩），其中水平段长度不应小于 $10d$。

4）弯起钢筋连接件沿梁轴线方向的间距 S 不应小于混凝土翼板厚度（有板托时，包括板托，见图 11-45）的 0.7 倍，且不大于 2 倍翼板厚度及 400mm，即 $0.7h'\leqslant S\leqslant 2h'$，且$S\leqslant$400mm。

5）弯起钢筋与钢梁连接的双侧焊缝长度不应小于 $4d$（HRB300 级钢筋）或 $5d$（HRB400 级钢筋）。

6）弯起钢筋连接件的外侧边缘与钢梁上翼缘边缘的距离不应小于 20mm。

7）弯起钢筋连接件的外侧边缘与混凝土翼板边缘的距离不应小于 100mm。

8）弯起钢筋连接件的外侧边缘与混凝土板托上口边缘的距离不应小于 40mm。

9）弯起钢筋连接件顶面的混凝土保护层厚度不应小于 15mm。

11.3.5.5　梁端锚固件

在组合梁的端部，应在钢梁的顶面焊接梁端锚固件，以抵抗组合梁中的梁端“掀起力”及因混凝土干缩所引起的应力。

梁端锚固件一般采用热轧工字钢或在工字钢上加焊水平锚筋（图 11-46）；对小型梁，也可用设在梁端的抗剪连接件兼顾，即梁端设置抗剪连接件后，可不另设梁端锚固件。

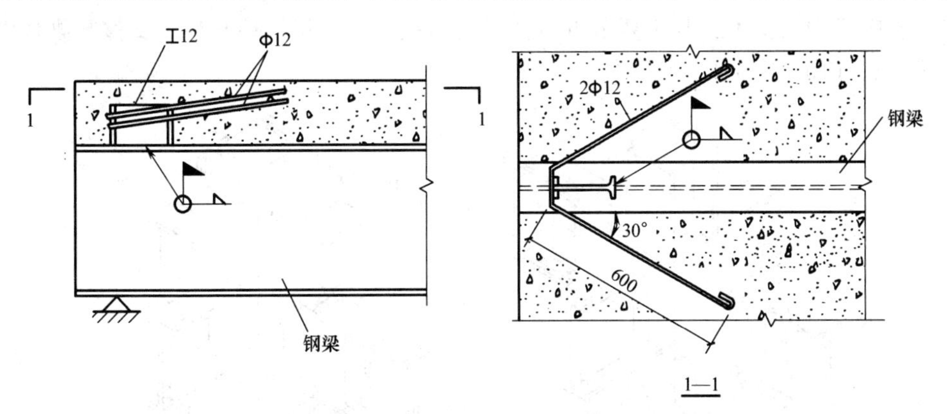

图 11-46　组合梁中的梁端锚固件

参 考 文 献

[1]　郑廷银. 多高层房屋钢结构设计与实例 [M]. 重庆：重庆大学出版社，2014.

[2]　中国建筑标准设计研究院有限公司. 高层民用建筑钢结构技术规程：JGJ 99—2015 [S]. 北京：中国建筑工业出版社，2015.

[3]　中华人民共和国住房和城乡建设部. 钢结构设计标准：GB 50017—2017 [S]. 北京：中国计划出版社，2017.

第12章　节点设计

构件的连接节点是保证多、高层钢结构安全可靠的关键部位，对结构的受力性能有着重要的影响。节点设计的是否合理，不仅会影响结构承载力的可靠性和安全性，而且会影响构件的加工制作与工地安装的质量，并直接影响结构的造价。因此，节点设计是整个设计工作中的一个重要环节，必须予以足够的重视[1]。

多高层房屋钢结构中，其主要节点包括：梁与柱、梁与梁、柱与柱、支撑与梁柱以及柱脚的连接节点（图12-1）。

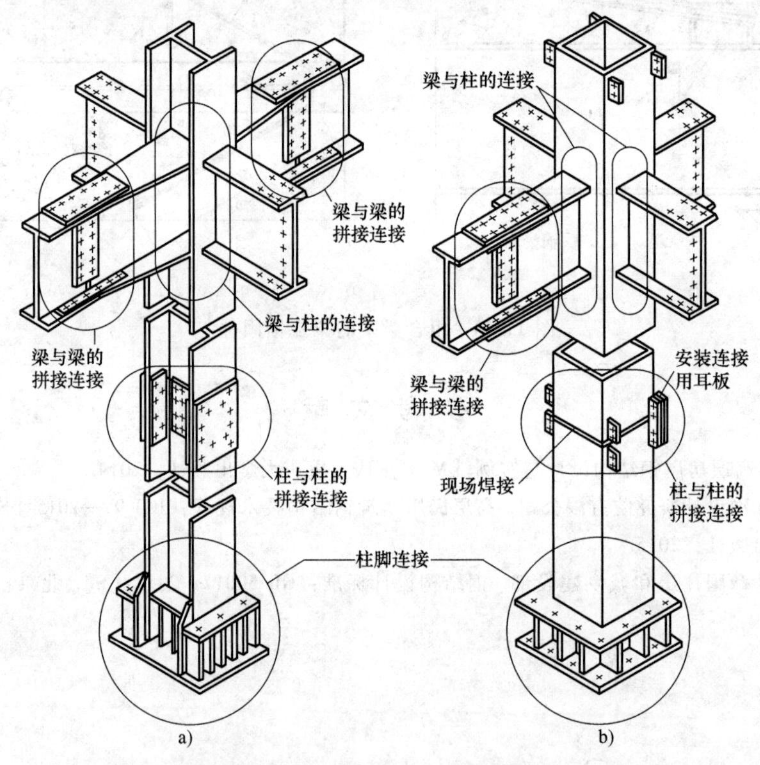

图12-1　多、高层钢结构连接节点图示

a）梁柱均为H形或工字形截面　b）梁为H形或工字形截面，柱为箱形截面

12.1　概述

12.1.1　节点设计原则

1）高层民用建筑钢结构的连接，非抗震设计的结构应按《钢结构设计标准》的有关规定执行。抗震设计时，构件按多遇地震作用下内力组合设计值选择截面；连接设计应符合构

造措施要求，按弹塑性受力设计，连接的极限承载力应大于构件的全塑性承载力。

2）对于要求抗震设防的结构，当风荷载起控制作用时，仍应满足抗震设防的构造要求。

3）按抗震设计的钢结构框架，在强震作用下塑性区一般将出现在距梁端（柱贯通型梁-柱节点）或柱端（梁贯通型梁-柱节点）算起的 1/10 跨长或 2 倍截面高度范围内。为考虑构件进入全塑性状态仍能正常工作，节点设计应保证构件直至发生充分变形时节点不致破坏，应验算下列各项：

① 节点连接的最大承载力。

② 构件塑性区的板件宽厚比。

③ 受弯构件塑性区侧向支承点间的距离。

④ 梁-柱节点域中柱腹板的宽厚比和抗剪承载力。

4）构件节点、杆件接头和板件拼装，依其受力条件，可采用全熔透焊缝或部分熔透焊缝。当遇下列情况之一时，应采用全熔透焊缝：

① 要求与母材等强的焊接连接。

② 框架节点塑性区段的焊接连接。

5）为了焊透和焊满，焊接时均应设置焊接垫板和引弧板。

6）多高层房屋钢结构承重构件或承力构件（支撑）的连接采用高强度螺栓时，应采用摩擦型连接，以避免在使用荷载下发生滑移，增大节点的变形。

7）高强度螺栓连接的最大抗剪承载力，应按下式计算

$$N_v^b = 0.58 n_v A_e^b f_u^b \tag{12-1}$$

式中　N_v^b——一个高强度螺栓的最大抗剪承载力；

n_v——连接部位一个螺栓的受剪面数目；

A_e^b——螺栓螺纹处的有效截面面积；

f_u^b——螺栓钢材的极限抗拉强度最小值。

8）在节点设计中，节点的构造应避免采用约束度大和易使板件产生层状撕裂的连接形式。

9）钢框架抗侧力构件的梁与柱连接应符合下列基本要求：

① 梁与 H 形柱（绕强轴）刚性连接以及梁与箱形柱或圆管柱刚性连接时，弯矩由梁翼缘和腹板受弯区的连接承受，剪力由腹板受剪区的连接承受。

② 梁与柱的连接宜采用翼缘焊接和腹板高强度螺栓连接的形式。一、二级时梁与柱宜采用加强型连接或骨式连接。非抗震设计和三、四级时，梁与柱的连接可采用全焊接连接。

③ 梁腹板用高强度螺栓连接时，应先确定腹板受弯区的高度，并对设置于连接板上的螺栓进行合理布置，再分别计算腹板连接的抗弯承载力和抗剪承载力。

12.1.2　连接方式

多、高层钢结构的节点连接，根据连接方法可采用全焊连接（通常翼缘坡口采用全熔透焊缝，腹板采用角焊缝连接）、栓焊混合连接（翼缘坡口采用全熔透焊缝，腹板则采用高强度螺栓连接）和全栓连接（翼缘、腹板全部采用高强度螺栓连接），如图 12-2 所示。

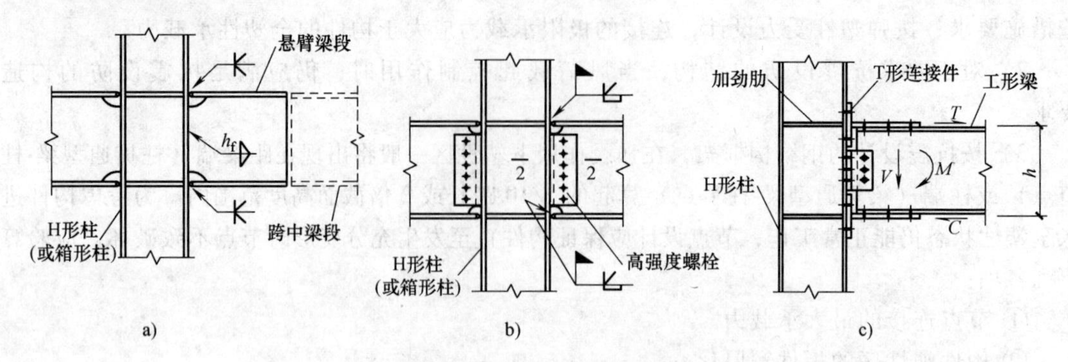

图 12-2 节点连接方式

a）全焊连接 b）栓焊混合连接 c）全栓连接

全焊连接：传力充分，不会滑移。良好的焊接构造与焊接质量，可以为结构提供足够的延性。缺点是焊接部位常留有一定的残余应力。

栓焊混合连接：先用螺栓安装定位，然后翼缘施焊，操作方便，应用比较普遍。试验表明，此类连接的滞回曲线与全焊连接情况相近，但翼缘焊接将使螺栓预拉力平均降低 10%左右。因此，连接腹板的高强度螺栓实际预拉应力要留一定富裕。

全栓连接：全部高强度螺栓连接，施工便捷，符合工业化生产模式。但接头尺寸较大，钢板用量稍多，费用较高。强震时，接头可能产生滑移。

在我国的多、高层钢结构工程实践中，柱的工地接头多采用全焊连接；梁的工地接头以及支撑斜杆的工地接头和节点，多采用全栓连接；梁与柱的连接多采用栓焊混合连接。

12.1.3 安装单元的划分与接头位置

钢框架安装单元的划分，应根据构件质量、运输以及起吊设备等条件确定。

1）当框架的梁-柱节点采用“柱贯通型”节点形式（图 12-2、图 12-3a）时，柱的安装单元一般采用三层一根；梁的安装单元通常为每跨一根。

2）柱的工地接头一般设于主梁顶面以上 1.0~1.3m 处，以便安装。

3）当采用带悬臂梁段的柱单元（树状型柱单元）时，悬臂梁段可预先在工厂焊于柱的安装单元上，悬臂梁段的长度（即接头位置）应根据内力较小并能满足设置支撑的需要和运输方便等条件确定。距柱轴线算起的悬臂梁段长度一般取 0.9~1.6m。

4）框架筒结构采用带悬臂梁段的柱安装单元时，梁的接头可设置在跨中。

12.2 梁-柱节点设计

12.2.1 梁-柱节点类型

根据梁、柱的相对位置，可分为柱贯通型和梁贯通型两种类型，如图 12-3 所示。

一般情况下，为简化构造和方便施工，框架的梁-柱节点宜采用柱贯通型（图 12-3a）；当主梁采用箱形截面时，梁-柱节点宜采用梁贯通型（图 12-3b）。

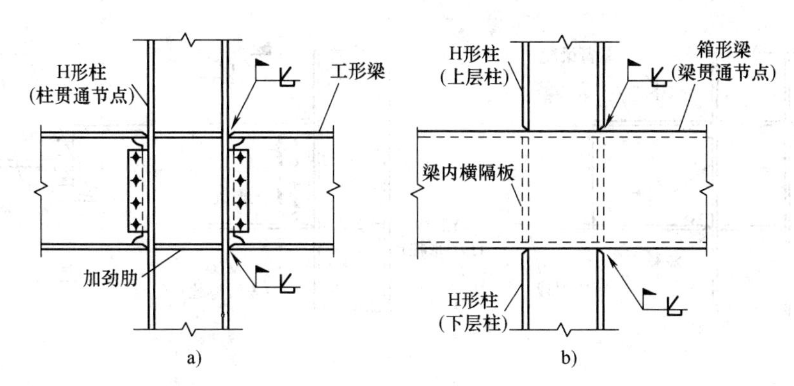

图 12-3　梁-柱节点类型

a）柱贯通型　b）梁贯通型

根据约束刚度可分为刚性连接（刚性节点）、柔性连接（铰接节点）和半刚性连接（半刚性节点）三大类型。

刚性连接：连接受力时，梁-柱轴线之间的夹角保持不变。实际使用中只要连接对转动约束能达到理想刚接的 90% 以上，即可认为是刚接。工程中的全焊连接、栓焊混合连接以及借助 T 形铸钢件的全栓连接属此范畴（图 12-2）。

柔性连接（铰接）：连接受力时，梁-柱轴线之间的夹角可任意改变（无任何约束）。实际使用中只要梁-柱轴线之间夹角的改变量达到理想铰接转角的 80% 以上（即转动约束不超过 20%），即可视为柔性连接。工程中的仅在梁腹板使用角钢或钢板通过螺栓与柱进行的连接属此范畴（图 12-29）。

半刚性连接：介于以上两者之间的连接，它的承载能力和变形能力同时对框架的承载力和变形都会产生极为显著的影响。工程中的借助端板或者借助在梁上、下翼缘布置角钢的全栓连接等形式属此范畴（图 12-24、图 12-25）。

12.2.2　梁-柱刚性节点

12.2.2.1　刚性节点的构造要求

框架梁与柱的刚性连接宜采用柱贯通型，可视受力和安装形式，采用图 12-4 所示的连接方式。

1. 基本要求

1）柱在两个互相垂直的方向都与梁刚性连接时，宜采用箱形截面；当仅在一个方向与梁刚性连接时，宜采用 H 形截面，并将柱腹板置于刚接框架平面内。

2）箱形截面柱或 H 形截面柱（强轴方向）与梁刚性连接时，应符合下列要求：

① 当采用全焊连接、栓焊混合连接方式时，梁翼缘与柱翼缘间，应采用坡口全熔透焊缝连接，如图 12-4 a 、b 、d 所示。

② 当采用栓焊混合连接方式时，梁腹板宜采用高强度螺栓与柱（借助连接板）进行摩擦型连接，如图 12-4d 所示。

3）对于焊接 H 形截面柱和箱形截面柱，当框架梁与柱刚性连接时，在梁上翼缘以上和下翼缘以下各 500mm 节点范围内的 H 形截面柱翼缘与腹板间的焊缝或箱形截面柱壁板间的拼装焊缝，应采用坡口全熔透焊缝连接，如图 12-5 所示。

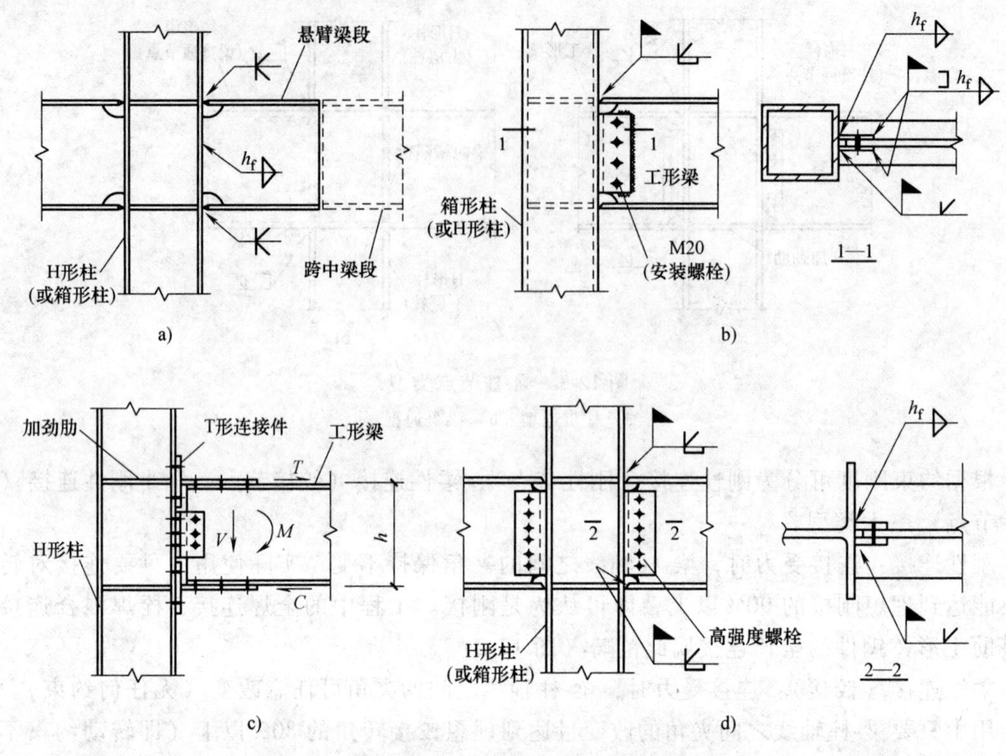

图 12-4 梁与柱的刚性连接方式

a）全焊连接（工厂） b）全焊连接（工地） c）借助 T 形铸钢件的全栓连接 d）栓焊混合连接

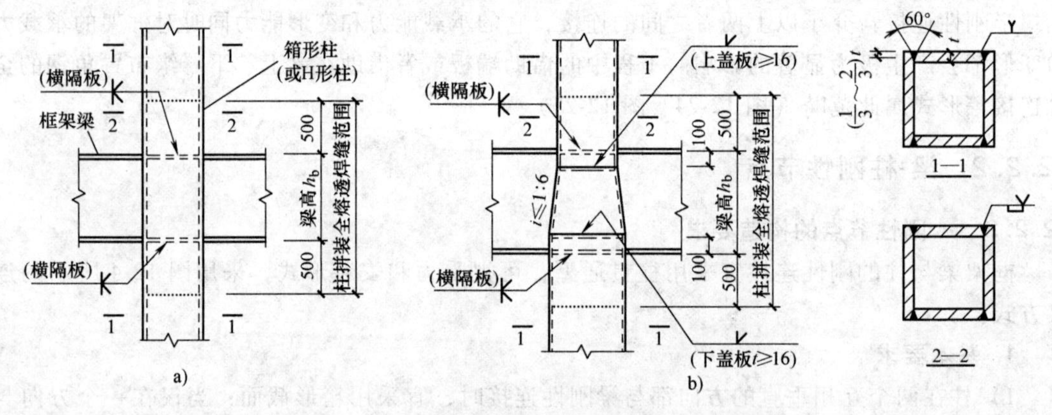

图 12-5 梁-柱节点区段内箱型柱的壁板拼装焊缝

a）等截面柱 b）变截面柱

4）框架梁轴线垂直于柱翼缘的刚性连接节点（图 12-6），应符合下列要求：

① 当框架梁垂直于 H 形截面柱翼缘，且梁与柱直接相连时，常采用栓焊混合连接。对于非地震区的钢框架，腹板的连接可采用单片连接板和单列高强度螺栓（图 12-6 中的剖面 1—1）；对于抗震设防钢框架，腹板宜采用双片连接板和不少于两列高强度螺栓连接（图 12-6 中的剖面 2—2）。

② 当框架梁与箱形截面柱进行栓焊混合连接时，在与框架梁翼缘相应的箱形截面柱中，应设置贯通式水平隔板，其构造如图 12-6b 所示。

③ 框架梁采用悬臂梁段与柱刚性连接时，悬臂梁段与柱之间应采用全焊连接，并应预先在工厂完成；其悬臂梁段与跨中梁段的现场拼接，可采用全栓连接或栓焊混合连接。

④ 工字形柱的横向水平加劲肋与柱翼缘的连接，应采用坡口全熔透焊缝，与柱腹板的连接可采用角焊缝；箱形柱中的隔板与柱的连接，应采用坡口全熔透焊缝（图 12-6b）。

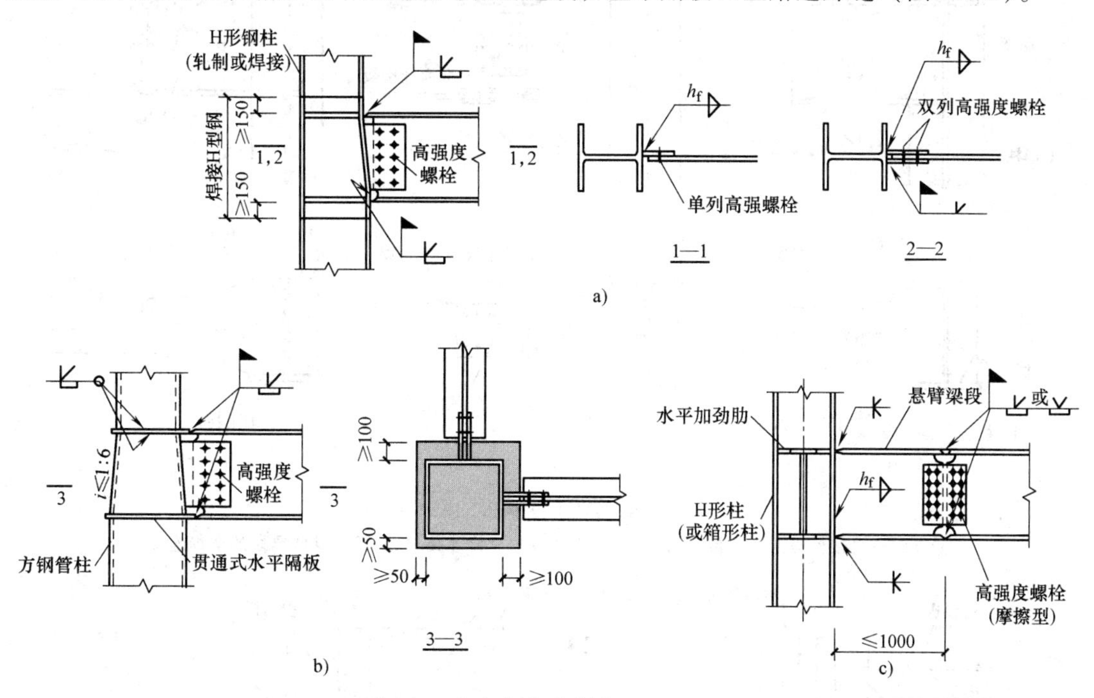

图 12-6　框架梁与柱翼缘的刚性连接

a）梁-柱直接栓焊混合连接　b）梁与箱形柱横隔板的连接　c）带悬臂梁段的刚性连接

5）梁轴线垂直于 H 形柱腹板的刚性连接节点（图 12-7），其构造应符合下列要求：

① 应在梁上、下翼缘的对应位置设置柱的横向水平加劲肋，且该横向水平加劲肋宜伸出柱外 100mm（图 12-7a），以避免加劲肋在与柱翼缘的连接处因板件宽度的突变而破坏。

② 水平加劲肋与 H 形柱的连接，应采用全熔透对接焊缝。

③ 在梁高范围内，与梁腹板对应位置，在柱的腹板上设置竖向连接板。

④ 梁与柱的现场连接中，梁翼缘与横向水平加劲肋之间，采用坡口全熔透对接焊缝连接；梁腹板与柱上的竖向连接板相互搭接，并用高强度螺栓摩擦型连接（图 12-7a）。

⑤ 当采用悬臂梁段时，其悬臂梁段的翼缘与腹板，应全部采用全熔透对接焊缝与柱相连（图 12-7b、c），该对接焊缝宜在工厂完成。

⑥ 柱上悬臂梁段与钢梁的现场拼接接头，可采用高强度螺栓摩擦型连接的全栓连接（图 12-7b），或全焊连接（图 12-7c），或栓焊混合连接（图 12-7a）。

6）当梁与柱的连接采用栓焊混合连接的刚性节点时，其梁翼缘连接的细部构造，应符合下列要求：

① 梁翼缘与柱的连接焊缝，应采用坡口全熔透焊缝，并按规定设置不小于 6mm 的间隙和焊接衬板，且在梁翼缘坡口两侧的端部设置引弧板或引出板（图 12-8）。焊接完毕，宜用气刨切除引弧板或引出板并打磨，以消除起、灭弧缺陷的影响。

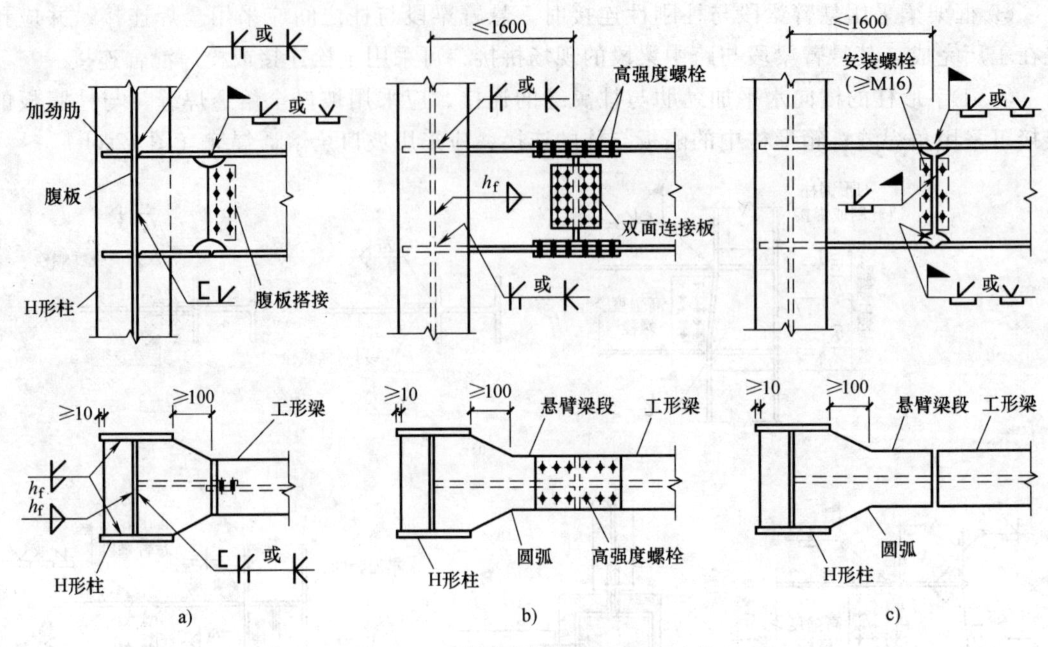

图 12-7 梁垂直于柱腹板的刚性连接

a）梁-柱直接栓焊混合连接 b）梁与悬臂梁段的全栓连接 c）梁与悬臂梁段的全焊连接

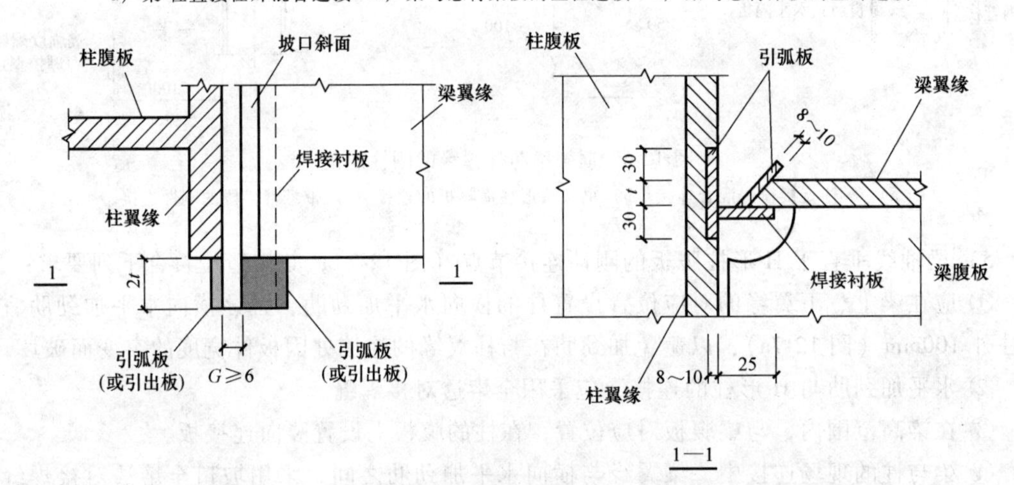

图 12-8 对接焊缝的引弧板和焊接衬板

② 为设置焊接衬板和方便焊接，应在梁腹板上、下端头分别作扇形切角，其上切角半径 r 宜取 35mm，并在扇形切角端部与梁翼缘连接处，应以 r = 10～15mm 的圆弧过渡（图 12-9 详图 A)，以减小焊接热影响区的叠加效应；而下切角半径 r 可取 20mm，如图 12-9 中的详图 B。

③ 对于抗震设防的框架，梁的下翼缘焊接衬板的底面与柱翼缘相接处，宜沿衬板全长用角焊缝补焊封闭。由于仰焊不便，焊脚尺寸可取 6mm 。

7）节点加劲肋的设置

① 当柱两侧的梁高相等时，在梁上、下翼缘对应位置的柱中腹板，应设置横向（水平）加劲肋（H 形截面柱）或水平加劲隔板（箱型截面柱），且加劲肋或加劲隔板的中心线应与梁翼缘的中心线对准，并采用全熔透对接焊缝与柱的翼缘和腹板连接，如图 12-4、图 12-5

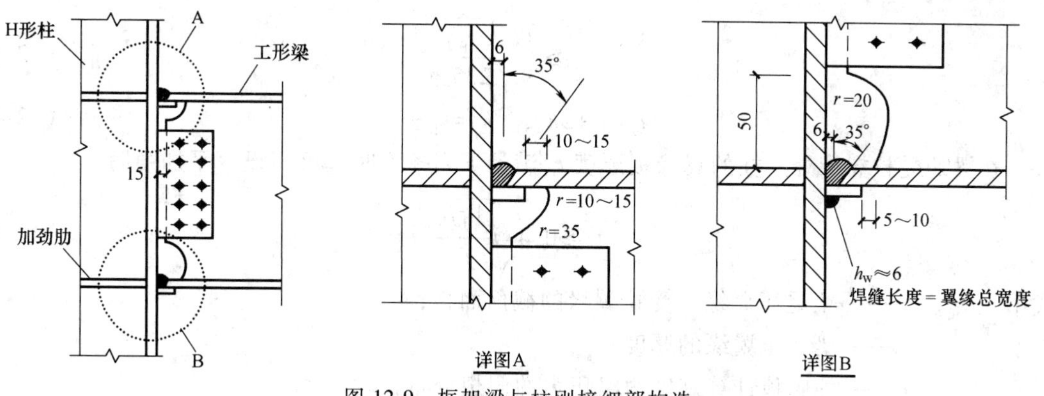

图 12-9 框架梁与柱刚接细部构造

所示；对于抗震设防的结构，加劲肋或隔板的厚度不应小于梁翼缘的厚度，对于非抗震设防或6度设防的结构，其厚度可适当减小，但不得小于梁翼缘厚度的一半，并应符合板件宽厚比限值。

② 当柱两侧的梁高不相等时，每个梁翼缘对应位置均应设置柱的水平加劲肋或隔板。为方便焊接，加劲肋的间距不应小于150mm，且不应小于柱腹板一侧的水平加劲肋的宽度（图 12-10a）；因条件限制不能满足此要求时，应调整梁的端部宽度，此时可将截面高度较小的梁腹板高度局部加大，形成梁腋，但腋部翼缘的坡度不得大于1∶3（图 12-10b）；或采用有坡度的加劲肋（图 12-10c）。

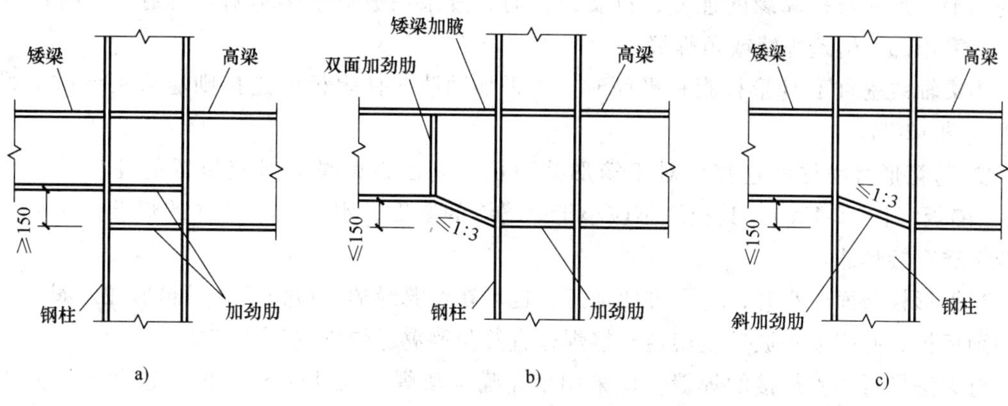

图 12-10 柱两侧梁高不等时的水平加劲肋

a）不等高梁的水平加劲肋设置 b）矮梁加腋 c）斜加劲肋

③ 当与柱相连的纵梁和横梁的截面高度不等时，同样也应在纵梁和横梁翼缘的对应位置分别设置水平加劲肋（图 12-11）。

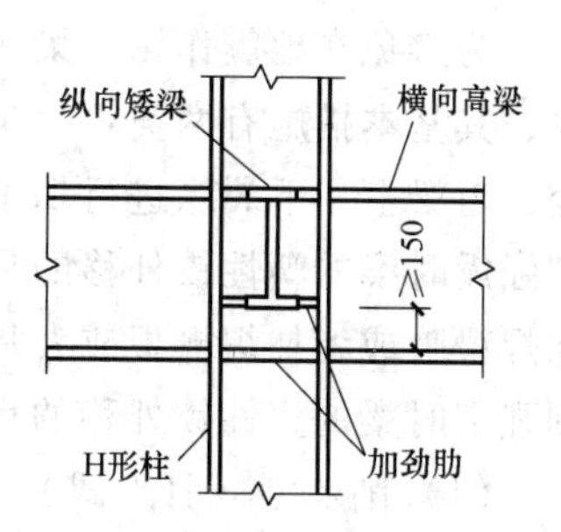

图 12-11 纵、横梁高不等时的加劲肋设置

8）不设加劲肋的条件。对于非抗震设防框架，当梁与柱采用全焊或栓焊混合连接方式所形成的刚性节点，在梁的受压翼缘处，柱的腹板厚度 t_w 同时满足下列两个条件时，可不设水平加劲肋：

$$t_w \geqslant \frac{A_{fc} f_b}{l_z f_c} \tag{12-2}$$

$$t_w \geqslant \frac{h_c}{30}\sqrt{\frac{f_{yc}}{235}} \tag{12-3}$$

$$l_z = t_f + 5h_y, \quad h_y = t_{fc} + R \tag{12-4}$$

在梁的受拉翼缘处，柱的翼缘板厚度 t_c 满足下列条件时，可不设水平加劲肋：

$$t_c \geqslant 0.4\sqrt{\frac{A_{ft} f_b}{f_c}} \tag{12-5}$$

式中 A_{fc}、A_{ft}——梁受压翼缘、受拉翼缘的截面面积；

t_f——梁受压翼缘的厚度；

l_z——柱腹板计算高度边缘压力的假想分布长度；

h_y——与梁翼缘相连一侧柱翼缘外表面至柱腹板计算高度边缘的距离；

t_{fc}——柱翼缘的厚度；

R——柱翼缘内表面至腹板弧根的距离，或腹板角焊缝的厚度；

h_c——柱腹板的截面高度；

f_b——梁钢材的抗拉、抗压强度设计值；

f_{yc}、f_c——柱钢材的屈服强度和抗拉强度设计值。

9）水平加劲肋的连接

① 与 H 形截面柱的连接。当梁轴线垂直于 H 形柱的翼缘平面时，在梁翼缘对应位置设置的水平加劲肋与柱翼缘的连接，抗震设计时，宜采用坡口全熔透对接焊缝；非抗震设计时，可采用部分熔透焊缝或角焊缝。

当梁轴线垂直于 H 形柱腹板平面时，水平加劲肋与柱腹板的连接则应采用坡口全熔透焊缝（图 12-7）。

② 与箱形截面柱的连接。对于箱形截面柱，应在梁翼缘的对应位置的柱内设置水平（横）隔板（图 12-12a），其板厚不应小于梁翼缘的厚度；水平隔板与柱的焊接，应采用坡口全熔透对接焊缝。

当箱形柱截面较小时，为了方便加工，也可在梁翼缘的对应位置，沿箱形柱外圈设置水平加劲环板，并应采用坡口全熔透对接焊缝直接与梁翼缘焊接（图 12-12b）。

对无法进行手工焊接的焊缝，应采用熔化嘴电渣焊（图 12-13）。由于这种焊接方法产生的热量较大，为了较小焊接变形，电渣焊缝的位置应对称布置，并应同时施焊。

2. 改进梁-柱刚性连接抗震性能的构造措施

为避免在地震作用下梁-柱连接处的焊缝发生破坏，宜采用能使塑性铰自梁端外移的做法，其基本措施有两类：一是翼缘削弱型，二是梁端加强型。前者是通过在距梁端一定距离处，对梁上、下翼缘进行切削切口或钻孔或开缝等措施，以形成薄弱截面（图 12-14），达到强震时梁的塑性铰外移的目的；后者则是通过在梁端加焊楔形盖板或者加焊竖向肋板或者加焊梁腋或者加焊侧板或者局部加宽或加厚梁端翼缘等措施，以加强节点（图 12-15），达到强震时梁的塑性铰外移的目的。下面列出两种抗震性能较好的梁-柱节点：

（1）削弱型（骨形式）节点　骨形连接节点属于梁翼缘削弱型措施范畴，其具体做法是：在距梁端一定距离（常取 150mm）处，对梁上、下翼缘的两侧进行弧形切削（切削面应刨光，切削后的翼缘截面面积不宜大于原截面面积的 90%，并能承受按弹性设计的多遇

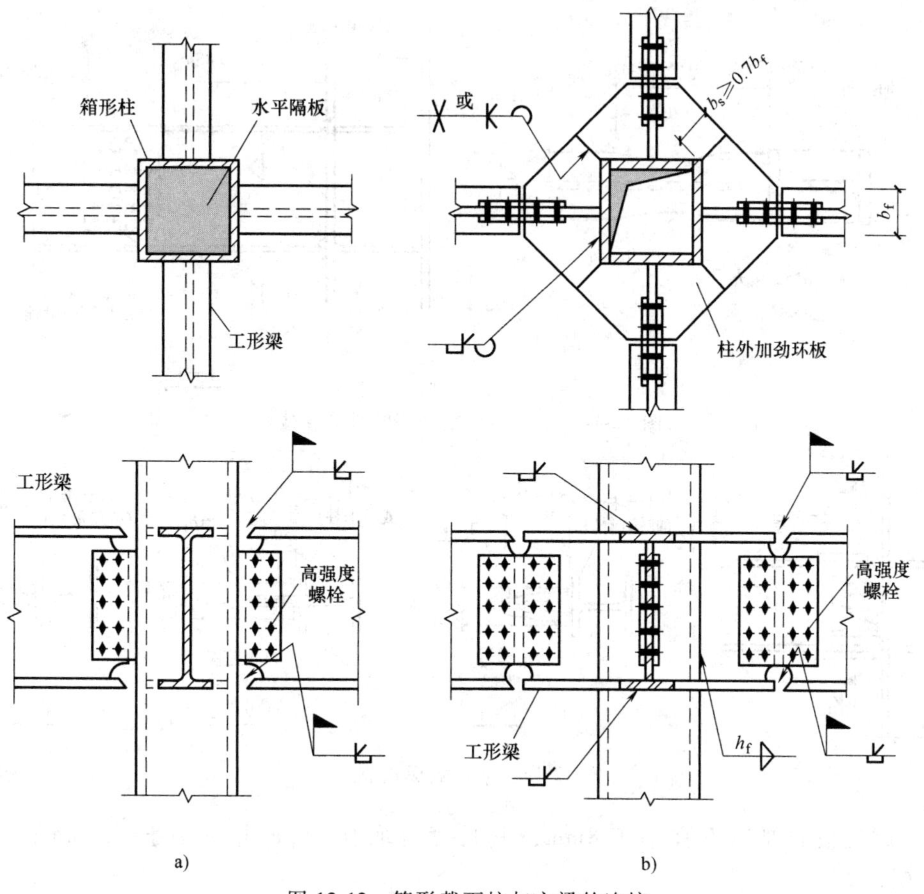

图 12-12 箱形截面柱与主梁的连接

a）柱内横隔板 b）柱外加劲环板

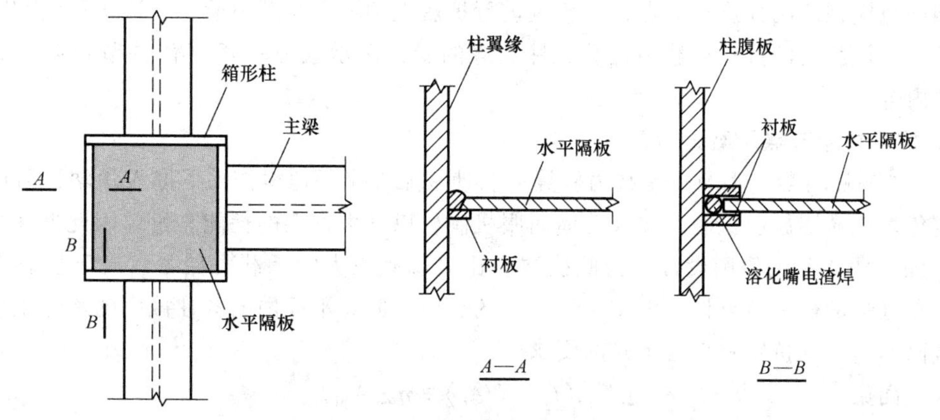

图 12-13 箱形截面柱水平隔板的焊接

地震下的组合内力），形成薄弱截面（图 12-14），使强震时梁的塑性铰外移。

建议在 8 度Ⅲ、Ⅳ类场地和 9 度时采用该节点。

（2）加强型（梁端盖板式）节点 梁端盖板式节点属于梁端加强型措施范畴，其具体做法是：在框架梁端的上、下翼缘加焊楔形短盖板，先在工厂采用角焊缝焊于梁的翼缘，然后在现场采用坡口全熔透对接焊缝与柱翼缘焊接（图 12-15）。

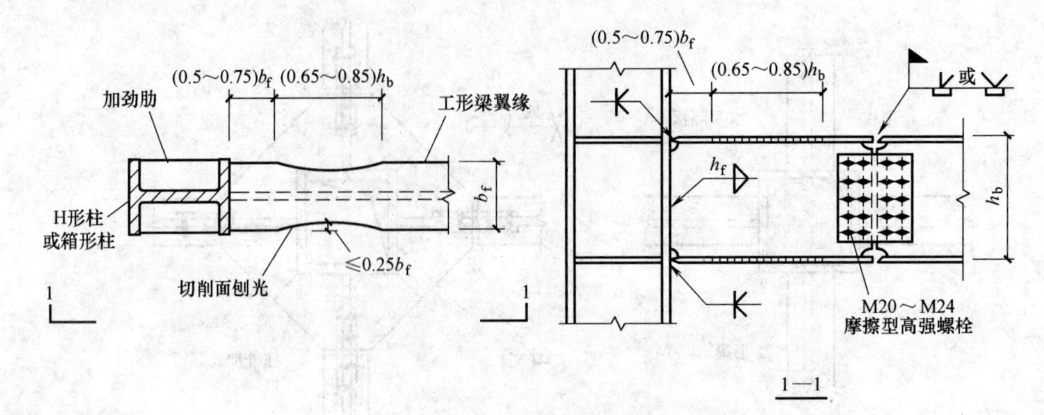

图 12-14 梁端塑性铰外移的骨形连接

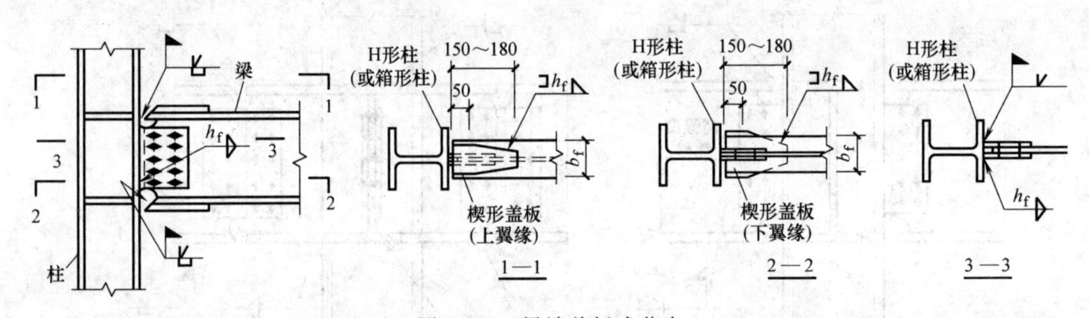

图 12-15 梁端盖板式节点

楔形短盖板的厚度不宜小于 8mm，其长度宜取 0.3h_b，并不小于 150mm，一般取 150~180mm。

12.2.2.2 刚性节点的承载力验算

钢梁与钢柱的刚性连接节点，一般应进行抗震框架节点承载力验算、连接焊缝和螺栓的强度验算、柱腹板的抗压承载力验算、柱翼缘的受拉区承载力验算、梁-柱节点域承载力验算五项内容。

1. 抗震框架节点承载力验算

（1）“强柱弱梁”型节点承载力验算 为使框架在水平地震作用下进入弹塑性阶段工作时，避免发生楼层屈服机制，实现总体屈服机制，以增大框架的耗能容量，因此框架柱和梁应按“强柱弱梁”的原则设计。为此柱端应比梁端有更大的承载力储备。对于抗震设防的框架柱在框架的任一节点处，汇交于该节点的、位于验算平面内的各柱截面的塑性抵抗矩和各梁截面的塑性抵抗矩宜满足下式的要求

等截面梁 $$\sum W_{pc}(f_{yc}-N/A_c)\geqslant \eta\sum W_{pb}f_{yb} \tag{12-6a}$$

端部翼缘变截面的梁 $$\sum W_{pc}(f_{yc}-N/A_c)\geqslant \sum(\eta W_{pb1}f_{yb}+V_{pb}S) \tag{12-6b}$$

式中 W_{pc}、W_{pb}——计算平面内交汇于节点的柱和梁的截面塑性抵抗矩；

W_{pb1}——梁塑性铰所在截面的梁塑性截面模量；

f_{yc}、f_{yb}——柱和梁钢材的屈服强度；

N——按多遇地震作用组合计算出的柱轴向压力设计值；

A_c——框架柱的截面面积；

η——强柱系数：一级取1.15，二级取1.10，三级取1.05；

V_{pb}——梁塑性铰处的剪力；

S——塑性铰至柱面的距离，塑性铰位置可取梁端部变截面翼缘的最小处。

1）当符合下列条件之一时，可不遵循“强柱弱梁”的设计原则，即不需满足式（12-6）的要求：

① 所在层的抗剪承载力比上一层的抗剪承载力高出25%。

② 柱轴压比不超过0.4。

③ 柱作为轴心受压构件，在2倍地震力作用下的稳定性仍能得到保证时，即 $N_2 \leqslant \varphi A_c f$（$N_2$ 为2倍地震作用下的组合轴力设计值，φ 为压杆稳定系数）。

④ 与支撑斜杆相连的节点。

2）在罕遇地震作用下不可能出现塑性铰的部分，框架柱和梁当不满足式（12-6）的要求时，则需控制柱的轴压比。此时，框架柱应满足式（10-40）的要求。

（2）“强连接、弱杆件”型节点承载力验算

1）节点承载力验算式。对于抗震设防的多、高层钢框架结构，当采用柱贯通型节点时，为确保“强连接、弱杆件”耐震设计准则的实现，其节点连接的极限承载力应满足下列公式要求

$$M_u \geqslant \eta_j M_p \tag{12-7}$$

$$V_u \geqslant 1.2(2M_p/l_n)+V_{Gb},\quad 且\ V_u \geqslant 0.58h_w t_w f_y \tag{12-8}$$

式中 M_u——梁上、下翼缘破口全熔透焊缝的极限抗弯承载力，按式（12-9）计算；

V_u——梁腹板连接的极限抗剪承载力，按式（12-10）~式（12-12）计算，当垂直于角焊缝受剪时可提高1.22倍；

M_p——梁构件（梁贯通时为柱）的全塑性抗弯承载力，按式（12-13）~式（12-17）计算；

l_n——梁的净跨；

h_w、t_w——梁腹板的截面高度与厚度；

f_y——钢材的屈服强度；

V_{Gb}——梁在重力荷载代表值（9度时高层建筑尚应包括竖向地震作用标准值）作用下，按简支梁分析的梁端截面剪力设计值；

η_j——连接系数，可按表12-1采用。

表12-1 钢结构抗震设计的连接系数

母材牌号	梁-柱连接		支撑连接，构件拼接		柱脚	
	焊接	螺栓连接	焊接	螺栓连接		
Q235	1.40	1.45	1.25	1.30	埋入式	1.2
Q345	1.30	1.35	1.20	1.25	外包式	1.2
Q345GJ	1.25	1.30	1.15	1.20	外露式	1.1

注：1. 屈服强度高于Q345的钢材，按Q345的规定采用。

2. 屈服强度高于Q345GJ的钢材，按Q345GJ的规定采用。

3. 翼缘焊接腹板栓接时，连接系数分别按表中连接形式取用。

在柱贯通型连接中，当梁翼缘用全熔透焊缝与柱连接并采用引弧板时，式（12-7）将自行满足。

2）极限承载力计算式

① 对于全焊连接，其连接焊缝的极限抗弯承载力 M_u 和极限抗剪承载力 V_u，应按下列公式计算

$$M_u = A_f(h-t_f)f_u \tag{12-9}$$

$$V_u = 0.58A_f^W f_u \tag{12-10}$$

式中 t_f、A_f——钢梁的一块翼缘板厚度和截面面积；

h——钢梁的截面高度；

A_f^W——钢梁腹板与柱连接角焊缝的有效截面面积；

f_u——对接焊缝极限抗拉强度。

② 对于栓焊混合连接，其梁上、下翼缘与柱对接焊缝的极限抗弯承载力 M_u 和竖向连接板与柱面之间的连接角焊缝极限抗剪承载力 V_u，仍然分别按式（12-9）和式（12-10）计算；但竖向连接板与梁腹板之间的高强度螺栓连接极限抗剪承载力 V_u，应取下列二式计算的较小者：

螺栓受剪 $$V_u = 0.58nn_fA_e^b f_u^b \tag{12-11}$$

钢板承压 $$V_u = nd(\sum t)f_{cu}^b \tag{12-12}$$

式中 n、n_f——接头一侧的螺栓数目和一个螺栓的受剪面数目；

f_u^b、f_{cu}^b——螺栓钢材的抗拉强度最小值和螺栓连接钢板的极限抗压强度，取 $1.5f_u$（f_u 连接钢板的极限抗拉强度最小值）。

3）全塑性抗弯承载力计算式

对于梁构件全塑性抗弯承载力计算式按下法进行：

当不计轴力时 $$M_p = W_p \cdot f_y \tag{12-13}$$

当计及轴力时，式（12-7）和式（12-8）中的 M_p 应以 M_{pc} 代替，并应按下列规定计算：

① 对工字形截面（绕强轴）和箱形截面

当 $N/N_y \leqslant 0.13$ 时 $$M_{pc} = M_p \tag{12-14}$$

当 $N/N_y > 0.13$ 时 $$M_{pc} = 1.15(1-N/N_y)M_p \tag{12-15}$$

② 对工字形截面（绕弱轴）

当 $N/N_y \leqslant A_{wn}/A_n$ 时

$$M_{pc} = M_p \tag{12-16}$$

当 $N/N_y > A_{wn}/A_n$ 时

$$M_{pc} = \left[1-\left(\frac{N-A_{wn}f_y}{N_y-A_{wn}f_y}\right)^2\right]M_p \tag{12-17}$$

式中 N——构件轴力；

N_y——构件的轴向屈服承载力，$N_y = A_n f_y$；

A_n——构件截面的净面积；

A_{wn}——构件腹板截面净面积。

2. 连接焊缝和螺栓的强度验算

工字形梁与工字形柱采用全焊接连接时，可按简化设计法或精确设计法进行计算。当主梁翼缘的抗弯承载力大于主梁整个截面承载力的70%时，即 $bt_f(h-t_t)>0.7W_p$，可采用简化

设计法进行连接承载力设计；当小于 70%时，应考虑按精确设计法设计。

（1）简化设计法　简化设计法是采用梁的翼缘和腹板分别承担弯矩和剪力的原则，计算比较简便，对高跨比适中或较大的情况是偏于安全的。

1）当采用全焊接连接时，梁翼缘与柱翼缘的坡口全熔透对接焊缝的抗拉强度应满足下式的要求

$$\sigma=\frac{M}{b_{\mathrm{eff}}t_{\mathrm{f}}(h-t_{\mathrm{f}})}\leqslant f_{\mathrm{t}}^{\mathrm{w}} \tag{12-18}$$

梁腹板角焊缝的抗剪强度应满足

$$\tau=\frac{V}{2h_{\mathrm{e}}l_{\mathrm{w}}}\leqslant f_{\mathrm{f}}^{\mathrm{w}} \tag{12-19}$$

式中　M、V——梁端的弯矩设计值和剪力设计值；

h、t_{f}——梁的截面高度和翼缘厚度；

b_{eff}——对接焊缝的有效长度（图 12-16），柱中未设横向加劲肋或横隔时，按表 12-2 计算；当已设横向加劲肋或横隔时，取等于梁翼缘的宽度；

h_{e}、l_{w}——角焊缝的有效厚度和计算长度；

$f_{\mathrm{t}}^{\mathrm{w}}$——对接焊缝的抗拉强度设计值，抗震设计时，应除以抗震调整系数 0.75；

$f_{\mathrm{f}}^{\mathrm{w}}$——角焊缝的抗剪强度设计值，抗震设计时，应除以抗震调整系数 0.75。

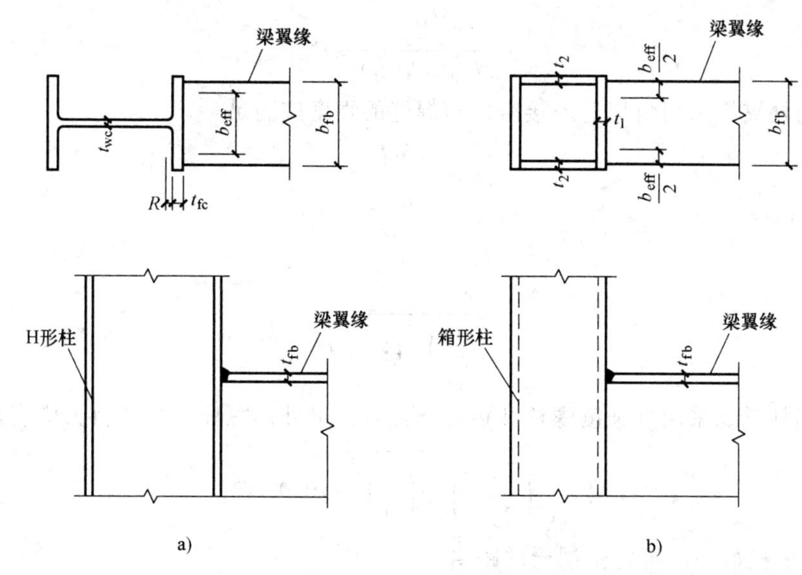

图 12-16　梁-柱翼缘对接焊缝的有效长度

a）梁与 H 形柱的连接　b）梁与箱形柱的连接

2）当采用栓焊混合连接时，翼缘焊缝的计算仍用全焊接连接计算式（12-18），梁腹板高强度螺栓的抗剪强度应满足

$$N_{\mathrm{v}}=\frac{V}{n}\leqslant 0.9[N_{\mathrm{v}}^{\mathrm{b}}] \tag{12-20}$$

式中　n——梁腹板上布置的高强度螺栓的数目；

$[N_{\mathrm{v}}^{\mathrm{b}}]$——一个高强度螺栓抗剪承载力的设计值；

0.9——考虑焊接热影响的高强度螺栓预拉力损失系数。

表 12-2 对接焊缝的有效长度 b_{eff}

柱截面形状 \ 钢号	Q235	Q345
H 形柱(图 12-16a)	$2t_{wc}+7t_{fc}$	$2t_{wc}+5t_{fc}$
箱形柱(图 12-16b	$2t_2+5t_1$	$2t_2+4t_1$

(2) 精确设计法 当梁翼缘的抗弯承载力小于主梁整个截面全塑性抗弯承载力的70%时，梁端弯矩可按梁翼缘和腹板的刚度比进行分配，梁端剪力仍全部由梁腹板与柱的连接承担

$$M_f = M \cdot \frac{I_f}{I} \tag{12-21}$$

$$M_w = M \cdot \frac{I_w}{I} \tag{12-22}$$

式中 M_f、M_w——梁翼缘和腹板分担的弯矩；

I——梁全截面的惯性矩；

I_f、I_w——梁翼缘和腹板对梁截面形心轴的惯性矩。

梁翼缘对接焊缝的正应力应满足

$$\sigma = \frac{M_f}{b_{eff} t_f (h-t_f)} \leqslant f_t^w \tag{12-23}$$

梁腹板与柱翼缘采用角焊缝连接时，角焊缝的强度应满足

$$\sigma_f = \frac{3M_w}{h_e l_w^2} \tag{12-24}$$

$$\tau_f = \frac{V}{2h_e l_w} \tag{12-25}$$

$$\sqrt{\left(\frac{\sigma_f}{\beta_f}\right)^2 + \tau_f^2} \leqslant f_f^w \tag{12-26}$$

梁腹板与柱翼缘采用高强度螺栓摩擦型连接时，最外侧螺栓承受的剪力应满足下式要求

$$N_v^b = \sqrt{\left(\frac{M_w y_1}{\sum y_i^2}\right)^2 + \left(\frac{V}{n}\right)^2} \leqslant 0.9[N_v^b] \tag{12-27}$$

式中 y_i——螺栓群中心至每个螺栓的距离；

y_1——螺栓群中心至最外侧螺栓的距离。

注：当工字形柱在弱轴方向与梁连接时，其计算方法与柱在强轴方向连接相同，梁端弯矩通过柱水平加劲板传递，梁端剪力由与梁腹板连接的高强度螺栓承担。

3. 柱腹板的抗压承载力验算

在梁的上下翼缘与柱连接处，一般应设置柱的水平加劲肋，否则由梁翼缘传来的压力或拉力形成的局部应力有可能造成在受压处柱腹板出现屈服或屈曲破坏，在受拉处使柱翼缘与相邻腹板处的焊缝拉开导致柱翼缘的过大弯曲。

当框架柱在节点处未设置水平加劲肋时，柱腹板的抗压强度应满足下列二式的要求

$$F \leqslant f t_{wc} l_{zc}(1.25-0.5|\sigma|/f) \tag{12-28}$$

$$F \leqslant f t_{wc} l_{zc} \tag{12-29}$$

式中　F——梁翼缘的压力；

t_{wc}——柱腹板的厚度，对于箱形截面柱，应取两块腹板厚度之和；

$|\sigma|$——柱腹板中的最大轴向应力（绝对值）；

f——钢材的抗拉、抗压强度设计值，抗震设计时，应除以抗震调整系数0.75；

l_{zc}——水平集中力在柱腹板受压区的有效分布长度（图12-17、图12-18），对于全焊和栓焊混合连接，取

$$l_{zc}=t_{fb}+5(t_{fc}+R) \tag{12-30}$$

对于全栓连接，取

$$l_{zc}=t_{fb}+2t_d+5(t_{fc}+R) \tag{12-31}$$

t_{fb}、t_{fc}——梁翼缘和柱翼缘的厚度；

t_d——端板厚度；

R——柱翼缘内表面至腹板圆角根部或角焊缝焊趾的距离。

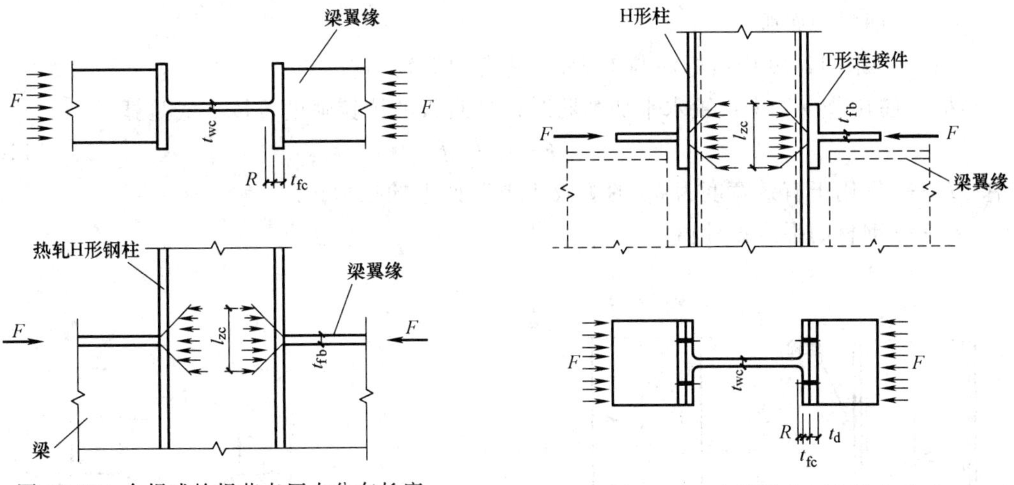

图12-17　全焊或栓焊节点压力分布长度

图12-18　全栓节点压力分布长度

当不能满足式（12-28）、式（12-29）的要求时，应在梁上、下翼缘对应位置的柱中设置横向水平加劲肋（图12-2、图12-3、图12-4），加劲肋的总截面积A_s应满足下式

$$A_s \geqslant A_{fb}-t_{wc}b_{eff} \tag{12-32}$$

为防止加劲肋屈曲，其宽厚比应满足

$$\frac{b_s}{t_s} \leqslant 9\sqrt{\frac{235}{f_y}} \tag{12-33}$$

式中　b_s、t_s——加劲肋的宽度和厚度。

4. 柱翼缘的受拉区承载力验算

在梁受拉翼缘传来的拉力作用下，除非柱翼缘的刚度很大（翼缘很厚），否则柱翼缘受拉挠曲，腹板附近应力集中，焊缝很容易破坏，因此对于全焊或栓焊混合节点，当框架柱在节点处未设置水平加劲肋时，柱翼缘的厚度t_{fc}及其抗弯强度应满足下式要求

$$t_{fc} \geqslant 0.4\sqrt{A_{fb} f_b / f_c} \tag{12-34}$$

$$F \leqslant 6.25 t_{fc}^2 f_c \tag{12-35}$$

式中 A_{fb}、F——梁受拉翼缘的截面面积和所受到的拉力；

f_b、f_c——梁、柱钢材的强度设计值。

对于全栓节点，其受拉区翼缘和连接端板可按有效宽度为 b_{eff}的等效 T 形截面进行计算（图 12-19）。受拉区螺栓所受拉力如图 12-20 所示，其撬力可取为

$$Q \geqslant F/20 \tag{12-36}$$

受拉区翼缘和连接端板的抗弯强度，可通过控制等效 T 形截面内的截面 1 和截面 2 处的弯矩（M_1、M_2）不超过该截面的塑性弯矩 M_p 来保证，即

$$M_1(M_2) \leqslant M_p,\ M_p = \frac{1}{4} b_{eff} t_f^2 f_y \tag{12-37}$$

其有效宽度 b_{eff}应取下列三式中的最小者。

$$b_{eff} = a_z,\ b_{eff} = 0.5a_z + 2m_c + 0.6n'_c,\ b_{eff} = 4m_c + 1.2n'_c \tag{12-38}$$

式中 t_f——柱的受拉翼缘或端板厚度；

f_y——钢材的屈服强度；

n'_c——取图 12-19 中所标注与 $1.25m_c$ 两者中的较小者。

当框架柱在节点处未设置水平加劲肋时，柱腹板的抗拉强度可按下式验算

$$F \leqslant t_{wc} b_{eff} f \tag{12-39}$$

式中 F——作用于有效宽度为 b_{eff}的等效 T 形截面上的拉力；

f——钢材的强度设计值。

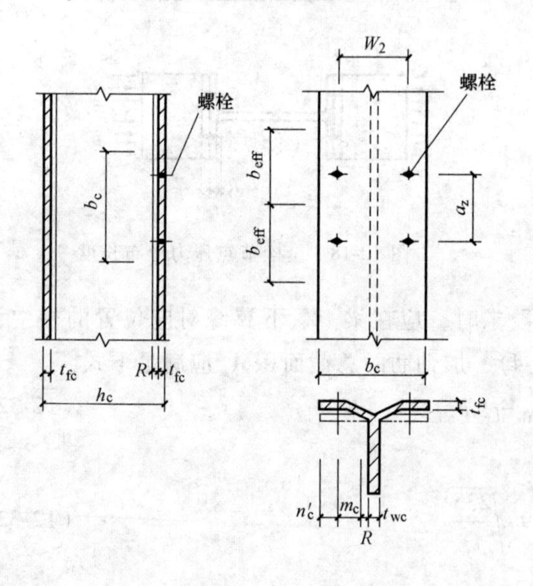

图 12-19 柱翼缘的有效宽度

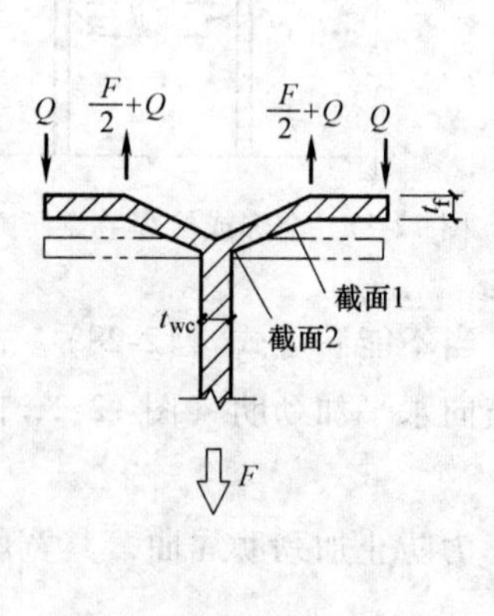

图 12-20 受拉区螺栓所受拉力

若不能满足式（12-34）、式（12-35），或式（12-37），或式（12-39）的要求，应在梁翼缘对应位置的柱中设置水平加劲肋，使应力趋于均匀。

水平加劲肋除承受梁翼缘传来的集中力外，对提高节点的刚度和节点域的承载力有重要

影响。因此，高层钢结构的梁与柱的刚接节点均应设置柱水平加劲肋。

5. 梁-柱节点域承载力验算

（1）节点域的稳定验算　为了保证在大地震作用下使柱和梁连接的节点域腹板不致失稳，以利于吸收地震能量，应在柱与梁连接处的柱中设置与梁上下翼缘位置对应的加劲肋（图 12-2）。由上下水平加劲肋和柱翼缘所包围的柱腹板称为节点域（图 12-21）。

按 7 度及以上抗震设防的结构，为了防止节点域的柱腹板受剪时发生局部屈曲，H 形截面柱和箱形截面柱在节点域范围腹板的稳定性（以板厚控制），应符合下列要求

$$t_{wc} \geqslant \frac{h_{0b}+h_{0c}}{90} \tag{12-40}$$

式中　t_{wc}——柱在节点域的腹板厚度，当为箱形柱时仍取一块腹板的厚度；

h_{0b}、h_{0c}——梁、柱的腹板高度。

当节点域柱的腹板厚度不小于梁、柱截面高度之和的 1/70 时，可不验算节点域的稳定。

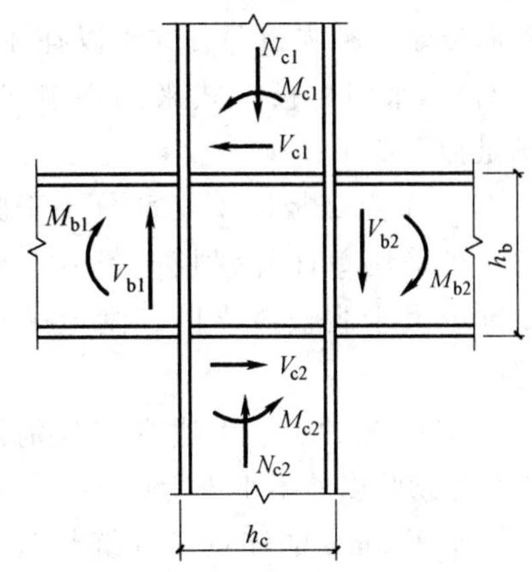

图 12-21　节点域周边的梁端弯矩和剪力

（2）节点域的强度验算　在周边弯矩和剪力的作用下的节点域如图 12-21 所示，略去节点上、下柱端水平剪力的影响，其抗剪强度应按下列公式计算：

对于非抗震或 6 度抗震设防的结构应符合下列公式的要求

$$(M_{b1}+M_{b2})/V_p \leqslant (4/3)f_v \tag{12-41}$$

按 7 度及以上抗震设防的结构尚应符合下列公式的要求

$$\psi(M_{pb1}+M_{pb2})/V_p \leqslant (4/3)f_v/\gamma_{RE} \tag{12-42}$$

工字形截面柱　$$V_p = h_{b1}h_{c1}t_w \tag{12-43a}$$

箱形截面柱　$$V_p = 1.8h_{b1}h_{c1}t_w \tag{12-43b}$$

圆管截面柱　$$V_p = (\pi/2)b_{b1}h_{c1}t_w \tag{12-43c}$$

式中　M_{b1}、M_{b2}——节点域两侧梁端的弯矩设计值，绕节点顺时针为正，反时针为负；

ψ——折减系数：三、四级取 0.6，一、二级取 0.7；

M_{pb1}、M_{pb2}——节点域两侧梁端的全塑性抗弯承载力，$M_{pb1}=W_{pb1}f_y$，$M_{pb2}=W_{pb2}f_y$；

W_{pb1}、W_{pb2}——节点域两侧梁端截面的全塑性截面模量（抵抗矩）；

γ_{RE}——节点域承载力抗震调整系数，取 0.75；

f_v——钢材的抗剪强度设计值；

f_y——钢材的屈服强度；

V_p——节点域的体积。

h_{b1}、h_{c1}——梁翼缘厚度中点间的距离和柱翼缘（或钢管直径线上管壁）厚度中点间的距离；

t_w——柱在节点域的腹板厚度。

1）当节点域厚度不满足式（12-41）和式（12-42）的要求时，可采用下列方法对节点

域腹板进行加厚或补强：

① 对于焊接工字形截面组合柱，宜将柱腹板在节点域局部加厚，即更换为厚钢板。加厚的钢板应伸出柱上、下水平加劲肋之外各 150mm，并采用对接焊缝将其与上、下柱腹板拼接（图 12-22）。

② 对轧制 H 型钢柱，可采用配置斜向加劲肋或贴焊补强板等方式予以补强。

2）当采用贴板方式来加强节点域时，应满足如下要求：

① 当节点域板厚不足部分小于腹板厚度时，可采用单面补强板；若节点域板厚不足部分大于腹板厚度时，则应采用双面补强板。

② 补强板的上、下边缘应分别伸出柱中水平加劲肋以外不小于 150mm，并用焊脚尺寸不小于 5mm 的连续角焊缝将其上、下边与柱腹板焊接，而贴板侧边与柱翼缘可用角焊缝或填充对接焊缝连接（图 12-23a）；当补强板无法伸出柱中水平加劲肋以外时，补强板的周边应采用填充对接焊缝或角焊缝与柱翼缘和水平加劲肋实现围焊连接（图 12-23b）。

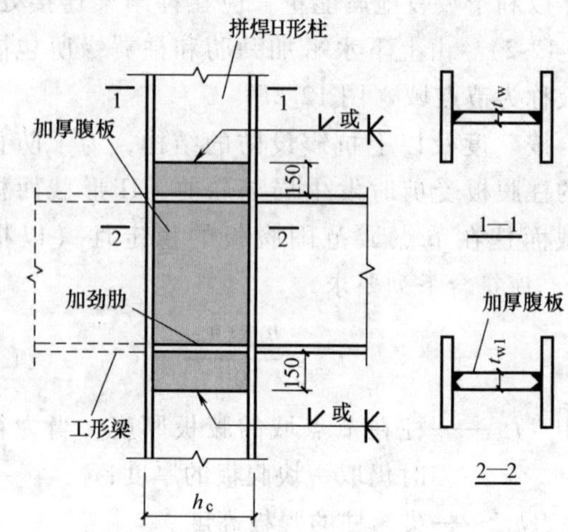

图 12-22 节点域腹板的加厚

③ 当在节点域板面的垂直方向有竖向连接板时，贴板应采用塞焊（电焊）与节点域板（柱腹板）连接，塞焊孔径应不小于 16mm，塞焊点之间的水平与竖向距离，均不应大于相连板件中较薄板件厚度的 $21\sqrt{235/f_y}$ 倍，也不应大于 200mm（图 12-23）。

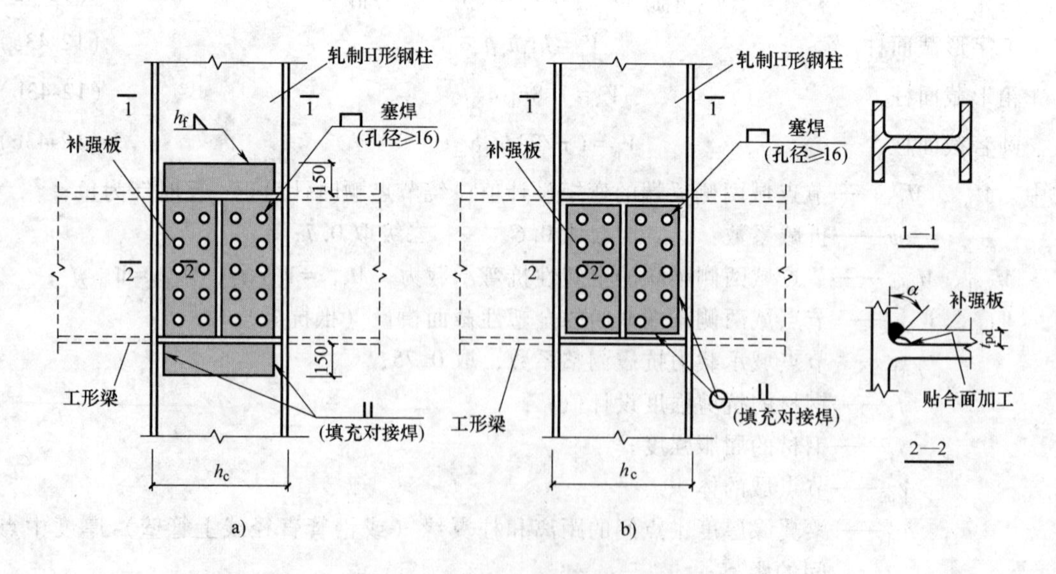

图 12-23 节点域腹板贴焊补强板

a）补强板伸出水平加劲肋 b）补强板被限制在水平加劲肋以内

当采用配置斜向加劲肋的方式来加强节点域时，斜向加劲肋及其连接，应能传递柱腹板所能承担的剪力之外的剪力。

12.2.3 梁-柱半刚性节点

1. 半刚性节点的构造要求

对于非地震区的多、高层钢框架结构，其梁-柱节点的半刚性连接常采用如下两种构造形式。

（1）端板连接式节点　主要通过焊于梁端的端板与柱翼缘（图 12-24a）或柱腹板（图 12-24b）采用高强度螺栓摩擦型连接。注意，当与柱腹板连接时，在柱腹板的另一侧应加焊一块补强钢板，以取代梁上下翼缘高度处在柱腹板上所设置的水平加劲肋。

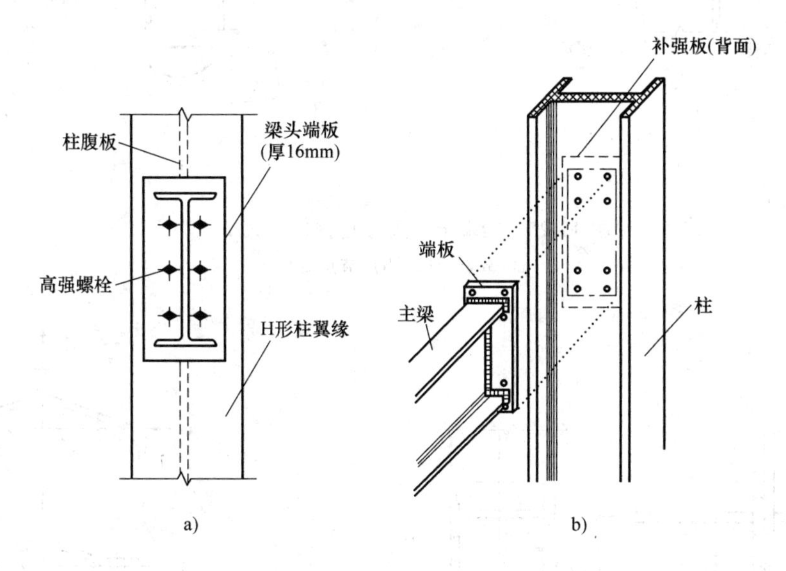

图 12-24　端板连接式节点

a）梁垂直于柱翼缘　b）梁垂直于柱腹板

（2）角钢连接式节点　在梁端上、下翼缘处设置角钢，并采用高强度螺栓将角钢的两肢分别与柱和梁进行摩擦型连接（图 12-25a）。该类节点由于角钢受力后发生弯曲变形，易使节点产生一定的转角（图 12-25b）。为了增强角钢的刚度，宜在角钢中增设竖向加劲板。

2. 半刚性节点的承载力验算

对于梁与柱利用端板进行的半刚性连接（图 12-26），当端板厚度较小，变形较大时，端板出现附加撬力和弯曲变形。此时，位于梁翼缘附近的端板的受力状况与 T 形连接件相似。因此，完全可将位于梁上、下翼缘附近的端板分离出来，形同两个 T 形连接件进行分析计算[3]。

由于端板尺寸和连接螺栓直径均会影响连接节点的承载能力，而且端板尺寸和螺栓直径又是相互影响和制约的。因此，随着端板和螺栓刚度的强弱变化，会出现不同的失效机构（图 12-27）[4,5]。

图 12-27a 为端板和螺栓等刚度时的受力与失效（破坏）机构，端板和螺栓同时失效，

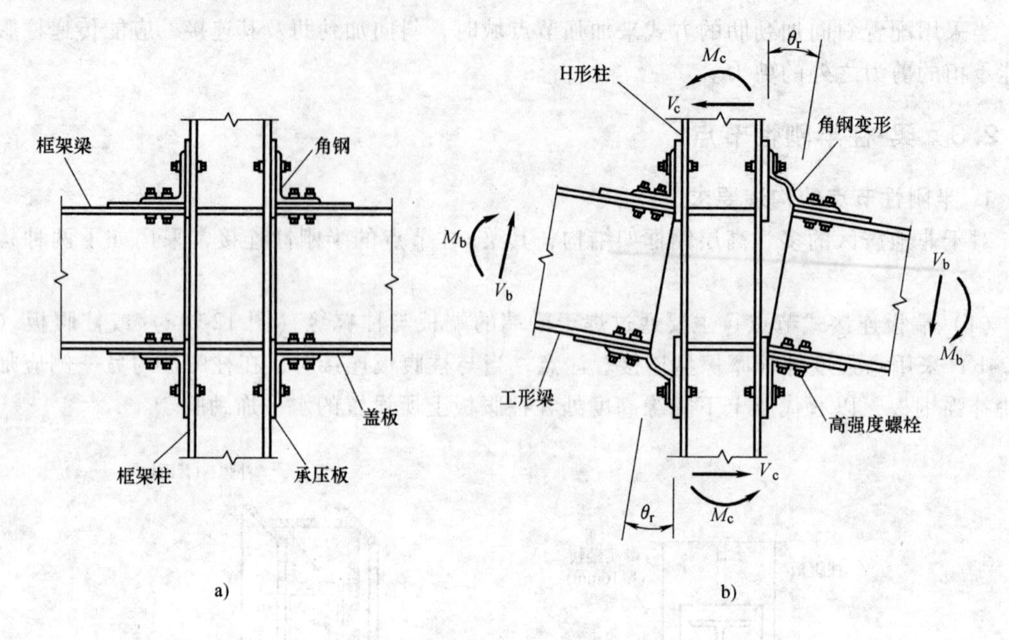

图 12-25 梁端上下翼缘角钢连接式节点

a）节点构造 b）节点变形

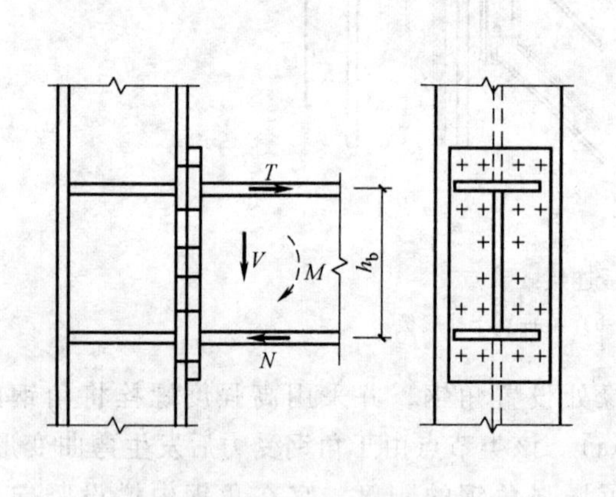

图 12-26 梁-柱端板连接节点

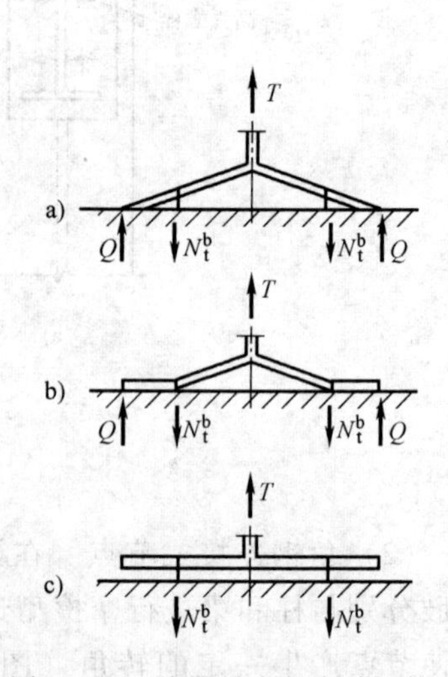

图 12-27 端板受力与失效机构

它们的承载力均得到充分利用。此时由于端板和螺栓具有相同的刚度，所以在计算中两者的变形均应考虑，不得忽略。结合图 12-28 计算模型，其承载力验算宜按下列方法进行：

螺栓抗拉承载力 $N_t^b = T+Q \leqslant 0.8P, T=\dfrac{M}{2h_b}$ （12-44）

端板 A—A 截面抗弯承载力 $M_A = Qc \leqslant M_{AP}$ （12-45）

端板 B—B 截面抗弯承载力 $M_B = N_t^b a - Q(c+a) \leqslant M_{BP}$ （12-46）

式中 M——梁端弯矩；

h_b——梁上、下翼缘板中面之间的距离；

P——高强度螺栓的预拉力；

M_{AP}——端板 $A—A$ 截面全塑性弯矩；

M_{BP}——端板 $B—B$ 截面全塑性弯矩。

其余字母含义如图 12-28 所示。

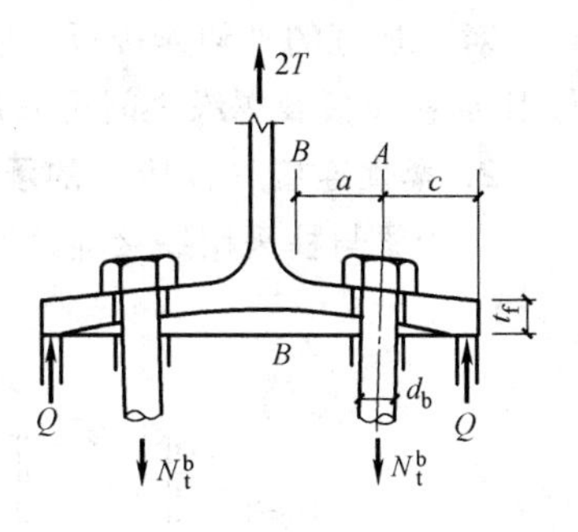

图 12-28 端板连接计算模型

设计时可先选定端板撬力 Q，一般取 $Q=0.1T\sim0.2T$。端板厚度一般宜比螺栓直径略大。

图 12-27b 为连接螺栓刚度大于端板抗弯刚度时的受力与失效（破坏）机构，这种情况常以端板出现塑性铰而失效。所以，计算中常忽略螺栓的弹性变形，按端板的塑性承载力设计。即主要按式（12-45）和式（12-46）验算端板的抗弯承载力。

图 12-27c 为端板抗弯刚度远大于连接螺栓刚度时的受力与失效（破坏）机构，它常发生在端板厚度 $t_p\geqslant2d_b$（d_b 为螺栓直径）的情况，常以螺栓拉断而失效。因此，计算中假定，端板绝对刚性，即端板无撬力 Q 的存在，只需验算螺栓的抗拉承载力即可。

12.2.4 梁-柱柔性节点

1. 柔性连接的构造要求

由连接角钢或连接板通过高强度螺栓仅与梁腹板的连接（摩擦型或承压型），可视为柔性连接。该类连接的梁、柱节点构造如图 12-29 所示，其竖向连接板的厚度不应小于梁腹板的厚度，连接螺栓不应少于 3 个。

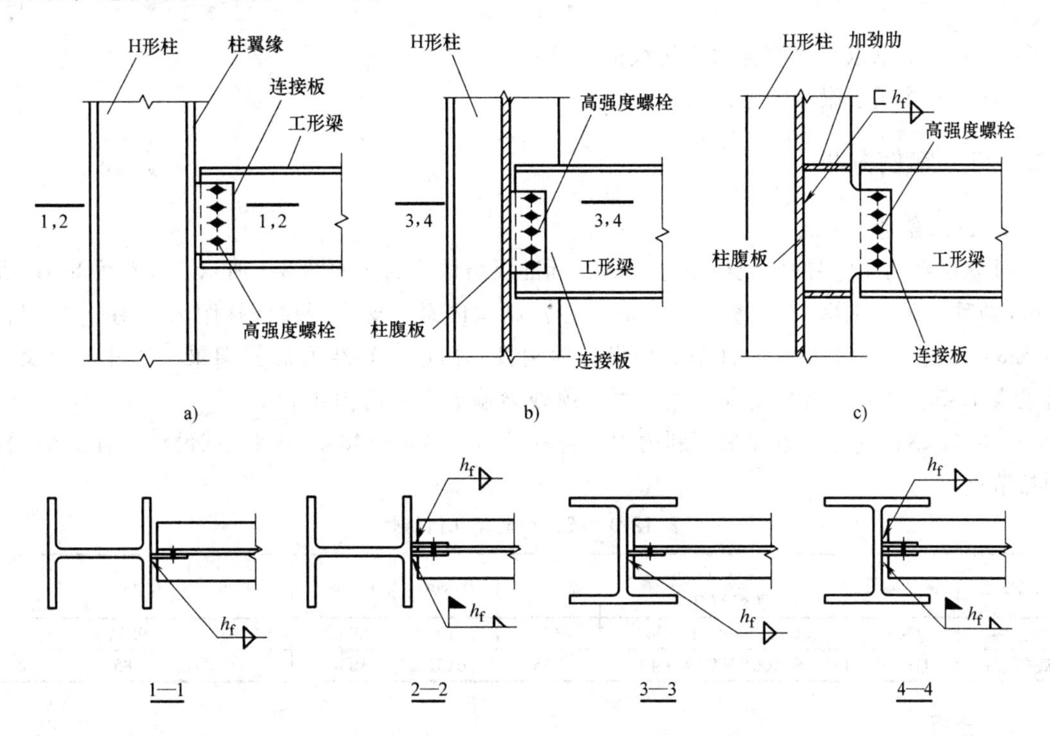

图 12-29 工字形梁与 H 形柱的柔性连接

a）梁垂直于柱翼缘 b）梁垂直于柱腹板 c）外伸连接板

对于加宽的外伸连接板，应在连接板上、下端的柱中部分，设置水平加劲肋。该加劲肋与 H 形柱腹板及翼缘之间可采用角焊缝连接（图 12-29c）。

2. **柔性连接（铰接）的承载力验算**

对于梁与柱采用铰接连接时（图 12-30），与梁腹板相连的高强度螺栓，除应承受梁端

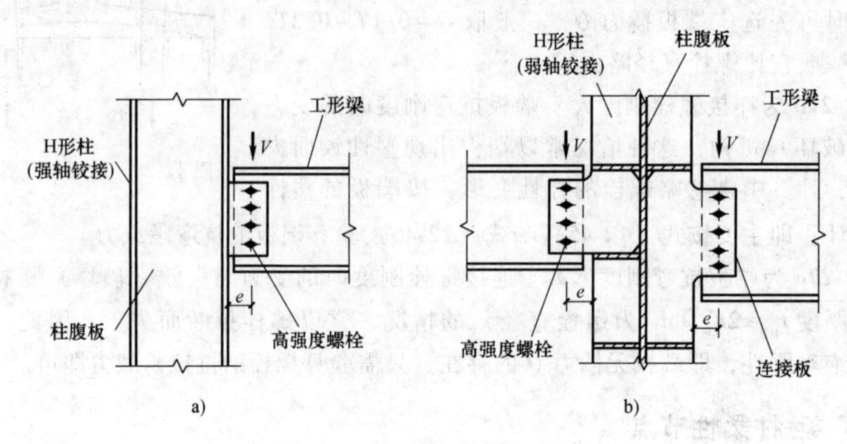

图 12-30 梁与柱的铰接受力

a）梁与柱翼缘之间的铰接连接 b）梁与柱腹板之间的铰接连接

剪力外，尚应承受支承点的反力对连接螺栓所产生的偏心弯矩的作用。按弯矩和剪力共同作用下设计计算即可。其偏心弯矩 M 应按下列公式计算

$$M=V\cdot e \tag{12-47}$$

式中 e——支承点至螺栓合力作用线的距离；

V——作用于梁端的竖向剪力。

12.2.5 案例分析

1. **已知条件**

某总层数为 12 层的科技研发办公楼，标准层结构平面图如图 8-1 所示。柱距为 8.4m 和 8.0m 两种；采用钢框架-支撑（人字形中心）结构体系，支撑所在跨柱距为 8.4m，底层柱高 5.85m，按 7 度设防，梁-柱节点均设计为刚接，初选③轴线底层框架梁、边柱截面及钢材见表 12-3。经内力组合发现，底层边柱顶处梁端最不利内力组合为 $M_x=-351.70\text{kN}\cdot\text{m}$，$V=-210.68\text{kN}$；其底层边柱最不利内力组合的轴力为 $N=-5484.19\text{kN}$。试设计该处的梁-柱刚接节点。

表 12-3 梁、柱截面几何特性

构件类型	钢材编号	截面尺寸/mm $h\times b\times t\times t_f$	A/cm^2	I_x/cm^4	W_x/cm^3	S_x/cm^3	i_x/cm	i_y/cm
框架梁	Q345B	H700×300×13×24	235.5	201000	5760	6805	29.3	6.78
底层边柱	Q345B	箱 500×500×40×40	736	261525	10461		18.85	

2. **分析**

梁-柱刚接节点设计，需综合考虑框架节点抗震承载力、连接焊缝和螺栓的强度、柱腹板的抗压承载力、柱翼缘的受拉区承载力、梁-柱节点域承载力五项内容。只有分别通过这

五方面的各项验算，方能为合理连接设计。

3. 设计

（1）框架节点抗震承载力检验

1）强柱弱梁性能检验。由于$\frac{N}{A_{c}f}=\frac{5484.19\times10^{3}}{73600\times310}=0.24<0.4$，根据《抗震规范》[6]的规定，满足强柱弱梁的要求，不必验算。

2）“强连接、弱杆件”性能验算。对于抗震设防结构，当采用柱贯通型节点时，为了确保“强连接、弱杆件”型节点的抗震设计准则的实现，其连接节点的极限承载力应满足下列要求

$$M_{u}\geqslant\eta_{j}M_{p}$$

$$V_{u}\geqslant1.2\times(2M_{p}/l_{n})+V_{Gb}\quad 且\quad V_{u}\geqslant0.58h_{w}t_{w}f_{ay}$$

由于本工程中的全熔透坡口焊缝设有引弧板，故上述第一款自动满足，不必计算。只需对第二款验算即可。

$$M_{p}=W_{P}f_{y}=\gamma_{P}W_{x}f_{y}=1.12\times5760\times10^{3}\times345\times10^{-6}\text{kN}\cdot\text{m}=2225.66\text{kN}\cdot\text{m}$$

螺栓抗剪 $V_{u}=0.58nn_{f}A_{e}^{b}f_{u}^{b}=0.58\times16\times2\times213.12\times1040\text{kN}=4114\text{kN}$

钢板承压 $V_{u}=nd(\sum t)f_{cu}^{b}=16\times20\times2\times10\times1.5f_{u}=3312\text{kN}$

两者中的较小者

$V_{u}=3312\text{kN}>0.58h_{w}t_{w}f_{ay}=0.58\times652\times13\times345\text{kN}=1696\text{kN}$

且 $V_{u}\geqslant1.2\times(2M_{p}/l_{n})+V_{Gb}=[1.2\times(2\times2225.66/8.4)+296.92]\text{kN}=932.82\text{kN}$

故满足要求。

（2）连接焊缝与螺栓设计

1）翼缘连接焊缝和腹板连接螺栓设计。根据全截面设计法，梁翼缘和腹板分担的弯矩值由其刚度确定。

由于该处梁端最不利内力组合为：$M_{x}=-351.70\text{kN}\cdot\text{m}$，$V=-210.68\text{kN}$

但由于$bt_{f}(h-t_{t})=30\times2.4(70-2.4)\text{cm}^{3}=4867.2\text{cm}^{3}>$

$$0.7W_{p}=0.7\times2\times\left(30\times2.4\times\frac{70-2.4}{2}+\frac{70-4.8}{2}\times1.3\times\frac{70-4.8}{4}\right)\text{cm}^{3}=4374.2\text{cm}^{3}$$

故可采用简化设计算法，即翼缘焊缝承担全部弯矩，腹板连接螺栓承担全部剪力。

① 翼缘焊缝计算。其强度验算（设有引弧板的全熔透坡口焊缝可不验算）为

$$\sigma=\frac{M}{b_{eff}t_{f}(h-t_{f})}=\frac{351.7\times10^{6}}{300\times24\times(700-24)}\text{N/mm}^{2}=72.3\text{N/mm}^{2}$$

$$<f_{t}^{w}/\gamma_{RE}=(295/0.75)\text{N/mm}^{2}=393.3\text{N/mm}^{2}$$

（其中，柱中已设横隔，故 b_{eff}取梁翼缘宽度。）

满足要求。

② 腹板连接螺栓强度验算。腹板连接螺栓采用16个M20的10.9高强度螺栓摩擦型连接，螺栓横、纵向间距均为8cm。腹板连接螺栓承受全部剪力。一个高强度螺栓的预拉力$p=155\text{kN}$。则：

梁腹板高强度螺栓抗剪承载力为

$$N_{v}^{b}=0.9n_{f}\mu P=0.9\times2\times0.45\times155\text{kN}=125.55\text{kN}$$

剪力由螺栓平均承担，则每个螺栓承担的剪力

$$N_{y}^{v}=\frac{210.68}{16}\text{kN}=13.17\text{kN}<[N_{v}^{b}]=0.9\times125.55\text{kN}=113\text{kN}$$

满足要求。

2）连接板设计。焊接于柱上的连接板厚度，按连接板的净截面面积与梁腹板净截面面积相等的原则确定。取连接板的厚度为 $t=10\text{mm}$。

① 验算连接板的抗剪强度。螺栓连接处的连接板净截面面积为

$$A_{n}=(h_{2}-nd_{0})\times2t=(500-8\times22)\times2\times10\text{mm}^{2}=6480\text{mm}^{2}$$

则抗剪强度 $\tau=\frac{3}{2}\cdot\frac{V}{A_{n}}=\frac{3\times210.68\times10^{3}}{2\times6480}\text{N/mm}^{2}=48.77\text{N/mm}^{2}<f_{v}/0.75=240\text{N/mm}^{2}$

② 验算连接板在 M_{w} 弯矩作用下的抗弯强度。螺栓连接处连接板净截面模量为

$$W_{x}=\frac{th_{2}{}^{3}/12-2td_{0}a_{1}^{2}-2td_{0}a_{2}^{2}-2td_{0}a_{3}^{2}}{h_{2}/2}$$

$$=\frac{10\times500^{3}/12-2\times10\times22\times40^{2}-2\times10\times22\times120^{2}-2\times10\times22\times200^{2}}{500/2}\text{mm}^{2}=318106.7\text{mm}^{2}$$

则抗弯强度 $\sigma=\frac{M_{w}}{W_{x}}=\frac{52.54\times10^{6}}{318106.7}\text{N/mm}^{2}=165.16\text{N/mm}^{2}<\frac{f}{0.75}=400\text{N/mm}^{2}$

3）连接板与柱相接的角焊缝设计

$$h_{\min}=1.5\sqrt{t_{\max}}=6\text{mm},\ h_{\max}=1.2t_{\min}=12\text{mm},\ 取\ h_{f}=8\text{mm}$$

$$\sigma_{f}^{M}=\frac{3M_{w}}{h_{e}l_{w}^{2}}=\frac{3\times52.54\times10^{6}}{0.7\times8\times(500-16)^{2}}\text{N/mm}^{2}=120.15\text{N/mm}^{2}$$

$$\tau_{f}=\frac{V}{2h_{e}\sum l_{w}}=\frac{210.68\times10^{3}}{2\times0.7\times8\times2\times(500-16)}\text{N/mm}^{2}=19.43\text{N/mm}^{2}$$

$$\sqrt{\left(\frac{\sigma_{f}^{M}}{\beta_{f}}\right)^{2}+(\tau_{f}^{v})^{2}}=\sqrt{\left(\frac{120.15}{1.0}\right)^{2}+19.43^{2}}=101\text{N/mm}^{2}<f_{f}^{w}/\gamma_{RE}=(200/0.75)\text{N/mm}^{2}=267\text{N/mm}^{2}$$

满足要求。

（3）柱腹板的抗压承载力与翼缘的抗拉承载力验算　由于本工程中已设有横向加劲肋，故柱腹板的抗压承载力与柱翼缘的抗拉承载力均不必验算。

（4）梁-柱节点域承载力验算

1）节点域的稳定验算。按 7 度及以上抗震设防的结构，为防止节点域的柱腹板受剪时发生局部屈曲，需进行节点域稳定的验算。

$$t_{w}=40\text{mm}>\frac{h_{0b}+h_{0c}}{90}=\frac{(700-24\times2)+(600-30\times2)}{90}\text{mm}=13.24\text{mm}$$

节点域稳定性满足要求。

2）节点域的强度验算。由于该边柱处梁端最不利弯矩为 $M=314.90\text{kN}\cdot\text{m}$。

则有：$\dfrac{M_{b1}+M_{b2}}{V_P} \leq \dfrac{4}{3} \cdot \dfrac{f_v}{\gamma_{RE}}$，由于无左梁 $M_{b1}=0$，箱型截面 $V_p=1.8h_{b1}h_{c1}t_w$，所以

$$\frac{M_{b_2}}{V_p}=\frac{314.90\times10^6}{1.8\times(700-24\times2)\times(600-2\times30)\times30}\text{MPa}=16.56\text{MPa}<\frac{4}{3}\cdot\frac{f_v}{\gamma_{RE}}=320\text{MPa}$$

抗剪承载力满足要求。

按 7 度及以上抗震设防的结构，尚应进行下列屈服承载力的补充验算：

由于无左梁 $M_{pb1}=0$

$$M_{pb2}=W_{pb2}f_y=1.12\times5760\times10^3\times345\times10^{-6}\text{kN}\cdot\text{m}=2225.7\text{kN}\cdot\text{m}$$

$$\psi\frac{M_{pb2}}{V_p}=0.6\times\frac{2225.7\times10^6}{1.8\times(700-24\times2)\times(600-2\times30)\times30}\text{MPa}=117.1\text{MPa}<\frac{4}{3}\cdot\frac{f_v}{\gamma_{RE}}=320\text{MPa}$$

屈服承载力满足要求。

12.3　梁-梁节点设计

梁-梁连接主要包括主梁之间的拼接节点、主梁与次梁间的连接节点以及主梁与水平隅撑的连接节点等。

12.3.1　构造要求

1. 主梁的接头

主梁的拼接点应位于框架节点塑性区段以外，尽量靠近梁的反弯点处。主梁的接头主要用于柱外悬臂梁段与中间梁段的连接，可采用全栓连接或焊栓混合连接或全焊连接的接头形式。工程中，全栓连接和焊栓混合连接两种形式较常应用。

（1）全栓连接　梁的翼缘和腹板均采用高强度螺栓摩擦型连接（图 12-31a、b）。拼接板原则上应双面配置（图 12-31a）。

梁翼缘采取双面拼接板时，上、下翼缘的外侧拼接板厚度 $t_1 \geq t_f/2$，内侧拼接板厚度 $t_2 \geq t_f B/(4b)$；当梁翼缘宽度较小，内侧配置拼接板有困难时，也可仅在梁的上、下翼缘的外侧拼接板（图 12-31b），拼接材料的承载力应不低于所拼接板件的承载力。

梁腹板采取双面拼接板时，其拼接板厚度 $t_{w1} \geq t_w h_w/(2h_{w1})$，且不应小于 6mm。式中，$t_w$、$h_w$ 分别为梁腹板的厚度和高度；h_{w1} 为拼接板的宽度（顺梁高方向的尺寸）。

（2）焊栓混合连接　梁的翼缘采用全熔透焊缝连接，腹板用高强度螺栓摩擦型连接（图 12-31c）。

（3）全焊连接　梁的翼缘和腹板均采用全熔透焊缝连接（图 12-31d），图中数字 1、2、3、4 表示焊接顺序，标注有“a”的一段最后施焊，以减小焊缝的约束。

2. 主梁与次梁的连接

主梁与次梁的连接一般采用简支连接（图 12-32、图 12-33）。当次梁跨度较大、跨数较多或荷载较大时，为了减小次梁的挠度，次梁与主梁可采用刚性连接（图 12-34）。

（1）简支连接　主梁与次梁的简支连接，主要是将次梁腹板与主梁上的加劲肋（或连接角钢）用高强度螺栓相连。当连接板为单板时（图 12-32b、c），其厚度不应小于梁腹板的厚度；当连接板为双板时（图 12-32a、d），其厚度宜取梁腹板的厚度的 0.7 倍。

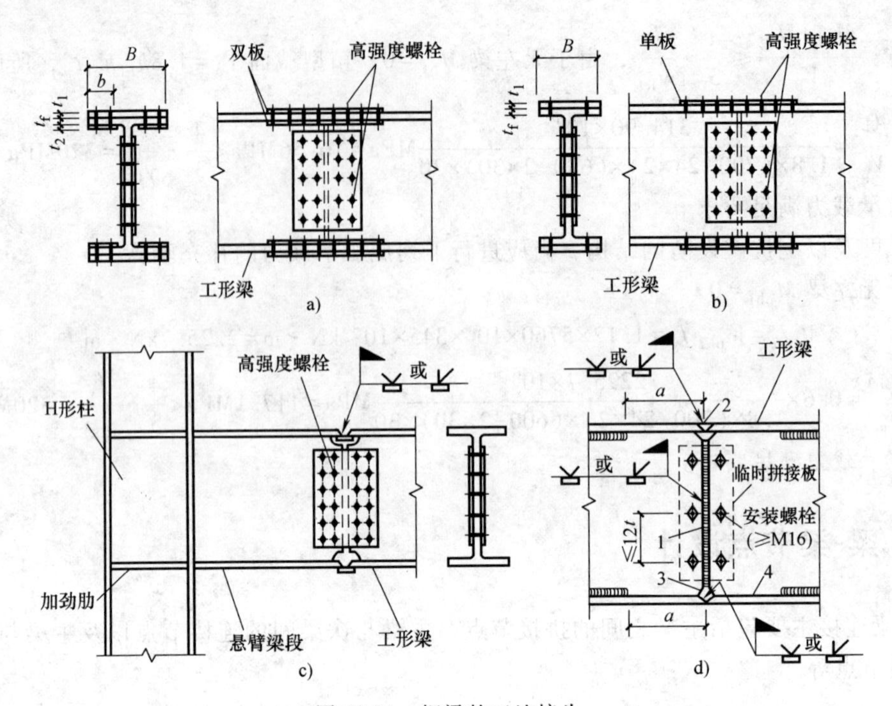

图 12-31 钢梁的工地接头

a）双板全栓连接 b）单板全栓连接 c）焊栓混合连接 d）全焊连接

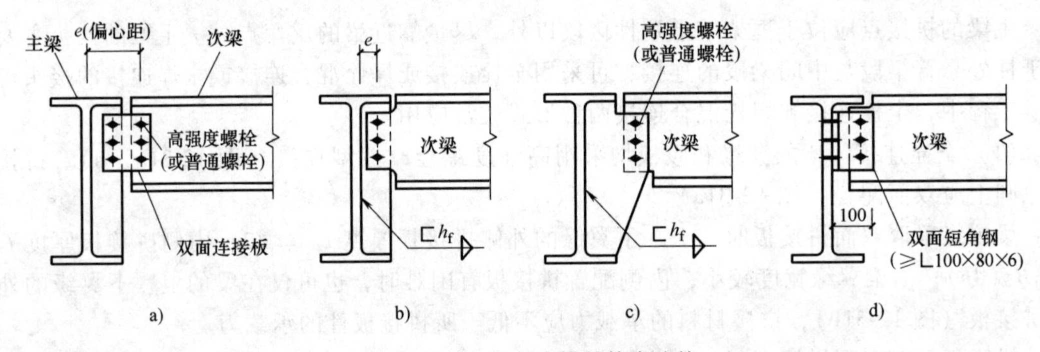

图 12-32 主梁与次梁的简支连接

a）附加连接板 b）次梁腹板伸出 c）加宽加劲肋 d）附加短角钢

当次梁高度小于主梁高度一半时，可在次梁端部设置角撑，与主梁连接（图 12-33a），或将主梁的横向加劲肋加强（图 12-33b），用以阻止主梁的受压翼缘侧移，起到侧向支承的作用。

次梁与主梁的简支连接，按次梁的剪力和考虑连接偏心产生的附加弯矩设计连接螺栓。

（2）刚性连接 次梁与主梁的刚性连接，次梁的支座压力仍传给主梁，支座弯矩则在两相邻跨的次梁之间传递。

次梁上翼缘用拼接板跨过主梁相互连接（图 12-34，图 12-35b、c），或次梁上翼缘与主梁上翼缘垂直相交焊接（图 12-35a）。由于刚性连接构造复杂，且易使主梁受扭，故较少采用。

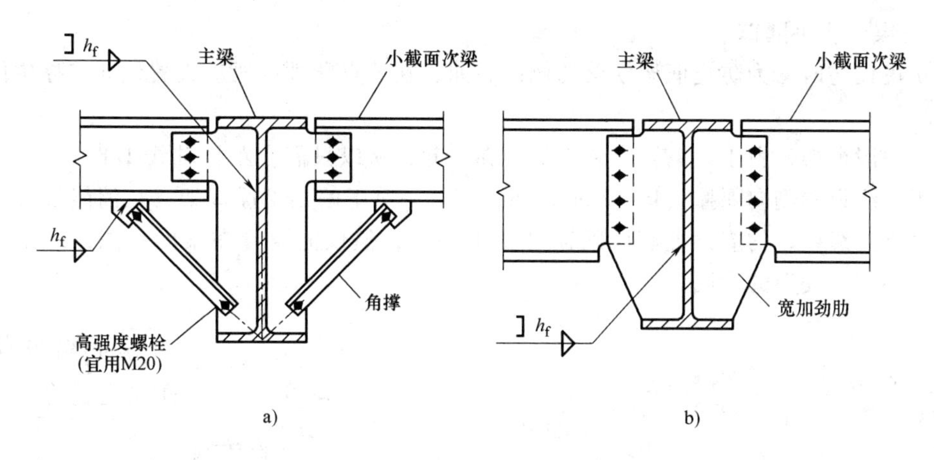

图 12-33 主梁与高度较小的次梁连接

a）设置角撑 b）加强横向加劲肋

次梁与主梁的刚性连接，可采用全栓刚性连接（图 12-34）或栓焊混合刚性连接（图 12-35）。

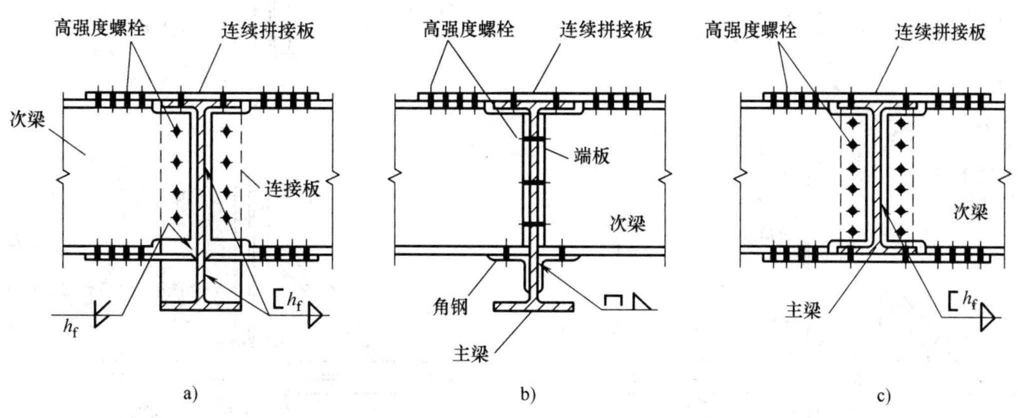

图 12-34 主梁与次梁的全栓刚性连接

a）次梁下翼缘通过钢板与主梁连接 b）次梁下翼缘通过角钢与主梁连接 c）主、次梁等高连接

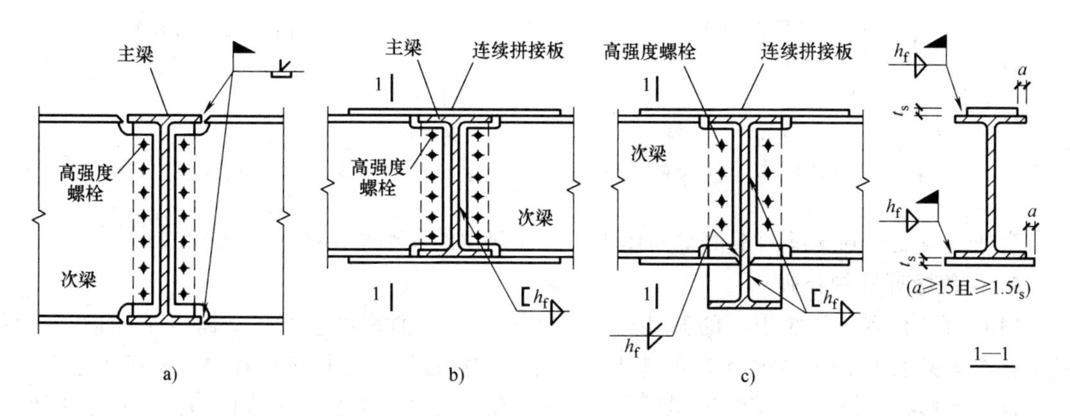

图 12-35 主梁与次梁的栓焊混合刚性连接

a）等高主、次梁翼缘直接焊接 b）等高主、次梁加盖板焊接 c）不等高主、次梁加盖板焊接

3. 主梁的水平隅撑

按抗震设防时，为防止框架横梁的侧向屈曲，在节点塑性区段应设置侧向支撑构件或水平隅撑。

对于一般框架，由于梁上翼缘和楼板连在一起，所以只需在距柱轴线 1/8～1/10 梁跨处的横梁下翼缘设置侧向隅撑（图 12-36b、d）即可；对于偏心支撑框架，在消能梁段端部的横梁上、下翼缘处，均应设置侧向隅撑（图 12-36），但仅能设置在梁的一侧，以免妨碍消能梁段竖向塑性变形的发展。

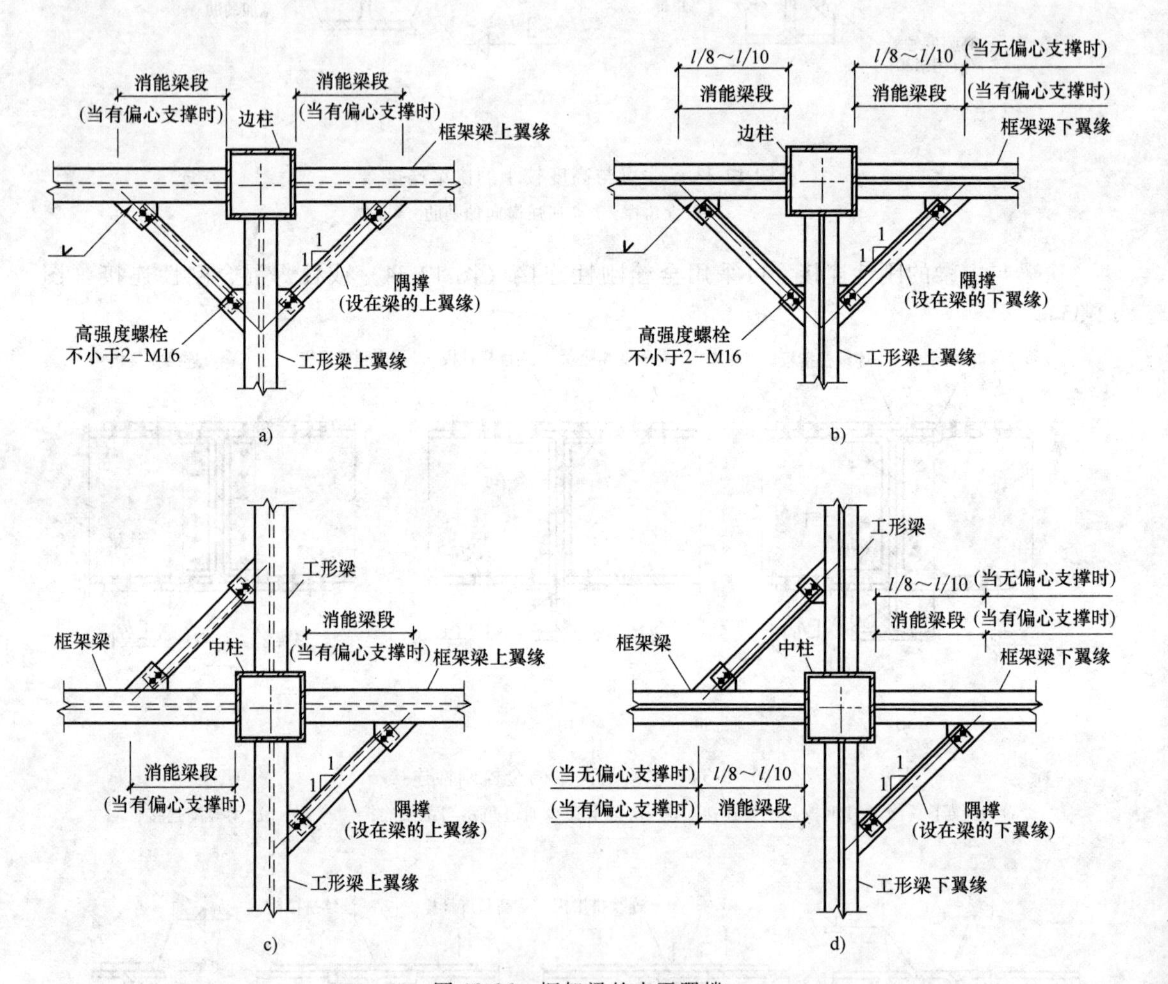

图 12-36 框架梁的水平隅撑

a）边柱梁的上翼缘隅撑 b）边柱梁的下翼缘隅撑 c）中柱梁的上翼缘隅撑 d）中柱梁的下翼缘隅撑

为使隅撑能起到支承两根横梁的作用，侧向隅撑的长细比不得大于 $130\sqrt{235/f_y}$。

4. 梁腹板开孔的补强

（1）开孔位置 梁腹板上的开孔位置，宜设置在梁的跨度中段 1/2 跨度范围内，应尽量避免在距梁端 1/10 跨度或梁高的范围内开孔；抗震设防的结构不应在隅撑范围内设孔。

相邻圆形孔口边缘间的距离不得小于梁高，孔口边缘至梁翼缘外皮的距离不得小于梁高的 1/4；矩形孔口与相邻孔口间的距离不得小于梁高或矩形孔口长度中之较大值；孔口上下边缘至梁翼缘外皮的距离不得小于梁高的1/4。

（2）孔口尺寸 梁腹板上的孔口高度（直径）不得大于梁高的1/2，矩形孔口长度不得大于750mm。

（3）孔口的补强方法 钢梁中的腹板开孔时，孔口应予补强。并分别验算补强开孔梁抗弯和抗剪承载力，弯矩可仅由翼缘承担，剪力由孔口截面的腹板和补强板共同承担。其补强方法有圆形孔的补强和矩形孔的补强两种。

1）圆形孔的补强。当钢梁腹板中的圆形孔直径小于或等于1/3梁高（图12-38a）时，可不予补强；圆孔大于1/3梁高时，可采用下列方法予以补强：

① 环形加劲肋补强：加劲肋截面不宜小于100mm×10mm，加劲肋边缘至孔口边缘的距离不宜大于12mm（图12-37b）。

② 套管补强（图12-37c）：补强钢套管的长度等于或稍短于钢梁的翼缘宽度；其套管厚度不宜小于梁腹板厚度；套管与梁腹板之间采用角焊缝连接，其焊脚尺寸取 $h_f = 0.7t_w$。

③ 环形板补强（图12-37d）：若在梁腹板两侧设置，环形板的厚度可稍小于腹板厚度，其宽度可取75～125mm。

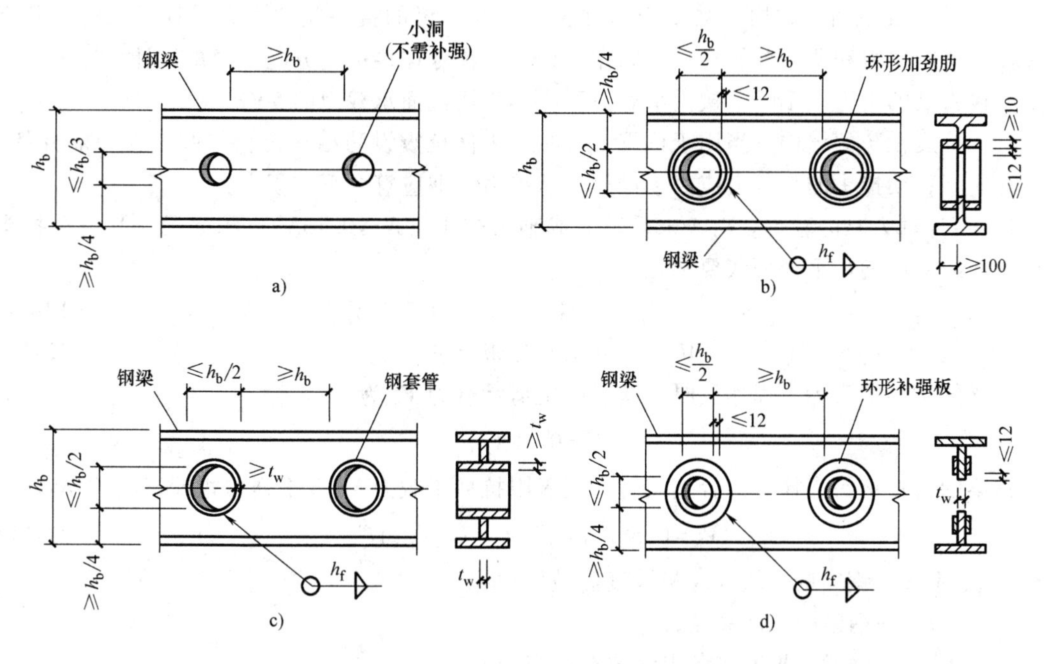

图12-37 钢梁腹板上圆形孔口的补强

a）小直径孔口不需补强 b）环形加劲肋补强 c）套管补强 d）环形板补强

④ 若钢梁腹板中的圆形孔为有规律布置时，可在梁腹板上焊接V加劲肋，以补强孔洞，从而使有孔梁形成类似于桁架结构工作。

2）矩形孔的补强。矩形孔口的四周应采用加强；矩形孔口上、下边缘的水平加劲肋端部宜伸至孔口边缘以外各300mm（图12-38）。当矩形孔口长度大于梁高时，其横向加劲肋应沿梁全高设置（图12-38）；当孔口长度大于500mm时，应在梁腹板两侧设置加劲肋。

矩形孔口的纵向和横向加劲肋截面尺寸不宜小于125mm×18mm。

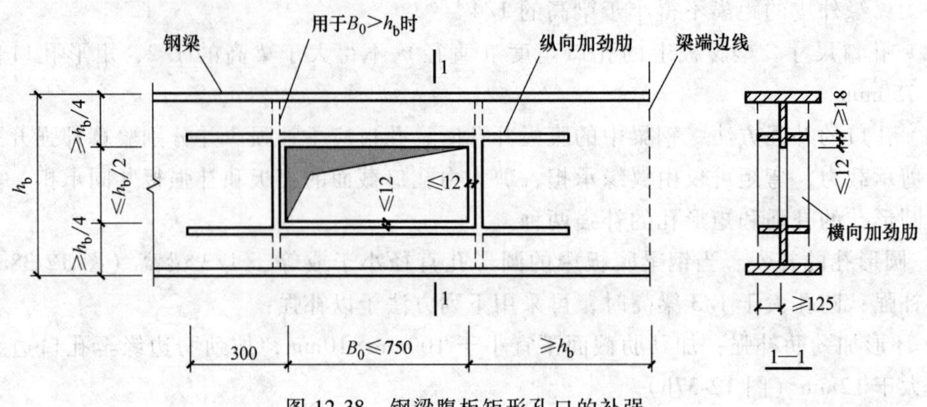

图 12-38 钢梁腹板矩形孔口的补强

12.3.2 承载力验算

1. 梁的接头

(1) 非抗震设防的结构 当用于非抗震设防时，梁的接头应按内力设计。此时，腹板连接按受全部剪力和所分配的弯矩共同作用计算；翼缘连接按所分配的弯矩设计。

当接头处的内力较小时，接头承载力不应小于梁截面承载力的50%。

(2) 抗震设防的结构 当用于抗震设防时，为使抗震设防结构符合“强连接、弱杆件”的设计原则，梁接头的承载力应高于母材的承载力，即应符合下列规定：

1) 不计轴力时的验算。对于未受轴力或轴力较小（$N\leqslant 0.13N_y$）的钢梁，其拼接接头的极限承载力应满足下列公式要求

$$M_u\geqslant \eta_j M_p \quad 且 \quad V_u\geqslant 0.58h_w t_w f_y \tag{12-48}$$

$$M_u=A_f(h-t_f)f_u,\ M_p=W_p\cdot f_y \tag{12-49}$$

钢梁的拼接接头为全焊连接时，其极限抗剪承载力 V_u 为

$$V_u=0.58A_f^W f_u \tag{12-50}$$

钢梁的拼接接头为栓焊混合连接时，其极限抗剪承载力 V_u 取下列二式计算的较小者

$$V_u=0.58nn_f A_e^b f_u^b,\ V_u=nd(\sum t)f_{cu}^b \tag{12-51}$$

式中 t_f、A_f——钢梁的一块翼缘板厚度和截面面积；

h——钢梁的截面高度；

A_f^W——钢梁腹板连接角焊缝的有效截面面积；

f_u——对接焊缝极限抗拉强度。

n、n_f——接头一侧的螺栓数目和一个螺栓的受剪面数目；

f_u^b、f_{cu}^b——螺栓钢材的抗拉强度最小值和螺栓连接钢板的极限承压强度，取 $1.5f_u$（f_u 连接钢板的极限抗拉强度最小值）。

A_e^b、d——螺纹处的有效截面面积和螺栓杆径；

$\sum t$——同一受力方向的板叠总厚度；

h_w、t_w——钢梁腹板的截面高度与厚度；

W_p、f_y——钢梁截面塑性抵抗矩和钢材的屈服强度。

2）计及轴力时的验算。对于承受较大轴力（$N>0.13N_y$）的钢梁（例如设置支撑的框架梁），对于工字形截面（绕强轴）和箱形截面梁，其拼接接头的极限承载力应满足下列公式要求

$$M_u \geqslant \eta_j M_p \quad 且 \quad V_u \geqslant 0.58 h_w t_w f_y \tag{12-52}$$

$$M_{pc}=1.15(1-N/N_y)M_p, N_y=A_n f_y \tag{12-53}$$

式中　N、A_n——钢梁的轴力设计值和净截面面积；

其余字母的含义同前。

3）钢梁的拼接接头为全栓连接时，其接头的极限承载力尚应满足下列公式要求：翼缘

$$nN_{cu}^b \geqslant 1.2A_f f_y \quad 且 \quad nN_{vu}^b \geqslant 1.2A_f f_y \tag{12-54}$$

腹板 $$N_{cu}^b \geqslant \sqrt{(V/n)^2+(N_M^b)^2} \ 且\ N_{vu}^b \geqslant \sqrt{(V/n)^2+(N_M^b)^2} \tag{12-55}$$

式中　N_M^b——钢梁腹板拼接接头中由弯矩设计值引起的一个螺栓的最大剪力；

V——钢梁拼接接头中的剪力设计值；

n——钢梁翼缘拼接或腹板拼接一侧的螺栓数；

N_{vu}^b、N_{cu}^b——一个高强度螺栓的极限抗剪承载力和对应的钢板极限抗压承载力；

其余字母的含义同前。

2. 梁的隅撑

梁的侧向隅撑（图12-36）应按压杆设计，其轴力设计值 N 应按下式计算：

一般框架 $$N=\frac{A_f f}{85\sin\alpha}\sqrt{\frac{f_y}{235}} \tag{12-56}$$

偏心支撑框架 $$N \geqslant 0.06\frac{A_f f}{\sin\alpha}\sqrt{\frac{f_y}{235}} \tag{12-57}$$

式中　A_f——梁上翼缘或下翼缘的截面面积；

f——梁翼缘抗压强度设计值；

α——隅撑与梁轴线的夹角，当梁互相垂直时可取45°。

12.4　柱-柱节点设计

12.4.1　接头的构造要求

1. 一般要求

1）钢柱的工地接头，一般宜设于主梁顶面以上1.0~1.3m处，以方便安装；抗震设防时，应位于框架节点塑性区以外，并按等强设计。

2）为了保证施工时能抗弯以及便于校正上下翼缘的错位，因此钢柱的工地接头，应预先设置安装耳板。耳板厚度应根据阵风和其他的施工荷载确定，并不得小于10mm，待柱焊接好后用火焰将耳板切除。耳板宜设置于柱的一个主轴方向的翼缘两侧（图12-39）。对于大型的箱形截面柱，有时在两个相邻的互相垂直的柱面上设置安装耳板（图12-39b中虚线所示）。

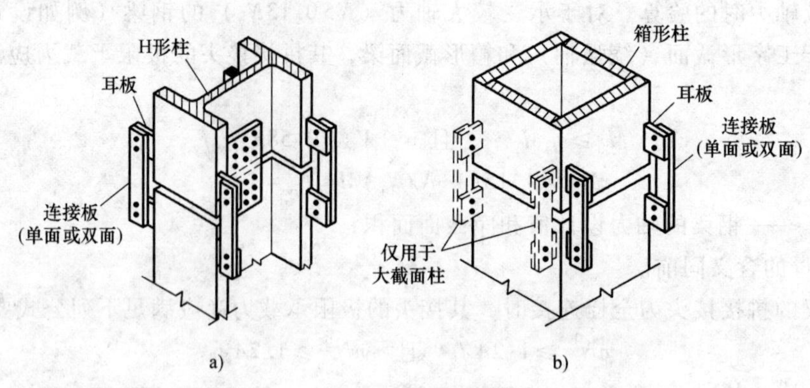

图 12-39 钢柱工地接头的预设安装耳板

a) H 形柱 b) 箱形柱

2. H 形柱的接头

H 形柱的接头可采用全栓连接或栓焊混合连接或全焊连接。

H 形柱的工地接头，通常采用栓焊混合连接，此时柱的翼缘宜采用坡口全熔透焊缝或部分熔透焊缝连接；柱的腹板可采用高强度螺栓连接（图12-40a）。

当柱的接头采用全焊连接时，上柱的翼缘应开 V 形坡口，腹板应开 K 形坡口或带钝边的单边 V 形坡口（图 12-40b、c）焊接。对于轧制 H 形柱，应在同一截面拼接（图 12-40b）；对于焊接 H 形柱，其翼缘和腹板的拼接位置应相互错开不小于 500mm 的距离（图 12-40 c），且要求在柱的拼接接头上、下方各 100mm 范围内，柱翼缘和腹板之间的连接，采用全熔透焊缝。

当柱的接头采用全栓连接时，柱的翼缘和腹板全部采用高强度螺栓连接（图 12-40d）。

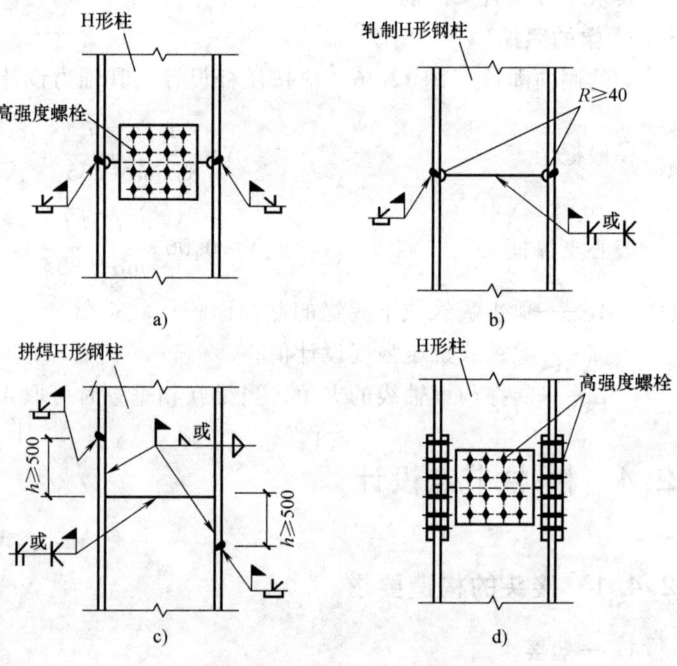

图 12-40 H 形柱的工地接头

a) 栓焊连接 b) 轧制 H 形柱的全焊连接

c) 焊接 H 形柱的全焊连接 d) 全栓连接

3. 箱形柱的接头

箱形柱的工地接头应采用全焊连接，其坡口应采用图 12-41所示的形式。

箱形柱接头处的上节柱和下节柱均应设置横隔。其下节箱形柱上端的隔板（盖板），应与柱口齐平，且厚度不宜小于 16mm，其边缘应与柱口截面一起刨平，以便与上柱的焊接垫板有良好的接触面；在上节箱形柱安装单元的下部附近，也应设置上柱横隔板，其厚度不宜小于 10mm，以防止运输、堆放和焊接时截面变形。

在柱的工地接头上、下方各 100mm 范围内，箱形柱壁板相互间的组装焊缝应采用坡口全熔透焊缝。

4. 非抗震设防柱的接头

对于非抗震设防的多高层钢结构，当柱的弯矩较小且不产生拉力时，柱接头的上、下端应磨平顶紧，并应与柱轴线垂直；这样处理后的接触面可直接传递 25%的压力和 25%的弯矩；接头处的柱翼缘可采用带钝边的单边 V 形坡口“部分熔透”对接焊缝连接，其坡口焊缝的有效深度 t_e 不宜小于壁厚的 1/2（图 12-42）。

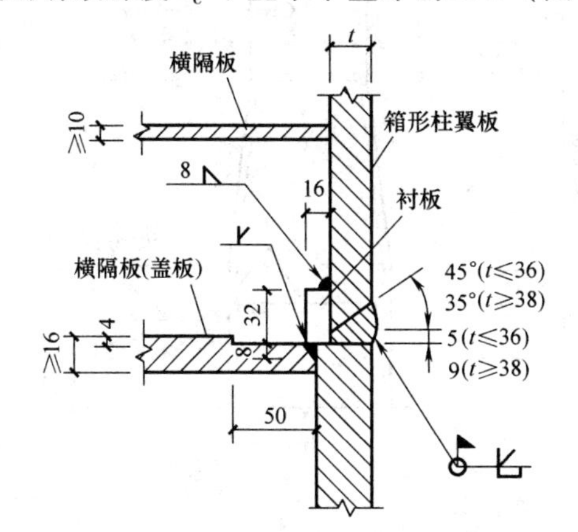

图 12-41　箱形柱的工地焊接

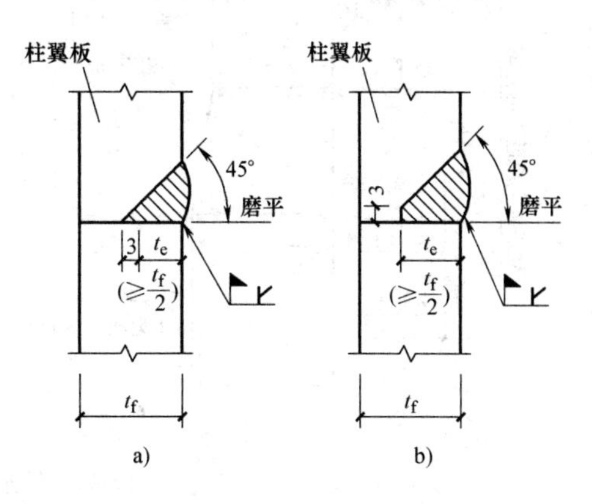

图 12-42　非抗震设防柱接头的部分熔透焊缝

5. 变截面柱的接头

当柱需要改变截面时，应优先采用保持柱截面高度不变而只改变翼缘厚度的方法；当必须改变柱截面高度时，应将变截面区段限制在框架梁-柱节点范围内，使柱在层间保持等截面；为方便贴挂外墙板，对边柱宜采用如图 12-43a、图 12-44a 的做法，但计算时应考虑上下柱偏心所产生的附加弯矩；对内柱宜采用如图 12-43b、图 12-44b 的做法。所有变截面段的坡度都不宜超过 1∶6。为确保施工质量，柱的变截面区段的连接应在工厂完成。

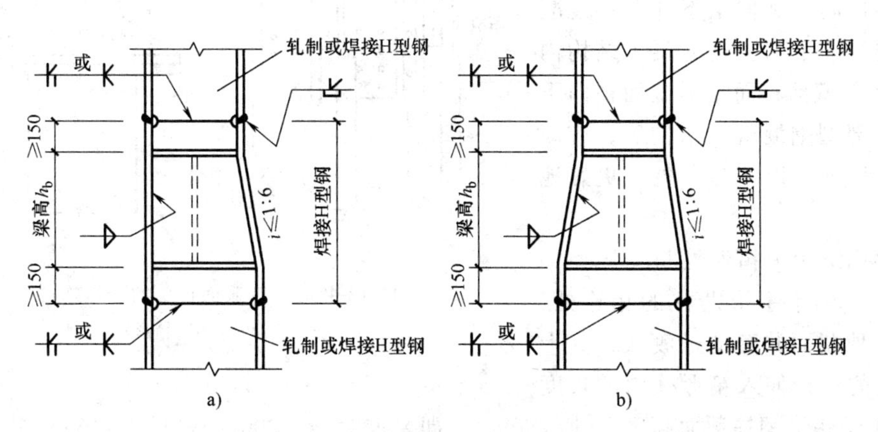

图 12-43　H 形柱的变截面接头

a）边柱　b）中柱

当柱的变截面段位于梁-柱接头位置时，可采用图 12-43 和图 12-44b 所示的做法，柱的变截面区段的两端与上、下层柱的接头位置，应分别设在距梁的上、下翼缘均不宜小于 150mm 的高度处，以避免焊缝影响区相互重叠。

箱形柱变截面区段加工件的上端和下端，均应另行设置水平盖板（图 12-44），其盖板厚度不应小于 16mm；接头处柱的端面应铣平，并采用全熔透焊缝。图 12-44a 示出了柱的变截面区段比梁截面高度小 200mm 的接头构造；图 12-44b 则表示柱的变截面区段与梁截面高度相等时的接头构造。

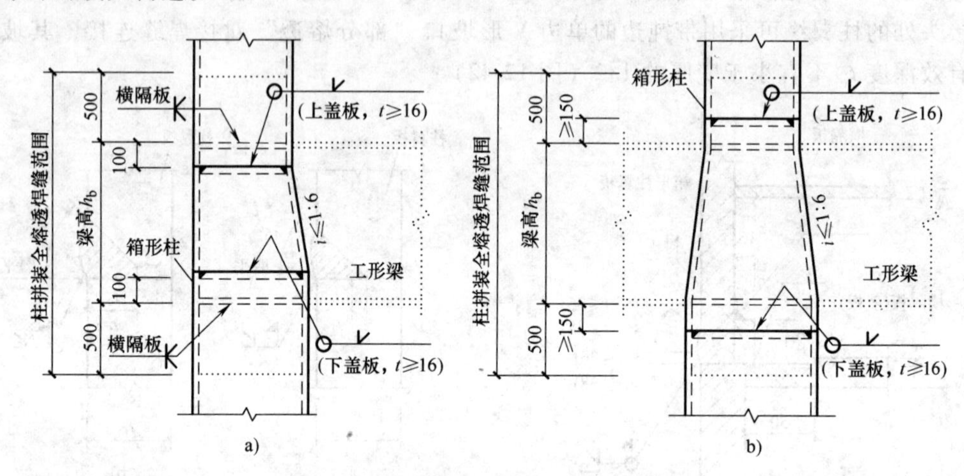

图 12-44 箱形柱的变截面接头

a）边柱 b）中柱

对于非抗震设防的结构，不同截面尺寸的上、下柱段，也可通过连接板（端板）采用全栓连接。对 H 形柱的接头，可插入垫板来填补尺寸差（图 12-45a）；对箱形柱的接头，也可采用端板对接（图 12-45b）。

6. 箱形柱与十字形柱的连接

高层建筑钢结构的底部常设置型钢混凝土（SRC）结构过渡层，此时 H 形截面柱向下延伸至下部型钢混凝土结构内，即下部型钢混凝土结构内仍采用 H 形截面；而箱形截面柱向下延伸至下部型钢混凝土结构后，应改用十字形截面，以便与混凝土更好地结合。

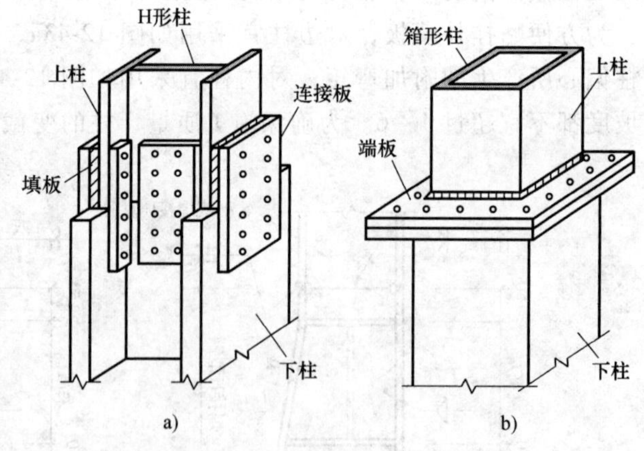

图 12-45 柱变截面接头的全栓连接

a）H 形柱 b）箱形柱

上部钢结构中箱形柱与下层型钢混凝土柱中的十字形芯柱的相连处，应设置两种截面共存的过渡段，其十字形芯柱的腹板伸入箱形柱内的长度 l，应不少于箱形钢柱截面高度 h_c 加 200mm，即要求 $l \geqslant h_c + 200\text{mm}$（图 12-46）；过渡段应位于主梁之下，并紧靠主梁。

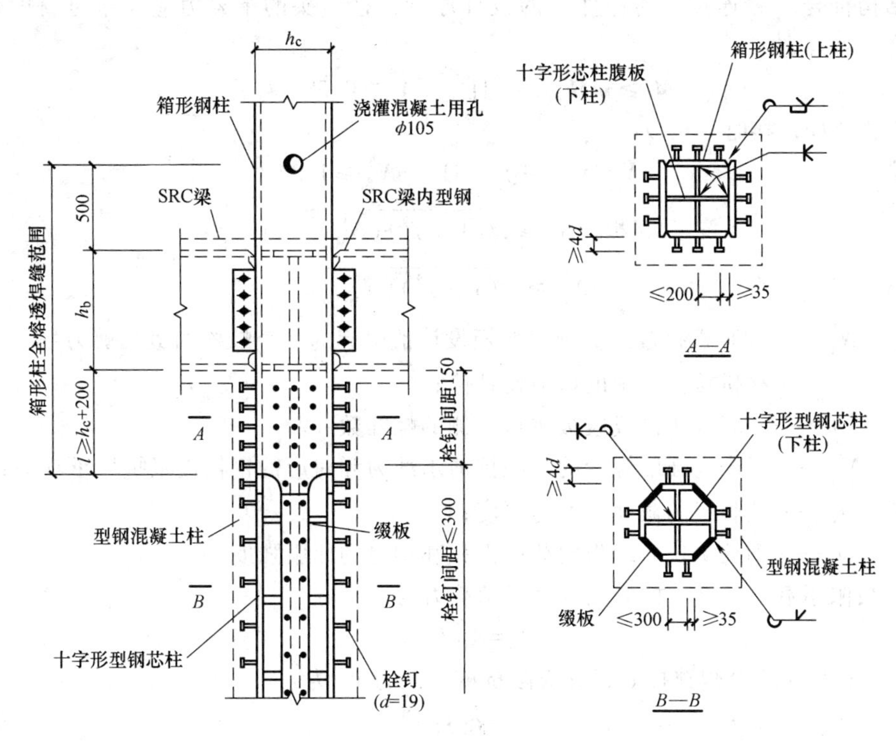

图 12-46 箱形柱与十字形柱的连接

与上部钢柱相连的下层型钢混凝土柱的型钢芯柱，应沿该楼层全高设置栓钉，以加强它与外包混凝土的粘接。其栓钉间距与列距在过渡段内宜采用150mm，不大于200mm；在过渡段外不大于300mm。栓钉直径多采用19mm。

7. 十字形钢柱的接头

对于非抗震设防的结构，其十字形钢柱的接头，可采用栓焊混合连接（图12-47）；对有抗震设防要求的结构，其十字形钢柱的接头，应采用全焊连接。

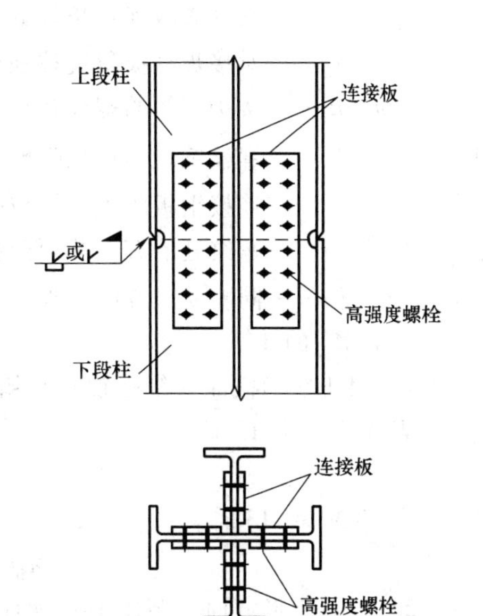

图 12-47 十字形钢柱的工地接头

12.4.2 柱接头的承载力验算

1. 非抗震设防结构

柱的工地接头，一般应按等强度原则设计。当拼接处内力很小时，柱翼缘的拼接计算应按等强度设计；柱腹板的拼接计算可按不低于强度的二分之一的内力设计。

按构件内力设计柱的拼接连接时，工字形柱的工地拼接处，弯矩应由柱的翼缘和腹板承受，剪力由腹板承受，轴力则由翼缘和腹板按各自截面面积分担。

2. 抗震设防结构

（1）柱的接头验算 当用于抗震设防时，为使抗

震设防结构符合“强连接、弱杆件”的设计原则，柱接头的承载力应高于母材的承载力，即应符合下列规定

$$M_u \geqslant \eta_j M_{pc} \quad 且 \quad V_u \geqslant 0.58 h_w t_w f_y \tag{12-58}$$

接头为全栓连接时

翼缘 $$nN_{cu}^b \geqslant 1.2A_f f_y \quad 且 \quad nN_{vu}^b \geqslant 1.2A_f f_y \tag{12-59}$$

腹板 $$N_{cu}^b \geqslant \sqrt{(V/n)^2+(N_M^b)^2} \quad 且$$

$$N_{vu}^b \geqslant \sqrt{(V/n)^2+(N_M^b)^2} \tag{12-60}$$

式中 N_M^b——柱腹板拼接接头中由弯矩设计值引起的一个螺栓的最大剪力；

V——柱拼接接头中的剪力设计值；

n——柱翼缘拼接或腹板拼接一侧的螺栓数；

N_{vu}^b、N_{cu}^b——一个高强度螺栓的极限抗剪承载力和对应的钢板极限抗压承载力；

h_w、t_w——柱腹板的截面高度与厚度；

A_f、f_y——钢柱一块翼缘板的截面面积和钢材的屈服强度。

（2）极限承载力计算　柱的受弯极限承载力为

$$M_u = A_f(h-t_f)f_u \tag{12-61}$$

柱的拼接接头为全焊连接时，其极限抗剪承载力 V_u 为

$$V_u = 0.58A_f^W f_u \tag{12-62}$$

柱的拼接接头为栓焊混合连接时，其极限抗剪承载力 V_u 取下列二式计算的较小者

$$V_u = 0.58nn_f A_e^b f_u^b, \quad V_u = nd(\sum t)f_{cu}^b \tag{12-63}$$

式中 t_f、A_f——钢柱的一块翼缘板厚度和截面面积；

h——钢柱的截面高度；

A_f^W——钢柱腹板连接角焊缝的有效截面面积；

f_u——对接焊缝极限抗拉强度；

n、n_f——接头一侧的螺栓数目和一个螺栓的受剪面数目；

f_u^b、f_{cu}^b——螺栓钢材的抗拉强度最小值和螺栓连接钢板的极限承压强度，取 $1.5f_u$（f_u 连接钢板的极限抗拉强度最小值）；

A_e^b、d——螺纹处的有效截面面积和螺栓杆径；

$\sum t$——同一受力方向的板叠总厚度。

（3）M_{pc} 的计算

1）对工字形截面（绕强轴）和箱形截面钢柱

当 $N/N_y \leqslant 0.13$ 时

$$M_{pc} = M_p \tag{12-64}$$

当 $N/N_y > 0.13$ 时

$$M_{pc} = 1.15(1-N/N_y)M_p \tag{12-65}$$

2）对工字形截面（绕弱轴）钢柱

当 $N/N_y \leqslant A_{wn}/A_n$ 时

$$M_{pc} = M_p \tag{12-66}$$

当 $N/N_y > A_{wn}/A_n$ 时

$$M_{pc}=\left[1-\left(\frac{N-A_{wn}f_y}{N_y-A_{wn}f_y}\right)^2\right]M_p \tag{12-67}$$

$$M_p=W_p \cdot f_{ay}, N_y=A_n f_{ay} \tag{12-68}$$

式中 N——柱所承受的轴力，N 不应大于 $0.6A_n f$；

A_n——柱的净截面面积；

A_{wn}——柱腹板的净截面面积；

W_p、f_y——钢柱截面塑性抵抗矩和钢材的屈服强度。

12.4.3 柱-柱节点案例分析

1. 已知条件

某总层数为12层的科技研发办公楼，标准层结构平面布置图如图8-1所示。柱距为8.4m和8.0m两种；采用钢框架-支撑（人字形中心）结构体系，支撑所在跨柱距为8.4m，底层柱高5.85m，按7度设防，梁-柱节点均设计为刚接，初选③轴线第3层边柱截面及钢材见表12-4。经内力组合发现，第3层边柱最不利内力组合轴力为 $N=-3898.08\text{kN}$。试设计该处的柱-柱节点。

表12-4 柱截面几何特性

构件类型	钢材编号	截面尺寸/mm $h \times b \times t \times t_f$	A/cm^2	I_x/cm^4	W_x/cm^3	i_x/cm
3层边柱	Q345B	箱 500×500×40×40	736	261525	10461	18.85

2. 分析设计

柱-柱节点设计应设计为刚接节点，方能传递其拼接处的内力。通常采用全熔透焊缝连接或高强度螺栓连接。由于本工程的框架柱为箱形柱，所以柱-柱连接采用全熔透焊缝连接形式，等强连接，对于非抗震结构不需计算；但由于本工程为7度设防工程，为使抗震设防结构符合“强连接、弱杆件”的设计原则，柱接头的承载力应高于母材的承载力，即应检验柱中的抗弯极限承载力和抗剪极限承载力是否满足规范规定的算式要求。

3. 柱-柱拼接节点“强连接、弱杆件”检验

抗震设防结构符合“强连接、弱杆件”设计原则的条件是，应满足下式中柱的抗弯极限承载力和抗剪极限承载力要求

$$M_u \geqslant \eta_j M_{pc} \text{且} V_u \geqslant 0.58 h_w t_w f_y$$

（1）柱的抗弯极限承载力

因，$$N/N_y=N/A_n f_y=\frac{3898.08}{(500\times500-460\times460)\times345\times10^{-3}}=0.29>0.13$$

$$M_{pc}=1.15(1-N/N_y)M_p=1.15\times(1-0.29)\times2225.66\text{kN}\cdot\text{m}=1817.25\text{kN}\cdot\text{m}$$

查表12-1得：$\eta_j=1.3$

$$\begin{aligned}M_u&=A_f(h-t_f)f_u=500\times40\times(500-40)\times470\times10^{-6}\text{kN}\cdot\text{m}\\&=4324\text{kN}\cdot\text{m}>\eta_j M_{pc}=1.3\times1817.25=2362.43\text{kN}\cdot\text{m}\end{aligned}$$

（2）柱的抗剪极限承载力

$$V_u=0.58A_f^w f_u=0.58h_e l_w f_u=0.58\times0.7\times40\times500\times470\times10^{-3}\text{kN}$$

$$=3816.4\text{kN}>0.58h_w t_w f_y=0.58\times420\times40\times345\times10^{-3}\text{kN}=3361.7\text{kN}$$

满足要求。

12.5 钢柱柱脚设计

12.5.1 柱脚分类与选型

多层及高层钢结构的柱脚，依连接方式的不同，可分为埋入式、外包式和外露式三种形式。

高层钢结构宜采用埋入式柱脚，6、7 度抗震设防时也可采用外包式柱脚；对于有抗震设防要求的多层钢结构应采用外包式柱脚，对非抗震设防或仅需传递竖向荷载的铰接柱脚（如伸至多层地下室底部的钢柱柱脚），可采用外露式柱脚。

12.5.2 埋入式柱脚

埋入式柱脚是直接将钢柱底端埋入钢筋混凝土基础或基础梁或地下室墙体内的一种柱脚形式（图 12-48）。其埋入方法有两种：一种是预先将钢柱脚按要求组装固定在设计标高上，然后浇注基础或基础梁的混凝土；另一种是预先浇筑基础或基础梁的混凝土，并留出安装钢柱脚的杯口，待安装好钢柱脚后，再用细石混凝土填实。

埋入式柱脚的构造比较合理，易于安装就位，柱脚的嵌固容易保证。当柱脚的埋入深度超过一定数值后，柱的全塑性弯矩可传递给基础。

1. 构造要求

1）埋入式柱脚的埋入深度 h_f，对于轻型工字形柱，不得小于钢柱截面高度 h_c 的二倍；对于大截面 H 形钢柱和箱形柱，不得小于钢柱截面高度 h_c 的三倍（图 12-48）。

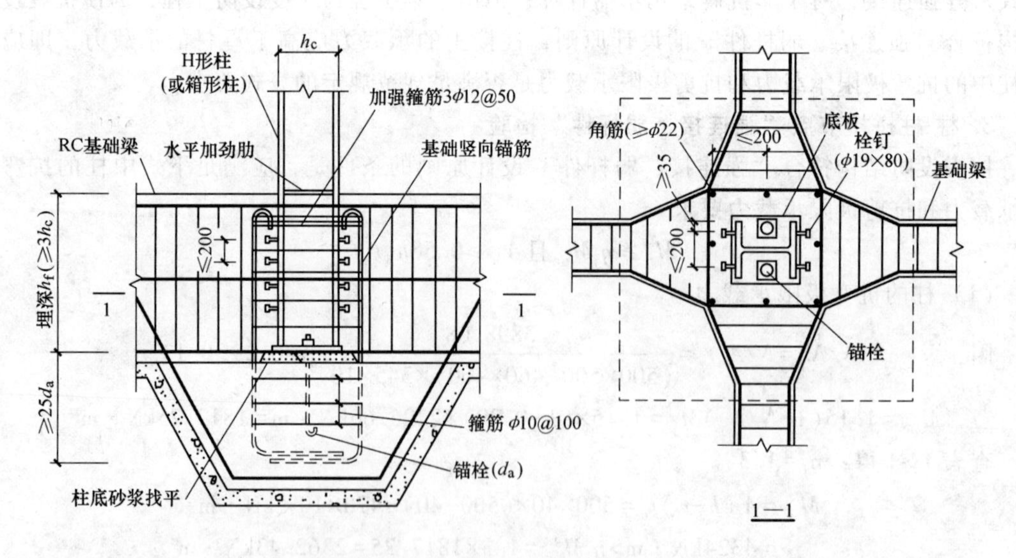

图 12-48 埋入式柱脚的埋入深度与构造

2）为防止钢柱的传力部位局部失稳和局部变形，对埋入式柱脚，在钢柱埋入部分的顶部，应设置水平加劲肋（H形钢柱）或隔板（箱形钢柱）。其加劲肋或隔板的宽厚比应符合《钢结构设计标准》关于塑性设计的规定。

3）箱形截面柱埋入部分填充混凝土可起加强作用，其填充混凝土的高度，应高出埋入部分钢柱外围混凝土顶面一倍柱截面高度以上。

4）为保证埋入钢柱与周边混凝土的整体性，埋入式柱脚在钢柱的埋入部分应设置栓钉。栓钉的数量和布置按计算确定，其直径不应小于16mm（一般取19mm），栓钉的长度宜取4倍栓钉直径，水平和竖向中心距均不应大于200mm，且栓钉至钢柱边缘的距离不大于100mm。

5）钢柱柱脚埋入部分的外围混凝土内应配置竖向钢筋，其配筋率不小于0.2%，沿周边的间距不应大于200mm，其四根角筋直径不宜小于22mm，每边中间的架立筋直径不宜小于16mm；箍筋直径宜为10mm，间距100mm；在埋入部分的顶部应增设不少于三道直径12mm、间距不大于50mm的加强箍筋。竖向钢筋在钢柱柱脚底板以下的锚固长度不应小于35d（d为钢筋直径），并在上端设弯钩。

6）钢柱柱脚底板需用锚栓固定，锚栓的锚固长度不应小于25d_a（d_a为锚栓直径）。

7）对于埋入式柱脚，钢柱翼缘的混凝土保护层厚度，应符合下列规定：

① 对中间柱不得小于180mm（图12-49a）。

② 对边柱（图12-49b）和角柱（图12-49c）的外侧不宜小于250mm。

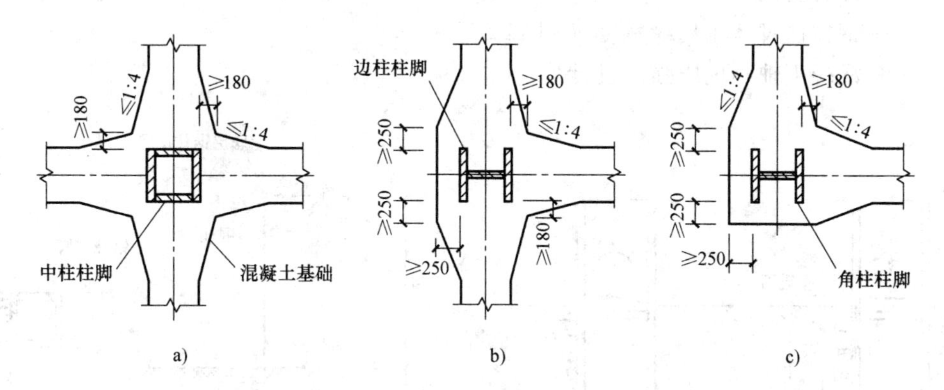

图12-49 埋入式柱脚的混凝土保护层厚度

a）中柱 b）边柱 c）角柱

③ 埋入式柱脚钢柱的承压翼缘到基础梁端部的距离a（图12-50），应符合下列要求

$$V_1 \leqslant f_{ct} A_{cs} \quad (12\text{-}69)$$

$$V_1 = (h_0 + d_c) V / (3d/4 - d_c) \quad (12\text{-}70)$$

$$A_{cs} = B(a + h_c/2) - b_f h_c/2 \quad (12\text{-}71)$$

式中 V_1——基础梁端部混凝土的最大抵抗剪力（图12-50b）；

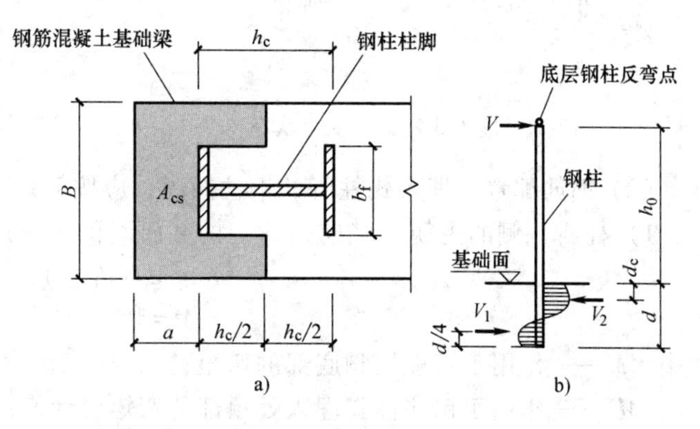

图12-50 埋入式柱脚的基础梁尺寸与计算简图

a）基础梁端部尺寸 b）计算简图

V——柱脚的设计剪力；

b_f、h_c——钢柱承压翼缘宽度和截面高度；

a——自钢柱翼缘外表面算起的基础梁长度；

B——基础梁宽度，等于 b_f 加两侧保护层厚度；

f_{ct}——混凝土的抗拉强度设计值；

h_0、d——底层钢柱反弯点到基础顶面的距离和柱脚的埋深（图 12-50b）；

d_c——钢柱承压区合力作用点至基础混凝土顶面的距离。

2. 承载力验算

（1）混凝土承压应力　埋入式柱脚通过混凝土对钢柱的承压力传递弯矩，其受力状态如图 12-51 所示，因此埋入式柱脚的混凝土承压应力 σ 应小于混凝土轴心抗压强度设计值，可按下式验算

$$\sigma=\left(\frac{2h_0}{d}+1\right)\left[1+\sqrt{1+\frac{1}{(2h_0/d+1)^2}}\right]\frac{V}{b_f d}\leqslant f_{cc} \tag{12-72}$$

式中　V——柱脚剪力；

h_0——底层钢柱反弯点到柱脚顶面（混凝土基础梁顶面）的距离（图 12-52a）；

d——柱脚埋深；

b_f——钢柱柱脚承压翼缘宽度（图 12-52b）；

f_{cc}——混凝土轴心抗压强度设计值。

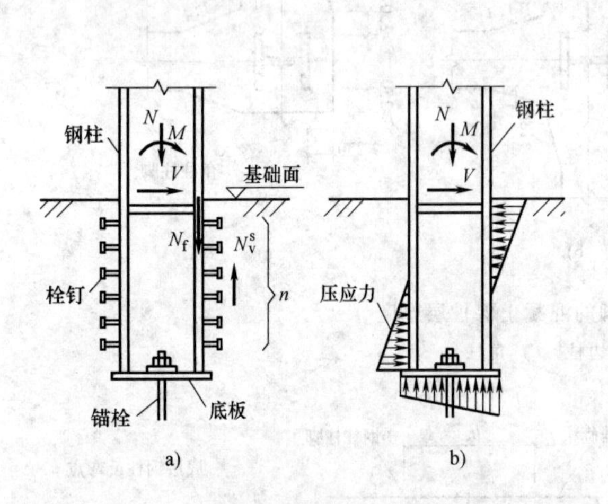

图 12-51　埋入式柱脚的受力状态

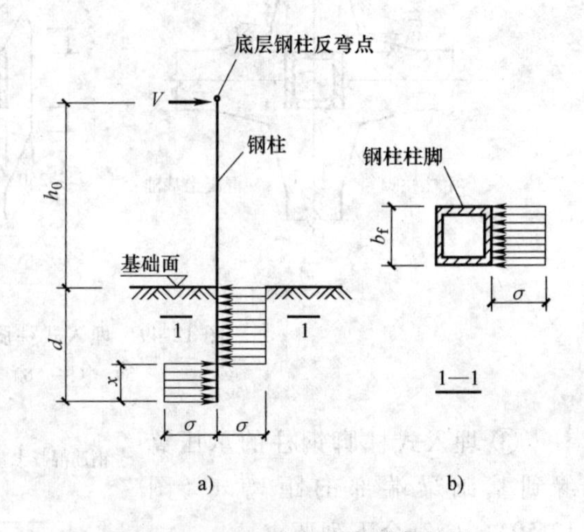

图 12-52　埋入式柱脚的计算简图

（2）钢筋配置　埋入式柱脚的钢柱四周，应按下列要求配置竖向钢筋和箍筋：

1）柱脚一侧的主筋（竖向钢筋）的截面面积 A_s，应按下列公式计算

$$A_s=M/(d_0 f_{sy}) \tag{12-73}$$

$$M=M_0+Vd \tag{12-74}$$

式中　M——作用于钢柱柱脚底部的弯矩；

M_0——作用于钢柱柱脚埋入处顶部的弯矩设计值；

V——作用于钢柱柱脚埋入处顶部的剪力设计值；

d——钢柱的埋深；

d_0——受拉侧与受压侧竖向钢筋合力点间的距离；

f_{sy}——钢筋的抗拉强度设计值。

2）柱脚一侧主筋的最小含钢率为0.2%，其配筋量不宜小于4Φ22。

3）主筋的锚固长度不应小于$35d$（d为钢筋直径），并在上端设弯钩。

4）主筋的中心距不应大于200mm，否则应设置附加的Φ16的架立筋。

5）箍筋宜为Φ10，间距100mm；在埋入部分的顶部，应配置不少于3Φ12、间距50mm的加强箍筋。

（3）柱脚栓钉　为保证柱脚处轴力和弯矩的有效传递，钢柱翼缘上栓钉的抗剪强度应按下式计算

$$N_f \leqslant N_s \tag{12-75}$$

式中　N_f——通过钢柱一侧翼缘的栓钉传递给混凝土的竖向力，按下式计算

$$N_f = \frac{2}{3}\left(N \cdot \frac{A_f}{A} + \frac{M}{h_c}\right) \tag{12-76}$$

N_s——钢柱一侧翼缘的栓钉的总抗剪承载力，取下列两式的较小者

$$N_s = 0.43nA_s\sqrt{E_c f_c},\ N_s = 0.7nA_s f_s \tag{12-77}$$

N、M——柱脚处（基础面）的轴力和弯矩；

h_c、A——分别为钢柱的截面高度和截面面积；

A_f——钢柱一侧翼缘的截面面积；

A_s、f_s——一个栓钉钉杆的截面面积和抗拉强度设计值；

E_c、f_c——基础混凝土的弹性模量和轴心抗拉强度设计值；

n——埋入基础内的钢柱一侧翼缘上的栓钉个数。

注：柱脚栓钉通常采用Φ19；栓钉的竖向间距不宜小于$6d$，横向间距不宜小于$4d$（d为栓钉直径）；圆柱头栓钉钉杆的外表面至钢柱翼缘侧边的距离不应小于20mm。

（4）柱脚与基础连接部位的附加验算　对于抗震设防的钢框架，为使结构符合“强连接、弱杆件”的设计原则，其柱脚与基础连接部位的最大抗弯承载力，应满足下式要求

$$M_{uf} \geqslant 1.2M_{pc} \tag{12-78}$$

式中　M_{pc}——考虑轴力影响的钢柱柱身的全塑性抗弯承载力，按式（12-64）至式（12-68）计算；

M_{uf}——柱脚与基础连接部位的最大抗弯承载力，其计算应考虑柱脚各部位的不同抗弯承载力M_v^s、M_c、M_v^c、M_b，分别按下列公式计算，并取其中的较小值。

1）M_v^s的计算。M_v^s是由钢柱屈服剪力决定的抵抗弯矩。它是考虑钢柱腹板全部屈服时所发挥的抵抗剪力，并以钢柱埋深为力臂所产生的抵抗弯矩，可按下式计算

$$M_v^s = h_c t_w d f_y / \sqrt{3} \tag{12-79}$$

式中　h_c、t_w——钢柱的截面高度与腹板厚度；

d——钢柱柱脚的埋深；

f_y——钢柱所用钢材的屈服强度。

2）M_c的计算。M_c是由混凝土最大承压力决定的抵抗弯矩。在计算混凝土最大承压力时，要考虑混凝土的有效承压面积、承压力合力作用点“A”的位置（图12-53a）以及混凝

土局部受压时抗弯强度的提高。M_c 可按下式计算

$$M_c=Vh_0=\sigma_m h_0\left(Bb_{e,s}+\frac{1}{2}b_{e,w}d-b_{e,s}b_{e,w}\right)\frac{0.75d-d_c}{0.75d+h_0} \tag{12-80}$$

$$\sigma_m=2f_{cc}\sqrt{A_0/A}\quad(\leqslant 24f_{cc}) \tag{12-81}$$

式中 V——作用于底层钢柱反弯点处的水平剪力；

h_0——底层钢柱反弯点到柱脚顶面（混凝土基础梁顶面）的距离（图 12-52a）；

f_{cc}——混凝土轴心抗压强度设计值；

σ_m——部分面积承压情况下的混凝土承压强度；

A_0——混凝土承压范围的总面积，$A_0=2B_c d_s$；

A——在 $2d_s$ 高度范围内的有效承压面积，$A=Bb_{e,s}+2d_s b_{e,w}-b_{e,s}b_{e,w}$；

B_c、B——基础梁和钢柱翼缘的宽度；

d_c——钢柱承压区的承压力合力点“A”至混凝土基础梁顶面的距离 d_c（图 12-53c），

$$d_c=\frac{b_f b_{e,s}d_s+d^2 b_{e,w}/8-b_{e,s}b_{e,w}d_s}{b_f b_{e,s}+db_{e,w}/2-b_{e,s}b_{e,w}} \tag{12-82}$$

b_f——钢柱柱脚的承压翼缘宽度；

$b_{e,s}$——位于柱脚处的钢柱横向水平加劲肋的有效承压宽度（图 12-53b），$b_{e,s}=t_s+2(h_f+t_f)$，其中 t_s 为钢柱横向水平加劲肋的厚度，h_f 为水平加劲肋与柱翼缘连接角焊缝的焊脚尺寸，t_f 为钢柱翼缘厚度；

$b_{e,w}$——钢柱腹板的有效承压宽度（图 12-53c），$b_{e,w}=t_w+2(r+t_f)$，其中 t_w 为钢柱腹板的厚度，r 为钢柱腹板与翼缘连接处的圆弧半径；

d_s、d——钢柱横向水平加劲肋中心至混凝土基础梁顶面的距离和柱脚埋深。

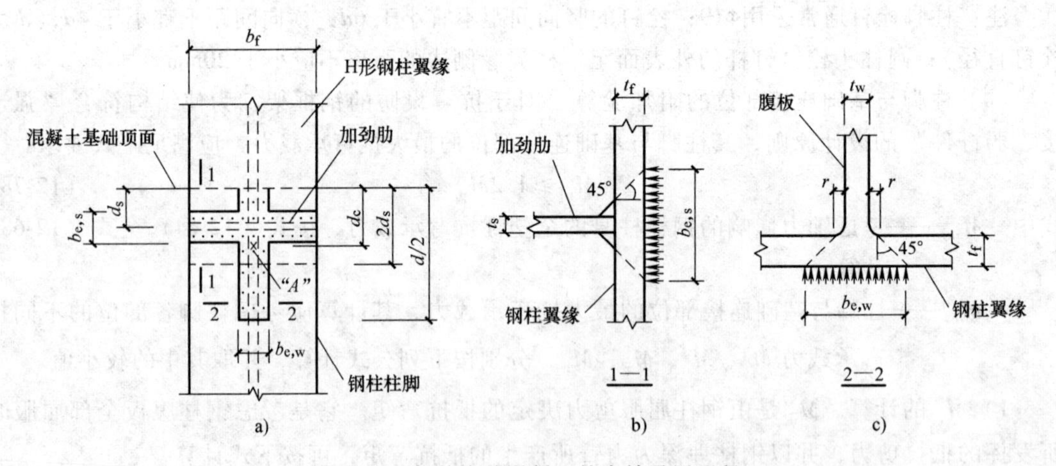

图 12-53 钢柱脚处混凝土的有效承压面积

3）M_v^c 的计算。M_v^c 是由基础梁端部混凝土最大抵抗剪力决定的抵抗弯矩，可按下式计算

$$M_v^c=Vh_0=V_1 h_0\frac{0.75d-d_c}{h_0+d_c} \tag{12-83}$$

$$V_1=f_{ct}A_{cs}=0.21(2f_{cc})^{0.73}[B(a+h_c/2)-b_f h_c/2] \tag{12-84}$$

式中 V_1——钢柱柱脚下部的承压反力（图 12-50b）；

f_{ct}、f_{cc}——混凝土的抗拉和轴心抗压强度设计值；

A_{cs}——基础梁端部在 V_1 作用下的受剪面积，如图 12-50a 中的阴影部分。

其余字母含义同前。

4）M_b 的计算。M_b 是由基础梁上部主筋屈服时所决定的抵抗弯矩，可按下式计算

$$M_b = Vh_0 = \frac{A_s f_y h_0}{\dfrac{D_1 l_2 - h_1 l_1}{D_2(l_1+l_2)} + \dfrac{h_1}{d_1}} \tag{12-85}$$

式中 A_s、f_y——基础梁上部纵向主筋的总截面面积和屈服强度；

D_1——基础梁上部纵向主筋质心至下部主筋质心间的距离（图 12-54）；

l_1、l_2——钢柱至左侧和右侧基础梁支座的距离；

h_1——底层钢柱反弯点至基础梁上部纵向主筋质心间的距离；

d_1——基础梁上部纵向主筋质心至钢柱柱脚底端一侧混凝土压力合力的距离。

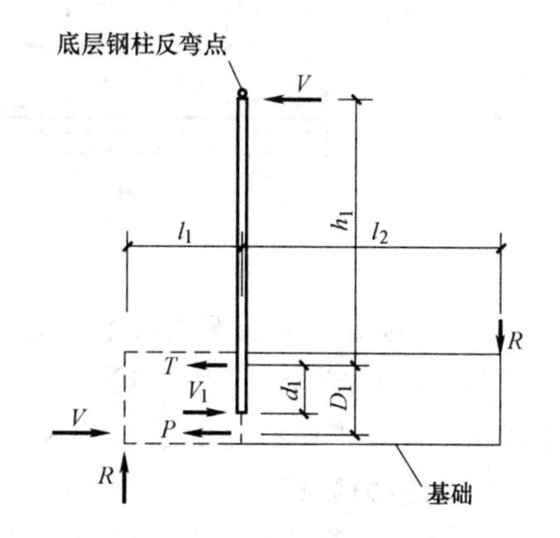

图 12-54 钢柱柱脚与基础梁的力的平衡

12.5.3 外包式柱脚

外包式柱脚是将钢柱脚底板搁置在混凝土地下室墙体或基础梁顶面，再外包由基础伸出的钢筋混凝土短柱所形成的一种柱脚形式（图 12-55）。

1. 受力特点

1）当钢柱与基础铰接时，钢柱的轴向压力通过底板直接传给基础；轴向拉力则通过底板的外伸边缘和锚栓传给基础。

2）钢柱柱底的弯矩和剪力，全部由外包钢筋混凝土短柱承担，并传至基础。

3）焊于柱翼缘上的铨钉起着传递弯矩和轴力的重要作用。

2. 构造要求

1）外包式柱脚的混凝土外包高度与埋入式柱脚的埋入深度要求相同。

2）外包式柱脚钢柱外侧的混凝土保护层厚度不应小于 180mm，同时不宜小于钢柱截面的 30%。

3）外包混凝土内的竖向钢筋按计算确定，其间距不应大于 200mm，在基础内的锚固长度不应小于按受拉钢筋确定的锚固长度。

4）外包钢筋混凝土短柱的顶部应集中设置不小于 3ϕ12 的 HRB335 级热轧加强箍筋，其竖向间距宜取 50mm。

5）外包式柱脚的钢柱翼缘应设置圆柱头栓钉，其直径不应小于 16mm（一般取 19mm），其长度取 $4d$；其竖向间距与水平列距均不应大于 200mm，边距不宜小于 35mm（图 12-55）。

6）钢柱柱脚底板厚度不应小于 16mm，并用锚栓固定；锚栓伸入基础内的锚固长度不应小于 $25d_a$（d_a 为锚栓直径，不宜小于 16mm）。

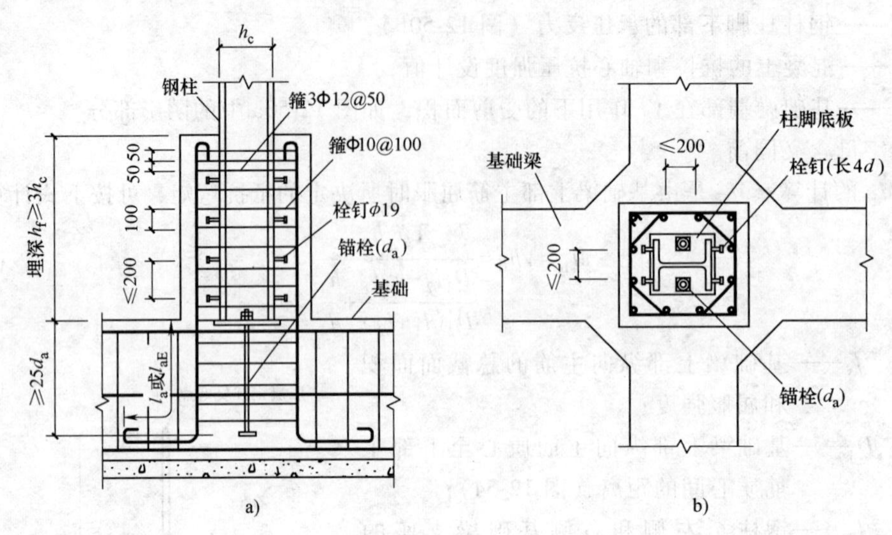

图 12-55 外包式柱脚

7）外包混凝土强度等级不宜低于 C30。

8）当钢柱为矩形管或圆管时，应在管内浇灌混凝土，强度等级不应低于基础混凝土，浇灌高度应高于外包混凝土，且不宜小于矩形管长边或圆管直径。

3. 承载力验算

（1）抗弯承载力验算 外包式柱脚底部的弯矩全部由外包钢筋混凝土承受，其抗弯承载力应按下式验算

$$M \leqslant nA_s f_{sy} d_0 \tag{12-86}$$

式中 M——外包式柱脚底部的弯矩设计值；

A_s——一根受拉主筋（竖向钢筋）截面面积；

n——受拉主筋的根数；

f_{sy}——受拉主筋的抗拉强度设计值；

d_0——受拉主筋重心至受压区合力作用点的距离，可取 $d_0 = 0.7h_0/8$（h_0 见图 12-56 所示）。

（2）抗剪承载力验算 柱脚处的水平剪力由外包混凝土承受，其抗剪承载力应符合下列规定

$$V - 0.4N \leqslant V_{rc} \tag{12-87}$$

式中 V——柱脚的剪力设计值；

N——柱最小轴力设计值；

V_{rc}——外包钢筋混凝土所分配到的抗剪承载力，应根据钢柱的截面形式按下述公式计算：

1）当钢柱为工字形（H 形）截面时（图 12-56a），外包式钢筋混凝土柱脚的抗剪承载力宜按式（12-88）和式（12-89）计算，并取其较小者。

$$V_{rc} = b_{rc} h_0 (0.07f_{cc} + 0.5f_{ysh}\rho_{sh}) \tag{12-88}$$

$$V_{rc} = b_{rc} h_0 (0.14f_{cc} b_e / b_{rc} + f_{ysh}\rho_{sh}) \tag{12-89}$$

式中 b_{rc}——外包钢筋混凝土柱脚的总宽度；

b_e——外包钢筋混凝土柱脚的有效宽度（图 12-56a），$b_e = b_{e1} + b_{e2}$；

f_{cc}——混凝土轴心抗压强度设计值；

f_{ysh}——水平箍筋抗拉强度设计值；

ρ_{sh}——水平箍筋配筋率，$\rho_{sh}=A_{sh}/b_{rc}s$，当 $\rho_{sh}>0.6\%$时，取 0.6%；

A_{sh}——一支水平箍筋的截面面积；

s——箍筋的间距；

h_0——混凝土受压区边缘至受拉钢筋重心的距离。

2）当钢柱为箱形截面时（图 12-56b），外包钢筋混凝土柱脚的抗剪承载力为

$$V_{rc}=b_e h_0(0.07f_{cc}+0.5f_{ysh}\rho_{sh}) \tag{12-90}$$

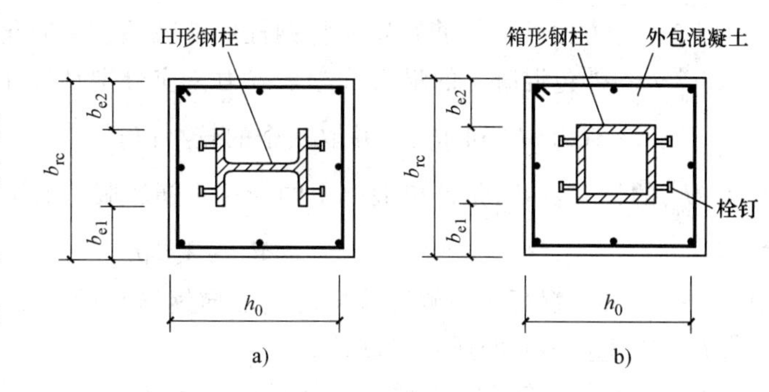

图 12-56　外包式柱脚截面

a）工字形柱　b）箱形柱

式中　b_e——钢柱两侧混凝土的有效宽度之和，每侧不得小于 180mm；

ρ_{sh}——水平箍筋的配筋率，$\rho_{sh}=A_{sh}/b_e s$，当 $\rho_{sh}\geqslant 1.2\%$时，取 1.2%。

（3）柱脚栓钉设计　外包式柱脚钢柱翼缘所设置的圆柱头栓钉，主要起着传递钢柱弯矩至外包混凝土的作用，因此在计算平面内，钢柱柱脚一侧翼缘上的圆柱头栓钉数目 n，应按下列公式计算

$$n\geqslant N_f/N_v^s \tag{12-91}$$

$$N_f=M/(h_c-t_f) \tag{12-92}$$

$$N_v^s=0.43A_{st}\sqrt{E_c f_c}\quad 且\quad N_v^s\leqslant 0.7A_{st}\gamma f_{st} \tag{12-93}$$

式中　N_f——钢柱底端一侧抗剪栓钉传递的翼缘轴力；

M——外包混凝土顶部箍筋处的钢柱弯矩设计值；

h_c——钢柱截面高度；

t_f——钢柱翼缘厚度；

N_v^s——一个圆柱头栓钉的抗剪承载力设计值；

A_{st}——一个圆柱头栓钉钉杆的截面面积；

f_{st}——圆柱头栓钉钢材的抗拉强度设计值；

E_c、f_c——混凝土的弹性模量与轴心抗压强度设计值；

γ——圆柱头栓钉钢材的抗拉强度最小值与屈服强度之比，当栓钉材料性能等级为 4.6 级时，取 $f_{st}=215\text{N/mm}^2$，$\gamma=1.67$。

（4）抗震设防结构的附加验算　对于抗震设防结构的外包式柱脚，除应进行前述验算外，还应进行如下两项附加验算。

1）抗弯承载力。对于抗震设防的钢框架，为使结构符合“强连接、弱杆件”的设计原则，其柱脚与基础连接部位的最大抗弯承载力 M_{uf}，应满足下式要求

$$M_{uf}\geqslant 1.2M_{pc} \tag{12-94}$$

$$M_{uf}=M_u^s+M_u^{rc} \tag{12-95}$$

式中 M_{pc}——考虑轴力影响的钢柱柱身的全塑性抗弯承载力，按式（12-64）至式（12-68）计算；

M_u^s——钢柱底端的最大抗弯承载力，根据钢柱底板尺寸、锚栓直径和位置、并按锚栓应力达到屈服强度和混凝土应力达到两倍抗压强度设计值时计算，若为了方便外包钢筋布置而将钢柱底端减小，为简化计，可取该项为零；

M_u^{rc}——外包混凝土的最大抗弯承载力，应分别计算主筋和箍筋屈服时的最大抗弯承载力 M_{u1}^{rc} 和 M_{u2}^{rc}，并取其中的较小值。

① M_{u1}^{rc} 的计算。M_{u1}^{rc} 是外包混凝土的受拉主筋屈服时的抗弯承载力，按下式计算

$$M_{u1}^{rc}=A_s d_0 f_y \tag{12-96}$$

式中 A_s——外包混凝土一侧受拉主筋（竖向钢筋）的总截面面积；

f_y——受拉主筋的屈服强度；

d_0——受拉主筋重心至受压主筋重心的距离。

② M_{u2}^{rc} 的计算。M_{u2}^{rc} 是外包混凝土的箍筋屈服时的抗弯承载力，按下式计算

$$M_{u2}^{rc}=\sum A_{shi} S_i f_{ysh} \tag{12-97}$$

式中 A_{shi}——外包混凝土第 i 道水平箍筋的截面面积；

S_i——第 i 道水平箍筋到外包混凝土底面的距离（图 12-57）；

f_{ysh}——箍筋的受拉屈服强度。

2）抗剪承载力。为防止外包混凝土发生较重的破坏，其抗剪能力应满足下列条件

$$\frac{V_{cmy}}{2A_{ce}f_{cc}}\leqslant 0.2 \tag{12-98}$$

$$V_{cmy}=\frac{nM_y}{\sum S_i}-\frac{M_y}{l} \tag{12-99}$$

$$M_y=q_0\sum S_i \tag{12-100}$$

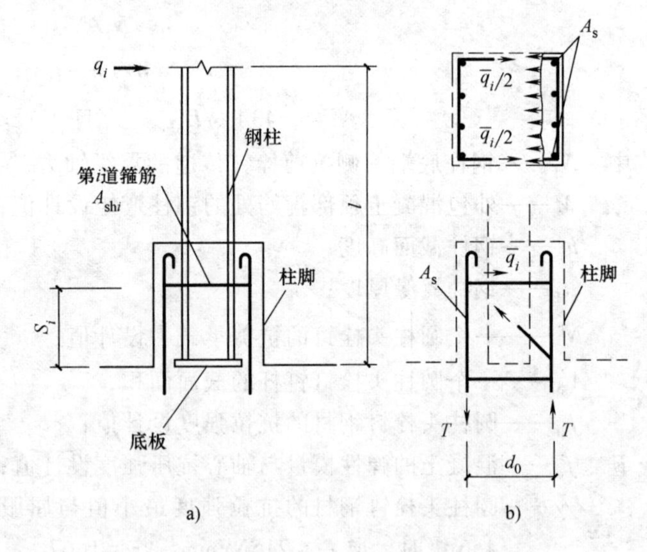

图 12-57 外包混凝土柱脚的受剪机制

a）外包式柱脚简图 b）外包式柱脚箍筋的受力状态

式中 A_{ce}——外包混凝土的有效受剪面积（图 12-58）；

f_{cc}——混凝土的抗压强度设计值；

n——外包混凝土水平箍筋的总道数；

l——底层钢柱反弯点到柱脚底板底面的距离；

q_0——一道水平箍筋屈服时的拉力；

M_y——外包混凝土各道水平箍筋均达到屈服时，箍筋水平拉力对外包混凝土底面形成的力矩；

其余字母含义同前。

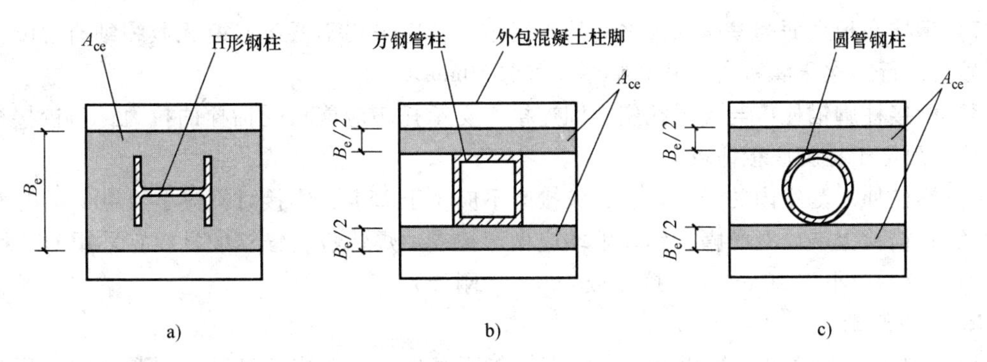

图 12-58　外包混凝土柱脚的有效受剪面积

a) H 形钢柱　b) 箱形钢柱　c) 圆管形钢柱

12.5.4　外露式柱脚

由柱脚锚栓固定的外露式柱脚，可视钢柱的受力特点（轴压或压弯）设计成铰接或刚接（图 12-59）。外露式柱脚设计为刚性柱脚时，柱脚的刚性难以完全保证，若内力分析时视为刚性柱脚，应考虑反弯点下移引起的柱顶弯矩增值。当底板尺寸较大时，应考虑采用靴梁式柱脚。

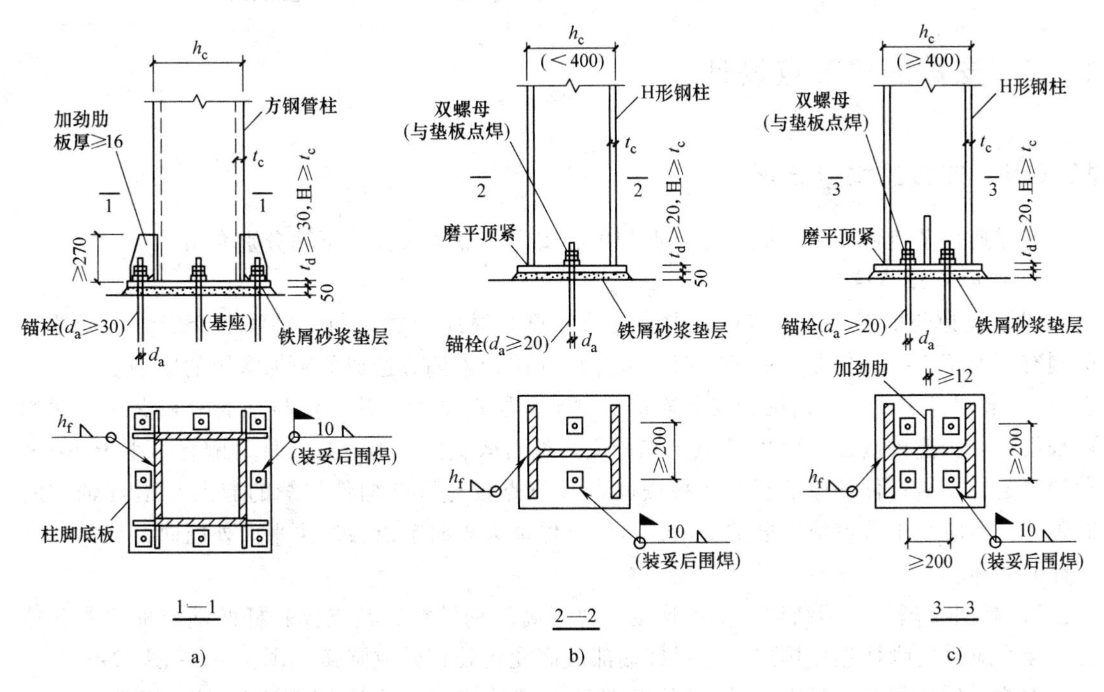

图 12-59　外露式柱脚

a) 箱形柱的刚接柱脚　b) H 形柱的铰接柱脚（一）　c) H 形柱的铰接柱脚（二）

1. 构造要求

1) 柱脚底板厚度应不小于钢柱翼缘板的厚度，且不应小于 20mm（铰接）或 30 mm（刚接）；钢柱底面应刨平，与底板顶紧后，采用角焊缝进行围焊。

2）钢柱底板底面与基座顶面之间的砂浆垫层，应采用不低于 C40 无收缩细石混凝土或铁屑砂浆进行二次压灌密实，其砂浆厚度可取 50mm。

3）刚接柱脚锚栓应与支承托座牢固连接，支承托座应能承受锚栓的拉力；而铰接柱脚的锚栓则固定于柱脚底板即可。

4）锚栓伸入基座内的锚固长度，铰接时不应小于 $25d_a$，刚接时不应小于 $40d_a$（d_a 为锚栓直径）；锚栓上端设双螺帽，锚栓下端应做弯钩或加焊锚板；锚栓的材料宜采用 Q235 钢，锚栓的直径不应小于 20mm（铰接）或 30mm（刚接）。

2. 计算原则

1）柱脚处的轴力和弯矩由钢柱底板直接传至基础，因此应验算基础混凝土的承压强度和锚栓的抗拉强度（无弯矩作用的铰接柱脚，不必验算锚栓的抗拉强度）。

2）钢柱底板尺寸应根据基础混凝土的抗压强度设计值确定。

3）当底板压应力出现负值时，拉力应由锚栓来承受。当锚栓直径大于 60mm 时，可按钢筋混凝土压弯构件中计算钢筋的方法确定锚栓的直径。

4）锚栓的拉力应由其与混凝土之间的粘结力传递。当锚栓的埋设深度受到限制时，应将锚栓固定在锚板或锚梁上，以传递全部拉力，此时可不考虑锚栓与混凝土之间的粘结力。

5）柱脚底板的水平剪力，由底板和基础混凝土之间的摩擦力传递，摩擦系数可取 0.4。当水平剪力超过摩擦力时，可采用在底板下部加焊抗剪键或采用外包式柱脚。

12.6 支撑连接节点设计

12.6.1 连接的构造要求

支撑连接节点可分为中心支撑节点和偏心支撑节点两大类，下面分别介绍。

1. 中心支撑节点

（1）支撑与框架的连接节点　中心支撑的重心线应通过梁与柱轴线的交点。当受条件限制有不大于支撑杆件宽度的偏心时，节点设计应计入偏心造成的附加弯矩的影响。

1）多层及小高层钢结构的支撑连接。对于多层钢结构，其支撑与钢框架和支撑之间均可采用节点板连接（图 12-60），其节点板受力的有效宽度应符合连接件每侧有不小于 30°夹角的规定。支撑杆件的端部至节点板嵌固点（节点板与框架构件焊缝的起点）沿杆轴方向的距离，不应小于节点板厚度的 2 倍，这样可保证大震时节点板产生平面外屈曲，从而减轻支撑的破坏。

2）高层及超高层钢结构的支撑连接。对于高层钢结构，其支撑斜杆两端与框架梁、柱的连接，应采用刚性连接构造，且斜杆端部截面变化处宜做成圆弧（图 12-61~图 12-64）。

支撑斜杆的拼接接头以及斜杆与框架的工地连接，均宜采用高强度螺栓摩擦型连接（图 12-61~图 12-64），或者支撑翼缘直接与框架梁、柱采用全熔透坡口焊接，腹板则用高强度螺栓的栓焊混合连接。

对于 H 形钢柱和梁，在与支撑翼缘的连接处，应设置加劲肋（图 12-61、图 12-62、图 12-63b、图 12-64）。对于箱形柱，应在与支撑翼缘连接的相应位置设置隔板（图 12-63a）。

柱中的水平加劲肋或水平隔板，应按承受支撑斜杆轴心力的水平分力计算；而梁中的横向加劲肋，应按承受支撑斜杆轴心力的竖向分力计算。

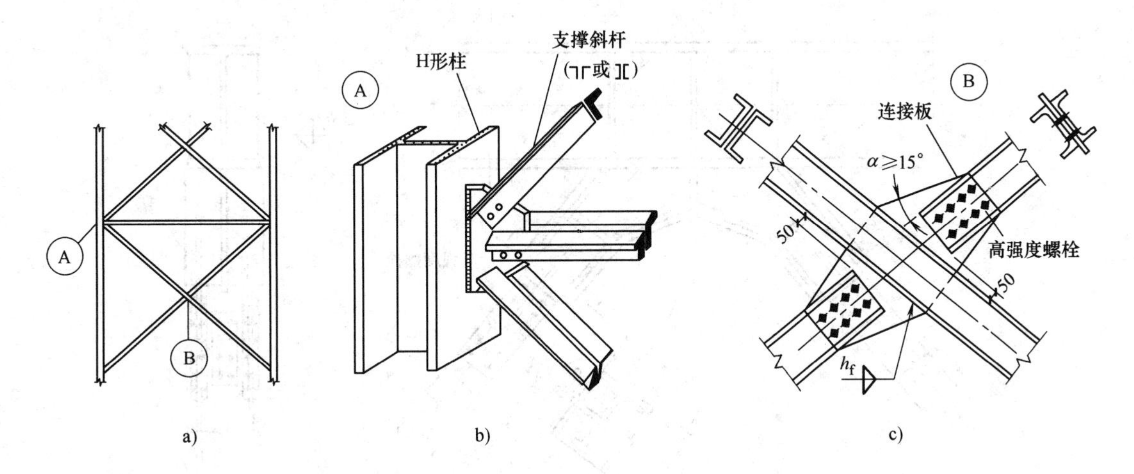

图 12-60 支撑采用节点板连接的构造
a）支撑简图 b）边节点 c）中央节点

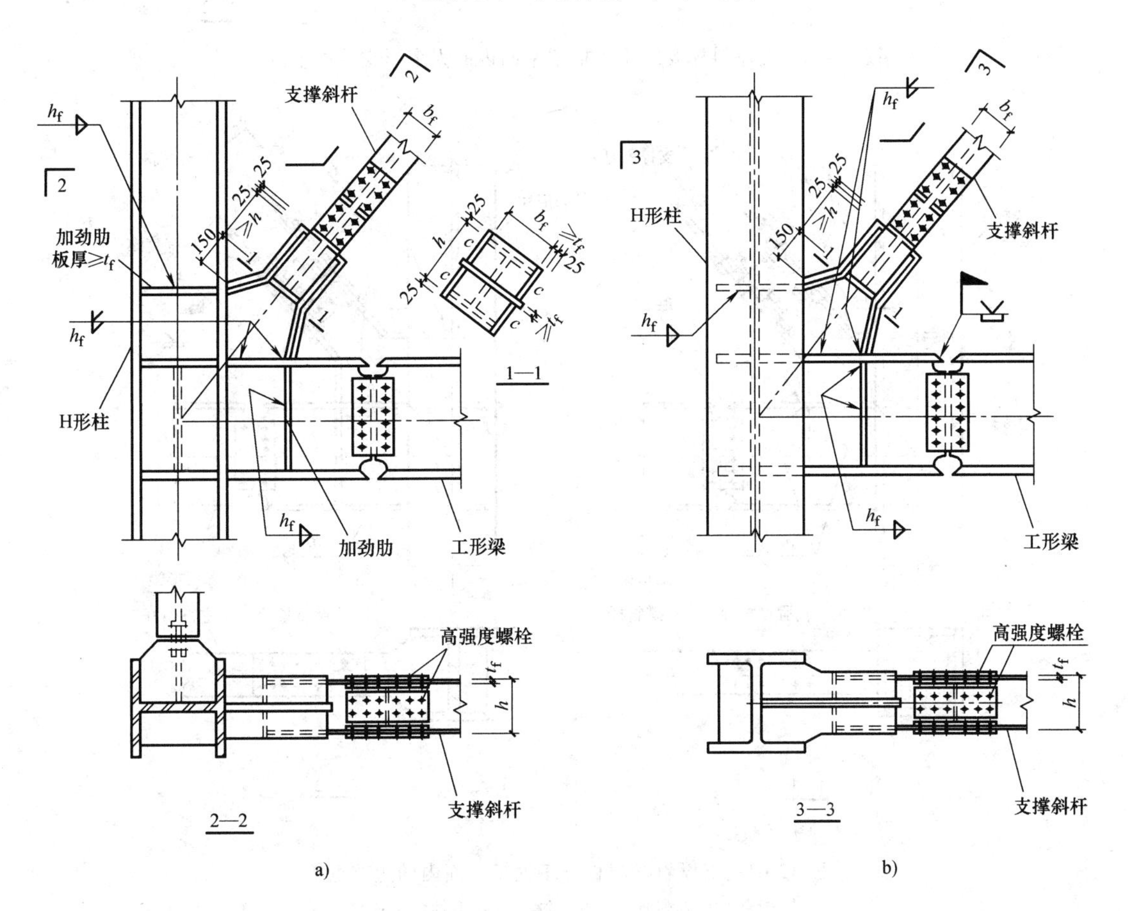

图 12-61 支撑斜杆翼缘位于框架平面内的边节点
a）斜杆与H形柱翼缘连接 b）斜杆与H形柱腹板连接

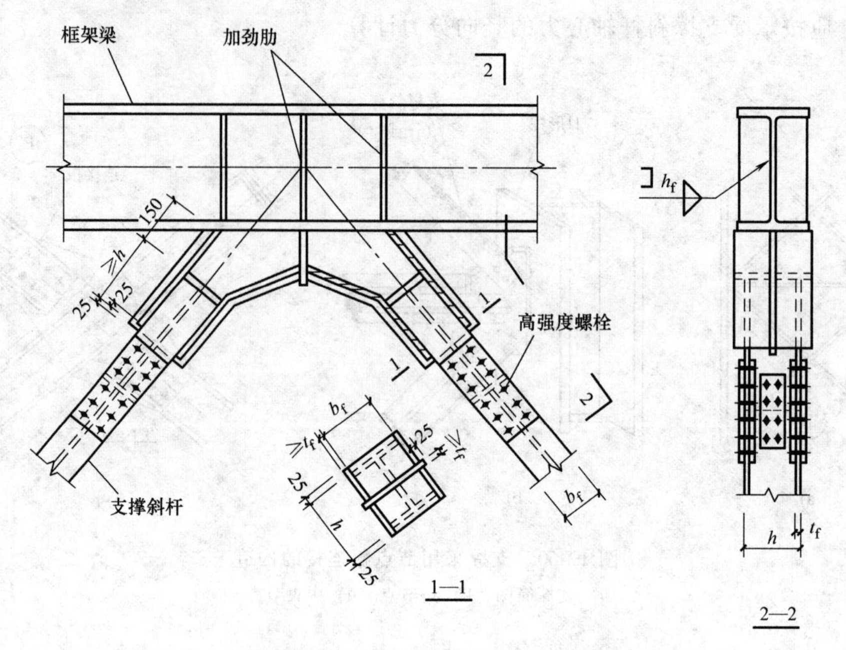

图 12-62 支撑斜杆翼缘位于框架平面内的人字形支撑中节点

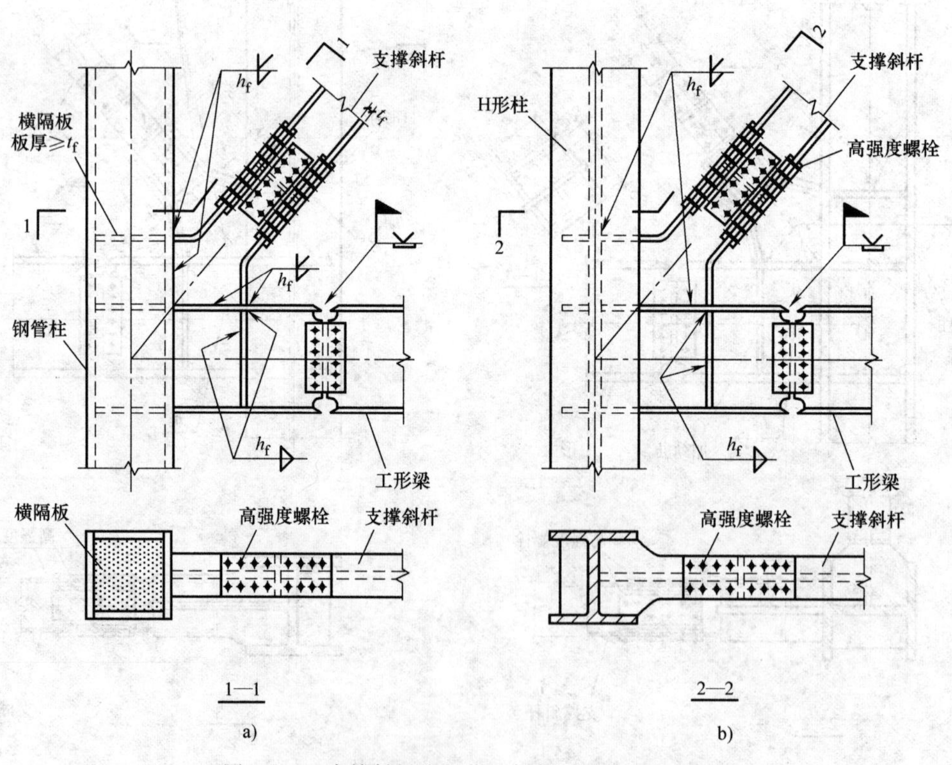

图 12-63 支撑斜杆腹板位于框架平面内的边节点

a）斜杆与柱翼缘连接 b）斜杆与 H 形柱腹板连接

由于人字形支撑或 V 形支撑在大震下受压屈曲后，其承载力下降，导致横梁跨中与支撑连接处（图 12-62、图 12-64）出现不平衡集中力，可能会引起横梁破坏，因此应在横梁

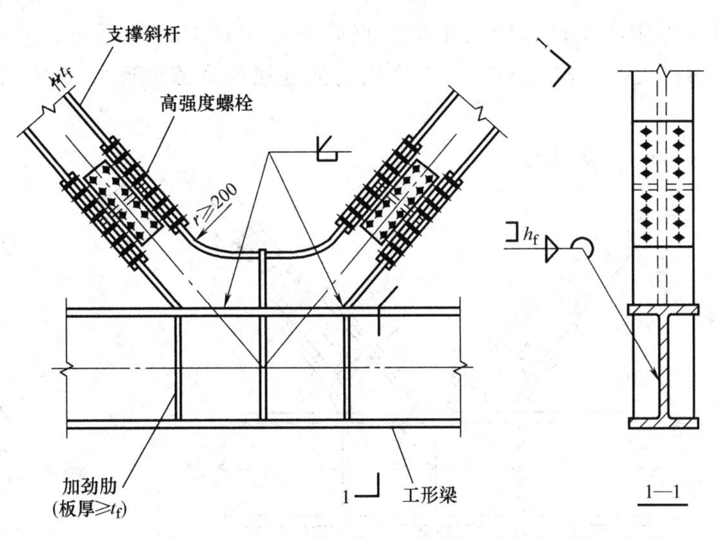

图 12-64 支撑斜杆腹板位于框架平面内的V形支撑中节点

跨中与支撑连接处设置侧向支撑。该支承点与梁端支承点间的侧向长细比以及支承力，应符合本书第10章及《钢结构设计标准》的相关规定。

由于支撑在框架平面外计算长度较大，对于抗震设防的结构，常把H形支撑截面的强轴置于框架平面内（支撑翼缘平行于框架平面内），且采用支托式连接时（图12-61、图12-62），其平面外计算长度可取轴线长度的0.7倍；当支撑截面的弱轴置于框架平面内（支撑腹板位于框架平面内）时（图12-63、图12-64），其平面外计算长度可取轴线长度的0.9倍。

（2）支撑的中间节点　对于X形中心支撑的中央节点，宜做成在平面外具有较大抗弯刚度的“连续通过型”节点，以提高支撑斜杆出平面的稳定性。该类节点在一个方向斜杆中点处的杆段之间，宜采用高强度螺栓摩擦型连接（图12-65）。

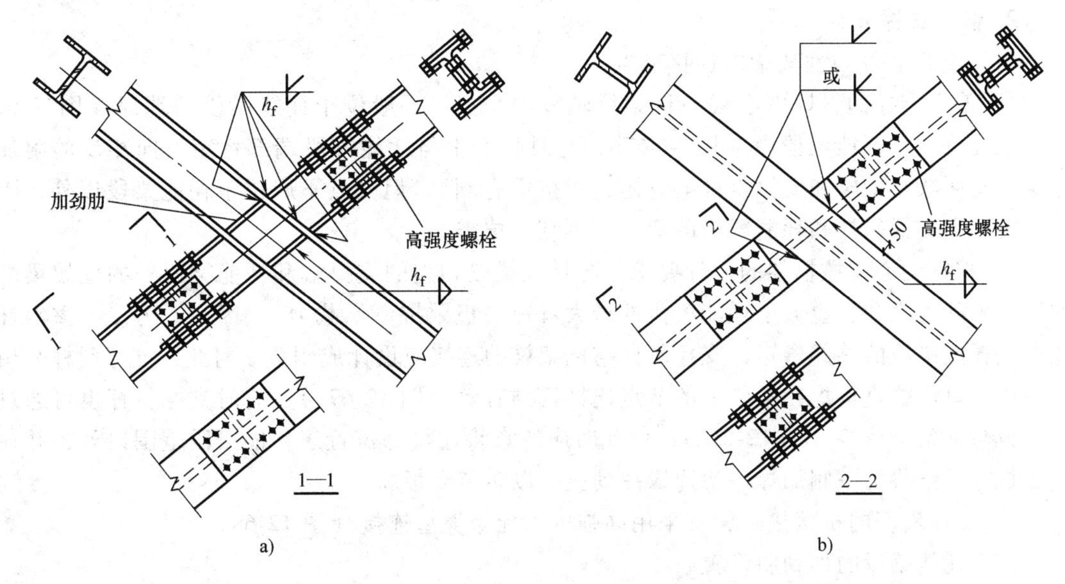

图 12-65 X形中心支撑的中央节点

a）支撑斜杆腹板位于框架平面内　b）支撑斜杆翼缘位于框架平面内

对于跨层的 X 形中心支撑，因其中央节点处有楼层横梁连续通过，上、下层的支撑斜杆与焊在横梁上的各支撑杆段之间，均应采用高强度螺栓摩擦型连接（图 12-66）。

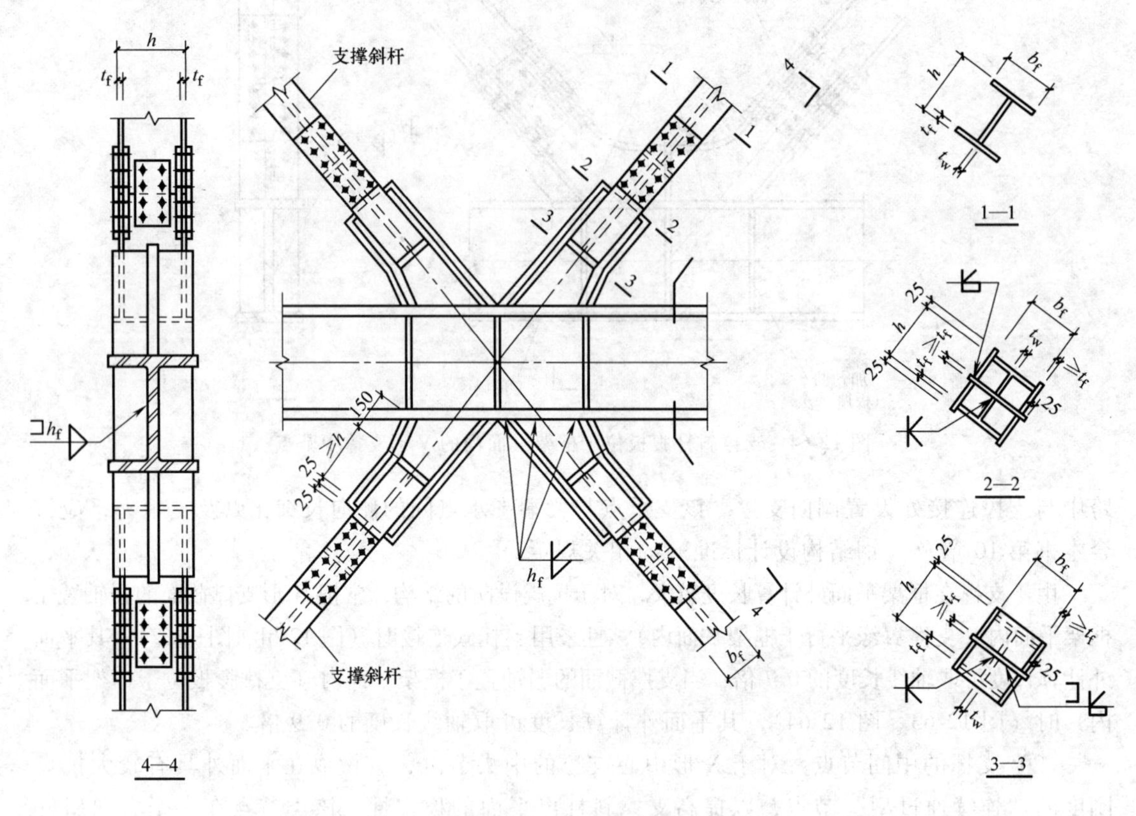

图 12-66　跨层 X 形中心支撑的中央节点

2. 偏心支撑节点

（1）支撑斜杆与框架梁的连接节点

1）偏心支撑的斜杆中心线与框架梁轴线的交点，一般位于耗能梁段的端部（图12-67a)，也允许位于耗能梁段内（图 12-67b，此时将产生与耗能梁段端部弯矩方向相反的附加弯矩，从而减小梁段和支撑斜杆的弯矩，对抗震有利)，但交点不应位于耗能梁段以外，因为它会增大支撑斜杆和耗能梁段的弯矩，不利于抗震。

2）根据偏心支撑框架的设计要求，与耗能梁段相连的支撑端和耗能梁段外的框架梁端的抗弯承载力之和，应大于耗能梁段的最大弯矩（极限抗弯承载力)。因此，为使支撑斜杆能承受耗能梁段的端部弯矩，支撑斜杆与框架梁的连接应设计成刚接。对此，支撑斜杆采用全熔透坡口焊缝直接焊在梁段上的节点连接特别有效（图 12-67b)，有时支撑斜杆也可通过节点板与框架梁连接（图 12-67a)，但此时应注意将连接部位置于耗能梁段范围以外，并在节点板靠近梁段的一侧加焊一块边缘加劲板，以防节点板屈曲。

3）支撑斜杆的拼接接头，宜采用高强度螺栓摩擦型连接（图 12-68)。

（2）耗能梁段的加劲肋设置

1）耗能梁段与支撑斜杆的连接处，应在梁腹板的两侧设置横向加劲肋（图 12-68)，以传递梁段剪力，并防止梁段腹板屈曲。其加劲肋高度应为梁腹板的高度，每侧加劲的肋宽度

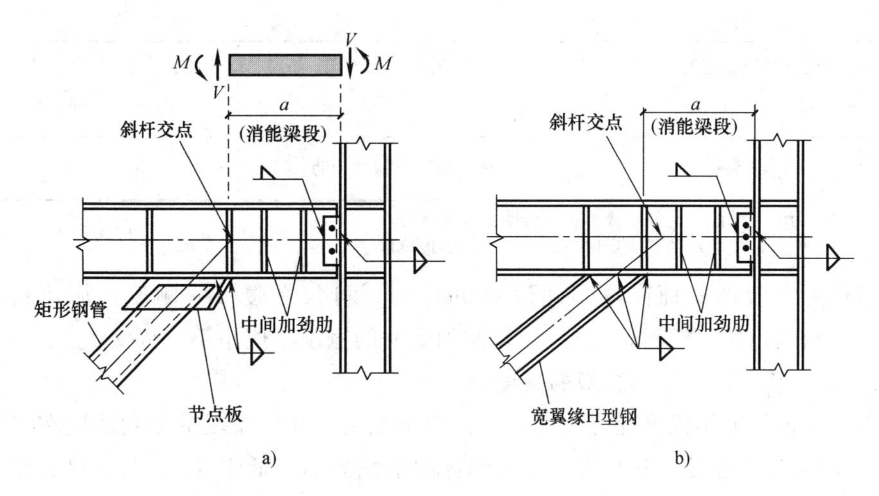

图 12-67 支撑斜杆与框架梁的交点位置

a）交点位于耗能梁段的端头 b）交点位于耗能梁段的内部

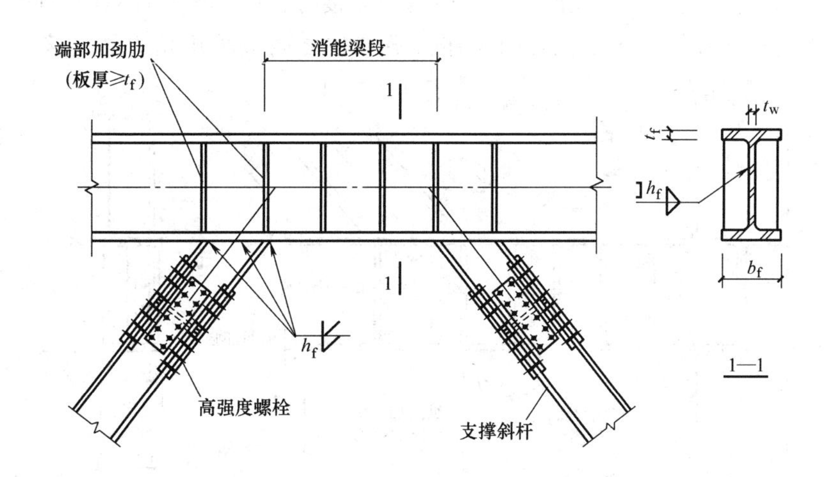

图 12-68 八字形偏心支撑斜杆与耗能梁段的连接

不应小于（$b_f/2-t_w$），其厚度不应小于 $0.75t_w$ 且不应小于 10mm。

2）耗能梁段腹板的中间加劲肋配置，应根据梁段的长度区别对待。对于较短的剪切屈服型梁段，中间加劲肋的间距应该小一些；对于较长的弯曲屈服型梁段，应在距梁段两端各 $1.5b_f$ 的位置两侧设置加劲肋；对于中长的剪弯屈服型梁段，中间加劲肋的配置，则需同时满足剪切屈服型和弯曲屈服型梁段的要求。各种类型梁段的中间加劲肋最大间距应不超过表 12-5 中的规定。

表 12-5 耗能梁段中间加劲肋的最大间距

情况	消能梁段的净长度 a	加劲肋最大间距	附加要求
(一)	$a\leqslant 1.6\dfrac{M_{lp}}{V_l}$	$30t_w-0.2h$	—
(二)	$1.6\dfrac{M_{lp}}{V_l}<a\leqslant 2.6\dfrac{M_{lp}}{V_l}$	取情况(一)和(三)的线性插值	距消能梁段两端各 $1.5b_f$ 处配置加劲肋

（续）

情况	消能梁段的净长度 a	加劲肋最大间距	附加要求
（三）	$2.6\frac{M_{lp}}{V_l}<a\leqslant5\frac{M_{lp}}{V_l}$	$52t_w-0.2h$	（同上）
（四）	$a>5\frac{M_{lp}}{V_l}$	（可不配置中间加劲肋）	—

注：1. V_l、M_{lp} 为消能梁段的受剪承载力和全塑性受弯承载力。
2. b_f、h、t_w 为消能梁段的翼缘宽度、截面高度和腹板厚度。

3）当耗能梁段的截面高度不超过 600mm 时，可仅在腹板一侧设置加劲肋；当大于 600mm 时，应在腹板两侧设置加劲肋。每侧加劲肋的宽度不应小于（$b_f/2-t_w$），厚度不应小于 t_w 和 10mm，其高度等于梁腹板的高度。

4）为了保证耗能梁段能充分发挥非弹性变形能力，耗能梁段的加劲肋应在三边与梁的翼缘和腹板用角焊缝连接。其与腹板连接焊缝的承载力不应低于 $A_{st}f$，与翼缘连接焊缝的承载力不应低于 $A_{st}f/4$。此处，$A_{st}=b_{st}t_{st}$，b_{st} 为加劲肋的宽度，t_{st} 为加劲肋的厚度。

（3）耗能梁段与框架柱的连接

1）偏心支撑的剪切屈服型耗能梁段与柱翼缘连接时，梁翼缘和柱翼缘之间应采用坡口全熔透对接焊缝；梁腹板与连接板之间及连接板与柱之间应采用角焊缝连接（图 12-69），

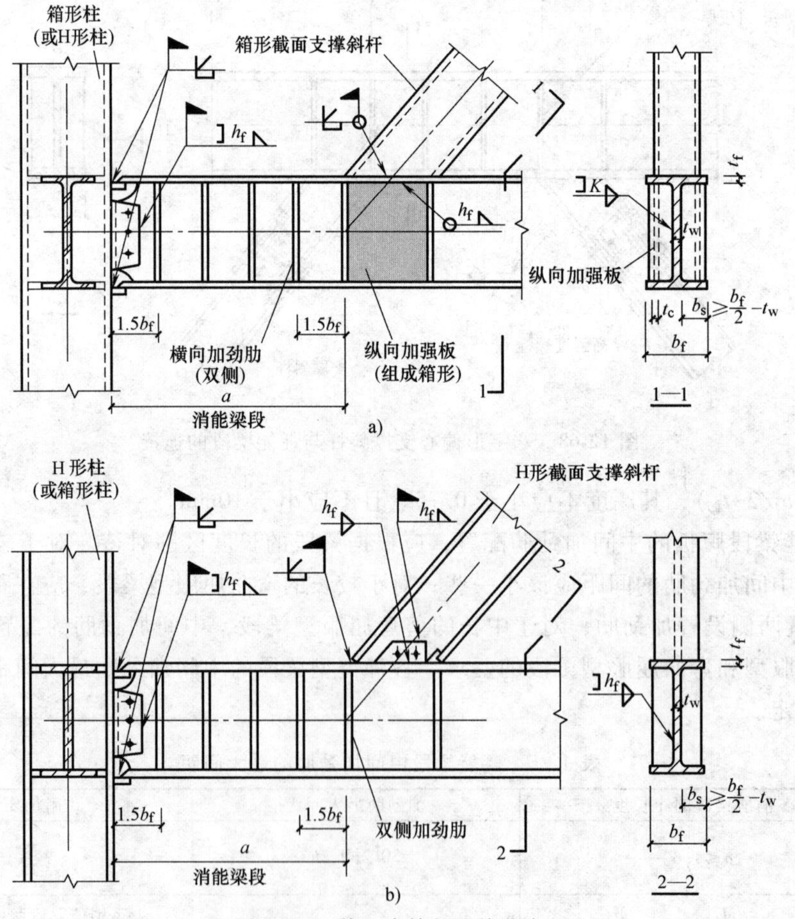

图 12-69 偏心支撑的连接节点

a）箱形截面支撑斜杆 b）H 形截面支撑斜杆

角焊缝承载力不得小于耗能梁段腹板的轴向屈服承载力、抗剪屈服承载力、塑性抗弯承载力。

2）耗能梁段不宜与工字形柱腹板连接，当必须采用这种连接方式时，梁翼缘与柱上连接板之间应采用坡口全熔透对接焊缝；梁腹板与柱的竖向加劲板之间采用角焊缝连接，角焊缝的承载力同样不得小于耗能梁段腹板的轴向屈服承载力、抗剪屈服承载力、塑性抗弯承载力。

（4）耗能梁段的侧向支撑

1）为了保证梁段和支撑斜杆的侧向稳定，耗能梁段两端上、下翼缘，均应设置水平侧向支撑或隅撑（图 12-36），其轴力设计值至少应为 $0.06fb_ft_f$，b_f、t_f 分别为其翼缘的宽度和厚度。

2）与耗能梁段同跨的框架梁上、下翼缘，也应设置水平侧向支撑，其间距不应大于 $13b_f\sqrt{235/f_y}$；其轴力设计值不应小于 $0.02fb_ft_f$；梁在侧向支承点间的长细比应符合本书第10章中表 10-2 的规定。

12.6.2　连接的承载力验算

对于非抗震设防结构，支撑斜杆的拼接接头以及斜杆与梁（偏心支撑时含耗能梁段）、柱连接部位的承载力，不应小于支撑的实际承载力。对于抗震设防结构，则要求不小于支撑实际承载力的 1.2 倍，即支撑连接设计应满足下式的要求

$$N_i(N_1、N_2、N_3、N_4) \geqslant \eta_j A_n f_y \tag{12-101}$$

式中　N_i——基于连接材料极限强度最小值计算出的支撑连接在支撑斜杆轴线方向的最大（极限）承载力，按下述公式（12-102）~式(12-106）计算；

A_n——支撑斜杆的净截面面积；

f_y——支撑斜杆钢材的屈服强度；

η_j——连接系数，可按表 12-1 采用。

1）N_1 为螺栓群连接的极限抗剪承载力，取下列两式中的较小者

$$N_v^b = 0.58mn_vA_e^bf_u^b,\quad N_c^b = md(\sum t)f_{cu}^b \tag{12-102}$$

式中　m、n_v——接头一侧的螺栓数目和一个螺栓的受剪面数目；

f_u^b、f_{cu}^b——螺栓钢材的抗拉强度最小值和螺栓连接钢板的极限承压强度，取 $1.5f_u$（f_u 连接钢板的极限抗拉强度最小值）；

A_e^b、d——螺纹处的有效截面面积和螺栓杆径；

$\sum t$——同一受力方向的板叠总厚度。

2）N_2 为螺栓连接处的支撑杆件或节点板受螺栓挤压时的剪切抗力

$$N_2 = metf_u/\sqrt{3} \tag{12-103}$$

式中　e——力作用方向的螺栓端距，当 e 大于螺栓间距 a 时，取 $e=a$；

t——支撑杆件或节点板的厚度；

f_u——支撑杆件或节点板的钢材抗拉强度下限。

3）N_3 为节点板的受拉承载力

$$N_3 = A_ef_u,\quad A_e = \frac{2}{\sqrt{3}}l_1t_g - A_d \tag{12-104}$$

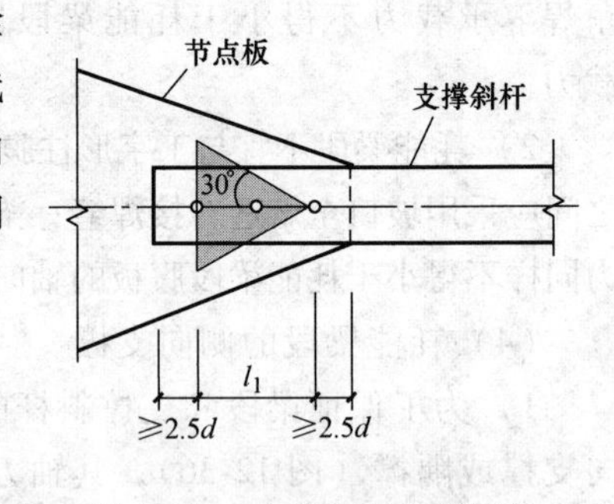

图 12-70 支撑与节点板连接

式中 A_e——节点板的有效截面面积，等于以第一个螺栓为顶点、通过末一个螺栓并垂直于支撑轴线上截取底边的正三角形中，底边长度范围内节点板的净截面面积（图 12-70 中三角形阴影部分面积）；

l_1——等边三角形的高度；

t_g——节点板的厚度；

A_d——有效长度范围内螺栓孔的削弱面积。

4）N_4 为节点板与框架梁、柱等构件连接焊缝的承载力，按《建筑抗震设计规范》[6]计算，即

对接焊缝
$$N_4 = A_e^w f_u \tag{12-105}$$

角焊缝
$$N_4 = A_e^w f_u / \sqrt{3} \tag{12-106}$$

式中 A_e^w——焊缝的有效截面面积；

f_u——构件母材的抗拉强度最小值。

12.7 抗震剪力墙板与钢框架的连接设计

12.7.1 钢板剪力墙与钢框架的连接设计

钢板剪力墙与钢框架的连接，宜保证钢板墙仅参与承担水平剪力，而不参与承担重力荷载及柱压缩变形引起的压力。因此，钢板剪力墙的上下左右 4 边均应采用高强度螺栓通过设置于周边框架的连接板，与周边钢框架的梁和柱相连接。

钢板剪力墙连接节点的极限承载力，应不小于钢板剪力墙屈服承载力的 1.2 倍，以避免大震作用下，连接节点先于支撑杆件破坏。

12.7.2 内藏钢板支撑剪力墙与钢框架的连接设计

1）内藏钢板支撑剪力墙仅在节点处（支撑钢板端部）与框架结构相连（图 10-17）。上节点（支撑钢板上部）通过连接钢板用高强度螺栓与上钢梁下翼缘连接板在施工现场连接，且每个节点的高强度螺栓不宜少于 4 个，螺栓布置应符合《钢结构设计标准》的要求；下节点与下钢梁上翼缘连接件之间，在现场用全熔透坡口焊缝连接。

2）内藏钢板支撑剪力墙板与四周梁柱之间均留有不小于 25mm 空隙；剪力墙板与框架柱的间隙 a，还应满足下列要求

$$2[u] \leqslant a \leqslant 4[u] \tag{12-107}$$

式中 $[u]$——荷载标准值下框架的层间侧移允许值。

3）剪力墙墙板下端的缝隙，在浇筑楼板时，应该用混凝土填实；剪力墙墙板上部与上框架梁之间的间隙以及两侧与框架柱之间的间隙，宜用隔声的弹性绝缘材料填充，并用轻型金属架及耐火板材覆盖。

4）内藏钢板支撑剪力墙连接节点的极限承载力，应不小于钢板支撑屈服承载力的 1.2

倍，以避免大震作用下，连接节点先于支撑杆件破坏。

12.7.3　带缝混凝土剪力墙与钢框架的连接设计

混凝土的带缝剪力墙有：开竖缝和开水平缝两种形式，常用带竖缝混凝土剪力墙。

1）带竖缝混凝土剪力墙板的两侧边与框架柱之间，应留有一定的空隙，使彼此之间无任何连接。

2）墙板的上端用连接件与钢梁用高强度螺栓连接；墙板下端除临时连接措施外，应全长埋于现浇混凝土楼板内，并通过楼板底面齿槽和钢梁顶面的焊接栓钉实现可靠连接；墙板四角还应采取充分可靠的措施与框架梁连接，如图10-20所示。

3）带竖缝的混凝土剪力墙只承担水平荷载产生的剪力，不考虑承受框架竖向荷载产生的压力。

参考文献

[1]　郑廷银. 多高层房屋钢结构设计与实例［M］. 重庆：重庆大学出版社，2014.

[2]　中国建筑标准设计研究院有限公司. 高层民用建筑钢结构技术规程 JGJ 99—2015［S］. 北京：中国建筑工业出版社，2015.

[3]　郑廷银. 高层钢结构设计［M］. 北京：机械工业出版社，2006.

[4]　郑廷银，刘永福. 钢框架齐平端板式梁柱节点的实用算法［J］. 工业建筑，1998（12）.

[5]　郑廷银. H型钢框架梁柱节点的设计方法［J］. 南京建筑工程学院学报，1997（4）.

[6]　中国建筑科学研究院. 建筑抗震设计规范：GB 50011—2010［S］. 北京：中国建筑工业出版社，2010.

附录　高层钢结构设计流程图

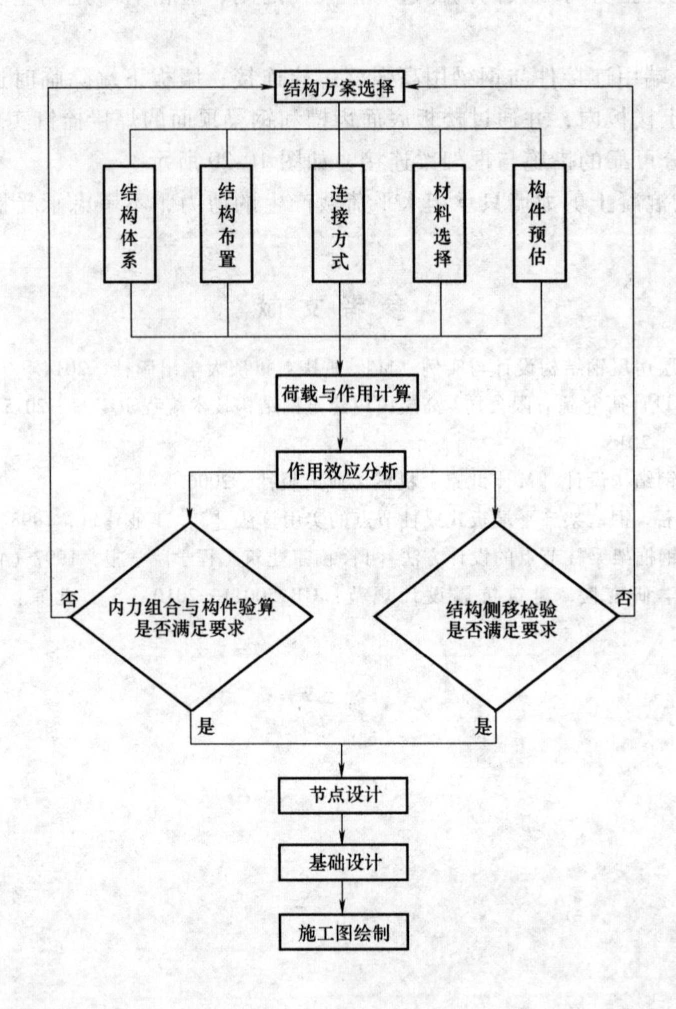